Springer-Lehrbuch

Weitere Bände in dieser Reihe
http://www.springer.com/series/1183

Wilfried B. Krätzig · Reinhard Harte
Carsten Könke · Yuri S. Petryna

Tragwerke 2

Theorie und Berechnungsmethoden statisch unbestimmter Stabtragwerke

5., bearbeitete Auflage 2019

Springer Vieweg

Wilfried B. Krätzig
Witten
Deutschland

Carsten Könke
Institut für Strukturmechanik
Bauhaus-Universität Weimar
Deutschland

Reinhard Harte
Statik und Dynamik der Tragwerke
Bergische Universität Wuppertal
Deutschland

Yuri S. Petryna
Fachgebiet Statik und Dynamik
Technische Universität Berlin
Deutschland

Ursprünglich erschienen unter: Krätzig, W.B., Harte, R., Meskouris, K., Wittek, U.

ISSN 0937-7433
Springer-Lehrbuch
ISBN 978-3-642-41722-1 ISBN 978-3-642-41723-8 (eBook)
https://doi.org/10.1007/978-3-642-41723-8

Die Deutsche Nationalbibliothek verzeichnet diese Publikation in der Deutschen Nationalbibliografie; detaillierte bibliografische Daten sind im Internet über http://dnb.d-nb.de abrufbar.

Springer Vieweg

Gedruckt auf säurefreiem und chlorfrei gebleichtem Papier

Springer Vieweg ist ein Imprint der eingetragenen Gesellschaft Springer-Verlag GmbH, DE und ist Teil von Springer Nature
Die Anschrift der Gesellschaft ist: Heidelberger Platz 3, 14197 Berlin, Germany

Vorwort zur fünften Auflage

Man soll die Dinge so einfach wie möglich machen. Aber nicht einfacher.
Albert Einstein 1879-1959

Das Lehrbuch Tragwerke 2 hat bereits mit den vergangenen vier Auflagen seinen festen Platz in den Statik-Curricula vieler deutschsprachiger Bauingenieurstudiengänge gefunden. Für den alleinigen Autor der Erstausgabe Wilfried B. Krätzig stand dabei immer im Vordergrund, dass sein Werk mit Veränderungen in Lehre und in Praxis Schritt halten sollte. Hierzu gehört auch, dass aktive Hochschullehrer verschiedener Hochschulen als Mitautoren bei der Weiterentwicklung des Buches beteiligt sein sollten. In der letzten Auflage waren dies Udo Wittek von der TU Kaiserlautern und Konstantin Meskouris von der RWTH Aachen, die mittlerweile in der Lehre nicht mehr aktiv sind und daher aus dem Autorenteam ausscheiden wollten. Zudem ist Udo Wittek leider im Jahre 2016 verstorben.

Der Protagonist der Lehrbuchreihe Tragwerke 1 bis Tragwerke 3, Wilfried B. Krätzig, hat es wie kein zweiter verstanden, die klassisch-anschaulichen Ingenieurkonzepte auf die Möglichkeiten computergestützter Rechenverfahren zu übertragen, und damit die Voraussetzungen für viele der heutigen Softwareprodukte für die Tragwerksberechnung geschaffen. Daher wird er immer der Hauptautor dieser Lehrbuchreihe bleiben, auch wenn er bedauerlicherweise ebenfalls im Jahre 2017 verstorben ist.

Mit Carsten Könke von der Bauhaus-Universität in Weimar und Yuri Petryna von der Technischen Universität Berlin sind nun zwei aktive Vertreter der Statiklehre hinzugestoßen, die die Inhalte des Lehrbuches an die neuen Anforderungen und Erwartungen an die heutige Statik angepasst haben. Hierzu gehört, dass nicht mehr die Vermittlung der Grundlagen zur Umsetzung statischer Berechnungen in Computer-Codes im Vordergrund der Ausbildung steht, sondern eher die Vermittlung von Techniken zur Plausibilisierung und Validierung der vielfältig verfügbaren Softwareprodukte. In nahezu allen Statikbüros wird heute mit solchen Produkten gearbeitet, und die Berufsanfänger müssen im Studium darauf vorbereitet werden, sich kritisch mit den Ergebnissen dieser Statik-Software auseinander zu setzen. Hierzu gehören dann wieder einfache, aber verlässliche Handrechnungen auf

Basis der klassisch-anschaulichen Ingenieurkonzepte. Das obige Zitat von Albert Einstein dient daher auch als Motto für diese fünfte Auflage.

Inhaltlich haben sich in Kapitel 4 folgende Neuerungen und Ergänzungen ergeben: Aufgrund der zunehmenden Bedeutung von Tragwerksanalysen unter Berücksichtigung von geometrisch und physikalisch nichtlinearen Effekten wurde das Kapitel um eine grundlegende Darstellung des Vorgehens in diesen Fällen erweitert. Dabei wurden neben den Darstellungen der matriziellen Formulierungen, die damit an die vorhergehenden Kapitel anknüpfen, auch die vereinfachten Verfahren zur Plausibilitätsüberprüfung der Computerberechnungen im Fall nichtlinearen Tragwerkverhaltens aufgenommen.

Die Autoren der fünften Auflage danken den Vorautoren für die Grundlagen zu diesem Buch sowie ihren Mitarbeitern für ihre Mithilfe bei den Korrekturen und Ergänzungen. Dem Verlag gilt der Dank für sein Bemühen um eine anspruchsvolle Gestaltung, die auch aktuellen Ansprüchen an die Verbreitung der Inhalte als E-Book genügt.

Im Juli 2019

Reinhard Harte
Carsten Könke
Yuri Petryna

Vorwort zur ersten Auflage

Nichts ist so stark wie eine Idee,
deren Zeit gekommen ist.
Victor Marie Hugo, 1802–1885

Die Statik der Tragwerke vermittelt Kenntnisse und Methoden zur sicheren Dimensionierung von Tragwerken. Als Bindeglied zwischen den Naturwissenschaften und der Kunst des Konstruierens übersetzt sie die Grundlagen der technischen Mechanik in Berechnungskonzepte, welche Einblicke in das Tragverhalten von Strukturen und Aussagen über deren Trägfahigkeit ermöglichen. Das Verstehen grundlegender Tragverhaltensphänomene sowie die Beherrschung der hierzu erforderlichen Analysetechniken bilden ihre vorrangigen Ziele.

In ihrer mehr als 150-jährigen Geschichte hat die Statik der Tragwerke ihre Methoden immer wieder nicht nur den zu bewältigenden Bauaufgaben, sondern insbesondere den verfügbaren Werkzeugen der Ingenieure anpassen müssen. Beispielsweise belegt dies der historische Begriff der „Graphischen Statik“. Das rasche Vordringen der Computer in die Welt der Technik hat diese ursprüngliche und wesentliche Einheit gestört. Dabei entstand der falsche Eindruck, als existiere eine vorwiegend auf der Anschauung basierende „Baustatik“, deren manuell handhabbare Verfahren freilich kaum noch angewendet werden, neben einer weitgehend abstrakten „Computerstatik“, welche von der Konstruktionspraxis zwar ausgiebig genutzt wird, dabei jedoch letztlich unverstanden bleiben darf.

Einer derartigen Auffassung kann insbesondere im Zeitalter allseits verfügbarer Mikroelektronik überhaupt nicht energisch genug widersprochen werden, denn die Statik der Tragwerke selbst verbindet als ingenieurwissenschaftliche Methodik gerade die Tragwerkstheorien durch einsetzbare, vom Anwender verstandene und verantwortbare Analyseverfahren mit den Konstruktionsprozessen. Bewährte bildhafte Anschaulichkeit einerseits und abstrakte Denkweisen andererseits können daher keinen Widerspruch darstellen, sondern bilden – je nach Aufgabenstellung– die unterschiedlich stark hervortretenden Aspekte eines modernen Gesamtkonzeptes der Statik. Bauingenieure müssen zur Beherrschung der Computermethoden abstrakt denken, aber sie dürfen nicht die Fähigkeit verlieren, die gewonnenen Ergebnisse in die Anschauungswelt ihrer Entwürfe und Konstruktionen zu übertragen sowie dort nachvollziehen zu können. Diese Wesenseinheit gilt es besonders bei den verfahrensintensiven statisch unbestimmten Tragwerken herauszuheben; sie darzustellen, ist das Bestreben des vorliegenden Buches.

Sucht man nach einer hierfür geeigneten Darstellungsform, so überragen die Pionierarbeiten von J. H. ARGYRIS zur „Matrizentheorie der Statik" alle themenverwandten Publikationen seit der Jahrhundertmitte in ganz ungewöhnlichem Maße. Der algebraische Charakter heutiger Computer macht die von ihm verwendeten Vektoren und Matrizen zu natürlichen Variablen, um Sachverhalte der Mechanik kurz, übersichtlich und computernah zu beschreiben. Noch als Student hatte ich 1956 das Glück, den von J. H. ARGYRIS auf der GAMM-Tagung in Stuttgart über dieses Thema gehaltenen Vortrag zu hören. Seither hat mich die damalige Faszination seines Konzeptes nicht verlassen, das auch diesem Buch zugrundeliegt.

In den Jahren 1968–70 lernte ich als Gastprofessor an der University of California in Berkeley die Vorlesungen zur Statik der Tragwerke von R. W. CLOUGH kennen, einem der Schöpfer der Methode der finiten Elemente. Wahrend die europäische Fachwelt die erwähnten Gedanken von J. H. ARGYRIS nur zögernd zur Kenntnis nahm, hatte R. W. CLOUGH diese in seine Lehrveranstaltungen bereits so überzeugend eingefügt und fortentwickelt, daß sein damaliges Lehrkonzept noch heute in mehreren Lehrbüchern seiner Schüller fortlebt. Während der eigenständigen Weiterentwicklung dieses Konzeptes, insbesondere der Einbindung in das klassische Wissensgut der Statik, verdanke ich R. W. CLOUGH entscheidende Anregungen. In den 20 Jahren meiner Leitung des Instituts für Statik und Dynamik der Ruhr-Universität Bochum ist das hieraus entstandene, klassische und moderne Verfahren der Statik integrierende Lehrkonzept immer wieder durchdacht und überarbeitet worden. Kritische Anmerkungen meiner Mitarbeiter und Studenten haben es in vielen Lehrjahren stetig verbessert. Im weiterbildenden Studium hat es sich darüber hinaus an Ingenieuren bewährt, die nach langer Berufspraxis den Wunsch nach einer Modernisierung ihrer Statikkenntnisse verspürten.

Das hieraus entstandene Buch beginnt-in Fortführung der Gedanken des Bandes Tragwerke 1 – mit einem Abriß des Kraftgrößenverfahrens in klassischer Darstellung, da das Tragverhalten statisch unbestimmter Strukturen dem Anfänger auf diesem überwiegend anschaulichen Weg eben unübertroffen einprägsam vermittelt werden kann. Das 2. Kapitel enthält die Einführung in das Konzept diskreter Tragstrukturen in der heute überwiegend gebräuchlichen Matrizenschreibweise durch Definition der Gleichgewichtstransformationen und der Strukturnachgiebigkeiten. Hierauf aufbauend wird sodann, ebenfalls in dieser Schreibweise, der Kraftgrößenalgorithmus statisch unbestimmter Tragwerke formuliert, an den sich seine wichtigsten Verallgemeinerungen – von unterschiedlich manipulierten Last- und Einheitszuständen bis zur automatischen Wahl von Hauptsystemen – anschließen. Darüber hinaus finden sich in diesem Kapitel vielfältige Querverweise auf klassische Fragestellungen des Kraftgrößenverfahrens.

Den größten Teil des Buches nimmt die Darstellung der verschiedenen Weggrößen- oder Formänderungsgrößenverfahren im 3. Kapitel ein, wobei selbstverstandlich erneut die Matrizenschreibweise dominiert. Zunächst erfolgt die Herleitung der Verfahrensvariante in unabhängigen Element variablen, in welche das klassische Drehwinkelverfahren sowie die Momentenausgleichsverfahren von CROSS und KANI eingeordnet sind. Sodann leitet die Darstellung der Verfahrensvariante in vollständigen Variablen unmittelbar auf die direkte Steifigkeitsmethode über, die heute der überwiegenden Mehrheit aller professionellen Computerprogramme zur Methode der finiten Elemente zugrundeliegt. Mit der Erläuterung der Struktur derartiger Programmsysteme, einiger zugeordneter Techniken sowie der Aufzählung der Fehler- und Kontrollmöglichkeiten bei ihrem Einsatz endet das Buch. Sein Inhalt wird durch eine sorgfaltige Auswahl detailliert dokumentierter, vom Leser nachrechenbarer Beispiele abgerundet. Ebenso wie in den theoretischen Herleitungen wurden hierbei ebene und raumliche Stabwerke parallel behandelt, wie es von einem modernen Lehrbuch der Statik erwartet werden darf.

Das vorliegende Buch dient verschiedenen didaktischen Zielen. Sein Hauptziel ist zweifellos die umfassende, grundlegende Einführung in ein modernes Konzept statisch unbestimmter Stabwerke. Eine Reihe von berufserfahrenen Lesern aber dürfte ein Interesse an einer schnellstmöglichen Hinführung auf die den heutigen FE-Programmsystemen zugrundeliegende direkte Steifigkeitsmethode im 3. Kapitel haben. Sofern diesem Leserkreis die Grundlagen des klassischen Kraftgrößenverfahrens vertraut sind, kann die Lektüre des 2. Kapitels auf die Abschnitte 2.1.1 bis 2.1.3, 2.1.5 und 2.1.6, 2.1.8 und 2.1.9 sowie 2.2.1 bis 2.2.4 beschränkt bleiben. Der gesamte Rest des 2. Kapitels kann überschlagen werden. Wird darüber hinaus ein Kurzüberblick über das matrizielle Kraftgrößenverfahren angestrebt, sollten mindestens zusätzlich die Abschnitte 2.1.7, 2.2.5 sowie 2.3.1 bis 2.3.3 durchgearbeitet werden.

Bei der Erstellung des gesamten Manuskripts waren mir Frau Beate Seidemann, bei der Anfertigung aller Bilder und Tafeln Herr Werner Drilling eine unersetzliche Hilfe. Meinen Mitarbeitern, den Diplomingenieuren Dr.-Ing. C. Eller, K. Gruber, H. Metz, P. Nawrotzki, R. Quante und K. Sasse bin ich wegen ihrer Hilfe bei den umfangreichen Korrekturen der Beispiele zu größem Dank verpflichtet. Dem Springer-Verlag danke ich für die verständnisvolle Zusammenarbeit beim Satz und Druck des Buches.

Bochum, im Juni 1990 Wilfried B. Krätzig

Inhaltsverzeichnis

Symbolverzeichnis

Allgemeine Symbole

N	Normalkraft
Q_y	Querkraft in y-Richtung
Q, Q_z	Querkraft in z-Richtung
M_T	Torsionsmoment
M, M_y	Biegemoment um die y-Achse
M_z	Biegemoment um die z-Achse
H, P_x	Einzellast in x-Richtung
P, P_z	Einzellast in z-Richtung
M	Einzelmoment
q_x	achsiale Streckenlast
q_z	transversale Streckenlast in z-Richtung
m	Streckenmoment
u, u_x	achsiale Verschiebung
u_y	Verschiebung in y-Richtung
w, u_z	Verschiebung in z-Richtung
φ_x	Verdrehung um die x-Achse
φ, φ_y	Verdrehung um die y-Achse
φ_z	Verdrehung um die z-Achse
W	Formänderungsarbeit
$W^{(a)}, W^{(i)}$	äußere, innere Formänderungsarbeit
$\{x, y, z\}$	lokale Basis
$\{X, Y, Z\}$	globale Basis
A	Querschnittsfläche
$A_Q = \alpha_Q A$	effektive Schubfläche
I, I_y	Flächenträgheitsmoment um die y-Achse
I_z	Flächenträgheitsmoment um die z-Achse
I_T	Torsionsträgheitsmoment
I_c	Vergleichsträgheitsmoment
c	Federsteifigkeit

h	Querschnittshöhe
E	Elastizitätsmodul
G	Schubmodul
ν	Querdehnungszahl
α_T	Wärmedehnzahl
ΔT_N	gleichmäßige Temperaturänderung
ΔT_M	Temperaturdifferenz
φ_t	Kriechzahl
ε_s	gleichmäßige Schwinddehnung (Schwindmaß)
$\Delta\varepsilon_s$	Schwinddehnungsdifferenz
β	Nachgiebigkeitsanteile der Schubdeformationen
ϕ	Steifigkeitsanteile der Schubdeformationen

Symbole für Stabkontinua:

$\boldsymbol{p}$	Spalte der Stablasten, z.B. $\{q_x\ q_z\ m\}$
$\boldsymbol{\sigma}$	Spalte der Schnittgrößen, z.B. $\{N\ Q\ M\}$
$\boldsymbol{u}$	Spalte der Verschiebungsgrößen, z. B. $\{u\ w\ \varphi\}$
$\boldsymbol{\varepsilon}$	Spalte der Verzerrungsgrößen, z. B. $\{\varepsilon\ \gamma\ \kappa\}$
$\boldsymbol{t}$	Spalte der Randkraftgrößen
$\boldsymbol{r}$	Spalte der Randverschiebungsgrößen
$\boldsymbol{D}_c$	Gleichgewichtsoperator
$\boldsymbol{D}_k$	kinematischer Operator
$\boldsymbol{R}_t, \boldsymbol{R}_r$	Randoperatoren
$\boldsymbol{E}$	Elastizitätsmatrix
$\boldsymbol{\Pi}(\boldsymbol{u}),\ \pi(\boldsymbol{u})$	Potential
$\hat{\boldsymbol{\Pi}}(\boldsymbol{u}),\ \hat{\pi}(\boldsymbol{\delta})$	konjugiertes Potential
$\boldsymbol{\theta}^e$	Matrix der dynamischen Formfunktionen
$\boldsymbol{\Omega}^e$	Matrix der kinematischen Formfunktionen

Symbole für das Kraftgrößenverfahren:

X_i	statisch unbestimmte Kraftgröße
n	Grad der statischen Unbestimmtheit, auch als linker oberer Index
δ_{ik}	Deformationsgröße im Punkt i infolge Ursache k
δ_i	resultierende Deformationsgröße im Punkt i
β_{ik}	Steifigkeit des Punktes i hinsichtlich der Ursache k
$\boldsymbol{X}$	Spalte der statisch Unbestimmten X_i
$\boldsymbol{\delta}, \boldsymbol{F}_{xx}$	Elastizitätsmatrix der δ_{ik}
$\boldsymbol{\delta}_0$	Spalte der Deformationsgrößen δ_{i0}
$\boldsymbol{\beta} = -\boldsymbol{\delta}^{-1}$	Matrix der β_{ik}-Zahlen
C_{lk}	Lagerreaktion im Lager l infolge Ursache k
M_{mk}	Einspannmoment im Widerlager m infolge Ursache k
c_l	Lagerverschiebung im Lager l

φ_{m}	Verdrehung im Widerlager m
u_{Δ}	Stablängung
$\varphi_{\mathrm{l}}, \varphi_{\mathrm{r}}$	linker und rechter Knotendrehwinkel
$\tau_{\mathrm{l}}\ \tau_{\mathrm{r}}$	linker und rechter Stabendtangentenwinkel
ψ	Stabdrehwinkel
$\boldsymbol{P}$	Spalte der äußeren Knotenkraftgrößen P_{j}
$\boldsymbol{V}$	Spalte der wesentlichen Knotenfreiheitsgrade V_{j}
$\boldsymbol{C}$	Spalte der Lagerreaktionen C_{j}
$\boldsymbol{s}^{\mathrm{e}}$	Spalte der unabhängigen Stabendkraftgrößen
$\overset{\blacksquare}{\boldsymbol{s}}$	Spalte der vollständigen Stabendkraftgrößen
$\boldsymbol{v}^{\mathrm{e}}$	Spalte der unabhängigen Stabendweggrößen
$\overset{\blacksquare}{\boldsymbol{v}}{}^{\mathrm{e}}$	Spalte der vollständigen Stabendweggrößen
$\mathring{\boldsymbol{v}}^{\mathrm{e}}$	Spalte der unabhängigen Stabendweggrößen infolge Elementeinwirkungen
$\boldsymbol{f}^{\mathrm{e}}$	Element-Nachgiebigkeitsmatrix
$\boldsymbol{c}^{\mathrm{e}}$	Drehtransformationsmatrix eines Elementes
$\boldsymbol{e}^{\mathrm{e}}$	Transformationsmatrix vollständiger in unabhängige Stabendvariablen
$\boldsymbol{s}$	Spalte der unabhängigen Stabendkraftgrößen $\boldsymbol{s}^{\mathbf{e}}$ aller Elemente
$\boldsymbol{v}$	Spalte der unabhängigen Stabendweggrößen $\boldsymbol{v}^{\mathbf{e}}$ aller Elemente
$\mathring{\boldsymbol{v}}$	Spalte der unabhängigen Stabendweggrößen $\mathring{\boldsymbol{v}}^{\mathbf{e}}$ infolge Elementeinwirkungen aller Elemente
$\boldsymbol{f}$	Nachgiebigkeitsmatrix aller Elemente
$\boldsymbol{g}$	Matrix der Knotengleichgewichtsbedingungen
$\boldsymbol{b}$	Gleichgewichtsmatrix, dynamische Verträglichkeitsmatrix
$\boldsymbol{b}_{\mathbf{0}}, \boldsymbol{b}_{\mathbf{x}}$	Anteile der Lastzustände, Einheitszustände
$\boldsymbol{F}$	Gesamt-Nachgiebigkeitsmatrix

Ergänzende Symbole für das Weggrößenverfahren

$\overset{\blacksquare}{\boldsymbol{s}}{}^{\mathbf{e}}_{\mathbf{g}}$	Spalte der vollständigen, auf die globale Basis bezogenen Stabendkraftgrößen
$\overset{\blacksquare}{\boldsymbol{v}}{}^{\mathbf{e}}_{\mathbf{g}}$	Spalte der vollständigen, auf die globale Basis bezogenen Stabendweggrößen
$\mathring{\boldsymbol{s}}^{\mathbf{e}}$	Spalte der unabhängigen Volleinspannkraftgrößen
$\overset{\blacksquare\circ}{\boldsymbol{s}}{}^{\mathbf{e}}$	Spalte der vollständigen Volleinspannkraftgrößen
$\overset{\blacksquare\circ}{\boldsymbol{s}}{}^{\mathbf{e}}_{\mathbf{g}}$	Spalte der vollständigen, auf die globale Basis bezogenen Volleinspannkraftgrößen
$\boldsymbol{k}^{\mathbf{e}} = (\mathbf{f}^{\mathbf{e}})^{-1}$	unabhängige (reduzierte) Element-Steifigkeitsmatrix
$\overset{\blacksquare}{\boldsymbol{k}}{}^{\mathbf{e}}$	vollständige Element-Steifigkeitsmatrix
$\overset{\blacksquare}{\boldsymbol{k}}{}^{\mathbf{e}}_{\mathbf{g}}$	vollständige, auf die globale Basis bezogene Element-Steifigkeitsmatrix
$\boldsymbol{k}, \overset{\blacksquare}{\boldsymbol{k}}, \overset{\blacksquare}{\boldsymbol{k}}_{\mathrm{g}}$	reduzierte, vollständige, vollständige und globale Steifigkeitsmatrix aller Elemente
$\boldsymbol{s}, \overset{\blacksquare}{\boldsymbol{s}}, \overset{\blacksquare}{\boldsymbol{s}}_{\mathbf{g}}$	Spalten der Stabendkraftgrößen $\boldsymbol{s}^{e}$, $\overset{\blacksquare}{\boldsymbol{s}}{}^{\mathbf{e}}$, $\overset{\blacksquare}{\boldsymbol{s}}{}^{\mathbf{e}}_{\mathbf{g}}$ aller Elemente

$\boldsymbol{v}, \overset{\blacksquare}{\boldsymbol{v}}, \overset{\blacksquare}{\boldsymbol{v}}_{\mathrm{g}}$	Spalten der Stabendweggrößen $\boldsymbol{v}^{\mathrm{e}}, \overset{\blacksquare}{\boldsymbol{v}}{}^{\mathrm{e}}, \overset{\blacksquare}{\boldsymbol{v}}{}^{\mathrm{e}}_{\mathrm{g}}$ aller Elemente
$\mathring{\boldsymbol{s}}, \overset{\blacksquare}{\mathring{\boldsymbol{s}}}, \overset{\blacksquare}{\mathring{\boldsymbol{s}}}_{\mathrm{g}}$	Spalten der Volleinspannkraftgrößen $\mathring{\boldsymbol{s}}^{\mathrm{e}}, \overset{\blacksquare}{\mathring{\boldsymbol{s}}}{}^{\mathrm{e}} \overset{\blacksquare}{\mathring{\boldsymbol{s}}}{}^{\mathrm{e}}_{\mathrm{g}}$ aller Elemente
$\boldsymbol{c}$	Drehtransformationsmatrix aller Elemente
$\boldsymbol{a}$ ($\overset{\blacksquare}{\boldsymbol{a}}$)	kinematische Transformationsmatrix für unabhängige (vollständige) Stabendweggrößen
$\overset{\blacksquare}{\boldsymbol{a}}_{\mathrm{g}}$	kinematische Transformationsmatrix für vollständige, auf die globale Basis bezogene Stabendweggrößen
$\boldsymbol{K}$	reduzierte Gesamt-Steifigkeitsmatrix (regulär)
$\tilde{\boldsymbol{K}}$	Gesamt-Steifigkeitsmatrix unter Einschluss von Starrkörper-Freiheitsgraden (singulär)
z_{i}	Spalte der Zustandsgrößen im Punkt i
$\boldsymbol{u}^{\mathrm{e}}$	Übertragungsmatrix des Stababschnittes e
M_{lr}	Stabendmoment am Stabende l des Stabes (l – r)
$\mathring{M}_{\mathrm{lr}}$	Volleinspannmoment am Stabende l des Stabes (l – r)
M'_{lr}	Stabendmoment am Stabende l des Gelenkstabes (l – r)
$\mathring{M}'_{\mathrm{lr}}$	Volleinspannmoment am Stabende l des Gelenkstabes (l – r)
k_{lr}	Steifigkeit des Stabes (l – r)
k'_{lr}	Steifigkeit des Gelenkstabes (l – r)
μ_{ik}	Verteilungszahlen des CROSS-Verfahrens
γ	Fortleitungszahlen des CROSS-Verfahrens
ΔM_{ik}	Momenteninkremente beim CROSS-Verfahren
μ^{*}_{ik}	Drehungsfaktoren des KANI-Verfahrens
$\hat{M}_{\mathrm{ik}}$	Drehungsanteile des KANI-Verfahrens

Das Kraftgrößenverfahren 1

Das vorliegende Kapitel enthält eine Einführung in das Kraftgrößenverfahren in klassischer Darstellungsweise. Sein Ziel ist eine besonders anschauliche Vermittlung der methodischen Grundlagen als Vorbereitung auf spätere stärker formalisierte und abstrahierte Berechnungskonzepte. Nach Herleitung des Kraftgrößenalgorithmus für beliebige statisch unbestimmte Tragwerke sowie Darlegung seiner Fehler- und Kontrollmöglichkeiten erfolgen ausführliche Erläuterungen nebst Interpretationen der Eigenschaften des Systems der Elastizitätsgleichungen. Die sich anschließende Herleitung des Reduktionssatzes zielt besonders auf dessen Vereinfachungsmöglichkeiten bei Verformungsberechnungen. Den Abschluss bilden Konzepte zur Einflusslinienermittlung.

1.1 Vorbemerkungen

1.1.1 Tragwerksmodellierung und Aufgaben der Statik

Im ersten Band Tragwerke 1 [4] war die Modellierung der physikalisch-mechanischen Wirklichkeit, insbesondere die Abstrahierung eines Bauwerks zur Tragstruktur, eingehend behandelt worden. Danach bilden alle Bauwerkskomponenten mit Tragfunktion das *Tragwerk*. Dessen abstrakte Modellierung, bestehend aus

- Stabelementen,
- Flächenträgerelementen sowie
- geeigneten Stützungs- und Anschlusselementen,

stellt die *Tragstruktur* dar. An Tragstrukturen unter idealisierten Einwirkungen, auch als baustatische oder mechanische Modelle bezeichnet, werden wesentliche Tragverhaltensphänomene des zu entwerfenden Bauwerks untersucht. Den Stoff des vorliegenden Buches beschränken wir dabei erneut auf zeitinvariante Phänomene an Tragstrukturen, die aus Stabelementen aufgebaut sind, d. h. auf die *Statik der Stabtragwerke*.

W. B. Krätzig et al., *Tragwerke 2*, Springer-Lehrbuch,
https://doi.org/10.1007/978-3-642-41723-8_1

Tragwerksmodellierungen liefern stets ein idealisiertes, mehr oder weniger zutreffendes Abbild der Wirklichkeit. Ihre Formulierung, die Festlegung des erforderlichen numerischen Aufwandes sowie schließlich die Beurteilung der erhaltenen Modellantwort sind wesentliche Aufgaben von Entwurfsingenieuren. Tragstrukturen und deren Einwirkungen erfassen das Tragverhalten somit niemals vollständig: Sie sind stets verbesserungsfähig. Dennoch haben sie alle die Tragwerkssicherheit und -zuverlässigkeit bestimmenden Fragestellungen hinreichend genau zu beantworten; diese beziehen sich auf maßgebende *Festigkeit, Steifigkeit* und *Stabilität* des Tragwerks.

Ausreichende *Festigkeit* eines Tragwerks oder einzelner Tragelemente wird i. A. durch Vergleich extremaler Schnittgrößen – Spannungen, innere Kräfte oder Momente – der Einwirkungsseite mit zulässigen Widerstands-Grenzwerten nachgewiesen. Nachweisverfahren und Grenzwerte sind baustoff- und bauweisenspezifisch in den jeweiligen Normen so festgelegt, dass ausreichende Sicherheiten gegen Fließen und Bruch des Werkstoffs eingehalten werden. Unzureichende Festigkeit kann zum Werkstoffversagen einzelner Tragelemente mit der Gefahr eines Einsturzes des Gesamttragwerks führen.

Die *Steifigkeit* eines Tragwerks verknüpft einwirkende Lasten mit entstehenden Verformungen. Sie wird durch Auswahl und Anordnung der Tragelemente, deren Werkstoffeigenschaften und Querschnittsformen beeinflusst. Spätere Tragwerksverformungen müssen mit den Verfahren der Statik zuverlässig vorherberechnet werden; oftmals dürfen auch sie zulässige Grenzwerte nicht überschreiten. Zu geringe Steifigkeit kann unzulässig große Verformungen verursachen und so zur Schwingungsanfälligkeit der Struktur oder zu Schäden des nichttragenden Ausbaus führen.

Unzureichende *Stabilität* gefährdet Tragwerke durch mögliches Ausweichen in Nachbarkonfigurationen. Diese Gefährdung besteht bei kinematisch verschieblichen Strukturen a priori, weshalb sie als Tragwerke ausscheiden; bei beul- und knickgefährdeten Strukturen dagegen ab einem kritischen Lastniveau. Zu geringe Sicherheit gegen Stabilitätsversagen führt zu einer signifikant erhöhten Versagenswahrscheinlichkeit.

Die Methoden der Statik der Tragwerke begründen Antworten auf alle drei Problemkreise unter der Einschränkung zeitinvarianter Einwirkungen. Sie bilden daher die Grundlage für den Entwurf hinreichend sicherer und dauerhafter Tragwerke.

1.1.2 Statisch unbestimmte Tragstrukturen

Wie in Tragwerke 1, Kap. 3 [4] erläutert, zeichnen sich statisch bestimmte Tragstrukturen dadurch aus, dass sämtliche Schnitt- und Auflagergrößen allein durch Anwendung der Gleichgewichtsbedingungen bestimmbar sind. Ist die Anzahl der Schnitt- und Auflagergrößen geringer, so wird die Struktur kinematisch verschieblich (instabil), ist sie dagegen größer, so bezeichnet man die Struktur als *statisch unbestimmt*. Statisch unbestimmte Tragstrukturen erschließen sich einer Berechnung nur unter Heranziehung zusätzlicher Verformungsbedingungen.

System der Knotengleichgewichtsbedingungen:

Anzahl der
Bestimmungsgleichungen •   • unbekannten Kraftgrößen

mit: a Summe aller Auflagerreaktionen
s unabhängige Stabendkraftgrößen je Stabelement
p Summe aller Stabelemente zwischen k Knotenpunkten
g Anzahl der Gleichgewichtsbedingungen je Knoten
k Summe aller Knotenpunkte (einschließlich Auflagerknoten)
r Summe aller Nebenbedingungen (ohne Auflagerknoten)

Allgemeines Abzählkriterium: Form von g^*:

$$\boxed{n = (a + s \cdot p) - (g \cdot k + r)}$$

< 0   kinematisch verschieblich
= 0   statisch bestimmt
> 0   statisch unbestimmt

Sonderformen des Abzählkriteriums:

Stabwerke: ebene $\boxed{n = a + 3(p - k) - r}$
                räumliche $n = a + 6(p - k) - r$

Ideale Fachwerke: ebene $\boxed{n = a + p - 2k}$
                  räumliche $n = a + p - 3k$

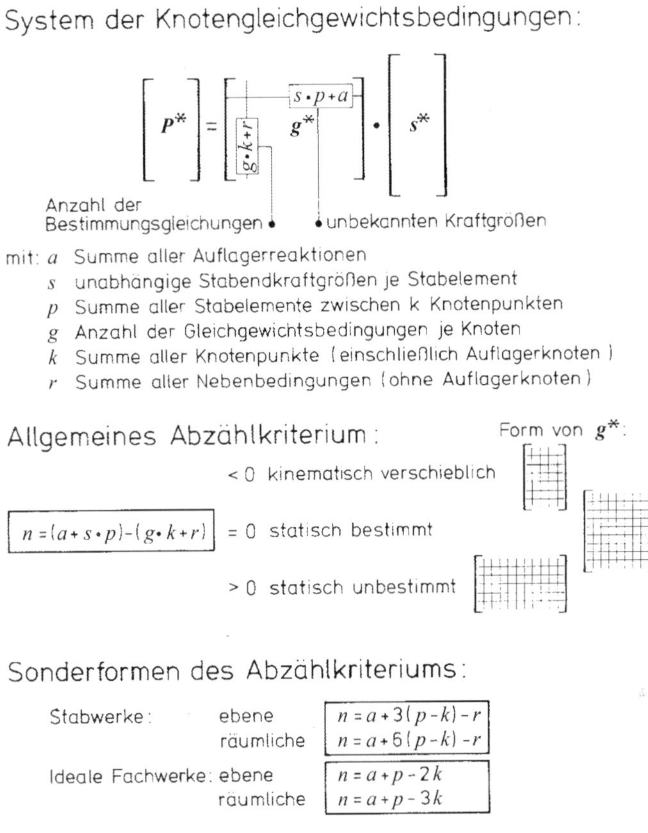

Abb. 1.1 Abzählkriterien

In Tragwerke 1, Abschn. 3.3.2 [4] waren die als unbekannt angesehenen Kraftgrößen s^* – unabhängige Knotenkraftgrößen und Auflagerreaktionen – eines beliebigen Stabtragwerks im System der Knotengleichgewichtsbedingungen

$$P^* = g^* \cdot s^* \tag{1.1}$$

ihren Bestimmungsgleichungen gegenübergestellt worden. Aus der Frage nach einer notwendigen Bedingung für die Inversion von (1.1) entstanden die *Abzählkriterien* als Bilanzierung von Unbekannten und Bestimmungsgleichungen. Die dabei gewonnenen Erkenntnisse wiederholt Abb. 1.1. Danach enthält ein *n-fach statisch unbestimmtes Tragwerk* gerade eine Überzahl von n unbekannten Schnitt- und/oder Auflagergrößen im Vergleich zu den bereitstellbaren Gleichgewichts- und Nebenbedingungen. Die zur Inversion fehlenden n Bestimmungsgleichungen können als zusätzliche Verformungsbedingungen gewonnen werden. Statisch unbestimmte Tragwerke weisen nämlich, wegen der energetischen Dualität von Kraft- und Weggrößen, gerade eine mit der Überzahl n unbekannter

Kraftgrößen korrespondierende Anzahl zusätzlicher kinematischer Bindungen auf, aus denen in der späteren Berechnung je eine Zusatzbedingung herleitbar ist.

Eine Zusammenfassung dieser Erkenntnisse lautet:

Satz Gegenüber statisch bestimmten Strukturen verfügt ein n-fach statisch unbestimmtes Tragwerk über

- n zusätzliche, nicht aus den Gleichgewichts- und Nebenbedingungen bestimmbare, unbekannte Kraftgrößen sowie über
- n zusätzliche kinematische Bindungen, aus denen n zusätzliche Bestimmungsgleichungen hergeleitet werden können.

Das in diesem Kapitel zu behandelnde, klassische Kraftgrößenverfahren stellt die verfahrenstechnische Umsetzung dieser Erkenntnisse dar.

1.1.3 Tragverhalten bei statischer Unbestimmtheit

Statisch unbestimmte Tragstrukturen besitzen eine ungleich größere Bedeutung im Ingenieurwesen als statisch bestimmte. Gründe hierfür liegen in

- ihrer größeren Steifigkeit,
- ihrer höheren Systemfestigkeit und ihrem günstigeren Verformungsverhalten in Versagensnähe sowie
- ihrer zumeist einfacheren Herstellung.

Durchlaufende Stabanschlüsse, die zu statisch unbestimmten Bindungen führen, erfordern fast immer einen geringeren Konstruktions- und Unterhaltungsaufwand als statisch bestimmte Anschlussfugen. Sie führen zu reduzierten Verformungen und damit zu erhöhten Tragwerkssteifigkeiten. Selbstverständlich werden Tragwerke auch nach Gesichtspunkten optimalen Nutzungsverhaltens sowie niedriger Herstellungs- und Unterhaltungskosten entworfen. Das dominante Entwurfskriterium stellt aber ihre größtmögliche Sicherheit gegen Versagen dar, auch dann, wenn normengerechte Nachweisverfahren nach Theorie 1. Ordnung dies nicht ohne WSeiteres erkennen lassen.

In dieser Hinsicht weisen statisch unbestimmte Tragwerke stets ein erheblich günstigeres Tragverhalten auf als statisch bestimmte, wie beispielhaft anhand der beiden räumlichen Rahmentragwerke in Abb. 1.2 gezeigt werden soll. Das ursprüngliche, in Anlehnung an [2] ausgewählte Tragwerk stellt einen um 90° abgewinkelten, an seinen Enden biege- (A, B) und torsionssteif (A) eingespannten Rahmen dar. Seine Querbiegesteifigkeit sei vernachlässigbar klein: $EI_z = 0$. Unter Anwendung des Abzählkriteriums der Abb. 1.1 finden wir als Grad der statischen Unbestimmtheit:

$$n = 12 + 6(2 - 3) - 4 = 2. \qquad (1.2)$$

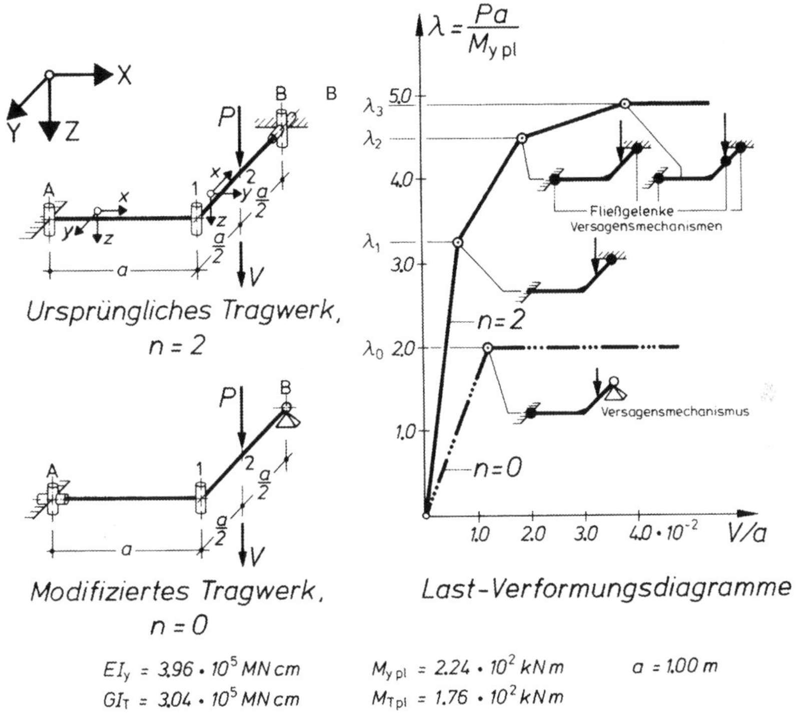

Abb. 1.2 Plastisches Versagen eines statisch bestimmten und eines statisch unbestimmten, räumlichen Rahmentragwerks

Durch Einbau weiterer 2 Nebenbedingungen, einem Torsionsgelenk in A und einem Biegemomentengelenk $M_y = 0$ in B, erfolgt die Umwandlung in ein statisch bestimmtes Tragwerk $n = 0$. Für diese Tragstruktur wurde der Last-Verformungsverlauf im rechten Teil von Abb. 1.2 nach einem einfachen, Näherungsverfahren, das linear elastisch-vollplastisches Werkstoffverhalten voraussetzt berechnet. Zunächst wächst die zu P korrespondierende Verschiebung V linear an. Mit dem Auftreten eines Biegemomenten-Fließgelenkes im Auflagerpunkt A wird die Traglast der Struktur erreicht, da für alle Lastfaktoren $\lambda > \lambda_0$ nur noch ein kinematisch verschiebliches Resttragwerk zur Verfügung steht: Dem Last-Verformungsdiagramm entsprechend wird das Tragwerk mit ins Unendliche anwachsenden Deformationen versagen.

Völlig anders dagegen verhält sich das ursprüngliche, 2-fach statisch unbestimmte Rahmentragwerk. Das zunächst ebenfalls lineare, jedoch steifere Tragverhalten führt für λ_1 zu einem ersten Biegemomenten-Fließgelenk im Punkt B. Hierdurch wird das Tragwerk zwar weicher, nimmt jedoch weitere Last auf. Auch nach Ausbildung eines Torsions-Fließgelenkes im Auflagerpunkt A für das Lastniveau λ_2 erfolgt noch eine weitere Laststeigerung. Erst nach Auftreten eines weiteren Biegemomenten-Fließgelenkes, nunmehr im Punkt 2, wird das kinematisch verschiebliche Restsystem unfähig zu weiterer Lastaufnahme: $\lambda_{max} = \lambda_3$.

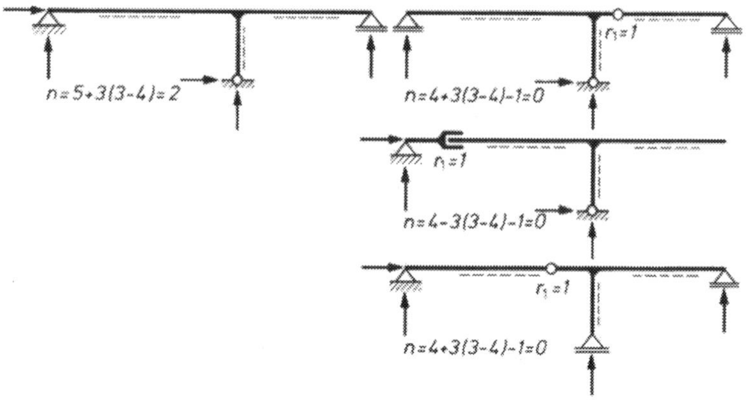

Abb. 1.3 2-fach statisch unbestimmtes Rahmentragwerk und statisch bestimmte Tragwerksvarianten

Ein derartiges Tragverhalten lässt sich durchaus verallgemeinern. Bei statisch bestimmten Strukturen wird bereits das Versagen einer einzigen Bindung zum Gesamtversagen führen. Auch im Falle von Werkstoffen mit Dehnungsverfestigung sind die zusätzlichen Tragreserven i. A. äußerst begrenzt. Ganz anders reagieren statisch unbestimmte Tragwerke: Bei ihnen ist vor dem endgültigen Versagen fast immer ein allmähliches Aufweichen der Struktur, eine *Vorankündigung*, zu beobachten.

Auch wenn in diesem Band – wie bei den meisten Tragwerksberechnungen der Technik – statisch unbestimmte Tragwerke nur im Rahmen einer linear elastischen Theorie infinitesimal kleiner Verformungen behandelt werden, sind diese Erkenntnisse für den Entwurf von Tragwerken von großer Bedeutung: Statisch unbestimmte Strukturen weisen im Vergleich zu statisch bestimmten sowohl unter Gebrauchslasten als auch bis zum Versagen ein günstigeres Tragverhalten mit zusätzlichen inneren Sicherheiten auf und sind somit redundant.

1.2 Herleitung des Verfahrens

1.2.1 Einführung: 2-fach statisch unbestimmtes Tragwerk

Die Einführung in das Kraftgrößenverfahren soll nun anhand des in Abb. 1.3 links dargestellten Rahmentragwerks erfolgen. Unter Anwendung des Abzählkriteriums bestimmen wir dessen Grad der statischen Unbestimmtheit zu $n = 2$: Demnach ist das Tragwerk mit den aus Tragwerke 1 [4] bekannten Vorgehensweisen nicht zu berechnen. Entfernen wir jedoch $n = 2$ beliebige kinematische Bindungen, so wird das ursprünglich 2-fach statisch unbestimmte Tragwerk in ein statisch bestimmtes System überführt. Hierzu könnte beispielsweise, wie im rechten Teil von Abb. 1.3 geschehen, eine der horizontalen Auflagerbindungen entfernt oder an beliebiger Stelle des linken Riegels ein

Normalkraftgelenk eingefügt werden. Weiterhin könnte eine vertikale Auflagerbindung beseitigt oder ein Biegemomentengelenk an beliebiger Stelle eingefügt werden.

Offensichtlich existieren je statisch unbestimmter Bindung sehr viele, genauer gesagt *unendlich* viele Möglichkeiten einer Bindungsbefreiung, so dass einem n-fach statisch unbestimmten Tragwerk ∞^{n} statisch bestimmte Tragwerksvarianten zugeordnet werden können. Die Wahl der Bindungslösung ist dabei weitgehend willkürlich. Einzig notwendige Bedingung ist offensichtlich die Vermeidung *kinematisch verschieblicher Teilsysteme*, für welche keine Gleichgewichtszustände existieren.

Eine nach dem Gesichtspunkt einfacher Berechenbarkeit ausgewählte, statisch bestimmte Tragwerksvariante, bei welcher im Punkt 1 die Biegesteifigkeit des rechten Riegels und in B die horizontale Lagerbindung aufgehoben wurde, legen wir nun gemäß Abb. 1.4 der weiteren Bearbeitung als *statisch bestimmtes Hauptsystem* oder *Grundsystem* zugrunde. An diesem bestimmen wir zunächst in bekannter Weise die Schnitt- und Auflagergrößen der vorgegebenen Einwirkungen, beispielsweise für die in Abb. 1.4 dargestellten Lasten die Funktionsverläufe N_{xL}, Q_{xL}, M_{xL} und die Auflagerreaktionen C_{lL}. Diese bilden Zustandsgrößen des *Lastzustandes* am statisch bestimmten Hauptsystem.

Alle Zustandsgrößen des statisch bestimmten Hauptsystems weichen von den Zielgrößen des statisch unbestimmten Originaltragwerks mehr oder weniger stark ab. Dies wird am Beispiel der Biegelinie besonders deutlich. In den gelösten kinematischen Bindungen des Grundsystems treten entsprechende *Schnittuferklaffungen* oder *Diskontinuitäten* auf: eine gegenseitige Tangentendrehung $\delta_{1\mathrm{L}}$ im Biegemomentengelenk sowie eine Horizontalverschiebung $\delta_{2\mathrm{L}}$ zwischen den oberen und unteren Lagerteilen des Punktes B.

Unser Ziel ist die Berechnung des statisch unbestimmten Tragwerks. Dieses unterscheidet sich vom Grundsystem gerade durch die in den dort gelösten Bindungen wirkenden, *korrespondierenden* Kraftgrößen, die nach der Bindungsaufhebung nun durch entsprechende *äußere* Kraftgrößen simuliert werden müssen. Wir bezeichnen diese Kraftgrößen als *statisch Unbestimmte* oder *statisch Überzählige*: im Beispiel ein Momentenpaar $M_1 = X_1$ im Biegemomentengelenk sowie eine Horizontalkraft $H_{\mathrm{B}} = X_2$ im Lagerpunkt B. Diese statisch Unbestimmten X_{i} werden am Ende gerade so groß sein müssen, dass die am statisch bestimmten Hauptsystem ermittelten, am statisch unbestimmten System dagegen falschen Verformungen an den Bindungsaufhebungen auf den richtigen Wert 0 korrigiert werden. Ihre noch unbekannten Größen erklärt die Bezeichnung mit dem Buchstaben X. Daher werden die zugehörigen Schnitt- und Auflagergrößen zunächst für *Einheitswirkungen* ermittelt, d. h.

$$N_{\mathrm{x1}}, Q_{\mathrm{x1}}, M_{\mathrm{x1}} \text{ für } X_1 = 1, X_2 = 0 \text{ und}$$

$$\mathrm{N}_{\mathrm{x2}}, Q_{\mathrm{x2}}, M_{\mathrm{x2}} \text{ für } X_1 = 0, X_2 = 1.$$

Beide Zustände sind von den vorgegebenen Lasten völlig unabhängig und bilden eigene Gleichgewichtssysteme. Wir bezeichnen sie als *Einheitskraftgrößenzustände* $X_1 = 1$bzw.

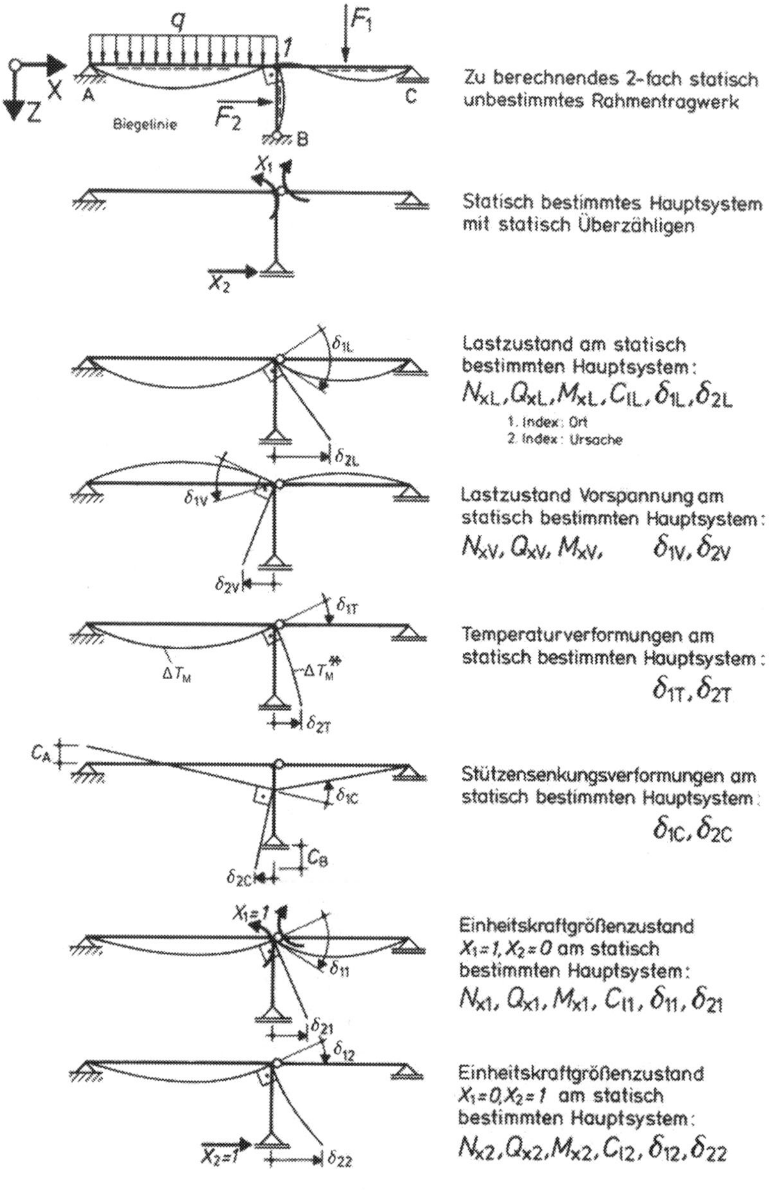

Abb. 1.4 Erläuterungen zum Kraftgrößenverfahren eines 2-fach statisch unbestimmten Rahmentragwerks

$X_2 = 1$ am statisch bestimmten Hauptsystem. Die Schnitt- und Auflagergrößen des ursprünglichen, 2-fach statisch unbestimmten Tragwerks können nun als Superposition der Zustandsgrößen des Lastzustandes und derjenigen der beiden Ergänzungszustände interpretiert werden:

$$\begin{bmatrix} N_x \\ Q_x \\ M_x \\ C_1 \end{bmatrix} = \begin{bmatrix} N_{xL} \\ Q_{xL} \\ M_{xL} \\ C_{xL} \end{bmatrix} + X_1 \begin{bmatrix} N_{x1} \\ Q_{x1} \\ M_{x1} \\ C_{x1} \end{bmatrix} + X_2 \begin{bmatrix} N_{x2} \\ Q_{x2} \\ M_{x2} \\ C_{x2} \end{bmatrix}, \tag{1.3}$$

alles berechnet am statisch bestimmten Hauptsystem. Da die beteiligten Einheitskraftgrößenzustände Gleichgewichtssysteme bilden, existieren ∞^2 mögliche Kombinationen (1.3), welche alle die Gleichgewichtsbedingungen erfüllen. *Eine* dieser Kombinationen ist gerade so beschaffen, dass darüber hinaus die Schnittuferklaffungen in den herausgelösten Bindungen verschwinden: Dies ist die gesuchte Lösung $\{X_1, X_2\}$ für das statisch unbestimmte Tragwerk. Sie ist offensichtlich nur durch Ermittlung der Schnittuferklaffungen auffindbar.

Diese Weggrößen sind mit den im Kap. 8 von Tragwerke 1 [4] erarbeiteten Kenntnissen ohne Schwierigkeiten zu bestimmen. Beispielsweise ist die im Riegelgelenk 1 unter der äußeren Belastung auftretende, gegenseitige Verdrehung δ_{1L} der beiden Stabtangenten gerade durch Überlagerung der Lastschnittgrößen mit den Schnittgrößen infolge $X_1 = 1$ als virtuellem Hilfszustand im Formänderungsarbeitsintegral berechenbar:

$$\delta_{1L} = \int_0^l \left[\frac{N_{x1} N_{xL}}{EA} + \frac{Q_{x1} Q_{xL}}{GA_Q} + \frac{M_{x1} M_{xL}}{EI} \right] \mathrm{d}x. \tag{1.4}$$

Die im Lager B sich ausbildende Horizontalverschiebung δ_{2L} bestimmt sich folgerichtig gerade durch Überlagerung der Lastschnittgrößen mit den Schnittgrößen infolge ${}^{n}\varphi_{wk}$ als virtuellem Hilfszustand:

$$\delta_{2L} = \int_0^l \left[\frac{N_{x2} N_{xL}}{EA} + \frac{Q_{x2} Q_{xL}}{GA_Q} + \frac{M_{x2} M_{xL}}{EI} \right] \mathrm{d}x. \tag{1.5}$$

In (1.4, 1.5) erinnern wir erneut an die Vereinbarung, wonach der 1. Index den Tragwerksort (B := 2), der 2. Index die Verformungsursache beschreibt.

Darüber hinaus bewirken aber auch die Einheitszustände der beiden statisch Überzähligen in den aufgehobenen Bindungen Schnittuferklaffungen. So ermittelt sich die im Biegemomentengelenk entstehende, gegenseitige Tangentenneigung infolge $X_1 = 1$ durch Kombination der Schnittgrößen aus der Verformungsursache $X_1 = 1$ mit denjenigen infolge $X_1 = 1$ als virtuellem Hilfszustand, also durch Kombination des Einheitskraftgrößenzustandes $X_1 = 1$ mit sich selbst:

$$\delta_{11} = \int_0^l \left[\frac{N_{x1} N_{x1}}{EA} + \frac{Q_{x1} Q_{x1}}{GA_Q} + \frac{M_{x1} M_{x1}}{EI} \right] \mathrm{d}x. \tag{1.6}$$

Die horizontale Fußpunktverschiebung des Lagers B infolge $X_2 = 1$ entsteht in gleicher Weise durch Kombination der Schnittgrößen infolge der Ursache $X_2 = 1$ mit denselben Größen als virtuellem Hilfszustand:

$$\delta_{22} = \int_0^1 \left[\frac{N_{x2} N_{x2}}{EA} + \frac{Q_{x2} Q_{x2}}{GA_Q} + \frac{M_{x2} M_{x2}}{EI} \right] dx. \tag{1.7}$$

und die gegenseitige Tangentenneigung in 1 infolge $X_2 = 1$, welche der Fußpunktverschiebung infolge $X_1 = 1$ gleicht, folgerichtig zu:

$$\delta_{12} = \delta_{21} = \int_0^1 \left[\frac{N_{x1} N_{x2}}{EA} + \frac{Q_{x1} Q_{x2}}{GA_Q} + \frac{M_{x1} M_{x2}}{EI} \right] dx. \tag{1.8}$$

Im Gegensatz zu δ_{1L}, δ_{2L} gilt für (1.6, 1.7, 1.8) natürlich der Satz von MAXWELL[1]: Wegen der verursachenden Kraftgrößen „1“ sind die Indizes vertauschbar.

Um dem Leser die verschiedenen, für eine Anwendung des Kraftgrößenverfahrens erforderlichen Schnittuferklaffungen zu verdeutlichen, wurden diese in Abb. 1.4 an den jeweiligen Biegelinien markiert. Natürlich werden die Biegelinien selbst hier nicht benötigt.

Um nun das statisch bestimmte Hauptsystem mit seinem Lastzustand und den beiden Ergänzungszuständen (1.3) in das wirkliche, statisch unbestimmte Tragwerk zu überführen, müssen die in den beseitigten Bindungen auftretenden Gesamt-Schnittuferklaffungen δ_1, δ_2 zum Verschwinden gebracht werden. Hierzu werden die jeweiligen Klaffungen der Einheitszustände mit den wirklichen, allerdings noch unbekannten Werten ihrer zugehörigen statisch Überzähligen vervielfacht und zu den entsprechenden Klaffungen des Lastzustandes addiert. Die Kontinuitätsforderungen lauten für die beiden Schnittuferklaffungen:

$$\begin{aligned} \delta_1 &= X_1 \delta_{11} + X_2 \delta_{12} + \delta_{1L} = 0, \\ \delta_2 &= X_1 \delta_{21} + X_2 \delta_{22} + \delta_{2L} = 0. \end{aligned} \tag{1.9}$$

Aus dem entstandenen linearen Gleichungssystem 2. Ordnung, dem System der *Elastizitätsgleichungen* oder *Kontinuitätsbedingungen*, können nun die unbekannten Werte der beiden statisch Überzähligen $\{X_1, X_2\}$ bestimmt werden. Sobald diese bekannt sind, lassen sich die wirklichen Schnitt- und Auflagergrößen des statisch unbestimmten Tragwerks gemäß (1.3) superponieren.

[1] JAMES CLERK MAXWELL, britischer Physiker, 1831–1879, veröffentlichte 1864 den nach ihm benannten Satz von der Vertauschbarkeit der Indizes im Zusammenhang mit der Berechnung statisch unbestimmter Fachwerke.

Neben den äußeren, mit L indizierten Lasten können noch weitere Einwirkungen vorgegeben sein, beispielsweise Vorspannungen V, Temperatureinwirkungen T oder Stützensenkungen C gemäß Abb. 1.4. An statisch bestimmten Strukturen erzeugen Vorspannmaßnahmen bekanntlich keine Auflagerreaktionen ($C_{1\mathrm{v}} = 0$), und Temperatureinwirkungen sowie Lagerverschiebungen führen weder zu Schnitt- noch Auflagergrößen. Als weitere Aufgabenstellungen könnten Langzeiteinwirkungen auf statisch unbestimmte Tragwerke aus nichtelastischen Werkstoffen – Kriechen und Schwinden – Ziel der Berechnung sein. Alle für derartige Fragestellungen erforderlichen Verformungsgrößen entnehmen wir Tragwerke 1 [4] Tafel 8.2, beispielsweise erhalten wir für die Klaffungen δ_{i} von ebenen Tragwerken infolge der Ursachen k $\{(1+\varphi_{\mathrm{l}})N_{\mathrm{xk}}, Q_{\mathrm{xk}}, (1+\varphi_{\mathrm{t}})M_{\mathrm{xk}}, \Delta T_{\mathrm{N}}, \Delta T_{\mathrm{M}}, \varepsilon_{\mathrm{s}}, \Delta\varepsilon_{\mathrm{s}}\}$ mit den dort verwendeten Bezeichnungen:

$$\begin{aligned}\delta_{\mathrm{ik}} = &\int_0^1 N_{\mathrm{xi}}\left(\frac{N_{\mathrm{xk}}(1+\varphi_t)}{EA} + \alpha_T \Delta T_{\mathrm{N}} - \varepsilon_{\mathrm{s}}\right)dx + \int_0^1 \frac{Q_{\mathrm{xi}}Q_{\mathrm{xk}}}{GA_{\mathrm{Q}}}dx \\ &+ \int_0^1 M_{\mathrm{xi}}\left(\frac{M_{\mathrm{xk}}(1+\varphi_t)}{EI} + \alpha_T\frac{\Delta T_{\mathrm{M}}}{h} - \frac{\Delta\varepsilon_{\mathrm{s}}}{\mathrm{h}}\right)dx \\ &- \sum_1 C_{1\mathrm{i}}c_{\mathrm{lk}} - \sum_1 M_{\mathrm{wi}}\varphi_{\mathrm{wk}}. \end{aligned} \tag{1.10}$$

Hierin dürfen natürlich wieder die im Abschn. 8.2.1 von Tragwerke 1 [4] begründeten Vereinfachungen berücksichtigt werden, im vorliegenden Beispiel der Abb. 1.4 somit alle Arbeitsanteile außer denjenigen der Biegemomente, Temperaturverkrümmungen und Lagerverschiebungen gestrichen werden.

Berücksichtigt man nun sämtliche in Abb. 1.4 enthaltenen Einwirkungen, so nimmt das System der Elastizitätsgleichungen (1.9) folgende erweiterte Form an:

$$\begin{aligned}\delta_1 &= X_1\delta_{11} + X_2\delta_{12} + \delta_{1\mathrm{L}} + \delta_{1\mathrm{V}} + \delta_{1\mathrm{T}} + \delta_{1\mathrm{C}} \\ &= X_1\delta_{11} + X_2\delta_{12} + \delta_{10} = 0, \\ \delta_2 &= X_1\delta_{21} + X_2\delta_{22} + \delta_{2\mathrm{L}} + \delta_{2\mathrm{V}} + \delta_{2\mathrm{T}} + \delta_{2\mathrm{C}} \\ &= X_1\delta_{21} + X_2\delta_{22} + \delta_{20} = 0. \end{aligned} \tag{1.11}$$

Nach dessen Lösung erfolgt erneut die Zustandsgrößensuperposition analog (1.3).

1.2.2 Verallgemeinerung auf *n*-fach statisch unbestimmte Tragwerke

Zunächst wollen wir uns alle soeben eingeführten Begriffe nebst ihren Abkürzungen oder Symbolen in Abb. 1.5 noch einmal vergegenwärtigen. Ergänzend hierzu definieren wir die folgenden, bereits mehrfach verwendeten Grundbegriffe:

HS	Hauptsystem oder Grundsystem	
LZ	Lastzustand	
EZ	Einheitskraftgrößenzustand oder Einheitszustand	
X_{i}	Statisch Überzählige oder statisch Unbestimmte	
	Schnittuferklaffungen im Punkte i	
δ_{ii}		infolge des EZes $X_{\mathrm{i}} = 1$
δ_{ik}		infolge des EZes $X_{\mathrm{k}} = 1$
δ_{iL}	δ_{i0}	infolge einwirkender äußerer Lasten
δ_{iV}	δ_{i0}	infolge einwirkender Vorspannmaßnahmen
δ_{iT}	δ_{i0}	infolge einwirkender Temperaturverzerrungen
δ_{iC}	δ_{i0}	infolge einwirkender Lagerverschiebungen
δ_{i0}		infolge der Summe aller Einwirkungen
δ_{i}		infolge der Summe aller Einwirkungen und des Ergänzungszustandes

Abb. 1.5 Begriffe und Abkürzungen des Kraftgrößenverfahrens

▶ **Definition** Jeder kinematisch verträgliche Tragwerkszustand, der als Folge äußerer Einwirkungen (Lasten, eingeprägte Weggrößen) die Gleichgewichtsbedingungen erfüllt, heißt *Lastzustand.*

Jeder Tragwerkszustand, der darüber hinaus auch die Kontinuitätsbedingungen des wirklichen, statisch unbestimmten Originaltragwerks erfüllt, heißt *wirklicher Lastzustand.*

Jeder kinematisch verträgliche Tragwerkszustand, der lastfrei, nur mit den *Einheitswirkungen* der statisch Überzähligen die Gleichgewichtsbedingungen erfüllt, heißt *Einheitskraftgrößenzustand* oder abgekürzt *Einheitszustand.*

Diese Grundbegriffe werden im Alltagsgebrauch nicht einheitlich verwendet. Ein bekanntes Beispiel bilden mittels Spanngliedern vorgespannte Tragwerke. Obwohl man bei der Ermittlung der auf den vorzuspannenden Querschnitt wirkenden Schnittgrößen die Spanngliedkräfte i. A. im Sinne äußerer Lasten behandelt, werden Vorspannungswirkungen oftmals nicht zu den Lastzuständen gezählt, sondern als *Eigenspannungszustände*[2] bezeichnet. Damit wird auf das innerlich statisch unbestimmte Zusammenwirken zwischen Spannstahl und vorzuspannendem Querschnitt abgehoben.

[2] Eigenspannungszustände sind Gleichgewichtssysteme in fiktiven Tragwerksschnitten, sie liefern somit keine resultierenden Schnittgrößen.

Weiter machen wir uns klar, dass in *statisch bestimmten* Tragstrukturen Kraftgrößen von Lastzuständen grundsätzlich nur als Folge äußerer Lasten oder von Vorspannmaßnahmen auftreten können. Eingeprägte Temperaturverzerrungen oder Lagerverschiebungen führen lediglich zu zwangfreien Tragwerksverformungen im Sinne kinematischer Ketten. Ganz anders verhalten sich dagegen *statisch unbestimmte* Tragwerke: Schnitt- und Auflagergrößen eines wirklichen Lastzustandes können auch allein durch eingeprägte Weggrößen, beispielsweise durch eine Stützensenkung oder eine Temperaturverkrümmung, hervorgerufen werden. Derartige Kraftgrößenzustände bezeichnet man auch häufig als *Zwangkraftzustände* oder *Zwängungen*: Sie sind der Tragwerkssteifigkeit proportional und werden daher bei Werkstoffplastizierungen abgebaut.

Der Begriff des *Lastzustandes* vereinigt somit alle Kraft- und Weggrößenzustände eines Tragwerks, die durch eingeprägte Wirkungen verursacht werden. *Einheitszustände* an statisch bestimmten Hauptsystemen wurden als Gleichgewichtssysteme infolge von *Einheitswirkungen* der statisch Überzähligen eingeführt. Ihre Zusammenfassung, nach Multiplikation mit den jeweiligen statisch Überzähligen, zum Bestandteil des wirklichen Lastzustandes am statisch unbestimmten Tragwerk war als *Ergänzungszustand* bezeichnet worden.

Nach diesen Klarstellungen soll nun der Algorithmus des Kraftgrößenverfahrens auf ein n-fach statisch unbestimmtes Tragwerk verallgemeinert werden, wobei n jede beliebige, positive Ganzzahl annehmen darf. Der Algorithmus selbst ist in Abb. 1.6 zusammengefasst, wobei die inneren Zustandsgrößen eines *ebenen* Tragwerks vorausgesetzt wurden. Die einfache Erweiterung auf räumliche Stabtragwerke überlassen wir dem Leser.

Wir beginnen mit dem ersten Teilschritt, nämlich der Bestimmung des Grades n der statischen Unbestimmtheit. Als zweites wählen wir aus ∞^{n} möglichen Alternativen das der Berechnung zugrunde zu legende, statisch bestimmte Hauptsystem durch Lösung von n weitgehend beliebigen, kinematischen Bindungen. Hierdurch werden automatisch die zu den gelösten Bindungen korrespondierenden Kraftgrößen als statisch Überzählige X_i ($i = 1, \ldots n$ bzw. $i = a, \ldots n$) aktiviert, die als äußere Kraftgrößen anzusehen sind: Einem Normalkraftgelenk ist ein axiales, längs der Stabachse wirkendes Kräftepaar, einem Querkraftgelenk ein transversal zur Stabachse gerichtetes Kräftepaar, einem Biegemomentengelenk ein Momentenpaar und einer Auflagerbindung die korrespondierende Auflagerkomponente zugeordnet. Einzige Bedingung für die Wahl des statisch bestimmten Hauptsystems ist der Ausschluss kinematisch verschieblicher Strukturen oder Teilstrukturen.

Im dritten Teilschritt ermitteln wir sodann die Schnitt- und Auflagergrößen der Lastzustände, gegebenenfalls auch die Schnittgrößen einer Vorspannmaßnahme am statisch bestimmten Hauptsystem, danach die Schnitt- und Auflagergrößen sämtlicher n Einheitskraftgrößenzustände $X_i = 1$. Selbstverständlich müssen alle Einheitszustände voneinander linear unabhängig sein, d. h. keine ihrer Schnittgrößenfunktionen darf durch Linearkombination aus denjenigen der übrigen $(n-1)$ Zustände herleitbar sein. Wäre beispielsweise die Beziehung

$$M_{\mathrm{xi}} = c_{\mathrm{a}} M_{\mathrm{xa}} + c_b M_{\mathrm{xb}} + \ldots c_{\mathrm{i-1}} M_{\mathrm{xi-1}} + c_{\mathrm{i+1}} M_{\mathrm{xi+1}} + \ldots c_{\mathrm{n}} M_{\mathrm{xn}} \tag{1.12}$$

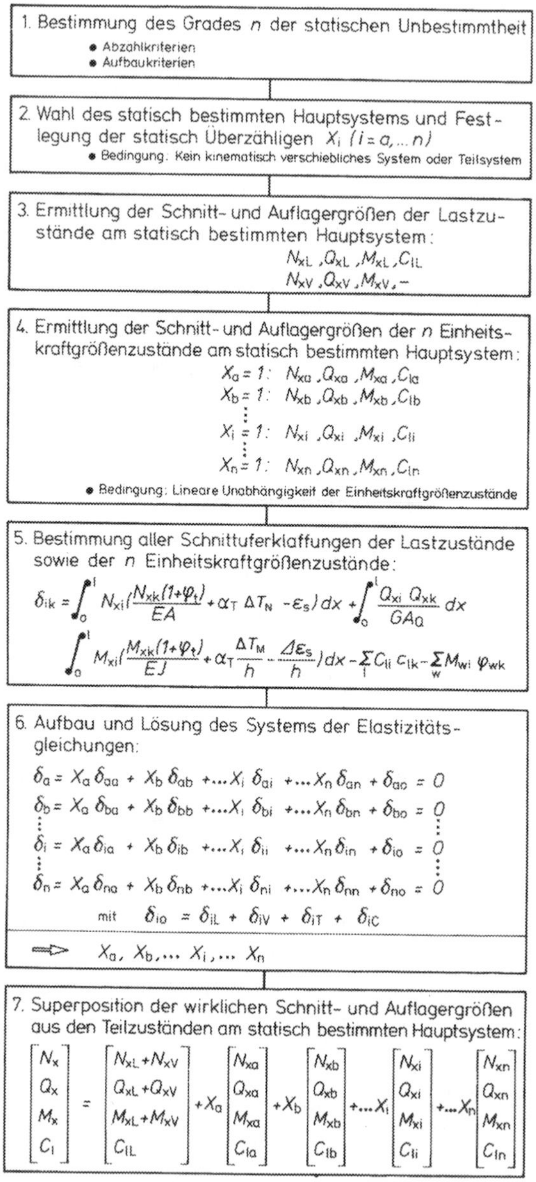

Abb. 1.6 Der Algorithmus des Kraftgrößenverfahrens für ein n-fach statisch unbestimmtes Tragwerk

für eine Kombination der Konstanten c_j erfüllt, wobei mindestens *ein* $c_j \neq 0$ sein muss, so bestände eine solche lineare Abhängigkeit: Der Einheitszustand X_i fehlte als unabhängiger Gleichgewichtszustand, und die Aufgabe der Berechnung eines n-fach statisch unbestimmten Tragwerks wäre somit nicht lösbar. Es sei jedoch betont, dass bei dem eingeschlagenen anschaulichen Vorgehen zur Wahl des statisch bestimmten Hauptsystems durch Befreiung *unterschiedlicher* kinematischer Bindungen lineare Abhängigkeiten i. A. nicht entstehen können.[3]

Im fünften Teilschritt bestimmen wir sämtliche Schnittuferklaffungen δ_{ik} des Lastzustandes, d. h. einschließlich vorhandener Vorspannmaßnahmen sowie weiterer äußerer und innerer Einwirkungen, und der n Einheitszustände der statisch Überzähligen $X_i = 1$. Dies versetzt uns in die Lage, anschließend das System der Elastizitätsgleichungen – nunmehr von der Ordnung n – als Kontinuitätsbedingung für jede befreite Bindung aufzustellen und hieraus die n statisch Überzähligen zu bestimmen. Es ist allgemein üblich, dieses System mit einer beliebigen Vergleichssteifigkeit zu multiplizieren, wie dies bereits bei den Verformungsbeispielen des Kap. 8 in Tragwerke 1 [4] erfolgte. Damit nimmt die i-te Elastizitätsgleichung folgende Variante an:

$$\begin{aligned} EI_c\delta_{\mathrm{i}} &= X_{\mathrm{a}}EI_c\delta_{\mathrm{ia}} + X_{\mathrm{b}}EI_c\delta_{\mathrm{ib}} + \ldots X_{\mathrm{i}}EI_c\delta_{\mathrm{ii}} + \ldots X_{\mathrm{n}}EI_c\delta_{\mathrm{in}} + EI_c\delta_{\mathrm{i0}} \\ &= \delta'_{\mathrm{i}} = X_{\mathrm{a}}\delta'_{\mathrm{ia}} + X_{\mathrm{b}}\delta'_{\mathrm{ia}} + \ldots X_{\mathrm{i}}\delta'_{\mathrm{ii}} + \ldots X_{\mathrm{n}}\delta'_{\mathrm{in}} + \delta'_{\mathrm{io}} = 0. \end{aligned} \tag{1.13}$$

Im siebten Teilschritt schließlich können die Schnitt- und Auflagergrößen des wirklichen Lastzustandes durch Superposition einander entsprechender Kraftgrößen des Lastzustandes und des Ergänzungszustandes am statisch bestimmten Hauptsystem gewonnen werden. Letzterer setzt sich aus den Schnitt- und Auflagergrößen aller *Einheitswirkungen*, multipliziert mit den wirklichen Werten ihrer jeweiligen statisch Überzähligen zusammen. Selbstverständlich können auch *beliebige* Zustandsgrößen, beispielsweise die Ordinaten

$$\delta_{\mathrm{x}} = X_{\mathrm{a}}\delta_{\mathrm{xa}} + X_{\mathrm{b}}\delta_{\mathrm{xb}} + \ldots X_{\mathrm{i}}\delta_{\mathrm{xi}} + \ldots X_{\mathrm{n}}\delta_{\mathrm{xn}} + \delta_{x0} \tag{1.14}$$

einer wirklichen Biegelinie des statisch unbestimmten Tragwerks, in gleicher Weise aus den Einzelbestandteilen superponiert werden.

Dieser abschließende Schritt der Superposition von Teilzuständen, der sich bereits im Aufbau der Elastizitätsgleichungen widerspiegelte, beleuchtet den Charakter des Kraftgrößenverfahrens als eines Konzeptes der *linearen Statik*: Wegen der zentralen Stellung des Superpositionsgesetzes ist es in dieser Form auf die Theorie 1. Ordnung beschränkt.

1.2.3 Fehlermöglichkeiten, Rechenkontrollen und Fehlerdiagnose

Aus dem soeben erläuterten und in Abb. 1.6 dokumentierten Algorithmus des Kraftgrößenverfahrens wird der bei der Berechnung statisch unbestimmter Tragwerke vielfach höhere numerische Aufwand deutlich, verglichen mit dem bei statisch bestimmten Strukturen erforderlichen: Er steigt um das $2n$- bis $3n$-fache. Dementsprechend nehmen auch die

[3] Später werden wir andere Wahlmöglichkeiten kennenlernen, bei denen diese Gefahr besteht.

Fehlermöglichkeiten zu. Um dennoch vertrauenswürdige Ergebnisse zu erhalten, werden laufende Berechnungskontrollen, eingebunden in ein systematisches Fehlerdiagnosekonzept, erforderlich. Wir wollen uns zunächst die vorhandenen Kontrollmöglichkeiten vor Augen führen.

Gleichgewichtskontrollen Diese können durch Anwendung geeigneter Gleichgewichtsbedingungen auf das gesamte Tragwerk oder auf fiktiv herausgetrennte Tragwerksteile durchgeführt werden. Gemäß den in Tragwerke 1 [4] Kap. 4 behandelten Grundmethoden stehen folgende Gleichgewichtskontrollen zur Verfügung:

- am Gesamttragwerk zur Auflagergrößenkontrolle,
- an Teilsystemen zur Kontrolle einzelner Schnittgrößen,
- an Tragwerksknoten zur Kontrolle von Knotenschnittgrößen.

Lösungskontrolle der Elastizitätsgleichungen Eine zentrale numerische Aufgabe stellt die Lösung des Systems der Elastizitätsgleichungen dar. Unabhängig davon, ob diese manuell oder computer-automatisiert erfolgt, bildet sie eine Quelle möglicher Rechenfehler. Sicherheit hinsichtlich Fehlerfreiheit der Lösungen X_{i} gewinnt man nur durch deren Einsetzen in das urspüngliche Gleichungssystem und Überprüfung der Gleichungserfüllung.

Verformungskontrollen Zur Herleitung geeigneter Verformungskontrollen greifen wir die *i*-te Elastizitätsgleichung

$$\delta_{\mathrm{i}} = \delta_{\mathrm{i0}} + X_{\mathrm{a}}\delta_{\mathrm{ia}} + X_{\mathrm{b}}\delta_{\mathrm{ib}} + \ldots X_{\mathrm{i}}\delta_{\mathrm{ii}} + \ldots X_{\mathrm{n}}\delta_{\mathrm{in}} = 0 \tag{1.15}$$

des sechsten Teilschrittes der Abb. 1.6 heraus. Wir setzen voraus, dass jede ihrer Schnittuferklaffungen durch

$$\delta_{\mathrm{ik}} = \int_0^1 \left[\frac{N_{\mathrm{xi}}N_{\mathrm{xk}}}{EA} + \frac{Q_{\mathrm{xi}}Q_{\mathrm{xk}}}{GA_Q} + \frac{M_{\mathrm{xi}}M_{\mathrm{xk}}}{EI}\right]\mathrm{d}x \tag{1.16}$$

zu berechnen sei. Wir substituieren die passenden Formen von (1.16) in (1.15) und ordnen sodann die Glieder neu:

$$\begin{aligned}
\delta_{\mathrm{i}} = & \int_0^1 \left[\frac{N_{\mathrm{xi}}N_{\mathrm{x0}}}{EA} + \frac{Q_{\mathrm{xi}}Q_{\mathrm{x0}}}{GA_Q} + \frac{M_{\mathrm{xi}}M_{\mathrm{x0}}}{EI}\right]\mathrm{d}x \\
& + X_{\mathrm{a}} \int_0^1 \left[\frac{N_{\mathrm{xi}}N_{\mathrm{xa}}}{EA} + \frac{Q_{\mathrm{xi}}Q_{\mathrm{xa}}}{GA_Q} + \frac{M_{\mathrm{xi}}M_{\mathrm{xa}}}{EI}\right]\mathrm{d}x \\
& + X_{\mathrm{b}} \int_0^1 \left[\frac{N_{\mathrm{xi}}N_{\mathrm{xb}}}{EA} + \frac{Q_{\mathrm{xi}}Q_{\mathrm{xb}}}{GA_Q} + \frac{M_{\mathrm{xi}}M_{\mathrm{xb}}}{EI}\right]\mathrm{d}x
\end{aligned}$$

$$\vdots$$

$$+ X_i \int_0^l \left[\frac{N_{xi}N_{xi}}{EA} + \frac{Q_{xi}Q_{xi}}{GA_Q} + \frac{M_{xi}M_{xi}}{EI}\right]dx$$

$$\vdots$$

$$+ X_n \int_0^l \left[\frac{N_{xi}N_{xn}}{EA} + \frac{Q_{xi}Q_{xn}}{GA_Q} + \frac{M_{xi}M_{xn}}{EI}\right]dx$$

$$= \int_0^l \frac{N_{xi}}{EA}[N_{x0} + X_aN_{xa} + X_bN_{xb} + \ldots X_iN_{xi} + \ldots X_nN_{xn}]dx$$

$$+ \int_0^l \frac{Q_{xi}}{GA_Q}[Q_{x0} + X_aQ_{xa} + X_bQ_{xb} + \ldots X_iQ_{xi} + \ldots X_nQ_{xn}]dx$$

$$+ \int_0^l \frac{M_{xi}}{EI}[M_{x0} + X_aM_{xa} + X_bM_{xb} + \ldots X_iM_{xi} + \ldots X_nM_{xn}]dx = 0. \quad (1.17)$$

Unter Zuhilfenahme der Superpositionsbeziehung des siebten Teilschrittes der Abb. 1.6 erkennen wir, dass die Summen in den letzten drei Integranden gerade die Schnittgrößen N_x, Q_x, M_x des wirklichen Lastzustandes am statisch unbestimmten Tragwerk verkörpern. Als Ergebnis gewinnen wir daher die folgende Aussage:

Satz Die innere Verschiebungsarbeit jedes Einheitszustandes $X_i = 1$ verschwindet auf den Wegen des wirklichen Lastzustandes:

$$\delta_i = \int_0^l \left[\frac{N_{xi}N_x}{EA} + \frac{Q_{xi}Q_x}{GA_Q} + \frac{M_{xi}M_x}{EI}\right]dx = 0, \; i = a, \ldots n, \quad (1.18)$$

d. h. die in den gelösten Bindungen auftretenden Schnittuferklaffungen sind wieder vollständig geschlossen.

Diese Aussage, die auch als Orthogonalitätsbedingung der Einheitszustände zum wirklichen Lastzustand interpretiert werden kann [5, 7], gilt in entsprechend erweiterter oder reduzierter Form natürlich ebenfalls, wenn für räumliche Stabtragwerke ein erweiterter Schnittgrößenvektor an der Bildung der Formänderungsarbeit beteiligt ist oder wenn die Formänderungsarbeit durch eine reduzierte Anzahl von Schnittgrößen approximiert wird.

Ist das Tragwerk zusätzlichen Temperatureinwirkungen und Lagerbewegungen unterworfen, so erfordert dies eine gegenüber (1.18) modifizierte Orthogonalitätsbedingung.

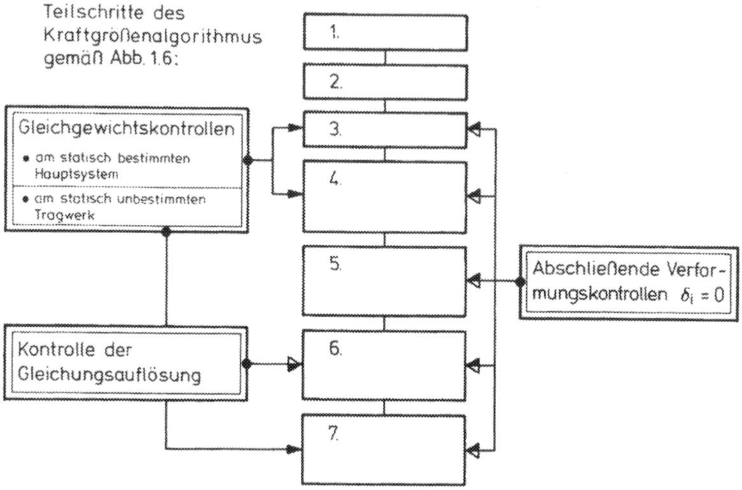

Abb. 1.7 Systematische Fehlerdiagnose

Wie der Leser unschwer durch Nachvollziehen der Herleitung (1.16, 1.17) erkennt, lautet deren allgemeinst mögliche Form für ebene Tragwerke in zu (1.10) analoger Darstellung:

$$\begin{aligned}\delta_\mathrm{i} = &\int_0^1 N_\mathrm{xi}\left(\frac{N_x\,(1+\varphi_t)}{EA} + \alpha_T\,\Delta T_\mathrm{N} - \varepsilon_\mathrm{s}\right)\mathrm{d}x + \int_0^1 \frac{Q_\mathrm{xi}Q_\mathrm{x}}{GA_Q}\mathrm{d}x\\ &+ \int_0^1 M_\mathrm{xi}\left(\frac{M_\mathrm{x}\,(1+\varphi_t)}{EI} + \alpha_T\frac{\Delta T_\mathrm{M}}{h} - \frac{\Delta\varepsilon_\mathrm{s}}{\mathrm{h}}\right)\mathrm{d}x\\ &- \sum_\mathrm{l} C_\mathrm{li}c_\mathrm{l} - \sum_\mathrm{w} M_\mathrm{wi}\varphi_\mathrm{w} = 0, \quad i = a, \ldots n. \end{aligned} \tag{1.19}$$

Hierin beschreiben die Parameter ΔT_N, ΔT_M, ε_s die axiale Stabtemperatur, die Temperaturdifferenz und das Schwindmaß sowie c_l, φ_w die Auflagerverschiebungen und -verdrehungen. φ_t bezeichnet die Kriechzahl; nähere Einzelheiten findet der Leser im Kap. 8 von Tragwerke 1 [4]. Somit sind in diesem Fall die ursprünglichen Orthogonalitätsbedingungen (1.18) gemäß (1.19) gerade um die entsprechenden Schnittuferklaffungen δ_iT, δ_iC des Teilschrittes 5 in Abb. 1.6 zu ergänzen.

Die Orthogonalitätsbedingungen (1.18, 1.19) können zu einer weitreichenden, abschließenden Rechenkontrolle ausgebaut werden: Unter Verwendung der Schnittgrößen des wirklichen Lastzustandes wird durch sie für jeden Einheitszustand $X_\mathrm{i} = 1$ das in den Elastizitätsgleichungen erzwungene Schließen der zugehörigen Schnittuferklaffung überprüft.

Mit diesen Grundlagen können wir uns nun einer *systematischen Fehlerdiagnose* für den Kraftgrößen-Algorithmus zuwenden, deren Schema in Abb. 1.7 wiedergegeben ist. Danach vereinbaren wir, die Teilschritte 3, 4 und 7 stets durch ausreichende und sorgfältige *Gleichgewichtskontrollen* derart zu überprüfen, dass Fehlerfreiheit gewährleistet ist. Mögliche Rechenfehler sind damit auf die Operationen im Zusammenhang mit den Schnittuferklaffungen beschränkt, d. h. auf die Teilschritte 5, 6 und 7. Vereinbaren wir weiter, dass stets die *Lösungskontrolle* des Systems der Elastizitätsgleichungen durchgeführt wird, darf auch der Teilschritt 6 als korrekt unterstellt werden.

Die als abschließende *Verformungskontrollen* verwendeten Orthogonalitätsbedingungen (1.18) bzw. (1.19) greifen auf Berechnungsergebnisse der Teilschritte 3 bis 7 zurück. Da die Teilschritte 3 und 4 wegen der Gleichgewichtskontrollen ebenso wie die Gleichungsauflösung im Teilschritt 6 als fehlerfrei vorausgesetzt werden dürfen, bestätigen erfüllte Orthogonalitätsbedingungen die numerische Korrektheit auch der Teilschritte 5 und 7. (Dessen fehlerfreie Superposition war bereits durch die Gleichgewichtskontrollen dieses Schrittes sichergestellt worden.) Unerfüllte Verformungskontrollen dagegen signalisieren Fehler im Teilschritt 5, wobei die Absolutwerte der Einzelabweichungen vielfach eine Fehlerlokalisierung in den Elementen des Systems der Elastizitätsgleichungen ermöglichen.

1.2.4 Beispiel: Ebenes Rahmentragwerk

Als erstes Beispiel behandeln wir das in Abb. 1.8 dargestellte, durch eine Einzellast P beanspruchte ebene Rahmentragwerk. Zu seiner Berechnung nach dem Kraftgrößenverfahren wenden wir sämtliche Teilschritte des in Abb. 1.6 wiedergegebenen Algorithmus an.

Im ersten Teilschritt bestimmen wir mit Hilfe eines geeigneten Abzählkriteriums den Grad der statischen Unbestimmtheit des Tragwerks zu $n = 2$. Um ein zweckmäßiges statisch bestimmtes Hauptsystem zu gewinnen, lösen wir die Biegesteifigkeit des Stieles im Punkt 1 sowie diejenige im Punkt 2 und führen damit die beiden Momentenpaare X_1, X_2 als statisch Überzählige ein.

Im dritten und vierten Teilschritt folgen die Ermittlungen der Schnitt- und Auflagergrößen des Lastzustandes sowie der beiden Einheitskraftgrößenzustände $X_1 = 1$ und $X_2 = 1$, letztere in Abb. 1.9. Jeder dieser Zustände wird sorgfältig auf mögliche Fehler hin kontrolliert. Bei den im fünften Teilschritt des Algorithmus berechneten Schnittuferklaffungen berücksichtigen wir nur die Biegemomentenanteile in der Formänderungsarbeit, eine bereits durch die Vorgaben $EA = GA_Q = \infty$ der baustatischen Skizze eingangs der Abb. 1.8 angedeutete Näherung.

Damit kann schließlich in Abb. 1.10 das Gleichungssystem 2. Ordnung der Kontinuitätsbedingungen, in der mit EI multiplizierten Variante, aufgestellt und gelöst werden. Der Algorithmus schließt mit der Superposition der Teilzustände am statisch bestimmten Hauptsystem zum wirklichen Lastzustand, der besonders sorgfältig verifiziert wird: durch Gleichgewichtskontrollen am Gesamttragwerk (Auflagergrößen), an den Knoten 1 und 2 (Knotenschnittgrößen) sowie durch unabhängige Herleitung der wirklichen Normal-

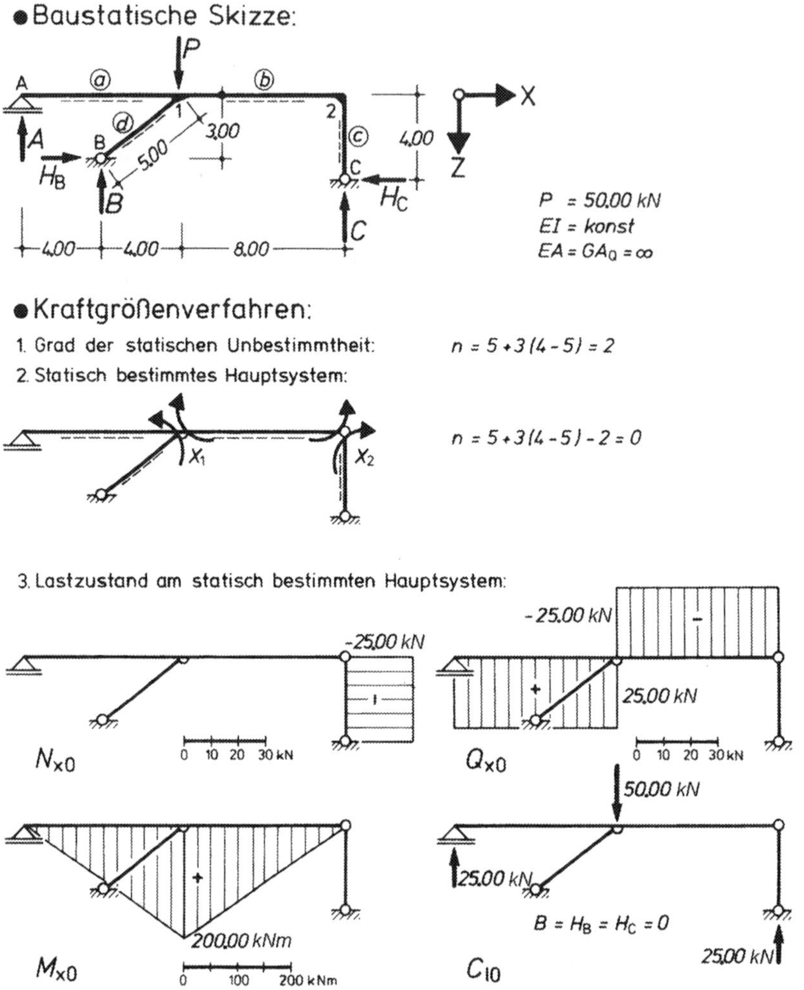

Abb. 1.8 Kraftgrößenverfahren für ein ebenes Rahmentragwerk, Teil 1

und Querkräfte aus den wirklichen Biegemomenten und Auflagerkräften. Die abschließenden Verformungskontrollen, die natürlich auch nur Biegemomentenanteile berücksichtigen, bestätigen das korrekte Schließen der beiden Schnittuferklaffungen: Relative Fehler unterhalb der Promillegrenze lassen eine problemgerecht ausreichende Genauigkeit erkennen.

4. Einheitskraftgrößenzustände am statisch bestimmten Hauptsystem:

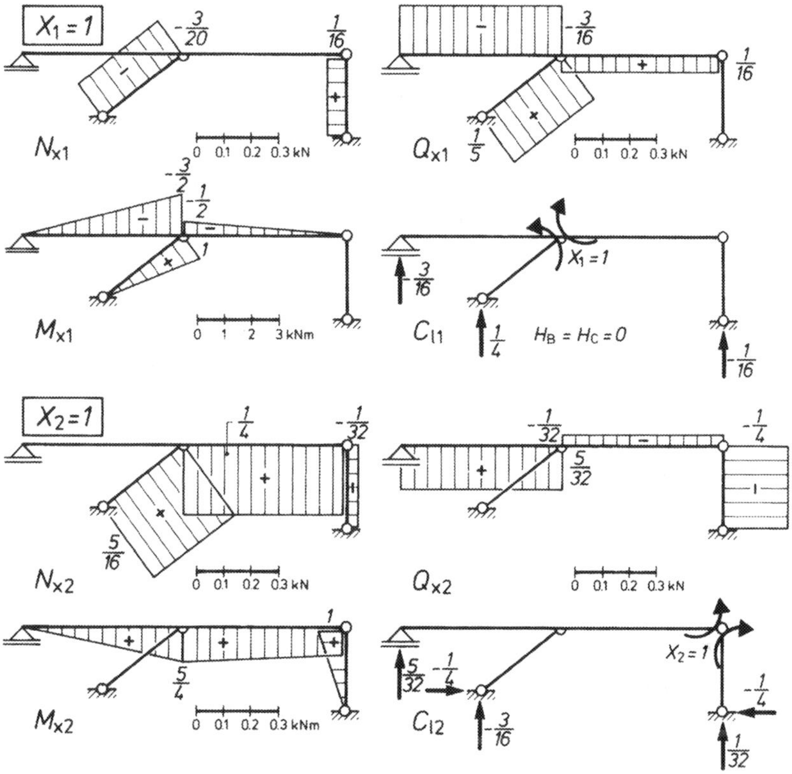

5. Bestimmung der Schnittuferklaffungen:

$$EI\,\delta_{11} = \delta'_{11} = \frac{1}{3}\left(\frac{3}{2}\cdot\frac{3}{2}\cdot 8.00 + \frac{1}{2}\cdot\frac{1}{2}\cdot 8.00 + 1\cdot 1\cdot 5.00\right) \qquad = 8.33\bar{3}$$

$$EI\,\delta_{22} = \delta'_{22} = \frac{1}{3}\left(\frac{5}{4}\cdot\frac{5}{4}\cdot 8.00 + 1\cdot 1\cdot 4.00\right) + \frac{1}{6}\left(\frac{5}{4}\left(\frac{10}{4}+1\right) + 1\left(2+\frac{5}{4}\right)\right)\cdot 8.00 = 15.667$$

$$EI\,\delta_{12} = \delta'_{12} = \frac{1}{3}\cdot -\frac{3}{2}\cdot\frac{5}{4}\cdot 8.00 + \frac{1}{6}\cdot -\frac{1}{2}\left(\frac{10}{4}+1\right)\cdot 8.00 \qquad = -7.333$$

$$EI\,\delta_{10} = \delta'_{10} = \frac{1}{3}\left(-\frac{3}{2}-\frac{1}{2}\right)\cdot 200.00\cdot 8.00 \qquad = -1066.7$$

$$EI\,\delta_{20} = \delta'_{20} = \frac{1}{3}\cdot\frac{5}{4}\cdot 200.00\cdot 8.00 + \frac{1}{6}\left(\frac{10}{4}+1\right)\cdot 200.00\cdot 8.00 \qquad = 1600.0$$

Abb. 1.9 Kraftgrößenverfahren für ein ebenes Rahmentragwerk, Teil 2

1.2.5 Beispiel: Modifiziertes statisch bestimmtes Hauptsystem und Zwängungszustände

Zunächst greifen wir in diesem Abschnitt das soeben behandelte Beispiel erneut auf und berechnen es nun unter Zugrundelegung eines geänderten statisch bestimmten Hauptsystems: Im Knotenpunkt 1 werden die beiden Stäbe a and d durch ein *gemeinsames* Gelenk mit dem Riegel b verbunden. Das in Abb. 1.11 neben dem Hauptsystem dargestellte Detail,

6. System der Elastizitätsgleichungen:

$$\begin{aligned} 8.333X_1 - 7.333X_2 - 1066.7 &= 0 \\ -7.333X_1 + 15.667X_2 + 1600.0 &= 0 \end{aligned} \qquad \text{Lösung:} \quad \begin{aligned} X_1 &= 64.83 \\ X_2 &= -71.78 \end{aligned}$$

$$\text{Kontrolle:} \quad \begin{aligned} 540.3 + 526.4 - 1066.7 &= 0 \\ -475.4 - 1124.6 + 1600.0 &= 0 \end{aligned}$$

7. Superposition der Teilzustände:

$$\begin{bmatrix} N_x \\ Q_x \\ M_x \\ C_l \end{bmatrix} = \begin{bmatrix} N_{x0} \\ Q_{x0} \\ M_{x0} \\ C_{l0} \end{bmatrix} + 64.83 \begin{bmatrix} N_{x1} \\ Q_{x1} \\ M_{x1} \\ C_{l1} \end{bmatrix} - 71.78 \begin{bmatrix} N_{x2} \\ Q_{x2} \\ M_{x2} \\ C_{l2} \end{bmatrix}$$

Im Einzelnen erhält man als wirklichen Lastzustand:

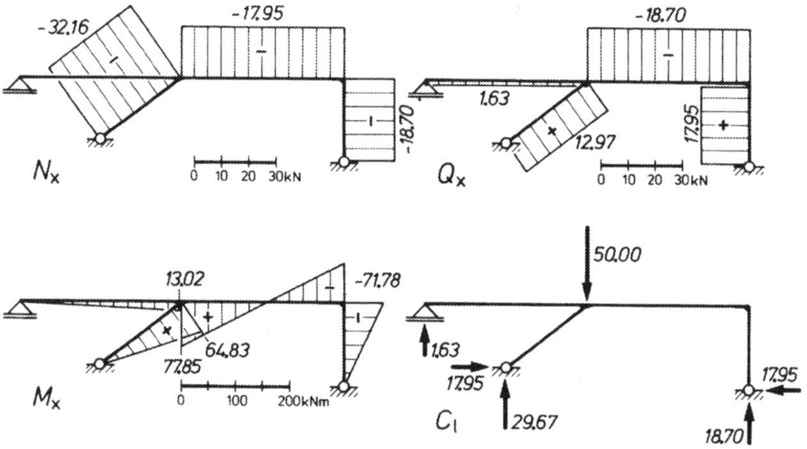

● Verformungskontrollen:

$$\delta_1' = \frac{1}{3} \cdot -\frac{3}{2} \cdot 13.02 \cdot 8.00 + \frac{1}{3} \cdot 1 \cdot 64.83 \cdot 5.00 + \frac{1}{6}\left(-\frac{1}{2} \cdot (77.85 \cdot 2 - 71.78)\right) \cdot 8.00$$
$$= -52.08 + 108.05 - 55.95 = +0.02 \approx 0 \quad (0.2‰)$$

$$\delta_2' = \frac{1}{3} \cdot \frac{5}{4} \cdot 13.02 \cdot 8.00 + \frac{1}{6}\left(\frac{5}{4} \cdot (77.85 \cdot 2 - 71.78) + 1 \cdot (77.85 - 71.78 \cdot 2)\right) \cdot 8.00$$
$$-\frac{1}{3} \cdot 1 \cdot 71.78 \cdot 4.00$$
$$= 43.42 + 52.29 - 95.71 = 0.00$$

Abb. 1.10 Kraftgrößenverfahren für ein ebenes Rahmentragwerk, Teil 3

in welchem dieses Doppelgelenk zur Klarstellung in zwei Einzelgelenke „auseinandergezogen" wurde, lässt deutlich die Zweiwertigkeit der eingeführten Nebenbedingung und die Wirkung der beiden statisch überzähligen Momentenpaare erkennen.

Bei der Bestimmung der Schnittuferklaffungen sollen im Formänderungsarbeitsintegral wieder die Anteile der Normal- und Querkräfte vernachlässigt werden, d. h.:

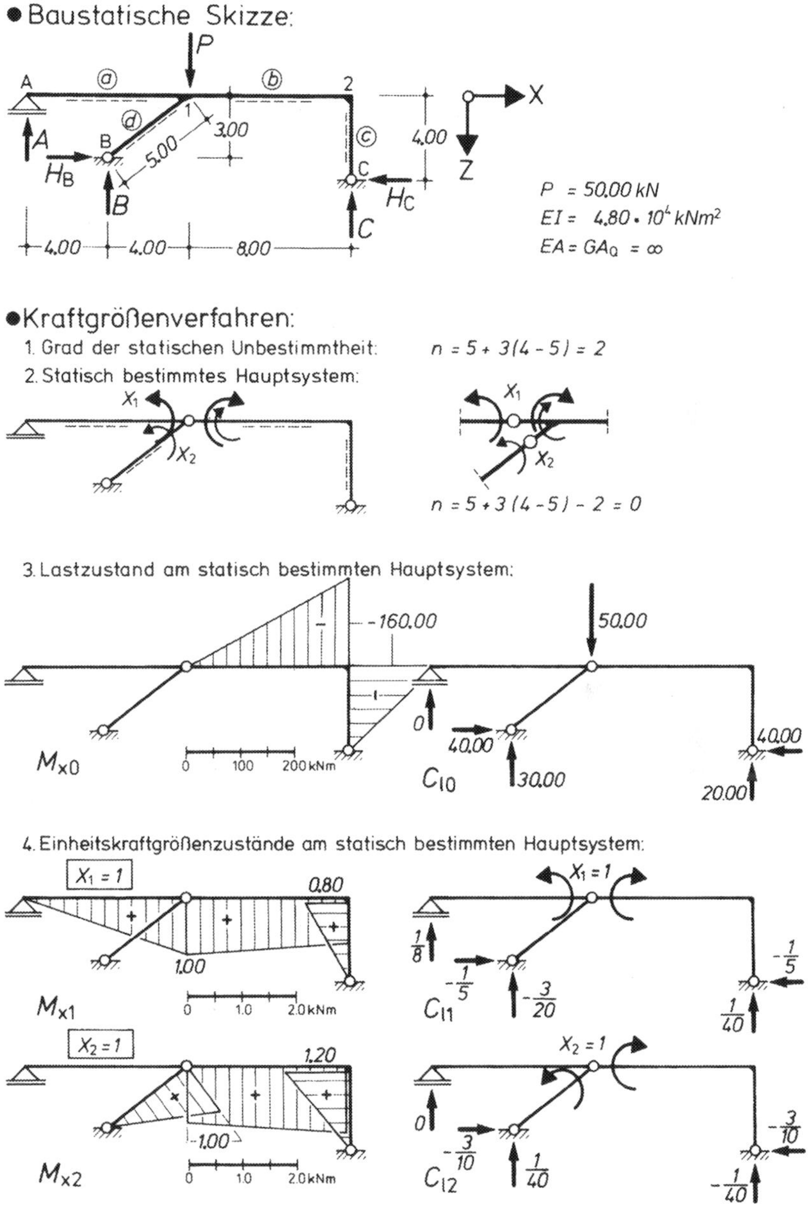

Abb. 1.11 Kraftgrößenverfahren für ein ebenes Rahmentragwerk mit modifiziertem Grundsystem, Teil 1

5. Bestimmung der Schnittuferklaffungen:

$$EI\delta_{11} = \delta'_{11} = \frac{1}{3}\cdot 1\cdot 1\cdot 8.00 + \frac{1}{3}\cdot(1^2 + 1\cdot 0.8 + 0.8^2)\cdot 8.00 + \frac{1}{3}\cdot 0.8^2\cdot 4.00 = 10.027$$

$$EI\delta_{22} = \delta'_{22} = \frac{1}{3}\cdot 1\cdot 1\cdot 5.00 + \frac{1}{3}\cdot(1^2 + 1\cdot 1.2 + 1.2^2)\cdot 8.00 + \frac{1}{3}\cdot 1.2^2\cdot 4.00 = 13.293$$

$$EI\delta_{12} = \delta'_{12} = \frac{1}{6}\left(1\cdot(2\cdot 1 + 1.2) + 0.8\ (1 + 2\cdot 1.2)\right)\cdot 8.00 + \frac{1}{3}\cdot 0.8\cdot 1.2\cdot 4.00 = 9.173$$

$$EI\delta_{10} = \delta'_{10} = \frac{1}{6}\cdot -160.0\cdot(1 + 2\cdot 0.8)\cdot 8.00 + \frac{1}{3}\cdot -160.0\cdot 0.8\cdot 4.00 = -725.3$$

$$EI\delta_{20} = \delta'_{20} = \frac{1}{6}\cdot -160.0\cdot(1 + 2\cdot 1.2)\cdot 8.00 + \frac{1}{3}\cdot -160.0\cdot 1.2\cdot 4.00 = -981.3$$

6. System der Elastizitätsgleichungen:

$$10.027\,X_1 + 9.173\,X_2 - 725.3 = 0$$
$$9.173\,X_1 + 13.293\,X_2 - 981.3 = 0$$

Lösung: $X_1 = 13.01$, $X_2 = 64.84$

Kontrolle:
$$130.5 + 594.8 - 725.3 = 0$$
$$119.3 + 861.9 - 981.3 = -0.1 \approx 0$$

7. Superposition der Teilzustände:

$$\begin{bmatrix} M_x \\ C_l \end{bmatrix} = \begin{bmatrix} M_{x0} \\ C_{l0} \end{bmatrix} + 13.01 \begin{bmatrix} M_{x1} \\ C_{l1} \end{bmatrix} + 64.84 \begin{bmatrix} M_{x2} \\ C_{l2} \end{bmatrix}$$

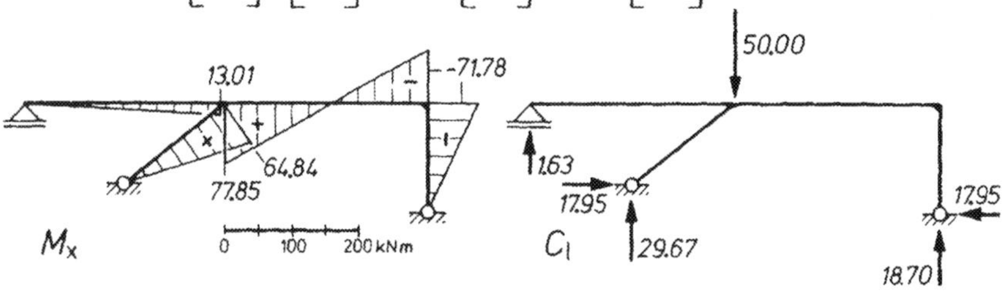

- Verformungskontrollen:

$$\delta'_1 = \frac{1}{3}\cdot 1\cdot 13.01\cdot 8.00 + \frac{1}{6}\left(1\cdot(77.85\cdot 2 - 71.78) + 0.8\,(77.85 - 71.78\cdot 2)\right)\cdot 8.00 - \frac{1}{3}\cdot 0.8\cdot 71.78\cdot 4.00$$
$$= +34.69 \quad +41.80 \quad -76.57 \quad = -0.07 \approx 0 \quad (0.9‰)$$

$$\delta'_2 = \frac{1}{3}\cdot 1\cdot 64.84\cdot 5.00 + \frac{1}{6}\left(1\cdot(77.85\cdot 2 - 71.78) + 1.2\,(77.85 - 71.78\cdot 2)\right)\cdot 8.00 - \frac{1}{3}\cdot 1.2\cdot 71.78\cdot 4.00$$
$$= +108.07 \quad +6.76 \quad -114.85 \quad = -0.02 \approx 0 \quad (0.2‰)$$

Abb. 1.12 Kraftgrößenverfahren für ein ebenes Rahmentragwerk mit modifiziertem Grundsystem, Teil 2

$$EI_c\delta_{ik} = \delta'_{ik} = \int_0^l M_{xi}M_{xk}\mathrm{d}x + EI_c\int_0^l M_{xi}\alpha_T\frac{\Delta T_{Mk}}{h}dx - EI_c\sum_l C_{li}c_{lk}. \tag{1.20}$$

Deshalb wurden in den Abb. 1.11 und 1.12, in denen der Kraftgrößenalgorithmus für dieses Beispiel behandelt wird, auch nur die Biegemomente M_x und die Auflagerkräfte C_l der einzelnen Zustände dargestellt. Ein solches Vorgehen erfordert besondere Sorgfalt bei der Schnittgrößenermittlung, da es Gleichgewichtskontrollen erschwert. Natürlich erleichtert es insgesamt die Bearbeitung, zumal die für eine Bemessung erforderlichen

• Aufgabenstellung:

Berechnung des ebenen Rahmentragwerks von Abb. 1.11 für folgende Temperaturdifferenz im Riegel:

$$\left.\begin{array}{l} T_{oben} = 60°C \\ T_{unten} = 10°C \end{array}\right\} \Delta T_M = -50K$$

bei $h = 0.40m$ und $\alpha_T = 1.0 \cdot 10^{-5} K^{-1}$

• Kraftgrößenverfahren:

Es werden nur diejenigen Teilschritte des Kraftgrößenverfahrens aufgeführt, die von denjenigen der Abb. 1.11 und Abb. 1.12 abweichen (Teilschritt 4 entfällt).

5. Bestimmung der Schnittuferklaffungen:

$$EI\delta_{1T} = \delta'_{1T} = EI \cdot \alpha_T \cdot \frac{\Delta T_M}{h} \int_0^l M_{x1}\,dx$$
$$= 4.80 \cdot 10^4 \cdot 1.0 \cdot 10^{-5} \cdot \frac{-50}{0.40} \left[\frac{1}{2} \cdot 1.0 \cdot 8.00 + \frac{1}{2} \cdot 1.0 \cdot (1.0 + 0.8) \cdot 8.00\right] = -672.0$$

$$EI\delta_{2T} = \delta'_{2T} = EI \cdot \alpha_T \cdot \frac{\Delta T_M}{h} \int_0^l M_{x2}\,dx$$
$$= 4.80 \cdot 10^4 \cdot 1.0 \cdot 10^{-5} \cdot \frac{-50}{0.40} \left[\frac{1}{2} \cdot (1.0 + 1.2) \cdot 8.00\right] = -528.0$$

6. System der Elastizitätsgleichungen:

$$10.027\,X_1 + 9.173\,X_2 - 672.0 = 0$$
$$9.173\,X_1 + 13.293\,X_2 - 528.0 = 0$$

Lösung: $X_1 = 83.18$, $X_2 = -17.68$

Kontrolle: $834.1 - 162.2 - 672.0 = -0.1 \approx 0$; $763.0 - 235.0 - 528.0 = 0.0$

7. Superposition der Teilzustände:

$$\begin{bmatrix} N_x \\ Q_x \\ M_x \\ C_l \end{bmatrix} = 83.18 \begin{bmatrix} N_{x1} \\ Q_{x1} \\ M_{x1} \\ C_{l1} \end{bmatrix} - 17.68 \begin{bmatrix} N_{x2} \\ Q_{x2} \\ M_{x2} \\ C_{l2} \end{bmatrix}$$

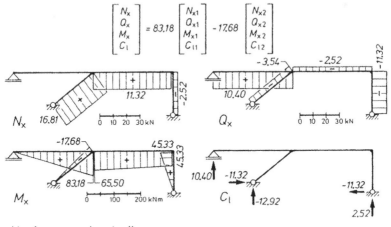

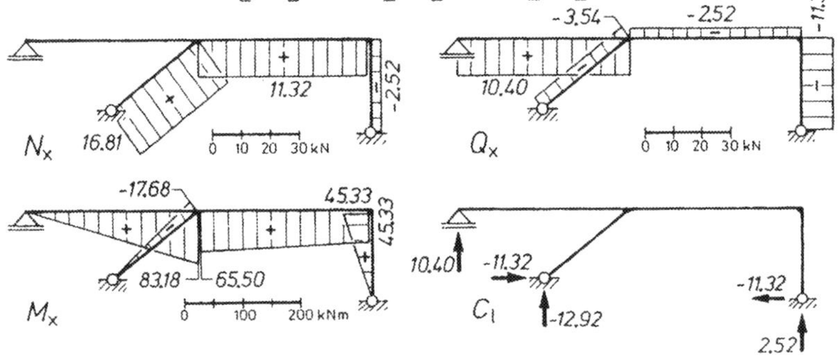

• Verformungskontrollen:

$$\delta'_1 = \frac{1}{3} 1.0 \cdot 83.18 \cdot 8.00 + \frac{1}{6}(1.0 \cdot (65.50 \cdot 2 + 45.33) + 0.8 \cdot (65.50 + 45.33 \cdot 2)) \cdot 8.00 + \frac{1}{3} \cdot 0.8 \cdot 45.33 \cdot 4.00 - 672.0$$
$$= 221.8 + 401.7 + 48.4 - 672.0 = -0.1 \approx 0 \quad (0.1‰)$$

$$\delta'_2 = -\frac{1}{3} 1.0 \cdot 17.68 \cdot 5.00 + \frac{1}{6}(1.0 \cdot (65.50 \cdot 2 + 45.33) + 1.2 \cdot (65.50 + 45.33 \cdot 2)) \cdot 8.00 + \frac{1}{3} \cdot 1.2 \cdot 45.33 \cdot 4.00 - 528.0$$
$$= -29.5 + 485.0 + 72.5 - 528.0 = 0.0$$

Abb. 1.13 Kraftgrößenverfahren für ein temperaturbeanspruchtes, ebenes Rahmentragwerk

wirklichen Normal- und Querkräfte aus den wirklichen Biegemomenten und Lagerreaktionen auch stets erst nach Abschluss der statisch unbestimmten Berechnung bestimmbar sind.

Die einzelnen Teilschritte des Kraftgrößenverfahrens in den beiden Bildern bedürfen keiner weiteren Erläuterung, der Leser möge sie sorgfältig nachvollziehen. Geringe Ergebnisabweichungen gegenüber Abb. 1.10 blieben unkorrigiert, um frühzeitig auf stets vorhandene, numerische Unschärfen statischer Berechnungen hinzuweisen.

In Abb. 1.13 wird sodann das gleiche Tragwerk unter einer Temperatureinwirkung von $\Delta T_{\mathrm{M}} = -50$ K (oben warm) im Riegel behandelt. Als statisch bestimmtes Hauptsystem wählen wir dabei erneut das in Abb. 1.11 verwendete Rahmentragwerk mit zweiwertigem Biegemomentengelenk im Punkt 1 und übernehmen deshalb auch die dort ermittelten Einheitszustände. Gleiches gilt für die in Abb. 1.12 berechneten Elemente δ'_{ik} der Matrix des Systems der Elastizitätsgleichungen.

Nur die durch die Aufgabenstellung geänderten Teilschritte des Kraftgrößenalgorithmus werden in Abb. 1.13 wiedergegeben, beginnend mit der Bestimmung der temperaturverursachten Schnittuferklaffungen und der Lösung der Elastizitätsgleichungen. Damit können wieder die Schnitt- und Auflagergrößen des wirklichen Lastzustandes durch Superposition der Teilzustände ermittelt werden: Es entsteht ein reiner Zwängungszustand. Wegen des Fehlens von Lastschnittgrößen und Lastreaktionen am statisch bestimmten Hauptsystem – Teilschritt 4 entfällt natürlich – besteht der wirkliche Lastzustand nur aus den beiden Einheitszuständen (siehe Teilschritt 7).

Die stets durchgeführten, sorgfältigen Gleichgewichtskontrollen wurden in keiner der Abbildungen wiedergegeben, dort sind nur die abschließenden Verformungskontrollen aufgeführt. Eine zu Abb. 1.13 vollständig analoge Anwendung des Kraftgrößenverfahrens auf das durch eine Stützensenkung $c_{\mathrm{B}} = 0.03$ m beanspruchte Rahmentragwerk gibt Abb. 1.14 wieder, erwartungsgemäß ist auch hier das Ergebnis ein reiner Zwängungszustand.

1.2.6 Beispiel: Räumliches Rahmentragwerk

Als zweites Beispiel behandeln wir den in Abb. 1.15 dargestellten, 3-fach statisch unbestimmten Rahmen unter der in globaler, negativer y-Richtung wirkenden Linienlast p auf dem Stabelement c. Wieder halten wir uns an den in Abb. 1.6 zusammengestellten Algorithmus des Kraftgrößenverfahrens mit seinen Teilschritten. Das statisch bestimmte Hauptsystem gewinnen wir durch Lösen aller drei Auflagerbindungen in B, wodurch die dort wirkenden Auflagerreaktionen zu statisch Überzähligen werden.

Als weitere Teilschritte berechnen wir sodann die Schnittgrößen M_{T}, M_{y}, M_{z} sowie die Auflagergrößen am statisch bestimmten Hauptsystem, zunächst infolge des Lastzustandes und sodann infolge der drei Einheitszustände. Die zeichnerische Darstellung der Biegemomente in den Abb. 1.15 sowie 1.16 erfolgt derart, dass die Schnittgrößenordinaten jeweils auf den gedehnten Querschnittsseiten der Stäbe abgetragen werden, eine besonders für Stahlbetonkonstruktionen vorteilhafte Darstellungsweise. Nach sorgfältigen

- **Aufgabenstellung:**

  Berechnung des ebenen Rahmentragwerks von Abb. 1.11 für eine vertikale Stützensenkung $c_B = 0.03\,m$ des Lagerpunktes B entgegen der positiven Wirkungsrichtung der Lagerkraft B.

- **Kraftgrößenverfahren:**

  Es werden nur diejenigen Teilschritte des Kraftgrößenverfahrens aufgeführt, die von denjenigen der Abb. 1.11 und Abb. 1.12 abweichen (Teilschritt 4 entfällt).

5. Bestimmung der Schnittuferklaffungen:

$$EI\delta_{1C} = \delta'_{1C} = -EI\cdot -B_1\cdot c_B = -4.80\cdot 10^4\cdot \frac{3}{20}\cdot 0.03 = -216.0$$

$$EI\delta_{2C} = \delta'_{2C} = -EI\cdot -B_2\cdot c_B = -4.80\cdot 10^4\cdot -\frac{1}{40}\cdot 0.03 = 36.0$$

6. System der Elastizitätsbedingungen:

$$10.027X_1 + 9.173X_2 - 216.0 = 0$$
$$9.173X_1 + 13.293X_2 + 36.0 = 0$$

Lösung: $X_1 = 65.12$, $X_2 = -47.65$

Kontrolle:
$$653.0 - 437.1 - 216.0 = -0.1 \approx 0$$
$$597.3 - 633.4 + 36.0 = -0.1 \approx 0$$

7. Superposition der Teilzustände:

$$\begin{bmatrix} N_x \\ Q_x \\ M_x \\ C_1 \end{bmatrix} = 65.12 \begin{bmatrix} N_{x1} \\ Q_{x1} \\ M_{x1} \\ C_{11} \end{bmatrix} - 47.65 \begin{bmatrix} N_{x2} \\ Q_{x2} \\ M_{x2} \\ C_{12} \end{bmatrix}$$

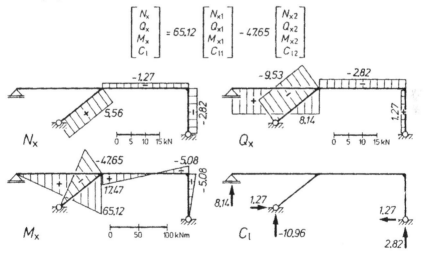

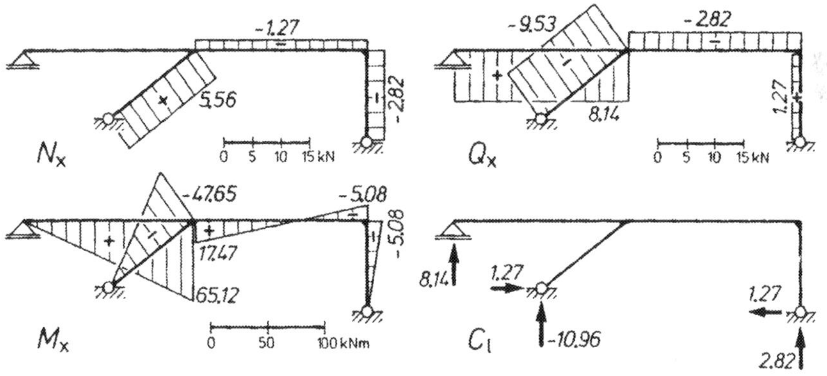

- **Verformungskontrollen:**

$$\delta'_1 = \frac{1}{3}1.0\cdot 65.12\cdot 8.00 + \frac{1}{6}\big(1.0\cdot(17.47\cdot 2 - 5.08) + 0.8\cdot(17.47 - 5.08\cdot 2)\big)\cdot 8.00 - \frac{1}{3}\cdot 0.8\cdot 5.08\cdot 4.00 - 216.0$$
$$= 173.7 + 47.6 - 5.4 - 216.0 = -0.1 \approx 0 \quad (0.5‰)$$

$$\delta'_2 = -\frac{1}{3}1.0\cdot 47.65\cdot 5.00 + \frac{1}{6}\big(1.0\cdot(17.47\cdot 2 - 5.08) + 1.2\cdot(17.47 - 5.08\cdot 2)\big)\cdot 8.00 - \frac{1}{3}\cdot 1.2\cdot 5.08\cdot 4.00 + 36.0$$
$$= -79.4 + 51.5 - 8.1 + 36.0 = 0.0$$

Abb. 1.14 Kraftgrößenverfahren für ein ebenes Rahmentragwerk unter einer Stützensenkung $c_B = 0.03\,m$

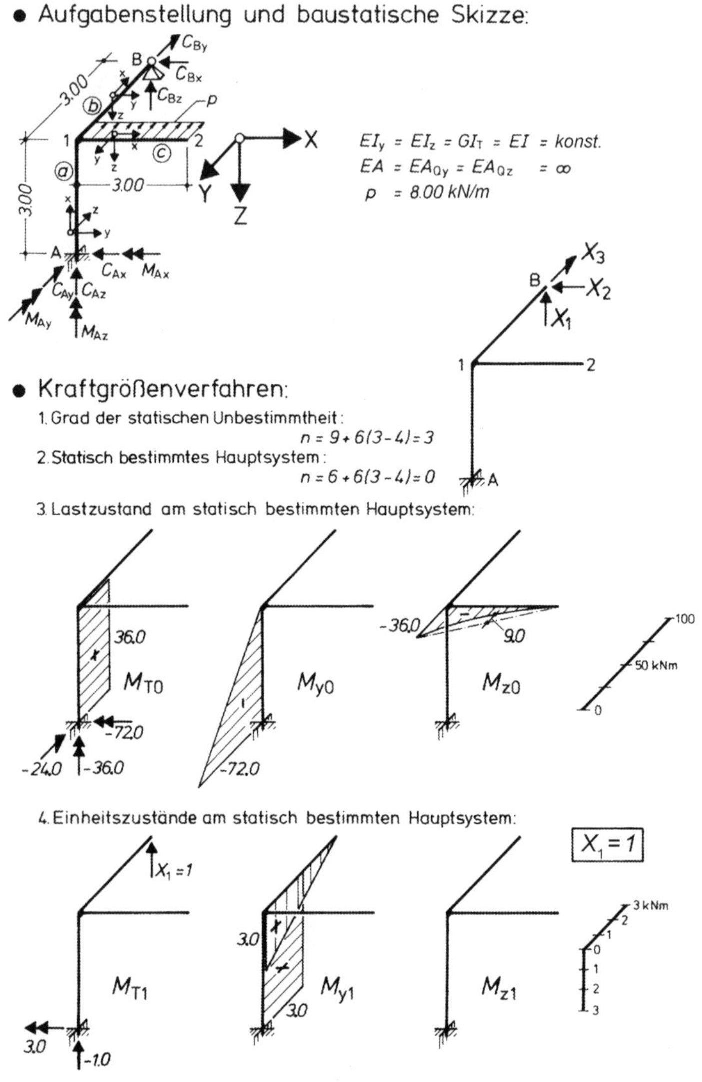
• Aufgabenstellung und baustatische Skizze:
$EI_y = EI_z = GI_T = EI$ = konst.
$EA = EA_{Qy} = EA_{Qz} = \infty$
p = 8.00 kN/m
• Kraftgrößenverfahren:
1. Grad der statischen Unbestimmtheit:
$n = 9 + 6(3-4) = 3$
2. Statisch bestimmtes Hauptsystem:
$n = 6 + 6(3-4) = 0$
3. Lastzustand am statisch bestimmten Hauptsystem:
4. Einheitszustände am statisch bestimmten Hauptsystem:

Abb. 1.15 Berechnung eines räumlichen Rahmentragwerks nach dem Kraftgrößenverfahren, Teil 1

Gleichgewichtskontrollen der vier Teilzustände folgt in Abb. 1.16 die Bestimmung der Schnittuferklaffungen δ'_{ik}, δ'_{i0}, wobei nur Formänderungsarbeitsanteile der drei Momente Berücksichtigung finden. Die sich anschließende Lösung der Elastizitätsgleichungen nebst Kontrolle ermöglicht im letzten Teilschritt die Superposition der Einzelzustände zum wirklichen Lastzustand, dessen Fehlerfreiheit erneut durch sorgfältige Gleichgewichtskontrollen abgesichert wird. Mit den Verformungskontrollen beenden wir das Beispiel.

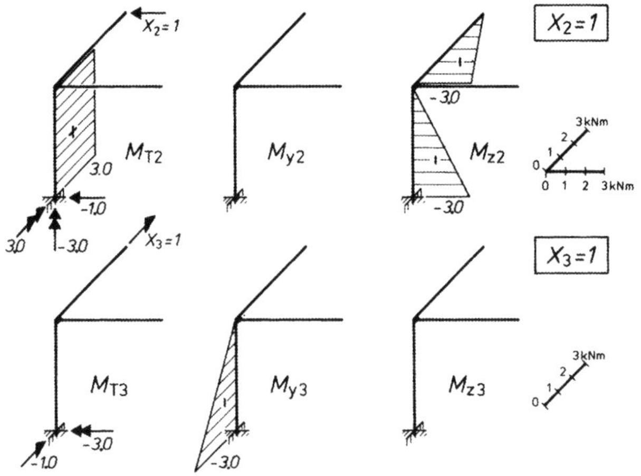

5. Bestimmung der Schnittuferklaffungen:

$$EI\delta_{11} = \delta'_{11} = (3.0^2 + \tfrac{1}{3} \cdot 3.0^2) \cdot 3.00 = 36.00 \qquad EI\delta_{12} = \delta'_{12} = 0$$
$$EI\delta_{22} = \delta'_{22} = (3.0^2 + \tfrac{1}{3} \cdot (-3.0)^2 \cdot 2) \cdot 3.00 = 45.00 \qquad EI\delta_{13} = \delta'_{13} = \tfrac{1}{2} \cdot 3.0 \cdot -3.0 \cdot 3.0 = -13.50$$
$$EI\delta_{33} = \delta'_{33} = \tfrac{1}{3} \cdot (-3.0)^2 \cdot 3.00 = 9.00 \qquad EI\delta_{23} = \delta'_{23} = 0$$

$$EI\delta_{10} = \delta'_{10} = \tfrac{1}{2} \cdot 3.0 \cdot -72.0 \cdot 3.00 = -324.0$$
$$EI\delta_{20} = \delta'_{20} = 3.0 \cdot 36.0 \cdot 3.00 = 324.0$$
$$EI\delta_{30} = \delta'_{30} = \tfrac{1}{3} \cdot -3.0 \cdot -72.0 \cdot 3.00 = 216.0$$

6. System der Elastizitätsgleichungen:

$$\begin{bmatrix} 36.00 & 0 & -13.50 \\ 0 & 45.00 & 0 \\ -13.50 & 0 & 9.00 \end{bmatrix} \cdot \begin{bmatrix} X_1 \\ X_2 \\ X_3 \end{bmatrix} + \begin{bmatrix} -324.0 \\ 324.0 \\ 216.0 \end{bmatrix} = 0$$

Lösung: $X_1 = 0$, $X_2 = -7.20$, $X_3 = -24.00$

Kontrolle:
$$0 + 0 + 324.0 - 324.0 = 0$$
$$0 - 324.0 + 0 + 324.0 = 0$$
$$0 + 0 - 216.0 + 216.0 = 0$$

7. Superposition der Teilzustände:

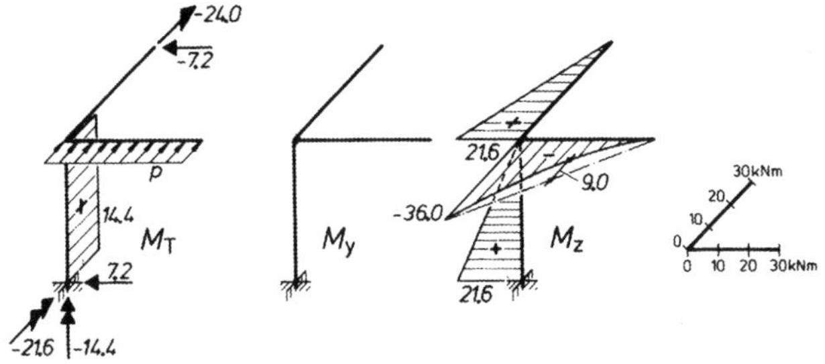

- Verformungskontrollen:

$$\delta'_1 = 0$$
$$\delta'_2 = 3.0 \cdot 14.4 \cdot 3.00 + \tfrac{1}{3} \cdot -3.0 \cdot 21.6 \cdot 3.00 + \tfrac{1}{3} \cdot -3.0 \cdot 21.6 \cdot 3.00 = 129.6 - 64.8 - 64.8 = 0$$
$$\delta'_3 = 0$$

Abb. 1.16 Berechnung eines räumlichen Rahmentragwerks nach dem Kraftgrößenverfahren, Teil 2

1.3 Das System der Elastizitätsgleichungen

1.3.1 Elastizitätsmatrix

Die folgenden Abschnitte enthalten verschiedene Ergänzungen zum zentralen Teil des Kraftgrößenverfahrens, dem System der Elastizitätsgleichungen, formuliert im 6. Teilschritt in Abb. 1.6:

$$\delta_\mathrm{i} = \begin{bmatrix} \delta_\mathrm{a} \\ \delta_\mathrm{b} \\ \vdots \\ \delta_\mathrm{i} \\ \vdots \\ \delta_\mathrm{n} \end{bmatrix} = \begin{bmatrix} \delta_\mathrm{aa} & \delta_\mathrm{ab} & \cdots & \delta_\mathrm{ai} & \cdots & \delta_\mathrm{an} \\ \delta_\mathrm{ba} & \delta_\mathrm{bb} & \cdots & \delta_\mathrm{bi} & \cdots & \delta_\mathrm{bn} \\ \vdots & \vdots & & \vdots & & \vdots \\ \delta_\mathrm{ia} & \delta_\mathrm{ib} & \cdots & \delta_\mathrm{ii} & \cdots & \delta_\mathrm{in} \\ \vdots & \vdots & & \vdots & & \vdots \\ \delta_\mathrm{na} & \delta_\mathrm{nb} & \cdots & \delta_\mathrm{ni} & \cdots & \delta_\mathrm{nn} \end{bmatrix} \cdot \begin{bmatrix} X_\mathrm{a} \\ X_\mathrm{b} \\ \vdots \\ X_\mathrm{i} \\ \vdots \\ X_\mathrm{n} \end{bmatrix} + \begin{bmatrix} \delta_\mathrm{a0} \\ \delta_\mathrm{b0} \\ \vdots \\ \delta_\mathrm{i0} \\ \vdots \\ \delta_\mathrm{n0} \end{bmatrix}$$

$$= \boldsymbol{\delta} \cdot \boldsymbol{X} + \boldsymbol{\delta}_0 = \mathbf{0} \tag{1.21}$$

In dieser matriziellen Darstellung unterscheiden wir die Spaltenvektoren $\boldsymbol{X}$ der statisch Überzähligen, $\boldsymbol{\delta}_0$ der Klaffungen aller Lastzustände und $\boldsymbol{\delta}_\mathrm{i}$ der resultierenden Klaffungen der Last- und n Ergänzungszustände.

Die Matrix $\boldsymbol{\delta}$ der Elastizitätszahlen, auch als *Elastizitäts-* oder *Nachgiebigkeitsmatrix* bezeichnet, besitzt folgende Eigenschaften:

- Da jeder Klaffung δ_i $(a, b, \ldots i, \ldots n)$ eine überzählige Kraftgröße X_i als korrespondierende Variable zugeordnet wird, ist $\boldsymbol{\delta}$ quadratisch $n \times n$.
- Als Formänderungen infolge von Kraftgrößen „1" sind ihre Elemente δ_ik reell und für sie gilt der Satz von MAXWELL (siehe Tragwerke 1 [4], Abschn. 7.2.5). $\boldsymbol{\delta}$ ist somit eine symmetrische Matrix: $\delta_\mathrm{ik} = \delta_\mathrm{ki}$ bzw. $\boldsymbol{\delta} = \boldsymbol{\delta}^\mathrm{T}$.
- Wegen der quadratischen Form des Integranden in

$$\delta_\mathrm{ii} = \int_0^1 \frac{M_\mathrm{i} M_\mathrm{i}}{EI} \mathrm{d}x = \int_0^1 \frac{(M_\mathrm{i})^2}{EI} \mathrm{d}x > 0 \tag{1.22}$$

sind ihre Hauptdiagonalglieder stets positiv.

- Infolge der linearen Unabhängigkeit (1.12) aller Elastizitätsgleichungen gilt: $\det \delta \neq 0$, und der Rang von $\boldsymbol{\delta}$ ist somit gleich $n : Rg\, \boldsymbol{\delta} = n$.
- In der quadratischen Form $\boldsymbol{X}^T \boldsymbol{\delta} \mathbf{X}$ treten gerade n (positive) Quadrate $X_\mathrm{i} \delta_\mathrm{ii} X_\mathrm{i}$ auf. Daher sind Rang und Index von $\boldsymbol{\delta}$ identisch, und $\boldsymbol{\delta}$ ist stets positiv definit:

$$\boldsymbol{X}^\mathrm{T} \delta \mathbf{X} > 0 \tag{1.23}$$

1.3.2 Maßeinheiten

Wir kehren noch einmal zum Einführungsbeispiel des Abschnittes 1.2.1 zurück, in dessen Elastizitätsgleichungssystem (1.9) δ_1 die relative Drehung zweier Stabtangenten und δ_2 einen Verschiebungssprung darstellten.

Nun erinnert uns der in den Bestimmungsgleichungen (1.4) bis (1.8) für die Einzelklaffungen verwendete Arbeitssatz, dass die δ_{iL}, δ_{ik} – mit Kräften oder Momenten des Betrages „1" multipliziert – physikalisch korrekt Formänderungsarbeiten verkörpern. Somit bilden auch die Elastizitätsgleichungen Arbeitsaussagen, in welchen die Klaffungen,

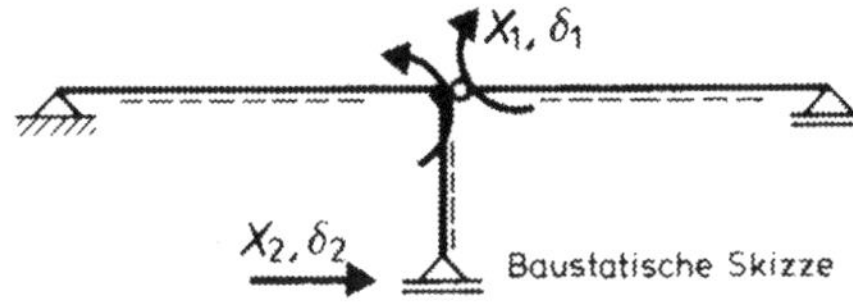

1.Elastizitätsgleichungen:

$$\delta_1 = \delta_{10} + X_1 \cdot \delta_{11} + X_2 \cdot \delta_{12} = 0 \quad \text{"Verdrehungsaussage"}$$

$$\delta_2 = \delta_{20} + X_1 \cdot \delta_{21} + X_2 \cdot \delta_{22} = 0 \quad \text{"Verschiebungsaussage"}$$

(X_1: Moment, X_2: Kraft)

2.Physikalisch korrekte Formulierung als Arbeitsaussage:

$$1 \cdot \delta_1 = \delta_{10} + X_1 \cdot \delta_{11} + X_2 \cdot \delta_{12} = 0$$

$$[KL]\cdot[-] \quad \int_0^l M_1 M_0 \frac{dx}{EI} : [KL]\cdot[KL]\cdot[\tfrac{L}{KL^2}] = [KL] \quad \int_0^l M_1^2 \frac{dx}{EI} : [K^2L^2]\cdot[\tfrac{L}{KL^2}] = [KL] \quad \int_0^l M_1 M_2 \frac{dx}{EI} : [KL]\cdot[KL]\cdot[\tfrac{L}{KL^2}] = [KL]$$

$$1 \cdot \delta_2 = \delta_{20} + X_1 \cdot \delta_{21} + X_2 \cdot \delta_{22} = 0$$

$$[K]\cdot[L] \quad \int_0^l M_2 M_0 \frac{dx}{EI} : [KL]\cdot[KL]\cdot[\tfrac{L}{KL^2}] = [KL] \quad \int_0^l M_2 M_1 \frac{dx}{EI} : [KL]\cdot[KL]\cdot[\tfrac{L}{KL^2}] = [KL] \quad \int_0^l M_2^2 \frac{dx}{EI} : [K^2L^2]\cdot[\tfrac{L}{KL^2}] = [KL]$$

3.Physikalisch unkorrekte Formulierung als Weggrößenaussage: $X_i \cdot$ „1": $[-]\cdot[K]$ bzw. $[-]\cdot[KL]$

$$\delta_1 = \delta_{10} + X_1 \cdot 1 \cdot \delta_{11} + X_2 \cdot 1 \cdot \delta_{12} = 0$$

$$[-] \quad \int_0^l M_1 M_0 \frac{dx}{EI} : [-]\cdot[KL]\cdot[\tfrac{L}{KL^2}] = [-] \quad 1 \cdot \int_0^l M_1^2 \frac{dx}{EI} : [KL]\cdot[-]\cdot[\tfrac{L}{KL^2}] = [-] \quad 1 \cdot \int_0^l M_1 M_2 \frac{dx}{EI} : [K]\cdot[-]\cdot[L]\cdot[\tfrac{L}{KL^2}] = [-]$$

$$\delta_2 = \delta_{20} + X_1 \cdot 1 \cdot \delta_{21} + X_2 \cdot 1 \cdot \delta_{22} = 0$$

$$[L] \quad \int_0^l M_2 M_0 \frac{dx}{EI} : [L]\cdot[KL]\cdot[\tfrac{L}{KL^2}] = [L] \quad 1 \cdot \int_0^l M_2 M_1 \frac{dx}{EI} : [KL]\cdot[L]\cdot[-]\cdot[\tfrac{L}{KL^2}] = [L] \quad 1 \cdot \int_0^l M_2^2 \frac{dx}{EI} : [K]\cdot[L^2]\cdot[\tfrac{L}{KL^2}] = [L]$$

4.Physikalisch unkorrekte Formulierung als Weggrößenaussage: X_i: $[K]$ bzw. $[KL]$

$$\delta_1 = \delta_{10} + X_1 \cdot \delta_{11} + X_2 \cdot \delta_{12} = 0$$

$$[-] \quad \int_0^l M_1 M_0 \frac{dx}{EI} : [-]\cdot[KL]\cdot[\tfrac{L}{KL^2}] = [-] \quad X_1 \cdot \int_0^l M_1^2 \frac{dx}{EI} : [KL]\cdot[-]\cdot[\tfrac{L}{KL^2}] = [-] \quad X_2 \cdot \int_0^l M_1 M_2 \frac{dx}{EI} : [K]\cdot[-]\cdot[L]\cdot[\tfrac{L}{KL^2}] = [-]$$

$$\delta_2 = \delta_{20} + X_1 \cdot \delta_{21} + X_2 \cdot \delta_{22} = 0$$

$$[L] \quad \int_0^l M_2 M_0 \frac{dx}{EI} : [L]\cdot[KL]\cdot[\tfrac{L}{KL^2}] = [L] \quad X_2 \cdot \int_0^l M_2 M_1 \frac{dx}{EI} : [KL]\cdot[L]\cdot[-]\cdot[\tfrac{L}{KL^2}] = [L] \quad X_2 \cdot \int_0^l M_2^2 \frac{dx}{EI} : [K]\cdot[L^2]\cdot[\tfrac{L}{KL^2}] = [L]$$

Abb. 1.17 Physikalisch korrekte Maßeinheiten in den Elastizitätsgleichungen und alternative Formulierungen

mit geeigneten Größen „1“ multipliziert, Formänderungsarbeitsbeiträge der Maßeinheit [Kraft · Weg] $\doteqdot$ [KL] vertreten. Wie die Superpositionsgleichung (1.3) erkennen lässt, sind die statisch Überzähligen X_{i} stets dimensionslose Faktoren. Diese physikalisch korrekte Interpretation der Elastizitätsgleichungen des Einführungsbeispiels findet sich – mit den Maßeinheiten aller Beiträge – in Abb. 1.17 im Punkt 2.

Im Gegensatz hierzu interpretiert man jedoch in der Ingenieurpraxis Elastizitätsgleichungen oftmals auch als „Verschiebungsaussagen“ in der Maßeinheit [L] oder als „Verdrehungsaussagen“ in der Maßeinheit [−]. Die hieraus zwangsläufig entstehenden Einheitenfehler werden dadurch korrigiert, dass die statisch Überzähligen X_{i} in den *Einheitszuständen* $X_{\mathrm{i}} = 1$ (siehe Abb. 1.6, Teilschritt 4) als „einheitenlos“ angesehen werden. Ihre Schnittgrößen weisen somit folgende Maßeinheiten auf:

$$N_{\mathrm{i}}\,[-],\; Q_{\mathrm{i}}\,[-],\; M_{\mathrm{i}}\,[L]$$

infolge einer Kraft oder eines Kräftepaares X_{i},

$$N_{\mathrm{i}}\,[L^{-1}], \quad Q_{\mathrm{i}}\,[L^{-1}], \quad M_i\,[-] \tag{1.24}$$

infolge eines Momentes oder eines Momentenpaares X_{i}.

Um die durch diese Manipulation in den *Elastizitätsgleichungen* entstehenden Einheitenfehler auszugleichen, schreibt man dort $X_{\mathrm{i}} \cdot 1$ mit einer kraftgrößenbehafteten „1“: [K], [KL]. Abb. 1.17 demonstriert im Punkt 3 die Wirkungen dieser Korrektur auf die Elastizitätsgleichungen als Weggrößenaussagen.

Eine noch weitergehende Korrektionsstrategie erspart auch die einheitenbehaftete „1“ in den Elastizitätsgleichungen. In diesem Fall werden die darin auftretenden statisch Überzähligen X_{i} unmittelbar mit Kraftgrößeneinheiten [K], [KL] belegt; ihre Schnittgrößen müssen jedoch weiterhin in den Einheiten (1.24) interpretiert werden. Diese Alternative wurde in Abb. 1.17 unter Punkt 4 dargestellt.

1.3.3 Interpretation als Minimalaussage

Das System der Elastizitätsgleichungen beschreibt gerade diejenigen Bedingungen, die ein statisch bestimmtes Hauptsystem in das ursprüngliche, statisch unbestimmte Tragwerk überführen. Seine mechanische Bedeutung reicht jedoch darüber hinaus, wie an einem beliebigen, n-fach statisch unbestimmten Tragwerk unter mehreren Einzellasten P_{k} und Streckenlasten q_{l} gezeigt werden soll. Dessen äußere Eigenarbeit $W^{(\mathrm{a})}$ möge, ausgehend vom statisch bestimmten Hauptsystem, als Funktion der statisch Überzähligen und natürlich der Belastung vorliegen:

$$W^{(\mathrm{a})} = W^{(\mathrm{a})}\,(X_{\mathrm{a}}, X_{\mathrm{b}}, \cdots X_{\mathrm{i}}, \cdots X_{\mathrm{n}}, P_k, q_{\mathrm{l}}). \tag{1.25}$$

Nach dem 1. Satz von CASTIGLIANO[4] (Tragwerke 1 [4], Abschn. 7.2.3) liefert nun die Ableitung von $W^{(\mathrm{a})}$ nach jeder statisch Überzähligen X_{i}, eingeführt als äußere Kraftgröße am statisch bestimmten Hauptsystem, gerade deren korrespondierende Weggröße

[4] ALBERTO CASTIGLIANO, italienischer Mathematiker aus Turin, 1847–1884, veröffentlichte die beiden nach ihm benannten Sätze in einer elastizitätstheoretischen Arbeit aus dem Jahre 1879.

δ_i. Jede dieser Klaffungen muss jedoch im endgültigen statisch unbestimmten Tragwerk geschlossen sein, wie es durch die Elastizitätsgleichungen erzwungen wird:

$$\begin{aligned}
&\frac{\partial W^{(\mathrm{a})}}{\partial X_\mathrm{a}} = \delta_\mathrm{a} = 0,\\
&\frac{\partial W^{(\mathrm{a})}}{\partial X_\mathrm{b}} = \delta_\mathrm{b} = 0,\\
&\vdots\\
&\frac{\partial W^{(\mathrm{a})}}{\partial X_\mathrm{i}} = \delta_\mathrm{i} = 0 = X_\mathrm{a}\delta_\mathrm{ia} + X_\mathrm{b}\delta_\mathrm{ib} + \ldots X_\mathrm{i}\delta_\mathrm{ii} + \ldots X_\mathrm{n}\delta_\mathrm{in} + \delta_\mathrm{i0},\\
&\vdots\\
&\frac{\partial W^{(\mathrm{a})}}{\partial X_\mathrm{n}} = \delta_\mathrm{n} = 0.
\end{aligned} \tag{1.26}$$

Die Aussagen (1.26) stellen offensichtlich *Extremalbedingungen* für die Eigenarbeit im Raum der statisch Überzähligen dar. Aus der i-ten Elastizitätsgleichung erkennt man weiter, dass die jeweils zweite Ableitung von $W^{(\mathrm{a})}$ positiv ist:

$$\frac{\partial^2 W^{(\mathrm{a})}}{\partial X_i^2} = \delta_\mathrm{ii} = \int_0^1 \frac{(M_\mathrm{i})^2}{\mathrm{EI}}\mathrm{d}x > 0; \tag{1.27}$$

$W^{(\mathrm{a})}$ weist somit im fraglichen Extremum ein *Minimum* auf. Damit haben wir eine völlig neue Interpretation der Elastizitätsgleichungen gewonnen.

▶ **Satz** Die Elastizitätsgleichungen bilden im Raum der X_i Extremalbedingungen für die äußere Eigenarbeit.

Die wirklichen statisch Überzähligen stellen sich gerade so ein, dass $W^{(\mathrm{a})}$ zum Minimum wird.

Auf Grundlage dieser Erkenntnisse kann auch eine prinzipiell andere Herleitung des Kraftgrößenverfahrens vorgenommen werden, wie wir für das im Abschn. 1.2.1 behandelte, 2-fach statisch unbestimmte Tragwerk zeigen wollen. Dessen 2-fach unendliche Vielfalt (1.3) möglicher Superpositionen von Last- und Ergänzungszuständen führt auf folgende (negative) innere Eigenarbeit $-W^{(\mathrm{i})}\left(= W^{(\mathrm{a})}\right)$, wenn vereinfachend wieder nur Biegemomentenbeiträge Berücksichtigung finden:

$$M_\mathrm{x} = M_\mathrm{xL} + X_1 M_\mathrm{x1} + X_2 M_\mathrm{x2}:$$

$$\begin{aligned}
-W^{(\mathrm{i})} &= \frac{1}{2}\int_0^1 \frac{(M_\mathrm{x})^2}{EI}\,\mathrm{d}x = \int_0^1 \frac{1}{EI}\left[\frac{1}{2}(M_\mathrm{xL})^2 + X_1 M_\mathrm{x1} M_\mathrm{xL} + X_2 M_\mathrm{x2} M_\mathrm{xL}\right.\\
&\left. + \frac{1}{2}(X_1 M_\mathrm{x1})^2 + X_1 X_2 M_\mathrm{x1} M_\mathrm{x2} + \frac{1}{2}(X_2 M_\mathrm{x2})^2\right]\mathrm{d}x.
\end{aligned} \tag{1.28}$$

Wendet man hierauf die Extremalbedingungen (1.26) an:

$$\frac{\partial W^{(a)}}{\partial X_1} = -\frac{\partial W^{(i)}}{\partial X_1} = \int_0^1 \frac{1}{EI}\left[M_{x1}M_{xL} + X_1(M_{x1})^2 + X_2M_{x1}M_{x2}\right]dx$$
$$= \delta_{1L} + X_1\delta_{11} + X_2\delta_{12} = 0,$$
$$\frac{\partial W^{(a)}}{\partial X_2} = -\frac{\partial W^{(i)}}{\partial X_2} = \int_0^1 \frac{1}{EI}\left[M_{x2}M_{xL} + X_1M_{x1}M_{x2} + X_2(M_{x2})^2\right]dx$$
$$= \delta_{2L} + X_1\delta_{21} + X_2\delta_{22} = 0, \tag{1.29}$$

so entstehen gerade die Einzelanteile der Schnittuferklaffungen (1.4) bis (1.8) in ihrer Kombination als Elastizitätsgleichungen. Diese fixieren den gesuchten Minimalwert von $W^{(a)}$ im Vektorraum $\{X_1, X_2\}$.

1.3.4 Gleichungsauflösung

Mit Hilfe der klassischen Form des Kraftgrößenverfahrens werden heute nur noch Tragwerke niedrigster statischer Unbestimmtheit n behandelt. Daher begnügen wir uns hier mit elementaren Bemerkungen zur Gleichungsauflösung, zumal selbst Taschenrechner die auftretenden Gleichungssysteme ausreichend genau lösen, oftmals ohne das verwendete Verfahren offenzulegen.

Ausdrücke zur direkten manuellen Auflösung für Systeme der Ordnung 1 bis 3 gibt Abb. 1.18 wieder. Gemäß Abschn. 1.3.1 wurde dabei Symmetrie der δ_{ik}-Matrix vorausgesetzt.

Für Gleichungssysteme höherer Ordnung empfiehlt sich das Eliminationsverfahren von GAUSS[5]. Dessen Prinzip besteht darin, durch Linearkombinationen der Einzelgleichungen das Ausgangssystem

$$\begin{bmatrix} \delta_{aa} & \delta_{ab} \cdots & \delta_{an} \\ \delta_{ba} & \delta_{bb} \cdots & \delta_{bn} \\ \vdots & \vdots & \vdots \\ \delta_{na} & \delta_{nb} \cdots & \delta_{nn} \end{bmatrix} \cdot \begin{bmatrix} X_a \\ X_b \\ \vdots \\ X_n \end{bmatrix} + \begin{bmatrix} \delta_{a0} \\ \delta_{b0} \\ \vdots \\ \delta_{n0} \end{bmatrix} = 0 \tag{1.30}$$

[5] KARL FRIEDRICH GAUSS, wirkte in Göttingen, 1777–1825, gilt als bedeutendster Mathematiker der Neuzeit, verfasste grundlegende Arbeiten auf fast allen Gebieten der Mathematik.

$n=1$:	$X_a\,\delta_{aa} + \delta_{a0} = 0$	$X_a = -\dfrac{\delta_{a0}}{\delta_{aa}}$
$n=2$:	$\begin{bmatrix}\delta_{aa} & \delta_{ab}\\ \delta_{ba} & \delta_{bb}\end{bmatrix}\cdot\begin{bmatrix}X_a\\ X_b\end{bmatrix}+\begin{bmatrix}\delta_{a0}\\ \delta_{b0}\end{bmatrix}=\mathbf{0}$ $\delta_{ik}=\delta_{ki}$	$\begin{bmatrix}X_a\\ X_b\end{bmatrix}=\begin{bmatrix}\beta_{aa} & \beta_{ab}\\ \beta_{ba} & \beta_{bb}\end{bmatrix}\cdot\begin{bmatrix}\delta_{a0}\\ \delta_{b0}\end{bmatrix}$ $\beta_{ik}=\beta_{ki}$
	mit: $\beta_{aa}=-\delta_{bb}/D$ $\quad\beta_{ab}=\delta_{ab}/D$ $\quad\beta_{bb}=-\delta_{aa}/D$ $D=\delta_{aa}\cdot\delta_{bb}-\delta_{ab}^2$	
$n=3$:	$\begin{bmatrix}\delta_{aa} & \delta_{ab} & \delta_{ac}\\ \delta_{ba} & \delta_{bb} & \delta_{bc}\\ \delta_{ca} & \delta_{cb} & \delta_{cc}\end{bmatrix}\cdot\begin{bmatrix}X_a\\ X_b\\ X_c\end{bmatrix}+\begin{bmatrix}\delta_{a0}\\ \delta_{b0}\\ \delta_{c0}\end{bmatrix}=\mathbf{0}$ $\delta_{ik}=\delta_{ki}$	$\begin{bmatrix}X_a\\ X_b\\ X_c\end{bmatrix}=\begin{bmatrix}\beta_{aa} & \beta_{ab} & \beta_{ac}\\ \beta_{ba} & \beta_{bb} & \beta_{bc}\\ \beta_{ca} & \beta_{cb} & \beta_{cc}\end{bmatrix}\cdot\begin{bmatrix}\delta_{a0}\\ \delta_{b0}\\ \delta_{c0}\end{bmatrix}$ $\beta_{ik}=\beta_{ki}$
	mit: $\beta_{aa}=(-\delta_{bb}\cdot\delta_{cc}+\delta_{bc}^2)/D$ $\quad\beta_{ab}=(\delta_{ab}\cdot\delta_{cc}-\delta_{ac}\cdot\delta_{bc})/D$ $\beta_{bb}=(-\delta_{aa}\cdot\delta_{cc}+\delta_{ac}^2)/D$ $\quad\beta_{ac}=(\delta_{ac}\cdot\delta_{bb}-\delta_{ab}\cdot\delta_{bc})/D$ $\beta_{cc}=(-\delta_{aa}\cdot\delta_{bb}+\delta_{ab}^2)/D$ $\quad\beta_{bc}=(\delta_{bc}\cdot\delta_{aa}-\delta_{ac}\cdot\delta_{ab})/D$ $D=\delta_{aa}\cdot\delta_{bb}\cdot\delta_{cc}+\delta_{ab}\cdot\delta_{bc}\cdot\delta_{ac}+\delta_{ac}\cdot\delta_{ab}\cdot\delta_{bc}$ $\quad-\delta_{ac}^2\cdot\delta_{bb}-\delta_{bc}^2\cdot\delta_{aa}-\delta_{ab}^2\cdot\delta_{cc}$	

Abb. 1.18 Direkte Auflösung der Elastizitätsgleichungen

in ein solches mit oberer Dreiecksmatrix zu transformieren:

$$\begin{bmatrix}\delta^*_{aa} & \delta^*_{ab} & \cdots & \delta^*_{an}\\ 0 & \delta^*_{bb} & \cdots & \delta^*_{bn}\\ \vdots & \vdots & & \vdots\\ 0 & 0 & \cdots & \delta^*_{nn}\end{bmatrix}\cdot\begin{bmatrix}X_a\\ X_b\\ \vdots\\ X_n\end{bmatrix}+\begin{bmatrix}\delta^*_{a0}\\ \delta^*_{b0}\\ \vdots\\ \delta^*_{n0}\end{bmatrix}=0. \tag{1.31}$$

Die entstandene Form (1.31) gestattet eine sukzessive Berechnung des Lösungsvektors $\boldsymbol{X}$ von unter her.

Wir erläutern das Vorgehen anhand eines Gleichungssystems 4. Ordnung in Abb. 1.19. Dessen 1. und 2. Gleichung werden in die Zeilen 1 und 2 des dortigen Eliminationsschemas eingetragen. Gleichung 1 soll als Basis für die Elimination der Elemente der ersten Spalte in allen weiteren Gleichungen verwendet werden, daher wird sie in Zeile 3 mit dem Faktor

$$f_{ba} = -\delta_{ba}/\delta_{aa} \tag{1.32}$$

Zeile	Operation	Faktor	X_a	X_b	X_c	X_d		Zeilensumme als Kontrolle
1.			δ_{aa}	δ_{ab}	δ_{ac}	δ_{ad}	δ_{a0}	S_a
2.			δ_{ba}	δ_{bb}	δ_{bc}	δ_{bd}	δ_{b0}	S_b
3.	$f_{ba}\cdot(1.)$	$f_{ba}=-\delta_{ba}/\delta_{aa}$	$f_{ba}\cdot\delta_{aa}$	$f_{ba}\cdot\delta_{ab}$	$f_{ba}\cdot\delta_{ac}$	$f_{ba}\cdot\delta_{ad}$	$f_{ba}\cdot\delta_{a0}$	$f_{ba}\cdot S_a$
4.			δ_{ca}	δ_{cb}	δ_{cc}	δ_{cd}	δ_{c0}	S_c
5.	$f_{ca}\cdot(1.)$	$f_{ca}=-\delta_{ca}/\delta_{aa}$	$f_{ca}\cdot\delta_{aa}$	$f_{ca}\cdot\delta_{ab}$	$f_{ca}\cdot\delta_{ac}$	$f_{ca}\cdot\delta_{ad}$	$f_{ca}\cdot\delta_{a0}$	$f_{ca}\cdot S_a$
6.			δ_{da}	δ_{db}	δ_{dc}	δ_{dd}	δ_{d0}	S_d
7.	$f_{da}\cdot(1.)$	$f_{da}=-\delta_{da}/\delta_{aa}$	$f_{da}\cdot\delta_{aa}$	$f_{da}\cdot\delta_{ab}$	$f_{da}\cdot\delta_{ac}$	$f_{da}\cdot\delta_{ad}$	$f_{da}\cdot\delta_{a0}$	$f_{da}\cdot S_a$
8.	(2.)+(3.)			δ^*_{bb}	δ^*_{bc}	δ^*_{bd}	δ^*_{b0}	$S^*_b=S_b+f_{ba}\cdot S_a$
9.	(4.)+(5.)			δ^*_{cb}	δ^*_{cc}	δ^*_{cd}	δ^*_{c0}	$S^*_c=S_c+f_{ca}\cdot S_a$
10.	$f_{cb}\cdot(8.)$	$f_{cb}=-\delta^*_{cb}/\delta^*_{bb}$		$f_{cb}\cdot\delta^*_{bb}$	$f_{cb}\cdot\delta^*_{bc}$	$f_{cb}\cdot\delta^*_{bd}$	$f_{cb}\cdot\delta^*_{b0}$	$f_{cb}\cdot S^*_b$
11.	(6.)+(7.)			δ^*_{db}	δ^*_{dc}	δ^*_{dd}	δ^*_{d0}	$S^*_d=S_d+f_{da}\cdot S_a$
12.	$f_{db}\cdot(8.)$	$f_{db}=-\delta^*_{db}/\delta^*_{bb}$		$f_{db}\cdot\delta^*_{bb}$	$f_{db}\cdot\delta^*_{bc}$	$f_{db}\cdot\delta^*_{bd}$	$f_{db}\cdot\delta^*_{b0}$	$f_{db}\cdot S^*_b$
13.	(9.)+(10.)				$\delta^\bullet_{cc}$	$\delta^\bullet_{cd}$	$\delta^\bullet_{c0}$	$S^\bullet_c=S^*_c+f_{cb}\cdot S^*_b$
14.	(11.)+(12.)				$\delta^\bullet_{dc}$	$\delta^\bullet_{dd}$	$\delta^\bullet_{d0}$	$S^\bullet_d=S^*_d+f_{db}\cdot S^*_b$
15.	$f_{dc}\cdot(13.)$	$f_{dc}=-\delta^\bullet_{dc}/\delta^\bullet_{cc}$			$f_{dc}\cdot\delta^\bullet_{cc}$	$f_{dc}\cdot\delta^\bullet_{cd}$	$f_{dc}\cdot\delta^\bullet_{c0}$	$f_{dc}\cdot S^\bullet_c$
16.	(14.)+(15.)					$\delta^\bullet_{dd}$	$\delta^\bullet_{d0}$	$S^\bullet_d=S^\bullet_d+f_{dc}\cdot S^\bullet_c$

Abb. 1.19 Eliminationsalgorithmus von Gauss für ein Gleichungssystem 4. Ordnung

multipliziert. Bei Addition der Zeilen 2 und 3 entfällt hierdurch in der Ergebniszeile 8 erwartungsgemäß das erste Element. In gleicher Weise fortfahrend übernimmt man nun in Zeile 4 die 3. Gleichung. Multipliziert man Gl. 1 in Zeile 5 mit dem Faktor

$$f_{ca} = -\delta_{ca}/\delta_{aa}, \tag{1.33}$$

addiert die Zeilen 4 und 5, so entsteht eine weitere, vom ersten Element befreite Zahlenreihe in Zeile 9. Schließlich übernimmt man noch die 4. Gleichung in Zeile 6. Multiplikation der 1. Gleichung mit dem Faktor

$$f_{da} = -\delta_{da}/\delta_{aa} \tag{1.34}$$

in Zeile 7 sowie Addition beider Zeilen liefert in Zeile 11 die dritte Ergebniszeile, in welcher das Element der ersten Spalte fehlt.

Im zweiten Schritt wählen wir die Zeile 8 als Eliminationsbasis und eliminieren mit ihrer Hilfe in völlig identischer Weise die Elemente der 2. Spalte der Zeilen 9 und 11. Das Ergebnis wird in die Zeilen 13 und 14 übernommen. Ein letzter Eliminationsschritt zwischen den Zeilen 14 und 15 führt zur Schlusszeile 16, in welcher nur noch das zu

X_d gehörige Element auftritt. Damit ist das ursprüngliche Gleichungssystem, das in den Zeilen 1, 2, 4 und 6 zu finden ist, in das äquivalente System (1.31) mit oberer Dreiecksmatrix in den stark umrandeten Zeilen 1, 8, 13 und 16 transformiert worden. Aus diesem werden die Unbekannten sukzessiv, beginnend mit der letzten Gleichung, bestimmt:

$$\begin{aligned} &X_d \delta_{dd}^{\blacklozenge} + \delta_{d0}^{\blacklozenge} = 0: && X_d = -\delta_{d0}^{\blacklozenge}/\delta_{dd}^{\blacklozenge}, \\ &X_c \delta_{cc}^{\bullet} + X_d \delta_{cd}^{\bullet} + \delta_{c0}^{\bullet} = 0: && X_c = -\left(\delta_{c0}^{\bullet} + X_d \delta_{cd}^{\bullet}\right)/\delta_{cc}^{\bullet}, \ldots \end{aligned} \tag{1.35}$$

Zur Kontrolle des Verfahrens bildet man aus den Elementen jeder Zeile die Zeilensumme S_i und wendet auf diese die jeweilige Zeilenoperation an: Ab Zeile 8 müssen die aktuellen Zeilensummen den Ausdrücken der letzten Spalte entsprechen.

Mit diesen Informationen wird der Leser das Eliminationsschema von GAUSS, falls erforderlich, ohne Mühen auf Gleichungssysteme höherer Ordnung übertragen können. Diese klassische Eliminationsstrategie besitzt übrigens eine große Anzahl von Varianten, insbesondere im Hinblick auf Erzielung optimaler Lösungsstabilität [1, 6, 8, 9]. Es sei jedoch betont, dass derartige Varianten für niedrige Gleichungsordnungen n i. A. unbedeutend sind.

1.3.5 Matrix der β_{ik}-Zahlen

Wir betrachten erneut das System der Elastizitätsgleichungen

$$\boldsymbol{\delta} \cdot \boldsymbol{X} + \boldsymbol{\delta}_0 = \boldsymbol{0} \tag{1.36}$$

mit $\boldsymbol{\delta}$ als Matrix der δ_{ik}-Zahlen, $\boldsymbol{X}$ als Spaltenvektor der statisch Überzähligen und δ_0 als Lastvektor. Wir setzen die zu $\boldsymbol{\delta}$ inverse Matrix $\boldsymbol{\delta}^{-1}$ als bekannt voraus, die durch

$$\left(\delta^{-1}\right)^{T} \cdot \delta = I = I^{T} \quad \text{bzw} \cdot \delta^{-1} \cdot \delta^{-T} = I \tag{1.37}$$

definiert ist. $\boldsymbol{I}$ verkörpert hierin eine $n \times n$ Einheitsmatrix; infolge ihrer und der Symmetrie von $\boldsymbol{\delta}$ identifizieren wir auch $\boldsymbol{\delta}^{-1}$ als symmetrisch.

Multiplizieren wir nun (1.31) von links mit $(\boldsymbol{\delta}^{-1})^T = \boldsymbol{\delta}^{-1}$, so erhalten wir

$$\begin{aligned} \boldsymbol{\delta}^{-1} \cdot \boldsymbol{\delta} \cdot \boldsymbol{X} + \boldsymbol{\delta}^{-1} \cdot \boldsymbol{\delta}_0 = \boldsymbol{X} + \boldsymbol{\delta}^{-1} \cdot \boldsymbol{\delta}_0 = 0, \\ \boldsymbol{X} = -\boldsymbol{\delta}^{-1} \cdot \boldsymbol{\delta}_0 = \boldsymbol{\beta} \cdot \boldsymbol{\delta}_0 \end{aligned} \tag{1.38}$$

die nach $\boldsymbol{X}$ aufgelöste, explizite Form des Systems der Elastizitätsgleichungen, worin $\boldsymbol{\beta}$ die negative Inverse von $\boldsymbol{\delta}$ abkürzt: $\boldsymbol{\beta} = -\boldsymbol{\delta}^{-1}$. Gleichlautende Bezeichnungen hatten wir bereits in Abb. 1.18 verwendet.

Um der $\boldsymbol{\beta}$-Matrix eine anschauliche Deutung zu geben, vor allem aber einen Algorithmus zur Berechnung ihrer Elemente herzuleiten, verwenden wir (1.37):

$$\boldsymbol{\delta}^{-1} \cdot \boldsymbol{\delta}^{-T} = \boldsymbol{\delta} \cdot \boldsymbol{\delta}^{-1} = \boldsymbol{\delta} \cdot (-\boldsymbol{\beta}) = \boldsymbol{I}: \quad \boldsymbol{\delta} \cdot \beta + \boldsymbol{I} = 0. \tag{1.39}$$

Diese Matrizengleichung wurde im Kopf von Abb. 1.20 ausgeschrieben. Multipliziert man hierin $\boldsymbol{\delta}$ mit der i-ten Spalte von $\boldsymbol{\beta}$, so entsteht offensichtlich ein dem System der Elastizitätsgleichungen sehr verwandtes Gleichungssystem: An die Stelle von $\{X_a, X_b, \dots X_i, \dots X_n\}$ tritt gerade die Spalte $\{\beta_{ai}, \beta_{bi}, \dots \beta_{ii}, \dots \beta_{ni}\}$, an die Stelle des Lastvektors $\boldsymbol{\delta}_0$ der Vektor $\{0{,}0, \dots \delta_{i0} = 1, \dots 0\}$. Hieraus erkennen wir zusammenfassend folgende Bedeutung der Elemente der $\boldsymbol{\beta}$-Matrix, wobei erneut auf (1.37) verwiesen sei:

Satz Die Matrix der β_{ik}-Zahlen ist die negative Inverse der Matrix der δ_{ik}-Zahlen. Sie ist quadratisch $n \times n$, symmetrisch: $\boldsymbol{\beta} = \boldsymbol{\beta}^T$, $\beta_{ik} = \beta_{ki}$, regulär: det $\boldsymbol{\beta} \neq 0$ und positiv definit.

Ihre i-te Spalte $\{\beta_{ai}, \beta_{bi}, \dots \beta_{ii}, \dots \beta_{ni}\}$ verkörpert gerade diejenigen statisch Überzähligen, die sich einstellen, wenn $\delta_{i0} = 1$ gesetzt wird und alle anderen Lastglieder verschwinden.

Durch Ausmultiplikation weiterer Spalten entsteht schließlich im unteren Teil von Abb. 1.20 der vollständige Inversionsalgorithmus zur Gewinnung von $\boldsymbol{\beta}$. Für weitere, alternative Inversionsverfahren sei auf die Literatur [6, 8] verwiesen.

Als abschließendes Beispiel bilden wir die $\boldsymbol{\beta}$-Matrix der auf Abb. 1.12 aufgestellten Matrix der Elastizitätsgleichungen. Gemäß (1.39) verifizieren wir durch Ausmultiplizieren:

$$\boldsymbol{\beta} = \cdot EI \begin{bmatrix} -0.2704 & 0.1866 \\ 0.1866 & -0.2040 \end{bmatrix}$$

$$\delta \cdot \beta = -I: \quad \delta = \frac{1}{EI}\begin{bmatrix} 10.027 & 9.173 \\ 9.173 & 13.293 \end{bmatrix} \qquad -I = -\begin{bmatrix} 1.000 & 0.000 \\ 0.000 & 1.000 \end{bmatrix} \tag{1.40}$$

1.3.6 Lösungsstabilität und statisch bestimmte Hauptsysteme

Die Matrix $\boldsymbol{\delta}$ des Systems der Elastizitätsgleichungen

$$\boldsymbol{\delta} \cdot \boldsymbol{X} + \boldsymbol{\delta}_0 = \boldsymbol{0} \tag{1.41}$$

ist stets regulär (det $\boldsymbol{\delta} \neq 0$). Je mehr sich jedoch det $\boldsymbol{\delta}$ dem Wert Null nähert, desto unzuverlässiger wird die Lösung. Dabei führen beim Eliminationsprozess kleine Differenzen großer Zahlen zum Verlust signifikanter Stellen und damit zu instabilen Lösungen.

Grundbeziehung:

$$\delta \cdot \beta + I = 0: \qquad \begin{bmatrix} \beta_{aa} & \beta_{ab} \cdots & \beta_{ai} \cdots & \beta_{an} \\ \beta_{ba} & \beta_{bb} \cdots & \beta_{bi} \cdots & \beta_{bn} \\ \vdots & \vdots & \vdots & \vdots \\ \beta_{ia} & \beta_{ib} \cdots & \beta_{ii} \cdots & \beta_{in} \\ \vdots & \vdots & \vdots & \vdots \\ \beta_{na} & \beta_{nb} \cdots & \beta_{ni} \cdots & \beta_{nn} \end{bmatrix}$$

$$\begin{bmatrix} \delta_{aa} & \delta_{ab} \cdots & \delta_{ai} \cdots & \delta_{an} \\ \delta_{ba} & \delta_{bb} \cdots & \delta_{bi} \cdots & \delta_{bn} \\ \vdots & \vdots & \vdots & \vdots \\ \delta_{ia} & \delta_{ib} \cdots & \delta_{ii} \cdots & \delta_{in} \\ \vdots & \vdots & \vdots & \vdots \\ \delta_{na} & \delta_{nb} \cdots & \delta_{ni} \cdots & \delta_{nn} \end{bmatrix} \begin{bmatrix} \\ \\ & \delta \cdot \beta & \\ \\ \\ \end{bmatrix} + \begin{bmatrix} 1 & 0 \cdots & 0 \cdots & 0 \\ 0 & 1 \cdots & 0 \cdots & 0 \\ \vdots & \vdots & \vdots & \vdots \\ 0 & 0 \cdots & 1 \cdots & 0 \\ \vdots & \vdots & \vdots & \vdots \\ 0 & 0 \cdots & 0 \cdots & 1 \end{bmatrix} = 0$$

Ausmultiplizieren von δ mit der i-ten Spalte von β liefert:

$$\begin{array}{l} \quad X_a \qquad\quad X_b \qquad\qquad X_i \qquad\qquad X_n \\ \quad\downarrow \qquad\quad\ \downarrow \qquad\qquad\ \downarrow \qquad\qquad\ \downarrow \\ \delta_{aa}\,\beta_{ai} + \delta_{ab}\,\beta_{bi} + \ldots\, \delta_{ai}\,\beta_{ii} + \ldots\, \delta_{an}\,\beta_{ni} + 0 = 0 \\ \delta_{ba}\,\beta_{ai} + \delta_{bb}\,\beta_{bi} + \ldots\, \delta_{bi}\,\beta_{ii} + \ldots\, \delta_{bn}\,\beta_{ni} + 0 = 0 \\ \quad\vdots \qquad\qquad\qquad\qquad\qquad\qquad\qquad\qquad\qquad\ \ \vdots \\ \delta_{ia}\,\beta_{ai} + \delta_{ib}\,\beta_{bi} + \ldots\, \delta_{ii}\,\beta_{ii} + \ldots\, \delta_{in}\,\beta_{ni} + 1 = 0 \\ \quad\vdots \qquad\qquad\qquad\qquad\qquad\qquad\qquad\qquad\qquad\ \ \vdots \\ \delta_{na}\,\beta_{ai} + \delta_{nb}\,\beta_{bi} + \ldots\, \delta_{ni}\,\beta_{ii} + \ldots\, \delta_{nn}\,\beta_{ni} + 0 = 0 \end{array}$$

Inversionsalgorithmus: Auflösung von

$$\begin{bmatrix} \delta_{aa} & \delta_{ab} \cdots & \delta_{ai} \cdots & \delta_{an} \\ \delta_{ba} & \delta_{bb} \cdots & \delta_{bi} \cdots & \delta_{bn} \\ \vdots & \vdots & \vdots & \vdots \\ \delta_{ia} & \delta_{ib} \cdots & \delta_{ii} \cdots & \delta_{in} \\ \vdots & \vdots & \vdots & \vdots \\ \delta_{na} & \delta_{nb} & \delta_{ni} & \delta_{nn} \end{bmatrix} \cdot \begin{bmatrix} X_a \\ X_b \\ \vdots \\ X_i \\ \vdots \\ X_n \end{bmatrix} + \left[\begin{array}{c|c|c|c|c|c} 1 & 0 & & 0 & & 0 \\ 0 & 1 & & 0 & & 0 \\ \vdots & \vdots & \cdots & \vdots & \cdots & \vdots \\ 0 & 0 & & 1 & & 0 \\ \vdots & \vdots & & \vdots & & \vdots \\ 0 & 0 & & 0 & & 1 \end{array} \right] = 0$$

liefert:

$$\begin{bmatrix} X_a \\ X_b \\ \vdots \\ X_i \\ \vdots \\ X_n \end{bmatrix} : \left[\begin{array}{c|c|c|c|c|c} \beta_{aa} & \beta_{ab} & & \beta_{ai} & & \beta_{an} \\ \beta_{ba} & \beta_{bb} & & \beta_{bi} & & \beta_{bn} \\ \vdots & \vdots & \cdots & \vdots & \cdots & \vdots \\ \beta_{ia} & \beta_{ib} & & \beta_{ii} & & \beta_{in} \\ \vdots & \vdots & & \vdots & & \vdots \\ \beta_{na} & \beta_{nb} & & \beta_{ni} & & \beta_{nn} \end{array} \right]$$

Abb. 1.20 Ermittlung der β_{ik}-Zahlen

Unter *Lösungsstabilität* versteht man die Empfindlichkeit einer Lösungsmenge $\boldsymbol{X} = \{X_a, X_b, \dots X_n\}$ von (1.41) gegenüber Fehlern des Lastvektors $\boldsymbol{\delta}_0 = \{\delta_{a0}, \delta_{b0}, \dots \delta_{n0}\}$. Zur Erläuterung dieses Begriffes verfälschen wir $\boldsymbol{\delta}_0$ um einen kleinen Defektvektor $\overset{+}{\delta}_0$ und fragen nach den Auswirkungen $\overset{+}{\boldsymbol{X}}$ auf den Lösungsvektor:

$$\boldsymbol{X} = \boldsymbol{\beta} \cdot \boldsymbol{\delta}_0 : \quad \boldsymbol{X} + \overset{+}{\boldsymbol{X}} = \boldsymbol{\beta} \cdot \left(\boldsymbol{\delta}_0 + \boldsymbol{\delta}_0^+\right). \tag{1.42}$$

Durch Subtraktion beider Beziehungen folgt

$$\overset{+}{\boldsymbol{X}} = \boldsymbol{\beta} \cdot \boldsymbol{\delta}_0^+, \tag{1.43}$$

womit die gestellte Frage unter Rückgriff auf eine geeignete Matrixnorm $\|\cdots\|$ beantwortet werden kann:

$$\|\overset{+}{\boldsymbol{X}}\| = \left\|\boldsymbol{\beta} \cdot \boldsymbol{\delta}_0^+\right\| \leq \|\boldsymbol{\beta}\| \cdot \|\overset{+}{\boldsymbol{\delta}}_0\|. \tag{1.44}$$

Aus der ursprünglichen Elastizitätsgleichung (1.41) gewinnen wir noch die Abschätzung

$$\boldsymbol{\delta} \cdot \boldsymbol{X} = -\boldsymbol{\delta}_0 : \quad \|\boldsymbol{\delta} \cdot \boldsymbol{X}\| = \|\boldsymbol{\delta}_0\| \leq \|\boldsymbol{\delta}\| \cdot \|\boldsymbol{X}\|,$$

$$\frac{1}{\|\boldsymbol{X}\|} \leq \|\boldsymbol{\delta}\| \cdot \frac{1}{\|\boldsymbol{\delta}_0\|}, \tag{1.45}$$

die (1.44) in eine Aussage über den relativen Fehler $\|\overset{+}{\boldsymbol{X}}\| / \|\boldsymbol{X}\|$ der Lösung infolge relativer Defekte $\|\overset{+}{\boldsymbol{\delta}}_0\| / \|\boldsymbol{\delta}\|$ der Lastspalte überführt:

$$\frac{\|\overset{+}{\boldsymbol{X}}\|}{\|\boldsymbol{X}\|} \leq \|\boldsymbol{\delta}\| \cdot \boldsymbol{\beta} \cdot \frac{\|\overset{+}{\boldsymbol{\delta}}_0\|}{\|\boldsymbol{\delta}_0\|} = k\,(\boldsymbol{\delta}, \boldsymbol{\beta}) \cdot \frac{\|\overset{+}{\boldsymbol{\delta}}_0\|}{\|\boldsymbol{\delta}_0\|}. \tag{1.46}$$

Die gesuchte Empfindlichkeit wird durch das *Konditionsmaß*; $k\,(\boldsymbol{\delta}, \boldsymbol{\beta})$ beschrieben: Ein Wert nahe 1 deutet auf hohe Lösungsstabilität, d. h. relative Fehler der Lastspalte bilden sich auf die Lösung in gleicher Größenordnung ab. Ein solches System gilt als gut *konditioniert*. Je größer $k\,(\boldsymbol{\delta}, \boldsymbol{\beta})$ wird, desto instabiler verhält sich das System: Bei derartiger schlechter *Konditionierung* können bereits kleine Modifikationen von $\boldsymbol{\delta}_0$ zu großen Fehlern in $\boldsymbol{X}$ führen.

Zur Abschätzung von $k\,(\boldsymbol{\delta}, \boldsymbol{\beta})$ werden häufig Spektralnormen der beiden symmetrischen Matrizen $\boldsymbol{\delta}, \boldsymbol{\beta}$ herangezogen [6, 8], beispielsweise:

$$k_1\,(\boldsymbol{\delta}, \boldsymbol{\beta}) \leq |\text{max. Eigenwert von } \boldsymbol{\delta}| \cdot |\text{max. Eigenwert von } \boldsymbol{\beta}|. \tag{1.47}$$

Nachteilig hierbei ist die Eigenwertermittlung. Die vereinfachte Form einer auf der bekannten Determinantenabschätzung nach HADAMARD[6] beruhenden Konditionszahl ist dagegen verhältnismäßig einfach bestimmbar [9]:

$$k_2\,(\boldsymbol{\delta}, \boldsymbol{\beta}) \leq \frac{|\delta_{aa}\delta_{bb} \dots \delta_{nn}|}{\det \boldsymbol{\delta}}; \tag{1.48}$$

[6] JACQUES HADAMARD, französischer Mathematiker aus Paris, 1865–1963, schrieb bahnbrechende Arbeiten zur zwei- und dreidimensionalen Geometrie, zu partiellen Differentialgleichungen und zur Geodäsie.

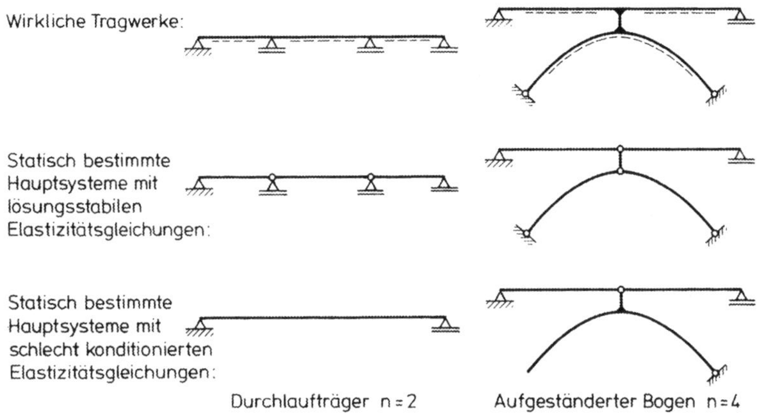

Abb. 1.21 Statisch bestimmte Hauptsysteme mit unterschiedlich konditionierten Elastizitätsgleichungen

vor allem zeigt sie den wichtigen Einfluss von det $\boldsymbol{\delta}$.

Schlecht konditionierte Systeme von Elastizitätsgleichungen weisen i. A. auf ungünstig gewählte statisch bestimmte Hauptsysteme hin. Waren für diese bisher nur kinematisch verschiebliche Strukturen ausgeschlossen worden, so fordern wir zur guten Konditionierung verschärfend ein möglichst weitgehend übereinstimmendes Tragverhalten von wirklichem Tragwerk und Hauptsystem gemäß Abb. 1.21. Beispielsweise sollen Symmetrien erhalten bleiben und statisch Überzählige so gewählt werden, dass Hauptdiagonalglieder gleicher Größenordnung entstehen. Je weniger sich die Wirkungsbereiche der einzelnen statisch Überzähligen überdecken, desto kleiner werden die Beträge der Elemente außerhalb der Hauptdiagonalen, eine besonders wirksame Maßnahme zur Steigerung der Lösungsstabilität.

1.4 Verformungen statisch unbestimmter Tragwerke

1.4.1 Prinzip der virtuellen Kräfte

In Tragwerke 1, Kap. 8 [4] hatten wir beliebige äußere Weggrößen δ_{ik} als Folge willkürlicher Beanspruchungsursachen $k : \{\boldsymbol{\varepsilon}_{\text{k}}, \boldsymbol{r}_{\text{k}}\}$ mit Hilfe des Energiesatzes bestimmt. Unter Verwendung der dabei im Tragwerkspunkt i angesetzten, zu δ_{ik} korrespondierenden, virtuellen Einzelkraftgröße „1" sowie der ihr zugeordneten Schnitt- und Randkraftgrößen $\{\boldsymbol{\sigma}_{\text{i}}, \boldsymbol{t}_{\text{i}}\}$ lautet die hierfür zugrundegelegte Arbeitsaussage:

$$1 \cdot \delta_{\text{ik}} = \delta_{\text{ik}} = \int_0^1 \boldsymbol{\sigma}_{\text{i}}^{\text{T}} \boldsymbol{\varepsilon}_k \text{d}x - \left[\boldsymbol{t}_{\text{i}}^T \boldsymbol{r}_{\text{k}}\right]_0^1. \qquad (1.49)$$

Diese entspricht dem Prinzip der virtuellen Kräfte und gilt unabhängig vom Grad n der statischen Unbestimmtheit des Tragwerks.

Der Arbeitssatz (1.49) war von uns bereits in den Abschn. 1.2.1 und 1.2.2 zur Ermittlung der Klaffungen statisch bestimmter Hauptsysteme herangezogen worden, siehe (1.10). Nun soll er zur Grundlage der Berechnung beliebiger Einzelverformungen n-fach statisch unbestimmter Stabtragwerke gemacht werden. Hierzu spezifizieren wir (1.49) gemäß Tafel 8.3, Tragwerke 1 [4], auf ebene Strukturen:

$$\begin{aligned} {}^{\mathrm{n}}\delta_{\mathrm{ik}} = \int_0^l \Big\{ & {}^{\mathrm{n}}N_i \left[\frac{{}^{\mathrm{n}}N_{\mathrm{k}}}{EA} (1+\varphi_{\mathrm{t}}) + \alpha_{\mathrm{T}} \Delta T_{\mathrm{N}} - \varepsilon_{\mathrm{s}} \right] + {}^{\mathrm{n}}Q_i \frac{{}^{\mathrm{n}}Q_k}{GA_{\mathrm{Q}}} \\ & + {}^{\mathrm{n}}M_{\mathrm{i}} \left[\frac{{}^{\mathrm{n}}M_{\mathrm{k}}}{EI} (1+\varphi_{\mathrm{t}}) + \alpha_{\mathrm{T}} \frac{\Delta T_{\mathrm{M}}}{h} \right] \Big\} \mathrm{d}x \\ & - \sum_{\mathrm{l}} {}^{\mathrm{n}}C_{\mathrm{li}} {}^{\mathrm{n}}c_{\mathrm{lk}} - \sum_{\mathrm{w}} {}^{\mathrm{n}}M_{\mathrm{wi}} {}^{\mathrm{n}}\varphi_{\mathrm{wk}}, \end{aligned} \tag{1.50}$$

wobei Federstützungen unterdrückt wurden. Alle in (1.50) auftretenden Variablen beziehen sich natürlich auf das n-fach statisch unbestimmte Originaltragwerk, was durch den teilweise verwendeten, linken oberen Index n besonders hervorgehoben wird. Im einzelnen bezeichnen somit:

${}^{\mathrm{n}}N_{\mathrm{i}} {}^{\mathrm{n}}Q_{\mathrm{i}} {}^{\mathrm{n}}M_{\mathrm{i}}$	virtuelle Schnittgrößen infolge „1“ im Tragwerkspunkt i,
${}^{\mathrm{n}}C_{\mathrm{li}}$	zugehörige Auflagerkraft im Lagerpunkt l,
${}^{\mathrm{n}}M_{\mathrm{wi}}$	zugehöriges Einspannmoment im Widerlager w,
${}^{\mathrm{n}}N_{\mathrm{k}} {}^{\mathrm{n}}Q_{\mathrm{k}} {}^{\mathrm{n}}M_{\mathrm{k}}$	Schnittgrößen infolge der Beanspruchungsursache k,
z. B.: ${}^{\mathrm{n}}N_{\mathrm{L}} {}^{\mathrm{n}}Q_{\mathrm{L}} {}^{\mathrm{n}}M_{\mathrm{L}}$	bei äußeren Lasten,
${}^{\mathrm{n}}N_{\mathrm{V}} {}^{\mathrm{n}}Q_{\mathrm{V}} {}^{\mathrm{n}}M_{\mathrm{V}}$	bei Vorspannung,
${}^{\mathrm{n}}N_{\mathrm{T}} {}^{\mathrm{n}}Q_{\mathrm{T}} {}^{\mathrm{n}}M_{\mathrm{T}}$	bei Temperatureinwirkungen,
${}^{\mathrm{n}}N_{\mathrm{C}} {}^{\mathrm{n}}Q_{\mathrm{C}} {}^{\mathrm{n}}M_{\mathrm{C}}$	bei Stützensenkungen,
${}^{\mathrm{n}}c_{\mathrm{lk}}$	vorgegebene Stützensenkung in l,
${}^{\mathrm{n}}\varphi_{\mathrm{wk}}$	vorgegebene Widerlagerdrehung in w,
${}^{\mathrm{n}}\delta_{\mathrm{ik}}$	gesuchte Einzelverformung in i.

Sollen demgegenüber Variablen am *statisch bestimmten Hauptsystem* ($n = 0$) besonders unterschieden werden, so indizieren wir diese folgerichtig links oben mit einer Null. Beispielsweise bezeichnen so:

${}^{0}N_{\mathrm{i}} {}^{0}Q_{\mathrm{i}} {}^{0}M_{\mathrm{i}}$	virtuelle Schnittgrößen infolge „1“ im Tragwerkspunkt i,
${}^{0}N_{\mathrm{k}} {}^{0}Q_{\mathrm{k}} {}^{0}M_{\mathrm{k}}$	Schnittgrößen infolge der Beanspruchungsursache k,
z. B.: ${}^{0}N_{\mathrm{L}} {}^{0}Q_{\mathrm{L}} {}^{0}M_{\mathrm{L}}$	bei äußeren Lasten,
${}^{0}N_{\mathrm{V}} {}^{0}Q_{\mathrm{V}} {}^{0}M_{\mathrm{V}}$	bei Vorspannung.

1.4.2 Reduktionssatz

Um das Wesentliche der folgenden Herleitung hervorzuheben, vernachlässigen wir in (1.50) zunächst die Formänderungsarbeitsanteile der Normal- und Querkräfte, ferner unterdrücken wir Temperatureinwirkungen sowie Stützensenkungen nebst Widerlagerdrehungen und setzen ideal-elastisches Materialverhalten voraus:

$$(EA)^{-1} \approx \left(GA_{\mathrm{Q}}\right)^{-1} \approx 0, \;\; \Delta T_{\mathrm{N}} = \Delta T_{\mathrm{M}} = c_1 = \varphi_{\mathrm{w}} = 0, \;\; \varepsilon_{\mathrm{s}} = \varphi_{\mathrm{t}} = 0. \tag{1.51}$$

Damit vereinfacht sich die Ausgangsgleichung (1.50) zu:

$${}^{\mathrm{n}}\delta_{\mathrm{ik}} = \int_0^1 \frac{{}^{\mathrm{n}}M_{\mathrm{i}}{}^{\mathrm{n}}M_{\mathrm{k}}}{EI}\mathrm{d}x. \tag{1.52}$$

Die beiden Biegemomentenverläufe ${}^{\mathrm{n}}M_{\mathrm{i}}$, ${}^{\mathrm{n}}M_{\mathrm{k}}$ des statisch unbestimmten Tragwerks bestehen aus ihren jeweiligen Lastzuständen ${}^{0}M_{\mathrm{i}}, {}^{0}M_{\mathrm{k}}$ am statisch bestimmten Hauptsystem sowie zwei ebenfalls an diesem definierten, unterschiedlichen Ergänzungszuständen gemäß

$${}^{\mathrm{n}}M_{\mathrm{i}} = {}^{0}M_{\mathrm{i}} + X_{\mathrm{ai}}{}^{0}M_{\mathrm{a}} + X_{\mathrm{bi}}{}^{0}M_{\mathrm{b}} + \ldots X_{\mathrm{ji}}{}^{0}M_{\mathrm{j}} + \ldots X_{\mathrm{ni}}{}^{0}M_{\mathrm{n}}, \tag{1.53}$$

$${}^{\mathrm{n}}M_{\mathrm{k}} = {}^{0}M_{\mathrm{k}} + X_{\mathrm{ak}}{}^{0}M_{\mathrm{a}} + X_{\mathrm{bk}}{}^{0}M_{\mathrm{b}} + \ldots X_{\mathrm{jk}}{}^{0}M_{\mathrm{j}} + \ldots X_{\mathrm{nk}}{}^{0}M_{\mathrm{n}}, \tag{1.54}$$

wobei selbstverständlich i. A. $X_{\mathrm{ji}} \neq X_{\mathrm{jk}}$ ist.

Nun substituieren wir zunächst (1.53) in die Ausgangsbeziehung (1.52) und zerlegen das Produkt in die Einzelintegrale:

$$\begin{aligned}{}^{\mathrm{n}}\delta_{\mathrm{ik}} &= \int_0^1 \frac{{}^{\mathrm{n}}M_{\mathrm{i}}{}^{\mathrm{n}}M_{\mathrm{k}}}{EI}\mathrm{d}x = \int_0^1 \frac{{}^{\mathrm{n}}M_{\mathrm{k}}}{EI}\left({}^{0}M_{\mathrm{i}} + X_{\mathrm{ai}}{}^{0}M_{\mathrm{a}} + X_{\mathrm{bi}}{}^{0}M_{\mathrm{b}} + \ldots\right)\mathrm{d}x \\ &= \int_0^1 \frac{{}^{0}M_{\mathrm{i}}{}^{\mathrm{n}}M_{\mathrm{k}}}{EI}\mathrm{d}x + X_{\mathrm{ai}}\underbrace{\int_0^1 \frac{{}^{0}M_{\mathrm{a}}{}^{\mathrm{n}}M_{\mathrm{k}}}{EI}\mathrm{d}x}_{=0} + X_{\mathrm{bi}}\underbrace{\int_0^1 \frac{{}^{0}M_{\mathrm{b}}{}^{\mathrm{n}}M_{\mathrm{k}}}{EI}\mathrm{d}x}_{=0} + \ \ldots\end{aligned} \tag{1.55}$$

Im Abschn. 1.2.3 war in (1.18, 1.19) die Orthogonalität aller Einheitszustände zum wirklichen Lastzustand bewiesen worden, nach welcher die innere Verschiebungsarbeit jedes Einheitszustandes $j\ (j = a, b, \ldots n)$ auf den Wegen eines wirklichen Lastzustandes k verschwindet, auch als Verformungskontrolle eingeführt. Somit entfallen in (1.55) alle Integrale mit Einheitszuständen ${}^{0}M_{\mathrm{j}}$, und es verbleibt allein die Formänderungsarbeit von ${}^{\mathrm{n}}M_{\mathrm{k}}$ entlang der durch den statisch bestimmten Biegemomentenanteil ${}^{0}M_{\mathrm{i}}$ bewirkten Verkrümmung.

Substituieren wir sodann (1.54) in die Ausgangsgleichung (1.52), so verbleibt nach erneuter Berücksichtigung der Orthogonalitätseigenschaften nunmehr die Formänderungsarbeit von ${}^{0}M_{\mathrm{i}}$ entlang der durch den statisch bestimmten Anteil ${}^{\mathrm{n}}M_{\mathrm{k}}$ hervorgerufenen Verkrümmung:

$$
\begin{aligned}
{}^{\mathrm{n}}\delta_{\mathrm{ik}} &= \int_0^1 \frac{{}^{\mathrm{n}}M_{\mathrm{i}}\,{}^{\mathrm{n}}M_{\mathrm{k}}}{EI}\mathrm{d}x = \int_0^1 \frac{{}^{\mathrm{n}}M_{\mathrm{i}}}{EI}\left({}^{0}M_{\mathrm{k}} + X_{\mathrm{ak}}\,{}^{0}M_{\mathrm{a}} + X_{\mathrm{bk}}\,{}^{0}M_{\mathrm{b}} + \ldots\right)\mathrm{d}x \\
&= \int_0^1 \frac{{}^{\mathrm{n}}M_{\mathrm{i}}\,{}^{0}M_{\mathrm{k}}}{EI}\mathrm{d}x + X_{\mathrm{ak}}\underbrace{\int_0^1 \frac{{}^{\mathrm{n}}M_{\mathrm{i}}\,{}^{0}M_{\mathrm{a}}}{EI}\mathrm{d}x}_{=0} + X_{\mathrm{bk}}\underbrace{\int_0^1 \frac{{}^{\mathrm{n}}M_{\mathrm{i}}\,{}^{0}M_{\mathrm{b}}}{EI}\mathrm{d}x}_{=0} + \ldots
\end{aligned}
\tag{1.56}
$$

Beide Transformationen erforderten keinerlei Annahmen hinsichtlich des verwendeten statisch bestimmten Hauptsystems. Die ausgehend von (1.52) in (1.53, 1.54) gewonnenen Erkenntnisse fasst der Reduktionssatz wie folgt zusammen.

Reduktionssatz Zur Berechnung von Einzelverformungen statisch unbestimmter Tragwerke braucht nur einer der beiden Kraftgrößenzustände eines Formänderungsarbeitsintegrals am statisch unbestimmten Tragwerk ermittelt zu werden. Der andere kann einem beliebigen statisch bestimmten Hauptsystem entstammen:

$$
{}^{\mathrm{n}}\delta_{\mathrm{ik}} = \int_0^1 \frac{{}^{\mathrm{n}}M_{\mathrm{i}}\,{}^{\mathrm{n}}M_{\mathrm{k}}}{EI}\,\mathrm{d}x = \int_0^1 \frac{{}^{0}M_{\mathrm{i}}\,{}^{\mathrm{n}}M_{\mathrm{k}}}{EI}\,\mathrm{d}x = \int_0^1 \frac{{}^{\mathrm{n}}M_{\mathrm{i}}\,{}^{0}M_{\mathrm{k}}}{EI}\,\mathrm{d}x. \tag{1.57}
$$

1.4.3 Beispiel

Die Anwendung des Reduktionssatzes erläutern wir am Beispiel des durch eine Einzellast P beanspruchten, ebenen Rahmens in Abb. 1.22. Für ihn soll die Mittendurchbiegung $\delta_{1\mathrm{L}}$ des Riegels bestimmt werden.

Die Lastmomente ${}^{2}M_{\mathrm{L}}$ dieses 2-fach statisch unbestimmten Tragwerks waren bereits im Abschn. 1.2.4 berechnet worden, wir übernehmen sie aus Abb. 1.10. Die Biegemomente ${}^{0}M_{1}$ des virtuellen Hilfszustandes „1" in Riegelmitte eines statisch bestimmten Hauptsystems werden aus $M_{\mathrm{x}0}$ in Abb. 1.8 durch Division durch 50.00 gewonnen.

Im unteren Teil der Abb. 1.22 findet sich zunächst die Auswertung des Formänderungsarbeitsintegrals der beiden Zustandslinien ${}^{0}M_{1}, {}^{0}M_{\mathrm{L}}$ gemäß Tragwerke 1, Tafel 8.5 [4]. Offensichtlich entspricht das Ergebnis, wegen der Gleichartigkeit von Last- und virtuellem Hilfszustand, gerade demjenigen der Integralkombination ${}^{2}M_{1}$ mit ${}^{0}M_{\mathrm{L}}$ (Multiplikation

Baustatische Skizze:

$P = 50.00\,kN$
$EI = konst.$
$EA = GA_Q = \infty$

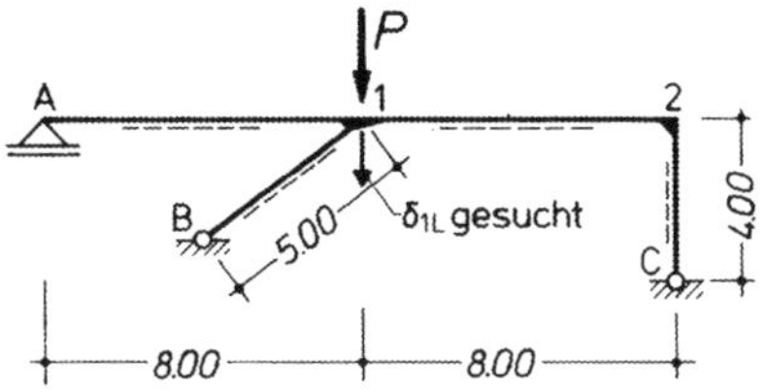

Lastzustand am 2-fach statisch unbestimmten Tragwerk:

$^2M_L\,[kNm]$

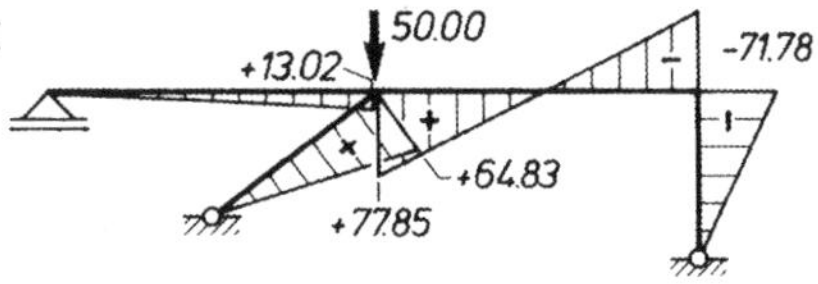

Virtueller Hilfszustand am statisch bestimmten Hauptsystem:

$^0M_1\,[kNm]$

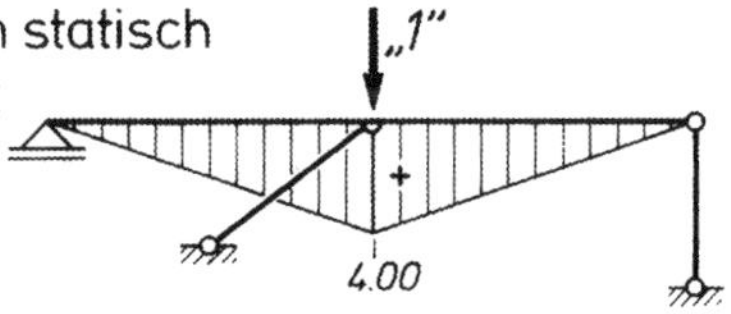

Ermittlung von δ_{1L}:

- $EI\delta_{1L} = \int_0^l {}^0M_1\,{}^2M_L\,dx = \int_0^l {}^2M_1\,{}^0M_L\,dx$

  $= \frac{1}{3}\cdot 4.00\cdot 13.02\cdot 8.00 + \frac{1}{6}\cdot 4.00\cdot(2\cdot 77.85 - 71.78)\cdot 8.00 = 586.5\,kNm^3$

- $EI\delta_{1L} = \int_0^l {}^2M_1\,{}^2M_L\,dx = \frac{1}{50}\int_0^l ({}^2M_L)^2\,dx$

  $= \frac{1}{50}\{\frac{1}{3}\cdot 13.02^2\cdot 8.00 + \frac{1}{6}[77.85\,(2\cdot 77.85 - 71.78) - 71.78\,(77.85 - 2\cdot 71.78)]\cdot 8.00$

  $+ \frac{1}{3}\cdot 71.78^2\cdot 4.00 + \frac{1}{3}\cdot 64.83^2\cdot 5.00\} = 586.5\,kNm^3$

Abb. 1.22 Beispiel zum Reduktionssatz

mit 50.00 und Division durch die gleiche Zahl). In den letzten Zeilen der Abb. 1.22 schließlich findet sich die erste Alternative ${}^2M_1, {}^2M_L$ von (1.57), die durch Überlagerung von ${}^2M_L$ mit sich selbst und Division durch 50.00 gewonnen wurde. Alle Superpositionen liefern für $EI\delta_{1L}$ erwartungsgemäß das gleiche Zahlenergebnis.

1.4.4 Erweiterung des Reduktionssatzes

Aus der im Abschn. 1.4.2 durchgeführten Herleitung des Reduktionssatzes können wir ohne erneute Herleitung auf entsprechende Formen erweiterter Arbeitsgleichungen

Äußere Belastung L bzw. Vorspannung V:

$$
\begin{aligned}
{}^{n}\delta_{iL} &= \int_0^1 \left[\frac{{}^{n}N_i\,{}^{n}N_L}{EA} + \frac{{}^{n}Q_i\,{}^{n}Q_L}{GA_Q} + \frac{{}^{n}M_i\,{}^{n}M_L}{EI} \right] dx \\
&= \int_0^1 \left[\frac{{}^{0}N_i\,{}^{n}N_L}{EA} + \frac{{}^{0}Q_i\,{}^{n}Q_L}{GA_Q} + \frac{{}^{0}M_i\,{}^{n}M_L}{EI} \right] dx \\
&= \int_0^1 \left[\frac{{}^{n}N_i\,{}^{0}N_L}{EA} + \frac{{}^{n}Q_i\,{}^{0}Q_L}{GA_Q} + \frac{{}^{n}M_i\,{}^{0}M_L}{EI} \right] dx
\end{aligned}
$$

Temperatureinwirkungen ΔT_N, ΔT_M :

$$
\begin{aligned}
{}^{n}\delta_{iT} &= \int_0^1 \left[{}^{n}N_i \left(\frac{{}^{n}N_T}{EA} + \alpha_T \Delta T_N \right) + {}^{n}M_i \left(\frac{{}^{n}M_T}{EI} + \alpha_T \frac{\Delta T_M}{h} \right) + \frac{{}^{n}Q_i\,{}^{n}Q_T}{GA_Q} \right] dx \\
&= \int_0^1 \left[{}^{0}N_i \left(\frac{{}^{n}N_T}{EA} + \alpha_T \Delta T_N \right) + {}^{0}M_i \left(\frac{{}^{n}M_T}{EI} + \alpha_T \frac{\Delta T_M}{h} \right) + \frac{{}^{0}Q_i\,{}^{n}Q_T}{GA_Q} \right] dx \\
&= \int_0^1 \left[{}^{n}N_i \left(0 + \alpha_T \Delta T_N \right) + {}^{n}M_i \left(0 + \alpha_T \frac{\Delta T_M}{h} \right) + 0 \right] dx
\end{aligned}
$$

Stützensenkungen C:

$$
\left.
\begin{aligned}
{}^{n}\delta_{iC} &= \int_0^1 \left[\frac{{}^{n}N_i\,{}^{n}N_C}{EA} + \frac{{}^{n}Q_i\,{}^{n}Q_C}{GA_Q} + \frac{{}^{n}M_i\,{}^{n}M_C}{EI} \right] dx - \sum_1 {}^{n}C_{1i}\,{}^{n}C_1 \\
&= \int_0^1 \left[\frac{{}^{0}N_i\,{}^{n}N_C}{EA} + \frac{{}^{0}Q_i\,{}^{n}Q_C}{GA_Q} + \frac{{}^{0}M_i\,{}^{n}M_C}{EI} \right] dx - \sum_1 {}^{0}C_{1i}\,{}^{n}C_1 \\
&= \int_0^1 \left[0 + 0 + 0 \right] dx - \sum_1 {}^{n}C_{1i}\,{}^{0}C_1
\end{aligned}
\right\} {}^{n}C_1 \equiv {}^{0}C_1
$$

Abb. 1.23 Erweiterung des Reduktionssatzes

schließen, für welche nicht alle Vereinfachungen (1.51) vereinbart wurden. Für besonders typische, in (1.50) enthaltene Spezialfälle finden sich vollständige Formen des Reduktionssatzes in Abb. 1.23.

Die dort aufgeführten Alternativen lassen erkennen, dass im Falle von Zwangbeanspruchungen jeweils eine anwendungstechnisch besonders einfache Form vorhanden ist: Bekanntlich treten Zwangschnittgrößen ${}^{0}N_T$, ${}^{0}Q_T$, ${}^{0}M_T$ bzw. ${}^{0}N_C$, ${}^{0}Q_C$, ${}^{0}M_C$ statisch bestimmter Tragwerke infolge von Temperatureinwirkungen oder Stützensenkungen nicht auf. Die entsprechenden, formal im Reduktionssatz vorhandenen Glieder nehmen somit in diesen Fällen die Werte Null an.

1.4.5 Biegelinienermittlung

In Tragwerke, Abschn. 9.2.3 [4] wurde das Verfahren der ω-Funktionen zur stabweisen Ermittlung von Biegelinien eingeführt, das ebenfalls unabhängig vom Grad der statischen Unbestimmtheit des Gesamttragwerks anwendbar ist: Auf der Grundlage des als bekannt vorausgesetzten Biegemomentenverlaufs $M(x)$ lassen sich mittels der ω-Funktionen aus Tragwerke 1, Tafeln 9.4 und 9.5 [4] stets stabweise Durchbiegungsordinaten für homogene Randbedingungen $w(0) = w(l) = 0$ bestimmen. Durch Superposition mit den tatsächlichen Verschiebungsrandwerten $w(0)$, $w(l)$ entsteht hieraus die vollständige Biegelinie.

Bei bekanntem Biegemomentenverlauf und bekannten Stabendverschiebungen werden Biegelinien statisch unbestimmter Tragwerke somit *völlig analog* zum statisch bestimmten Fall ermittelt. Weiterer allgemeinerer Darlegungen bedarf es daher nicht, und wir erläutern das Vorgehen am Beispiel der Abb. 1.8, deren baustatische Skizze und Biegemomentenlinie ${}^2M_\mathrm{L}$ schon in die aktuelle Abb. 1.24 übernommen wurden.

Bereits im Abschn. 1.4.3 erfolgte für dieses Beispiel die Bestimmung der vertikalen Durchbiegung $\delta_{1\mathrm{L}}$ in Riegelmitte:

$$EI\delta_{1\mathrm{L}} = 586.5\,\mathrm{kNm}^3, \qquad \delta_{1\mathrm{L}} = \frac{586.5}{4.80 \cdot 10^4} = 1.222 \cdot 10^{-2}\mathrm{m}. \tag{1.58}$$

Infolge der vorausgesetzten Dehnstarrheit ($EA = \infty$) aller Stabachsen kann der Knotenpunkt 1 im Rahmen der Theorie 1. Ordnung nur eine infinitesimal kleine Drehung um das feste Gelenklager B ausführen. Deshalb können die in 1 auftretenden Verschiebungskomponeten δ_1, δ_H allein durch geometrische Betrachtungen, wie in Abb. 1.24 durchgeführt, aus $\delta_{1\mathrm{L}}$ hergeleitet werden. In die dortige baustatische Skizze wurden zur Erläuterung der auftretenden Kinematik die Verbindungsachsen der verformten Knotenpunkte A, B, C, 1, 2 eingezeichnet.

Damit sind die Randverschiebungen aller vier Stabelemente bekannt, und deren Durchbiegungsordinaten $w(\xi)$ können stabweise aus den ω-Funktionen der Tafel 9.4 in Tragwerke 1 [4] ermittelt werden. Ihre Auswertung in den Stabviertelspunkten erfolgt sodann tabellarisch unter Rückgriff auf die Funktionswerte der Tafel 9.5 in Tragwerke 1 [4]. Schließlich wurde der Knotendrehwinkel φ_1, der aus den Stabdreh- und Stabendtangentenwinkeln der beiden angrenzenden Stäbe berechenbar ist, zu Kontrollzwecken bestimmt. Die stark überhöhte Biegelinie des Gesamttragwerks schließt Abb. 1.24 ab.

1.5 Einflusslinien statisch unbestimmter Tragwerke

1.5.1 Einflusslinien für äußere Weggrößen

Einflusslinien dienen bekanntlich zur übersichtlichen Erfassung der Wirkung ortsveränderlicher Lasten. Sie beschreiben den Einfluss einer richtungsgebundenen Last der Intensität „1“, die in momentanen Stellungen m des Lastgurtes einwirkt, auf zugeordnete Zustandsgrößen Z_i und stellen somit Funktionen der Lastgurtordinate x_m eines Tragwerks dar.

1. Baustatische Skizze:

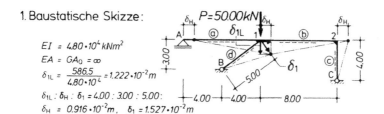

$EI = 4.80 \cdot 10^4\,kNm^2$

$EA = GA_Q = \infty$

$\delta_{1L} = \frac{586.5}{4.80 \cdot 10^4} = 1.222 \cdot 10^{-2}\,m$

$\delta_{1L} : \delta_H : \delta_1 = 4.00 : 3.00 : 5.00$:

$\delta_H = 0.916 \cdot 10^{-2}\,m, \quad \delta_1 = 1.527 \cdot 10^{-2}\,m$

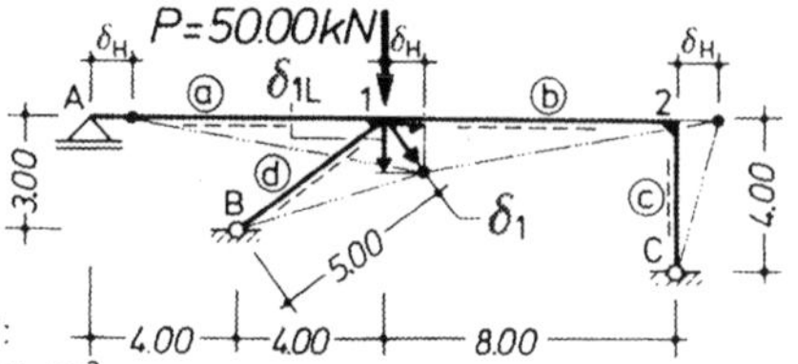

2. Lastbiegemomente:

$^2M_L\,[kNm]$

Im Einzelnen erhält man als wirklichen Lastzustand:

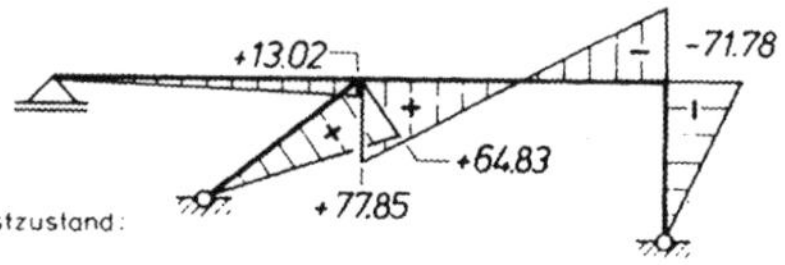

3. Biegelinienermittlung mittels ω-Funktionen:

Stab a: $w(\xi) = \frac{13.02 \cdot 8.00^2}{6 \cdot 4.80 \cdot 10^4} \cdot \omega_D + \delta_{1L} \cdot \xi \qquad = (0.289 \cdot \omega_D + 1.222 \cdot \xi) \cdot 10^{-2}\,m$

Stab b: $w(\xi) = \frac{77.85 \cdot 8.00^2}{6 \cdot 4.80 \cdot 10^4} \cdot \omega_D' - \frac{71.78 \cdot 8.00^2}{6 \cdot 4.80 \cdot 10^4} \cdot \omega_D + \delta_{1L} \cdot \xi' = (1.730 \cdot \omega_D' - 1.595 \cdot \omega_D + 1.222 \cdot \xi') \cdot 10^{-2}\,m$

Stab c: $w(\xi) = \frac{-71.78 \cdot 4.00^2}{6 \cdot 4.80 \cdot 10^4} \cdot \omega_D' - \delta_H \cdot \xi' \qquad = (-0.399 \cdot \omega_D' - 0.916 \cdot \xi') \cdot 10^{-2}\,m$

Stab d: $w(\xi) = \frac{64.83 \cdot 5.00^2}{6 \cdot 4.80 \cdot 10^4} \cdot \omega_D + \delta_1 \cdot \xi \qquad = (0.563 \cdot \omega_D + 1.527 \cdot \xi) \cdot 10^{-2}\,m$

Tabellarische Auswertung auf der Grundlage von Tafel 9.5, Band 1:

ξ	ξ'	ω_D	ω_D'	$w^a(\xi)$	$w^b(\xi)$	$w^c(\xi)$	$w^d(\xi)$
0.00	1.00	0.0000	0.0000	m 0.000	1.222	-0.916	0.000
0.25	0.75	0.2344	0.3281	0.374	1.111	-0.818	0.514
0.50	0.50	0.3750	0.3750	0.719	0.662	-0.608	0.975
0.75	0.25	0.3281	0.2344	1.012	0.189	-0.323	1.330
1.00	0.00	0.0000	0.0000	1.222	0.000	0.000	1.527
				cm	cm	cm	cm

4. Knotendrehwinkelkontrolle im Punkt 1:

$\varphi_{1l} = -\psi^a + \tau_r^a = -\frac{1.222 \cdot 10^{-2}}{8.00} + \frac{13.02 \cdot 8.00}{3 \cdot 4.80 \cdot 10^4} = (-0.1528 + 0.0723) \cdot 10^{-2} = -0.0805 \cdot 10^{-2}$

$\varphi_{1r} = -\psi^b - \tau_l^b = \frac{1.222 \cdot 10^{-2}}{8.00} - \frac{77.85 \cdot 8.00}{3 \cdot 4.80 \cdot 10^4} + \frac{71.78 \cdot 8.00}{6 \cdot 4.80 \cdot 10^4} = (0.1528 - 0.4325 + 0.1994) \cdot 10^{-2} = -0.0803 \cdot 10^{-2}$

5. Darstellung der Biegelinie:

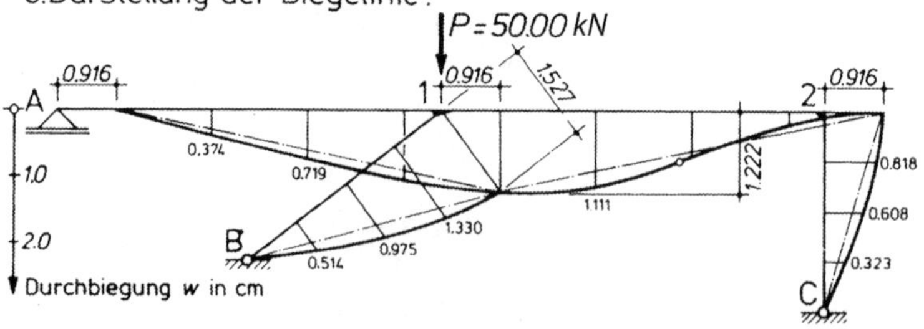

Abb. 1.24 Ermittlung der Biegelinie eines 2-fach statisch unbestimmten Rahmentragwerkes

Im Einzelnen ergibt das Produkt ihrer in m vorhandenen Ordinate η_{jm} mit dem Betrag einer im selben Punkt einwirkenden Last P_{m} gerade den Laststellungswert Z_{jm} derjenigen Zustandsgröße Z_{j}, welcher die betreffende Einflusslinie zugeordnet ist:

$$Z_{\mathrm{jm}} = P_{\mathrm{m}} \cdot \eta_{\mathrm{jm}}. \tag{1.59}$$

Den Punkt j, an dem die jeweilige Zustandsgröße wirkt, haben wir in Tragwerke 1, Abschn. 6.1.1 [4] als *Bezugspunkt* eingeführt. Wegen des in (1.59) implizierten Superpositionsgesetzes, nach welchem Zustandsgrößen einer Lastgruppe aus denjenigen einer Einheitslast entwickelt werden, bilden Einflusslinien ein typisches Instrument der linearen Statik.

Als Berechnungsvorschrift für Einflusslinien η_{jm} gewannen wir durch „1"-Setzen von P_{m} aus der Definition (1.59):

$$P_{\mathrm{m}} = 1: \; Z_{\mathrm{jm}} = 1 \cdot \eta_{\mathrm{jm}} = \eta_{\mathrm{jm}}. \tag{1.60}$$

Durch diese Substitution werden somit Einflusslinienordinaten η_{jm} gerade gleich der jeweiligen Zustandsgröße Z_{jm}.

Nach dieser Rückerinnerung wenden wir Definition (1.59) und Berechnungsvorschrift (1.60) auf eine äußere Weggröße an, beispielsweise auf eine Tragwerksverschiebung δ im Bezugspunkt j. Wie üblich bezeichne dabei der jeweils erste Index den Ort, der zweite die Ursache.

$$\begin{aligned} \delta_{\mathrm{jm}} &= P_{\mathrm{m}} \cdot \eta_{\mathrm{jm}} \\ P_{\mathrm{m}} &= 1 : 1 \cdot \eta_{\mathrm{jm}} = \eta_{\mathrm{jm}} = \delta_{\mathrm{jm}} = \delta_{\mathrm{mj}}. \end{aligned} \tag{1.61}$$

Durch die Substitution $P_{\mathrm{m}} = 1$ behandeln wir Verformungen δ_{jm} infolge von Kraftgrößen „1", welche nach dem Satz von MAXWELL – wie aus (1.61) ersichtlich – in den Indizes vertauschbar sind: Vertrat δ_{jm} die Verschiebungsfunktion des Bezugspunktes j infolge einer Last $P_{\mathrm{m}} = 1$ an wechselnden Punkten m des Lastgurtes, eben die Einflussfunktion, so wird δ_{mj} zu der zu P_{m} korrespondierenden Durchbiegung aller Lastgurtpunkte m, d. h. zur *Biegelinie*, verursacht durch die zu δ_{jm} korrespondierende Last $P_{\mathrm{j}} = 1$ im Bezugspunkt j.

▶ **Satz** Die Einflusslinie η_{jm} einer Weggröße δ_{jm} eines n-fach statisch unbestimmten Tragwerks entsteht als Biegelinie δ_{mj} des Lastgurtes in Lastrichtung P_{m} dieses n-fach statisch unbestimmten Tragwerks, wenn im Bezugspunkt j die zur jeweiligen Weggröße korrespondierende Kraftgröße „1" wirkt.

Dieser bereits in Tragwerke 1 [4] Abschn. 7.2.6, hergeleitete Satz gilt natürlich unabhängig vom Grad n der statischen Unbestimmtheit; im Hinblick auf das Folgende wurde er hinsichtlich der Anwendung auf statisch unbestimmte Tragwerke präzisiert.

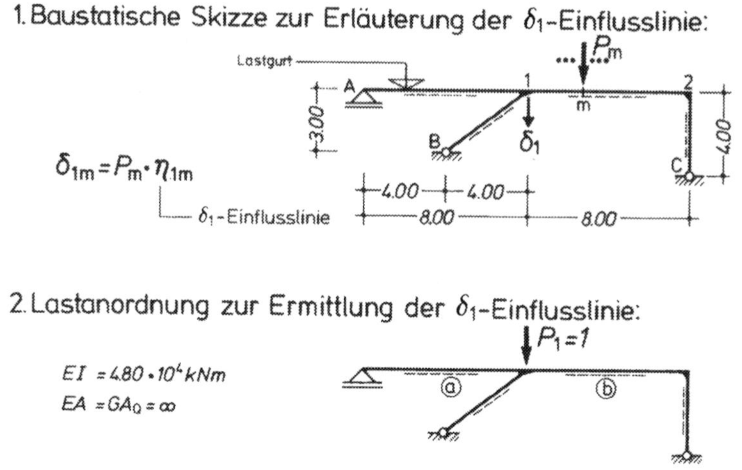

Übernahme der Einflusslinienordinaten aus Abb. 1.24 bei Division durch 50.00 kN:

ξ	Stab a	Stab b
0.00	0	$2.444 \cdot 10^{-4}$
0.25	$0.748 \cdot 10^{-4}$	$2.222 \cdot 10^{-4}$
0.50	$1.438 \cdot 10^{-4}$	$1.324 \cdot 10^{-4}$
0.75	$2.024 \cdot 10^{-4}$	$0.378 \cdot 10^{-4}$
1.00	$2.444 \cdot 10^{-4}$	0

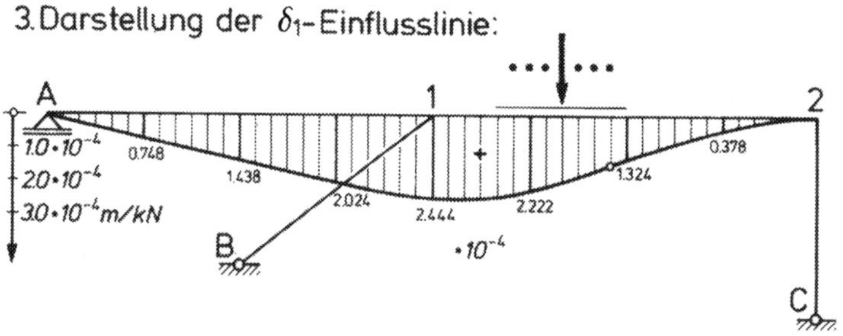

Abb. 1.25 δ_1-Einflusslinie eines 2-fach statisch unbestimmten Rahmentragwerks

Zu seiner Erläuterung ermitteln wir die Einflusslinie für die vertikale Mittendurchbiegung δ_1 des uns bereits vertrauten ebenen Rahmentragwerks in Abb. 1.25. Sie entsteht folgerichtig als Funktion der lastparallelen, d. h. vertikalen Durchbiegungsordinaten, falls im Punkt 1 die zu δ_1 korrespondierende Vertikallast $P_1 = 1$ wirksam wird. Gemäß Abb. 1.25 brauchen daher nur die in Abb. 1.24 bereits ermittelten Durchbiegungsordinaten der beiden Stabelemente a und b des Lastgurtes durch 50.00 kN dividiert zu werden, um die entsprechenden Ordinaten der δ_1-Einflusslinie zu gewinnen. Als Abschluss von Abb. 1.25 findet sich daher dort die derart ermittelte δ_1-Einflusslinie in der Dimension m/kN grafisch dargestellt.

1.5.2 Kraftgrößen-Einflusslinien als Biegelinien am ($n-1$)-fach statisch unbestimmten Hauptsystem

Nun wenden wir uns Kraftgrößen-Einflusslinien für statisch unbestimmte Tragwerke zu. Dabei sind natürlich wieder beliebige, n-fach statisch unbestimmte Tragwerke unser Ziel; wir konkretisieren die Herleitungen jedoch wie bisher an Hand des bereits im Abschn. 1.2.1 verwendeten, ebenen Rahmentragwerks $n = 2$.

Die Ermittlung von Einflusslinien vorbereitend soll zunächst eine willkürliche Kraftgröße in einem n-fach statisch unbestimmten Tragwerk unter Wirkung der *ortsfesten* Einzellast $P_{\mathrm{m}} = 1$ im Punkt m nach dem Kraftgrößenverfahren bestimmt werden. Hierzu denken wir uns deren korrespondierende Bindung gelöst und führen die fragliche Kraftgröße als statisch Überzählige ${}^{\mathrm{n}}X_{\mathrm{j}}$ an dem entstandenen, ($n-1$)-fach *statisch unbestimmten Hauptsystem* ein, also die horizontale Auflagerkomponente ${}^{n}X_{\mathrm{b}}$ für das linke Beispiel in Abb. 1.26, das Biegemoment ${}^{n}X_{1}$ für das rechte. Im Gegensatz zum bisherigen Vorgehen lösen wir somit nunmehr nicht *sämtliche n* statisch unbestimmten Bindungen, sondern jeweils nur *eine*. Dies setzt natürlich voraus, dass Last- und Einheitszustände an den entstandenen Hauptsystemen ($n-1$) berechenbar sind, eine im weiteren Verlauf als zutreffend erkennbar werdende Annahme.

Wir beginnen den Berechnungsgang in Abb. 1.26 mit der Ermittlung der in der jeweils gelösten Bindung, dem späteren Bezugspunkt, sich ausbildenden Klaffungen ${}^{\mathrm{n-1}}\delta_{\mathrm{bm}}$ bzw. ${}^{\mathrm{n-1}}\delta_{\mathrm{lm}}$ infolge der einwirkenden Last $P_{\mathrm{m}} = 1$, gefolgt von den Klaffungen ${}^{\mathrm{n-1}}\delta_{\mathrm{bb}}$ infolge ${}^{\mathrm{n}}X_{\mathrm{b}} = 1$ bzw. ${}^{n-1}\delta_{11}$ infolge ${}^{\mathrm{n}}X_{1} = 1$. Diese Weggrößen an ($n-1$)-fach statisch unbestimmten Tragwerken besitzen, da sie an gedachten Hilfssystemen auftreten, virtuellen Charakter; sie sind in Abb. 1.26 an überhöhten Biegelinien dargestellt. Aus ihnen lassen sich mittels Elastizitätsgleichungen 1. Ordnung

$$
{}^{\mathrm{n-1}}\delta_{\mathrm{bb}}\,{}^{\mathrm{n}}X_{\mathrm{b}} + {}^{\mathrm{n-1}}\delta_{\mathrm{bm}} = 0 \quad \text{bzw.} \quad {}^{\mathrm{n-1}}\delta_{\mathrm{ll}}\,{}^{\mathrm{n}}X_{\mathrm{l}} + {}^{\mathrm{n-1}}\delta_{\mathrm{lm}} = 0 \tag{1.62}
$$

die statisch Überzähligen zu

$$
{}^{\mathrm{n}}X_{\mathrm{b}} = -\frac{{}^{\mathrm{n-1}}\delta_{\mathrm{bm}}}{{}^{\mathrm{n-1}}\delta_{\mathrm{bb}}} \quad \text{bzw.} \quad {}^{\mathrm{n}}X_{\mathrm{l}} = -\frac{{}^{\mathrm{n-1}}\delta_{\mathrm{lm}}}{{}^{\mathrm{n-1}}\delta_{\mathrm{ll}}} \tag{1.63}
$$

berechnen, deren Werte offensichtlich Funktionen des Lastangriffspunktes m darstellen.

Alle in (1.63) auftretenden Klaffungen sind Verformungen infolge von Kraftgrößen „1" und somit wieder in ihren Indizes vertauschbar:

$$
{}^{\mathrm{n-1}}\delta_{\mathrm{bm}} = {}^{\mathrm{n-1}}\delta_{\mathrm{mb}} \quad \text{bzw.} \quad {}^{\mathrm{n-1}}\delta_{\mathrm{lm}} = {}^{\mathrm{n-1}}\delta_{\mathrm{ml}}. \tag{1.64}
$$

Diese Eigenschaft machen wir uns in dem nun folgenden zentralen Schritt nutzbar: der Übertragung des geschilderten Vorgehens auf die Ermittlung von *Einflusslinien* der beiden Kraftgrößen ${}^{\mathrm{n}}X_{\mathrm{b}}$ bzw. ${}^{\mathrm{n}}X_{1}$, die – 1. Index: Ort, 2. Index: Ursache – mit ${}^{\mathrm{n}}X_{\mathrm{bm}}$ bzw. ${}^{\mathrm{n}}X_{\mathrm{lm}}$ bezeichnet werden. Im Unterschied zu bisher stellt m nun eine *momentane*, jedoch veränderliche Lastgurtposition dar. Beschreibt somit ${}^{\mathrm{n-1}}\delta_{\mathrm{bm}}$ bzw. ${}^{\mathrm{n-1}}\delta_{\mathrm{lm}}$ den Einfluss der

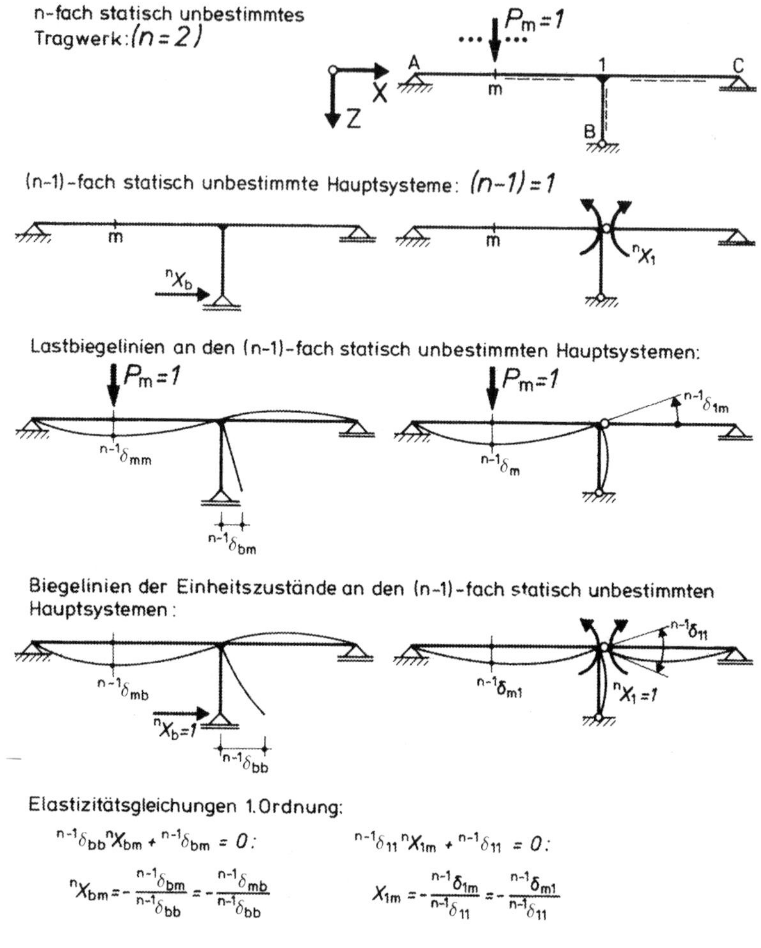

Abb. 1.26 Kraftgrößen-Einflusslinien als Biegelinien am $(n - 1)$-fach statisch unbestimmten Hauptsystem

wandernden Last $P_m = 1$ auf die Klaffung im jeweiligen Aufpunkt b bzw. 1, so verkörpern ${}^{n-1}\delta_{mb}$ bzw. ${}^{n-1}\delta_{m1}$ lastparallele Verformungen aller Lastgurtpunkte m, d. h. Biegelinien des Lastgurtes, infolge der zu den Klaffungen korrespondierenden Kraftgrößen ${}^{n}X_b = 1$ bzw. ${}^{n}X_1 = 1$ im jeweiligen Bezugspunkt.

Die gesuchten Einflusslinien sind somit aus den in Abb. 1.26 skizzierten Biegelinien ${}^{n-1}\delta_{mb}$ bzw. ${}^{n-1}\delta_{m1}$ der $(n - 1)$-fach statisch unbestimmten Tragwerke infolge von „1"-Wirkungen in den Bezugspunkten zu bestimmen. Zusätzlich erfordern sie noch eine Normierung mit den Faktoren $-1/{}^{n-1}\delta_{bb}$ bzw. $-1/{}^{n-1}\delta_{11}$, wie aus den ebenfalls dort wiedergegebenen Elastizitätsgleichungen erkennbar ist. Um die Wirkung dieser Normierungsfaktoren zu untersuchen, setzen wir die Last P_m in den Bezugspunkt (was nur im rechten Beispiel der Abb. 1.26 nachvollziehbar ist). Offensichtlich nimmt die Einflusslinie für diese „Laststellung" gerade den Funktionswert:

$$m = b\colon {}^{n}X_{\mathrm{bb}} = -\frac{{}^{\mathrm{n}-1}\delta_{\mathrm{bb}}}{{}^{\mathrm{n}-1}\delta_{\mathrm{bb}}} = -1 \quad \text{bzw.} \quad m = 1\colon {}^{\mathrm{n}}X_{\mathrm{ll}} = -\frac{{}^{\mathrm{n}-1}\delta_{\mathrm{ll}}}{{}^{\mathrm{n}-1}\delta_{\mathrm{ll}}} = 1 \tag{1.65}$$

an. Damit gewinnen wir zusammenfassend und verallgemeinernd die folgenden Einsichten:

> **Satz** Kraftgrößen-Einflusslinien ${}^{\mathrm{n}}X_{\mathrm{jm}}$ eines n-fach statisch unbestimmten Tragwerks sind als Biegelinien des Lastgurtes geeigneter $(n-1)$-fach statisch unbestimmter Tragwerke interpretierbar. Diese Hilfssysteme entstehen dadurch, dass im jeweiligen Bezugspunkt die zur Kraftgröße ${}^{\mathrm{n}}X_{\mathrm{j}}$ korrespondierende Klaffung „– 1" wirksam wird.

Im Falle einer Auflagerkraft-Einflusslinie ist somit im Auflagerpunkt die Verschiebung „– 1", d. h. entgegen der positiven Wirkungsrichtung der Lagerreaktion, vorzunehmen. Im Falle von Normalkraft- oder Querkraft-Einflusslinien stellen die Klaffungen gegenseitige Schnittuferverschiebungen dar, von Biegemomenten- oder Torsionsmomenten-Einflusslinien gegenseitige Schnittuferverdrehungen, stets vom Absolutwert „1" entgegen der positiven Wirkungsrichtung der betreffenden Schnittgröße. Dieses Erzwingen virtueller Klaffungen „– 1", auch als Einheitsversetzungen bezeichnet, entspricht genau dem Vorgehen bei der kinematischen Ermittlung von Kraftgrößen-Einflusslinien für statisch bestimmte Tragwerke $n = 0$, das in Tragwerke 1, Abschn. 6.3 [4] behandelt wurde. Allerdings führte dort die Bindungsbefreiung $n - 1$ erwartungsgemäß auf 1-fach kinematisch verschiebliche Strukturen, sog. Mechanismen, deren Verformungsfiguren keine Biegelinien sind, sondern aus stückweise geraden Linienzügen bestehen [3].

Das vorgestellte Verfahren besitzt den Vorteil bemerkenswerter Anschaulichkeit: Selbst mit geringer Erfahrung sind Biegelinien i. A. frei Hand skizzierbar und berechnete Einflusslinien somit einer einfachen qualitativen Kontrolle zugänglich. Als Berechnungsalgorithmus für Einflusslinien ist das Verfahren dagegen wegen des Operierens an $(n - 1)$-fach statisch unbestimmten Tragwerken weniger geeignet. Hierfür werden wir im folgenden Abschnitt ein auf das statisch bestimmte Hauptsystem zurückgreifendes Verfahren vorstellen.

1.5.3 Kraftgrößen-Einflusslinien unter Benutzung des statisch bestimmten Hauptsystems

Für eine beliebige, im Punkt i des n-fach statisch unbestimmten Tragwerks wirkende Zustandsgröße ${}^{\mathrm{n}}Z_{\mathrm{iL}}$ gilt die folgende Superposition des Last- und Ergänzungszustandes, die beispielsweise (1.14) oder Abb. 1.6 entnommen werden kann:

$${}^{\mathrm{n}}Z_{\mathrm{iL}} = {}^{0}Z_{\mathrm{iL}} + {}^{\mathrm{n}}X_{\mathrm{a}}{}^{0}Z_{\mathrm{ia}} + {}^{\mathrm{n}}X_{\mathrm{b}}{}^{0}Z_{\mathrm{ib}} + \ldots {}^{\mathrm{n}}X_{\mathrm{j}}{}^{0}Z_{\mathrm{ij}} + \ldots {}^{\mathrm{n}}X_{\mathrm{n}}{}^{0}Z_{\mathrm{in}}. \tag{1.66}$$

${}^{n}X_j (j = a, b, \ldots n)$ bezeichnen hierin die *wirklichen* statisch Überzähligen, was durch den linken oberen Index n besonders hervorgehoben werde. ${}^{0}Z_{iL}$ bzw. ${}^{0}Z_{ij}$ geben die Werte der jeweiligen Zustandsgröße im Tragwerkspunkt i des statisch bestimmten Hauptsystem (Index: ^{0}) infolge eines äußeren Lastkollektivs L bzw. infolge der Einheitszustände $X_j = 1$ an.

Unser Ziel sei die Bestimmung der ${}^{n}Z_i$-Einflusslinie einer willkürlichen Kraftgröße im Bezugspunkt i. Hierzu setzen wir erneut gemäß (1.60) eine über alle Punkte m des Lastgurtes wandernde Last $P_m = 1$ voraus und gewinnen für deren momentane Position mit der Indizierung $L = m$ aus (1.66):

$$ {}^{n}Z_{im} = {}^{0}Z_{im} + {}^{n}X_{am}{}^{0}Z_{ia} + {}^{n}X_{bm}{}^{0}Z_{ib} + \ldots {}^{n}X_{nm}{}^{0}Z_{in}. \tag{1.67} $$

Für ein Biegemoment M_i oder eine Auflagergröße C_i lautet diese Beziehung beispielsweise:

$$ \begin{aligned} {}^{n}M_{im} &= {}^{0}M_{im} + {}^{n}X_{am}{}^{0}M_{ia} + {}^{n}X_{bm}{}^{0}M_{ib} + \ldots {}^{n}X_{nm}{}^{0}M_{in}, \\ {}^{n}C_{im} &= {}^{0}C_{im} + {}^{n}X_{am}{}^{0}C_{ia} + {}^{n}X_{bm}{}^{0}C_{ib} + \ldots {}^{n}X_{nm}{}^{0}C_{in}. \end{aligned} \tag{1.68} $$

Wir vermerken ausdrücklich, dass die einzelnen statisch Überzähligen ${}^{n}X_{jm}$ hierin natürlich Funktionen der Laststellung m sind. Interpretieren wir nun (1.67) in bekannter Weise, so stellt ${}^{n}Z_{im}$ die behandelte Zustandsgröße des n-fach statisch unbestimmten Tragwerks im Bezugspunkt i dar, verursacht durch die längs des Lastgurtes m wandernde Last $P_m = 1$, d. h. gerade die gesuchte ${}^{n}Z_i$-Einflusslinie. Folgerichtig verkörpert ${}^{0}Z_{im}$ die entsprechende Einflusslinie am statisch bestimmten Hauptsystem. Weiterhin repräsentieren die ${}^{n}X_{jm}$ gerade die Einflüsse der Last „1" in m auf die wirklichen statisch Überzähligen ${}^{n}X_j$, d. h. deren Einflusslinien. Würden wir diese zunächst als bekannt voraussetzen – geeignete Berechnungsalgorithmen hierfür enthält der Schlussabschnitt –, so wäre die gestellte Aufgabe durch (1.67) bereits gelöst.

Satz Die Kraftgrößen-Einflusslinie ${}^{n}Z_{im}$ für den Bezugspunkt i eines n-fach statisch unbestimmten Tragwerks entsteht durch Überlagerung ihrer Einflusslinie ${}^{0}Z_{im}$ am statisch bestimmten Hauptsystem mit einem Ergänzungszustand von Einflusslinien ${}^{n}X_{jm} \cdot (j = a, b, \ldots n)$ der statisch Überzähligen. Letztere sind hierin mit dem jeweiligen Wert ${}^{0}Z_{ij}$ der Kraftgröße im Bezugspunkt i infolge des zugehörigen Einheitszustandes $X_j = 1$ zu multiplizieren und gemäß (1.67) zu superponieren.

Im Folgenden geben wir eine schematische Erläuterung der durch (1.67) empfohlenen Vorgehensweise zur Einflusslinienermittlung, erneut an Hand des uns bereits vertrauten, 2-fach statisch unbestimmten ebenen Rahmentragwerks. Dabei konzentrieren wir uns auf die Biegemomenten-Einflusslinie ${}^{2}M_{im}$ des Riegel-Bezugspunktes i gemäß Abb. 1.27. Zunächst benötigen wir die beiden Einheitszustände ${}^{0}M_{xa}$ infolge $X_a = 1$ und ${}^{0}M_{xb}$ infolge $X_b = 1$, aus welchen die Einflusslinien der beiden statisch Überzähligen bestimmt werden können. Da geeignete Verfahren hierfür erst im nächsten Abschnitt

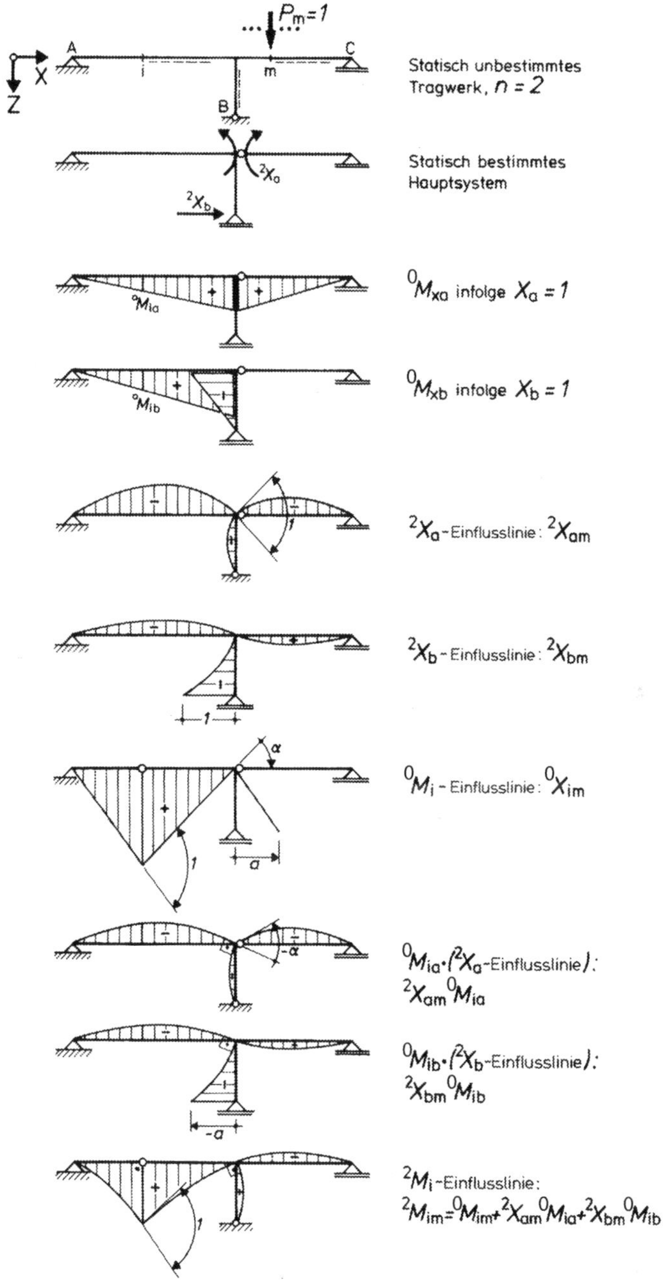

Abb. 1.27 Kraftgrößen-Einflusslinien unter Benutzung des statisch bestimmten Hauptsystems

nachgeholt werden, beschränken wir uns im Augenblick auf Plausibilitätskontrollen ihres auf Abb. 1.27 wiedergegebenen Verlaufs. Dabei verifizieren wir die im letzten Abschnitt erworbenen Erkenntnisse, nach denen diese Einflusslinien als Biegelinien infolge $X_a = 1$ bzw. $X_b = 1$ an geeigneten 1-fach statisch unbestimmten Tragwerken gewonnen werden können.

Im nächsten Schritt konstruieren wir die ${}^0M_i$-Einflusslinie des statisch bestimmten Hauptsystems und superponieren diese sodann mit den mit ${}^0M_{ia}$ bzw. ${}^0M_{ib}$ vervielfachten jeweiligen Einflusslinien ${}^2X_{am}$ bzw. ${}^2X_{bm}$. Als Ergebnis entsteht so die gesuchte ${}^2M_i$-Einflusslinie, deren Verlauf erneut als Biegelinie am zugeordneten 1-fach statisch unbestimmten Tragwerk qualitativ kontrolliert werden sollte.

1.5.4 Einflusslinien für statisch Überzählige

Zum Abschluss dieses Kapitels wollen wir Verfahren zur Einflusslinienermittlung für statisch Überzählige durch Biegelinienbestimmung an statisch bestimmten Hauptsystemen behandeln. Hierzu denken wir uns erneut ein willkürliches, n-fach statisch unbestimmtes Tragwerk unter einer Einzellast $P_m = 1$ im zunächst *festen* Punkt m des Lastgurtes.

Zur Herleitung des Berechnungsalgorithmus diene uns Abb. 1.28. Als Ausgangsbeziehung verwenden wir die matrizielle Form der Elastizitätsgleichungen gemäß Abb. 1.6, Schritt 6, worin

- ${}^0\delta_{ij}$ Klaffungen in den Definitionspunkten i der statisch Überzähligen des statisch bestimmten Hauptsystems, verursacht durch die Einheitszustände $X_j = 1$,
- ${}^0\delta_{im}$ Klaffungen in den Punkten i des statisch bestimmten Hauptsystems infolge $P_m = 1$ und
- ${}^nX_{jm}$ die wirklichen Werte der statisch Überzähligen X_j infolge $P_m = 1$, abhängig von der Lastposition m,

abkürzen. Gemäß Abschn. 1.3.5 erfolgt in Abb. 1.28 sodann die direkte Auflösung des Systems der Elastizitätszahlen unter Verwendung der Matrix der ${}^0\beta_{ik}$-Zahlen. Diese bilden, ebenso wie die Elemente der ${}^0\boldsymbol{\delta}$-Matrix, eine Gruppierung von Festwerten des statisch bestimmten Hauptsystems (Kopfindex: ^{0}).

An dieser Stelle nun wenden wir uns der Einflusslinienermittlung zu und fassen m wieder als *ortsveränderliche* Momentanposition der Last $P_m = 1$ längs des Lastgurtes auf. Damit stehen die gesuchten Einflusslinien ${}^nX_{jm}$ – wirkliche statisch Überzählige in den Bezugspunkten j, verursacht durch wechselnde Laststellungen $P_m = 1$ in allen zulässigen Lastgurtpunkten m – als explizites Matrizenprodukt in Abb. 1.28 bereit. Der Spaltenvektor der ${}^0\delta_{jm}$ beschreibt darin den Einfluss der Einheitslast $P_m = 1$ auf alle n Klaffungen in den Bezugspunkten j des statisch bestimmten Hauptsystems. Als Verformungen infolge von Kraftgrößen „1" sind diese dem Satz von MAXWELL zufolge in den Indizes erneut vertauschbar, deshalb ist der ursprüngliche Spaltenvektor durch denjenigen

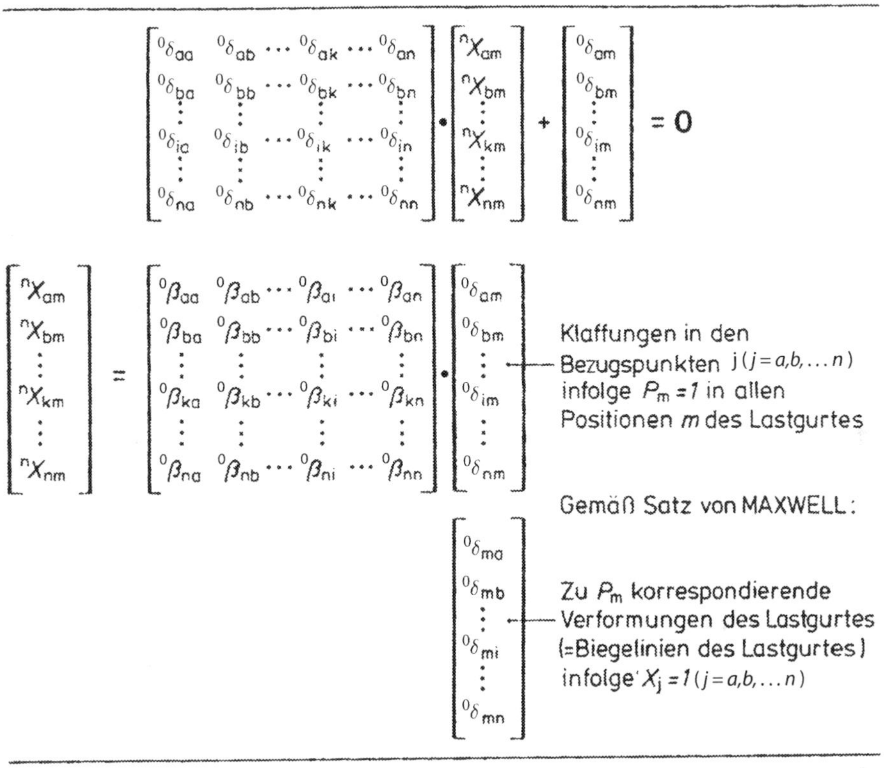

Abb. 1.28 Algorithmus zur Einflusslinienermittlung für statisch Überzählige

der ${}^0\delta_{\mathrm{mj}}$ ersetzt worden. Hierin finden sich nun gerade n lastparallele Verschiebungen der Punkte m des Lastgurtes, d. h. dessen n Biegelinien infolge $X_{\mathrm{j}} = 1(j = a, b, \ldots n)$. Somit führt auch bei dieser Aufgabenstellung der Satz von MAXWELL wieder zu einer besonders anschaulichen Interpretation von Einflusslinien als Biegelinien.

Multipliziert man schließlich die k-te Zeile der inversen Elastizitätsbeziehung gemäß Abb. 1.28 aus

$$ {}^{\mathrm{n}}X_{\mathrm{km}} = {}^0\beta_{\mathrm{ka}}\,{}^0\delta_{\mathrm{ma}} + {}^0\beta_{\mathrm{kb}}\,{}^0\delta_{\mathrm{mb}} + \ldots {}^0\beta_{\mathrm{ki}}\,{}^0\delta_{\mathrm{mi}} + \ldots {}^0\beta_{\mathrm{kn}}\,{}^0\delta_{\mathrm{mn}}, \qquad (1.69) $$

so gewinnt man – da sich ${}^0\delta_{\mathrm{mj}}$ infolge $X_{\mathrm{j}} = 1$ ausbildet – die folgende grundsätzliche Erkenntnis:

> **Satz** Die Einflusslinie ${}^{\mathrm{n}}X_{\mathrm{km}}$ einer statisch Überzähligen entsteht als Biegelinie des Lastgurtes infolge der Kraftgrößeneinwirkungen $X_{\mathrm{j}} = {}^0\beta_{\mathrm{kj}}(j = a, b, \ldots i, \ldots n)$.

Hieraus lassen sich nun zur Ermittlung von Einflusslinien für statisch Unbestimmte folgende Einzelschritte festlegen:

1. Aufgabenstellung:

$$ {}^2X_{2m} = {}^0\beta_{21}\,{}^0\delta_{m1} + {}^0\beta_{22}\,{}^0\delta_{m2} \quad \text{mit:} \quad \boldsymbol{\beta} = EI \cdot \begin{bmatrix} -0.2704 & 0.1866 \\ 0.1866 & -0.2040 \end{bmatrix} $$

2. Statisch bestimmtes Hauptsystem und endgültige Biegemomente:

Baustatische Skizze

$X_1 = 0.1866 \cdot EI$

$X_2 = -0.2040 \cdot EI$

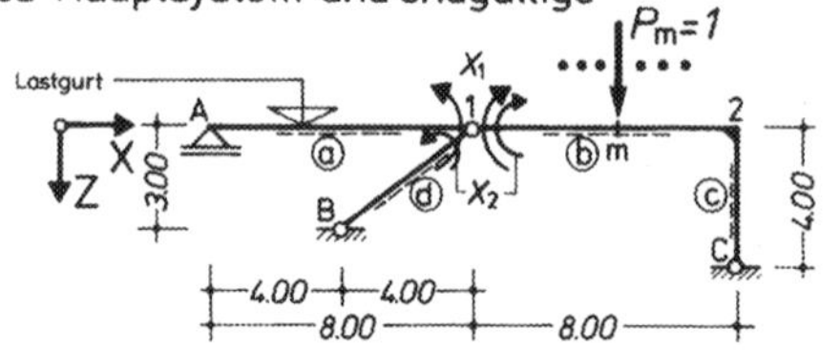

${}^2M_x$ [kNm · EI]

(Durch Superposition aus Abb. 1.11)

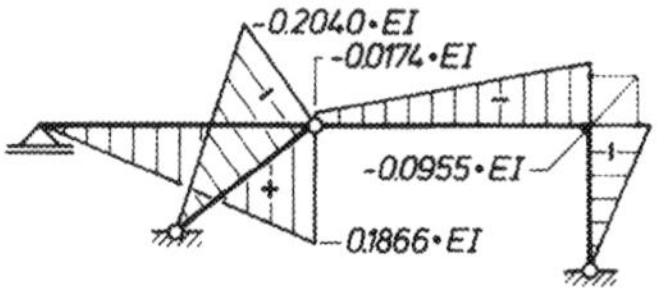

3. Riegelmitten-Durchbiegung δ_1 infolge $X_1 = 0.1866 \cdot EI$, $X_2 = -0.2040 \cdot EI$:

${}^0M_{1x}$ [kN]

(Übernommen aus Abb. 1.11: M_{x0} dividiert durch 50.00)

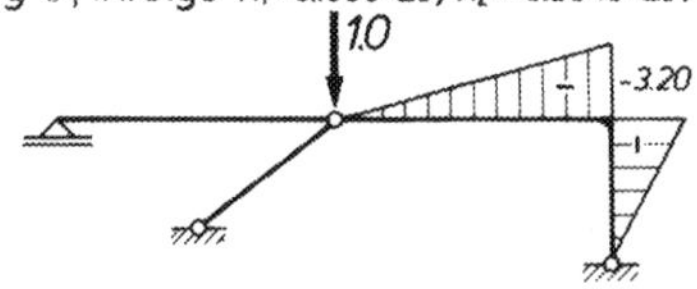

$$ \delta_1 = \frac{1}{EI}\left[\frac{8.00}{6} \cdot -3.20\,(-0.0174 \cdot EI - 2 \cdot 0.0955 \cdot EI) + \frac{4.00}{3} \cdot -3.20 \cdot -0.0955 \cdot EI\right] = 1.297\,m $$

4. Einflusslinienermittlung mittels ω-Funktionen:

$$ \text{Stab a: } w(\xi) = \frac{0.1866 \cdot EI \cdot 8.00^2}{6 \cdot EI} \cdot \omega_D + 1.297 \cdot \xi \qquad = 1.990 \cdot \omega_D + 1.297 \cdot \xi \ [m] $$

$$ \text{Stab b: } w(\xi) = -\frac{0.0174 \cdot EI \cdot 8.00^2}{6 \cdot EI} \cdot \omega_D' - \frac{0.0955 \cdot EI \cdot 8.00^2}{6 \cdot EI} \cdot \omega_D + 1.297 \cdot \xi' $$

$$ = -0.186 \cdot \omega_D' - 1.019 \cdot \omega_D + 1.297 \cdot \xi' \ [m] $$

Tabellarische Auswertung auf der Grundlage von Tafel 9.5, Tragwerke 1 [4]:

ξ	ξ'	ω_D	ω_D'	$w^a(\xi)$	$w^b(\xi)$
0.00	1.00	0.0000	0.0000	0.000	1.297
0.25	0.75	0.2344	0.3281	0.791	0.673
0.50	0.50	0.3750	0.3750	1.395	0.197
0.75	0.25	0.3281	0.2344	1.626	-0.053
1.00	0.00	0.0000	0.0000	1.297	0.000
				m	m

5. Darstellung der Einflusslinie:

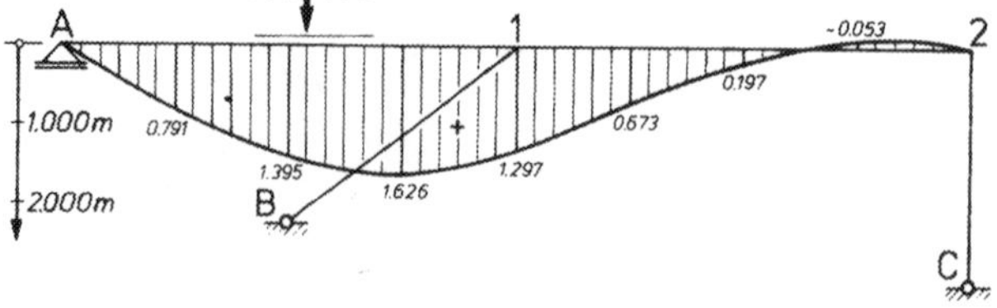

Abb. 1.29 X_2-Einflusslinie eines 2-fach statisch unbestimmten Rahmentragwerks

- Berechnung der Matrix der ${}^0\beta_{ik}$-Zahlen durch Inversion der Matrix ${}^0\delta$;
- Ermittlung von n Biegelinien ${}^0\delta_{mj}$ infolge $X_j = 1$;
- von n Superpositionen ${}^nX_{km}$ $(k = a, b, \ldots n)$ gemäß (1.69).

Eine Alternative besteht darin, das statisch bestimmte Hauptsystem statt mit $X_j = 1$ Gl. (1.69) entsprechend mit

$$X_a = {}^{\mathbf{0}}\beta_{ka}, X_{\mathbf{b}} = {}^0\beta_{kb}, \ldots X_i = {}^0\beta_{ki}, \ldots X_{\mathbf{n}} = {}^0\beta_{kn} \tag{1.70}$$

zu belasten, als dessen Biegelinie unmittelbar die ${}^nX_k$-Einflusslinie bestimmt werden kann. Damit entfällt die Superposition der Einzelbiegelinien ${}^0\delta_{mj}$, jedoch ist zur Ermittlung der Einflusslinien aller statisch Überzähligen dieses Vorgehen n-mal zu wiederholen.

Wir erläutern diese zweite Alternative in Abb. 1.29 an Hand der Einflusslinien-Ermittlung für das obere Stabendmoment der schrägen Stütze d des bereits mehrfach behandelten ebenen Rahmentragwerks. Dieses Stabendmoment war im Beispiel der Abb. 1.11 und 1.12 gerade als statisch Überzählige X_2 eingeführt worden; daher können unsere Ermittlungen unmittelbar auf den dortigen Berechnungen aufbauen.

Die Transformation der Beziehung (1.69) in die vorliegende Aufgabenstellung liefert:

$${}^2X_{2m} = {}^0\beta_{21} \cdot {}^0\delta_{m1} + {}^0\beta_{22} \cdot {}^0\delta_{m2}. \tag{1.71}$$

Da ${}^0\delta_{m1}$ bzw. ${}^0\delta_{m2}$ Biegelinien infolge $X_1 = 1$ bzw. $X_2 = 1$ darstellen, wird das statische System mit

$$X_1 = {}^0\beta_{21} = {}^0\beta_{12}, X_2 = {}^0\beta_{22} \tag{1.72}$$

belastet und hierfür die resultierende Biegelinie (1.72) ermittelt. Diese Aufgabenstellung ist im Kopf von Abb. 1.29 formuliert, wobei die zugehörige Matrix der ${}^0\beta_{ik}$-Zahlen aus (1.40) übernommen wurde. Mit Hilfe des unter Punkt 2, Abb. 1.29, dargestellten Lastbildes werden die wirklichen Biegemomente ${}^2M_x$ dieses Zustandes des 2-fach statisch unbestimmten Tragwerks unmittelbar aus den Einheitszuständen M_{x1}, M_{x2} der Abb. 1.11 superponiert.

Zur späteren stabweisen Biegelinien-Ermittlung benötigen wir noch die Vertikaldurchbiegung δ_1 in Riegelmitte. Hierzu überlagern wir den Einheitszustand ${}^0M_{1x}$ infolge $P_1 = 1$ am statisch bestimmten Hauptsystem, übernommen aus Abb. 1.11, mit ${}^2M_x$ unter Punkt 3 in Abb. 1.29. Die gesuchte Einflusslinie selbst entsteht sodann als Biegelinie infolge ${}^2M_x$ mittels der ω-Funktionen gemäß Tragwerke 1, Tafeln 9.4 und 9.5 [4], wobei die Kontrolle ihrer abschließenden grafischen Darstellung durch unabhängige Ermittlung des Knotendrehwinkels φ_1 aus den jeweiligen Stabwerten dem Leser empfohlen werde.

Literatur

1. Bronstein, I.N., Semendjajew, K.A.: Taschenbuch der Mathematik, 23. Aufl. Verlag Nauka, Moskau und B.G. Teubner Verlagsgesellschaft, Leipzig (1987)
2. Hodge, P.G.: Plastic Analysis of Structures. McGraw-Hill, New York (1959)
3. Land, R.: Kinematische Theorie der statisch bestimmten Träger. Zeitschrift des Österreichischen Ingenieur- und Architektenverbandes 40, S. 11 und 162 (1988)
4. Krätzig, W.B., Harte, R., Meskouris, K. Wittek, U.: Tragwerke 1, 5. Aufl. Springer-Verlag, Berlin (2010)
5. Pflüger, A.: Statik der Stabtragwerke. Springer-Verlag, Berlin (1978)
6. Stoer, J.: Einführung in die Numerische Mathematik I, 2. Aufl., Heidelberger Taschenbücher Nr. 105, Springer-Verlag, Berlin (1976)
7. Stüssi, F.: Vorlesungen über Baustatik, 2. Band: Statisch unbestimmte Systeme. Verlag Birkhäuser, Stuttgart (1954)
8. Törnig, W.: Numerische Mathematik für Ingenieure und Physiker, Bd. 1 und 2. Springer-Verlag, Berlin (1979)
9. Zurmühl, R.: Matrizen und ihre technischen Anwendungen. Springer-Verlag, Berlin (1964)

Das Kraftgrößenverfahren in matrizieller Darstellung

2

Kaum ein Gebiet der Technik wird so von linearen physikalischen Gesetzmäßigkeiten beherrscht wie die Strukturmechanik, für welche daher die lineare Algebra in Matrizenschreibweise einen natürlichen Formulierungsrahmen bildet. In diesem Kapitel entwerfen wir daher zunächst ein stärker abstrahiertes, allgemeingültiges Tragwerksmodell, das die mechanischen Eigenschaften der Einzelstäbe mit den Hilfsmitteln des Matrizenkalküls auf beliebig komplexe Strukturen überträgt. Die Anwendung der so entstandenen Algorithmen des Standard-Kraftgrößenverfahrens auf statisch bestimmte, insbesondere aber auf statisch unbestimmte Tragwerke wird erläutert. Zum Vergleich wird das im 1. Kapitel behandelte, klassische Kraftgrößenverfahren ebenfalls auf Matrizenalgorithmen abgebildet. Das Kapitel knüpft abschließend mit verschiedenen Ergänzungen sowohl Verbindungen zur Mechanik als auch zu modernen, numerischen Berechnungskonzepten.

2.1 Das diskretisierte Tragwerksmodell

2.1.1 Tragwerksdefinition

Stabtragwerke setzen sich bekanntlich aus Stabelementen sowie geeigneten Anschlüssen und Stützungen zusammen. Unsere zukünftigen Tragwerksberechnungen erfordern nun deren besonders sorgfältige Abbildung in einem sogenannten *diskretisierten Tragwerksmodell*, welches den stärker abstrahierten Anforderungen einer computerorientierten Bearbeitung entsprechen und selbstverständlich alle wesentlichen mechanischen Eigenschaften widerspiegeln soll. Unsere bisherigen Kenntnisse konkretisieren wir wie folgt:

> **Definition** Stabtragwerke sind aus *Stabelementen* aufgebaut, die an ihren Stabenden, den *Knotenpunkten*, miteinander verknüpft oder abgestützt sind.

W. B. Krätzig et al., *Tragwerke 2*, Springer-Lehrbuch,
https://doi.org/10.1007/978-3-642-41723-8_2

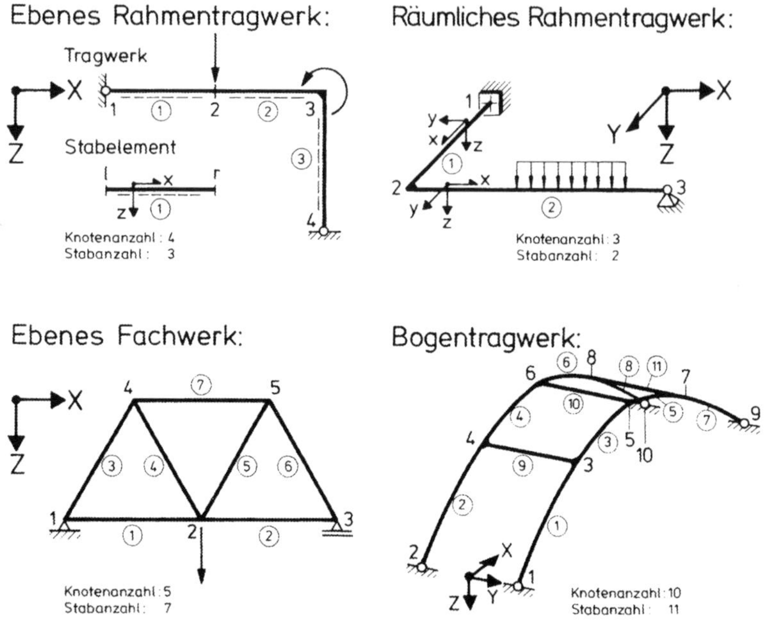

Abb. 2.1 Knotenpunkte und Stabelemente von Stabtragwerken

Wir erläutern und ergänzen diese uns bereits vertraute Definition in Abb. 2.1. Tragwerke sind demnach stets in den uns umgebenden Raum eingebettet, der durch eine *globale, rechtshändige kartesische Basis X, Y, Z* – im Sonderfall der Ebene *X, Z* – ausgemessen wird. Jedes einzelne Stabelement werde durch zwei Knotenpunkte begrenzt, die sein linkes (l) und rechtes (r) Stabende bilden. *Lokale, rechtshändige kartesische Basen x, y, z* bzw. x, z verleihen jedem Stabelement, gegebenenfalls auch deren Einzelpunkten, eine Orientierung: dabei verläuft die x-Achse stets in Stabachsenrichtung, positiv nach r weisend. Stäbe und Knoten werden i. A. durchlaufend nummeriert; zur besseren Unterscheidung setzen wir die Stabnummern in Kreise.

Äußere Tragwerkseinwirkungen sind entweder *knotenorientiert* (Knotenlasten, Lagerverschiebungen) oder *staborientiert* (Stablasten, Temperatureinwirkungen). Betont sei die Willkürlichkeit der Unterteilung einer Struktur in Knotenpunkte und Elemente, die vor allem keinen Tragverhaltenseigenschaften entsprechen muss. So könnte beispielsweise der Knoten 2 des ebenen Rahmens in Abb. 2.1 entfallen, sein Riegel aber ebenso mittels weiterer Knotenpunkte feiner unterteilt werden. Durch Wahl der Knotenpunkte entstehen jedoch stets die Stabelemente in eindeutiger Weise als Tragwerksteile zwischen den Knoten.

2.1.2 Äußere Zustandsgrößen

Der nächste Schritt zum Aufbau des diskretisierten Tragwerksmodells besteht in der Einführung äußerer und innerer Zustandsgrößen.

▶ **Definition** Als äußere Weggrößen des Tragwerksmodells werden die *wesentlichen* kinematischen Freiheitsgrade der Knotenpunkte, möglichst in Richtung globaler Koordinaten, eingeführt.

Unter kinematischen Freiheitsgraden verstehen wir bekanntlich die Verformungsmöglichkeiten der Tragwerksknoten. Wie Abb. 2.2 in Erinnerung ruft, sind dies

- bei *ebenen Stabwerken* je 2 Verschiebungen und 1 Verdrehung: u, w, φ,
- bei *räumlichen Stabwerken* je 3 Verschiebungen und 3 Verdrehungen: $u_{\mathrm{x}}, u_{\mathrm{y}}, u_{\mathrm{z}}, \varphi_{\mathrm{x}}, \varphi_{\mathrm{y}}, \varphi_{\mathrm{z}}$.

Ideale Fachwerke sind in unserer Modellvorstellung mit reibungsfreien Knotengelenken ausgestattet. Deshalb bleiben Knotenverdrehungen auch ohne Einfluss auf das Gleichgewichtssystem der Stabkräfte und zählen dort somit zu den unwesentlichen Freiheitsgraden. Daher weist jeder Knoten

- eines *ebenen Fachwerks* 2 Verschiebungsfreiheitsgrade: u, w,
- eines *räumlichen Fachwerks* 3 Verschiebungsfreiheitsgrade: u_x, u_y, u_z

auf. Diese Angaben gelten für freie (innere) Tragwerksknoten. Gestützte (äußere) Knotenpunkte besitzen gemäß Abschn. 3.1.3 [23] entsprechend eingeschränkte Freiheitsgrade. Häufig werden Stabwerksknoten mit zusätzlichen inneren Freiheitsgraden versehen, um Nebenbedingungen der betroffenen Stabendkraftgrößen vorzuschreiben. So ermöglicht beispielsweise der in Abb. 2.2 dargestellte Knoten mit Biegemomenten-Nebenbedingung gegenüber der Gesamtverdrehung φ einen zusätzlichen kinematischen Drehfreiheitsgrad in Form einer gegenseitigen (relativen) Tangentenverdrehung, darstellbar durch einen zusätzlichen Doppelpfeil. Gleichwertig beschreibbar ist beides auch durch zwei unabhängige Stabend-Drehfreiheitsgrade im Knoten. Als weiteres Beispiel einer Nebenbedingung wurde im unteren Teil von Abb. 2.2 der Vertikalstab des räumlichen Stabwerksknotens mit einem Querkraftgelenk versehen, vorzustellen im Knotenzentrum. Damit wird eine gegenseitige Schnittuferverschiebung als zusätzlicher kinematischer Freiheitsgrad wirksam, der gleichwertig auch durch zwei unabhängige Verschiebungsfreiheitsgrade der beiden Schnittufer beschreibbar ist.

Allen diesen äußeren Weggrößen werden nun wie üblich äußere Kraftgrößen als energetisch korrespondierende Variablen zugeordnet, d. h. Knotenverschiebungen *Einzelkräfte*, Knotenverdrehungen *Einzelmomente*, gegenseitigen Schnittuferverschiebungen *Kräftepaare* und gegenseitigen Tangentenverdrehungen *Momentenpaare*.

▶ **Definition** Äußere Kraftgrößen eines diskretisierten Tragwerksmodells sind die den Knotenfreiheitsgraden energetisch zugeordneten Knotenlasten, positiv in Richtung positiver äußerer Weggrößen.

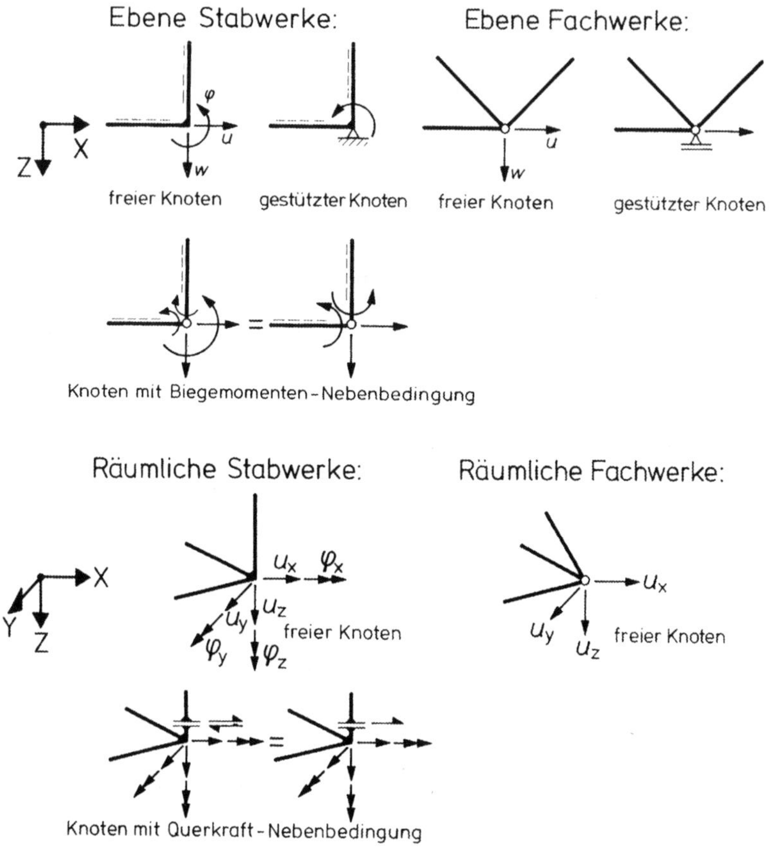

Abb. 2.2 Kinematische Freiheitsgrade

Die Pfeilsymbole in Abb. 2.2 stellen somit nicht allein die äußeren Weggrößen der betreffenden Tragwerksknoten dar, sondern ebenso deren äußere Kraftgrößen. Sie verkörpern knotenbezogene Belastungsmöglichkeiten des Tragwerksmodells, deshalb bezeichnen wir sie auch als *Knotenlasten*.

Positive Wirkungsrichtungen der äußeren Zustandsgrößen werden, soweit möglich, in Richtung positiver globaler Koordinaten vereinbart. Ausnahmen können Nebenbedingungsvariablen bilden, beispielsweise wenn das Kraftgelenk im unteren Teil von Abb. 2.2 – oder die Achse eines entsprechenden Momentengelenks – nicht orthogonal zur Stabachse verliefe. In derartigen Fällen wird die positive Wirkungsrichtung beliebig vereinbart.

Alle äußeren Kraft- und Weggrößen unseres Tragwerksmodells werden sodann in beliebiger Reihenfolge, jedoch gleichlautend durchnummeriert und je in einer Spaltenmatrix ***P*** und ***V*** abgelegt:

$$\text{Äußere Kraftgrößen : Äußere Weggrößen:}$$

$$\boldsymbol{P} = \begin{bmatrix} P_1 \\ P_2 \\ \vdots \\ P_\mathrm{m} \end{bmatrix}_{(m,1)}, \qquad V = \begin{bmatrix} V_1 \\ V_2 \\ \vdots \\ V_\mathrm{m} \end{bmatrix}_{(m,1)} \tag{2.1}$$

Knotenbezogene Kräfte und Momente bzw. Verschiebungen und Verdrehungen treten hierin gemischt auf; m bezeichnet die Gesamtzahl aller kinematischen Knotenfreiheitsgrade des Tragwerks. Die Spaltendarstellung von $\boldsymbol{P}$ und $\boldsymbol{V}$ ermöglicht eine einfache Ermittlung der Wechselwirkungsenergie beider Variablenfelder als Matrizenprodukt:

$$W^{(\mathrm{a})} = \boldsymbol{P}^{\boldsymbol{T}} \cdot \boldsymbol{V} = \boldsymbol{V}^{\mathrm{T}} \cdot \boldsymbol{P} = P_1\, V_1 + P_2\, V_2 + \ldots P_\mathrm{m}\, V_\mathrm{m}. \tag{2.2}$$

Auch die Auflagergrößen eines Tragwerks zählen zu den äußeren Kraftgrößen, diese werden an gestützten Knoten in Richtung unterdrückter (gefesselter) Freiheitsgrade wirksam. Lagerreaktionen sind möglichst in Richtung der globalen Basis einzuführen, ihre positive Wirkungsrichtung darf in beliebiger Weise vereinbart werden. Abweichungen können bei verschieblichen Lagern entstehen, deren Kraftrichtungen von den globalen Koordinatenachsen abweichen. In solchen Fällen werden die Reaktionsrichtungen natürlich durch die Lagerkonstruktion bestimmt, übrigens fallen auch die dann verbleibenden Freiheitsgrade i. A. nicht mehr in die Richtungen der globalen Basis.

Schließlich werden auch die Auflagergrößen in geeigneter, jedoch willkürlicher Reihenfolge durchnummeriert und in einer Spaltenmatrix $\boldsymbol{C}$ zusammengefasst:

$$\boldsymbol{C} = \{C_1 C_2 C_3 \ldots C_r\}_{(r,\,1)}. \tag{2.3}$$

Die zu $\boldsymbol{C}$ korrespondierenden Weggrößen wurden definitionsgemäß unterdrückt und sind somit Null.

Abbildung 2.3 fasst eine Großzahl der getroffenen Vereinbarungen am Beispiel des modifizierten, ebenen Rahmentragwerks aus Kap. 1 zusammen. Da äußere Kraft- und Weggrößen als zueinander korrespondierend definiert und benannt wurden, genügt für beide Variablenfelder offensichtlich *eine* Skizze und *eine* Nummerierung.

2.1.3 Knotengleichgewicht und innere Kraftgrößen

In diesem Abschnitt wollen wir das Gleichgewicht unseres diskretisierten Tragwerksmodells formulieren, wobei wir auf das bereits in den Abschn. 3.3.1 und 4.1.6 von [23] behandelte Knotenschnittverfahren zurückgreifen. Hierzu wird das Strukturmodell, dem Schnittprinzip folgend, durch fiktives Heraustrennen sämtlicher Knoten in seine Stabelemente und Knotenpunkte zerlegt. Dabei werden an beiden Schnittufern jedes Trennschnittes Schnittgrößen als Doppelwirkungen freigesetzt. Separiert man nun alle Stabelemente

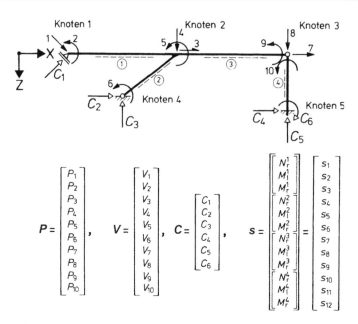

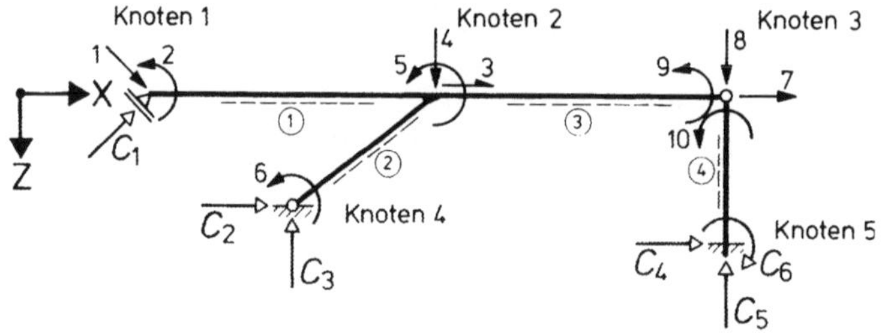

$$\boldsymbol{P}=\begin{bmatrix}P_1\\P_2\\P_3\\P_4\\P_5\\P_6\\P_7\\P_8\\P_9\\P_{10}\end{bmatrix},\quad \boldsymbol{V}=\begin{bmatrix}V_1\\V_2\\V_3\\V_4\\V_5\\V_6\\V_7\\V_8\\V_9\\V_{10}\end{bmatrix},\quad \boldsymbol{C}=\begin{bmatrix}C_1\\C_2\\C_3\\C_4\\C_5\\C_6\end{bmatrix},\quad \boldsymbol{s}=\begin{bmatrix}\begin{bmatrix}N_r^1\\M_l^1\\M_r^1\end{bmatrix}\\\begin{bmatrix}N_r^2\\M_l^2\\M_r^2\end{bmatrix}\\\begin{bmatrix}N_r^3\\M_l^3\\M_r^3\end{bmatrix}\\\begin{bmatrix}N_r^4\\M_l^4\\M_r^4\end{bmatrix}\end{bmatrix}=\begin{bmatrix}s_1\\s_2\\s_3\\s_4\\s_5\\s_6\\s_7\\s_8\\s_9\\s_{10}\\s_{11}\\s_{12}\end{bmatrix}$$

Abb. 2.3 Beispiel für die äußeren Variablen ***P*, *V*, *C*** sowie die inneren Kraftgrößen ***s*** eines ebenen Rahmentragwerks

von den Knoten, so werden die elementseitigen Schnittgrößenteile zu *Stabendkraftgrößen*, die knotenseitigen zu inneren *Knotenkraftgrößen*. Zugehörige Stabend- und innere Knotenkraftgrößen sind gleich groß sowie von entgegengesetzter Wirkungsrichtung. Sie bilden die inneren Kraftgrößen des diskretisierten Tragwerksmodells.

Nach diesen Vorüberlegungen treffen wir folgende Gleichgewichtsaussage: Ein beliebiges Stabtragwerk befindet sich im Zustand des Gleichgewichts, wenn

- alle Stabelemente im Gleichgewicht sind;
- an allen *inneren* Tragwerksknoten die dortigen Knotenlasten mit den inneren Knotenkraftgrößen,
- an allen *gestützten* Tragwerksknoten diese darüber hinaus mit den dort wirkenden Lagerreaktionen

Gleichgewichtssysteme bilden. Im Rahmen des Knotenschnittverfahrens sind daher die Gleichgewichtsbedingungen aller fiktiv herausgeschnittenen Tragwerksknoten aufzustellen. Finden hierbei die *unabhängigen* Stabendkraftgrößen Verwendung, ist damit auch das Gleichgewicht aller Stabelemente automatisch erfüllt (siehe auch [23] Abschn. 3.3.1 und 4.1.6).

In Abb. 2.4 wird der Unterschied zwischen *vollständigen*, *unabhängigen* und *abhängigen* Stabendkraftgrößen am Beispiel je eines ebenen sowie eines räumlichen, geraden Stabelementes wiederholend erläutert; beide Elementtypen sind dort mit ihren vollständigen Variablen $\mathring{\boldsymbol{s}}^e$ dargestellt. (Vereinfachend setzen wir in Abb. 2.4 und im folgenden zunächst unbelastete Stabelemente voraus.) Von den 6 (12) *vollständigen* Stabendkraftgrößen eines im Gleichgewicht befindlichen, ebenen (räumlichen) Stabelementes sind 3 (6) Variablen als *unabhängig* vorgebbar; die verbleibenden 3 (6) *abhängigen* Größen lassen sich dann aus den auf das Element angewendeten 3 (6) Gleichgewichtsbedingungen bestimmen. Mit ihrer Hilfe bzw. mit den im unteren Teil von Abb. 2.4 wiedergegebenen, gleichwertigen matriziellen Verknüpfungen

$$\dot{\boldsymbol{s}}^{\mathrm{e}} = \boldsymbol{e}^{\mathrm{eT}} \cdot \boldsymbol{s}^{\mathrm{e}} \tag{2.4}$$

können vor Aufstellen der Knotengleichgewichtsbedingungen sämtliche abhängigen Variablen durch die unabhängigen substituiert werden, damit liegt später das System der Knotengleichgewichtsbedingungen in den unabhängigen Stabendkraftgrößen vor. Die in Abb. 2.4 getroffene Wahl der unabhängigen Variablen ist allgemein üblich, andere Alternativen sind jedoch zulässig und beispielsweise in [35, 41] enthalten.

Mit diesen Kenntnissen legen wir folgende Regeln für das Aufstellen der Gleichgewichtsbedingungen sämtlicher Tragwerksknoten fest.

Satz Die erforderlichen Gleichgewichtsaussagen werden

- an allen inneren Knoten in Richtung der kinematischen Freiheitsgrade,
- an allen nebenbedingungsbehafteten Knoten zusätzlich in Richtung der dort definierten Zusatzfreiheitsgrade,
- an allen gestützten Knoten in Richtung der dortigen Auflagergrößen und der verbleibenden Freiheitsgrade

in den unabhängigen Stabendkraftgrößen $\boldsymbol{s}^{\mathrm{e}}$ formuliert.

Dieses Vorgehen soll zunächst am Beispiel des bereits in [23], Abschn. 3.3 behandelten einhüftigen Rahmentragwerks erneut erläutert werden. Dessen baustatische Skizze findet sich im oberen Teil von Abb. 2.5; ihre Knotenlasten P_{m} korrespondieren mit den Freiheitsgraden V_{m} des Tragwerks. Da die beiden Freiheitsgrade V_4, V_5 des Gelenkknotens 2 als absolute Stabendverdrehungen eingeführt wurden, greifen die äußeren Knotenmomente P_4, P_5 in den knotenseitigen Stabenden an. Wie das Beispiel des Abschn. 4.1.6 im 1. Band [23] demonstriert, sind auch andere Vereinbarungen zulässig.

Sodann lösen wir im mittleren Teil der Abb. 2.5 alle Knotenpunkte durch fiktive Schnitte aus der Struktur, aktivieren dadurch in den Schnittufern die dort wirkenden Schnittgrößen und drücken gemäß Abb. 2.4 deren abhängige Komponenten durch die unabhängigen aus. Das Aufstellen der Knotengleichgewichtsbedingungen

$$\Sigma F_{\mathrm{x}} = \Sigma F_{\mathrm{z}} = \Sigma M_{\mathrm{y}} = 0 \tag{2.5}$$

sowie der Nebenbedingung im Knoten 2 schließt diesen Schritt ab. Die erhaltenen Gleichungen bauen wir sodann nach folgender Strategie in ein matrizielles Schema ein:

Ebenes Stabelement:

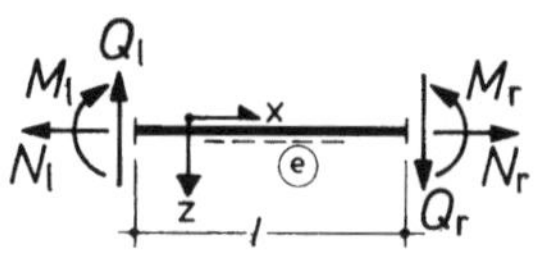

Räumliches Stabelement:

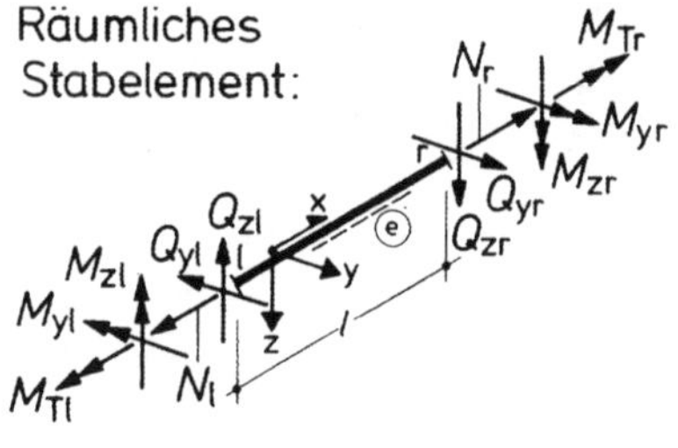

Vollständige Stabendkraftgrößen:

$$\mathring{s}^e = \left[N_l\ Q_l\ M_l \mid N_r\ Q_r\ M_r\right]^T \qquad \mathring{s}^e = \left[N_l\ Q_{yl}\ Q_{zl}\ M_{Tl}\ M_{yl}\ M_{zl} \mid N_r\ Q_{yr}\ Q_{zr}\ M_{Tr}\ M_{yr}\ M_{zr}\right]^T$$

Unabhängige Stabendkraftgrößen:

$$s^e = \left[N_r\ M_l\ M_r\right]^T \qquad s^e = \left[N_r\ M_{Tr}\ M_{yl}\ M_{yr}\ M_{zl}\ M_{zr}\right]^T$$

Element-Gleichgewichtsbedingungen:

$$N_l = N_r \qquad N_l = N_r \qquad M_{Tl} = M_{Tr}$$

$$Q_l = \frac{M_r - M_l}{l} \qquad Q_{zl} = \frac{M_{yr} - M_{yl}}{l} \qquad Q_{yl} = \frac{M_{zl} - M_{zr}}{l}$$

$$Q_r = \frac{M_r - M_l}{l} \qquad Q_{zr} = \frac{M_{yr} - M_{yl}}{l} \qquad Q_{yr} = \frac{M_{zl} - M_{zr}}{l}$$

Transformation der vollständigen in unabhängige Stabendkraftgrößen:

$$\mathring{s}^e = e^{eT} \cdot s^e$$

$$\begin{bmatrix} N_l \\ Q_l \\ M_l \\ N_r \\ Q_r \\ M_r \end{bmatrix} = \begin{bmatrix} 1 & 0 & 0 \\ 0 & -1/l & 1/l \\ 0 & 1 & 0 \\ 1 & 0 & 0 \\ 0 & -1/l & 1/l \\ 0 & 0 & 1 \end{bmatrix} \cdot \begin{bmatrix} N_r \\ M_l \\ M_r \end{bmatrix}$$

$$\begin{bmatrix} N_l \\ Q_{yl} \\ Q_{zl} \\ M_{Tl} \\ M_{yl} \\ M_{zl} \\ N_r \\ Q_{yr} \\ Q_{zr} \\ M_{Tr} \\ M_{yr} \\ M_{zr} \end{bmatrix} = \begin{bmatrix} 1 & 0 & 0 & 0 & 0 & 0 \\ 0 & 0 & 0 & 0 & 1/l & -1/l \\ 0 & 0 & -1/l & 1/l & 0 & 0 \\ 0 & 1 & 0 & 0 & 0 & 0 \\ 0 & 0 & 1 & 0 & 0 & 0 \\ 0 & 0 & 0 & 0 & 1 & 0 \\ 1 & 0 & 0 & 0 & 0 & 0 \\ 0 & 0 & 0 & 0 & 1/l & -1/l \\ 0 & 0 & -1/l & 1/l & 0 & 0 \\ 0 & 1 & 0 & 0 & 0 & 0 \\ 0 & 0 & 0 & 1 & 0 & 0 \\ 0 & 0 & 0 & 0 & 0 & 1 \end{bmatrix} \cdot \begin{bmatrix} N_r \\ M_{Tr} \\ M_{yl} \\ M_{yr} \\ M_{zl} \\ M_{zr} \end{bmatrix}$$

Abb. 2.4 Vollständige, unabhängige und abhängige Stabendkraftgrößen gerader Stäbe

- alle Knotenlasten stehen in der in $\boldsymbol{P}$ vereinbarten Reihenfolge links;
- alle unabhängigen Stabendkraftgrößen stehen in der in s^e gemäß Abb. 2.4 vereinbarten Reihenfolge elementweise geordnet rechts des Gleichheitszeichens;
- alle Auflagergrößen stehen mit positiven Vorzeichen ebenfalls rechts; bei der Einordnung wird eine solche Reihenfolge eingehalten, dass in $\boldsymbol{g}^*$ rechts unten eine Einheitssmatrix $\boldsymbol{I}$ entsteht.

Fassen wir schließlich noch die unabhängigen Stabendkraftgrößen in dem Vektor

$$s = \left\{ N_r^a\ M_l^a\ M_r^a\ N_r^b\ M_l^b\ M_r^b \right\} \tag{2.6}$$

Baustatische Skizze:

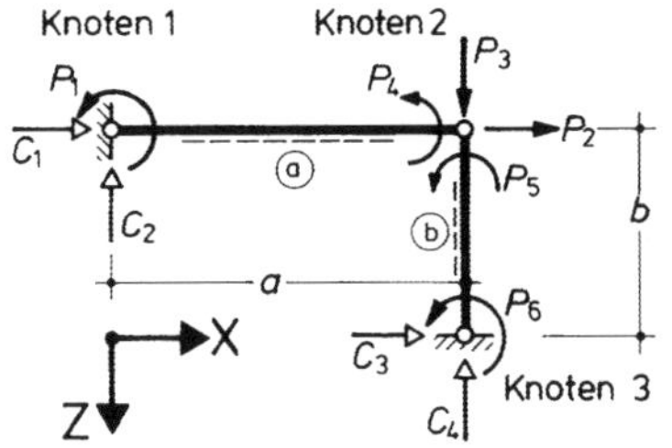

Knotengleichgewichts- und Nebenbedingungen:

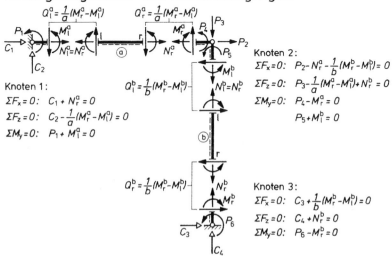

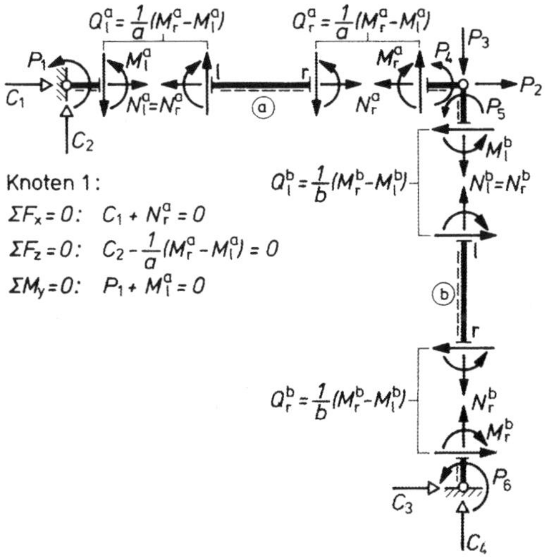

Knoten 1:

$\Sigma F_x = 0: \quad C_1 + N_r^a = 0$

$\Sigma F_z = 0: \quad C_2 - \frac{1}{a}(M_r^a - M_l^a) = 0$

$\Sigma M_y = 0: \quad P_1 + M_l^a = 0$

Knoten 2:

$\Sigma F_x = 0: \quad P_2 - N_r^a - \frac{1}{b}(M_r^b - M_l^b) = 0$

$\Sigma F_z = 0: \quad P_3 - \frac{1}{a}(M_r^a - M_l^a) + N_r^b = 0$

$\Sigma M_y = 0: \quad P_4 - M_r^a = 0$

$P_5 + M_l^b = 0$

Knoten 3:

$\Sigma F_x = 0: \quad C_3 + \frac{1}{b}(M_r^b - M_l^b) = 0$

$\Sigma F_z = 0: \quad C_4 + N_r^b = 0$

$\Sigma M_y = 0: \quad P_6 - M_r^b = 0$

Matrizielle Form der Knotengleichgewichts- u. Nebenbedingungen:

$$
\begin{bmatrix} P_1 \\ P_2 \\ P_3 \\ P_4 \\ P_5 \\ P_6 \\ 0 \\ 0 \\ 0 \\ 0 \end{bmatrix}
=
\begin{bmatrix}
 & -1 & & & & & & & & \\
1 & & & & -1/b & 1/b & & & & \\
 & -1/a & 1/a & -1 & & & & & & \\
 & & 1 & & & & & & & \\
 & & & & -1 & & & & & \\
 & & & & & 1 & & & & \\
1 & & & & & & 1 & & & \\
 & 1/a & -1/a & & & & & 1 & & \\
 & & & & -1/b & 1/b & & & 1 & \\
 & & & 1 & & & & & & 1
\end{bmatrix}
\cdot
\begin{bmatrix} N_r^a \\ M_l^a \\ M_r^a \\ N_r^b \\ M_l^b \\ M_r^b \\ C_1 \\ C_2 \\ C_3 \\ C_4 \end{bmatrix}
$$

(Spalten der Matrix: N_r^a, M_l^a, M_r^a, N_r^b, M_l^b, M_r^b, C_1, C_2, C_3, C_4)

leere Positionen sind mit Nullen besetzt

Allgemeine Form:

$$P^* = g^* \cdot s^* = \begin{bmatrix} P \\ O \end{bmatrix} = \begin{bmatrix} g & O \\ g_{sC} & I \end{bmatrix} \cdot \begin{bmatrix} s \\ C \end{bmatrix}$$

Abb. 2.5 Knotengleichgewichts- und Nebenbedingungen eines ebenen Rahmentragwerks

zusammen und verwenden die Abkürzungen (2.1, 2.3), so können wir das entstandene Gleichungssystem abschließend durch die in Abb. 2.5 dargestellte allgemeine Form der Knotengleichgewichts- und Nebenbedingungen abkürzen.

Nun verallgemeinern wir das eben beispielhaft erprobte Vorgehen und wenden uns damit wieder beliebigen Tragstrukturen zu.

Definition Als *innere Kraftgrößen* $\boldsymbol{s}$ eines diskretisierten Tragwerksmodells findet eine elementweise Spaltenanordnung der unabhängigen Stabendkraftgrößen $\boldsymbol{s}^{\mathrm{e}}$ aller p Elemente Verwendung:

$$\boldsymbol{s} = \left\{ \boldsymbol{s}^{\mathrm{a}} \boldsymbol{s}^{\mathrm{b}} \boldsymbol{s}^{\mathrm{c}} \ldots \boldsymbol{s}^{\mathrm{p}} \right\}, \tag{2.7}$$

d. h. im Fall ebener Stabwerke (siehe auch Abb. 2.3, 2.5):

$$\boldsymbol{s}^{\mathrm{e}} = \{N_{\mathrm{r}}\, M_{\mathrm{l}}\, M_{\mathrm{r}}\}^{\mathrm{e}}, \tag{2.8}$$

im Fall räumlicher Stabwerke:

$$\boldsymbol{s}^{\mathrm{e}} = \left\{ N_{\mathrm{r}} M_{\mathrm{Tr}} M_{\mathrm{yl}}\, M_{\mathrm{yr}} M_{\mathrm{zl}} M_{\mathrm{zr}} \right\}^{\mathrm{e}}. \tag{2.9}$$

Wir vereinbaren, dass der Elementindex immer rechts oben geführt wird.

Damit wird nun deutlich, dass die Knotengleichgewichts- und Nebenbedingungen auch für völlig beliebige, diskretisierte Tragwerksmodelle immer auf die im Beispiel der Abb. 2.5 gewonnene, allgemeine Form führen:

$$\boldsymbol{P}^* = \boldsymbol{g}^* \cdot \boldsymbol{s}^* : \begin{bmatrix} \boldsymbol{P} \\ \hline \boldsymbol{0} \end{bmatrix} = \begin{bmatrix} \boldsymbol{g} & \boldsymbol{0} \\ \hline \boldsymbol{g}_{\mathrm{sC}} & \boldsymbol{I} \end{bmatrix} \cdot \begin{bmatrix} \boldsymbol{s} \\ \hline \boldsymbol{C} \end{bmatrix}. \tag{2.10}$$

Stets sind die Knotenlasten $\boldsymbol{P}$ (2.1) nur mit $\boldsymbol{s}$ (2.7) verknüpft: in der oberen Zeile von $\boldsymbol{g}^*$ findet sich rechts neben $\boldsymbol{g}$ somit immer eine Nullmatrix. Unter dieser Null entsteht durch unsere Einordnungsstrategie stets eine Einheitsmatrix $\boldsymbol{I}$, deren Ordnung der Zahl der Auflagergrößen entspricht. Weil jede Gleichgewichts- oder Nebenbedingung in Richtung einer Knotenlast (= Knotenfreiheitsgrad) formuliert wird, finden wir im oberen Teil von $\boldsymbol{P}^*$ gerade $\boldsymbol{P}$ wieder. Der untere Teil von $\boldsymbol{P}^*$ muss eine Nullspalte verkörpern, weil zusätzliche Knotenlasten in Richtung der unterdrückten Auflagerfreiheitsgrade verabredungsgemäß nicht auftreten sollen. Wegen der Nullmatrix in $\boldsymbol{g}^*$ kann $\boldsymbol{s}$ stets allein aus $\boldsymbol{P}$ bestimmt und erst im Folgeschritt $\boldsymbol{C}$ berechnet werden:

$$\boldsymbol{0} = \boldsymbol{g}_{\mathrm{sC}} \cdot \boldsymbol{s} + \boldsymbol{I} \cdot \boldsymbol{C} \rightarrow \boldsymbol{C} = -\boldsymbol{g}_{\mathrm{sC}} \cdot \boldsymbol{s}. \tag{2.11}$$

Nunmehr konzentrieren wir uns auf die obere Teiltransformation in (2.10)

$$\boldsymbol{P} = \boldsymbol{g} \cdot \boldsymbol{s} \tag{2.12}$$

zwischen den äußeren und inneren Kraftgrößen. Mit den Bezeichnungen der Abb. 1.1 besitzt die hierin definierte Matrix $\boldsymbol{g}$ gerade $m = (g \cdot k + r - a)$ Zeilen und $l = (s \cdot p)$ Spalten. Nur im statisch bestimmten Fall $n = l - m = 0$ sind deren Zeilen- und Spaltenzahl identisch und $\boldsymbol{g}$ ist quadratisch. Damit läßt sich in diesem Sonderfall in der zu (2.12) reziproken Transformation

$$\boldsymbol{s} = \boldsymbol{b} \cdot \boldsymbol{P} \tag{2.13}$$

die *Gleichgewichtsmatrix* $\boldsymbol{b}$ durch Inversion von $\boldsymbol{g}$ gewinnen:

$$\boldsymbol{b} = \boldsymbol{g}^{-1} \tag{2.14}$$

(siehe Abschn. 4.1.7 bis 4.1.9 in [23]). Natürlich ist (2.13) auch für statisch unbestimmte Tragwerke $n > 0$ definiert: $\boldsymbol{b}$ ist dann allerdings rechteckig mit einen Defizit von n Spalten (siehe Abb. 1.1) und nur durch besondere Berechnungsalgorithmen bestimmbar. Um den Informationsgehalt von $\boldsymbol{b}$ besser zu verstehen, schreiben wir (2.13) aus:

$$\boldsymbol{s} = \boldsymbol{b} \cdot \boldsymbol{P}: \begin{bmatrix} \boldsymbol{s}^{\mathrm{a}} \\ \boldsymbol{s}^{\mathrm{b}} \\ \vdots \\ \boldsymbol{s}^{\mathrm{p}} \end{bmatrix} = \begin{bmatrix} s_1 \\ s_2 \\ \vdots \\ s_{\mathrm{i}} \\ \vdots \\ s_{\mathrm{l}} \end{bmatrix} = \begin{bmatrix} b_{11} & b_{12} & \dots & b_{1\mathrm{j}} & \dots & b_{1\mathrm{m}} \\ b_{21} & b_{22} & \dots & b_{2\mathrm{j}} & \dots & b_{2\mathrm{m}} \\ \vdots & \vdots & & \vdots & & \vdots \\ b_{\mathrm{i}1} & b_{\mathrm{i}2} & \dots & b_{\mathrm{ij}} & \dots & b_{\mathrm{im}} \\ \vdots & \vdots & & \vdots & & \vdots \\ b_{\mathrm{l}1} & b_{\mathrm{l}2} & & b_{\mathrm{lj}} & & b_{\mathrm{lm}} \end{bmatrix} \cdot \begin{bmatrix} P_1 \\ P_2 \\ \vdots \\ P_{\mathrm{j}} \\ \vdots \\ P_m \end{bmatrix}. \tag{2.15}$$

Setzen wir hierin beispielsweise $P_{\mathrm{j}} = 1$, alle anderen Knotenlasten jedoch zu Null, so erkennen wir folgende Eigenschaft von $\boldsymbol{b}$:

> **Satz** Die j-te Spalte $\boldsymbol{b}_{\mathrm{j}}$ der Gleichgewichtsmatrix $\boldsymbol{b}$ enthält sämtliche Stabendkraftgrößen infolge $P_{\mathrm{j}} = 1$.

Damit wird deutlich, dass man $\boldsymbol{b}$ für statisch bestimmte und unbestimmte Tragwerke auch mit Hilfe aller *konventionellen* Verfahren aufbauen kann, nämlich *spaltenweise* für $P_{\mathrm{j}} = 1$, $1 \leq j \leq m$. Ebenfalls für beide Topologietypen $n \geq 0$ gilt:

$$\begin{array}{l} \boldsymbol{P} = \boldsymbol{g} \cdot \boldsymbol{s} \\ \underline{\qquad\quad \boldsymbol{s} = \boldsymbol{b} \cdot \boldsymbol{P}} \\ \boldsymbol{P} = \boldsymbol{g} \cdot \boldsymbol{b} \cdot \boldsymbol{P} \quad \rightarrow \boldsymbol{g} \cdot \boldsymbol{b} = \boldsymbol{I}, \end{array} \tag{2.16}$$

während

$$\boldsymbol{b} \cdot \boldsymbol{g} = \boldsymbol{I} \tag{2.17}$$

nur für statisch bestimmte Tragwerke erfüllt ist. Alle wesentlichen Ergebnisse dieses Abschnittes resümiert abschließend Abb. 2.6.

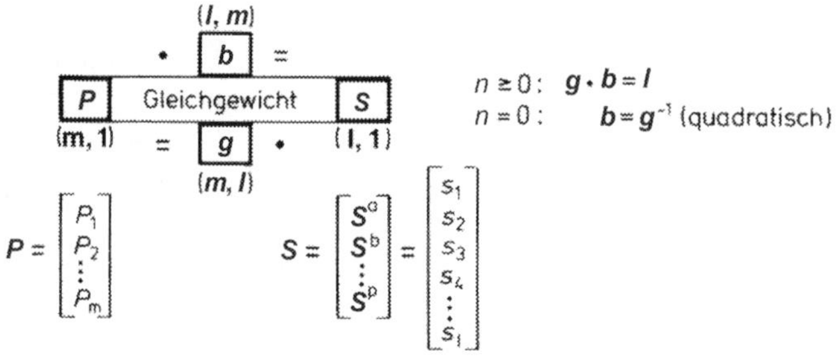

Abb. 2.6 Gleichgewichtstransformationen

2.1.4 Verwendung vollständiger und globaler Stabendkraftgrößen

Das im letzten Abschnitt erläuterte generelle Vorgehen bei der Gleichgewichtsformulierung bedarf noch zweier Ergänzungen. Sollen nämlich die Gleichgewichts und Nebenbedingungen, beispielsweise in einem Programmsystem, *automatisch* aufgestellt werden, so bildet die Verknüpfung ihres Gleichungsaufbaus mit der Elimination der abhängigen Stabendkraftgrößen eine unnötige Verkomplizierung des verwendeten abstrakten Konzeptes. Vorteilhafterweise trennt man beide Schritte, wie dies als erste Ergänzung am Beispiel der Abb. 2.7 vorgeführt werden soll.

Dort werden im 1. Schritt erneut die Gleichgewichts- und Nebenbedingungen auf der Grundlage der Skizzen der Abb. 2.5 aufgestellt, nunmehr jedoch in den *vollständigen* Stabendkraftgrößen. Dabei möge der Leser beachten, dass Drehfreiheitsgrad und Zusatzfreiheitsgrad im Knoten 2 jetzt abweichend von Abb. 2.5 definiert wurden. Wie Abb. 2.7 belegt, führt die Umsetzung dieser Beziehungen in ein Matrizenschema zu einer reinen *Inzidenzmatrix* $\dot{\boldsymbol{g}}^*$, die nur Nullen und Einsen enthält. (Die negativen Vorzeichen lassen sich durch eine modifizierte Vorzeichendefinition vermeiden, die wir später kennenlernen werden.) Erst im 2. Schritt erfolgt die Transformation auf *unabhängige* Stabendkraftgrößen $\boldsymbol{s}$ mit Hilfe der Transformationsmatrizen $\boldsymbol{e}^{\mathrm{e}}$ in Abb. 2.4. Sie führt auf die bekannte Standardform (2.10) der Bedingungen, wobei die vollständigen Stabendkraftgrößen $\dot{\boldsymbol{s}}^{\mathrm{e}}$ aller Stäbe analog zu (2.7) im Vektor $\dot{\boldsymbol{s}}$ vereinigt wurden. In voller Allgemeinheit lauten die (2.11, 2.12) erreichenden Transformationen:

$$\boldsymbol{P} = \dot{\boldsymbol{g}} \cdot \dot{\boldsymbol{s}}$$

$$\dot{\boldsymbol{s}} = \boldsymbol{e}^{\mathrm{T}} \cdot \boldsymbol{s}$$

$$\boldsymbol{P} = \dot{\boldsymbol{g}} \cdot \boldsymbol{e}^{\mathrm{T}} \cdot \boldsymbol{s} = \boldsymbol{g} \cdot \boldsymbol{s}: \qquad \boldsymbol{g} = \dot{\boldsymbol{g}} \cdot \boldsymbol{e}^{\mathrm{T}}, \tag{2.18}$$

Baustatische Skizze sowie Knotengleichgewichts- und Nebenbedingungen in vollständigen Stabendkraftgrößen:

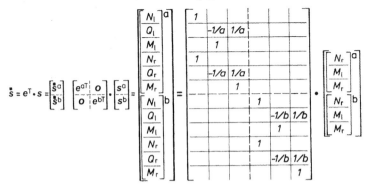

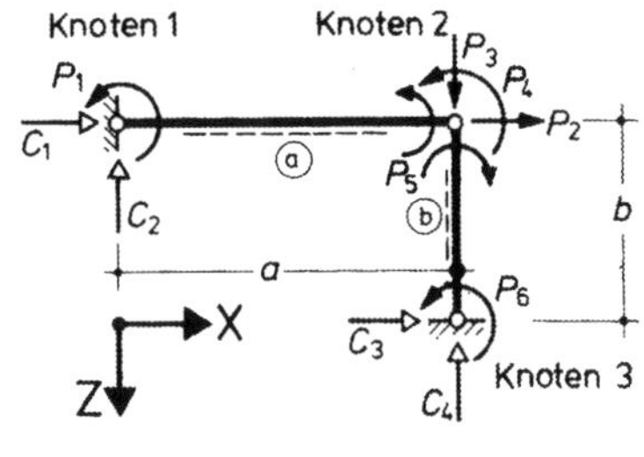

	Knoten 1:	Knoten 2:	Knoten 3:
$\Sigma F_x = 0:$	$C_1 + N_l^a = 0$	$P_2 - N_r^a - Q_l^b = 0$	$C_3 + Q_r^b = 0$
$\Sigma F_z = 0:$	$C_2 - Q_l^a = 0$	$P_3 - Q_r^a + N_l^b = 0$	$C_4 + N_r^b = 0$
$\Sigma M_y = 0:$	$P_1 + M_l^a = 0$	$P_4 - M_r^a + M_l^b = 0$	$P_6 - M_r^b = 0$
Nebenbedingung:		$P_5 - M_r^a = 0$	

Matrizielle Form:

$$P^* = \bar{g}^* \cdot \bar{s}^* = \begin{bmatrix} P \\ o \end{bmatrix} = \begin{bmatrix} \bar{g} & o \\ \bar{g}_{sC} & I \end{bmatrix} \cdot \begin{bmatrix} \bar{s} \\ C \end{bmatrix}$$

	N_l^a	Q_l^a	M_l^a	N_r^a	Q_r^a	M_r^a	N_l^b	Q_l^b	M_l^b	N_r^b	Q_r^b	M_r^b	C_1	C_2	C_3	C_4
P_1 =			-1													
P_2				1				1								
P_3					1		-1									
P_4						1			-1							
P_5						1										
P_6												1				
0	1												1			
0		-1												1		
0											1				1	
0										1						1

$\cdot \left[N_l, Q_l, M_l, N_r, Q_r, M_r \right]^a, \left[N_l, Q_l, M_l, N_r, Q_r, M_r \right]^b, C_1, C_2, C_3, C_4$

leere Positionen sind mit Nullen besetzt

Transformationen auf unabhängige Stabendkraftgrößen:

$$\bar{s} = e^T \cdot s = \begin{bmatrix} \bar{s}^a \\ \bar{s}^b \end{bmatrix} = \begin{bmatrix} e^{aT} & o \\ o & e^{bT} \end{bmatrix} \cdot \begin{bmatrix} s^a \\ s^b \end{bmatrix} =$$

	N_r^a	M_l^a	M_r^a	N_r^b	M_l^b	M_r^b
N_l^a	1					
Q_l^a		-1/a	1/a			
M_l^a		1				
N_r^a	1					
Q_r^a		-1/a	1/a			
M_r^a			1			
N_l^b				1		
Q_l^b					-1/b	1/b
M_l^b					1	
N_r^b				1		
Q_r^b					-1/b	1/b
M_r^b						1

$\cdot \left[N_r, M_l, M_r \right]^a, \left[N_r, M_l, M_r \right]^b$

Abb. 2.7 Knotengleichgewichts- und Nebenbedingungen in vollständigen Stabendkraftgrößen

$$
\begin{array}{ll}
\boldsymbol{C} = -\dot{\boldsymbol{g}}_{\mathrm{sC}} \cdot \dot{\boldsymbol{s}} & \text{aus: } \boldsymbol{0} = \dot{\boldsymbol{g}}_{\mathrm{sC}} \cdot \dot{\boldsymbol{s}} + \boldsymbol{C} \\
\quad \dot{\boldsymbol{s}} = \boldsymbol{e}^{\mathrm{T}} \cdot \boldsymbol{s} & \\
\hline
\boldsymbol{C} = -\dot{\boldsymbol{g}}_{\mathrm{sC}} \cdot \boldsymbol{e}^{\mathrm{T}} \cdot \boldsymbol{s} = -\boldsymbol{g}_{\mathrm{sC}} \cdot \boldsymbol{s} & \boldsymbol{g}_{\mathrm{sC}} = \dot{\boldsymbol{g}}_{\mathrm{sC}} \cdot \boldsymbol{e}^{\mathrm{T}}.
\end{array}
\tag{2.19}
$$

$\dot{\boldsymbol{g}}^{*}$ und $\dot{\boldsymbol{g}}$ sind übrigens in völlig abstrakter Weise allein aus Informationen der Tragwerkstopologie, d. h. der Verknüpfung von Stäben in Knoten, aufbaubar: ein wichtiges programmtechnisches Merkmal! Dagegen fließen in $\boldsymbol{e}^{\mathrm{T}}$ mit den Stablängen der Elemente auch geometrische Informationen ein. Abschließend sei dem Leser empfohlen, die Transformationen (2.18, 2.19) mit den Matrizen der Abb. 2.7 auszuschreiben.

Bisher wurden ausschließlich Tragwerke mit orthogonalem Stabraster behandelt, die natürlich einen Sonderfall darstellen: nicht-orthogonalen Stabanschlüssen gilt daher unsere zweite Ergänzung. In derartigen Fällen besteht ein zweckmäßiges Vorgehen darin, Stabendkraftgrößen zunächst in Richtung der globalen Basis zu definieren – man spricht vereinfachend von *globalen Stabendkraftgrößen* – und in diesen Variablen auch die Knotengleichgewichtsbedingungen aufzustellen. Hierin werden sodann die *globalen, vollständigen* Stabendkraftgrößen zunächst in *lokale, vollständige* Größen transformiert und diese danach weiter in *unabhängige* Variablen.

Zur näheren Erläuterung dieses Vorgehens wurde in Abb. 2.8 ein unter dem Winkel α geneigtes, ebenes Stabelement *e* dargestellt, links mit den uns bekannten vollständigen Stabendkraftgrößen $\dot{\boldsymbol{s}}^{\mathrm{e}}$, rechts mit ebensolchen in Richtung der globalen Basis. Letztere werden im Vektor $\dot{\boldsymbol{s}}_{\mathrm{g}}^{\mathrm{e}}$ zusammengefaßt; ihre Vorzeichen sind analog zu den üblichen Schnittgrößen definiert. In Abb. 2.8 folgen sodann die für beide Stabenden *l, r* geltenden Transformationen zwischen den beiden Variablenfeldern, wie man leicht nachprüft. Hieraus lassen sich Drehungsmatrizen $\boldsymbol{c}^{\mathrm{e}}$, $\boldsymbol{c}^{\mathrm{eT}}$ mit entsprechenden Transformationsbeziehungen herleiten, die für den Gesamtstab gelten und Abb. 2.8 abschließen.

Die Drehtransformation $\dot{\boldsymbol{s}}_{\mathrm{g}} \rightarrow \dot{\boldsymbol{s}}$, welche die Drehungsmatrix $\boldsymbol{c}$ definiert, besitzt eine interessante Eigenschaft: ihre Umkehrtransformation $\dot{\boldsymbol{s}} \rightarrow \dot{\boldsymbol{s}}_{\mathrm{g}}$ wird durch $\boldsymbol{c}^{\mathrm{T}}$ beschrieben. $\boldsymbol{c}$ gehört damit zur Klasse der *orthogonalen* Matrizen, welche durch die Eigenschaften

$$
\boldsymbol{c}^{-1} = \boldsymbol{c}^{\mathrm{T}}, \ \boldsymbol{c}^{\mathrm{T}} \cdot \boldsymbol{c} = \boldsymbol{I}, \ \det \boldsymbol{c} = \det \boldsymbol{c}^{\mathrm{T}} = 1 \tag{2.20}
$$

gekennzeichnet sind [49]. Die besondere Form der beiden zueinander inversen Transformationen

$$
\dot{\boldsymbol{s}}^{\mathrm{e}} = \boldsymbol{c}^{\mathrm{e}} \cdot \dot{\boldsymbol{s}}_{\mathrm{g}}^{\mathrm{e}} \quad \text{und} \quad \dot{\boldsymbol{s}}_{\mathrm{g}}^{\mathrm{e}} = \boldsymbol{c}^{\mathrm{eT}} \cdot \dot{\boldsymbol{s}}^{\mathrm{e}} \tag{2.21}
$$

bezeichnet man in der Mathematik als *kontragredient.*

In Abb. 2.10 findet man die entsprechenden Angaben für ein räumliches Stabelement, nunmehr ist die Drehungsmatrix $\boldsymbol{c}$ unter Verwendung der Richtungscosinus angegeben. Natürlich ist hierin der Sonderfall der ebenen Drehung der Abb. 2.8 enthalten, wie der

Stabelement

mit vollständigen Stabendkraftgrößen: | mit vollständigen, globalen Stabendkraftgrößen:

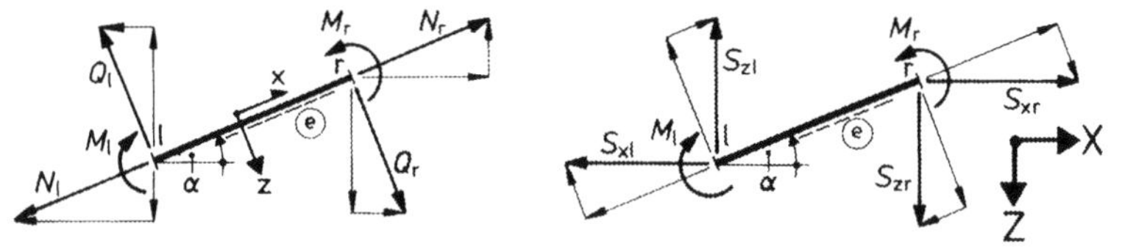

$$\mathbf{\dot{s}}^e = \left[N_l \quad Q_l \quad M_l \;\vdots\; N_r \quad Q_r \quad M_r \right]^T \qquad \mathbf{\dot{s}}_g^e = \left[S_{xl} \quad S_{zl} \quad M_l \;\vdots\; S_{xr} \quad S_{zr} \quad M_r \right]^T$$

positiv am positiven (negativen) Schnittufer in Richtung positiver (negativer) lokaler Basis

positiv am positiven (negativen) Schnittufer in Richtung positiver (negativer) globaler Basis

Transformationen je Stabende : $s = \sin\alpha, \; c = \cos\alpha$

$$\begin{bmatrix} S_x \\ S_z \\ M \end{bmatrix} = \underbrace{\begin{bmatrix} c & s & 0 \\ -s & c & 0 \\ 0 & 0 & 1 \end{bmatrix}}_{\mathbf{c}^T} \cdot \begin{bmatrix} N \\ Q \\ M \end{bmatrix} \qquad \begin{bmatrix} N \\ Q \\ M \end{bmatrix} = \underbrace{\begin{bmatrix} c & -s & 0 \\ s & c & 0 \\ 0 & 0 & 1 \end{bmatrix}}_{\mathbf{c}} \cdot \begin{bmatrix} S_x \\ S_z \\ M \end{bmatrix}$$

Transformation lokaler in globale Stabendkraftgrößen:

$$\mathbf{\dot{s}}_g^e = \mathbf{c}^{eT} \cdot \mathbf{\dot{s}}^e = \begin{bmatrix} \mathbf{\dot{s}}_l \\ \mathbf{\dot{s}}_r \end{bmatrix}_g^e = \begin{bmatrix} \mathbf{c}^T & \mathbf{0} \\ \mathbf{0} & \mathbf{c}^T \end{bmatrix}^e \cdot \begin{bmatrix} \mathbf{\dot{s}}_l \\ \mathbf{\dot{s}}_r \end{bmatrix}^e = \begin{bmatrix} S_{xl} \\ S_{zl} \\ M_l \\ S_{xr} \\ S_{zr} \\ M_r \end{bmatrix}^e = \begin{bmatrix} c & s & & & & \\ -s & c & & & & \\ & & 1 & & & \\ & & & c & s & \\ & & & -s & c & \\ & & & & & 1 \end{bmatrix}^e \cdot \begin{bmatrix} N_l \\ Q_l \\ M_l \\ N_r \\ Q_r \\ M_r \end{bmatrix}^e$$

Transformation globaler in lokale Stabendkraftgrößen:

$$\mathbf{\dot{s}}^e = \mathbf{c}^e \cdot \mathbf{\dot{s}}_g^e = \begin{bmatrix} \mathbf{\dot{s}}_l \\ \mathbf{\dot{s}}_r \end{bmatrix}^e = \begin{bmatrix} \mathbf{c} & \mathbf{0} \\ \mathbf{0} & \mathbf{c} \end{bmatrix}^e \cdot \begin{bmatrix} \mathbf{\dot{s}}_l \\ \mathbf{\dot{s}}_r \end{bmatrix}_g^e = \begin{bmatrix} N_l \\ Q_l \\ M_l \\ N_r \\ Q_r \\ M_r \end{bmatrix}^e = \begin{bmatrix} c & -s & & & & \\ s & c & & & & \\ & & 1 & & & \\ & & & c & -s & \\ & & & s & c & \\ & & & & & 1 \end{bmatrix}^e \cdot \begin{bmatrix} S_{xl} \\ S_{zl} \\ M_l \\ S_{xr} \\ S_{zr} \\ M_r \end{bmatrix}^e$$

leere Positionen sind mit Nullen besetzt

Abb. 2.8 Drehtransformationen ebener Stabelemente

interessierte Leser zeigen möge: $\cos(Z, z) = 1, \cos(Z, x) = \cos(Z, y) = 0, \ldots$ Übrigens können auch an beiden Enden eines geraden Stabes ungleiche Drehtransformationen erforderlich werden, beispielsweise, wenn am gestützten Ende eines geneigten Stabelementes das Gleichgewicht in der nicht-globalen Richtung einer dort wirksamen Lagerreaktion formuliert werden muss.

Abbildung 2.10 schließlich führt das Arbeiten mit *vollständigen, globalen* Stabendkraftgrößen am Beispiel der Knotengleichgewichtsbedingungen des Knotens 2 für das in Abb. 2.3 wiedergegebene Tragwerk vor. An den Knotenschnittufern werden zunächst vollständige, globale Knotenkraftgrößen $\mathbf{\dot{s}}_g$ angesetzt, mit denen das Gleichgewicht formuliert

Stabelement

mit vollständigen Stabendkraftgrößen: mit vollständigen, globalen Stabendkraftgrößen:

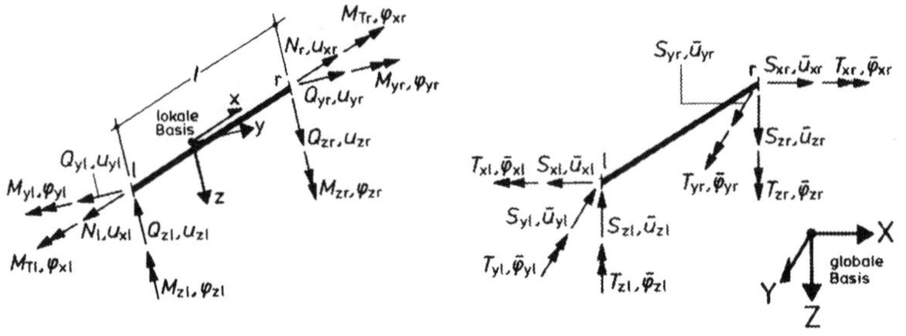

$$\dot{s}^e = \left[[N \; Q_y \; Q_z \; M_T \; M_y \; M_z]_l \; [N \; Q_y \; Q_z \; M_T \; M_y \; M_z]_r \right]^T$$

positiv am positiven (negativen) Schnittufer in Richtung positiver (negativer) lokaler Koordinaten

$$\dot{s}^e_g = \left[[S_x \; S_y \; S_z \; T_x \; T_y \; T_z]_l \; [S_x \; S_y \; S_z \; T_x \; T_y \; T_z]_r \right]^T$$

positiv am positiven (negativen) Schnittufer in Richtung positiver (negativer) globaler Koordinaten

Transformationen je Stabende:

$$\begin{bmatrix} S_x \\ S_y \\ S_z \end{bmatrix} = \underbrace{\begin{bmatrix} \cos(X,x) & \cos(X,y) & \cos(X,z) \\ \cos(Y,x) & \cos(Y,y) & \cos(Y,z) \\ \cos(Z,x) & \cos(Z,y) & \cos(Z,z) \end{bmatrix}}_{c^T \text{ (Momente analog)}} \cdot \begin{bmatrix} N \\ Q_y \\ Q_z \end{bmatrix} \qquad \begin{bmatrix} N \\ Q_y \\ Q_z \end{bmatrix} = \underbrace{\begin{bmatrix} \cos(x,X) & \cos(x,Y) & \cos(x,Z) \\ \cos(y,X) & \cos(y,Y) & \cos(y,Z) \\ \cos(z,X) & \cos(z,Y) & \cos(z,Z) \end{bmatrix}}_{c \text{ (Momente analog)}} \cdot \begin{bmatrix} S_x \\ S_y \\ S_z \end{bmatrix}$$

Transformation lokaler in globale Stabendkraftgrößen:

$$\dot{s}^e_g = c^{eT} \cdot \dot{s}^e = \begin{bmatrix} \dot{s}_l \\ \dot{s}_r \end{bmatrix}^e_g = \begin{bmatrix} c^T & 0 & 0 & 0 \\ 0 & c^T & 0 & 0 \\ 0 & 0 & c^T & 0 \\ 0 & 0 & 0 & c^T \end{bmatrix}^e \cdot \begin{bmatrix} \dot{s}_l \\ \dot{s}_r \end{bmatrix}^e$$

Transformation globaler in lokale Stabendkraftgrößen:

$$\dot{s}^e = c^e \cdot \dot{s}^e_g = \begin{bmatrix} \dot{s}_l \\ \dot{s}_r \end{bmatrix}^e = \begin{bmatrix} c & 0 & 0 & 0 \\ 0 & c & 0 & 0 \\ 0 & 0 & c & 0 \\ 0 & 0 & 0 & c \end{bmatrix}^e \cdot \begin{bmatrix} \dot{s}_l \\ \dot{s}_r \end{bmatrix}^e_g$$

Abb. 2.9 Drehtransformationen räumlicher Stabelemente

wird. Der Einbau dieser Bedingungen in das Matrizenschema $\boldsymbol{P} = \dot{\boldsymbol{g}}_g \cdot \dot{\boldsymbol{s}}$, in Abb. 2.10 auszugsweise wiedergegeben, macht an Hand der entstehenden *Inzidenzmatrix* $\dot{\boldsymbol{g}}_g$ erneut deutlich, dass dieses Vorgehen wesentlich für programmtechnisch erforderliche Abstrahierungen ist. Um schließlich aus $\dot{\boldsymbol{g}}_g$ die Zielmatrix $\boldsymbol{g}$ (2.12) zu gewinnen, folgt im Beispiel der Abb. 2.10 zunächst die Transformation

Knoten 2 des Tragwerks von Abb 2.3 mit vollständigen, globalen Knotenkraftgrößen:

Knotengleichgewichtsbedingungen: $\Sigma F_x = 0: P_{x2} - S_{xr}^1 - S_{xr}^2 + S_{xl}^3 = 0$

$\Sigma F_z = 0: P_{z2} - S_{zr}^1 - S_{zr}^2 + S_{zl}^3 = 0$

$\Sigma M_y = 0: M_2 - M_r^1 - M_r^2 + M_l^3 = 0$

Einbau in das Matrixschema $P = \overset{\bullet\bullet}{g}_g \cdot \overset{\bullet\bullet}{s}_g$:

leere Positionen sind mit Nullen besetzt

Weitere Transformationen:

$P = \overset{\bullet\bullet}{g}_g \cdot \overset{\bullet\bullet}{s}_g$ Transformation auf:

$\overset{\bullet\bullet}{s}_g = c^T \cdot \overset{\bullet}{s}$ vollständige, lokale Stabendkraftgrößen:

$\overset{\bullet}{s} = e^T \cdot s$ unabhängige Stabendkraftgrößen

$P = \overset{\bullet\bullet}{g}_g \cdot c^T \cdot e^T \cdot s = g \cdot s: \quad g = \overset{\bullet\bullet}{g}_g \cdot c^T \cdot e^T$

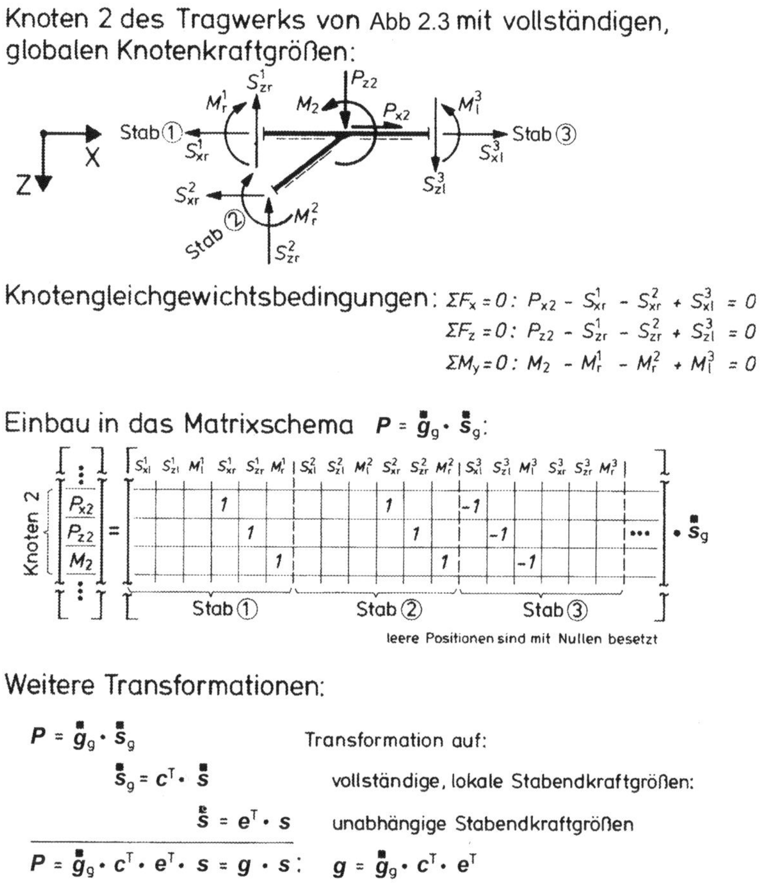

Abb. 2.10 Gleichgewicht eines Tragwerksknotens mit schiefwinkligem Stabanschluss

$$\overset{\bullet}{s}_g = c^T \cdot \overset{\bullet}{s} = \begin{bmatrix} \overset{\bullet}{s}_g^1 \\ \hline \overset{\bullet}{s}_g^2 \\ \hline \overset{\bullet}{s}_g^3 \\ \hline \overset{\bullet}{s}_g^4 \end{bmatrix} = \begin{bmatrix} I & & & \\ \hline & c^{2T} & & \\ \hline & & I & \\ \hline & & & c^{4T} \end{bmatrix} \cdot \begin{bmatrix} \overset{\bullet}{s}^1 \\ \hline \overset{\bullet}{s}^2 \\ \hline \overset{\bullet}{s}^3 \\ \hline \overset{\bullet}{s}^4 \end{bmatrix} \tag{2.22}$$

der Stabendkraftgrößen aller 4 Elemente des Tragwerks auf *vollständige, lokale* Größen. Für die Elemente 1, 3 treten dabei wegen der gleichen Orientierung von lokaler und globaler Basis Identitätstransformationen auf. Danach folgt die Transformation auf *unabhängige* Stabendkraftgrößen gemäß:

$$\dot{\mathbf{s}} = \mathbf{e}^{\mathrm{T}} \cdot \mathbf{s} = \begin{bmatrix} \dot{\mathbf{s}}^1 \\ \hline \dot{\mathbf{s}}^2 \\ \hline \dot{\mathbf{s}}^3 \\ \hline \dot{\mathbf{s}}^4 \end{bmatrix} = \left[\begin{array}{c|c|c|c} \mathbf{e}^{1\mathrm{T}} & & & \\ \hline & \mathbf{e}^{2\mathrm{T}} & & \\ \hline & & \mathbf{e}^{3\mathrm{T}} & \\ \hline & & & \mathbf{e}^{4\mathrm{T}} \end{array}\right] \cdot \begin{bmatrix} \mathbf{s}^1 \\ \hline \mathbf{s}^2 \\ \hline \mathbf{s}^3 \\ \hline \mathbf{s}^4 \end{bmatrix}. \tag{2.23}$$

2.1.5 Innere kinematische Variablen

Stäbe und Knoten bilden die Bestandteile diskretisierter Tragwerksmodelle. Alle äußeren Variablen sind in Tragwerksknoten definiert, innere Kraftgrößen als elementbezogene Stabendkraftgrößen an den stabseitigen Ufern der Knotenschnitte. Von dort werden sie als Knotenkraftgrößen auf die knotenseitigen Schnittufer übernommen und hier mit den äußeren Knotenlasten ins Gleichgewicht gesetzt.

Um durch dieses Vorgehen Gleichgewicht im Gesamttragwerk zu erzielen, mussten gemäß Abschn. 2.1.3 die *unabhängigen* Stabendkraftgrößen $\mathbf{s}$ als innere Kraftvariablen gewählt werden. Nun stellen wir die Frage, welche Stabkinematen diesen Kraftgrößen energetisch zugeordnet sind.

Zur Beantwortung wurde in Abb. 2.11 ein typisches, ebenes Stabelement[1] durch einen fiktiven Schnitt aus der Gesamtstruktur gelöst und mit seinen vollständigen Stabendkraftgrößen $\dot{\mathbf{s}}^{\mathrm{e}} = \{N_{\mathrm{l}} Q_{\mathrm{l}} M_{\mathrm{l}} N_{\mathrm{r}} Q_{\mathrm{r}} M_{\mathrm{r}}\}^{\mathrm{e}}$ dargestellt. Dessen Stabendpunkte *l, r* erleiden durch einen Deformationszustand mit den vollständigen Weggrößen $\dot{\mathbf{v}}^{\mathrm{e}} = \{u_{\mathrm{l}} w_{\mathrm{l}} \varphi_{\mathrm{l}} u_{\mathrm{r}} w_{\mathrm{r}} \varphi_{\mathrm{r}}\}^{\mathrm{e}}$ der beiden elementbegrenzenden Knotenpunkte Verschiebungen und Verdrehungen, die gemeinsam mit einer möglichen Verformungsfigur des Elementes ebenfalls in Abb. 2.11 wiedergegeben sind. Beide Variablenfelder werden durch folgende Wechselwirkungsenergie miteinander verknüpft:

$$W = -N_{\mathrm{l}} u_{\mathrm{l}} + N_{\mathrm{r}} u_{\mathrm{r}} - Q_{\mathrm{l}} w_{\mathrm{l}} + Q_{\mathrm{r}} w_{\mathrm{r}} - M_{\mathrm{l}} \varphi_{\mathrm{l}} + M_{\mathrm{r}} \varphi_{\mathrm{r}}. \tag{2.24}$$

Hierin ersetzen wir nun mittels der Element-Gleichgewichtsbedingungen der Abb. 2.4 die *abhängigen* Stabendkraftgrößen durch die *unabhängigen*

$$N_{\mathrm{l}} = N_{\mathrm{r}}, \quad Q_{\mathrm{l}} = Q_{\mathrm{r}} = \frac{M_{\mathrm{r}} - M_{\mathrm{l}}}{l} \tag{2.25}$$

und erhalten so:

$$W = N_{\mathrm{r}}(u_{\mathrm{r}} - u_{\mathrm{l}}) + M_{\mathrm{r}} \underbrace{\frac{w_{\mathrm{r}} - w_{\mathrm{l}}}{l}}_{\psi} - M_{\mathrm{l}} \underbrace{\frac{w_{\mathrm{r}} - w_{\mathrm{l}}}{l}}_{\psi} + M_{\mathrm{l}}(\tau_{\mathrm{l}} + \psi) + M_{\mathrm{r}}(\tau_{\mathrm{r}} - \psi)$$

[1] Wir beschränken unsere gesamten Herleitungen aus didaktischen Erwägungen auf gerade Stabelemente. Die erzielten Ergebnisse sind jedoch problemlos auf gekrümmte und verwundene Elemente zu erweitern.

$$= N_\mathrm{r} u_\Delta + M_\mathrm{l} \tau_\mathrm{l} + M_\mathrm{r} \tau_\mathrm{r} \tag{2.26}$$

Damit sind die zu $s^\mathrm{e} = \{N_\mathrm{r} M_\mathrm{l} M_\mathrm{r}\}^\mathrm{e}$ energetisch korrespondierenden Stabendweggrößen bestimmt: u_Δ stellt gemäß Abb. 2.11 die *Stablängung* dar, τ_l und τ_r sind die beiden *Stabendtangentenwinkel*. Alle Kinematen sind durch (2.26) *positiv* im Sinne positiver unabhängiger Stabendkraftgrößen definiert.

Aus einer Ergebnisanalyse erkennen wir, dass die hergeleiteten Kinematen $v^\mathrm{e} = \{u_\Delta \tau_\mathrm{l} \tau_\mathrm{r}\}^\mathrm{e}$ gerade durch Abspalten einer auf die Stabenden bezogenen *Starrkörperbewegung* aus der Gesamtdeformation $\{u_\mathrm{l} w_\mathrm{l} \varphi_\mathrm{l} u_\mathrm{r} w_\mathrm{r} \varphi_\mathrm{r}\}$ entstanden sind:

$$\begin{aligned} u_\Delta &= u_\mathrm{r} - u_\mathrm{l} = 0: & u_\mathrm{l} &= u_\mathrm{r}, \\ -\tau_\mathrm{l} &= (\varphi_\mathrm{l} + \psi) = \tau_\mathrm{r} = (\varphi_\mathrm{r} + \psi) = 0: & -\varphi_\mathrm{l} &= -\varphi_\mathrm{r} = \psi = \frac{w_\mathrm{r} - w_\mathrm{l}}{l} \end{aligned} \tag{2.27}$$

längs welcher der Gleichgewichtszustand (2.25) keine Formänderungsarbeit leistet. Als *baustatisches Modell* eines Stabelementes im Kraftgrößenverfahren, welches alle dynamischen und kinematischen Festlegungen in eine anschauliche Ingenieursprache übersetzt, kann daher gemäß Abb. 2.11 (unten) der klassische Balken auf 2 Stützen mit Randmomenten M_l, M_r und Randnormalkraft N_r angesehen werden. Den Element-Gleichgewichtsbedingungen (2.25) entsprechen energetisch offensichtlich die Bedingungen (2.27) einer Starrkörperdeformation und den abhängigen Stabendkraftgrößen $\{N_\mathrm{l}\ Q_\mathrm{l}\ Q_\mathrm{r}\}$ somit die abhängigen Elementkinematen $\{u_\mathrm{l} w_\mathrm{l} w_\mathrm{r}$ bzw. $\psi\}$. Diese Erkenntnisse sind auf beliebige Stabelemente übertragbar.

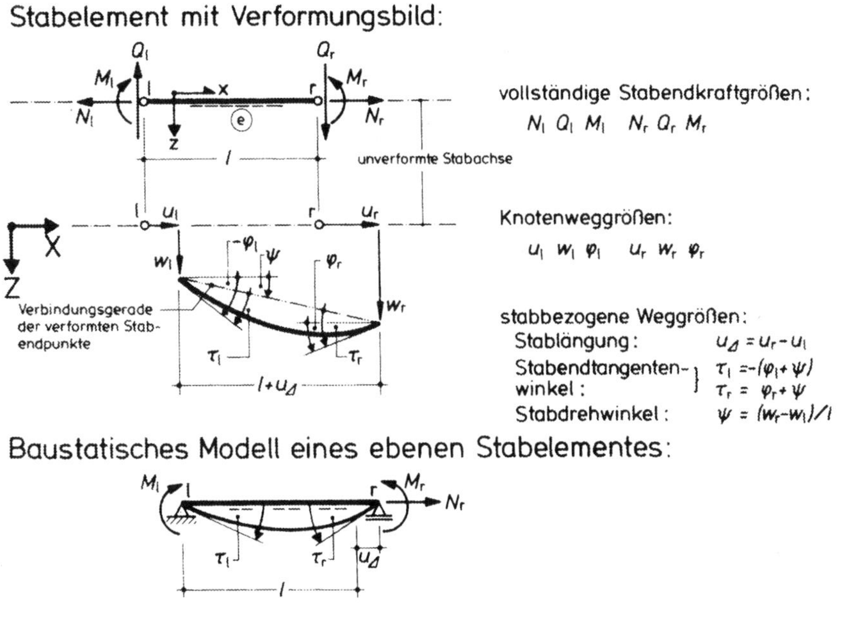

Abb. 2.11 Zur Kinematik ebener Stabelemente

Satz Den unabhängigen Stabendkraftgrößen $\boldsymbol{s}^e$ entsprechen energetisch Stabendkinematen $\boldsymbol{v}^e$, die aus den vollständigen Variablen $\dot{\boldsymbol{v}}^e$ durch Abspalten einer Starrkörperbewegung entstehen.

Diese bilden die *inneren Weggrößen* eines Elementes; sie sind positiv im Sinne positiver Stabendkraftgrößen.

Ihre Wechselwirkungsenergie mit den unabhängigen Stabendkraftgrößen $\boldsymbol{s}^e$ berechnet sich zu:

$$W^e = \boldsymbol{s}^{eT} \cdot \boldsymbol{v}^e = \boldsymbol{v}^{eT} \cdot \boldsymbol{s}^e \tag{2.28}$$

Innere Weggrößen jedes Stabelementes fassen wir wieder, analog zu inneren Kraftgrößen, in einem Spaltenvektor zusammen;

- für ein ebenes Stabelement gilt somit:

$$\boldsymbol{s}^e = \begin{bmatrix} N_r \\ M_l \\ M_r \end{bmatrix}^e, \quad \boldsymbol{v}^e = \begin{bmatrix} u_\Delta \\ \tau_l \\ \tau_r \end{bmatrix}^e, \tag{2.29}$$

- für ein räumliches Stabelement:

$$\boldsymbol{s}^e = \begin{bmatrix} N_r \\ M_{Tr} \\ M_{yl} \\ M_{yr} \\ M_{zl} \\ M_{zr} \end{bmatrix}, \quad \boldsymbol{v}^e = \begin{bmatrix} u_\Delta \\ \varphi_\Delta \\ \tau_{yl} \\ \tau_{yr} \\ \tau_{zl} \\ \tau_{zr} \end{bmatrix}. \tag{2.30}$$

Hierin stellt φ_Δ die Stabverdrillung ([23], Abschn. 2.3.4) dar: l_m räumlichen Fall müsste somit das linke Lager des Stabelementmodells zusätzlich torsionsstarr ausgebildet sein. τ_y, τ_z sind die den Stabendmomenten M_y, M_z zugeordneten Stabendtangentenwinkel.

2.1.6 Element-Nachgiebigkeitsbeziehung

In diesem Abschnitt sollen die zwischen den inneren Variablen $\boldsymbol{s}^e$ und $\boldsymbol{v}^e$ eines Stabelementes e bestehenden Verknüpfungen ermittelt werden, d. h. die unter Wirkung der Stabendkraftgrößen $s^e = \{N_r \ M_l \ M_r\}^e$ sich ausbildenden Stabenddeformationen $\boldsymbol{v}^e = \{u_\Delta \ \tau_l \ \tau_r\}^e$.

Eine Lösung dieser Aufgabenstellung für ein ebenes Stabelement mit Hilfe des uns vertrauten Arbeitssatzes [23], Abschn. 8.1.2 liegt auf der Hand:

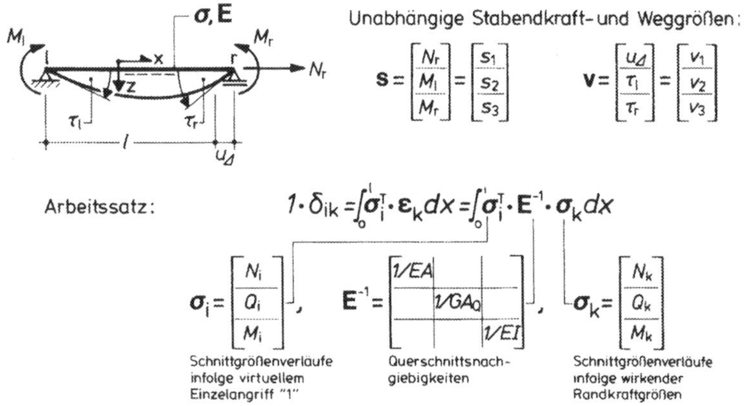

Abb. 2.12 Zur Nachgiebigkeitsanalyse eines ebenen Stabelementes

$$\delta_{\mathrm{ik}} = \int_0^1 \boldsymbol{\sigma}_{\mathrm{i}}^{\mathrm{T}} \cdot \boldsymbol{\varepsilon}_{\mathrm{k}} \mathrm{d}x = \int_0^1 \boldsymbol{\sigma}_{\mathrm{i}}^{\mathrm{T}} \cdot \mathbf{E}^{-1} \cdot \boldsymbol{\sigma}_{\mathrm{k}} \mathrm{d}x; \tag{2.31}$$

seine Grundbegriffe wiederholt Abb. 2.12. Bekanntlich verkörpern in (2.31) die $\boldsymbol{\sigma}_{\mathrm{i}} = \{N_{\mathrm{i}}\ Q_{\mathrm{i}}\ M_{\mathrm{i}}\}$ *Schnittgrößenverläufe* infolge der zur gesuchten Deformation korrespondierenden, virtuellen Kraftgröße „1", $\boldsymbol{\sigma}_{\mathrm{k}} = \{N_{\mathrm{k}}\ Q_{\mathrm{k}}\ M_{\mathrm{k}}\}$ dagegen solche einer vorgegebenen Beanspruchungsursache. Beide Schnittgrößenverläufe stellen i. A., ebenso wie die Querschnittsnachgiebigkeiten $\boldsymbol{E}^{-1}$, Funktionen der Stabachsenkoordinate x dar.

Beispielsweise möge in Abb. 2.12 der Tangentendrehwinkel $\tau_{\mathrm{l}} = v_2$ infolge des Stabendmomentes $M_{\mathrm{r}} = s_3$ zu bestimmen sein. Bezeichnen wir den Schnittgrößenverlauf infolge der zu τ_{l} korrespondierenden Einzelkraftgröße $M_{\mathrm{l}} = s_2 =$ „1" mit

$$\boldsymbol{\sigma}_2 = \begin{bmatrix} N_2 \\ Q_2 \\ M_2 \end{bmatrix}, \tag{2.32}$$

denjenigen infolge des beliebigen Stabendmomentes $M_{\mathrm{r}} = s_3$ mit

$$\boldsymbol{\sigma}_3 = \begin{bmatrix} N_3^* \\ Q_3^* \\ M_3^* \end{bmatrix}, \tag{2.33}$$

so ist die gesuchte Deformation durch

$$\tau_{\mathrm{l}} = \delta_{23} = \int_0^1 \boldsymbol{\sigma}_2^{\mathrm{T}} \cdot \boldsymbol{E}^{-1} \cdot \boldsymbol{\sigma}_3 \mathrm{d}x = \int_0^1 \left[\frac{N_2 N_3^*}{EA} + \frac{Q_2 Q_3^*}{GA_{\mathrm{Q}}} + \frac{M_2 M_3^*}{EI} \right] \mathrm{d}x \tag{2.34}$$

auf elementare Weise berechenbar. Die vollständige Erledigung der gestellten Aufgabe erfordert somit die Auswertung von (2.34) für 3 Deformationen infolge jeweils 3 Stabendkraftgrößen, d. h. für 9 Verformungswerte.

Dieses Vorgehen soll nun verallgemeinert werden. Hierzu fassen wir die *normierten* Schnittgrößenverläufe $\boldsymbol{\sigma}_{\mathrm{i}}$ aller virtuellen Einzelangriffe N_{r} = „1", M_{l} = „1", M_{r} = „1" des Zustandes i in der Matrix $\tilde{\boldsymbol{\sigma}}^{\mathrm{e}}$ zusammen:

$$\sigma_{\mathrm{i}} := \tilde{\sigma}^{\mathrm{e}} = [\sigma_1(N_{\mathrm{r}} = 1)\, \sigma_2(M_{\mathrm{l}} = 1)\, \sigma_3(M_{\mathrm{r}} = 1)]^{\mathrm{e}} = \begin{bmatrix} N_1 & N_2 & N_3 \\ Q_1 & Q_2 & Q_3 \\ M_1 & M_2 & M_3 \end{bmatrix}^{\mathrm{e}} . \tag{2.35}$$

Mit derselben Matrix $\tilde{\boldsymbol{\sigma}}^{\mathrm{e}}$ können ebenfalls die Schnittgrößenverläufe $\boldsymbol{\sigma}_{\mathrm{k}}$ infolge der wirklichen Stabendkraftgrößen $\{N_{\mathrm{r}} M_{\mathrm{l}} M_{\mathrm{r}}\}$ des Zustandes k folgendermaßen normiert werden:

$$\sigma_{\mathrm{k}} := \tilde{\sigma}^{\mathrm{e}} \cdot s^{\mathrm{e}} = \begin{bmatrix} N_1 & N_2 & N_3 \\ Q_1 & Q_2 & Q_3 \\ M_1 & M_2 & M_3 \end{bmatrix}^{\mathrm{e}} \cdot \begin{bmatrix} N_{\mathrm{r}} \\ M_{\mathrm{l}} \\ M_{\mathrm{r}} \end{bmatrix}^{\mathrm{e}} . \tag{2.36}$$

Durch Substitution beider Zustände (2.35, 2.36) in den Arbeitssatz (2.31) gewinnt man einen analytischen Ausdruck für die Verknüpfung der 3 unabhängigen Stabendkinematen $\boldsymbol{v}^{\mathrm{e}}$ mit den 3 unabhängigen Stabendkraftgrößen $\boldsymbol{s}^{\mathrm{e}}$:

$$\boldsymbol{v}^{\mathrm{e}} = \int_0^1 \tilde{\boldsymbol{\sigma}}^{\mathrm{eT}} \cdot \boldsymbol{E}^{-1} \cdot \tilde{\boldsymbol{\sigma}}^{\mathrm{e}} \mathrm{d}x \cdot \boldsymbol{s}^{\mathrm{e}} = \boldsymbol{f}^{\mathrm{e}} \cdot \boldsymbol{s}^{\mathrm{e}}$$

$$\begin{bmatrix} u_\Delta \\ \tau_{\mathrm{l}} \\ \tau_{\mathrm{r}} \end{bmatrix}^{\mathrm{e}} = \int_0^1 \begin{bmatrix} N_1 & Q_1 & M_1 \\ N_2 & Q_2 & M_2 \\ N_3 & Q_3 & M_3 \end{bmatrix}^{\mathrm{e}} \cdot \begin{bmatrix} 1/EA & & \\ & 1/GA_{\mathrm{Q}} & \\ & & 1/EI \end{bmatrix} \cdot \begin{bmatrix} N_1 & N_2 & N_3 \\ Q_1 & Q_2 & Q_3 \\ M_1 & M_2 & M_3 \end{bmatrix}^{\mathrm{e}} \mathrm{d}x \cdot \begin{bmatrix} N_{\mathrm{r}} \\ M_{\mathrm{l}} \\ M_{\mathrm{r}} \end{bmatrix}^{\mathrm{e}} . \tag{2.37}$$

Diese Transformation beschreibt das Nachgiebigkeitsverhalten des Stabelementes e und wird als dessen *Element-Nachgiebigkeitsbeziehung* oder *Element-Flexibilitätsbeziehung* bezeichnet. Jedes einzelne Element der durch (2.37) definierten, quadratischen *Element-Nachgiebigkeitsmatrix* oder *Element-Flexibilitätsmatrix* $\boldsymbol{f}^{\mathrm{e}}$ der Ordnung 3, beispielsweise dasjenige der i-ten Zeile und der k-ten Spalte, besitzt die bekannte Form:

$$f_{\mathrm{ik}}^{\mathrm{e}} = \int_0^1 \tilde{\boldsymbol{\sigma}}_{\mathrm{i}}^{\mathrm{eT}} \cdot \boldsymbol{E}^{-1} \cdot \tilde{\boldsymbol{\sigma}}_{\mathrm{k}}^{\mathrm{e}} \,\mathrm{d}x = \int_0^1 \left[\frac{N_i N_k}{EA} + \frac{Q_i Q_k}{GA_{\mathrm{Q}}} + \frac{M_i M_k}{EI} \right] \mathrm{d}x, \tag{2.38}$$

wie die Ausmultiplikation des Integrals ergibt.

Die Herleitung (2.37) ist offensichtlich auf beliebige Elemente übertragbar. Aus ihr und aus (2.38) entnehmen wir die folgenden, generell für Element-Nachgiebigkeitsmatrizen $\boldsymbol{f}^{\mathrm{e}}$ geltenden Eigenschaften:

- Da gemäß (2.29, 2.30) jeder Stabenddeformation v_{i} eine korrespondierende Stabendkraftgröße s_{i} zugeordnet wurde, ist $\boldsymbol{f}^{\mathrm{e}}$ *quadratisch* von der Ordnung der in $\boldsymbol{v}^{\mathrm{e}}$, $\boldsymbol{s}^{\mathrm{e}}$ vereinigten Variablen.
- Für die Elemente $f^{\mathrm{e}}_{\mathrm{ik}}$ (2.38) gilt als Verformungen infolge von Kraftgrößen „1" der Satz von MAXWELL, $\boldsymbol{f}^{\mathrm{e}}$ ist somit *symmetrisch*.
- Die aus (2.38) für $i = k$ entstehende quadratische Form verschafft $\boldsymbol{f}^{\mathrm{e}}$ *positive* Hauptdiagonalglieder $f^{\mathrm{e}}_{\mathrm{ii}}$.
- Infolge der durch (2.25) gesicherten linearen Unabhängigkeit der Randkraftgrößen und wegen der Starrkörperdeformationsfreiheit der Randkinematen ist $\boldsymbol{f}^{\mathrm{e}}$ *regulär*: $\det \boldsymbol{f}^{\mathrm{e}} \neq 0$.
- Die in der quadratischen Form $\boldsymbol{s}^{\mathrm{eT}} \cdot \boldsymbol{f}^{\mathrm{e}} \cdot \boldsymbol{s}^{\mathrm{e}}$ vertretene Anzahl positiver Quadrate $s^{\mathrm{e}}_{\mathrm{i}} f^{\mathrm{e}}_{\mathrm{ii}} s^{\mathrm{e}}_{\mathrm{i}}$ entspricht der Ordnung von $\boldsymbol{f}^{\mathrm{e}}$: die Element-Nachgiebigkeitsmatrix ist daher *positiv definit*.

Diese Eigenschaften finden sich in den Element-Nachgiebigkeitsmatrizen der Abb. 2.13 wieder, die durch Auswertung von (2.38), im räumlichen Fall von

$$f^{\mathrm{e}}_{\mathrm{ik}} = \int_0^1 \left[\frac{N_{\mathrm{i}} N_{\mathrm{k}}}{EA} + \frac{Q_{\mathrm{yi}} Q_{\mathrm{yk}}}{GA_{\mathrm{Qy}}} + \frac{Q_{\mathrm{zi}} Q_{\mathrm{zk}}}{GA_{\mathrm{Qz}}} + \frac{M_{\mathrm{Ti}} M_{\mathrm{TK}}}{GI_{\mathrm{T}}} + \frac{M_{\mathrm{yi}} M_{\mathrm{yk}}}{EI_{\mathrm{y}}} + \frac{M_{\mathrm{zi}} M_{\mathrm{zk}}}{EI_{\mathrm{z}}} \right] \mathrm{d}x, \quad (2.39)$$

für stabweise konstante Querschnittssteifigkeiten entstanden sind. Die Integrale (2.38, 2.39) ermöglichen uns einen interessanten Einblick in die Physik von Nachgiebigkeitsmatrizen und deren Elementen: Diese bauen sich additiv aus einzelnen Antwortkomponenten auf, hier den Normalkraft-, Schub-, Torsions- und Biegewirkungen, und zwar im Sinne einer *Reihenschaltung* [3]. Wir fassen zusammen:

> **Satz** Die Element-Nachgiebigkeitsbeziehung
>
> $$\boldsymbol{v}^{\mathrm{e}} = \boldsymbol{f}^{\mathrm{e}} \cdot \boldsymbol{s}^{\mathrm{e}} \quad (2.40)$$
>
> beschreibt die elastische Verformungsfähigkeit eines Stabelementes infolge der unabhängigen Stabendkraftgrößen durch zugehörige Stabendkinematen.
>
> Die Nachgiebigkeitsmatrix $\boldsymbol{f}^{\mathrm{e}}$ ist quadratisch, symmetrisch, regulär und positiv definit.

Im Abschn. 2.1.3 hatten wir in (2.7) die unabhängigen Stabendkraftgrößen $\boldsymbol{s}^{\mathrm{e}}$ aller Stabelemente eines Tragwerks zur Spalte $\boldsymbol{s}$ der *inneren Kraftgrößen* vereinigt, gleiches soll nun mit den zugehörigen Elementkinematen $\boldsymbol{v}^{\mathrm{e}}$ geschehen.

Baustatische Skizzen:

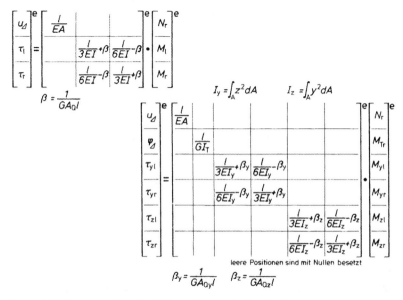

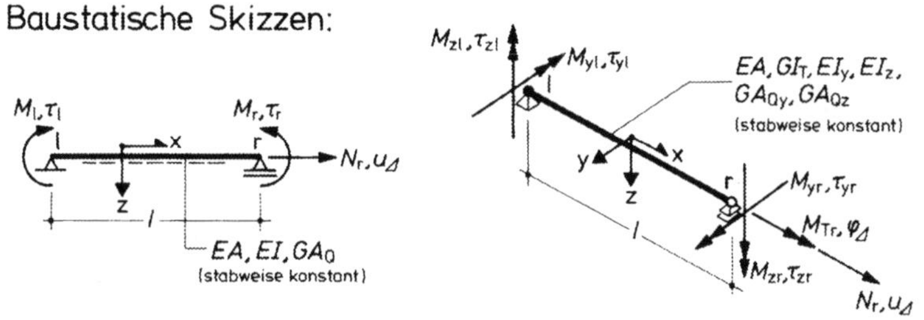

Element-Nachgiebigkeitsbeziehungen:

$$\begin{bmatrix} u_\Delta \\ \tau_l \\ \tau_r \end{bmatrix}^e = \begin{bmatrix} \frac{l}{EA} & & \\ & \frac{l}{3EI}+\beta & \frac{l}{6EI}-\beta \\ & \frac{l}{6EI}-\beta & \frac{l}{3EI}+\beta \end{bmatrix}^e \cdot \begin{bmatrix} N_r \\ M_l \\ M_r \end{bmatrix}^e \qquad \beta = \frac{1}{GA_Q l}$$

$$I_y = \int_A z^2 dA \qquad I_z = \int_A y^2 dA$$

$$\begin{bmatrix} u_\Delta \\ \varphi_\Delta \\ \tau_{yl} \\ \tau_{yr} \\ \tau_{zl} \\ \tau_{zr} \end{bmatrix}^e = \begin{bmatrix} \frac{l}{EA} & & & & & \\ & \frac{l}{GI_T} & & & & \\ & & \frac{l}{3EI_y}+\beta_y & \frac{l}{6EI_y}-\beta_y & & \\ & & \frac{l}{6EI_y}-\beta_y & \frac{l}{3EI_y}+\beta_y & & \\ & & & & \frac{l}{3EI_z}+\beta_z & \frac{l}{6EI_z}-\beta_z \\ & & & & \frac{l}{6EI_z}-\beta_z & \frac{l}{3EI_z}+\beta_z \end{bmatrix}^e \cdot \begin{bmatrix} N_r \\ M_{Tr} \\ M_{yl} \\ M_{yr} \\ M_{zl} \\ M_{zr} \end{bmatrix}^e$$

leere Positionen sind mit Nullen besetzt

$$\beta_y = \frac{1}{GA_{Qy} l} \qquad \beta_z = \frac{1}{GA_{Qz} l}$$

Vernachlässigung von Querkraftdeformationen: $\beta = \beta_y = \beta_z = 0$

Abb. 2.13 Nachgiebigkeitsbeziehungen gerader Stabelemente

> **Definition** Als *innere Weggrößen* $\boldsymbol{v}$ eines diskretisierten Tragwerksmodells findet eine elementweise Spaltenanordnung der unabhängigen Stabendkinematen $\boldsymbol{v}^e$ aller p Elemente Verwendung:
>
> $$\boldsymbol{v} = \left\{\boldsymbol{v}^a \; \boldsymbol{v}^b \; \boldsymbol{v}^c \ldots \boldsymbol{v}^p\right\}, \tag{2.41}$$
>
> d. h. im Fall ebener Stabwerke:
>
> $$\boldsymbol{v}^e = \{u_\Delta \tau_l \tau_r\}^e, \tag{2.42}$$
>
> im Fall räumlicher Stabwerke:
>
> $$\boldsymbol{v}^e = \left\{u_\Delta \; \varphi_\Delta \; \tau_{yl} \; \tau_{yr} \; \tau_{zl} \; \tau_{zr}\right\}^e. \tag{2.43}$$

Die einzelnen Elementnachgiebigkeiten $\boldsymbol{f}^{\mathrm{e}}$ werden dadurch auf der Hauptdiagonalen einer entstehenden Hypermatrix $\boldsymbol{f}$ – der *Nachgiebigkeitsmatrix aller Elemente* – angeordnet, die, wie ihre Untermatrizen $\boldsymbol{f}^{\mathrm{e}}$, quadratisch, symmetrisch, regulär und positiv definit ist:

$$\boldsymbol{v} = \boldsymbol{f} \cdot \boldsymbol{s}:$$

$$\begin{bmatrix} u_\Delta \\ \tau_l \\ \tau_r \end{bmatrix}^{\mathrm{b}} \text{—} \quad \begin{bmatrix} \boldsymbol{v}^{\mathrm{a}} \\ \boldsymbol{v}^{\mathrm{b}} \\ \boldsymbol{v}^{\mathrm{c}} \\ \vdots \\ \boldsymbol{v}^{\mathrm{p}} \end{bmatrix} = \begin{bmatrix} \boldsymbol{f}^{\mathrm{a}} & & & & \\ & \boldsymbol{f}^{\mathrm{b}} & & & \\ & & \boldsymbol{f}^{\mathrm{c}} & & \\ & & & \ddots & \\ & & & & \boldsymbol{f}^{\mathrm{p}} \end{bmatrix} \cdot \begin{bmatrix} \boldsymbol{s}^{\mathrm{a}} \\ \boldsymbol{s}^{\mathrm{b}} \\ \boldsymbol{s}^{\mathrm{c}} \\ \vdots \\ \boldsymbol{s}^{\mathrm{p}} \end{bmatrix} \quad \text{—} \begin{bmatrix} N_r \\ M_l \\ M_r \end{bmatrix}^{\mathrm{b}} \tag{2.44}$$

Abbildung 2.14 fasst die in diesem und im letzten Abschnitt getroffenen Vereinbarungen noch einmal in übersichtlicher Form zusammen, und Abb. 2.15 erläutert sie am Tragwerk der Abb. 2.7.

Abschließend wollen wir noch eine wichtige mechanische Eigenschaft der Element-Nachgiebigkeitsmatrix $\boldsymbol{f}^{\mathrm{e}}$ kennenlernen. Gemäß (2.38) bzw. (2.39) beschreibt ihr Element $f^{\mathrm{e}}_{\mathrm{ij}}$ offensichtlich gerade die (negative) *normierte*, im gesamten Stab geleistete Wechselwirkungsenergie der Stabendkraftgröße $s_{\mathrm{j}} = 1$ längs der durch $s_{\mathrm{i}} = 1$ bewirkten Stabenddeformation v_{i}. Wegen der Substitution der ursprünglichen Verzerrungen durch Schnittgrößen in (2.31) wird die *wirkliche* Wechselwirkungsarbeit hieraus durch Multiplikation von $f^{\mathrm{e}}_{\mathrm{ij}}$ mit den *wirklichen* Werten s_{i} und s_{j} gewonnen; die im gesamten Element gespeicherte Formänderungsenergie entsteht daraus durch Summation aller Einzelbeträge $s_{\mathrm{i}} f^{\mathrm{e}}_{\mathrm{ij}} s_{\mathrm{j}}$:

$$-W^{\mathrm{e}} = \sum_{\mathrm{e}} s_{\mathrm{i}} f^{\mathrm{e}}_{\mathrm{ij}} s_{\mathrm{j}} = \boldsymbol{s}^{\mathrm{eT}} \cdot \boldsymbol{f}^{\mathrm{e}} \cdot \boldsymbol{s}^{\mathrm{e}} = \boldsymbol{s}^{\mathrm{eT}} \cdot \boldsymbol{v}^{\mathrm{e}}. \tag{2.45}$$

Die innere Formänderungsenergie des gesamten Tragwerks ermitteln wir folgerichtig aus (2.45) durch Summation über alle Stabelemente; unter Beachtung von (2.44) erhält man:

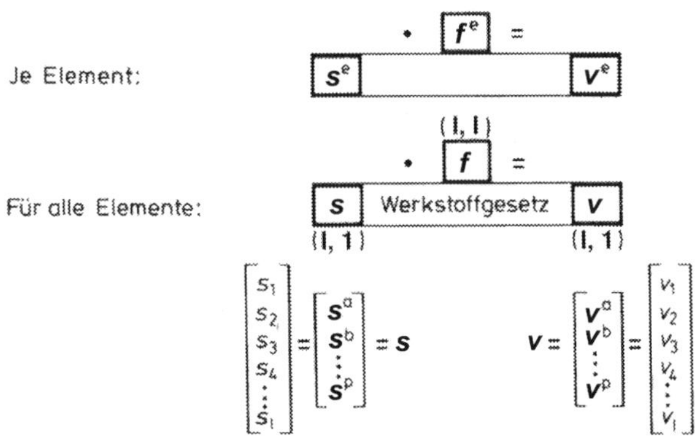

Abb. 2.14 Element-Nachgiebigkeitsbeziehungen

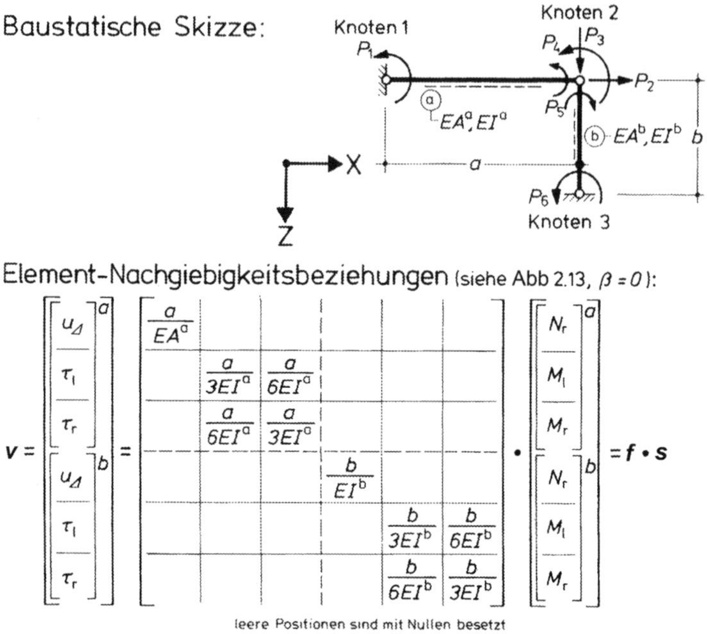

Abb. 2.15 Nachgiebigkeitsbeziehung der beiden Elemente eines ebenen Rahmentragwerks

$$-W^{(i)} = \sum_{e=1}^{p} s^{eT} \cdot f^{e} \cdot s^{e} = s^{T} \cdot f \cdot s = s^{T} \cdot v. \tag{2.46}$$

Nachgiebigkeitsmatrizen beschreiben somit nicht nur das Deformationsverhalten von Stabelementen oder gesamten Tragwerken, sondern auch deren durch normierte Randkraftwirkungen und hierdurch aktivierte Deformationen entstehenden Beiträge zur Formänderungsarbeit.

2.1.7 Berücksichtigung von Stabeinwirkungen

Bisher wurden nur Tragwerke mit *Knotenlasten* behandelt, ihre Stabelemente galten als unbelastet. Diese Einschränkung soll jetzt aufgehoben werden, dabei finden *Stabeinwirkungen* als Stablasten, stationäre Temperaturfelder sowie eingeprägte Einheitsversetzungen für Kraftgrößen-Einflusslinien Berücksichtigung.

Stabeinwirkungen beeinflussen i. A. sowohl den Kräftezustand eines Tragwerks als auch dessen Deformationen, sie können im Rahmen des Kraftgrößenverfahrens Beiträge

- zu den Knotenlasten,
- zu den Stabenddeformationen sowie
- zu den vollständigen Stabendkraftgrößen, den Schnittgrößen und Verformungsbildern der Stabelemente

liefern. Ein besonders klares Modell zur Behandlung von Stabeinwirkungen ist die Interpretation *belasteter* Stabelemente als *fiktive Sekundärstrukturen*. Da im Abschn. 2.1.5 die primären Strukturelemente zwischen den Knoten als (statisch bestimmte) Einfeldbalken mit festem linken Gelenklager eingeführt wurden, wählen wir die gleiche Idealisierung auch für die den Stabeinwirkungen ausgesetzten, fiktiven Sekundärstäbe.

Beiträge zum Knotengleichgewicht
Stabbelastungen liefern Beiträge zu den Knotenlasten $\boldsymbol{P}$, wie im oberen Teil der Abb. 2.16 erläutert wird. Dort wurde der lasttragende Stab eines beliebigen Tragwerksmodells *lastfrei* als Teil der Primärstruktur beibehalten: l_n ihm spielt sich gewissermaßen das bisher behandelte Tragverhalten ab. Die Stablasten werden über ein *Sekundärelement* $\boldsymbol{e}^*$ in die angrenzenden Knotenpunkte geleitet. Beide Elemente sind im rechten Bildteil bereits durch fiktive Schnitte voneinander getrennt. Die angenommenen Streckenlasten $\overset{\circ}{q}_{\mathrm{x}}, \overset{\circ}{q}_{\mathrm{z}}$ sowie das Einzelmoment M^* aktivieren gerade die Auflagerkräfte

$$\overset{\circ}{P}_{\mathrm{j}} = \frac{1}{l}\left[\int_0^1 \overset{\circ}{q}_i\,(l-x)\,\mathrm{d}x + M^*\right], \quad \overset{\circ}{P}_{\mathrm{j+1}} = \int_0^1 \overset{\circ}{q}_{\mathrm{x}}\mathrm{d}x,$$
$$\overset{\circ}{P}_{\mathrm{j+3}} = \frac{1}{l}\left[\int_0^1 q_z x \mathrm{d}x - M^*\right] \tag{2.47}$$

in den Lagern der Sekundärstruktur. Deren entgegengesetzte Komponenten, positiv ebenfalls in Richtung der globalen Basis, wirken als *Zusatz-Knotenlasten* auf das Primärsystem ein. Sie sind den ursprünglichen Knotenlasten P_{i} im Vektor $\boldsymbol{P}$ der äußeren Kraftgrößen als vorgegebene Lasten zuzuschlagen:

$$\boldsymbol{P} := \boldsymbol{P} + \overset{\circ}{\boldsymbol{P}} = \begin{bmatrix} \vdots \\ P_{\mathrm{j}} \\ P_{\mathrm{j+1}} \\ P_{\mathrm{j+2}} \\ P_{j+3} \\ \vdots \end{bmatrix} + \begin{bmatrix} \vdots \\ \overset{\circ}{P}_{\mathrm{j}} \\ \overset{\circ}{P}_{\mathrm{j+1}} \\ \\ \overset{\circ}{P}_{\mathrm{j+3}} \\ \vdots \end{bmatrix}. \tag{2.48}$$

Für ebene Stabelemente und normierte Lastbilder sind diese Zusatz-Knotenlasten in Abb. 2.17 vorberechnet.

Lastabhängige Stabendverformungen
Wie im Mittelteil von Abb. 2.16 erneut am Sekundärstab e^* dargestellt, erzeugen Stabeinwirkungen zusätzliche Stabenddeformationen $\left\{\overset{\circ}{u}_{\Delta}\ \overset{\circ}{\tau}_{\mathrm{l}}\ \overset{\circ}{\tau}_{\mathrm{r}}\right\}$ der belasteten Elemente, unabhängig von denjenigen der Stabendkraftgrößen. $\{N_{\mathrm{r}} M_{\mathrm{l}} M_{\mathrm{r}}\}$ Aus den durch *Stablasten*

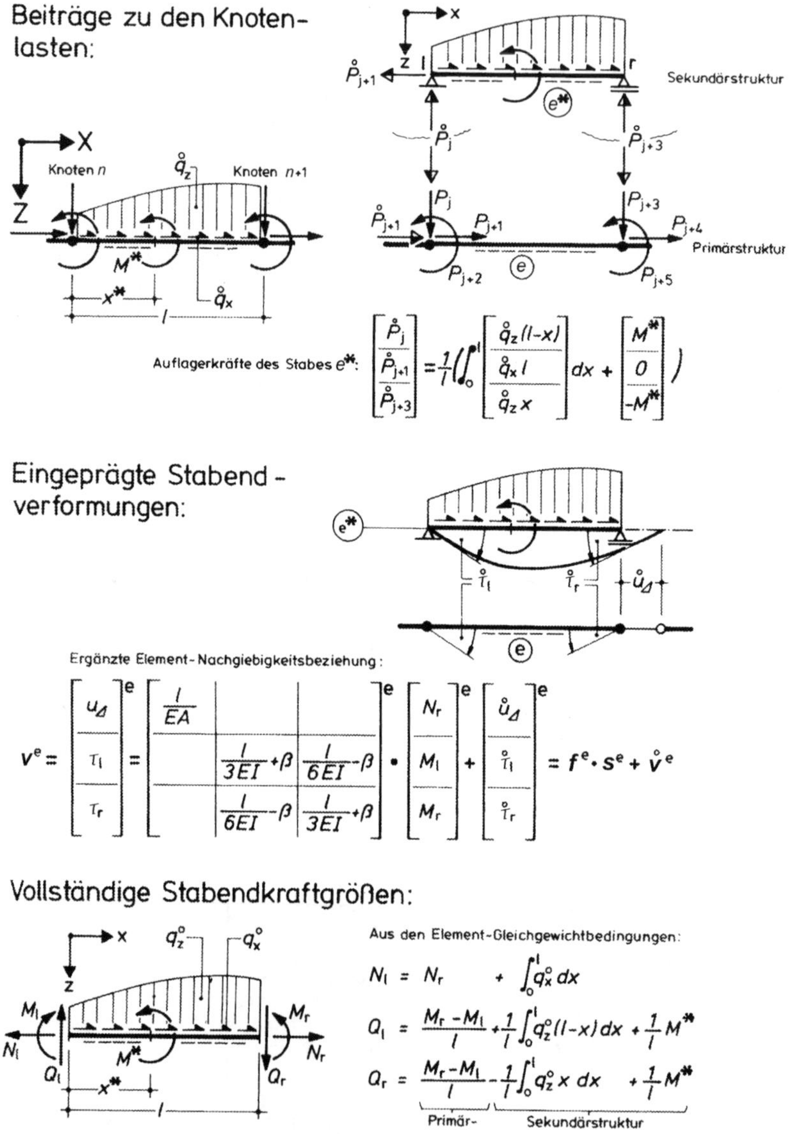
Beiträge zu den Knotenlasten:
Sekundärstruktur
Primärstruktur
Knoten n
Knoten n+1
Auflagerkräfte des Stabes e*:
Eingeprägte Stabendverformungen:
Ergänzte Element-Nachgiebigkeitsbeziehung:
Vollständige Stabendkraftgrößen:
Aus den Element-Gleichgewichtbedingungen:
Primär-
Sekundärstruktur

$$\begin{bmatrix}\mathring{P}_j\\ \mathring{P}_{j+1}\\ \mathring{P}_{j+3}\end{bmatrix} = \frac{1}{l}\left(\int_0^l \begin{bmatrix}\mathring{q}_z(l-x)\\ \mathring{q}_x l\\ \mathring{q}_z x\end{bmatrix} dx + \begin{bmatrix}M^*\\ 0\\ -M^*\end{bmatrix}\right)$$

$$v^e = \begin{bmatrix}u_\Delta\\ \tau_l\\ \tau_r\end{bmatrix}^e = \begin{bmatrix}\frac{l}{EA} & & \\ & \frac{l}{3EI}+\beta & \frac{l}{6EI}-\beta\\ & \frac{l}{6EI}-\beta & \frac{l}{3EI}+\beta\end{bmatrix}^e \cdot \begin{bmatrix}N_r\\ M_l\\ M_r\end{bmatrix}^e + \begin{bmatrix}\mathring{u}_\Delta\\ \mathring{\tau}_l\\ \mathring{\tau}_r\end{bmatrix}^e = f^e \cdot s^e + \mathring{v}^e$$

$$N_l = N_r + \int_0^l \mathring{q}_x\, dx$$

$$Q_l = \frac{M_r - M_l}{l} + \frac{1}{l}\int_0^l \mathring{q}_z (l-x)\, dx + \frac{1}{l} M^*$$

$$Q_r = \frac{M_r - M_l}{l} - \frac{1}{l}\int_0^l \mathring{q}_z\, x\, dx + \frac{1}{l} M^*$$

Abb. 2.16 Berücksichtigung von Stabeinwirkungen

im Element hervorgerufenen Schnittgrößenverläufen $\tilde{\sigma}^e = \left\{\mathring{N}\ \mathring{Q}\ \mathring{M}\right\}$ lassen sich die zusätzlichen Stabenddeformationen mittels des Arbeitssatzes (2.31) in Anlehnung an (2.37) bestimmen:

$\alpha = \frac{a}{l}$, $\beta = \frac{b}{l}$, $\gamma = \frac{c}{l}$

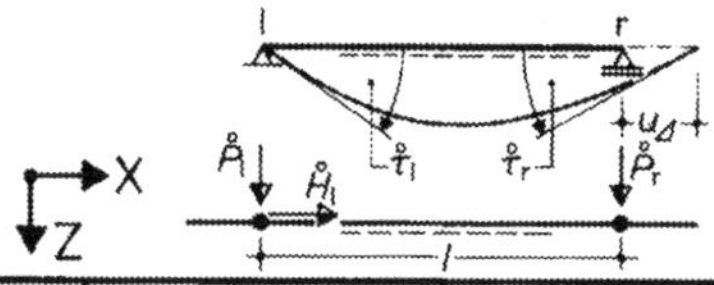

Nr	Lastfall	$EA\mathring{u}_\Delta$ / $\mathring{H}_l$	$EI\mathring{\tau}_l$ / $\mathring{P}_l$	$EI\mathring{\tau}_r$ / $\mathring{P}_r$
1	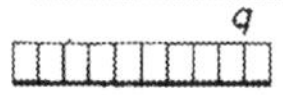		$q\frac{l^3}{24}$	$q\frac{l^3}{24}$
			$q\frac{l}{2}$	$q\frac{l}{2}$
2	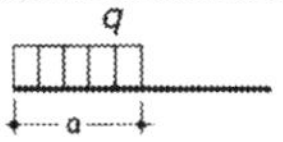		$q\frac{a^2 l}{24}(2-\alpha)^2$	$q\frac{a^2 l}{24}(2-\alpha^2)$
			$q\frac{a}{2}(2-\alpha)$	$q\frac{a}{2}\alpha$
3	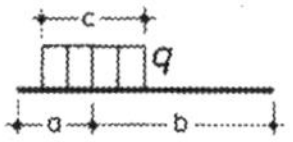		$q\frac{cb}{6}l(1-\beta-\frac{\gamma^2}{4})$	$q\frac{ca}{6}l(1-\alpha-\frac{\gamma^2}{4})$
			$q\frac{cb}{l}$	$q\frac{ca}{l}$
4	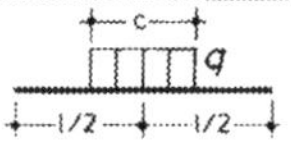		$q\frac{cl^2}{48}(3-\gamma^2)$	$q\frac{cl^2}{48}(3-\gamma^2)$
			$q\frac{c}{2}$	$q\frac{c}{2}$
5	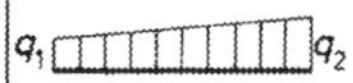		$\frac{l^3}{360}(8q_1+7q_2)$	$\frac{l^3}{360}(7q_1+8q_2)$
			$\frac{l}{6}(2q_1+q_2)$	$\frac{l}{6}(q_1+2q_2)$
6	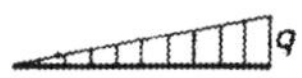		$q\frac{7}{360}l^3$	$q\frac{1}{45}l^3$
			$q\frac{1}{6}l$	$q\frac{1}{3}l$
7	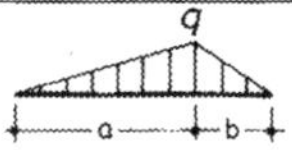		$q\frac{l^3}{360}(1+\beta)(7-3\beta^2)$	$q\frac{l^3}{360}(1+\alpha)(7-3\alpha^2)$
			$\frac{q}{6}(l+b)$	$\frac{q}{6}(l+a)$
8	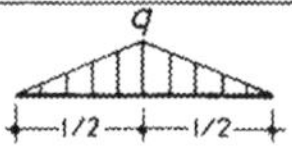		$q\frac{5}{192}l^3$	$q\frac{5}{192}l^3$
			$q\frac{l}{4}$	$q\frac{l}{4}$
9	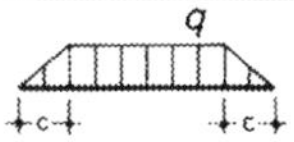		$q\frac{l^3}{24}(1-2\gamma^2+\gamma^3)$	$q\frac{l^3}{24}(1-2\gamma^2+\gamma^3)$
			$q\frac{l}{2}(1-\gamma)$	$q\frac{l}{2}(1-\gamma)$
10	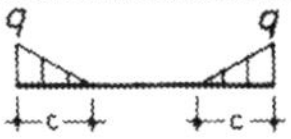		$q\frac{c^2 l}{12}(1-\frac{\gamma}{2})$	$q\frac{c^2 l}{12}(1-\frac{\gamma}{2})$
			$q\frac{c}{2}$	$q\frac{c}{2}$
11	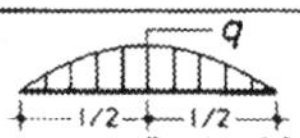 Parabel 2.O.		$q\frac{l^3}{30}$	$q\frac{l^3}{30}$
			$q\frac{l}{3}$	$q\frac{l}{3}$
12	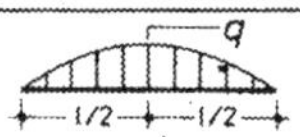 sinus		$q\frac{l^3}{\pi^3}$	$q\frac{l^3}{\pi^3}$
			$q\frac{l}{\pi}$	$q\frac{l}{\pi}$
13		$n\frac{l^2}{2}$		
		nl		

Abb. 2.17 Zusätzliche Stablängungen, Stabendtangentenwinkel und Knotenlasten bei Stabeinwirkungen

14	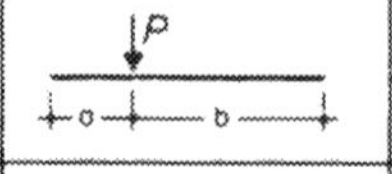		$P\frac{ab}{6}(1+\beta)$	$P\frac{ab}{6}(1+\alpha)$
			$P\frac{b}{l}$	$P\frac{a}{l}$
15	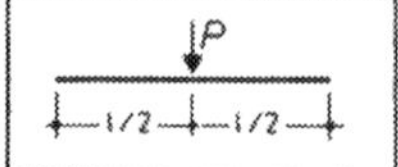		$P\frac{1}{16}l^2$	$P\frac{1}{16}l^2$
			$\frac{P}{2}$	$\frac{P}{2}$
16	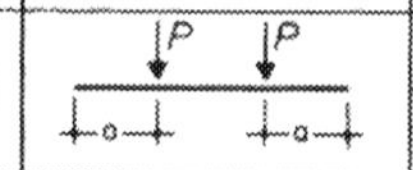		$P\frac{al}{2}(1-\alpha)$	$P\frac{al}{2}(1-\alpha)$
			P	P
17	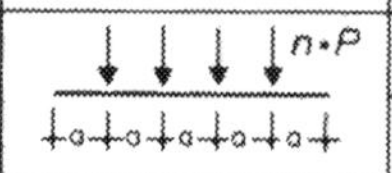		$P\frac{l^2}{24}\frac{n(n+2)}{n+1}$	$P\frac{l^2}{24}\frac{n(n+2)}{n+1}$
			$P\frac{n}{2}$	$P\frac{n}{2}$
18	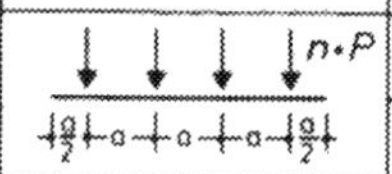		$P\frac{l^2}{48}\frac{2n^2+1}{n}$	$P\frac{l^2}{48}\frac{2n^2+1}{n}$
			$P\frac{n}{2}$	$P\frac{n}{2}$
19	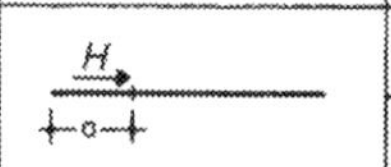	Ha		
		H		
20	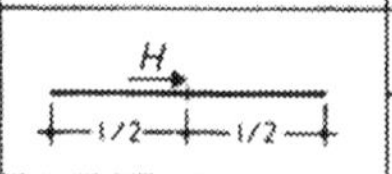	$H\frac{l}{2}$		
		H		
21	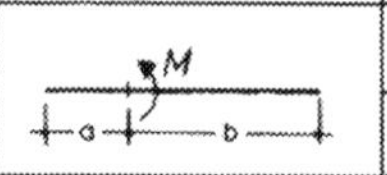		$M\frac{l}{6}(1-3\beta^2)$	$-M\frac{l}{6}(1-3\alpha^2)$
			$\frac{M}{l}$	$-\frac{M}{l}$
22	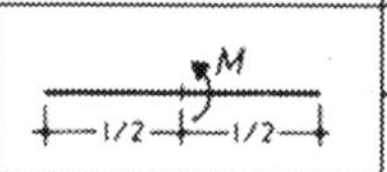		$M\frac{l}{24}$	$-M\frac{l}{24}$
			$\frac{M}{l}$	$-\frac{M}{l}$
23	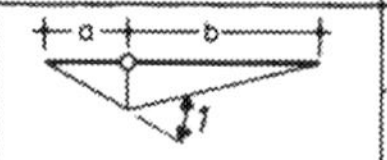		$EI\frac{b}{l}$	$EI\frac{a}{l}$
24	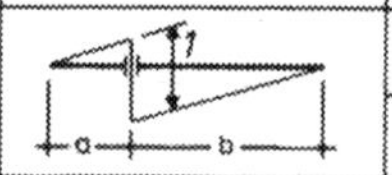		$-EI\frac{1}{l}$	$EI\frac{1}{l}$
25	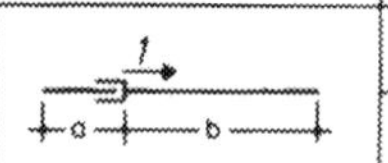	EA		
26			$EI\frac{c_r-c_l}{l}$	$-EI\frac{c_r-c_l}{l}$
27	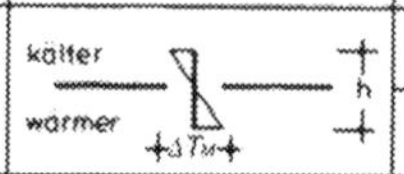		$\frac{EI}{2}\alpha_T\frac{\Delta T_M}{h}l$	$\frac{EI}{2}\alpha_T\frac{\Delta T_M}{h}l$
28	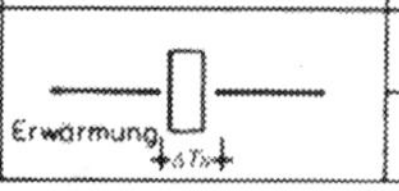	$EA\,\alpha_T\Delta T_N$		

Abb. 2.17 (Fortsetzung)

$$\overset{\circ}{\boldsymbol{v}}^{\mathrm{e}}=\begin{bmatrix}\overset{\circ}{u}_{\Delta}\\ \overset{\circ}{\tau}_{1}\\ \overset{\circ}{\tau}_{\mathrm{r}}\end{bmatrix}=\int_0^1 \tilde{\boldsymbol{\sigma}}^{\mathrm{eT}}\cdot\boldsymbol{E}^{-1}\cdot\overset{\circ}{\boldsymbol{\sigma}}^{\mathrm{e}}\,\mathrm{d}x$$

$$=\int_0^1\left[\begin{array}{c}N_1\,Q_1\,M_1\\ \hline N_2\,Q_2\,M_2\\ \hline N_3\,Q_3\,M_3\end{array}\right]^{\mathrm{e}}\cdot\left[\begin{array}{c|c|c}1/EA & & \\ \hline & 1/GA_{\mathrm{Q}} & \\ \hline & & 1/EI\end{array}\right]\cdot\begin{bmatrix}\overset{\circ}{N}\\ \overset{\circ}{Q}\\ \overset{\circ}{M}\end{bmatrix}^{\mathrm{e}}\mathrm{d}x$$

$$=\int_0^1\begin{bmatrix}\dfrac{N_1\overset{\circ}{N}}{EA}+\dfrac{Q_1\overset{\circ}{Q}}{GA_{\mathrm{Q}}}+\dfrac{M_1\overset{\circ}{M}}{EI}\\[2ex] \dfrac{N_2\overset{\circ}{N}}{EA}+\dfrac{Q_2\overset{\circ}{Q}}{GA_{\mathrm{Q}}}+\dfrac{M_2\overset{\circ}{M}}{EI}\\[2ex] \dfrac{N_3\overset{\circ}{N}}{EA}+\dfrac{Q_3\overset{\circ}{Q}}{GA_{\mathrm{Q}}}+\dfrac{M_3\overset{\circ}{M}}{EI}\end{bmatrix}\mathrm{d}x\,. \tag{2.49}$$

Temperatureinwirkungen führen gemäß [23], Absch. 8 zu folgenden zusätzlichen Stabenddeformationen:

$$\overset{\circ}{\boldsymbol{v}}^{\mathrm{e}}=\begin{bmatrix}\overset{\circ}{u}_{\Delta}\\ \overset{\circ}{\tau}_{1}\\ \overset{\circ}{\tau}_{\mathrm{r}}\end{bmatrix}=\int_0^1 \tilde{\boldsymbol{\sigma}}^{\mathrm{eT}}\cdot\boldsymbol{\varepsilon}_{\mathrm{T}}^{\mathrm{e}}\,\mathrm{d}x=\int_0^1\left[\begin{array}{c}N_1\,Q_1\,M_1\\ \hline N_2\,Q_2\,M_2\\ \hline N_3\,Q_3\,M_3\end{array}\right]^{\mathrm{e}}\cdot\left[\begin{array}{c}\alpha_{\mathrm{T}}\Delta T_M\\ \hline \\ \hline \alpha_{\mathrm{T}}\dfrac{\Delta T_N}{h}\end{array}\right]^{\mathrm{e}}\mathrm{d}x$$

$$=\int_0^1\begin{bmatrix}N_1\alpha_{\mathrm{T}}\Delta T_N+M_1\alpha_{\mathrm{T}}\dfrac{\Delta T_M}{h}\\[2ex] N_2\alpha_{\mathrm{T}}\Delta T_N+M_2\alpha_{T}\dfrac{\Delta T_M}{h}\\[2ex] N_3\alpha_{\mathrm{T}}\Delta T_N+M_3\alpha_{\mathrm{T}}\dfrac{\Delta T_M}{h}\end{bmatrix}\mathrm{d}x\,, \tag{2.50}$$

während Stabendverformungen infolge von Einheitsversetzungen unmittelbar den kinematischen Verschiebungsfiguren entnommen werden können.

Die in den betroffenen Sekundärelementen entstehenden, lastabhängigen Stabenddeformationen sind natürlich der Primärstruktur eingeprägt und ergänzen die jeweilige Element-Nachgiebigkeitsbeziehung als zusätzliche Spalte gemäß Abb. 2.16:

$$\boldsymbol{v}^{\mathrm{e}}=\boldsymbol{f}^{\mathrm{e}}\cdot\boldsymbol{s}^{\mathrm{e}}+\overset{\circ}{\boldsymbol{v}}^{\mathrm{e}}. \tag{2.51}$$

Deshalb wird die durch Zusammenfassung aller Elemente eines Tragwerks entstehende Gesamtbeziehung (2.44) ebenfalls durch eine Zusatzspalte $\overset{\circ}{\boldsymbol{v}}$ ergänzt:

$$\boldsymbol{v} = \boldsymbol{f} \cdot \boldsymbol{s} + \overset{\circ}{\boldsymbol{v}} \quad \text{mit} \quad \overset{\circ}{\boldsymbol{v}} = \left\{ \overset{\circ}{\boldsymbol{v}}{}^{\mathrm{a}} \; \overset{\circ}{\boldsymbol{v}}{}^{\mathrm{b}} \; \overset{\circ}{\boldsymbol{v}}{}^{\mathrm{c}} \ldots \overset{\circ}{\boldsymbol{v}}{}^{\mathrm{p}} \right\}. \tag{2.52}$$

Für ebene Stäbe konstanter Dehn- und Biegesteifigkeit sowie vorgegebene Einwirkungsbilder sind auch die zusätzlichen Stabenddeformationen (2.49, 2.50) Abb. 2.17 zu entnehmen. Der Leser sei darauf hingewiesen, dass diese lastbedingten Zusatzdeformationen in der klassischen Statik mit Vorfaktoren versehen als sogenannte *Belastungsglieder* $L = 6EI\overset{\circ}{\tau}_{\mathrm{l}}/l$ und $R = 6EI\overset{\circ}{\tau}_{\mathrm{r}}/l$ oder *Winkelgewichte* [35] Verwendung finden.

Vollständige Bestimmung der Kraftgrößen- und Verformungszustände der Stabelemente Die Analyse eines diskretisierten Tragwerksmodells liefert Zustandsgrößen an Knoten und Stabenden. In der Endphase einer Berechnung sind hieraus die Gleichgewichts- und Verformungszustände von Zwischenpunkten zu bestimmen: Hierzu sind zusammengehörige Zustandsgrößen von Primär- und Sekundärstruktur elementweise zu superponieren. Der untere Teil der Abb. 2.16 zeigt dies an der Ermittlung der unabhängigen Stabendkraftgrößen aus den Beiträgen der Variablen $\boldsymbol{s}$ (Primärstruktur) und der Stablasten $\overset{\circ}{q}_x$, $\overset{\circ}{q}_z$, M^* (Sekundärstruktur). Stabinnere Schnittgrößen sind sodann in bekannter Weise durch bedarfsgerechte Schnittführungen zu bestimmen.

2.1.8 Energieaussagen und kinematische Transformation

Energieaussagen stellen leistungsfähige Instrumente der Tragwerksmechanik dar, durch die viele grundsätzliche Tragverhaltenseigenschaften erst in allgemeingültiger Weise formulierbar werden. Dieser Vorteil soll nun auch für diskretisierte Tragwerksmodelle genutzt werden. Deren Wechselwirkungsenergie der äußeren Variablen hatten wir bereits in (2.2) zu

$$W^{(\mathrm{a})} = \boldsymbol{p}^{\mathrm{T}} \cdot \boldsymbol{V} = \boldsymbol{V}^{\mathrm{T}} \cdot \boldsymbol{p} \tag{2.53}$$

bestimmt, wobei im Falle von Stablasten in $\boldsymbol{P}$ auch die Zusatzknotenlasten gemäß Abb. 2.16 zu berücksichtigen waren. Der Beitrag der inneren Variablen zur Wechselwirkungsenergie wurde in (2.46) ermittelt, er lautete:

$$-W^{(i)} = \boldsymbol{s}^{\mathrm{T}} \cdot \boldsymbol{v} = \boldsymbol{v}^{\mathrm{T}} \cdot \boldsymbol{s}. \tag{2.54}$$

Soll dieser Energieanteil vollständig durch unabhängige Stabendkraftgrößen $\boldsymbol{s}$ ausgedrückt werden, so kann der Vektor $\boldsymbol{v}$ der inneren Kinematen durch die Nachgiebigkeitsbeziehung aller Elemente (2.44) substituiert werden:

$$-W^{(i)} = \boldsymbol{s}^{\mathrm{T}} \cdot \boldsymbol{f} \cdot \boldsymbol{s}, \tag{2.55}$$

bei Vorhandensein von Stabeinwirkungen durch (2.52):

$$-W^{(i)} = \boldsymbol{s}^{\mathrm{T}} \cdot \boldsymbol{f} \cdot \boldsymbol{s} + \boldsymbol{s}^{\mathrm{T}} \cdot \overset{\circ}{\boldsymbol{v}}. \tag{2.56}$$

Damit sind wir in der Lage, den *Energiesatz der Mechanik* auch für diskretisierte Tragwerksmodelle zu formulieren, wobei wir die grundlegenden Ausführungen in [23], Kap. 7 voraussetzen. Dieser Satz verknüpft bekanntlich im Gleichgewicht befindliche Kraftgrößenfelder $\{\boldsymbol{P}, \boldsymbol{s}\}$ mit kinematisch kompatibel deformierten Weggrößenfeldern $\{\boldsymbol{V}, \boldsymbol{v}\}$; er lautet mit (2.53, 2.54)

- für die Leistung von Eigenarbeit:

$$W = W^{(a)} + W^{(i)} = \frac{1}{2}(\boldsymbol{p}^{\mathrm{T}} \cdot \boldsymbol{V} - \boldsymbol{s}^{\mathrm{T}} \cdot \boldsymbol{v}) = \frac{1}{2}(\boldsymbol{V}^{\mathrm{T}} \cdot \boldsymbol{P} - \boldsymbol{v}^{\mathrm{T}} \cdot \boldsymbol{s}) = 0, \tag{2.57}$$

- für die Leistung von Verschiebungsarbeit:

$$W^* = W^{*(a)} + W^{*(i)} = \boldsymbol{p}^{\mathrm{T}} \cdot \boldsymbol{V} - \boldsymbol{s}^{\mathrm{T}} \cdot \boldsymbol{v} = \boldsymbol{V}^{\mathrm{T}} \cdot \boldsymbol{P} - \boldsymbol{v}^{\mathrm{T}} \cdot \boldsymbol{s} = 0. \tag{2.58}$$

Wendet man nun (2.58) auf virtuelle Deformationsfelder an, so entsteht das *Prinzip der virtuellen Verschiebungen* für diskretisierte Tragwerksmodelle:

$$\delta W = \boldsymbol{p}^{\mathrm{T}} \cdot \delta \boldsymbol{V} - \boldsymbol{s}^{\mathrm{T}} \cdot \delta \boldsymbol{v} = \delta \boldsymbol{V}^{\mathrm{T}} \cdot \boldsymbol{P} - \delta \boldsymbol{v}^{\mathrm{T}} \cdot \boldsymbol{s} = 0. \tag{2.59}$$

Ihm zufolge befinden sich die Kraftgrößenfelder $\{\boldsymbol{P}, s\}$ im Gleichgewicht, wenn δW für jeden *virtuellen*, d. h.

gedachten,
kinematisch kompatiblen,
vom einwirkenden Kraftgrößenzustand unabhängigen,

sonst jedoch beliebigen *Deformationszustand* $\{\delta \boldsymbol{V}, \delta v\}$ verschwindet. (2.59) kleidet somit die Gleichgewichtsbedingungen in eine virtuelle Arbeitsaussage. Durch Anwendung von (2.58) auf virtuelle Kraftgrößenfelder entsteht dagegen das *Prinzip der virtuellen Kraftgrößen*:

$$\delta \bar{W} = \delta \boldsymbol{P}^{\mathrm{T}} \cdot \boldsymbol{V} - \delta \boldsymbol{s}^{\mathrm{T}} \cdot \boldsymbol{v} = \boldsymbol{V}^{\mathrm{T}} \cdot \delta \boldsymbol{P} - \boldsymbol{v}^{\mathrm{T}} \cdot \delta \boldsymbol{s} = 0. \tag{2.60}$$

Darin stellen $\{\boldsymbol{V}, \boldsymbol{v}\}$ gerade dann zwei kinematisch verträgliche Weggrößenfelder dar, wenn $\delta \bar{W}$ für jeden *virtuellen*, d. h.

gedachten,
im Gleichgewicht befindlichen,
vom vorhandenen Deformationszustand unabhängigen,

sonst jedoch beliebigen *Kraftgrößenzustand* $\{\delta \boldsymbol{P}, \delta \boldsymbol{s}\}$ verschwindet. (2.60) verkörpert somit eine energetische Form der kinematischen Beziehungen des Diskontinuums.

Arbeitsprinzipe für diskretisierte Tragwerksmodelle (2.57) bis (2.60) stellen offenbar stets besonders einfache, algebraische Ausdrücke dar. Dies gilt ebenfalls für die mit ihrer Hilfe gewonnenen Aussagen, wie nun an Hand der Herleitung der die inneren und äußeren Weggrößen verknüpfenden *kinematischen Transformation* gezeigt werden soll. Hierzu greifen wir auf das Prinzip der virtuellen Kraftgrößen (2.60) zurück:

$$\delta \boldsymbol{P}^{\mathrm{T}} \cdot \boldsymbol{V} - \delta \boldsymbol{s}^{\mathrm{T}} \cdot \boldsymbol{v} = 0. \tag{2.61}$$

Lässt sich diese Aussage durch einen virtuellen, d. h. gemäß (2.13) im Gleichgewicht befindlichen Kraftgrößenzustand

$$\{\delta \boldsymbol{P}, \delta \boldsymbol{s}\} \text{ mit } \delta \boldsymbol{s} = \boldsymbol{b} \cdot \delta \boldsymbol{P} \tag{2.62}$$

erfüllen, so sind $\{\boldsymbol{V}, \boldsymbol{v}\}$ als zueinander kinematisch verträglich ausgewiesen. Substitution von (2.62) in (2.61) liefert:

$$\delta \boldsymbol{P}^{\mathrm{T}} \cdot \boldsymbol{V} - \delta \boldsymbol{s}^{\mathrm{T}} \cdot \boldsymbol{v} = \delta \boldsymbol{P}^{\mathrm{T}} \cdot \boldsymbol{V} - \delta \boldsymbol{P}^{\mathrm{T}} \cdot \boldsymbol{b}^{\mathrm{T}} \cdot \boldsymbol{v} = \delta \boldsymbol{P}^{\mathrm{T}} \cdot (\boldsymbol{V} - \boldsymbol{b}^{\mathrm{T}} \cdot \boldsymbol{v}) = 0. \tag{2.63}$$

Da $\delta \boldsymbol{P}$ als virtuelle Knotenlastgruppe beliebig wählbar ist, sind die beiden Weggrößenfelder immer dann kinematisch verträglich, wenn zwischen ihnen die kinematische Transformation

$$\boldsymbol{V} - \boldsymbol{b}^{\mathrm{T}} \cdot \boldsymbol{v} = 0 \rightarrow \boldsymbol{V} = \boldsymbol{b}^{\mathrm{T}} \cdot \boldsymbol{v} \tag{2.64}$$

erfüllt ist. Diese wichtige Grundbeziehung verwendet erneut die Gleichgewichtsmatrix $\boldsymbol{b}$ und besagt, dass sich die Kinematenfelder kontragredient zu den Kraftgrößenfeldern transformieren.

▶ **Satz** Die beiden Kraftgrößenfelder $\{\boldsymbol{P}, \boldsymbol{s}\}$ eines diskretisierten Tragwerksmodells befinden sich im Gleichgewicht und die Weggrößenfelder $\{\boldsymbol{V}, \boldsymbol{v}\}$ in einem kinematisch kompatiblen Deformationszustand, falls sich die Weggrößen kontragredient zu den Kraftgrößen transformieren:

$$\boldsymbol{s} = \boldsymbol{b} \cdot \boldsymbol{P}, \qquad \boldsymbol{V} = \boldsymbol{b}^{\mathrm{T}} \cdot \boldsymbol{v}. \tag{2.65}$$

Abbildung 2.18 fasst das erhaltene Ergebnis der kinematischen Transformation zusammen. *Gleichgewicht* und *Verformungskompatibilität* verkörpern unterschiedliche Phänomene der Mechanik fester Körper. Im Modell eines diskretisierten Tragwerks werden beide jedoch durch eng verwandte, algebraische Transformationen (2.65) beschrieben, die eine besonders einfache Form der *statisch-geometrischen Analogie* darstellen und erstmals in [3] veröffentlicht wurden (siehe auch [12, 25]). Ursache dieser Verwandtschaft bilden die Feldverknüpfungen durch den Energiesatz (2.58), die für analytisch formulierte Tragwerksmodelle in der Adjungiertheit der entsprechenden Differentialoperatoren $\boldsymbol{D}_{\mathrm{e}}$, $\boldsymbol{D}_{\mathrm{k}}$ der Strukturschemata in [23] zum Ausdruck kamen.

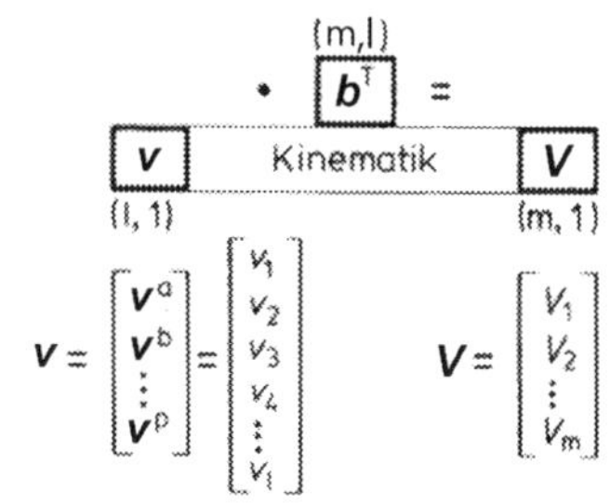

Abb. 2.18 Kinematische Transformation

2.1.9 Zusammenfassung und Überblick

In diesem Abschnitt sollen die bisher gewonnenen, für den Aufbau des diskretisierten Tragwerksmodells grundlegenden Erkenntnisse zusammengefasst und dabei die Abb. 2.6, 2.14 sowie 2.18 zum Modellüberblick der Abb. 2.19 vereinigt werden.

Zunächst waren in (2.1) Knotenlasten $\boldsymbol{P}$ und wesentliche kinematische Knotenfreiheitsgrade $\boldsymbol{V}$ als *äußere Variablen* definiert worden. Beide Spaltenmatrizen weisen gleiche Elementanzahlen m auf, und Variablen gleicher Position liefern als korrespondierende Zustandsgrößen Beiträge zur äußeren Wechselwirkungsenergie

$$\Delta W_{\mathrm{j}} = P_{\mathrm{j}} V_{\mathrm{j}}. \tag{2.66}$$

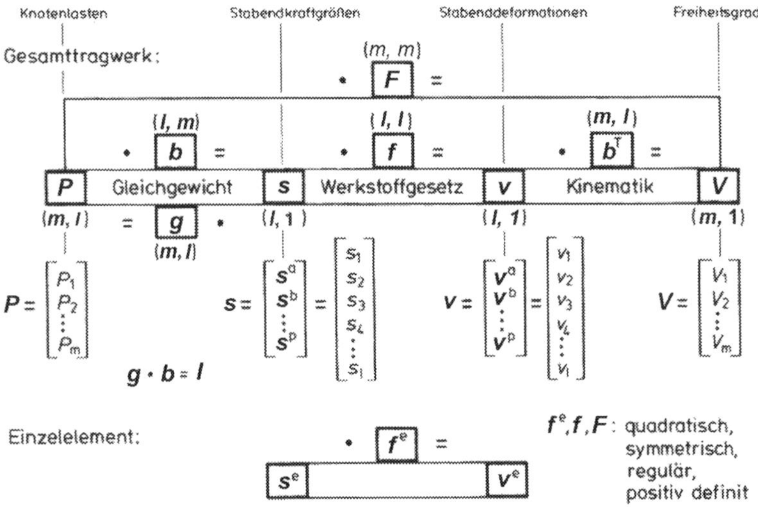

Abb. 2.19 Das diskretisierte Tragwerksmodell im Kraftgrößenverfahren

Die *inneren Modellvariablen* wurden durch $\boldsymbol{s}$ (2.7), eine elementweise Spaltenanordnung der unabhängigen Stabendkraftgrößen $\boldsymbol{s}^{e}$, sowie durch $\boldsymbol{v}$ (2.41), hierzu korrespondierende Stabenddeformationen, gebildet. Wieder leisten Elemente gleicher Position Energiebeiträge

$$-\Delta W_{k} = s_{k} v_{k}, \tag{2.67}$$

d. h. $\boldsymbol{s}$ und $\boldsymbol{v}$ besitzten die gleiche Zeilenzahl 1.

Ausschließlich Knotenlasten aufweisenden Tragwerksmodellen ordneten wir als Nachgiebigkeitsbeziehung aller Elemente (2.44)

$$\boldsymbol{v} = \boldsymbol{f} \cdot \boldsymbol{s} \text{ mit } \boldsymbol{f} = \left[\boldsymbol{f}^{a} \boldsymbol{f}^{b} \boldsymbol{f}^{c} ... \boldsymbol{f}^{p}\right] \tag{2.68}$$

zu; bei Vorliegen von Elementeinwirkungen galt (2.52)

$$\boldsymbol{v} = \boldsymbol{f} \cdot \boldsymbol{s} + \overset{\circ}{\boldsymbol{v}} \text{ mit } \overset{\circ}{\boldsymbol{v}} = \left\{\overset{\circ}{\boldsymbol{v}}^{a}\ \overset{\circ}{\boldsymbol{v}}^{b}\ \overset{\circ}{\boldsymbol{v}}^{c} \ldots \overset{\circ}{\boldsymbol{v}}^{p}\right\}. \tag{2.69}$$

Die *Element-Nachgiebigkeitsmatrizen* $\boldsymbol{f}^{e}$ erwiesen sich als quadratisch, symmetrisch, regulär und positiv definit; gleiche Eigenschaften zeichnen die Nachgiebigkeitsmatrix $\boldsymbol{f}$ aller Elemente eines Tragwerks aus. Dagegen besitzt die *Gleichgewichtsmatrix* $\boldsymbol{b}$ (2.65), auch als *dynamische Verträglichkeitsmatrix* bezeichnet, i. A. rechteckige Form mit

$$l \gtrless m \quad \text{für} \quad n \gtrless 0; \tag{2.70}$$

nur im statisch bestimmten Fall $n = 0$ ist sie quadratisch.

Analog zur Verbindung der inneren Variablen eines oder aller Elemente durch die Nachgiebigkeitsmatrix $\boldsymbol{f}^{e}$ oder $\boldsymbol{f}$ verknüpfen wir abschließend die äußeren Variablen $\{\boldsymbol{P}, \boldsymbol{V}\}$ des Gesamttragwerks, indem wir gemäß Abb. 2.19 die Einzeltransformationen von links nach rechts ineinander einsetzen. Für Strukturen, die ausschließlich Knotenlasten tragen, gewinnen wir so:

$$\begin{array}{rl}
\boldsymbol{s} = \boldsymbol{b} \cdot \boldsymbol{P} & \text{Gleichgewicht} \\
\boldsymbol{v} = \boldsymbol{f} \cdot \boldsymbol{s} & \text{Werkstoffgesetz} \\
\boldsymbol{V} = \boldsymbol{b}^{T} \cdot \boldsymbol{v} & \text{Kinematik} \\
\hline
\boldsymbol{V} = \boldsymbol{b}^{T} \cdot \boldsymbol{f} \cdot \boldsymbol{b} \cdot \boldsymbol{P} = \boldsymbol{F} \cdot \boldsymbol{P}, &
\end{array} \tag{2.71}$$

bei Vorhandensein zusätzlicher Stabeinwirkungen dagegen:

$$\begin{array}{l}
\boldsymbol{s} = \boldsymbol{b} \cdot \boldsymbol{P} \\
\boldsymbol{v} = \boldsymbol{f} \cdot \boldsymbol{s} + \overset{\circ}{\boldsymbol{v}} \\
\boldsymbol{V} = \boldsymbol{b}^{T} \cdot \boldsymbol{v} \\
\hline
\boldsymbol{V} = \boldsymbol{b}^{T} \cdot \boldsymbol{f} \cdot \boldsymbol{b} \cdot \boldsymbol{P} + \boldsymbol{b}^{T} \cdot \overset{\circ}{\boldsymbol{v}} = \boldsymbol{F} \cdot \boldsymbol{P} + \boldsymbol{b}^{T} \cdot \overset{\circ}{\boldsymbol{v}}.
\end{array} \tag{2.72}$$

Durch die hierin auftretende *Kongruenztransformation*

$$F = b^{\mathrm{T}} \cdot f \cdot b \tag{2.73}$$

wird die *Gesamt-Nachgiebigkeitsmatrix* oder *Gesamt-Flexibilitätsmatrix* $\boldsymbol{F}$ des Tragwerks definiert. In einer Kongruenztransformation werden offensichtlich alle Operationen infolge der Rechtsmultiplikation hinsichtlich der Zeilen durch die Linksmultiplikation auf die Spalten übertragen. Daher wird $\boldsymbol{F}$ ursprungsgemäß quadratisch und symmetrisch. Regularität sowie positive Definitheit von $\boldsymbol{f}$ bleiben durch (2.73) erhalten, sofern $\boldsymbol{b}$ zumindest spaltenregulär ist. Dass diese Voraussetzung stets erfüllt ist, möge sich der Leser an Hand der Zeilenregularität von $\boldsymbol{b}^{\mathrm{T}}$ verdeutlichen: Wäre $\boldsymbol{b}^{\mathrm{T}}$ nicht zeilenregulär, so würden aus $\boldsymbol{V} = \boldsymbol{b}^{\mathrm{T}} \cdot \boldsymbol{v}$ unterschiedliche Knotenfreiheitsgrade V_{j} durch identische Kombinationen von Elementdeformationen v_{k} herleitbar sein: ein kinematisch unvorstellbarer Vorgang.

Satz Die Gesamt-Nachgiebigkeitsbeziehung

$$\boldsymbol{V} = \boldsymbol{F} \cdot \boldsymbol{P} \quad \text{bzw.} \quad \boldsymbol{V} = \boldsymbol{F} \cdot \boldsymbol{P} + \boldsymbol{b}^{\mathrm{T}} \cdot \mathring{\boldsymbol{v}} \tag{2.74}$$

beschreibt das elastische Deformationsverhalten des Gesamttragwerks. Die hierin auftretende Gesamt-Nachgiebigkeitsmatrix $\boldsymbol{F}$ erweist sich als quadratisch $(m \times m)$, symmetrisch, regulär und positiv definit.

Um uns schließlich noch den Informationsgehalt der Gesamt-Nachgiebigkeitsmatrix vor Augen zu führen, schreiben wir (2.71) aus:

$$V = F \cdot P = \begin{bmatrix} V_1 \\ V_2 \\ \vdots \\ V_{\mathrm{i}} \\ \vdots \\ V_{\mathrm{m}} \end{bmatrix} = \left[\begin{array}{ccc|c|cc} F_{11} & F_{12} & \cdots & F_{1\mathrm{j}} & \cdots & F_{1\mathrm{m}} \\ F_{21} & F_{22} & \cdots & F_{2\mathrm{j}} & \cdots & F_{2\mathrm{m}} \\ \vdots & \vdots & & \vdots & & \vdots \\ F_{\mathrm{i}1} & F_{\mathrm{i}2} & \cdots & F_{\mathrm{ij}} & \cdots & F_{\mathrm{im}} \\ \vdots & \vdots & & \vdots & & \vdots \\ F_{\mathrm{m}1} & F_{\mathrm{m}2} & \cdots & F_{\mathrm{mj}} & \cdots & F_{\mathrm{mm}} \end{array}\right] \cdot \begin{bmatrix} P_1 \\ P_2 \\ \vdots \\ P_{\mathrm{j}} \\ \\ P_{\mathrm{m}} \end{bmatrix}. \tag{2.75}$$

Setzen wir hierin $P_{\mathrm{j}} = 1$, alle anderen Knotenlasten aber zu Null, so erkennen wir:

Satz Die *j*-te Spalte der Gesamt-Nachgiebigkeitsmatrix $\boldsymbol{F}$ enthält die Knotenfreiheitsgrade $\boldsymbol{V}_{\mathrm{i}}$ infolge der Knotenlast $P_{\mathrm{j}} = 1$.

Die Elemente der Gesamt-Nachgiebigkeitsmatrix $\boldsymbol{F}$ stellen somit spaltenweise geordnet die Knotenverschiebungen und -verdrehungen infolge von Einslasten dar: Sie bilden damit spezielle δ_{ik}-Werte der Gesamtstruktur.

2.2 Statisch bestimmte Tragwerke

2.2.1 Varianten der Gleichgewichtsformulierung

Nach Bereitstellung des diskretisierten Tragwerksmodells, der zugehörigen Variablen und Transformationen, sollen in den folgenden Abschnitten mit seiner Hilfe kurz statisch bestimmte Strukturen behandelt werden. Hierzu knüpfen wir an die matrizielle Form (2.10) der Knotengleichgewichts- und Nebenbedingungen an:

$$\boldsymbol{P}^* = \boldsymbol{g}^* \cdot \boldsymbol{s}^* = \begin{bmatrix} \boldsymbol{P} \\ \hline \boldsymbol{0} \end{bmatrix} = \left[\begin{array}{c|c} \boldsymbol{g} & \boldsymbol{0} \\ \hline \boldsymbol{g}_{sC} & \boldsymbol{I} \end{array}\right] \cdot \begin{bmatrix} \boldsymbol{s} \\ \hline \boldsymbol{C} \end{bmatrix}, \tag{2.76}$$

deren Matrix $\boldsymbol{g}^*$, Abb. 1.1 gemäß, $(g \cdot k + r)$ Zeilen und $(s \cdot p + a)$ Spalten aufweist: Für statisch bestimmte Tragwerke

$$n = (s \cdot p + a) - (g \cdot k + r) = 0 \rightarrow s \cdot p + a = g \cdot k + r \tag{2.77}$$

ist sie somit gerade quadratisch. Da die Knotengleichgewichts- und Nebenbedingungen ein System linear unabhängiger Aussagen darstellen, ist $\boldsymbol{g}^*$ stets regulär ($\det \boldsymbol{g}^* \neq 0$). Damit existiert eine zu $\boldsymbol{g}^*$ inverse quadratische Matrix

$$\boldsymbol{b}^* = \left[\begin{array}{c|c} \boldsymbol{b} & \boldsymbol{0} \\ \hline -\boldsymbol{g}_{sC} \cdot \boldsymbol{b} & \boldsymbol{I} \end{array}\right] \quad \text{mit} \quad \boldsymbol{g} \cdot \boldsymbol{b} = \boldsymbol{I},\ \boldsymbol{b} = \boldsymbol{g}^{-1}, \tag{2.78}$$

wie durch Ausmultiplizieren von

$$\boldsymbol{g}^* \cdot \boldsymbol{b}^* = \boldsymbol{I} \tag{2.79}$$

bestätigt wird. Mit Hilfe dieser Matrix gewinnen wir die zu (2.76) inverse Beziehung:

$$\boldsymbol{s}^* = \boldsymbol{b}^* \cdot \boldsymbol{P}^* = \begin{bmatrix} \boldsymbol{s} \\ \hline \boldsymbol{C} \end{bmatrix} = \left[\begin{array}{c|c} \boldsymbol{b} & \boldsymbol{0} \\ \hline \boldsymbol{b}_C & \boldsymbol{I} \end{array}\right] \cdot \begin{bmatrix} \boldsymbol{P} \\ \hline \boldsymbol{0} \end{bmatrix}, \quad \boldsymbol{b}_C = -\boldsymbol{g}_{sC} \cdot \boldsymbol{b}, \tag{2.80}$$

d. h. die uns bereits bekannten Transformationen (2.11, 2.13):

$$\boldsymbol{s} = \boldsymbol{b} \cdot \boldsymbol{P} \qquad \text{und} \qquad \boldsymbol{C} = -\boldsymbol{g}_{sC} \cdot \boldsymbol{b} \cdot \boldsymbol{P} = \boldsymbol{b}_C \cdot \boldsymbol{P}. \tag{2.81}$$

Schon im Abschn. 2.1.3 war die obere Teiltransformation in (2.76)

$$\boldsymbol{P} = \boldsymbol{g} \cdot \boldsymbol{s} \tag{2.82}$$

vom Rest abgespalten worden. Dabei hatten wir festgestellt, dass $\boldsymbol{g}$ nunmehr $(g \cdot k + r - a)$ Zeilen sowie $(s \cdot p)$ Spalten besitzt, für statisch bestimmte Tragwerke gemäß (2.77) somit ebenfalls stets quadratisch ist. Im Interesse der Bearbeitung möglichst kleiner Matrizen ist es daher oftmals vorteilhafter, nur (2.82) zu invertieren:

$$\boldsymbol{P} = \boldsymbol{g} \cdot \boldsymbol{s} \rightarrow \boldsymbol{s} = \boldsymbol{b} \cdot \boldsymbol{P} \quad \text{mit} \quad \boldsymbol{b} = \boldsymbol{g}^{-1} \tag{2.83}$$

und mit $\boldsymbol{b}$ im 2. Schritt aus (2.81) $\boldsymbol{C}$ zu eliminieren. Tragwerksmechanisch können somit stets zunächst die inneren Variablen $\boldsymbol{s}$ ermittelt und aus diesen sodann die Lagerreaktionen $\mathbf{C}$ bestimmt werden, was auch für statisch unbestimmte Strukturen gilt.

2.2.2 Einführende Beispiele

Als erstes Beispiel behandeln wir in den Abb. 2.20 und 2.21 erneut das ebene Rahmentragwerk aus Abschn. 2.1.3, allerdings wurde der Riegel durch einen weiteren Knoten in 2 Stabelemente unterteilt. Alle Knotenlasten sind in der baustatischen Skizze des Tragwerks definiert. Als Verdrehungsfreiheitsgrade im Mittelgelenk des Knotens 3 wurden die Absolutwerte der Stabendverdrehungen der beiden anschließenden Stäbe b und c gewählt, dementsprechend wirken dort die beiden Knotenmomente P_7 und P_8 als hierzu korrespondierende Variablen.

Wie üblich werden alle 4 Knoten durch fiktive Rundschnitte aus der Struktur gelöst, zur besseren Übersicht sind sie im Mittelteil der Abb. 2.20 mit ihren inneren Knotenkraftgrößen, den Gegenstücken zu den Stabendkraftgrößen, dargestellt. Damit werden je Knoten die Gleichgewichtsbedingungen

$$\Sigma F_x = \Sigma F_z = \Sigma M_y = 0 \tag{2.84}$$

sowie eine Nebenbedingung im Knoten 3 in unabhängigen Variablen formuliert und in das Matrizenschema $\boldsymbol{P}^* = \boldsymbol{g}^* \cdot \boldsymbol{s}^*$ eingetragen. In Abb. 2.21 schließlich finden wir die maschinell invertierte Beziehung $\boldsymbol{s}^* = \boldsymbol{b}^* \cdot \boldsymbol{P}^*$ in der durch (2.80) vorhergesagten Struktur.

An Hand des nächsten Beispiels, eines einfachen Trägerrosts, soll vor allem die Durchführung von in der Ingenieurpraxis gebräuchlichen Vereinfachungen im Konzept diskretisierter Strukturen gezeigt werden. Das in Abb. 2.22 dargestellte Tragwerk sei im Knoten 1 vollständig eingespannt, im Knoten 3 gelenkig sowie allseits verschieblich gelagert. Der Stab b sei im Knoten 2 durch ein M_y- Gelenk angeschlossen.

Da der Stab b voraussetzungsgemäß keine Torsionssteifigkeit GI_{T} aufweist, somit ein M_{T}-Gelenk an beliebiger Stelle besitzt, entfällt der Verdrehungsfreiheitsgrad φ_{x} im Knoten 3. Beide Stäbe des Tragwerks sollen darüber hinaus um ihre z-Achse biegeschlaff sein, deshalb entfallen zusätzlich

- u_{x}, u_{y} und φ_{z} im Knoten 3 sowie
- u_{x} und φ_{z} im Knoten 2.

Baustatische Skizze:

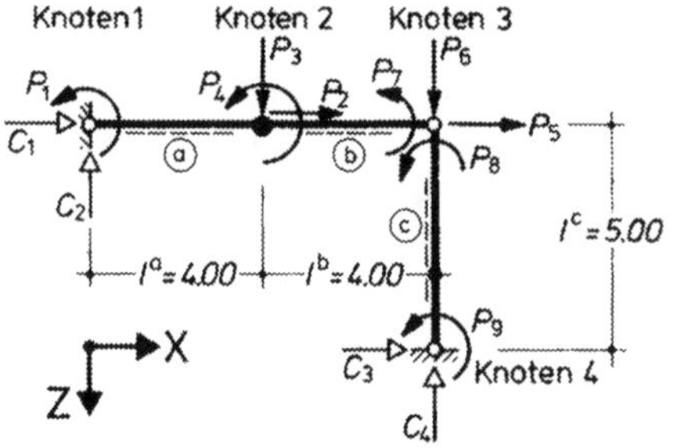

Knotengleichgewichts- und Nebenbedingungen:

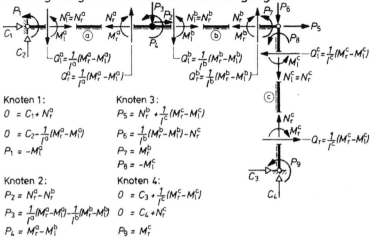

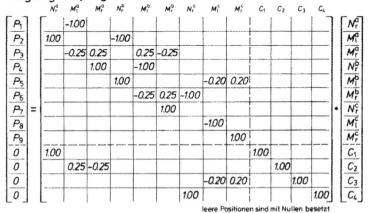

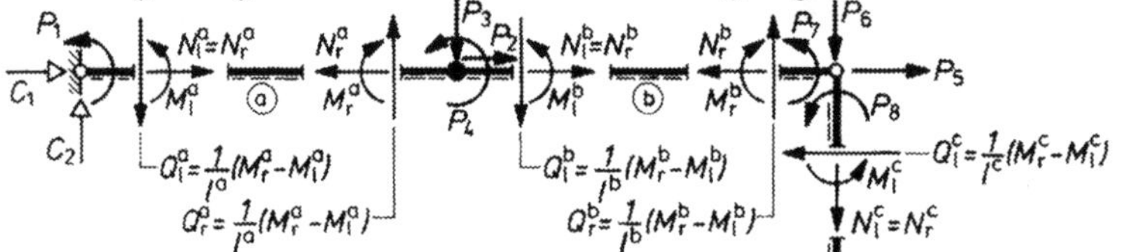

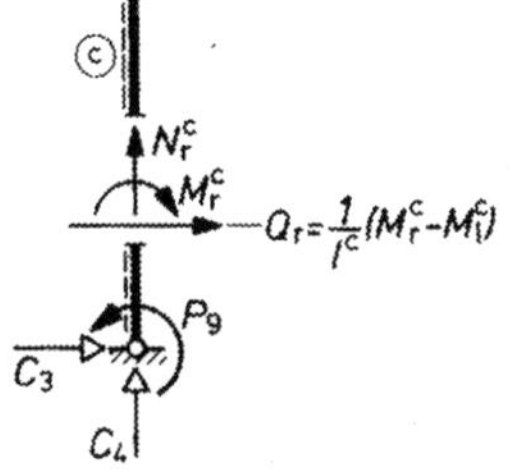

Knoten 1:

$0 = C_1 + N_r^a$

$0 = C_2 - \frac{1}{l^a}(M_r^a - M_l^a)$

$P_1 = -M_l^a$

Knoten 2:

$P_2 = N_r^a - N_r^b$

$P_3 = \frac{1}{l^a}(M_r^a - M_l^a) - \frac{1}{l^b}(M_r^b - M_l^b)$

$P_4 = M_r^a - M_l^b$

Knoten 3:

$P_5 = N_r^b + \frac{1}{l^c}(M_r^c - M_l^c)$

$P_6 = \frac{1}{l^b}(M_r^b - M_l^b) - N_r^c$

$P_7 = M_r^b$

$P_8 = -M_l^c$

Knoten 4:

$0 = C_3 + \frac{1}{l^c}(M_r^c - M_l^c)$

$0 = C_4 + N_r^c$

$P_9 = M_r^c$

Matrizielle Form der Knotengleichgewichts- und Nebenbedingungen $\mathbf{p^* = g^* \cdot s^*}$:

p^*	N_r^a	M_l^a	M_r^a	N_r^b	M_l^b	M_r^b	N_r^c	M_l^c	M_r^c	C_1	C_2	C_3	C_4	s^*
P_1		-1.00												N_r^a
P_2	1.00			-1.00										M_l^a
P_3		-0.25	0.25		0.25	-0.25								M_r^a
P_4			1.00		-1.00									N_r^b
P_5				1.00				-0.20	0.20					M_l^b
P_6					-0.25	0.25	-1.00							M_r^b
P_7						1.00								N_r^c
P_8								-1.00						M_l^c
P_9									1.00					M_r^c
0	1.00									1.00				C_1
0		0.25	-0.25								1.00			C_2
0								-0.20	0.20			1.00		C_3
0							1.00						1.00	C_4

leere Positionen sind mit Nullen besetzt

Abb. 2.20 Gleichgewichts- und Nebenbedingungen eines ebenen Rahmentragwerks

$$
\mathbf{s}^* = \mathbf{b}^* \cdot \mathbf{P}^* = \left[\begin{array}{c} \mathbf{s} \\ \hline \mathbf{C} \end{array}\right] = \left[\begin{array}{c:c} \mathbf{b} & \mathbf{O} \\ \hline \mathbf{b}_C & \mathbf{I} \end{array}\right] \cdot \left[\begin{array}{c} \mathbf{P} \\ \hline \mathbf{O} \end{array}\right] : \quad \text{mit } \mathbf{b}_C = -\mathbf{g}_{sC} \cdot \mathbf{b}
$$

$$
\begin{array}{c}
\\
\left[\begin{array}{c}
N_r^a \\ M_l^a \\ M_r^a \\ N_r^b \\ M_l^b \\ M_r^b \\ N_r^c \\ M_l^c \\ M_r^c \\ \hline C_1 \\ C_2 \\ C_3 \\ C_4
\end{array}\right]
\end{array}
=
\begin{array}{c}
\begin{array}{ccccccccccccc}
P_1 & P_2 & P_3 & P_4 & P_5 & P_6 & P_7 & P_8 & P_9 & & & &
\end{array} \\
\left[\begin{array}{ccccccccc:cccc}
 & 1 & & & 1 & & & -1/5 & -1/5 & & & & \\
-1 & & & & & & & & & & & & \\
-1/2 & & 2 & 1/2 & & & 1/2 & & & & & & \\
 & & & & 1 & & & -1/5 & -1/5 & & & & \\
-1/2 & & 2 & -1/2 & & & 1/2 & & & & & & \\
 & & & & & & 1 & & & & & & \\
1/8 & & -1/2 & 1/8 & & -1 & 1/8 & & & & & & \\
 & & & & & & & -1 & & & & & \\
 & & & & & & & & 1 & & & & \\
\hline
 & -1 & & & -1 & & & 1/5 & 1/5 & 1 & & & \\
1/8 & & 1/2 & 1/8 & & & 1/8 & & & & 1 & & \\
 & & & & & & & -1/5 & -1/5 & & & 1 & \\
-1/8 & & 1/2 & -1/8 & & 1 & -1/8 & & & & & & 1
\end{array}\right]
\end{array}
\cdot
\begin{array}{c}
\\
\left[\begin{array}{c}
P_1 \\ P_2 \\ P_3 \\ P_4 \\ P_5 \\ P_6 \\ P_7 \\ P_8 \\ P_9 \\ \hline 0 \\ 0 \\ 0 \\ 0
\end{array}\right]
\end{array}
$$

leere Positionen sind mit Nullen besetzt

Abb. 2.21 Gleichgewichtstransformation eines ebenen Rahmentragwerks

Alle hierzu korrespondierenden Kraftgrößen P_j würden auf ein verschiebliches System einwirken und sind somit unzulässig. Damit entfallen aber auch die Lagerreaktionen C_x und M_z im Knoten 1. Wegen ausschließlicher Lasten in globaler Z-Richtung entfällt der Verschiebungsfreiheitsgrad u_y im Knoten 2 ebenso wie die hierzu korrespondierende Knotenlast. Schließlich wurde der Gelenkfreiheitsgrad V_4 am linken Ende von Stab b als Relativdrehung gegenüber der Knotenrotation V_3 definiert, die hierzu korrespondierende Kraftgröße P_4 ist somit ein Momentenpaar. Wegen der getroffenen Steifigkeitsvoraussetzungen weist Stab a nur 3, Stab b nur 2 unabhängige Stabendkraftgrößen auf:

$$
\mathbf{s}^a = \left\{ M_{Tr}^a M_{yl}^a M_{yr}^a \right\}, \mathbf{s}^b = \left\{ M_{yl}^b M_{yr}^b \right\}. \tag{2.85}
$$

Im nächsten Schritt werden wieder sämtliche Knoten fiktiv aus der Struktur herausgetrennt und hierdurch die an den Schnittufern wirkenden Schnittgrößen aktiviert. In den in Abb. 2.22 folgenden Knotengleichgewichtsbedingungen liefern als Folge der getroffenen Vereinfachungen $\Sigma F_x = 0$, $\Sigma F_y = 0$ und $\Sigma M_z = 0$ keine Beiträge, im Knoten 3 darüber hinaus $\Sigma M_x = 0$. In Abb. 2.23 findet sich schließlich die matrizielle Form der Knotengleichgewichts- und Nebenbedingungen, darunter die inverse Beziehung.

Abschließend behandeln wir noch das ebene, *ideale* Strebenfachwerk der Abb. 2.24. Alle hierin auftretenden Winkel betragen 60°, daher besitzen sämtliche Stäbe die gleiche Länge l. Pro Stab e tritt nur eine innere Kraftvariable auf: die Stabkraft $N_l^e = N_r^e = N^e$. Freie Knotenpunkte weisen je 2 wesentliche Verschiebungsfreiheitsgrade u_x, u_z auf, folglich sind dort je 2 äußere Kräfte wirksam.

Zunächst erfolgt in Abb. 2.24 wieder die fiktive Herauslösung sämtlicher Knotenpunkte aus der Struktur und damit die Aktivierung der Stabkräfte. Diese zerlegen wir, das Vorgehen des Abschn. 2.1.4 abkürzend, in die Richtungen der *globalen* Basis. Wegen der sich

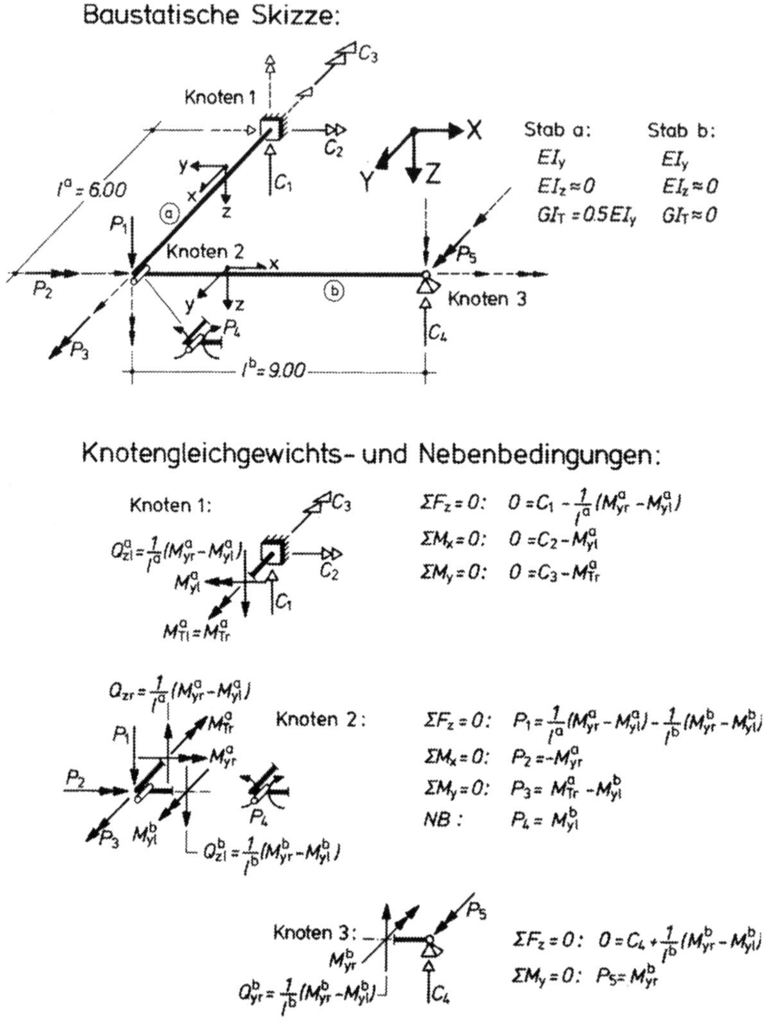

Abb. 2.22 Gleichgewichts- und Nebenbedingungen eines Trägerrosts

vielfach wiederholenden Zerlegungswinkel ($\sin 60^\circ = \sqrt{3}/2$, $\cos 60^\circ = 1/2$) können die Knotengleichgewichtsbedingungen unmittelbar aus den Darstellungen der Kraftsysteme abgelesen und in das Matrizenschema $\boldsymbol{P}^* = \boldsymbol{g}^* \cdot \boldsymbol{s}^*$ übertragen werden. Die entstandene Matrix $\boldsymbol{g}$ besitzt, wie ersichtlich, eine ausgeprägte Bandstruktur als Folge der gewählten Nummerierung der Knotenlasten und Stabelemente. Die zugehörigen Matrizen $\boldsymbol{b}, \boldsymbol{b}_\mathrm{c}$ finden wir übrigens in Abb. 2.30.

Überblicken wir abschließend noch einmal sämtliche aufgestellten Gleichgewichts- und Nebenbedingungen, so können wir uns davon überzeugen, dass alle der vorhergesagten Form (2.76) entsprechen, die Umkehrbeziehungen (2.80).

Matrizielle Gleichgewichts- und Nebenbedingungen $P^* = g^* \cdot s^*$:

$$
\begin{bmatrix} P_1 \\ P_2 \\ P_3 \\ P_4 \\ P_5 \\ 0 \\ 0 \\ 0 \\ 0 \end{bmatrix}
=
\begin{array}{c}
\begin{array}{ccccccccc} M^a_{Tr} & M^a_{yl} & M^a_{yr} & M^b_{yl} & M^b_{yr} & C_1 & C_2 & C_3 & C_4 \end{array} \\
\left[\begin{array}{ccccc|cccc}
 & -0.16\bar{6} & 0.16\bar{6} & 0.11\bar{1} & -0.11\bar{1} & & & & \\
 & & -1.00 & & & & & & \\
1.00 & & & -1.00 & & & & & \\
 & & & 1.00 & & & & & \\
 & & & & 1.00 & & & & \\
\hline
 & 0.16\bar{6} & -0.16\bar{6} & & & 1.00 & & & \\
 & -1.00 & & & & & 1.00 & & \\
-1.00 & & & & & & & 1.00 & \\
 & & & -0.11\bar{1} & 0.11\bar{1} & & & & 1.00
\end{array}\right]
\end{array}
\cdot
\begin{bmatrix} M^a_{Tr} \\ M^a_{yl} \\ M^a_{yr} \\ M^b_{yl} \\ M^b_{yr} \\ C_1 \\ C_2 \\ C_3 \\ C_4 \end{bmatrix}
$$

Matrizielle Gleichgewichtstransformationen $s^* = b^* \cdot P^*$:

$$
\begin{bmatrix} M^a_{Tr} \\ M^a_{yl} \\ M^a_{yr} \\ M^b_{yl} \\ M^b_{yr} \\ C_1 \\ C_2 \\ C_3 \\ C_4 \end{bmatrix}
=
\begin{array}{c}
\begin{array}{ccccccccc} P_1 & P_2 & P_3 & P_4 & P_5 & & & & \end{array} \\
\left[\begin{array}{ccccc|cccc}
 & & 1.00 & 1.00 & & & & & \\
-6.00 & -1.00 & & 0.66\bar{6} & -0.66\bar{6} & & & & \\
 & -1.00 & & & & & & & \\
 & & & 1.00 & & & & & \\
 & & & & 1.00 & & & & \\
\hline
1.00 & & & -0.11\bar{1} & 0.11\bar{1} & 1.00 & & & \\
-6.00 & -1.00 & & 0.66\bar{6} & -0.66\bar{6} & & 1.00 & & \\
 & & 1.00 & 1.00 & & & & 1.00 & \\
 & & & 0.11\bar{1} & -0.11\bar{1} & & & & 1.00
\end{array}\right]
\end{array}
\cdot
\begin{bmatrix} P_1 \\ P_2 \\ P_3 \\ P_4 \\ P_5 \\ 0 \\ 0 \\ 0 \\ 0 \end{bmatrix}
$$

leere Positionen sind mit Nullen besetzt

Abb. 2.23 Matrizielle Transformationen zu Abb. 2.22

2.2.3 Standardaufgaben

Gleichgewichtstransformation (2.80) und Gesamt-Nachgiebigkeitsbeziehung (2.74) sind die zentralen matriziellen Gleichungen des Kraftgrößenverfahrens. Auf ihren jeweils linken Seiten – siehe Abb. 2.25 – stehen die zu berechnenden Variablen ***s**, **V***; rechts befindet sich die Spalte der Knotenlasten ***P***, deren Elemente als gegeben anzusehen sind. Die Verknüpfung erfolgt durch die beiden Matrizen ***b*** und ***F***. In beiden Matrizen finden wir in einer *beliebigen Spalte j* gerade alle Variablen s_i $(1 \leq i \leq l)$ bzw. V_i $(1 \leq i \leq m)$ infolge eines einzigen Lastzustandes $P_j = 1$, d. h. die Koeffizienten einer *Zustandsinformation*. In einer *beliebigen Zeile i* beider Matrizen steht dagegen der Einfluss aller Knotenlasten $P_j = 1 (1 \leq j \leq m)$ auf eine bestimmte Variable s_i bzw. V_i, somit eine *Einflusskoeffizienteninformation*. Die Matrizen **b** und **F** enthalten daher sowohl Grundinformationen über Zustandslinien als auch über Einflusslinien. Offensichtlich ist damit der Informationsumfang des diskretisierten Tragwerksmodells um ein Vielfaches größer als derjenige klassischer Vorgehensweisen, allerdings liegt auch der zu betreibende Berechnungsaufwand höher.

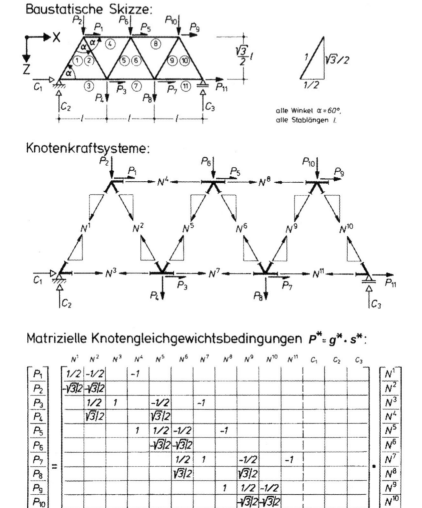

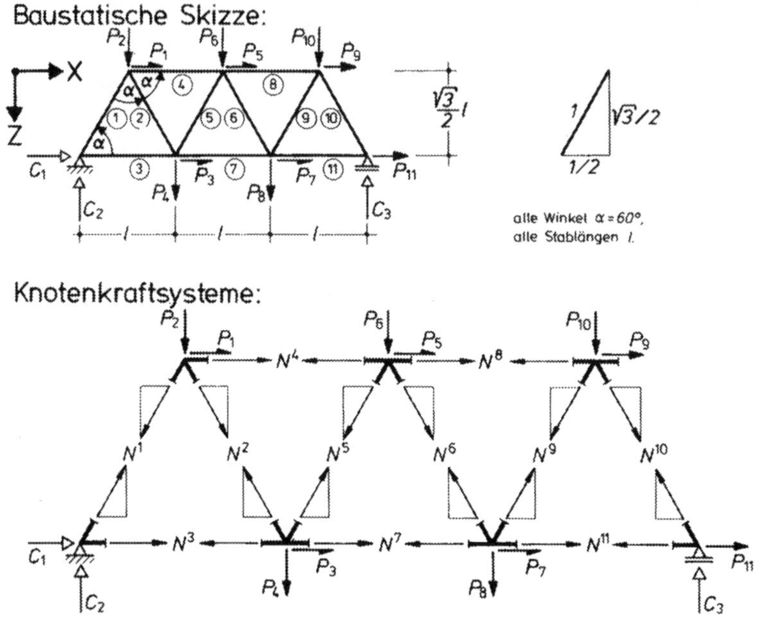

Matrizielle Knotengleichgewichtsbedingungen $\mathbf{P}^* = \mathbf{g}^* \cdot \mathbf{s}^*$:

$$
\begin{bmatrix} P_1 \\ P_2 \\ P_3 \\ P_4 \\ P_5 \\ P_6 \\ P_7 \\ P_8 \\ P_9 \\ P_{10} \\ P_{11} \\ 0 \\ 0 \\ 0 \end{bmatrix}
=
\left[\begin{array}{ccccccccccc|ccc}
1/2 & -1/2 & & -1 & & & & & & & & & & \\
-\sqrt{3}/2 & -\sqrt{3}/2 & & & & & & & & & & & & \\
 & 1/2 & 1 & & -1/2 & & -1 & & & & & & & \\
 & \sqrt{3}/2 & & & \sqrt{3}/2 & & & & & & & & & \\
 & & & 1 & 1/2 & -1/2 & & -1 & & & & & & \\
 & & & & -\sqrt{3}/2 & -\sqrt{3}/2 & & & & & & & & \\
 & & & & & 1/2 & 1 & & -1/2 & & -1 & & & \\
 & & & & & \sqrt{3}/2 & & & \sqrt{3}/2 & & & & & \\
 & & & & & & & 1 & 1/2 & -1/2 & & & & \\
 & & & & & & & & -\sqrt{3}/2 & -\sqrt{3}/2 & & & & \\
 & & & & & & & & & 1/2 & 1 & & & \\
\hline
1/2 & & 1 & & & & & & & & & 1 & & \\
\sqrt{3}/2 & & & & & & & & & & & & 1 & \\
 & & & & & & & & & \sqrt{3}/2 & & & & 1
\end{array}\right]
\cdot
\begin{bmatrix} N^1 \\ N^2 \\ N^3 \\ N^4 \\ N^5 \\ N^6 \\ N^7 \\ N^8 \\ N^9 \\ N^{10} \\ N^{11} \\ C_1 \\ C_2 \\ C_3 \end{bmatrix}
$$

(Spalten: N^1 N^2 N^3 N^4 N^5 N^6 N^7 N^8 N^9 N^{10} N^{11} C_1 C_2 C_3)

leere Positionen sind mit Nullen besetzt

Abb. 2.24 Knotengleichgewichtsbedingungen eines ebenen Strebenfachwerks

Mit dieser Erkenntnis wollen wir uns nun verschiedenen Standardaufgaben statisch bestimmter Tragwerke zuwenden, die in [23] im klassischen Kontext behandelt wurden.

Schnittgrößen-Zustandslinien und Auflagergrößen

Folgende Schritte sind durchzuführen, wenn den Beispielen des letzten Abschnitts gemäß die Matrix **b** als bekannt vorausgesetzt wird:

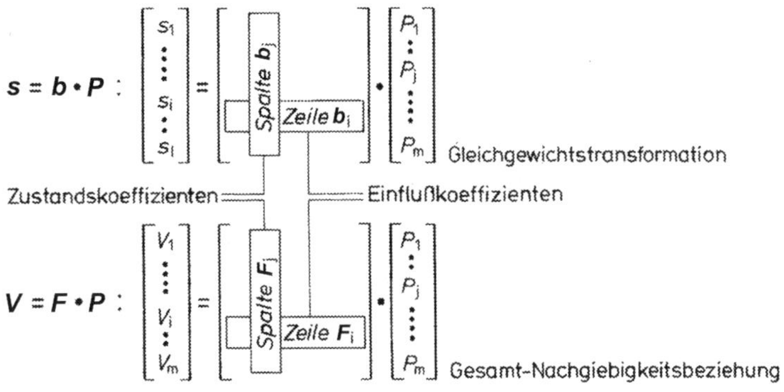

Abb. 2.25 Informationsinhalte von $\boldsymbol{b}$ und $\boldsymbol{F}$

- Belegung des Lastvektors $\boldsymbol{P}$ durch die *vorgegebenen* Lasten $\overset{\circ}{\boldsymbol{P}}$: $\boldsymbol{P} := \overset{\circ}{\boldsymbol{P}}$. Hierin enthalte $\overset{\circ}{\boldsymbol{P}}$ sowohl die primären Knotenlasten als auch die Zusatzknotenlasten aus den Stabeinwirkungen.
- Ermittlung der durch $\overset{\circ}{\boldsymbol{P}}$ hervorgerufenen, unabhängigen Stabendkraftgrößen gemäß (2.81): $\boldsymbol{s} = \boldsymbol{b} \cdot \overset{\circ}{\boldsymbol{P}}$.
- Sofern erforderlich: Ermittlung der zugehörigen Auflagergrößen aus (2.81): $\boldsymbol{C} = -\boldsymbol{g}_{\mathrm{sC}} \cdot \boldsymbol{b} \cdot \overset{\circ}{\boldsymbol{P}} = \boldsymbol{g}_{\mathrm{C}} \cdot \overset{\circ}{\boldsymbol{P}}$.
- Transformation von $\boldsymbol{s}$ in die vollständigen Stabendkraftgrößen $\dot{\boldsymbol{s}}$ gemäß Abb. 2.4 sowie stabweise Berechnung weiterer Schnittgrößen mittels der Gleichgewichtsbedingungen.

Vorgegebene Stablasten q, P, M müssen dabei im 2. (Auflagergrößen der Sekundärstruktur) und 4. Schritt (Lastbeiträge in den Gleichgewichtsbedingungen) berücksichtigt werden. Sind ausschließlich Schnitt- und Auflagergrößen *eines* Lastzustandes gefragt, so muss selbstverständlich $\boldsymbol{b}$ nicht durch Inversion aus $\boldsymbol{g}$ bestimmt werden, sondern die Ursprungsbeziehung $\boldsymbol{P} = \overset{\circ}{\boldsymbol{P}} = \boldsymbol{g} \cdot \boldsymbol{s}$ kann rechenzeitökonomischer nach $\boldsymbol{s}$ aufgelöst werden, wie dies in den Abschn. 4.1.7, 4.1.8 und 4.1.9 von [23] erfolgte.

Beispiele zu diesen Aufgabenstellungen finden sich in den Abschn. 2.2.4 und 2.2.5.

Einflusslinien für Stabendkraftgrößen und Auflagergrößen

Die Elemente der i-ten Zeile jeder $\boldsymbol{b}$ bzw. $\boldsymbol{b}_{\mathrm{C}}$-Matrix stellen Einflusskoeffizienten für Stabendkraftgrößen s_{i} bzw. Auflagergrößen C_{i} dar. Einflusslinien sind an eine festgelegte Lastrichtung gebunden. Liegt diese, wie allgemein üblich, in globaler Z-Richtung, so verkörpern die an *Lastpositionen* P_{Z} *stehenden Elemente* der i-ten Zeilen obiger Matrizen gerade Knotenwerte der Einflusslinien für s_{i} bzw. C_{i}. Bei den vorliegenden statisch bestimmten Tragwerken sind diese geradlinig zu verbinden. Beispiele hierzu finden sich in den Abschn. 2.2.4 und 2.2.6.

Einflusslinien für Schnittgrößen in Stabelementen

In [25] wurden Kraftgrößen-Einflusslinien als lastparallele Projektionen virtueller Verschiebungsfiguren des Lastgurtes für geeignete Versetzungen „–1" im Bezugspunkt hergeleitet. Zur Übertragung dieses Konzeptes prägen wir dem betroffenen Element e die zur Schnittgröße korrespondierende Versetzung ein und ermitteln auf der Grundlage der Zeilen 23 bis 25 von Abb. 2.17 den Vektor $\overset{\circ}{\boldsymbol{v}}{}^{\mathrm{e}}$ der eingeprägten Stabenddeformationen. Aus der Gesamt-Nachgiebigkeitsbeziehung (2.72) für Strukturen mit Elementeinwirkung

$$\boldsymbol{V} = \boldsymbol{F} \cdot \boldsymbol{P} + \boldsymbol{b}^{\mathrm{T}} \cdot \overset{\circ}{\boldsymbol{v}} = \boldsymbol{b}^{\mathrm{T}} \cdot \overset{\circ}{\boldsymbol{v}} \tag{2.86}$$

entnehmen wir sodann die *lastparallelen* Knotenfreiheitsgrade, beispielsweise erneut in Z-Richtung, wobei selbstverständlich alle Knotenlasten **P** verschwinden. Aus diesen Knotenverschiebungen V_{i} gewinnen wir den Gesamtverlauf der Einflusslinie durch geradliniges Verbinden benachbarter Werte; im betroffenen Element e muss noch die Verschiebungsfigur infolge der Einheitsversetzung superponiert werden. Ein Beispiel hierfür findet sich im nächsten Abschnitt.

Biegelinien und Einzelverformungen

Die durch vorgegebene Einwirkungen $\overset{\circ}{\boldsymbol{P}}, \overset{\circ}{\boldsymbol{v}}$ entstehenden Tragwerksdeformationen in Richtung der in $\boldsymbol{V}$ zusammengefassten Freiheitsgrade sind durch Auswerten der Gesamt-Nachgiebigkeitsbeziehung (2.72): $\boldsymbol{V} = \boldsymbol{F} \cdot \overset{\circ}{\boldsymbol{P}} + \boldsymbol{b}^{\mathrm{T}} \cdot \overset{\circ}{\boldsymbol{v}}$ zu ermitteln. Da hierdurch alle Verschiebungsrandbedingungen der Stabelemente bestimmt werden, können Biegelinien des Gesamttragwerks nunmehr stabweise mittels ω-Funktionen berechnet und zusammengefügt werden. Oftmals legt man jedoch die Tragwerksknoten so dicht, dass *geradliniges Verbinden* der Knotenwerte bereits zu genügend genauen Polygonapproximationen der Biegelinie führt.

Will man sich, beispielsweise zur Bestimmung nur einer *einzigen* Verschiebungsgröße, das Aufstellen der Gesamt-Nachgiebigkeitsbeziehung ersparen, so führt auch die Anwendung des Prinzips der virtuellen Kraftgrößen (2.60) zum Ziel:

$$\delta \bar{W} = \delta \boldsymbol{P}^{\mathrm{T}} \cdot \boldsymbol{V} - \delta \boldsymbol{s}^{\mathrm{T}} \cdot \boldsymbol{v} = 0; \quad \delta \boldsymbol{P}^{\mathrm{T}} \cdot \boldsymbol{V} = \delta \boldsymbol{s}^{\mathrm{T}} \cdot \boldsymbol{v}. \tag{2.87}$$

In Übertragung des im Kap. 8 [23] begründeten Vorgehens ist zur Ermittlung einer gesuchten Knotenweggröße V_{i} die hierzu korrespondierende Kraftgröße $\delta P_{\mathrm{i}} = 1$ zu setzen, alle übrigen gleich Null. Dadurch entsteht aus dem Matrizenprodukt $\delta \boldsymbol{P}^{\mathrm{T}} \cdot \boldsymbol{V}$ der linken Seite von (2.87) gerade die gesuchte Weggröße V_{i}:

$$\delta \boldsymbol{P}^{\mathrm{T}} \cdot \boldsymbol{V} = [\delta P_1 = 0\, \delta P_2 = 0 \ldots \delta P_i = 1 \ldots \delta P_{\mathrm{m}} = 0] \cdot \begin{bmatrix} V_1 \\ V_2 \\ \vdots \\ V_i \\ \vdots \\ V_m \end{bmatrix} = V_i. \tag{2.88}$$

$\delta \boldsymbol{s}^{\mathrm{T}}$ auf der rechten Seite enthält die virtuellen Stabendkraftgrößen infolge $\delta P_{\mathrm{i}} = 1$,dort steht wegen der besonderen Wahl von $\delta \boldsymbol{P}$ (2.88) gerade die transponierte i-te Spalte $\boldsymbol{b}_{\mathrm{i}}$ der Matrix $\boldsymbol{b}$:

$$\delta \boldsymbol{s} = \boldsymbol{b} \cdot \delta \boldsymbol{P} = \boldsymbol{b}_{\mathrm{i}}. \tag{2.89}$$

Zusammengefasst lautet daher der zur Ermittlung der Einzelverformung V_{i} spezifizierte Arbeitssatz:

$$\delta \boldsymbol{P}^{\mathrm{T}} \cdot \boldsymbol{V} = \boldsymbol{V}_{\mathrm{i}} = \delta \boldsymbol{s}^{\mathrm{T}} \cdot \boldsymbol{v} = \boldsymbol{b}_{\mathrm{i}}^{\mathrm{T}} \cdot \boldsymbol{v} = \boldsymbol{b}_{\mathrm{i}}^{\mathrm{T}} \cdot (\boldsymbol{f} \cdot \boldsymbol{s} + \overset{\circ}{\boldsymbol{v}}). \tag{2.90}$$

Einflusslinien für Weggrößen
Die Elemente der i-ten Zeile der GesamtNachgiebigkeitsmatrix $\boldsymbol{F}$ sind gemäß Abb. 2.25 Einflusskoeffizienten der äußeren Weggröße V_{i}. Liegt die der betreffenden Einflusslinie zugeordnete Lastrichtung wieder in globaler Z-Richtung, so bilden die an *Lastpositionen* P_{z} *stehenden Elemente* Knotenwerte der gesuchten Einflusslinie. Ein entsprechendes Beispiel enthält Abschn. 2.2.6.

Dem Satz von MAXWELL zufolge kann die V_{i}-Einflusslinie auch als lastparallele Projektion der Biegelinie infolge $P_{\mathrm{i}} = 1$ gewonnen werden, d. h. aus den Elementen der i-ten Spalte $\boldsymbol{F}_{\mathrm{i}}$ von $\boldsymbol{F}$ (siehe auch Abschn. 1.5.1). Wegen der Symmetrie von $\boldsymbol{F}$ sind diese denjenigen der i-ten Zeile identisch. Der Satz von MAXWELL erinnert uns somit daran, dass Weggrößen-Einflusslinien auch als Biegelinien interpretiert werden können. Berechnete Knotenordinaten sind daher als Stabendverschiebungen aufzufassen, und dem Polygonzug ihrer Verbindungslinien sind die Elementdurchbiegungen – beispielsweise mittels ω-Funktionen berechnet – zu überlagern Die hierzu erforderlichen Biegemomentenverläufe der beteiligten Stäbe entnehmen wir der Spalte $P_{\mathrm{i}} = 1$ der Gleichgewichtsmatrix. Auch hier erspart man sich allerdings häufig diesen Schritt durch die Polygonnäherung engliegender Knoten.

2.2.4 Beispiel: Ebenes Rahmentragwerk

Zur Erläuterung des Gesagten behandeln wir erneut das ebene Rahmentragwerk des Abschn. 2.2.2 und ermitteln als erstes in Abb. 2.26 (oben) die Stabendkraftgrößen infolge des dort spezifizierten Lastfalls $\overset{\circ}{\boldsymbol{P}}$ unter Rückgriff auf die Gleichgewichtstransformation der Abb. 2.21. Aus der entstandenen Spalte $\boldsymbol{s}$ können, bei Kenntnis der Eigenschaften von Schnittgrößen-Zustandslinien [23], Abschn. 5.1.2, unmittelbar N_{x} und M_{y} gewonnen werden.

Als weiteres bestimmen wir die $M_{\mathrm{r}}^{\mathrm{a}}$-Einflusslinie für Einwirkungen P_{z} auf dem Riegel aus der 3. Zeile von $\boldsymbol{b}$. An den dortigen Positionen $\boldsymbol{P}_3$ und $\boldsymbol{P}_6$ stehen die Werte 2 und 0, außerdem tritt am linken Ende des Stabes a der Wert 0 auf. Werden diese drei Knotenwerte geradlinig verbunden, so erhalten wir die erwartete Einflusslinie, wie die Winkelkontrolle „1“ im Aufpunkt erkennen lässt.

Sodann soll die Querkraft-Einflusslinie Q_{im} für die Mitte i des Stabes a bestimmt werden, erneut für Riegeleinwirkungen P_z. Hierzu entnehmen wir Abb. 2.17, Zeile 24, den durch die Einheitsversetzung dem Element eingeprägten Vektor der Stabenddeformationen

$$\overset{\circ}{\boldsymbol{v}}^{\mathrm{a}} = \{0 \; -1/4 \; 1/4\}\,, \tag{2.91}$$

bauen hiermit den Gesamtvektor $\overset{\circ}{\boldsymbol{v}}$ gemäß Abb. 2.26 (unten) auf und multiplizieren ihn gemäß (2.86) mit $\boldsymbol{b}^{\mathrm{T}}$. Der entstandenen Spalte $\boldsymbol{V} = \boldsymbol{b}^{\mathrm{T}} \cdot \overset{\circ}{\boldsymbol{v}}$ entnehmen wir V_3 und V_6 als aktuelle Knotenordinaten; im linken Lager gilt wieder $V_0 = 0$. Durch geradlinige Verbindung dieser Knotenpunktswerte sowie Superposition der kinematischen Verschiebungsfigur im Element a finden wir die endgültige Q_{i}-Einflusslinie. Die in $\boldsymbol{V}$ zusätzlich auftretenden Knotendrehwinkel $V_1 = V_4 = V_7 = 1/8$ dienen der Ergebniskontrolle.

Abschließend stellen wir in Abb. 2.27 die Gesamt-Nachgiebigkeitsbeziehung des Stabwerks auf. Ausgehend von den Querschnittssteifigkeiten setzen wir die Element-Nachgiebigkeitsmatrizen $\boldsymbol{f}^{\mathrm{a}} = \boldsymbol{f}^{\mathrm{b}}, \boldsymbol{f}^{\mathrm{c}}$ zur Nachgiebigkeitsbeziehung aller Elemente zusammen. Unter Zuhilfenahme der Kongruenztransformation (2.73) entsteht hieraus die Gesamt-Nachgiebigkeitsbeziehung, welche die Knotenlasten $\boldsymbol{P}$ in korrespondierende Knotenweggrößen $\boldsymbol{V}$ transformiert. Der System-Flexibilitätsmatrix $\boldsymbol{F}$ entnehmen wir beispielsweise eine Vertikalverschiebung

$$V_3 = 16.300 \cdot 10^{-5} \cdot 50.0 = 8.15 \cdot 10^{-3} m = 8.15 \text{ mm} \tag{2.92}$$

infolge der Knotenlast $P_3 = 50.0$ kN.

2.2.5 Beispiel: Trägerrost

Für den in Abb. 2.22 vorgestellten Trägerrost sollen als weiteres Schnitt- und Auflagergrößen infolge einer Gleichlast $q_z^{\mathrm{b}} = 16.0$ kN/m sowie infolge des Momentenpaares $P_4 = -108.0$ kNm bestimmt werden. Hierzu greifen wir auf die vollständige Gleichgewichtstransformation der Abb. 2.23 zurück. Vorbereitend ermitteln wir die vertikalen Auflagerreaktionen des belasteten Sekundärstabes b zu

$$\overset{\circ}{P}_1 = \overset{\circ}{P}_r = q_z^b \cdot l^b/2 = 16.0 \cdot 4.50 = 72.0 \text{ kN} \tag{2.93}$$

und belegen in Abb. 2.28 den Lastvektor P^* in der Position P_1 mit $\overset{\circ}{P}_1 \cdot \overset{\circ}{P}_r$ wird unmittelbar von der Lagerreaktion C_4 übernommen und ersetzt daher die in der letzten Zeile von $\boldsymbol{P}^*$ in Abb. 2.23 stehende Null.

Durch Ausmultiplikation $\boldsymbol{b}^* \cdot \boldsymbol{P}^*$ gewinnen wir die Spalte $\boldsymbol{s}^*$ der unabhängigen Stabendkraftgrößen $\boldsymbol{s}$ sowie der Lagerreaktionen $\boldsymbol{C}$. Durch zusätzliche, stabweise Gleichgewichtsbetrachtungen folgen hieraus problemlos alle gewünschten Schnittgrößen, ohne dass auf weitere Einzelheiten einzugehen wäre.

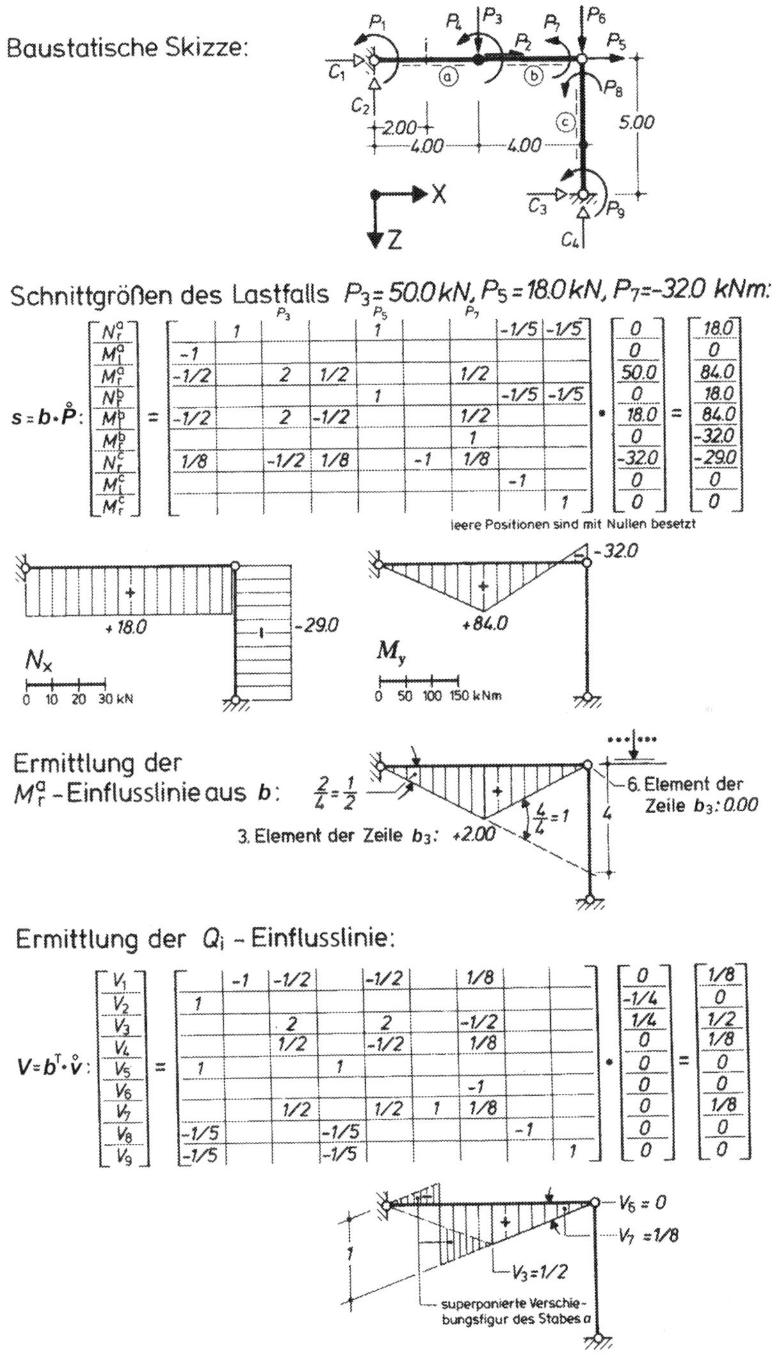

Abb. 2.26 Informationsinhalt von $\boldsymbol{b}$ für das ebene Rahmentragwerk der Abb. 2.20

Element-Nachgiebigkeitsmatrizen:

Stab a, b: $EA = 4 \cdot 10^5\ kN$, $EI = 0.667 \cdot 10^5 kNm^2$

$$f^a = f^b = \begin{bmatrix} 1.0 & 0 & 0 \\ 0 & 2.0 & 1.0 \\ 0 & 1.0 & 2.0 \end{bmatrix} \cdot 10^{-5}$$

Stab c: $EA = 4.167 \cdot 10^5 kN$, $EI = 0.694 \cdot 10^5 kNm^2$

$$f^c = \begin{bmatrix} 1.2 & 0 & 0 \\ 0 & 2.4 & 1.2 \\ 0 & 1.2 & 2.4 \end{bmatrix} \cdot 10^{-5}$$

Nachgiebigkeitsbeziehung aller Elemente: $\boldsymbol{v} = \boldsymbol{f} \cdot \boldsymbol{s}$

$$\begin{bmatrix} u_\Delta^a \\ \tau_l^a \\ \tau_r^a \\ u_\Delta^b \\ \tau_l^b \\ \tau_r^b \\ u_\Delta^c \\ \tau_l^c \\ \tau_r^c \end{bmatrix} = 10^{-5} \cdot \begin{bmatrix} 1.0 & & & & & & & & \\ & 2.0 & 1.0 & & & & & & \\ & 1.0 & 2.0 & & & & & & \\ & & & 1.0 & & & & & \\ & & & & 2.0 & 1.0 & & & \\ & & & & 1.0 & 2.0 & & & \\ & & & & & & 1.2 & & \\ & & & & & & & 2.4 & 1.2 \\ & & & & & & & 1.2 & 2.4 \end{bmatrix} \cdot \begin{bmatrix} N_r^a \\ M_l^a \\ M_r^a \\ N_r^b \\ M_l^b \\ M_r^b \\ N_r^c \\ M_l^c \\ M_r^c \end{bmatrix}$$

Gesamt-Nachgiebigkeitsbeziehung: $\mathbf{V} = \mathbf{F} \cdot \mathbf{P}$

$$\begin{bmatrix} V_1 \\ V_2 \\ V_3 \\ V_4 \\ V_5 \\ V_6 \\ V_7 \\ V_8 \\ V_9 \end{bmatrix} = 10^{-5} \cdot \begin{bmatrix} 4.019 & & -6.075 & -0.481 & & -0.150 & -1.981 & & \\ & 1.000 & & & 1.000 & & & -0.200 & -0.200 \\ & & 16.300 & -0.075 & & 0.600 & 5.925 & & \\ & & & 1.019 & & -0.150 & -0.481 & & \\ & & & & 2.000 & & & -0.400 & -0.400 \\ & \text{symmetrisch} & & & & 1.200 & -0.150 & & \\ & & & & & & 4.019 & & \\ & & & & & & & 2.480 & -1.120 \\ & & & & & & & & 2.480 \end{bmatrix} \cdot \begin{bmatrix} P_1 \\ P_2 \\ P_3 \\ P_4 \\ P_5 \\ P_6 \\ P_7 \\ P_8 \\ P_9 \end{bmatrix}$$

leere Positionen sind mit Nullen besetzt

Abb. 2.27 Nachgiebigkeitsbeziehungen des Rahmentragwerks Abb. 2.20

Abschließend soll die Gesamt-Nachgiebigkeitsbeziehung des Trägerrosts aufgestellt und für den Lastfall der Abb. 2.28 ausgewertet werden. Wir beginnen in Abb. 2.29 wieder mit den Element-Nachgiebigkeitsmatrizen $\boldsymbol{f}^a$, $\boldsymbol{f}^b$ und deren Zusammenbau zur Nachgiebigkeitsbeziehung aller Elemente. Den hierin auftretenden Vektor $\overset{\circ}{\boldsymbol{v}}$ der eingeprägten Stabenddeformationen liefert, wie angegeben, Zeile 1 der Abb. 2.17. Unter Verwendung der Gleichgewichtsmatrix $\boldsymbol{b}$ aus Abb. 2.23 und (2.73) folgt die Gesamt-Nachgiebigkeitsbeziehung, die für den bereits in Abb. 2.28 zugrundeliegenden Lastvektor

$$\overset{\circ}{\boldsymbol{P}} = \{72.000 \quad -180.00\} \tag{2.94}$$

ausgewertet wurde.

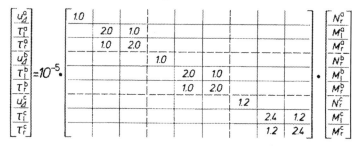

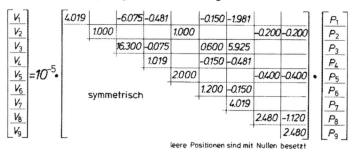

Baustatische Skizze:

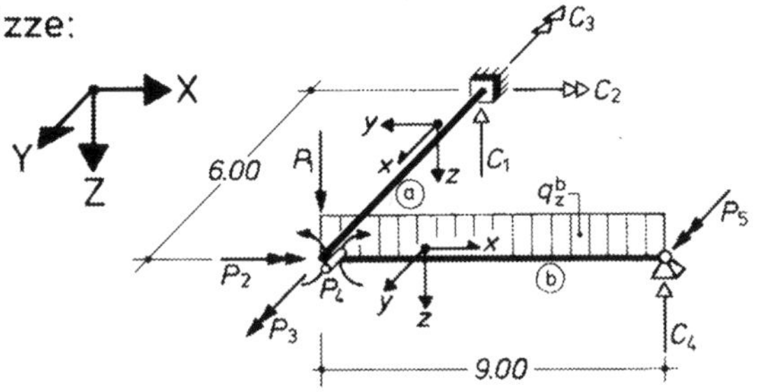

Gleichgewichtstransformation des Lastfalls $P_4 = -108.0$ kNm, $q_z^b = 16.0$ kN/m, $s^* = b^* \cdot \mathring{P}^*$:

s^*	P_1			P_4						$\mathring{P}^*$	= s^*
M_{Tr}^a			1.00	1.00						72.0	-108.0
M_{yl}^a	-6.00	-1.00		$0.66\bar{6}$	$-0.66\bar{6}$					0	-504.0
M_{yr}^a		-1.00								0	0
M_{yl}^b				1.00						-108.0	-108.0
M_{yr}^b					1.00					0	0
C_1	1.00			$-0.11\bar{1}$	$0.11\bar{1}$	1.00				0	84.0
C_2	-6.00	-1.00		$0.66\bar{6}$	$-0.66\bar{6}$		1.00			0	-504.0
C_3			1.00	1.00				1.00		0	-108.0
C_4				$0.11\bar{1}$	$-0.11\bar{1}$				1.00	72.0	60.0

Schnittgrößen:

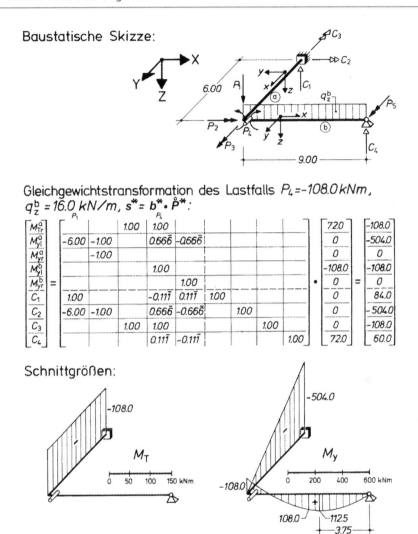

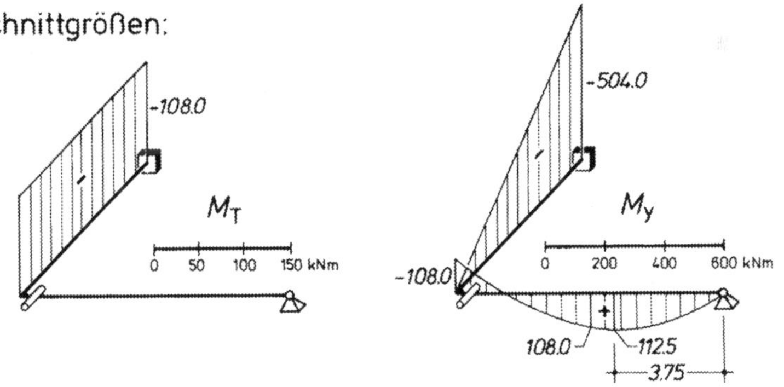

Abb. 2.28 Kraftgrößen des Trägerrostes Abb. 2.22

2.2.6 Beispiel: Ebenes Fachwerk

Im letzten Beispiel demonstrieren wir die Einflusslinienermittlung aus den Matrizen $\boldsymbol{b}$, $\boldsymbol{b}_c$ und $\boldsymbol{F}$ an Hand des in Abb. 2.24 behandelten Fachwerks. Sein Lastgurt liege in der Untergurtebene, die Lastrichtung sei P_z. Somit bilden die Elemente der P_4 und P_8 zugeordneten Spalten obiger Matrizen Knotenwerte der jeweiligen Einflusslinie, welche, wegen der bei idealen Fachwerken vorausgesetzten Lasteinleitung in den Knotenpunkten, untereinander sowie mit den Tragwerksrandwerten geradlinig zu verbinden sind.

Element-Nachgiebigkeitsmatrizen für die Steifigkeiten der Abb. 2.22

$$f^a = \begin{bmatrix} l/GI_T & 0 & 0 \\ 0 & l/3EI_y & l/6EI_y \\ 0 & l/6EI_y & l/3EI_y \end{bmatrix} = \frac{1}{EI_y}\begin{bmatrix} 6.00/0.5 & 0 & 0 \\ 0 & 6.00/3 & 6.00/6 \\ 0 & 6.00/6 & 6.00/3 \end{bmatrix} = \frac{1}{EI_y}\begin{bmatrix} 12.0 & 0 & 0 \\ 0 & 2.0 & 1.0 \\ 0 & 1.0 & 2.0 \end{bmatrix}$$

$$f^b = \begin{bmatrix} l/3EI_y & l/6EI_y \\ l/6EI_y & l/3EI_y \end{bmatrix} = \frac{1}{EI_y}\begin{bmatrix} 9.00/3 & 9.00/6 \\ 9.00/6 & 9.00/3 \end{bmatrix} = \frac{1}{EI_y}\begin{bmatrix} 3.0 & 1.5 \\ 1.5 & 3.0 \end{bmatrix}$$

Nachgiebigkeitsbeziehung aller Elemente: $v = f \cdot s + \overset{\circ}{v}$

$$\begin{bmatrix} \varphi_\Delta^a \\ \tau_{yl}^a \\ \tau_{yr}^a \\ \tau_{yl}^b \\ \tau_{yr}^b \end{bmatrix} = \frac{1}{EI_y}\begin{bmatrix} 12.0 & & & & \\ & 2.0 & 1.0 & & \\ & 1.0 & 2.0 & & \\ & & & 3.0 & 1.5 \\ & & & 1.5 & 3.0 \end{bmatrix} \cdot \begin{bmatrix} M_{Tr}^a \\ M_{yl}^a \\ M_{yr}^a \\ M_{yl}^b \\ M_{yr}^b \end{bmatrix} + \frac{1}{EI_y}\begin{bmatrix} \\ \\ \\ 486.0 \\ 486.0 \end{bmatrix}$$

Tafel 2.1, Zeile 1: $q_z^b \frac{l^3}{24} = 16.0 \frac{9.00^3}{24}$

Gesamt-Nachgiebigkeitsbeziehung: $V = F \cdot \overset{\circ}{P} + b^T \cdot \overset{\circ}{v}$

$$EI_y \begin{bmatrix} V_1 \\ V_2 \\ V_3 \\ V_4 \\ V_5 \end{bmatrix} = \begin{bmatrix} 72.000 & 18.000 & & -8.000 & 8.000 \\ 18.000 & 6.000 & & -2.000 & 2.000 \\ & & 12.000 & 12.000 & \\ -8.000 & -2.000 & 12.000 & 15.889 & 0.611 \\ 8.000 & 2.000 & & 0.611 & 3.889 \end{bmatrix} \cdot \begin{bmatrix} 72.0 \\ 0 \\ 0 \\ -108.0 \\ 0 \end{bmatrix} + \begin{bmatrix} 0 \\ 0 \\ 0 \\ 486.0 \\ 486.0 \end{bmatrix} = \begin{bmatrix} 6048.0 \\ 1512.0 \\ -1296.0 \\ -1806.0 \\ 996.0 \end{bmatrix}$$

leere Positionen sind mit Nullen besetzt

Abb. 2.29 Nachgiebigkeitsbeziehungen und Verschiebungsgrößen des Trägerrostes Abb. 2.22

Auf diesem Wege erhalten wir aus den an 4. und 8. Position der 1. Zeile der Gleichgewichtsmatrix $\boldsymbol{b}$ in Abb. 2.30 stehenden Elementen und den Randwerten 0 die N^1-Einflusslinie. Analoges Vorgehen in den Matrizen $\boldsymbol{b}, \boldsymbol{b}_c$ ermöglicht die Einflusslinienermittlung aller dort verknüpften Stab- und Auflagerkräfte. Beide Matrizen wurden übrigens durch Inversion von $\boldsymbol{g}^*$ in Abb. 2.24 berechnet. Aus der in Abb. 2.31 ermittelten Gesamt-Nachgiebigkeitsmatrix $\boldsymbol{F}$ gewinnen wir dort durch die gleiche Vorgehensweise die Einflusslinie der Knotenverschiebung V_4.

Mit diesen Beispielen beenden wir unseren Rückblick auf die Grundaufgaben statisch bestimmter Tragwerke. Sein Ziel lag in der Darlegung der Informationsinhalte der Systemmatrizen $\boldsymbol{b}$ und $\boldsymbol{F}$. Außerdem sollte gezeigt werden, dass prinzipiell alle Vorgehensweisen der klassischen Statik in matrizielle Formen umsetzbar sind. Dies macht die klassische Statik selbstverständlich nicht überflüssig, vielmehr ergänzt es deren Vielfalt durch ein einheitliches Konzept zur Tragwerksanalyse in matrizieller Form.

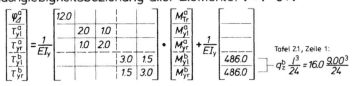

Matrizielle Gleichgewichtstransformation: $\begin{bmatrix} s \\ \hline C \end{bmatrix} = \begin{bmatrix} b \\ \hline b_C \end{bmatrix} \cdot P$

	P_1	P_2	P_3	P_4	P_5	P_6	P_7	P_8	P_9	P_{10}	P_{11}
N^1	0.3333	-0.9623		-0.7698	0.3333	-0.5774		-0.3849	0.3333	-0.1925	
N^2	-0.3333	-0.1925		0.7698	-0.3333	0.5774		0.3849	-0.3333	0.1925	
N^3	0.8333	0.4811	1.000	0.3849	0.8333	0.2887	1.000	0.1925	0.8333	0.0962	1.000
N^4	-0.6667	-0.3849		-0.7698	0.3333	-0.5774		-0.3849	0.3333	-0.1925	
N^5	0.3333	0.1925		0.3849	0.3333	-0.5774		-0.3849	0.3333	-0.1925	
N^6	-0.3333	-0.1925		-0.3849	-0.3333	-0.5774		0.3849	-0.3333	0.1925	
N^7	0.5000	0.2887		0.5774	0.5000	0.8660	1.000	0.5774	0.5000	0.2887	1.000
N^8	-0.3333	-0.1925		-0.3849	-0.3333	-0.5774		-0.7698	0.6667	-0.3849	
N^9	0.3333	0.1925		0.3849	0.3333	0.5774		0.7698	0.3333	-0.1925	
N^{10}	-0.3333	-0.1925		-0.3849	-0.3333	-0.5774		-0.7698	-0.3333	-0.9623	
N^{11}	0.1667	0.0962		0.1925	0.1667	0.2887		0.3849	0.1667	0.4811	1.000
C_1	-1.000		-1.000		-1.000		-1.000		-1.000		-1.000
C_2	-0.2887	0.8333		0.6667	-0.2887	0.5000		0.3333	-0.2887	0.1667	
C_3	0.2887	0.1667		0.3333	0.2887	0.5000		0.6667	0.2887	0.8333	

$\cdot \; [P_1, P_2, P_3, P_4, P_5, P_6, P_7, P_8, P_9, P_{10}, P_{11}]^T$

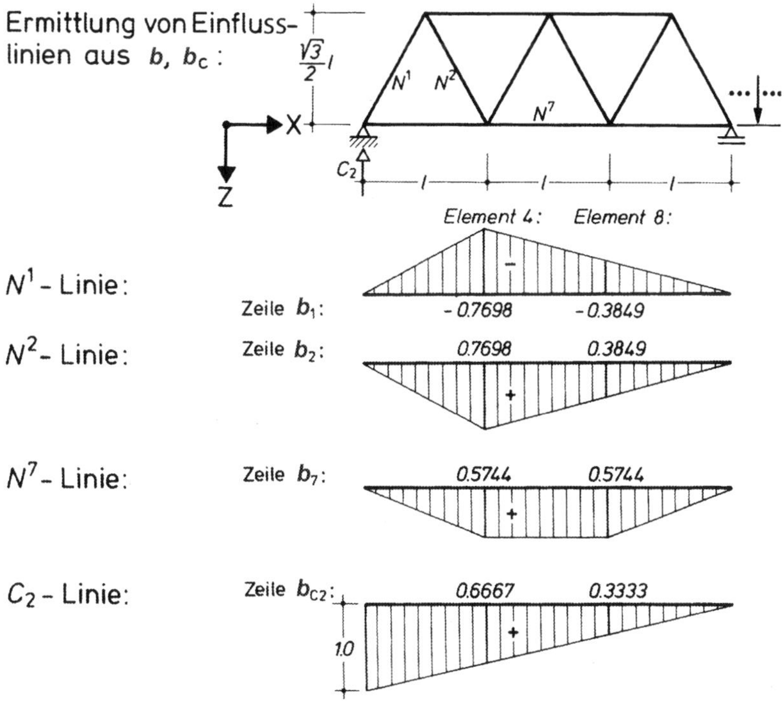

Abb. 2.30 Gleichgewichtstransformation und Kraftgrößen-Einflusslinien des ebenen Fachwerks aus Abb. 2.24

Nachgiebigkeitsbeziehung aller Elemente: $v = f \cdot s$

Querschnittssteifigkeiten der Stäbe 1, 2, 5, 6, 9, 10 : EA
3, 4, 7, 8, 11 : $2EA$

$$\begin{bmatrix} u_\Delta^1 \\ u_\Delta^2 \\ u_\Delta^3 \\ u_\Delta^4 \\ u_\Delta^5 \\ u_\Delta^6 \\ u_\Delta^7 \\ u_\Delta^8 \\ u_\Delta^9 \\ u_\Delta^{10} \\ u_\Delta^{11} \end{bmatrix} = \frac{l}{EA} \begin{bmatrix} 1.0 & & & & & & & & & & \\ & 1.0 & & & & & & & & & \\ & & 0.5 & & & & & & & & \\ & & & 0.5 & & & & & & & \\ & & & & 1.0 & & & & & & \\ & & & & & 1.0 & & & & & \\ & & & & & & 0.5 & & & & \\ & & & & & & & 0.5 & & & \\ & & & & & & & & 1.0 & & \\ & & & & & & & & & 1.0 & \\ & & & & & & & & & & 0.5 \end{bmatrix} \cdot \begin{bmatrix} N^1 \\ N^2 \\ N^3 \\ N^4 \\ N^5 \\ N^6 \\ N^7 \\ N^8 \\ N^9 \\ N^{10} \\ N^{11} \end{bmatrix}$$

Gesamt-Nachgiebigkeitsbeziehung: $V = F \cdot P$

$$\begin{bmatrix} V_1 \\ V_2 \\ V_3 \\ V_4 \\ V_5 \\ V_6 \\ V_7 \\ V_8 \\ V_9 \\ V_{10} \\ V_{11} \end{bmatrix} = \frac{l}{EA} \begin{bmatrix} P_1 & P_2 & P_3 & P_4 & P_5 & P_6 & P_7 & P_8 & P_9 & P_{10} & P_{11} \\ 1.4306 & 0.4410 & 0.4167 & 0.6415 & 1.0972 & 0.6495 & 0.6667 & 0.5132 & 0.9306 & 0.2807 & 0.7500 \\ & 1.3657 & 0.2406 & 1.2593 & 0.2486 & 1.0417 & 0.3849 & 0.7407 & 0.1524 & 0.3843 & 0.4330 \\ & & 0.5000 & 0.1925 & 0.4167 & 0.1443 & 0.5000 & 0.0962 & 0.4167 & 0.0481 & 0.5000 \\ & & & 2.4074 & 0.2566 & 2.0000 & 0.4811 & 1.4259 & 0.0642 & 0.7407 & 0.5774 \\ & & & & 1.2639 & 0.3608 & 0.6667 & 0.3208 & 1.0972 & 0.1844 & 0.7500 \\ & & & & & 2.7917 & 0.5774 & 2.0000 & 0.0722 & 1.0417 & 0.7217 \\ & & & & & & 1.0000 & 0.3849 & 0.6667 & 0.1925 & 1.0000 \\ & \text{symmetrisch} & & & & & & 2.4074 & -0.0642 & 1.2593 & 0.5774 \\ & & & & & & & & 1.4306 & -0.0080 & 0.7500 \\ & & & & & & & & & 1.3657 & 0.4330 \\ & & & & & & & & & & 1.5000 \end{bmatrix} \cdot \begin{bmatrix} P_1 \\ P_2 \\ P_3 \\ P_4 \\ P_5 \\ P_6 \\ P_7 \\ P_8 \\ P_9 \\ P_{10} \\ P_{11} \end{bmatrix}$$

Ermittlung der V_4-Einflusslinie aus F:

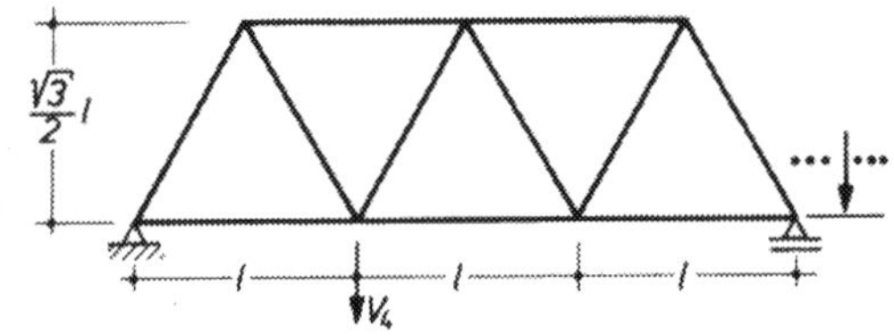

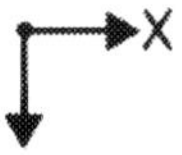

Zeile F_4, Element 4 und 8: $2.4074 \frac{l}{EA}$ $1.4259 \frac{l}{EA}$

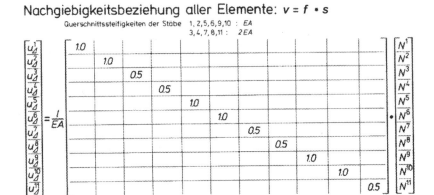

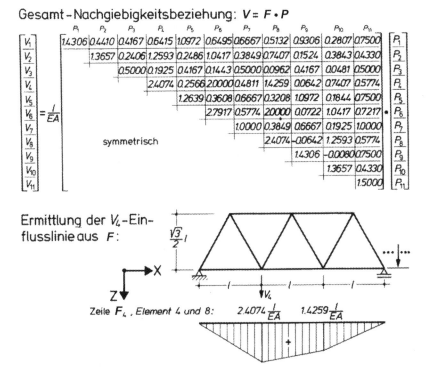

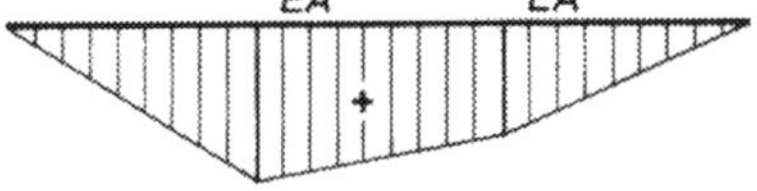

Abb. 2.31 Gesamt-Nachgiebigkeitsbeziehung und V_4-Einflusslinie des ebenen Fachwerks aus Abb. 2.24

2.3 Statisch unbestimmte Tragwerke

2.3.1 Statische Unbestimmtheit und Zeilendefizit von g^*

Im Abschn. 1.1.2 hatten wir erkannt, dass bei statisch unbestimmten Tragwerken die Anzahl der formulierbaren Gleichgewichtsaussagen stets um den Grad n der statischen Unbestimmtheit unter der Zahl der zu bestimmenden Kraftgrößen bleibt. Gemäß Abb. 1.1 ist daher die Matrix $\boldsymbol{g}^*$ für $n > 0$ *rechteckig* und somit nicht invertierbar.

Das im Kap. 1 vorgestellte, klassische Kraftgrößenverfahren löste zur Abhilfe im Originaltragwerk n willkürliche Bindungen und wandelte so die dort wirkenden *inneren Kraftgrößen* in *äußere*, d. h. *vorgebbare Kraftgrößen* X_i um. Durch die Bindungsauflösung gewann das Tragwerk gerade n zusätzliche kinematische Freiheitsgrade δ_i, denen n zusätzliche Gleichgewichtsaussagen zum Ausgleich des Defizits an Bestimmungsgleichungen zugeordnet werden konnten. Für das so entstandene *statisch bestimmte Hauptsystem* wurde damit $\boldsymbol{g}^*$ quadratisch und das System berechenbar. Die zusätzlich eingeführten, äußeren Kraftgrößen X_i, die *statisch Überzähligen*, wurden nun gerade so eingestellt, dass ihre korrespondierenden Verschiebungsgrößen δ_i unter dem vorgegebenen Lastzustand wieder verschwanden, wodurch die Rückkehr zum ursprünglichen Tragwerk erfolgte: $\delta_i = 0$. Diese Vorgehensweise soll nun in das matrizielle Konzept übertragen werden.

Hierzu denken wir uns ein beliebiges, n-fach statisch unbestimmtes Tragwerk mit den folgenden Knotengleichgewichts- und Nebenbedingungen (2.10):

$$\boldsymbol{P}^* = \boldsymbol{g}^* \cdot \boldsymbol{s}^* = \left[\begin{array}{c} \boldsymbol{P} \\ \hline \boldsymbol{0} \end{array}\right] = \underbrace{\left[\begin{array}{c|c} \boldsymbol{g} & \boldsymbol{0} \\ \hline \boldsymbol{g}_{sC} & \boldsymbol{I} \end{array}\right]}_{s \cdot p + a} \cdot \left[\begin{array}{c} \boldsymbol{s} \\ \hline \boldsymbol{C} \end{array}\right] \quad g \cdot k + r\,. \tag{2.95}$$

Aus der Menge aller Knotenpunkte k, Nebenbedingungen r, Stabelemente p und Auflagergrößen a des Tragwerks sowie den Gleichgewichtsbedingungen g je Knoten und den unabhängigen Stabendkraftgrößen s je Element folgt die Spalten-und Zeilenzahl von $\boldsymbol{g}^*$ gemäß Abb. 1.1. Wie erkennbar ist $\boldsymbol{g}^*$ rechteckig: gegenüber den Spalten $(s \cdot p + a)$ tritt ein Defizit von n Zeilen auf:

$$\boldsymbol{g}^* : n = (s \cdot p + a) - (g \cdot k + r) \rightarrow (s \cdot p + a) = (g \cdot k + r) + n. \tag{2.96}$$

Zur Konzentration auf das Wesentliche soll nun vereinbart werden, das Gleichgewicht nur in Richtung der *aktiven* Freiheitsgrade aufzustellen. Die Auflagergrößenbestimmung aus (2.95)

$$\boldsymbol{0} = \boldsymbol{g}_{sC} \cdot \boldsymbol{s} + \boldsymbol{I} \cdot \boldsymbol{C} \rightarrow \boldsymbol{C} = -\boldsymbol{g}_{sC} \cdot \boldsymbol{s} \tag{2.97}$$

denken wir uns somit stets an das Berechnungsende verlegt, eine gemäß Abschn. 2.2.1 zulässige Vorgehensweise. Dadurch reduziert sich der Vektor $\boldsymbol{s}^*$ der zu bestimmenden Kraftgrößen um a unbekannte Auflagerreaktionen C. Gleichgewichtsbedingungen pflegten wir in Richtung jeder Lagerreaktion zu formulieren, somit entfällt hierdurch eine gleichgroße Anzahl von Bedingungsgleichungen. Aus (2.95) verbleibt:

$$\boldsymbol{P} = \boldsymbol{g}\cdot\boldsymbol{s} = \begin{bmatrix} \boldsymbol{P} \end{bmatrix} = \underbrace{\begin{bmatrix} \quad \boldsymbol{g} \quad \end{bmatrix}}_{s\cdot p} \cdot \begin{bmatrix} \\ \boldsymbol{s} \\ \\ \end{bmatrix} . \quad \Big\} \, g\cdot k + r - a \tag{2.98}$$

Dieses Vorgehen beeinflusst natürlich nicht das gegenüber einer quadratischen Form vorhandene Zeilendefizit n von $\boldsymbol{g}$, wie

$$\boldsymbol{g}: \; n = (s\cdot p) - (g\cdot k + r - a) \rightarrow (s\cdot p) = (g\cdot k + r - a) + n \tag{2.99}$$

im Vergleich zu (2.96) beweist.

Die Erkenntnisse des Abschn. 2.1.2 präzisieren wir abschließend wie folgt:

> **Satz** Die Matrix $\boldsymbol{g}$ ($\boldsymbol{g}^*$) der Knotengleichgewichts- und Nebenbedingungen ist für ein n-fach statisch unbestimmtes Tragwerk stets rechteckig: Sie besitzt ein Defizit von n Zeilen gegenüber der quadratischen Form.

2.3.2 Standard-Kraftgrößenalgorithmus

Zur Überwindung der durch das Zeilendefizit hervorgerufenen Schwierigkeiten lösen wir nun in den Knotenpunkten des Originaltragwerks n beliebige Bindungen, führen somit dort n *zusätzliche kinematische Freiheitsgrade* V_{xi} $(i = 1, \ldots n)$ ein. Diesen wiederum entsprechen n korrespondierende *äußere Knotenkraftgrößen* X_{i} als statisch Unbestimmte, die in der Spalte

$$\boldsymbol{X} = \{X_1 X_2 \ldots X_i \ldots X_n\} \tag{2.100}$$

zusammengefasst werden. Da die Zahl der Stabelemente durch diese Modifikation nicht beeinflusst wird, bleibt der Vektor $\boldsymbol{s}$ unverändert. Im Sinne der Zusatzfreiheitsgrade V_{xi} lassen sich nun n zusätzliche Gleichgewichts- oder Nebenbedingungen formulieren. Diese werden wie die ursprünglichen Aussagen (2.98) behandelt; mit ihnen entsteht:

$$\tilde{\boldsymbol{P}} = \tilde{\boldsymbol{g}}\cdot\boldsymbol{s} = \begin{bmatrix} \boldsymbol{P} \\ \hline \boldsymbol{X} \end{bmatrix} = \underbrace{\begin{bmatrix} \boldsymbol{g}_0 \\ \hline \boldsymbol{g}_{\text{x}} \end{bmatrix}}_{s\cdot p} \cdot \begin{bmatrix} \\ \boldsymbol{s} \\ \\ \end{bmatrix} \quad \begin{matrix} \Big\} \, g\cdot k + r - a \, . \\ \Big\} \, n \end{matrix} \tag{2.101}$$

Hierin finden wir im oberen Teil die ursprünglichen Knotengleichgewichts- und Nebenbedingungen des Originaltragwerks ($\boldsymbol{g}_0 = \boldsymbol{g}$), im unteren ($\boldsymbol{g}_{\mathrm{x}}$) die durch die Bindungsmodifikationen vom statisch bestimmten Hauptsystem bereitgestellten Zusatzgleichungen. Offensichtlich ist damit das Zeilendefizit von $\boldsymbol{g}$ ausgeglichen und (2.101) somit invertierbar, wobei Zeilenregularität von $\boldsymbol{g}_0$, $\boldsymbol{g}_{\mathrm{x}}$ vorausgesetzt wird:

$$\boldsymbol{s} = \tilde{\boldsymbol{b}} \cdot \tilde{\boldsymbol{P}} = \begin{bmatrix} \boldsymbol{s} \end{bmatrix} = \begin{bmatrix} \boldsymbol{b}_0 & \vdots & \boldsymbol{b}_{\mathrm{x}} \end{bmatrix} \cdot \begin{bmatrix} \boldsymbol{P} \\ \hline \boldsymbol{X} \end{bmatrix} \quad s \cdot p \,. \qquad \underbrace{\boldsymbol{b}_0}_{g \cdot k + r - a} \; \underbrace{\boldsymbol{b}_{\mathrm{x}}}_{n} \tag{2.102}$$

Hierin stellt nun $\boldsymbol{b}_0$ die Gleichgewichtsmatrix der *Lastzustände* $P_{\mathrm{j}} = 1$, $\boldsymbol{b}_{\mathrm{x}}$ diejenige der *Einheitszustände* $X_{\mathrm{j}} = 1$ am statisch bestimmten Hauptsystem dar. Wir weisen den Leser darauf hin, dass die zweite Bezeichnung bei diskretisierten Tragwerksmodellen kaum zu rechtfertigen ist, da sowohl $\boldsymbol{b}_0$ als auch $\boldsymbol{b}_{\mathrm{x}}$ spaltenweise aus Stabendkraftgrößen infolge von *Einwirkungen* bestehen.

Im nächsten Schritt sind nun die zu X_{i} (2.100) korrespondierenden, äußeren Zusatzweggrößen

$$\boldsymbol{V}_{\mathrm{x}} = \{V_{\mathrm{x}1}\, V_{\mathrm{x}2} \ldots V_{\mathrm{xi}} \ldots V_{\mathrm{xn}}\} \tag{2.103}$$

zu bestimmen. Hierzu greifen wir auf die Gesamt-Nachgiebigkeitsbeziehung (2.72) zurück, wobei neben äußeren Knotenlasten $\boldsymbol{P}$ auch Stabeinwirkungen $\overset{\circ}{\boldsymbol{v}}$ berücksichtigt werden sollen:

$$\tilde{\boldsymbol{V}} = \tilde{\boldsymbol{b}}^{\mathrm{T}} \cdot \boldsymbol{f} \cdot \tilde{\boldsymbol{b}} \cdot \tilde{\boldsymbol{P}} + \tilde{\boldsymbol{b}}^{\mathrm{T}} \cdot \overset{\circ}{\boldsymbol{v}} = \tilde{\boldsymbol{F}} \cdot \tilde{\boldsymbol{P}} + \tilde{\boldsymbol{b}}^{\mathrm{T}} \cdot \overset{\circ}{\boldsymbol{v}} \,,$$

$$\begin{bmatrix} \boldsymbol{V} \\ \hline \boldsymbol{V}_{\mathrm{x}} \end{bmatrix} = \begin{bmatrix} \boldsymbol{b}_0^{\mathrm{T}} \\ \hline \boldsymbol{b}_{\mathrm{x}}^{\mathrm{T}} \end{bmatrix} \cdot \begin{bmatrix} \boldsymbol{f} \end{bmatrix} \cdot \begin{bmatrix} \boldsymbol{b}_0 & \vdots & \boldsymbol{b}_{\mathrm{x}} \end{bmatrix} \cdot \begin{bmatrix} \boldsymbol{P} \\ \hline \boldsymbol{X} \end{bmatrix} + \begin{bmatrix} \boldsymbol{b}_0^{\mathrm{T}} \\ \hline \boldsymbol{b}_{\mathrm{x}}^{\mathrm{T}} \end{bmatrix} \cdot \begin{bmatrix} \overset{\circ}{\boldsymbol{v}} \end{bmatrix} \tag{2.104}$$

Durch Ausmultiplizieren dieser Beziehung entsteht:

$$\begin{bmatrix} \boldsymbol{V} \\ \hline \boldsymbol{V}_{\mathrm{x}} \end{bmatrix} = \begin{bmatrix} \boldsymbol{F}_{00} & \boldsymbol{F}_{0\mathrm{x}} \\ \hline \boldsymbol{F}_{\mathrm{x}0} & \boldsymbol{F}_{\mathrm{xx}} \end{bmatrix} \cdot \begin{bmatrix} \boldsymbol{P} \\ \boldsymbol{X} \end{bmatrix} + \begin{bmatrix} \boldsymbol{b}_0^{\mathrm{T}} \cdot \overset{\circ}{\boldsymbol{v}} \\ \boldsymbol{b}_{\mathrm{x}}^{\mathrm{T}} \cdot \overset{\circ}{\boldsymbol{v}} \end{bmatrix} \quad \begin{matrix} m = g \cdot k + r - a \,. \\ n \end{matrix} \qquad \underbrace{\underbrace{\quad}_{m}\underbrace{\quad}_{n}}_{s \cdot p} \tag{2.105}$$

Wir fassen noch einmal die hierin verwendeten Abkürzungen zusammen:

$\boldsymbol{V}$ Spalte $(m,1)$ der ursprünglichen äußeren Weggrößen des Originaltragwerks,
$\boldsymbol{P}$ Spalte $(m,1)$ der hierzu korrespondierenden Knotenlasten,
$\boldsymbol{V}_\mathrm{x}$ Spalte$(n,1)$ der Zusatzfreiheitsgrade (Klaffungen) des statisch bestimmten Hauptsystems,
$\boldsymbol{X}$ Spalte $(n,1)$ der hierzu korrespondierenden, statisch Überzähligen.

Die Gesamt-Nachgiebigkeitsmatrix $\boldsymbol{F}$ des statisch bestimmten Hauptsystems lässt sich in vier Untermatrizen zerlegen (2.105):

$\boldsymbol{F}_{00} = \boldsymbol{b}_0^\mathrm{T} \cdot \boldsymbol{f} \cdot \boldsymbol{b}_0$ quadratisch von der Ordnung (m,m) der Freiheitsgrade des Originaltragwerks, regulär und positiv definit,
$\boldsymbol{F}_{0\mathrm{x}} = \boldsymbol{b}_0^\mathrm{T} \cdot \boldsymbol{f} \cdot \boldsymbol{b}_\mathrm{x}$ rechteckig (m,m),
$\boldsymbol{F}_{\mathrm{x}0} = \boldsymbol{b}_\mathrm{x}^\mathrm{T} \cdot \boldsymbol{f} \cdot \boldsymbol{b}_0 = (\boldsymbol{b}_0^\mathrm{T} \cdot \boldsymbol{f} \cdot \boldsymbol{b}_\mathrm{x})^\mathrm{T} = \boldsymbol{F}_{0\mathrm{x}}^\mathrm{T}$,
$\boldsymbol{F}_{\mathrm{xx}} = \boldsymbol{b}_\mathrm{x}^\mathrm{T} \cdot \boldsymbol{f} \cdot \boldsymbol{b}_\mathrm{x}$ quadratisch von der Ordnung (n,n) der Zusatzfreiheitsgrade, regulär und positiv definit.

Das *System der Elastizitätsgleichungen* schreibt nun das Schließen der Klaffungen, d. h. das Verschwinden der Zusatzfreiheitsgrade $\boldsymbol{V}_\mathrm{x}$ für alle Einwirkungen $\boldsymbol{P}$, $\overset{\circ}{\boldsymbol{v}}$ vor. Diese Forderung finden wir gerade im unteren Teil der Gesamt-Nachgiebigkeitsbeziehung (2.105) des statisch bestimmten Hauptsystems wieder:

$$\boldsymbol{V}_\mathrm{x} = \boldsymbol{F}_{\mathrm{x}0} \cdot \boldsymbol{P} + \boldsymbol{F}_{\mathrm{xx}} \cdot \boldsymbol{X} + \boldsymbol{b}_\mathrm{x}^\mathrm{T} \cdot \overset{\circ}{\boldsymbol{v}} = 0, \tag{2.106}$$

die nach $\boldsymbol{X}$ aufgelöst wird:

$$\boldsymbol{X} = -\boldsymbol{F}_{\mathrm{xx}}^{-1} \cdot \left(\boldsymbol{F}_{\mathrm{x}0} \cdot \boldsymbol{P} + \boldsymbol{b}_\mathrm{x}^\mathrm{T} \cdot \overset{\circ}{\boldsymbol{v}}\right). \tag{2.107}$$

Wir bemerken noch, dass $\mathbf{X}$ selbstverständlich nicht nur durch *Inversion* von $\boldsymbol{F}_{\mathrm{xx}}$ ermittelt werden kann, sondern ebenso durch *Lösung* der Elastizitätsgleichungen für vorgegebene Knoten- und Elementlasten. Wir verwenden (2.107) jedoch weiterhin als eine physikalisch besonders aussagekräftige *Schreibweise* der Lösung von (2.106).

Die endgültigen Stabendkraftgrößen $\boldsymbol{s}$ des statisch unbestimmten Originaltragwerks finden wir durch Substitution von (2.107) in (2.102):

$$\begin{aligned} \boldsymbol{s} = \boldsymbol{b}_0 \cdot \boldsymbol{P} = \boldsymbol{b}_\mathrm{x} \cdot \boldsymbol{X} &= \boldsymbol{b}_0 \cdot \boldsymbol{P} - \boldsymbol{b}_\mathrm{x} \cdot \boldsymbol{F}_{\mathrm{xx}}^{-1} \cdot \left(\boldsymbol{F}_{\mathrm{x}0} \cdot \boldsymbol{P} + \boldsymbol{b}_\mathrm{x}^\mathrm{T} \cdot \overset{\circ}{\boldsymbol{v}}\right) \\ &= \left(\boldsymbol{b}_0 - \boldsymbol{b}_\mathrm{x} \cdot \boldsymbol{F}_{\mathrm{xx}}^{-1} \cdot \boldsymbol{F}_{\mathrm{x}0}\right) \cdot \boldsymbol{P} - \boldsymbol{b}_\mathrm{x} \cdot \boldsymbol{F}_{\mathrm{xx}}^{-1} \cdot \boldsymbol{b}_\mathrm{x}^\mathrm{T} \cdot \overset{\circ}{\boldsymbol{v}} \end{aligned} \tag{2.108}$$

$$\begin{aligned} = \boldsymbol{b} \cdot \boldsymbol{P} + \boldsymbol{k}_{\mathrm{xx}} \cdot \overset{\circ}{\boldsymbol{v}} \quad \text{mit} \quad \boldsymbol{b} &= \boldsymbol{b}_0 - \boldsymbol{b}_\mathrm{x} \cdot \boldsymbol{F}_{\mathrm{xx}}^{-1} \cdot \boldsymbol{F}_{\mathrm{x}0}, \\ \boldsymbol{k}_{\mathrm{xx}} &= -\boldsymbol{b}_\mathrm{x} \cdot \boldsymbol{F}_{\mathrm{xx}}^{-1} \cdot \boldsymbol{b}_\mathrm{x}^\mathrm{T}, \end{aligned} \tag{2.109}$$

die endgültigen äußeren Weggrößen durch Substitution von (2.107) in den oberen Teil der Gesamt-Nachgiebigkeitsbeziehung (2.105):

$$V = \boldsymbol{F}_{00} \cdot \boldsymbol{P} + \boldsymbol{F}_{0\mathrm{x}} \cdot \boldsymbol{X} + \boldsymbol{b}_{\mathrm{x}}^{\mathrm{T}} \cdot \overset{\circ}{\boldsymbol{v}} = \boldsymbol{F}_{00} \cdot \boldsymbol{P} - \boldsymbol{F}_{0\mathrm{x}} \cdot \boldsymbol{F}_{\mathrm{xx}}^{-1} \cdot \left(\boldsymbol{F}_{\mathrm{x}0} \cdot \boldsymbol{P} + \boldsymbol{b}_{\mathrm{x}}^{\mathrm{T}} \cdot \overset{\circ}{\boldsymbol{v}}\right) + \boldsymbol{b}_{\mathrm{x}}^{\mathrm{T}} \cdot \overset{\circ}{\boldsymbol{v}}$$

$$= \boldsymbol{F} \cdot \boldsymbol{P} + \boldsymbol{b}^{\mathrm{T}} \cdot \overset{\circ}{\boldsymbol{v}} \quad \text{mit} \quad \boldsymbol{F} = \boldsymbol{F}_{00} \cdot \boldsymbol{P} - \boldsymbol{F}_{0\mathrm{x}}^{\mathrm{T}} \cdot \boldsymbol{F}_{\mathrm{xx}}^{-1} \cdot \boldsymbol{F}_{0\mathrm{x}} \tag{2.110}$$

Das Zusatzglied $\boldsymbol{k}_{\mathrm{xx}} \cdot \overset{\circ}{\boldsymbol{v}}$ in (2.108) beschreibt die statisch unbestimmten Zwangsanteile der Stabendkraftgrößen $\boldsymbol{s}$ infolge von Stabeinwirkungen $\overset{\circ}{\boldsymbol{v}}$. Zusammenfassend wird deutlich, dass das Modellschema der Abb. 2.19 auch für beliebig statisch unbestimmte, jedoch stabeinwirkungsfreie ($\overset{\circ}{\boldsymbol{v}} \equiv 0$) Tragwerke seine Gültigkeit behält.

Abbildung 2.32 stellt abschließend diesen *Standard-Kraftgrößenalgorithmus* für statisch unbestimmte Tragwerke demjenigen für statisch bestimmte gegenüber. Statt einer ausführlichen Bewertung sei R. ZURMÜHL[2] zitiert, der in Kenntnis der frühen Arbeiten [3, 25] Teile dieser Beziehungen für ideale Fachwerke herleitete und in [49] urteilt: Die Leichtigkeit der formalen Rechnung sowie ihre Allgemeingültigkeit erscheinen gleich bemerkenswert.

2.3.3 Einführungsbeispiel

Den soeben hergeleiteten Algorithmus erläutern wir nun an Hand eines ebenen Rahmentragwerks, bei welchem wir gegenüber demjenigen von Abb. 2.20 im Knoten 1 eine Volleinspannung vorsehen und das Biegemomentengelenk des Knotens 3 entfernen. Wie Abb. 2.33 ausweist, ist das Tragwerk damit 2-fach statisch unbestimmt. Es behält natürlich seine ursprüngliche Zahl von 4 Knoten und 3 Stabelementen; die modifizierten Knotenlasten $\dot{P}_{\mathrm{i}}$ in Richtung der wesentlichen Freiheitsgrade V_{i} sind ebenfalls in Abb. 2.33 zu finden.

Als erstes möge der Leser die Knotengleichgewichtsbedingungen $\Sigma F_{\mathrm{x}} = \Sigma F_{\mathrm{z}} = \Sigma M_{\mathrm{y}} = 0$ in den Knoten 2,3 sowie $\Sigma M_{\mathrm{y}} = 0$ in 4 analog zu Abb. 2.20 aufstellen; Abb. 2.33 enthält im unteren Teil deren Einordnung in das bekannte Matrizenschema. Erwartungsgemäß stehen dort zur Bestimmung der 9 unabhängigen Stabendkraftgrößen nur 7 Gleichgewichtsaussagen zur Verfügung: $\boldsymbol{g}_0$ besitzt somit ein Zeilendefizit von $n = 2$.

Daher definieren wir durch Lösen zweier Bindungen, nämlich der Biegesteifigkeiten in den Knoten 1 und 3, das statisch bestimmte Hauptsystem. Die Bindungslösung erfolgt gemäß Abb. 2.33 (Mitte) jeweils in den linken Stabenden. Durch sie werden die in den gelösten Bindungen ursprünglich wirkenden Biegemomente zu äußeren Momentenpaaren, den statisch Überzähligen X_1, X_2, denen zwei relative Tangentendrehwinkel $V_{\mathrm{x}1}$, $V_{\mathrm{x}2}$ als korrespondierende Zusatzfreiheitsgrade zugeordnet sind. Damit lassen sich die beiden in Abb. 2.33 angegebenen Zusatzbedingungen in Form von Momenten-Nebenbedingungen formulieren; nach ihrem Einbau in die Matrix $\tilde{\boldsymbol{g}}$ wird diese quadratisch und somit invertierbar.

---

[2] RUDOLF ZURMÜHL, Mathematiker in Darmstadt und Berlin, 1904–1966, Arbeiten zur Anwendung des Matrizenkalküls auf Probleme der Mechanik.

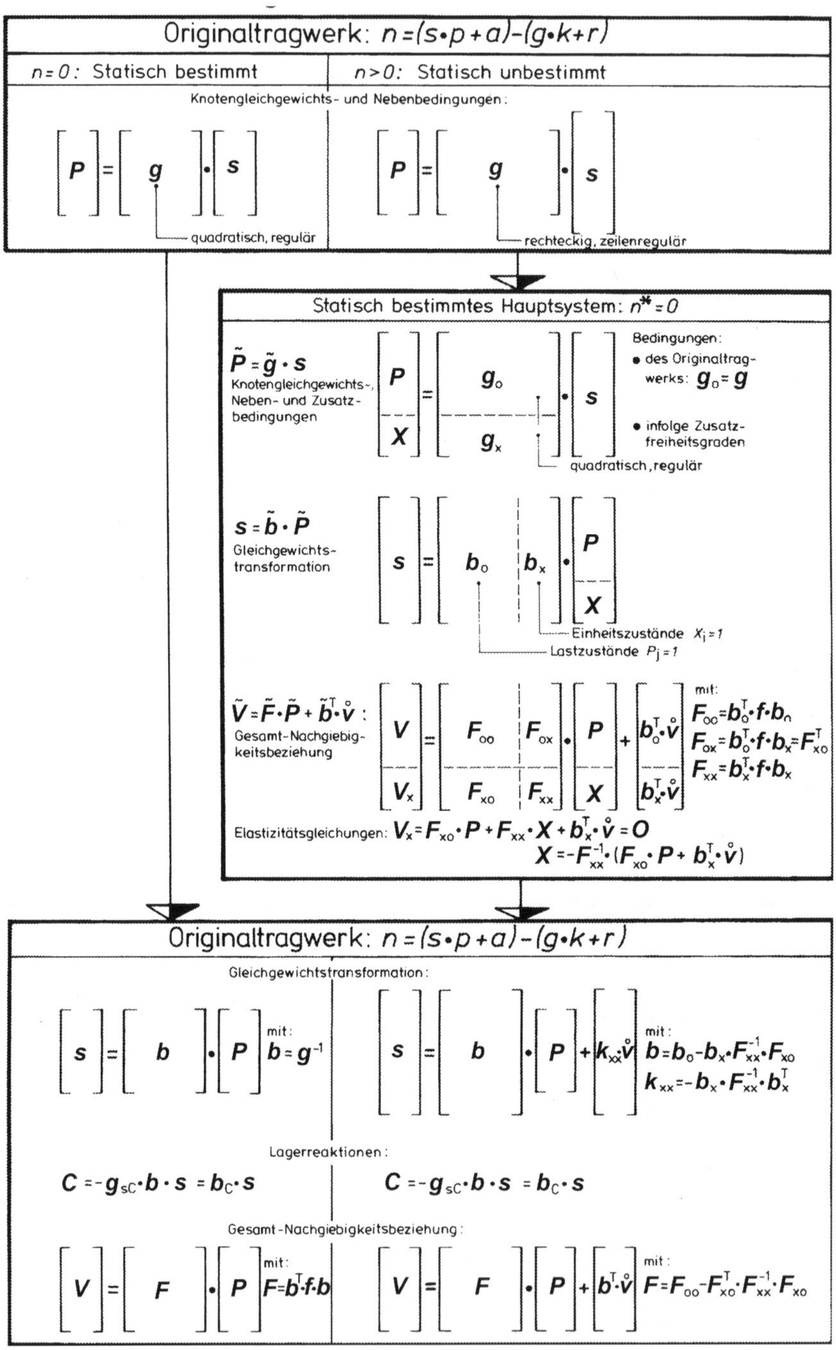

Abb. 2.32 Standard-Kraftgrößenalgorithmus für statisch bestimmte und unbestimmte Tragwerke

Baustatische Skizze des Originaltragwerks:

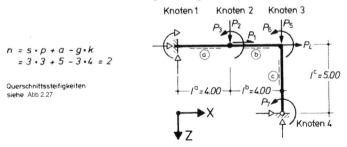

$$n = s \cdot p + a - g \cdot k = 3 \cdot 3 + 5 - 3 \cdot 4 = 2$$

Querschnittssteifigkeiten siehe Abb 2.27

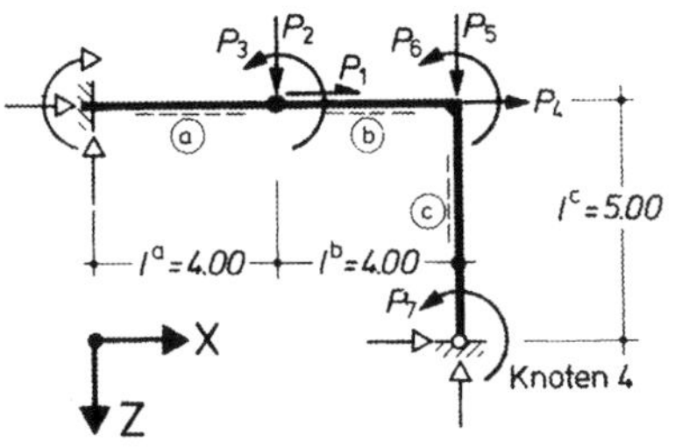

Statisch bestimmtes Hauptsystem und statisch Überzählige:

$$X = \begin{bmatrix} X_1 \\ X_2 \end{bmatrix}, \quad V_x = \begin{bmatrix} V_{X1} \\ V_{X2} \end{bmatrix}$$

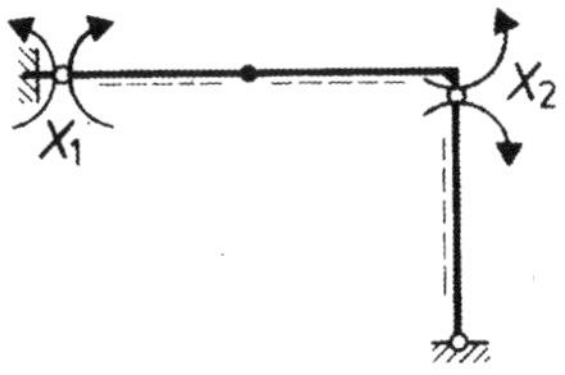

Knotengleichgewichts- und Zusatzbedingungen: $\tilde{P} = \tilde{g} \cdot s$

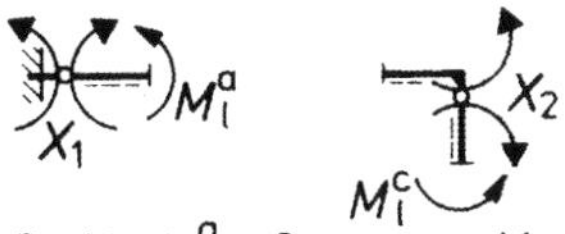

Zusatzbedingungen $\Sigma M_g = 0$: $X_1 - M_l^a = 0$ $\quad X_2 - M_l^c = 0$

	N_r^a	M_l^a	M_r^a	N_r^b	M_l^b	M_r^b	N_r^c	M_l^c	M_r^c
P_1	1.00			-1.00					
P_2		-0.25	0.25		0.25	-0.25			
P_3			1.00		-1.00				
P_4				1.00				-0.20	0.20
P_5					-0.25	0.25	-1.00		
P_6						1.00		-1.00	
P_7									1.00
X_1		1.00							
X_2								1.00	

$\cdot \; [N_r^a, M_l^a, M_r^a, N_r^b, M_l^b, M_r^b, N_r^c, M_l^c, M_r^c]^T$

leere Positionen sind mit Nullen besetzt

Abb. 2.33 Berechnung eines 2-fach statisch unbestimmten, ebenen Rahmentragwerks, Teil 1: Vorarbeiten

Das Ergebnis der Inversion, die Gleichgewichtstransformation des statisch bestimmten Hauptsystems (2.102), finden wir im oberen Teil von Abb. 2.34. Es sei noch einmal herausgestellt, dass $\tilde{\boldsymbol{b}}$ spaltenweise die Stabendkraftgrößen infolge von Einheitslasten $P_j = 1$ bzw. $X_i = 1$ speichert, diese Matrix somit ebenso durch konventionelle Gleichgewichtsbetrachtungen am statisch bestimmten Hauptsystem zu gewinnen gewesen wäre. Darunter ist in Abb. 2.34 die Gesamt-Nachgiebigkeitsbeziehung des statisch bestimmten

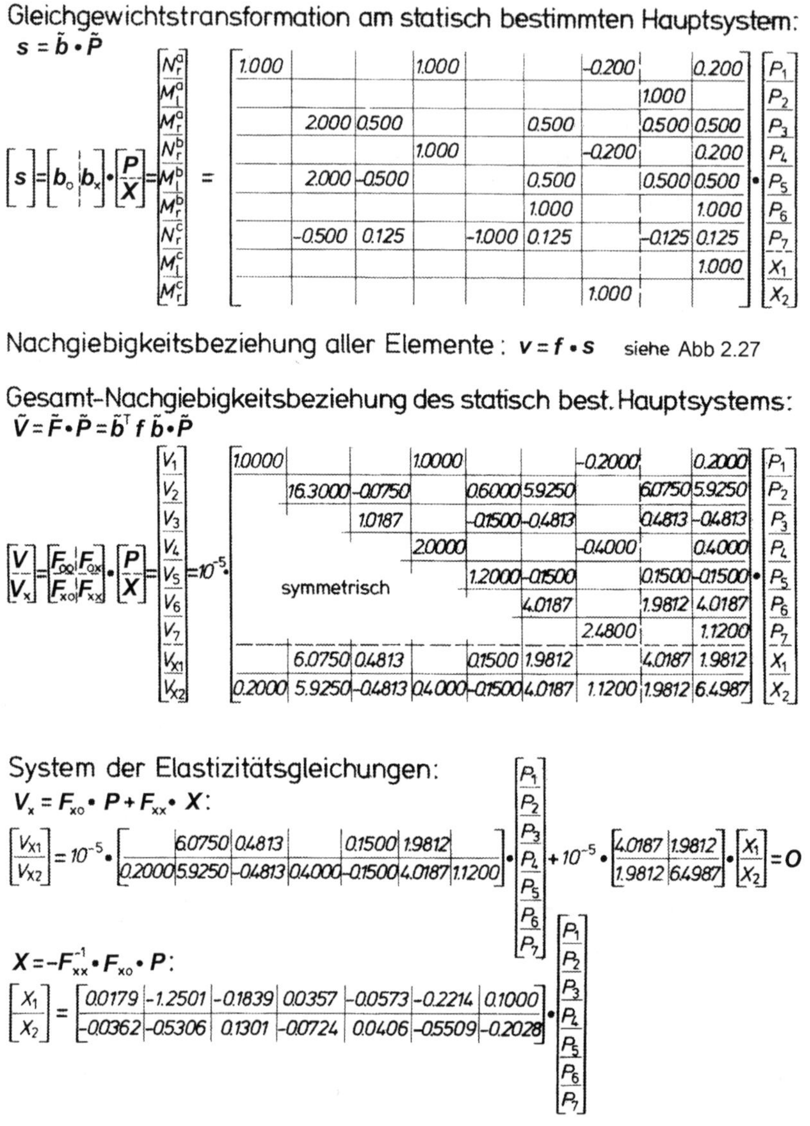

Gleichgewichtstransformation am statisch bestimmten Hauptsystem:

$s = \tilde{b} \bullet \tilde{P}$

$$\begin{bmatrix} s \end{bmatrix} = \begin{bmatrix} b_o & b_x \end{bmatrix} \bullet \begin{bmatrix} P \\ X \end{bmatrix} = \begin{bmatrix} N_r^a \\ M_l^a \\ M_r^a \\ N_r^b \\ M_l^b \\ M_r^b \\ N_r^c \\ M_l^c \\ M_r^c \end{bmatrix} = \begin{bmatrix} 1.000 & & & 1.000 & & & -0.200 & & 0.200 \\ & & & & & & & 1.000 & \\ & 2.000 & 0.500 & & & 0.500 & & 0.500 & 0.500 \\ & & & 1.000 & & & -0.200 & & 0.200 \\ & 2.000 & -0.500 & & & 0.500 & & 0.500 & 0.500 \\ & & & & & 1.000 & & & 1.000 \\ & -0.500 & 0.125 & & -1.000 & 0.125 & & -0.125 & 0.125 \\ & & & & & & & & 1.000 \\ & & & & & & 1.000 & & \end{bmatrix} \bullet \begin{bmatrix} P_1 \\ P_2 \\ P_3 \\ P_4 \\ P_5 \\ P_6 \\ P_7 \\ X_1 \\ X_2 \end{bmatrix}$$

Nachgiebigkeitsbeziehung aller Elemente: $v = f \bullet s$ siehe Abb 2.27

Gesamt-Nachgiebigkeitsbeziehung des statisch best. Hauptsystems:

$\tilde{V} = \tilde{F} \bullet \tilde{P} = \tilde{b}^T f \, \tilde{b} \bullet \tilde{P}$

$$\begin{bmatrix} V \\ V_x \end{bmatrix} = \begin{bmatrix} F_{oo} & F_{ox} \\ F_{xo} & F_{xx} \end{bmatrix} \bullet \begin{bmatrix} P \\ X \end{bmatrix} = \begin{bmatrix} V_1 \\ V_2 \\ V_3 \\ V_4 \\ V_5 \\ V_6 \\ V_7 \\ V_{X1} \\ V_{X2} \end{bmatrix} = 10^{-5} \bullet \begin{bmatrix} 1.0000 & & & 1.0000 & & & -0.2000 & & 0.2000 \\ & 16.3000 & -0.0750 & & 0.6000 & 5.9250 & & 6.0750 & 5.9250 \\ & & 1.0187 & & -0.1500 & -0.4813 & & 0.4813 & -0.4813 \\ & & & 2.0000 & & & -0.4000 & & 0.4000 \\ & \text{symmetrisch} & & & 1.2000 & -0.1500 & & 0.1500 & -0.1500 \\ & & & & & 4.0187 & & 1.9812 & 4.0187 \\ & & & & & & 2.4800 & & 1.1200 \\ & 6.0750 & 0.4813 & & 0.1500 & 1.9812 & & 4.0187 & 1.9812 \\ 0.2000 & 5.9250 & -0.4813 & 0.4000 & -0.1500 & 4.0187 & 1.1200 & 1.9812 & 6.4987 \end{bmatrix} \bullet \begin{bmatrix} P_1 \\ P_2 \\ P_3 \\ P_4 \\ P_5 \\ P_6 \\ P_7 \\ X_1 \\ X_2 \end{bmatrix}$$

System der Elastizitätsgleichungen:

$V_x = F_{xo} \bullet P + F_{xx} \bullet X$:

$$\begin{bmatrix} V_{X1} \\ V_{X2} \end{bmatrix} = 10^{-5} \bullet \begin{bmatrix} & 6.0750 & 0.4813 & & 0.1500 & 1.9812 & \\ 0.2000 & 5.9250 & -0.4813 & 0.4000 & -0.1500 & 4.0187 & 1.1200 \end{bmatrix} \bullet \begin{bmatrix} P_1 \\ P_2 \\ P_3 \\ P_4 \\ P_5 \\ P_6 \\ P_7 \end{bmatrix} + 10^{-5} \bullet \begin{bmatrix} 4.0187 & 1.9812 \\ 1.9812 & 6.4987 \end{bmatrix} \bullet \begin{bmatrix} X_1 \\ X_2 \end{bmatrix} = O$$

$X = -F_{xx}^{-1} \bullet F_{xo} \bullet P$:

$$\begin{bmatrix} X_1 \\ X_2 \end{bmatrix} = \begin{bmatrix} 0.0179 & -1.2501 & -0.1839 & 0.0357 & -0.0573 & -0.2214 & 0.1000 \\ -0.0362 & -0.5306 & 0.1301 & -0.0724 & 0.0406 & -0.5509 & -0.2028 \end{bmatrix} \bullet \begin{bmatrix} P_1 \\ P_2 \\ P_3 \\ P_4 \\ P_5 \\ P_6 \\ P_7 \end{bmatrix}$$

Abb. 2.34 Berechnung eines 2-fach statisch unbestimmten, ebenen Rahmentragwerks, Teil 2: Statisch bestimmtes Hauptsystem

Hauptsystems wiedergegeben, zu deren Berechnung gemäß (2.104, 2.105) die Element-Nachgiebigkeitsmatrix *f* des ursprünglichen Rahmens aus Abb. 2.27 übernommen wurde. Aus ihrem unteren Teil leiten wir das System 2. Ordnung der Elastizitätsgleichungen (2.106) ab, das – gemeinsam mit dessen Lösung (2.107) – Abb. 2.34 abschließt.

Als Letztes substituieren wir die erhaltene Lösung in die Gleichgewichtstransformation sowie in den oberen Teil der Gesamt-Nachgiebigkeitsbeziehung des statisch bestimmten Hauptsystems. Damit gewinnen wir in Abb. 2.35 die entsprechenden Beziehungen

Gleichgewichtstransformation am Originaltragwerk:

$\boldsymbol{s} = \boldsymbol{b} \bullet \boldsymbol{P}$ mit $\boldsymbol{b} = {}_{o}-\boldsymbol{b}_{x} \bullet \boldsymbol{F}_{xx}^{-1} \bullet \boldsymbol{F}_{xo}$

s	P_1	P_2	P_3	P_4	P_5	P_6	P_7
N_r^a	0.9928	-0.1061	0.0260	0.9855	0.0081	-0.1102	-0.2406
M_l^a	0.0179	-1.2501	-0.1839	0.0357	-0.0573	-0.2214	0.1000
M_r^a	-0.0092	1.1097	0.4731	-0.0184	-0.0084	0.1139	-0.0514
N_r^b	-0.0072	-0.1061	0.0260	0.9855	0.0081	-0.1102	-0.2406
M_l^b	-0.0092	1.1097	-0.5269	-0.0184	-0.0084	0.1139	-0.0514
M_r^b	-0.0362	-0.5306	0.1301	-0.0724	0.0406	0.4491	-0.2028
N_r^c	-0.0068	-0.4101	0.1643	-0.0135	-0.9878	0.0838	-0.0379
M_l^c	-0.0362	-0.5306	0.1301	-0.0724	0.0406	-0.5509	-0.2028
M_r^c							1.0000

$\bullet \; [P_1 \; P_2 \; P_3 \; P_4 \; P_5 \; P_6 \; P_7]^T$

Gesamt-Nachgiebigkeitsbeziehung des Originaltragwerks:

$\boldsymbol{V} = \boldsymbol{F} \bullet \boldsymbol{P}$ mit $\boldsymbol{F} = \boldsymbol{F}_{oo} - \boldsymbol{F}_{xo}^{T} \bullet \boldsymbol{F}_{xx}^{-1} \bullet \boldsymbol{F}_{xo}$

$[V_1 \; \dots \; V_7]^T = 10^{-5} \bullet$

V_1	0.9928	-0.1061	0.0260	0.9855	0.0081	-0.1102	-0.2406
V_2		5.5619	-0.4212	-0.2122	0.4921	1.3159	-0.5943
V_3			0.8676	0.0520	-0.1971	-0.3227	0.1457
V_4				1.9710	0.0162	-0.2204	-0.4811
V_5	symmetrisch				1.1853	-0.1006	0.0454
V_6						1.3662	-0.6170
V_7							2.2528

$\bullet \; [P_1 \; P_2 \; P_3 \; P_4 \; P_5 \; P_6 \; P_7]^T$

Abb. 2.35 Berechnung eines 2-fach statisch unbestimmten, ebenen Rahmentragwerks, Teil 3: Originaltragwerk

des Originaltragwerks gemäß (2.108, 2.3.2), mit welchen die Bearbeitung nach dem Standard-Kraftgrößenverfahren abgeschlossen ist. Zur Ergebnisverifikation möge der Leser die beiden Beziehungen der Abb. 2.35 für verschiedene Knotenlasten auswerten und die zugehörigen Zustandslinien darstellen.

2.3.4 Reduzierter Algorithmus und Rechenhilfsmittel

Im Beispiel der Abb. 2.33 bis 2.35 wurde der nicht unbeträchtliche numerische Aufwand deutlich, der zur Lösung einer Aufgabe nach dem Standard-Kraftgrößenverfahren erforderlich ist. Andererseits hatten wir im Kap. 1 (einfache) statisch unbestimmte Tragwerke mit sehr bescheidenen Hilfsmitteln behandelt, beispielsweise mit Taschenrechnern. In diesem Abschnitt wollen wir daher Berechnungsaufwand und Vollständigkeit der auf beiden Wegen erzielbaren Ergebnismengen miteinander in Beziehung setzen.

Zu diesem Zweck simulieren wir in Abb. 2.36 das in den Abschn. 2.1.4 des 1. Kapitels entwickelte, klassische Kraftgrößenverfahren auf der Basis des in Abb. 2.32 wiedergegebenen Standardalgorithmus. Ausgangspunkt bildete im 1. Kapitel das statisch bestimmte Hauptsystem mit jeweils nur *einem* Lastzustand $\overset{\circ}{\boldsymbol{P}}$ sowie n Einheitszuständen $X_i = 1$. Dies stellt offenbar eine folgenschwere Einschränkung dar: Da die Lastmöglichkeiten $P_j = 1$ in

Richtung der aktiven Knotenfreiheitsgrade in (2.102) nicht *einzeln* berücksichtigt werden, reduziert sich zwar der Berechnungsaufwand erheblich, die $\boldsymbol{b}_0$-Matrix bleibt jedoch unbekannt. Statt dessen wird nur die Produktspalte $(\boldsymbol{b}_0 \cdot \overset{\circ}{\boldsymbol{P}})$ der vorgegebenen Lastkombination $(\boldsymbol{b}_0 \cdot \overset{\circ}{\boldsymbol{P}})$ bearbeitet, was durch die Klammern angedeutet werden soll:

$$\boldsymbol{s} = (\boldsymbol{b}_0 \cdot \overset{\circ}{\boldsymbol{P}}) + \boldsymbol{b}_{\mathrm{x}} \cdot \boldsymbol{X} \tag{2.111}$$

Wir betonen, dass die Matrix $\boldsymbol{b}_{\mathrm{x}}$, welche die Stabendkraftgrößen der n Einheitszustände $X_{\mathrm{i}} = 1$ enthält, natürlich stets vollständig vorgehalten werden muss.

Im nächsten Schritt berechneten wir die δ_{ik}- und δ_{i0}-Verformungswerte, um aus ihnen das System der Elastizitätsgleichungen aufzubauen. In der Simulation durch die untere Zeile der Gesamt-Nachgiebigkeitsbeziehung (2.105) des statisch bestimmten Hauptsystems gemäß Abb. 2.36

$$\begin{aligned} \boldsymbol{V}_{\mathrm{x}} &= \boldsymbol{F}_{\mathrm{x0}} \cdot \overset{\circ}{\boldsymbol{P}} + \boldsymbol{F}_{\mathrm{xx}} \cdot \boldsymbol{X} + \boldsymbol{b}_{\mathrm{x}}^{\mathrm{T}} \cdot \overset{\circ}{\boldsymbol{v}} \\ &= \boldsymbol{b}_{\mathrm{x}}^{\mathrm{T}} \boldsymbol{f} (\boldsymbol{b}_0 \cdot \overset{\circ}{\boldsymbol{P}}) + \boldsymbol{b}_{\mathrm{x}}^{\mathrm{T}} \boldsymbol{f} \boldsymbol{b}_{\mathrm{x}} \cdot \boldsymbol{X} + \boldsymbol{b}_{\mathrm{x}}^{\mathrm{T}} \cdot \overset{\circ}{\boldsymbol{v}} \\ &= \underbrace{\boldsymbol{F}_{\mathrm{xx}}}_{\delta_{\mathrm{ik}}-\textbf{Matrix}} \cdot \boldsymbol{X} + \underbrace{(\boldsymbol{b}_{\mathrm{x}}^{\mathrm{T}} \boldsymbol{f} (\boldsymbol{b}_0 \cdot \overset{\circ}{\boldsymbol{P}}) + \boldsymbol{b}_{\mathrm{x}}^{\mathrm{T}} \cdot \overset{\circ}{\boldsymbol{v}})}_{\delta_{\mathrm{i0}}-\textbf{Spalte}} = 0 \end{aligned} \tag{2.112}$$

liegt nur die δ_{ik}-Matrix explizit vor, die nunmehr als $\boldsymbol{F}_{\mathrm{xx}}$ auftritt. Der restliche Anteil in (2.112) kann lediglich *vereinigt* als δ_{i0}-Spalte berechnet werden, was erneut durch die

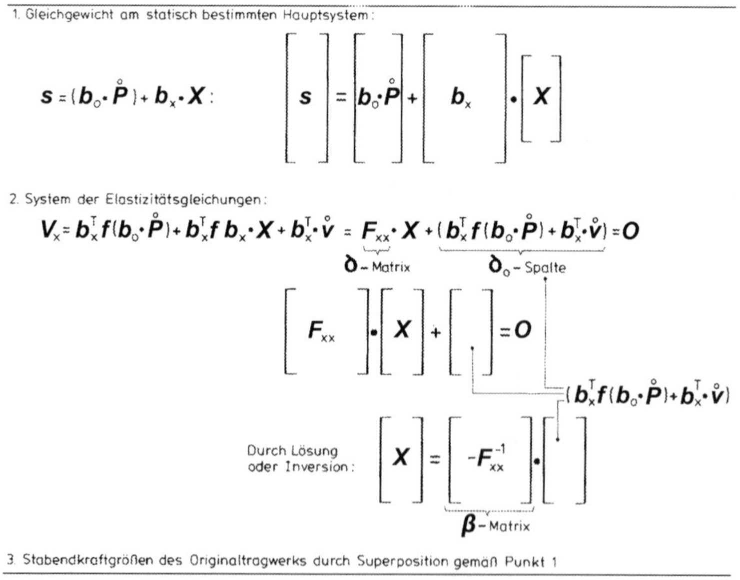

Abb. 2.36 Reduzierter Kraftgrößenalgorithmus

runden Klammern angedeutet werden soll. Die Elimination der Unbekannten $\boldsymbol{X}$ erfolgte hieraus durch einfaches Auflösen des Gleichungssystems oder Inversion mittels der β_{ik}-Matrix, die hier als $-\boldsymbol{F}_{\text{xx}}^{-1}$ auftritt:

$$\boldsymbol{X} = -\boldsymbol{F}_{\text{xx}}^{-1} \cdot (\boldsymbol{b}_{\text{x}}^{\text{T}} \boldsymbol{f}(\mathbf{b}_0 \cdot \overset{\circ}{\mathbf{P}}) + \boldsymbol{b}_{\text{x}}^{\text{T}} \cdot \overset{\circ}{\boldsymbol{v}}). \tag{2.113}$$

Abschließend können wir durch Substitution der Lösungsspalte $\boldsymbol{X}$ in (2.111) und Superposition die endgültigen, statisch unbestimmten Stabendkraftgrößen ermitteln. Wie im Vergleich zu Abb. 2.32 deutlich wird, lässt sich weder die vollständige Gleichgewichtstransformation noch die Gesamt-Nachgiebigkeitsbeziehung des Originaltragwerks angeben, weil die $\boldsymbol{b}_0$-Matrix unbekannt blieb. Damit aber lassen sich im Rahmen dieses *reduzierten* Algorithmus bestenfalls Schnittgrößen-Zustandslinien und Auflagergrößen bestimmen. Der im Abschn. 2.2.3 erkannte Vorteil einer vollständigen Behandlung kann nicht ausgeschöpft werden: Zur Ermittlung von Einflusslinien oder Verschiebungsgrößen werden Sonderverfahren erforderlich.

Das klassische Kraftgrößenverfahren [34], das erfahrungsgemäß durchaus manuell zu bewältigen ist, stellt sich somit als Vereinfachung des allgemeinen Kraftgrößenalgorithmus der Abb. 2.32 dar. Um den Aufwand an formaler linearer Algebra zu begrenzen, wurden bei ihm nur die statisch unbestimmten Gleichungsteile im Sinne des Konzeptes korrespondierender Variablen in *vollständiger* Weise behandelt. Zur Bearbeitung reichen i. A. einfachste Rechenhilfsmittel aus. Der Preis für diese Reduktion liegt in der Schaffung einer Vielzahl von Sonderverfahren für einzelne Fragestellungen.

Derart reduzierte Aufgabenstellungen sind natürlich auch in matrizieller Formulierung problemlos manuell zu bewältigen, wie das Beispiel des für Querbelastungen 2-fach statisch unbestimmten Trägerrosts in Abb. 2.37 belegt. An beiden Enden des Stabes b lösen wir die Biegesteifigkeit und führen als statisch Überzählige dort die Momentenpaare X_1, X_2 ein. Hierdurch entsteht als statisch bestimmtes Hauptsystem das Tragwerk der Abb. 2.22. Die Struktur werde durch die Einzellast $P_1 = 100.0$ kN im Knickpunkt sowie durch die Querbelastung $q_z^{\text{b}} = 16.0$ kN/m auf dem Element b beansprucht; hieraus ermitteln wir die aus Primär- und Sekundärtragwirkung sich zusammensetzende Lastresultierende:

$$\overset{\circ}{P}_1 = P_1 + \overset{\circ}{P}{}_1^{b} = 100.0 + 16.0 \cdot 9.00/2 = 172.0 \text{ kN} \tag{2.114}$$

Damit lassen sich der Lastzustand sowie danach die beiden Einheitszustände am statisch bestimmten Hauptsystem auf elementare Weise bestimmen. Aus diesen Ergebnissen bauen wir die Matrizen $(\boldsymbol{b}_0 \cdot \overset{\circ}{\boldsymbol{P}})$ sowie $\boldsymbol{b}_{\text{x}}$ im mittleren Teil von Abb. 2.37 auf, wobei der Vektor $\mathbf{s}$ der auftretenden Stabendkraftgrößen ausführlich im Abschn. 2.2.2 begründet wurde.

Nach diesen Vorarbeiten werden sämtliche, zum Aufbau der Elastizitätsgleichungen erforderlichen Matrizen mit Hilfe des in Abb. 2.37 wiedergegebenen Multiplikationsschemas manuell berechnet, nämlich die EI_{y}-fachen $\boldsymbol{b}_{\text{x}}^{\text{T}} \boldsymbol{f}\, \boldsymbol{b}_{\mathbf{x}}$, $\boldsymbol{b}_{\text{x}}^{\text{T}} \boldsymbol{f}\, (\boldsymbol{b}_0 \cdot \overset{\circ}{\boldsymbol{P}})$, und $\boldsymbol{b}_{\text{x}}^{\text{T}} \cdot \overset{\circ}{\boldsymbol{v}}$. Die

Baustatische Skizze des Originaltragwerks:

Stab a:	Stab b:
EI_y	EI_y
$EI_z \approx 0$	$EI_z \approx 0$
$GI_T = 0.5\,EI_y$	$GI_T \approx 0$

$n = 2$ für Querbelastung

Maßeinheiten: kN,m

Statisch bestimmtes Hauptsystem:

$$X = \begin{bmatrix} X_1 \\ X_2 \end{bmatrix}$$

Gleichgewichtstransformation am statisch bestimmten Hauptsystem:

$$s = (b_o \overset{\circ}{P}) + b_x \cdot X : \begin{bmatrix} M_{Tr}^a \\ M_{yl}^a \\ M_{yr}^a \\ M_{yl}^b \\ M_{yr}^b \end{bmatrix} = \begin{bmatrix} \\ -1032.0 \\ \\ \\ \end{bmatrix} + \begin{bmatrix} 1.0000 & \\ 0.6667 & -0.6667 \\ & \\ 1.0000 & \\ & 1.0000 \end{bmatrix} \cdot \begin{bmatrix} X_1 \\ X_2 \end{bmatrix}$$

System der Elastizitätsgleichungen:

$$EI_y \overset{\circ}{v} \qquad EI_y b_x^T \overset{\circ}{v} \qquad EI_y b_x^T f \qquad EI_y b_x^T f b_x \qquad EI_y b_x^T f(b_o \overset{\circ}{P})$$

$$F_{xx} \cdot X + b_x^T f(b_o \overset{\circ}{P}) + b_x^T \overset{\circ}{v} = 0 : \frac{1}{EI_y} \begin{bmatrix} 15.8889 & 0.6111 \\ 0.6111 & 3.8889 \end{bmatrix} \cdot \begin{bmatrix} X_1 \\ X_2 \end{bmatrix} + \frac{1}{EI_y} \begin{bmatrix} -1376.0 \\ 1376.0 \end{bmatrix} + \frac{1}{EI_y} \begin{bmatrix} 486.0 \\ 486.0 \end{bmatrix} = 0$$

Lösung : $\begin{bmatrix} X_1 \\ X_2 \end{bmatrix} = \begin{bmatrix} 74.9 \\ -490.6 \end{bmatrix}$

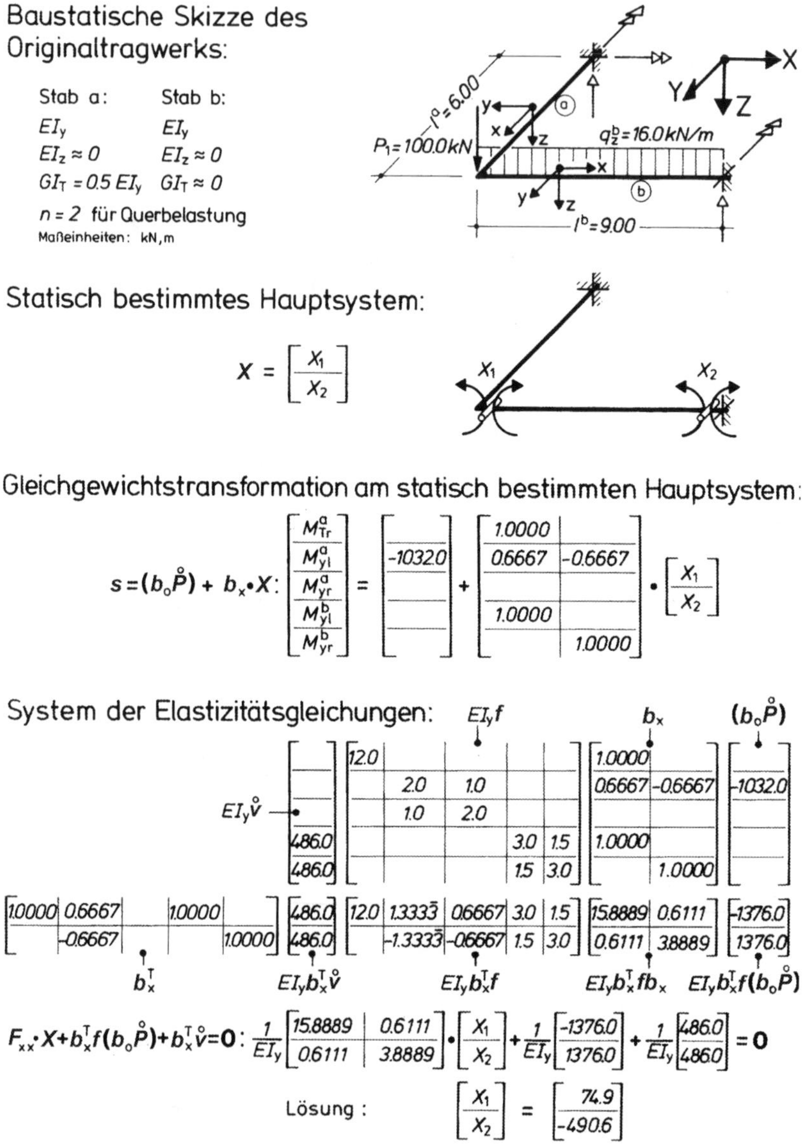

Abb. 2.37 Berechnung eines Trägerrostes nach dem reduzierten Kraftgrößenalgorithmus

hierzu erforderliche Matrix f sowie den Vektor $\overset{\circ}{v}$ entnehmen wir Abb. 2.29. Als Ergebnis entsteht das System der Elastizitätsgleichungen. Dessen Lösung X wird schließlich in die Gleichgewichtstransformation des statisch bestimmten Hauptsystems substituiert, und deren Spalten werden zeilenweise superponiert:

$$\boldsymbol{s} = (\boldsymbol{b}_0 \cdot \overset{\circ}{\boldsymbol{P}}) + \boldsymbol{b}_{\mathrm{x}} \cdot \boldsymbol{X}:$$

$$\begin{bmatrix} M^{\mathrm{a}}_{\mathrm{Tr}} \\ M^{\mathrm{a}}_{\mathrm{yl}} \\ M^{\mathrm{a}}_{\mathrm{yr}} \\ M^{\mathrm{b}}_{\mathrm{yl}} \\ M^{\mathrm{b}}_{\mathrm{yr}} \end{bmatrix} = \begin{bmatrix} \\ -1032.0 \\ \\ \\ \\ \end{bmatrix} + \begin{bmatrix} 1.0000 & \\ 0.6667 & -0.6667 \\ & \\ 1.0000 & \\ & 1.0000 \end{bmatrix} \cdot \begin{bmatrix} 74.9 \\ -490.6 \end{bmatrix} = \begin{bmatrix} 74.9 \\ -655.0 \\ \\ 74.9 \\ -490.6 \end{bmatrix}. \tag{2.115}$$

Hieraus lassen sich abschließend die Schnittgrößen berechnen und darstellen.

Ähnliche Berechnungen markieren den historischen Beginn matrizieller Algorithmen in der Statik [3, 12, 25], eine Reihe früher Bücher enthält sie [17, 28, 32] oder gibt manuell ausfüllbare Organisationsschemata an [31, 33]. Aus den bisherigen Beispielen wurde jedoch bereits deutlich, dass Matrizenmethoden ihre Überlegenheit erst durch den vollständigen Standardalgorithmus der Abb. 2.32 gewinnen, wozu i. A. der Einsatz von Computern erforderlich wird. Weiterhin benötigt man hierzu Software, welche die Operationen der Matrizenalgebra automatisch ablaufen lässt. Derartige Softwaresysteme sind heute vielfach verfügbar [48, 49], zumeist steuerbar in Form von symbolischen Sprachen. In Abb. 2.38 haben wir ein mögliches Ablaufprogramm für den Standard-Kraftgrößenalgorithmus in MAPLE wiedergegeben.

Dabei wurde vorausgesetzt, dass die Eingangsmatrizen $\boldsymbol{g}, \boldsymbol{f}, \overset{\circ}{\boldsymbol{v}}$ manuell erstellt werden, wie dies im parallel zu Abb. 2.38 zu lesenden Trägerrostbeispiel in Abb. 2.39 erfolgte. Abbildung 2.40 enthält abschließend für dieses Tragwerk sämtliche mit MAPLE berechnete (Zwischen-)Ergebnisse, die gemäß Abb. 2.32 wieder zu Matrizenbeziehungen zusammengestellt wurden. Dem Leser sei empfohlen, hiermit die Ergebnisse (2.115) der Abb. 2.37 zu verifizieren sowie zugehörige äußere Weggrößen zu ermitteln.

2.3.5 Übertragung des Reduktionssatzes

Obwohl nicht Ziel eines modernen Matrizenkonzeptes der Statik, stellt die Transkription von Arbeitstechniken des klassischen Kraftgrößenverfahrens eine reizvolle Aufgabe dar. Wir zeigen dies am Beispiel des Reduktionssatzes aus Abschn. 1.4.2.

Vorbereitend hierzu soll dem System der Elastizitätsgleichungen (2.106) und der Gesamt-Nachgiebigkeitsbeziehung (2.3.2) eine Kurzform gegeben werden. Durch Substitution von

$$\boldsymbol{s} = \boldsymbol{b}_0 \cdot \boldsymbol{P} + \boldsymbol{b}_{\mathrm{x}} \cdot \boldsymbol{X} \quad \text{sowie} \quad \boldsymbol{v} = \boldsymbol{f} \cdot \boldsymbol{s} + \overset{\circ}{\boldsymbol{v}} \tag{2.116}$$

in beide Beziehungen entsteht aus ihnen:

$$\begin{aligned} \boldsymbol{V}_{\mathrm{x}} &= \boldsymbol{b}_{\mathrm{x}}^{\mathrm{T}} \boldsymbol{f} \boldsymbol{b}_0 \cdot \boldsymbol{P} + \boldsymbol{b}_{\mathrm{x}}^{\mathrm{T}} \boldsymbol{f} \boldsymbol{b}_{\mathrm{x}} \cdot \boldsymbol{X} + \boldsymbol{b}_{\mathrm{x}}^{\mathrm{T}} \cdot \overset{\circ}{\boldsymbol{v}} = \boldsymbol{b}_{\mathrm{x}}^{\mathrm{T}} [\boldsymbol{f}(\boldsymbol{b}_0 \cdot \boldsymbol{P} + \boldsymbol{b}_{\mathrm{x}} \cdot \boldsymbol{X}) + \overset{\circ}{\boldsymbol{v}}] \\ &= \boldsymbol{b}_{\mathrm{x}}^{\mathrm{T}} \cdot \boldsymbol{v} = 0, \end{aligned} \tag{2.117}$$

```
> n:=2:
> g:=matrix(5,5,
[0,-0.1667,0.1667,0.1111,
-0.11119,0,0,-1,0,0,1,0,0,
-1,0,0,0,0,1,0,0,0,0,0,1]);
f:=matrix(5,5,
[12,0,0,0,0,0,2,1,0,0,0,1,2,0,0,0,
0,0,3,1.5,0,0,0,1.5,3]);
v:=matrix(5,1,[0,0,0,486,486]);
```

Der Grad der statischen Unbestimmtheit.

Die Matrizen $\tilde{g}, f, \overset{\circ}{v}$ (siehe z. B. Abb. 2.39 werden eingegeben und zur Kontrolle ausgedruckt.

$$g := \begin{bmatrix} 0 & -.1667 & .1667 & .1111 & -.11119 \\ 0 & 0 & -1 & 0 & 0 \\ 1 & 0 & 0 & -1 & 0 \\ 0 & 0 & 0 & 1 & 0 \\ 0 & 0 & 0 & 0 & 1 \end{bmatrix}$$

$$f := \begin{bmatrix} 12 & 0 & 0 & 0 & 0 \\ 0 & 2 & 1 & 0 & 0 \\ 0 & 1 & 2 & 0 & 0 \\ 0 & 0 & 0 & 3 & 1.5 \\ 0 & 0 & 0 & 1.5 & 3 \end{bmatrix}$$

$$v := \begin{bmatrix} 0 \\ 0 \\ 0 \\ 486 \\ 486 \end{bmatrix}$$

```
> bs:=inverse(g):
```

$\tilde{b} = \tilde{g}^{-1}$ wird gebildet.

```
> m:=rowdim(g):
b0:=submatrix(bs,1..m,1..m-n):
bx:=submatrix(bs,1..m,m-(n-1)..m):
bx_T:=transpose(bx):
```

Heraustrennen von b_0 und b_x aus $\tilde{b}$ sowie Bildung von b_x^T.

```
> Fs:=evalm(transpose(bs)&*(f&*bs)):
bv:=evalm(transpose(bs)&*v):
```

Bildung von $\tilde{F} = \tilde{b}^T \cdot f \cdot \tilde{b}$ und $\tilde{b}^T \cdot \overset{\circ}{v}$.

```
> F00:=submatrix(Fs,1..m-n,1..m-n):
Fxx:=submatrix(Fs,m-n+1..m,m-n+1..m):
Fx0:=submatrix(Fs,m-n+1..m,1..m-n):
```

Heraustrennen von F_{00}, F_{x0}, F_{xx} aus F.

```
> _Fxx_1:=inverse(-Fxx):
_Fxx_1Fx0:=evalm(_Fxx_1&*Fx0):
_Fxx_1bx_T:=evalm(_Fxx_1&*bx_T):
_Fxx_1bx_Tv:=evalm(_Fxx_1bx_T&*v):
```

Bildung von $-F_{xx}^{-1}, -F_{xx}^{-1} \cdot F_{x0}, -F_{xx}^{-1} \cdot b_x^T$ und $-F_{xx}^{-1} \cdot b_x^T \cdot \overset{\circ}{v}$.

```
> b:=evalm(b0+bx&*_Fxx_1&*Fx0):
```

$b = b_0 - b_x \cdot F_{xx}^{-1} \cdot F_{x0}$ wird berechnet.

```
> kxxv:=evalm(bx&*_Fxx_1&*bx_T&*v):
```

$k_{xx} \cdot \overset{\circ}{v} = -b_x \cdot F_{xx}^{-1} \cdot b_x^T \cdot \overset{\circ}{v}$ wird berechnet.

```
> F:=evalm(F00+transpose(Fx0)&*
_Fxx_1&*Fx0);
```

$F = F_{00} - F_{x0}^T \cdot F_{xx}^{-1} \cdot F_{x0}$ wird berechnet und ausgedruckt.

$$F := \begin{bmatrix} 50.08640508 & 12.52410559 & 7.030865930 \\ 12.52410559 & 4.631652602 & 1.758068027 \\ 7.030865930 & 1.758068026 & 2.881692796 \end{bmatrix}$$

```
> b_Tv:=evalm(transpose(b)&*v);
```

$b^T \cdot \overset{\circ}{v}$ wird berechnet und ausgedruckt.

$$b\_Tv := \begin{bmatrix} -759.8203598 \\ -189.9930810 \\ -311.2911622 \end{bmatrix}$$

Abb. 2.38 MAPLE VII-Worksheet des Standard-Kraftgrößenalgorithmus

Baustatische Skizze des Originaltragwerks:

Stab a:	Stab b:
EI_y	EI_y
$EI_z \approx 0$	$EI_z \approx 0$
$GI_T = 0.5\,EI_y$	$GI_T \approx 0$

$n = 2$ für Querbelastung

Maßeinheiten: kN, m

Statisch bestimmtes Hauptsystem:

$$P = \begin{bmatrix} P_1 \\ P_2 \\ P_3 \end{bmatrix}, \quad X = \begin{bmatrix} X_1 \\ X_2 \end{bmatrix}$$

Knotengleichgewichts- und Zusatzbedingungen zum statisch bestimmten Hauptsystem:

Zusatzbedingungen: $\Sigma M_{yg} = 0:\ X_1 - M_{yl}^b = 0$ $\Sigma M_{yg} = 0:\ X_2 - M_{yr}^b = 0$

$$\begin{bmatrix} P \\ \hline X \end{bmatrix} = \begin{bmatrix} g_0 \\ \hline g_x \end{bmatrix} \cdot s = \tilde{g} \cdot s :$$

$$\begin{bmatrix} P_1 \\ P_2 \\ P_3 \\ X_1 \\ X_2 \end{bmatrix} = \begin{bmatrix} -0.166\overline{6} & 0.166\overline{6} & 0.111\overline{1} & -0.111\overline{1} \\ & -1.0000 & & \\ 1.0000 & & -1.0000 & \\ & & 1.0000 & \\ & & & 1.0000 \end{bmatrix} \cdot \begin{bmatrix} M_{Tr}^a \\ M_{yl}^a \\ M_{yr}^a \\ M_{yl}^b \\ M_{yr}^b \end{bmatrix}$$

Nachgiebigkeitsbeziehung aller Elemente:

$$\begin{bmatrix} v \end{bmatrix} = \begin{bmatrix} f \end{bmatrix} \cdot s + \begin{bmatrix} \overset{\circ}{v} \end{bmatrix} :$$

$$\begin{bmatrix} \varphi_{\vartheta}^a \\ \tau_{yl}^a \\ \tau_{yr}^a \\ \tau_{yl}^b \\ \tau_{yr}^b \end{bmatrix} = \frac{1}{EI_y} \begin{bmatrix} 12.0 & & & & \\ & 2.0 & 1.0 & & \\ & 1.0 & 2.0 & & \\ & & & 3.0 & 1.5 \\ & & & 1.5 & 3.0 \end{bmatrix} \cdot \begin{bmatrix} M_{Tr}^a \\ M_{yl}^a \\ M_{yr}^a \\ M_{yl}^b \\ M_{yr}^b \end{bmatrix} + \frac{1}{EI_y} \begin{bmatrix} \\ \\ \\ 486.0 \\ 486.0 \end{bmatrix}$$

leere Positionen sind mit Nullen besetzt

Tafel 2.1, Zeile 1: $q_z^b \cdot \dfrac{l_b^3}{24} = 16.0 \cdot \dfrac{9.00^3}{24} = 486.0$

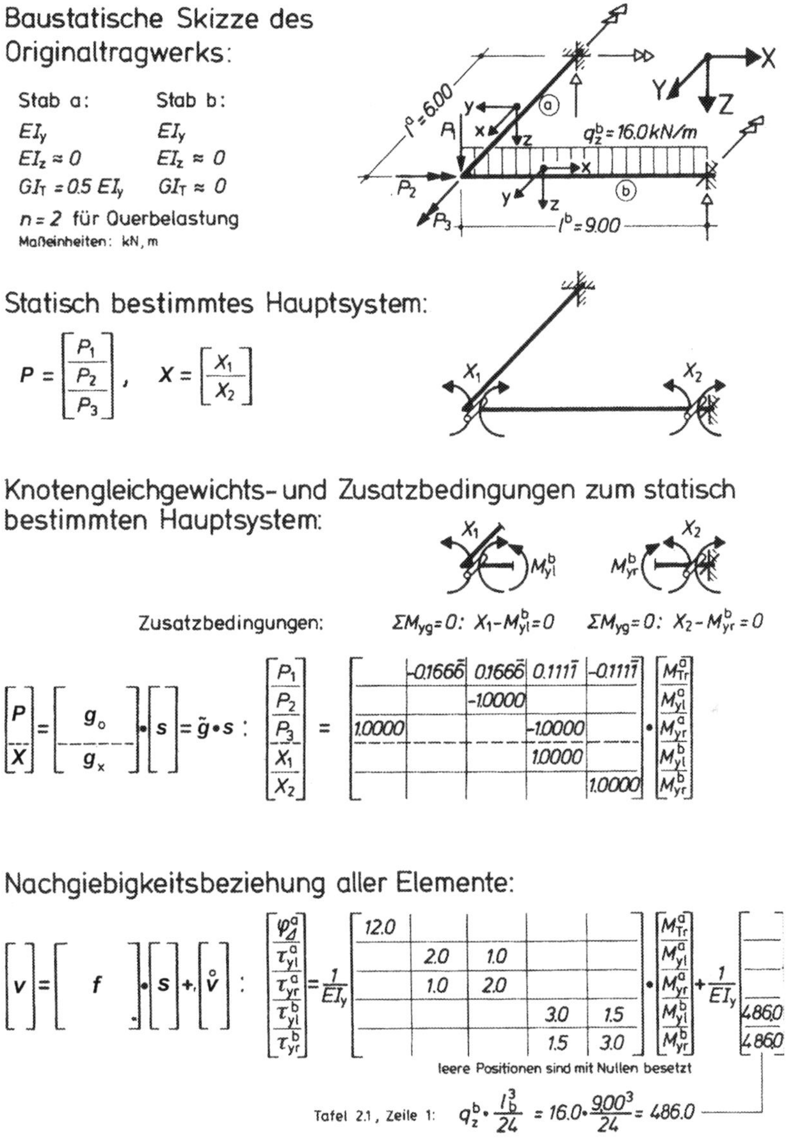

Abb. 2.39 Grundmatrizen zur Berechnung eines 2-fach statisch unbestimmten Trägerrostes

$$V = b_0^T f\, b_0 \cdot P + b_0^T f\, b_x \cdot X + b_0^T \cdot \overset{\circ}{v} = b_0^T [f(b_0 \cdot P + b_x \cdot t\,X) + \overset{\circ}{v}]$$
$$= b_0^T \cdot v. \tag{2.118}$$

Zur Berechnung von Verschiebungsgrößen einzelner Tragwerkspunkte war bekanntlich das Prinzip der virtuellen Kraftgrößen (2.60)

$$\delta P^T \cdot V = \delta s^T \cdot v \tag{2.119}$$

Gleichgewichtstranformation am statisch bestimmten Hauptsystem:

$$\begin{bmatrix} s \end{bmatrix} = \begin{bmatrix} b_o & b_x \end{bmatrix} \bullet \begin{bmatrix} P \\ X \end{bmatrix} = \tilde{b} \bullet \tilde{P} : \quad \begin{bmatrix} M^a_{Tr} \\ M^a_{yl} \\ M^a_{yr} \\ M^b_{yl} \\ M^b_{yr} \end{bmatrix} = \begin{bmatrix} & & 1.0000 & 1.0000 & \\ -6.0000 & -1.0000 & & 0.6667 & -0.6667 \\ & -1.0000 & & & \\ & & & 1.0000 & \\ & & & & 1.0000 \end{bmatrix} \bullet \begin{bmatrix} P_1 \\ P_2 \\ P_3 \\ X_1 \\ X_2 \end{bmatrix}$$

Gesamt-Nachgiebigkeitsbeziehung des statisch bestimmten Hauptsystems:

$$\begin{bmatrix} V \\ V_x \end{bmatrix} = \begin{bmatrix} F_{oo} & F^T_{xo} \\ F_{xo} & F_{xx} \end{bmatrix} \bullet \begin{bmatrix} P \\ X \end{bmatrix} + \begin{bmatrix} b^T_o \overset{o}{v} \\ b^T_x \overset{o}{v} \end{bmatrix} : \quad \begin{bmatrix} V_1 \\ V_2 \\ V_3 \\ V_{x1} \\ V_{x2} \end{bmatrix} = \frac{1}{EI_y} \begin{bmatrix} 72.000 & 18.000 & & -8.000 & 8.000 \\ 18.000 & 6.000 & & -2.000 & 2.000 \\ & & 12.000 & 12.000 & \\ -8.000 & -2.000 & 12.000 & 15.889 & 0.611 \\ 8.000 & 2.000 & & 0.611 & 3.889 \end{bmatrix} \bullet \begin{bmatrix} P_1 \\ P_2 \\ P_3 \\ X_1 \\ X_2 \end{bmatrix} + \frac{1}{EI_y} \begin{bmatrix} \\ \\ \\ 486.0 \\ 486.0 \end{bmatrix}$$

Statisch Überzählige:

$$\begin{bmatrix} X \end{bmatrix} = \begin{bmatrix} -F^{-1}_{xx} \cdot F_{xo} \end{bmatrix} \bullet \begin{bmatrix} P \end{bmatrix} + \begin{bmatrix} b^T_x \overset{o}{v} \end{bmatrix} : \quad \begin{bmatrix} X_1 \\ X_2 \end{bmatrix} = \begin{bmatrix} 0.5862 & 0.1465 & -0.7598 \\ -2.1492 & -0.5373 & 0.1194 \end{bmatrix} \bullet \begin{bmatrix} P_1 \\ P_2 \\ P_3 \end{bmatrix} + \begin{bmatrix} -25.94 \\ -120.90 \end{bmatrix}$$

$$= \begin{bmatrix} -F^{-1}_{xx} \cdot F_{xo} \end{bmatrix} \cdot \begin{bmatrix} P \end{bmatrix} + \begin{bmatrix} -F^{-1}_{xx} \cdot b^T_x \overset{o}{v} \end{bmatrix}$$

Gleichgewichtstransformation des Originaltragwerks:

$$\begin{bmatrix} s \end{bmatrix} = \begin{bmatrix} b \end{bmatrix} \bullet \begin{bmatrix} P \end{bmatrix} + \begin{bmatrix} k_{xx} \overset{o}{v} \end{bmatrix} : \quad \begin{bmatrix} M^a_{Tr} \\ M^a_{yl} \\ M^a_{yr} \\ M^b_{yl} \\ M^b_{yr} \end{bmatrix} = \begin{bmatrix} 0.5862 & 0.1465 & 0.2402 \\ -4.1764 & -0.5441 & -0.5862 \\ & -1.0000 & \\ 0.5862 & 0.1465 & -0.7598 \\ -2.1492 & -0.5373 & 0.1194 \end{bmatrix} \bullet \begin{bmatrix} P_1 \\ P_2 \\ P_3 \end{bmatrix} + \begin{bmatrix} -25.94 \\ 63.31 \\ \\ -25.94 \\ -120.90 \end{bmatrix}$$

Gesamt-Nachgiebigkeitsbeziehung des Originaltragwerks:

$$\begin{bmatrix} V \end{bmatrix} = \begin{bmatrix} F \end{bmatrix} \bullet \begin{bmatrix} P \end{bmatrix} + \begin{bmatrix} b^T \overset{o}{v} \end{bmatrix} : \quad \begin{bmatrix} V_1 \\ V_2 \\ V_3 \end{bmatrix} = \frac{1}{EI_y} \begin{bmatrix} 50.117 & 12.529 & 7.034 \\ 12.529 & 4.632 & 1.759 \\ 7.034 & 1.759 & 2.882 \end{bmatrix} \bullet \begin{bmatrix} P_1 \\ P_2 \\ P_3 \end{bmatrix} + \frac{1}{EI_y} \begin{bmatrix} -759.7 \\ -189.9 \\ -311.3 \end{bmatrix}$$

leere Positionen sind mit Nullen besetzt

Abb. 2.40 Ergebnisse des Berechnungsganges von Abb. 2.39

in der Weise angewendet worden, dass die zur gesuchten Weggröße V_i korrespondierende, virtuelle Kraftgröße $\delta P_i = 1$ auf das Tragwerk einwirkte. Mit

$$\delta \boldsymbol{P} = \{\delta P_1 = 0 \quad \delta P_2 = 0 \ldots \delta P_i = 1 \ldots \delta P_m = 0\} \tag{2.120}$$

entstand aus (2.119) mit

$$\delta \boldsymbol{P}^T \cdot \boldsymbol{V} = V_i = \delta \mathbf{s}^T \cdot \boldsymbol{v} \tag{2.121}$$

eine Form des Prinzips, die links die gesuchte Weggröße explizit aufweist (siehe auch (2.88)). Auf der rechten Seite kürzen $\delta\boldsymbol{s}$ die virtuellen Stabendkraftgrößen infolge $\delta P_{\mathrm{i}} = 1$ und $\boldsymbol{v}$ die Stabendweggrößen infolge der vorgegebenen Einwirkung ab. Beide Matrixvariablen wirken zunächst am statisch unbestimmten Originaltragwerk.

Substituieren wir nun in das Prinzip der virtuellen Arbeiten (2.121) gemäß (2.116)

$$\delta\boldsymbol{s} = \boldsymbol{b}_0 \cdot \delta\boldsymbol{P} + \boldsymbol{b}_{\mathrm{x}} \cdot \delta\boldsymbol{X} = \boldsymbol{b}_{\mathrm{oi}} + \boldsymbol{b}_{\mathrm{x}} \cdot \delta\boldsymbol{X} \tag{2.122}$$

mit $\boldsymbol{b}_{0\mathrm{i}}$ als i-ter Spalte von $\boldsymbol{b}_0$ infolge $\delta P_{\mathrm{i}} = 1$ am statisch bestimmten Hauptsystem, so entsteht mit (2.117):

$$V_{\mathrm{i}} = \delta\boldsymbol{s}^{\mathrm{T}} \cdot \boldsymbol{v} = \boldsymbol{b}_{0\mathrm{i}}^{\mathrm{T}} \cdot \boldsymbol{v} + \delta\boldsymbol{X}^{\mathrm{T}} \underbrace{\boldsymbol{b}_{\mathrm{x}}^{\mathrm{T}} \cdot \boldsymbol{v}}_{=\boldsymbol{0}} = \boldsymbol{b}_{0\mathrm{i}}^{\mathrm{T}} \cdot \boldsymbol{v}. \tag{2.123}$$

Andererseits gewinnen wir aus (2.121) ebenfalls mit (2.117), wobei vereinfachend $\overset{\circ}{\boldsymbol{v}} = 0$ vorausgesetzt wurde:

$$\begin{aligned} V_{\mathrm{i}} &= \delta\boldsymbol{s}^{\mathrm{T}} \cdot \boldsymbol{v} = \delta\boldsymbol{v}^{\mathrm{T}} \cdot \boldsymbol{f}^{-1} \cdot \boldsymbol{f} \cdot \boldsymbol{s} = \delta\boldsymbol{v}^{\mathrm{T}} \cdot \boldsymbol{s} = \delta\boldsymbol{v}^{\mathrm{T}} \cdot \boldsymbol{b}_0\boldsymbol{P} + \delta\boldsymbol{v}^{\mathrm{T}} \cdot \boldsymbol{b}_{\mathrm{x}}\boldsymbol{X} \\ &= \delta\boldsymbol{v}^{\mathrm{T}} \cdot \boldsymbol{b}_0\boldsymbol{P} + \underbrace{\left(\boldsymbol{b}_{\mathrm{x}}^{\mathrm{T}} \cdot \delta\boldsymbol{v}\right)^{\mathrm{T}}}_{=\boldsymbol{0}}\boldsymbol{X} = \delta\boldsymbol{v}^{\mathrm{T}} \cdot \boldsymbol{b}_0\boldsymbol{P}. \end{aligned} \tag{2.124}$$

Damit sind die drei matriziellen Alternativen des Reduktionssatzes (2.57) bestimmt: Beide Zustände $\delta\boldsymbol{s}$, $\boldsymbol{v}$ können dem zu untersuchenden, statisch unbestimmten Originaltragwerk entstammen (2.121) oder je einer einem willkürlichen, statisch bestimmten Hauptsystem, nämlich $\delta\boldsymbol{s} = \boldsymbol{b}_{0\mathrm{i}}$ in (2.123) oder $\boldsymbol{v} = \boldsymbol{f} \cdot \boldsymbol{s} = \boldsymbol{f} \cdot \boldsymbol{b}_0\boldsymbol{P}$ in (2.124).

Wir überlassen es unseren Lesern, weitere klassische Algorithmen in matrizielle Formen zu übertragen.

2.3.6 Standardaufgaben

Der besondere Vorteil des Matrizenkonzeptes der Statik besteht darin, automatisch ablaufende Standardalgorithmen entwickeln zu können, welche unabhängig vom vorliegenden Tragwerk auf alle baustatischen Fragestellungen Antworten geben. Denn die in Abb. 2.25 erläuterten Eigenschaften der beiden Systemmatrizen $\boldsymbol{b}$ und $\boldsymbol{F}$, nach welchen deren

- *Spalten Zustandskoeffizienten* der einzelnen Lastzustände $P_{\mathrm{j}} = 1$ darstellen, deren
- *Zeilen* dagegen aus *Einflusskoeffizienten* der Einwirkungsursachen $P_{\mathrm{j}} = 1 (1 \leq j \leq m)$ bestehen,

gelten natürlich unabhängig vom Grad n der statischen Unbestimmtheit, also auch hier. Wir untersuchen daher nun, wie weit das bei den im Abschn. 2.2.3 behandelten Standardaufgaben gewählte Vorgehen auf statisch unbestimmte Tragwerke übertragbar ist.

Selbstverständlich lassen sich *Schnittgrößen-Zustandslinien* unverändert aus den Stabendkraftgrößen s_i der Spalten $\boldsymbol{b}_j$ ermitteln, wenn deren [[23], Abschn. 5.1.2] entwickelte Konstruktionsmerkmale angewendet werden. Anders sieht es dagegen bei *Kraftgrößen-Einflusslinien* aus, die nunmehr virtuelle Verformungsfiguren an elastisch verformbaren Strukturen verkörpern. Die aus Zeilen von $\boldsymbol{b}$ entnommenen Koeffizienten beschreiben somit Knotenpunktsordinaten von Biegelinien. Gleiches gilt für die auf der Basis der Nachgiebigkeitsmatrix $\boldsymbol{F}$ konstruierten *Biegelinien* und *Weggrößen-Einflusslinien*. In allen diesen Fällen müssten an die Entnahme der Knotenpunktsordinaten elementweise Biegelinienermittlungen angeschlossen werden, beispielsweise mittels der ω-Funktionen, wobei die erforderlichen Biegemomentenverläufe der $\boldsymbol{b}$-Matrix entstammen. Diese Kombination von rechnerorientiertem und manuellem Vorgehen ist jedoch weitgehend unüblich. Vorteilhafter ist es i. A., die Diskretisierung durch Knotenpunkte so eng zu wählen, dass deren geradlinige Verbindungen zu genügend genauen Approximationen führen.

In den Abb. 2.41 bis 2.42 wurde abschließend erneut ein statisch unbestimmtes Tragwerk nach dem Standard-Kraftgrößenalgorithmus der Abb. 2.32 berechnet, nämlich ein 3-fach statisch unbestimmtes Fachwerk in Anlehnung an das Beispiel des Abschn. 2.2.6. Das Fachwerk besitzt 13 Stäbe und 10 Knotenfreiheitsgrade. Ausgehend von der manuellen Erstellung der Gleichgewichts- und Zusatzbedingungen in Abb. 2.41, letztere durch Wahl der Stabkräfte N^{12}, N^{13} sowie der Lagerkraft $-C_4$ als statisch Unbestimmte entstanden, geben wir die wesentlichen, auf der Grundlage des Algorithmus der Abb. 2.38 ermittelten Ergebnisse wieder.

Wir beginnen mit der Gleichgewichtstransformation und der Gesamt-Nachgiebigkeitsbeziehung des statisch bestimmten Hauptsystems in Abb. 2.42. Die Transformation der äußeren Lasten $\boldsymbol{P}$ in die statisch Überzähligen $\boldsymbol{X}$ lautet gemäß (2.107):

$$\boldsymbol{X} = -\boldsymbol{F}_{\mathrm{xx}}^{-1} \cdot \boldsymbol{F}_{\mathrm{x0}} \cdot \boldsymbol{P} \tag{2.125}$$

mit

$$-\boldsymbol{F}_{\mathrm{xx}}^{-1} \cdot \boldsymbol{F}_{\mathrm{x0}} = \left[\begin{array}{cccccccccc} 0.2031 & -0.1756 & 0.0835 & -0.3994 & 0.3299 & -0.5500 & 0.0402 & -0.3756 & 0.3330 & -0.1994 \\ -0.3330 & -0.1994 & -0.0402 & -0.3756 & -0.3299 & -0.5500 & -0.0835 & -0.3994 & -0.2031 & -0.1756 \\ -0.5250 & -0.3608 & -0.3250 & -0.5341 & -0.5000 & -0.6928 & -0.6750 & -0.5341 & -0.4750 & -0.3608 \end{array}\right] \cdot \tag{2.126}$$

Aus den beiden Systemmatrizen $\boldsymbol{b}$ (Abb. 2.42) und $\boldsymbol{F}$ (Abb. 2.43) des Originaltragwerks wurden schließlich in Abb. 2.43 verschiedene Einflusslinien konstruiert. Da es sich bei dem vorliegenden Tragwerk um ein ideales Fachwerk handelt, dürfen hierbei die Knotenpunktsordinaten linear miteinander verbunden werden. Für den Leser interessant dürfte der Vergleich wesentlicher Elemente von $\boldsymbol{b}$, $\boldsymbol{F}$ mit den entsprechenden Matrizen $\boldsymbol{b}_0$, $\boldsymbol{F}_{00}$ des statisch bestimmten Hauptsystems sein: Er belegt die Effizienzsteigerung der Struktur durch die statisch unbestimmten Bindungen.

Baustatische Skizze des Originaltragwerks:

$n = a + p - 2 \cdot k$
$= 4 + 13 - 2 \cdot 7 = 3$

Alle Winkel $\alpha = 60°$

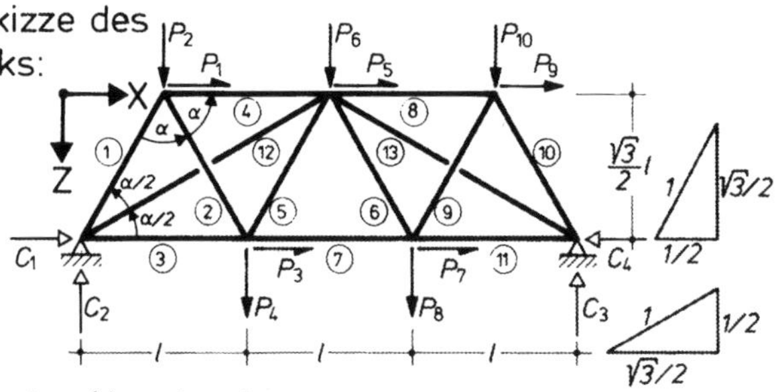

Statisch bestimmtes Hauptsystem:

$$X = \begin{bmatrix} X_1 \\ X_2 \\ X_3 \end{bmatrix}$$

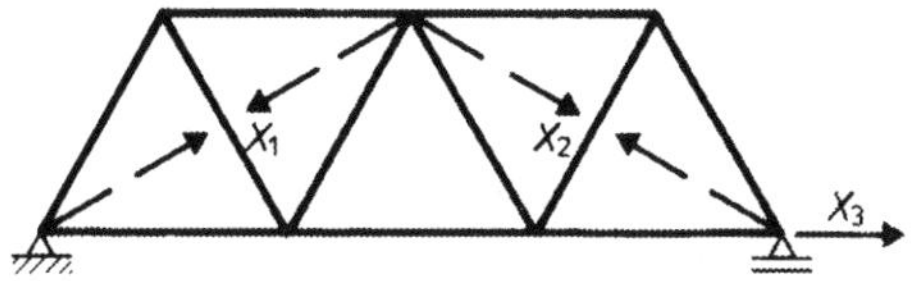

Knotengleichgewichts- u. Zusatzbedingungen: $\tilde{P} = \tilde{g} \cdot s = \begin{bmatrix} P \\ X \end{bmatrix} = \begin{bmatrix} g_0 \\ g_x \end{bmatrix} \cdot \begin{bmatrix} s \end{bmatrix}$

Zusatzbedingungen :

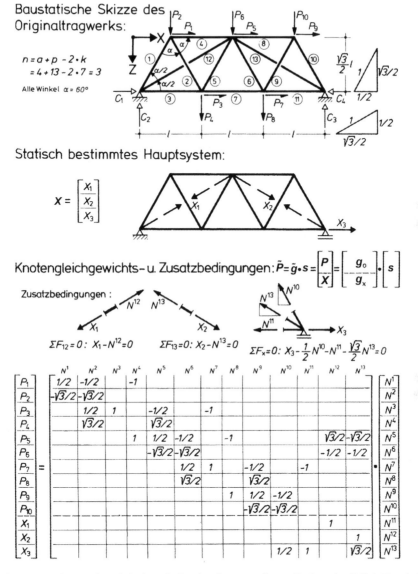

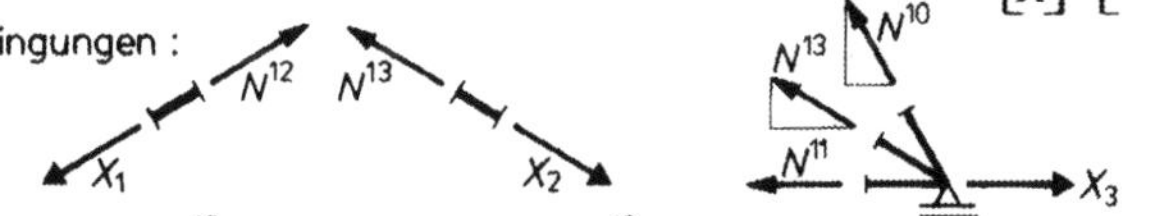

$\Sigma F_{12} = 0:\; X_1 - N^{12} = 0$ $\qquad \Sigma F_{13} = 0:\; X_2 - N^{13} = 0$ $\qquad \Sigma F_x = 0:\; X_3 - \frac{1}{2} N^{10} - N^{11} - \frac{\sqrt{3}}{2} N^{13} = 0$

	N^1	N^2	N^3	N^4	N^5	N^6	N^7	N^8	N^9	N^{10}	N^{11}	N^{12}	N^{13}		
P_1	1/2	-1/2		-1											N^1
P_2	-√3/2	-√3/2													N^2
P_3		1/2	1		-1/2		-1								N^3
P_4		√3/2			√3/2										N^4
P_5				1	1/2	-1/2		-1				√3/2	-√3/2		N^5
P_6					-√3/2	-√3/2						-1/2	-1/2		N^6
P_7 =						1/2	1		-1/2		-1			·	N^7
P_8						√3/2			√3/2						N^8
P_9								1	1/2	-1/2					N^9
P_{10}									-√3/2	-√3/2					N^{10}
X_1												1			N^{11}
X_2													1		N^{12}
X_3										1/2	1		√3/2		N^{13}

Abb. 2.41 Berechnung eines 3-fach statisch unbestimmten, ebenen Fachwerks, Teil 1: Vorarbeiten

Gleichgewichtstransformation am statisch bestimmten Hauptsystem: $\mathbf{s} = \tilde{\mathbf{b}} \cdot \tilde{\mathbf{P}} = [\;] = [\mathbf{b}_0 \mid \mathbf{b}_x] \cdot \left[\frac{\mathbf{P}}{\mathbf{X}}\right]$

$\tilde{\mathbf{b}} =$

P_1	P_2	P_3	P_4	P_5	P_6	P_7	P_8	P_9	P_{10}	X_1	X_2	X_3
0.3333	-0.9623		-0.7698	0.3333	-0.5774		-0.3849	0.3333	-0.1925	-0.5774		
-0.3333	-0.1925		0.7698	-0.3333	0.5774		0.3849	-0.3333	0.1925	0.5774		
0.8333	0.4811	1.000	0.3849	0.8333	0.2887	1.000	0.1925	0.8333	0.0962	-0.5774		1.000
-0.6667	-0.3849		-0.7698	0.3333	-0.5774		-0.3849	0.3333	-0.1925	-0.5774		
0.3333	0.1925		0.3849	0.3333	-0.5774		-0.3849	0.3333	-0.1925	-0.5774		
-0.3333	-0.1925		-0.3849	-0.3333	-0.5774		0.3849	-0.3333	0.1925		-0.5774	
0.5000	0.2887		0.5774	0.5000	0.8660	1.000	0.5774	0.5000	0.2887			1.000
-0.3333	-0.1925		-0.3849	-0.3333	-0.5774		-0.7698	0.6667	-0.3849		-0.5774	
0.3333	0.1925		0.3849	0.3333	0.5774		0.7698	0.3333	-0.1925		0.5774	
-0.3333	-0.1925		-0.3849	-0.3333	-0.5774		-0.7698	-0.3333	-0.9623		-0.5774	
0.1667	0.0962		0.1925	0.1667	0.2887		0.3849	0.1667	0.4811		-0.5774	1.000
										1.000		
											1.000	

Gesamt-Nachgiebigkeitsbeziehung des stat. bestimmten Hauptsyst.: $\tilde{\mathbf{V}} = \tilde{\mathbf{F}} \cdot \tilde{\mathbf{P}} = \left[\frac{\mathbf{V}}{\mathbf{V}_x}\right] = \left[\begin{array}{c|c} \mathbf{F}_{00} & \mathbf{F}_{x0}^T \\ \hline \mathbf{F}_{x0} & \mathbf{F}_{xx} \end{array}\right] \cdot \left[\frac{\mathbf{P}}{\mathbf{X}}\right]$

mit: $\tilde{\mathbf{V}} = \{\mathbf{V} \mid \mathbf{V}_x\} = \{V_1\ V_2\ V_3\ V_4\ V_5\ V_6\ V_7\ V_8\ V_9\ V_{10} \mid V_{x1}\ V_{x2}\ V_{x3}\}$,

$\tilde{\mathbf{F}} = \tilde{\mathbf{b}}^T \cdot \mathbf{f} \cdot \tilde{\mathbf{b}}$, $\mathbf{f}^1$ bis $\mathbf{f}^{11}$ gemäß Abb 2.31, $\mathbf{f}^{12} = \mathbf{f}^{13} = l/EA$

$\tilde{\mathbf{F}} = \frac{l}{EA}$

1.4306	0.4410	0.4167	0.6415	1.0972	0.6495	0.6667	0.5132	0.9306	0.2807	-0.6254	0.6254	0.7500
	1.3657	0.2406	1.2593	0.2486	1.0417	0.3849	0.7407	0.1524	0.3843	0.3056	0.3611	0.4330
		0.5000	0.1925	0.4167	0.1443	0.5000	0.0962	0.4167	0.0481	-0.2887		0.5000
			2.4074	0.2566	2.0000	0.4811	1.4259	0.0642	0.7407	0.7778	0.7222	0.5774
				1.2639	0.3608	0.6667	0.3208	1.0972	0.1844	-0.9141	0.6255	0.7500
					2.7917	0.5774	2.0000	0.0722	1.0417	1.0833	1.0833	0.7217
	symmetrisch					1.0000	0.3849	0.6667	0.1925	-0.2887		1.0000
							2.4074	-0.0642	1.2593	0.7222	0.7778	0.5774
								1.4306	-0.0080	-0.9141	0.3368	0.7500
									1.3657	0.3611	0.3056	0.4330
										2.3333		-0.2887
											2.3333	-0.2887
												1.5000

Gleichgewichtstransformation am Originaltragwerk: $\mathbf{s} = \mathbf{b} \cdot \mathbf{P} = [\mathbf{s}] = [\;\mathbf{b}\;] \cdot [\mathbf{P}]$

$\mathbf{b} =$

1	2	3	4	5	6	7	8	9	10
0.2161	-0.8609	-0.0482	-0.5392	0.1429	-0.2598	-0.0232	-0.1681	0.1411	-0.0773
-0.2161	-0.2938	0.0482	0.5392	-0.1429	0.2598	0.0232	0.1681	-0.1411	0.0773
0.1911	0.2217	0.6268	0.0814	0.1429	-0.0867	0.3018	-0.1248	0.1667	-0.1495
-0.7839	-0.2835	-0.0482	-0.5392	0.1429	-0.2598	-0.0232	-0.1681	0.1411	-0.0773
0.2161	0.2938	-0.0482	0.6155	0.1429	-0.2598	-0.0232	-0.1681	0.1411	-0.0773
-0.1411	-0.0773	0.0232	-0.1681	-0.1429	-0.2598	0.0482	0.6155	-0.2161	0.2938
-0.0250	-0.0721	-0.3250	0.0433		0.1732	0.3250	0.0433	0.0250	-0.0722
-0.1411	-0.0773	0.0232	-0.1681	-0.1429	-0.2598	0.0482	-0.5392	0.7839	-0.2835
0.1411	0.0773	-0.0232	0.1681	0.1429	0.2598	-0.0482	0.5392	0.2161	-0.2938
-0.1411	-0.0773	0.0232	-0.1681	-0.1429	-0.2598	0.0482	-0.5392	-0.2161	-0.8609
-0.1667	-0.1495	-0.3018	-0.1248	-0.1429	-0.0867	-0.6268	0.0814	-0.1911	0.2217
0.2031	-0.1756	0.0835	-0.3994	0.3300	-0.5500	0.0402	-0.3756	0.3330	-0.1994
-0.3330	-0.1994	-0.0402	-0.3756	-0.3300	-0.5500	-0.0835	-0.3994	-0.2031	-0.1756

Abb. 2.42 Berechnung eines 3-fach statisch unbestimmten, ebenen Fachwerks, Teil 2: statisch bestimmtes Hauptsystem und Gleichgewicht des Originaltragwerks

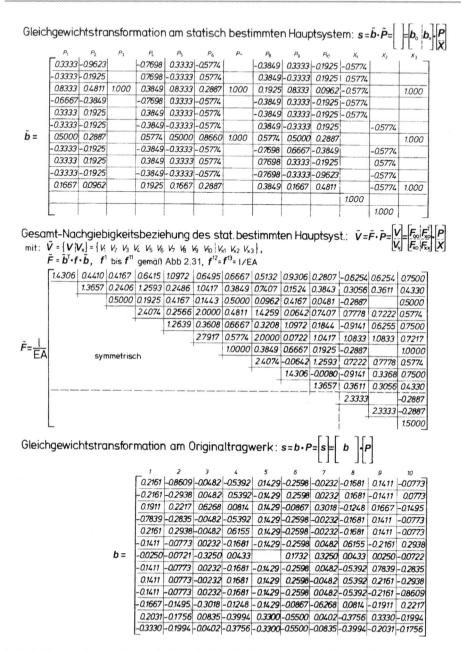

Gesamt-Nachgiebigkeitsbeziehung des Originaltragwerks: $V = F \cdot P = [V] = [F] \cdot [P]$

$F = \frac{l}{EA} \cdot$

	1	2	3	4	5	6	7	8	9	10
	0.7015	0.1555	0.0955	0.2559	0.3095	0.1299	0.0830	0.0978	0.2390	0.0249
		1.0838	0.1108	0.7703	0.0137	0.3750	0.0747	0.2505	-0.0249	0.1037
			0.3134	0.0407	0.0714	-0.0433	0.1509	-0.0623	0.0830	-0.0747
				1.5172	-0.0137	0.7750	0.0624	0.5370	-0.0978	0.2505
					0.3810		0.0714	0.0137	0.3095	-0.0137
						1.1000	0.0433	0.7750	-0.1299	0.3750
			symmetrisch				0.3134	-0.0407	0.0955	-0.1108
								1.5172	-0.2559	0.7703
									0.7015	-0.1555
										1.0838

Ermittlung von Einflusslinien aus b und F:

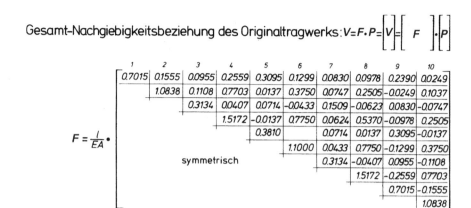

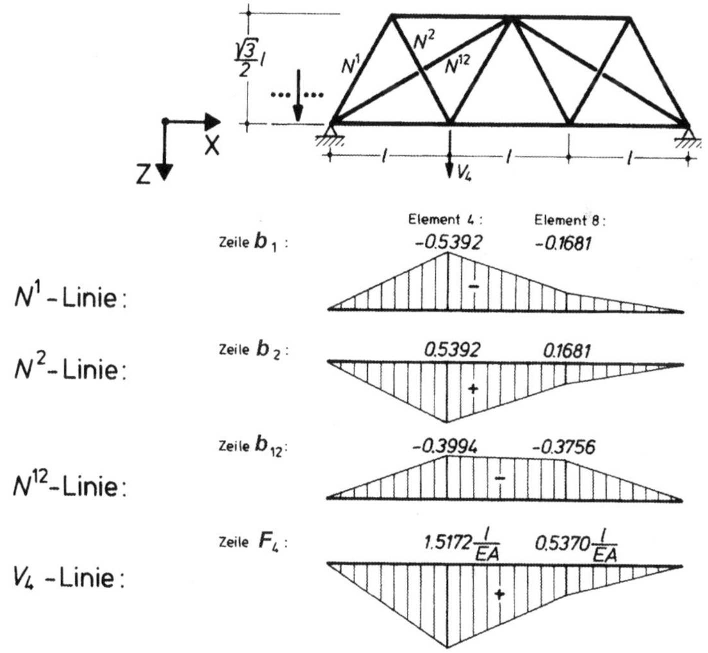

Abb. 2.43 Berechnung eines 3-fach statisch unbestimmten, ebenen Fachwerks, Teil 3: Gesamt-Nachgiebigkeitsbeziehung und Einflusslinien

2.4 Ergänzungen und Verallgemeinerungen

2.4.1 Vom konjugierten Gesamtpotential zur Nachgiebigkeitsbeziehung

Das Kraftgrößenverfahren besitzt über die direkten Methoden der Variationsrechnung eine natürliche Verwandtschaft zum *Prinzip der virtuellen Kraftgrößen*, bzw. – bei Voraussetzung linear elastischen Werkstoffverhaltens – zum *Prinzip vom Minimum des konjugierten Gesamtpotentials*. Diese soll nun erörtert werden.

Zu diesem Zweck wiederholen wir die in [23], Abschn. 2 sowie Anhang 4, für Stabkontinua hergeleiteten Grundbeziehungen

des Gleichgewichts:

$$\boldsymbol{D}_{\mathbf{e}}\boldsymbol{\sigma} + \overset{\circ}{\boldsymbol{p}} = 0 \quad \forall \in (x_{\mathrm{a}}, x_{\mathrm{b}})$$
$$\boldsymbol{t} = \boldsymbol{R}_{\mathbf{t}}\boldsymbol{\sigma} = \overset{\circ}{\boldsymbol{t}} \quad \forall \in x_{\mathrm{t}}, \tag{2.127}$$

des elastischen Werkstoffverhaltens:

$$\boldsymbol{\sigma} = \mathbf{E}\left(\boldsymbol{\varepsilon} - \overset{\circ}{\boldsymbol{\varepsilon}}\right), \tag{2.128}$$

der Kinematik:

$$\boldsymbol{\varepsilon} = \boldsymbol{D}_{\mathbf{k}}\boldsymbol{u} \quad \forall \in (x_{\mathrm{a}}, x_{\mathrm{b}})$$
$$\boldsymbol{r} = \boldsymbol{R}_{\mathbf{r}}\boldsymbol{u} = \overset{\circ}{\boldsymbol{r}} \quad \forall \in x_{\mathrm{r}}. \tag{2.129}$$

Hierin kürzen die von x abhängigen Funktionsspalten:

$\overset{\circ}{\boldsymbol{p}}$ vorgegebene Stablasten, z. B. $\boldsymbol{p} = \{q_{\mathrm{x}}\ q_{\mathrm{z}}\ m_{\mathrm{y}}\}$,
$\boldsymbol{\sigma}$ Schnittgrößenverläufe, z. B. $\boldsymbol{\sigma} = \{N\,Q\,M\}$,
$\boldsymbol{u}$ Verschiebungsgrößen, z. B. $\boldsymbol{u} = \{u\ w\ \varphi\}$,
$\boldsymbol{\varepsilon}$ Verzerrungsgrößen, z. B. $\boldsymbol{\varepsilon} = \{\varepsilon\ \gamma\ \kappa\}$,
$\overset{\circ}{\boldsymbol{\varepsilon}}$ eingeprägte Verzerrungsverläufe

innerhalb des offenen Stababschnittsintervalls $(x_{\mathrm{a}}, x_{\mathrm{b}}) = x_{\mathrm{a}} \leq x \leq x_{\mathrm{b}}$ ab. Außerdem bezeichnen:

$\overset{\circ}{\boldsymbol{t}}$ vorgegebene Randkraftgrößen auf Randpunkten x_{t},
$\overset{\circ}{\boldsymbol{r}}$ vorgegebene Randverschiebungsgrößen auf Randpunkten x_{r}.

$\boldsymbol{D}_{\mathrm{e}}$ bzw. $\boldsymbol{D}_{\mathrm{k}}$ verkörpern die beiden zueinander adjungierten Differentialoperatoren der Gleichgewichtsbedingungen und der kinematischen Beziehungen, $\boldsymbol{R}_{\mathrm{t}}$ bzw. $\boldsymbol{R}_{\mathrm{r}}$ zugeordnete Randoperatoren, deren ausgeschriebene Formen der Leser für verschiedene Stabtheorien in [23] findet.

Setzt man nun im Gleichgewicht befindliche Kraftgrößenzustände $\{\boldsymbol{\sigma}, \boldsymbol{t}\}$ voraus, so stellt die Minimalbedingung für das konjugierte Gesamtpotential bekanntlich gerade eine schwache Formulierung der kinematischen Feldgleichungen und der Weggrößenrandbedingungen für elastische Werkstoffe dar [7, 26, 30, 46]:

$$\hat{\boldsymbol{\Pi}}(\boldsymbol{\sigma}) = \frac{1}{2} \int\limits_{(x_a, x_b)} \boldsymbol{\sigma}^T \cdot \boldsymbol{E}^{-1} \cdot \boldsymbol{\sigma} \, dx + \int\limits_{(x_a, x_b)} \boldsymbol{\sigma}^T \cdot \overset{\circ}{\boldsymbol{\varepsilon}} \, dx - \left[\boldsymbol{t}^T \overset{\circ}{\boldsymbol{r}} \right]_{x_r}, \tag{2.130}$$

gültig unter den Nebenbedingungen (2.127).

Satz Unter allen statisch zulässigen Kraftgrößenzuständen $\{\bar{\boldsymbol{\sigma}}, \bar{\boldsymbol{t}}\}$ gemäß (2.127) nimmt das konjugierte Gesamtpotential (2.130) eines linear elastischen Tragwerks (2.128) für den wirklichen, den kinematischen Bedingungen (2.129) entsprechenden Kraftgrößenzustand $\{\boldsymbol{\sigma}, \boldsymbol{t}\}$ ein Minimum an:

$$\min \hat{\boldsymbol{\Pi}}(\boldsymbol{\sigma}) : \delta \hat{\boldsymbol{\Pi}} = 0 \quad \text{und} \quad \delta^2 \hat{\boldsymbol{\Pi}} > 0. \tag{2.131}$$

Dieses oft nach CASTIGLIANO benannte Prinzip soll nun zur verallgemeinerten Herleitung der Element-Nachgiebigkeitsbeziehung eingesetzt werden.

Zu diesem Zweck approximieren wir den Schnittgrößenzustand eines einzelnen Stabelementes der Länge l, $0 \leq x \leq l$, durch den Ansatz

$$\boldsymbol{\sigma}^e(x) = \boldsymbol{\theta}^e(x) \cdot \boldsymbol{s}^e, \tag{2.132}$$

als dessen Freiwerte die *unabhängigen* Stabendkraftgrößen gewählt werden. (2.132) möge die Gleichgewichts- und Kraftgrößenrandbedingungen (2.127) erfüllen. Durch Substitution des Ansatzes (2.132) in (2.130) gewinnen wir:

$$\hat{\boldsymbol{\pi}}^e = \frac{1}{2} \int\limits_0^l \boldsymbol{s}^{eT} \boldsymbol{\theta}^{eT} \cdot \boldsymbol{E}^{-1} \cdot \boldsymbol{\theta}^e \boldsymbol{s}^e dx + \int\limits_0^l \boldsymbol{s}^{eT} \boldsymbol{\theta}^e \cdot \overset{\circ}{\boldsymbol{\varepsilon}} \, dx - \left[\boldsymbol{t}^T \boldsymbol{r} \right]_0^l. \tag{2.133}$$

Darin beschreibt die eckige Klammer den konjugierten äußeren Potentialanteil der vollständigen Randvariablen $\boldsymbol{t} := \dot{\boldsymbol{s}}^e, \boldsymbol{r} := \dot{\boldsymbol{v}}^e$, den wir bereits in (2.26, 2.28) für den verallgemeinerbaren Sonderfall ebener Biegestäbe zu

$$\left[\boldsymbol{t}^T \boldsymbol{r} \right]_0^l = \boldsymbol{s}^{eT} \cdot \boldsymbol{v}^e \tag{2.134}$$

ermittelt hatten. Mit dieser Umformung entsteht aus (2.133)

$$\hat{\boldsymbol{\pi}}^e = \frac{1}{2} \boldsymbol{s}^{eT} \cdot \int\limits_0^l \boldsymbol{\theta}^{eT} \cdot \boldsymbol{E}^{-1} \cdot \boldsymbol{\theta}^e dx \cdot \boldsymbol{s}^e + \boldsymbol{s}^{eT} \cdot \int\limits_0^l \boldsymbol{\theta}^{eT} \cdot \overset{\circ}{\boldsymbol{\varepsilon}} \, dx - \boldsymbol{s}^{eT} \cdot \boldsymbol{v}^e \tag{2.135}$$

und weiter nach Ausführung der Variation hinsichtlich $\boldsymbol{s}^e$ die bereits in den Abschn. 2.1.6 und 2.1.7 hergeleitete Element-Nachgiebigkeitsbeziehung:

$$\delta\pi^{\mathrm{e}} = \left(\boldsymbol{f}^{\mathrm{e}} \cdot \boldsymbol{s}^{\mathrm{e}} + \overset{\circ}{\boldsymbol{v}}{}^{\mathrm{e}} - \boldsymbol{v}^{\mathrm{e}}\right) \cdot \delta\boldsymbol{s}^{\mathrm{e}} = 0 \rightarrow \boldsymbol{v}^{\mathrm{e}} = \boldsymbol{f}^{\mathrm{e}} \cdot \boldsymbol{s}^{\mathrm{e}} + \overset{\circ}{\boldsymbol{v}}{}^{\mathrm{e}} \tag{2.136}$$

$$\text{mit:}\, \boldsymbol{f}^{\mathrm{e}} = \int_0^1 \boldsymbol{\theta}^{\mathrm{eT}} \cdot \boldsymbol{E}^{-1} \cdot \boldsymbol{\theta}^{\mathrm{e}} \mathrm{d}x, \quad \overset{\circ}{\boldsymbol{v}}{}^{\mathrm{e}} = \int_0^1 \boldsymbol{\theta}^{\mathrm{eT}} \cdot \overset{\circ}{\boldsymbol{\varepsilon}}\, \mathrm{d}x. \tag{2.137}$$

In den erwähnten Abschnitten war von uns schon eine Spezialform der Matrix $\boldsymbol{\theta}^{\mathrm{e}}$ der *dynamischen Formfunktionen* verwendet worden, nämlich

$$\boldsymbol{\theta}^{\mathrm{e}} := \tilde{\boldsymbol{\sigma}}^{\mathrm{e}} = [\boldsymbol{\sigma}_1^{\mathrm{e}} \,|\, \boldsymbol{\sigma}_2^{\mathrm{e}} \,|\, \boldsymbol{\sigma}_3^{\mathrm{e}}] = \left[\begin{array}{c|c|c} N_1(x) & N_2(x) & N_3(x) \\ Q_1(x) & Q_2(x) & Q_3(x) \\ M_1(x) & M_2(x) & M_3(x) \end{array}\right], \tag{2.138}$$

in welcher die Spalten $\boldsymbol{\sigma}_{\mathrm{i}}^{\mathrm{e}}$ die *exakten* Schnittgrößenverläufe infolge der Randangriffe $s_{\mathrm{i}}^{\mathrm{e}} = 1$ verkörperten. Die nunmehr hergeleiteten Varianten (2.137) der Element-Nachgiebigkeitsmatrix $\boldsymbol{f}^{\mathrm{e}}$ und der eingeprägten Stabenddeformationen $\overset{\circ}{\boldsymbol{v}}{}^{\mathrm{e}}$ besitzen jedoch größere Allgemeingültigkeit als (2.38), (2.49) und (2.50), da die Spalten $\boldsymbol{\theta}_{\mathrm{i}}^{\mathrm{e}}$ von $\boldsymbol{\theta}^{\mathrm{e}}$ nur *Approximationen* der wirklichen Schnittgrößenverläufe zu enthalten brauchen, welche allerdings das Element-Gleichgewicht (2.127) erfüllen müssen. Die Beziehungen (2.137) gestatten es daher, finite Stabelemente durch näherungsweise Beschreibung der dynamischen Felder $\{\boldsymbol{\sigma}, \boldsymbol{t}\}$ als sog. Kraftgrößenapproximationen [7, 44] herzuleiten, ein Teilgebiet der Methode der finiten Elemente. Damit besitzen $\boldsymbol{f}^{\mathrm{e}}$ und $\boldsymbol{v}^{\mathrm{e}}$ natürlich ebenso wie die mit ihrer Hilfe erzielten Ergebnisse nur approximativen Charakter. Interessanterweise bleiben aber alle im Abschn. 2.1.6 erkannten Eigenschaften von $\boldsymbol{f}^{\mathrm{e}}$ von dieser Verallgemeinerung unberührt, wie man durch Vergleich von (2.38) und (2.137) erkennt.

2.4.2 Innere Zwangsbedingungen und reduzierte Freiheitsgrade

Ein allgemein gebräuchlicher Weg zur Reduktion des Berechnungsaufwandes bei Festigkeitsanalysen ist die Unterdrückung innerer Freiheitsgrade. Das bekannteste Beispiel hierfür stellt die Vernachlässigung der Stablängungen u_Δ durch die Zwangsannahme dehnstarrer Stäbe $(EA) \rightarrow \infty$ dar.

In einer matriziellen Formulierung würden d derartige Zwangsbedingungen, z. B.: $l^{\mathrm{i}}/(EA)^{\mathrm{i}} = 0$ für $i = 1, \ldots d$, die Streichung von d Hauptdiagonalelementen in der Nachgiebigkeitsmatrix $\boldsymbol{f}$ (2.44) aller Stäbe nach sich ziehen. Hierdurch würde $\boldsymbol{f}$ mit Rangabfall d *singulär*: Die betroffenen Stabendweggrößen v_{i} verschwinden zwangsläufig für beliebig große korrespondierende Stabendkraftgrößen s_{i} oder anders ausgedrückt: Die s_{i} lassen sich nicht mehr aus dem Werkstoffgesetz, sondern nur noch über Gleichgewichtsbetrachtungen bestimmen.

Jeder Defekt d von $\mathbf{f}$ muss sich aber in die Gesamt-Nachgiebigkeitsmatrix $\boldsymbol{F}$ übertragen, die damit ebenfalls *singulär* würde: In $\boldsymbol{F}$ träten d linear voneinander abhängige Zeilen und Spalten auf, ein physikalisch unvorstellbares Phänomen. Zur Bewahrung der Regularität von $\mathbf{F}$ müssen daher die Auswirkungen innerer Zwangsbedingungen auf die *äußeren* Variablen $\boldsymbol{P}$, $\boldsymbol{V}$ untersucht werden, wobei zwei Alternativen auftreten können:

- Infolge der Unterdrückung eines inneren Freiheitsgrades geht ein zugehöriger äußerer Freiheitsgrad verloren, z. B. $V_{\mathrm{i}} = 0$. Dieser sowie die zugehörige Knotenlast P_{i} entfallen dann aus der Gesamt-Nachgiebigkeitsbeziehung.
- Durch eine innere Zwangsbedingung werden äußere Freiheitsgrade identisch (gekoppelt), z. B. $V_{\mathrm{i}} = V_{\mathrm{j}}$. Damit fallen die korrespondierenden Knotenlasten P_{i}, P_{j} zu einer neuen Lastmöglichkeit $P_{(\mathrm{i+j})}$ zusammen, wie die Wechselwirkungsenergie dieser Variablen belegt:

$$W_{(\mathrm{i+j})} = P_{\mathrm{i}} V_{\mathrm{i}} + P_{\mathrm{j}} V_{\mathrm{j}} = \left(P_{\mathrm{i}} + P_{\mathrm{j}}\right) V_{\mathrm{i}} = P_{(\mathrm{i+j})} V_{\mathrm{i}}. \tag{2.139}$$

In beiden Fällen können die betroffenen Stabendkraftgrößen nur aus nachlaufenden Gleichgewichtsbetrachtungen ermittelt werden, ähnlich der für Auflagerreaktionen im Abschn. 2.2.1 beschriebenen Vorgehensweise.

Das soeben Gesagte erläutern wir am Beispiel des statisch unbestimmten Rahmentragwerks in Abb. 2.44. Dieses besitzt 6 aktive Knotenfreiheitsgrade $V_1, \ldots V_6$ die den 6 Knotenlasten des Vektors $\boldsymbol{P}$ entsprechen. Wegen der 3 Biegestabelemente enthält der Vektor $\boldsymbol{s}$ der unabhängigen Stabendkraftgrößen 9 Zeilen. Im mittleren Teil der Abb. 2.44 finden wir die Knotengleichgewichtsbedingungen des Tragwerks in bekannter Form.

Unterdrückt man nun die Stablängungen $u_{\Delta}^1 = u_{\Delta}^2 = u_{\Delta}^3 = 0$, so entfallen offensichtlich die Freiheitsgrade V_2 und V_5, außerdem werden die Freiheitsgrade V_1 und V_4 identisch, d. h. gekoppelt. Damit aber müssen die Knotenlasten P_2 und P_5 aus der Nachgiebigkeitsanalyse gestrichen sowie P_1 und P_4 zu einer Gesamteinwirkung vereinigt werden. Man berücksichtigt dies durch Umordnen und Zusammenfassen der ursprünglichen Knotengleichgewichtsbedingungen in folgender Weise: Die zu den bewahrten (P_3, P_6) und gekoppelten ($P_1 + P_4$) Freiheitsgraden korrespondierenden Knotenlasten werden im vorderen Teil von $\boldsymbol{P}$, die durch die Zwangsbedingungen unbeeinflussten Stabendkraftgrößen im vorderen Teil von $\boldsymbol{s}$ zusammengefasst. Damit entsteht rechts oben in $\boldsymbol{g}$ eine Nullmatrix, wodurch die zu den reduzierten Freiheitsgraden korrespondierenden Knotenlasten $\boldsymbol{P}_{\mathrm{r}}$ mit den durch den inneren Zwang unbeeinflussten Stabendkraftgrößen $\boldsymbol{s}_{\mathrm{r}}$ allein ins Gleichgewicht gesetzt werden können. Die verbleibenden Stabendkraftgrößen $\boldsymbol{s}_{\mathrm{u}}$ müssen im Nachlauf aus $\boldsymbol{P}_{\mathrm{r}}$ und $\boldsymbol{P}_{\mathrm{u}}$ berechnet werden, wobei die im unteren Teil von Abb. 2.44 erfolgte Reorganisation der Knotengleichgewichtsbedingungen auf folgende inverse Form führt:

Baustatische Skizzen:

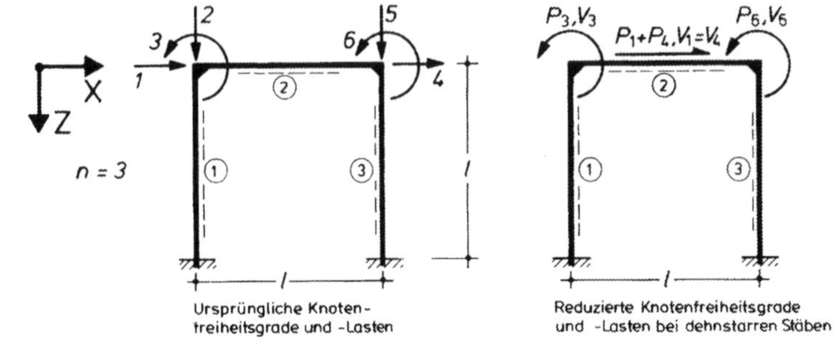

Knotengleichgewichtsbedingungen $\boldsymbol{P} = \boldsymbol{g} \cdot \boldsymbol{s}$:

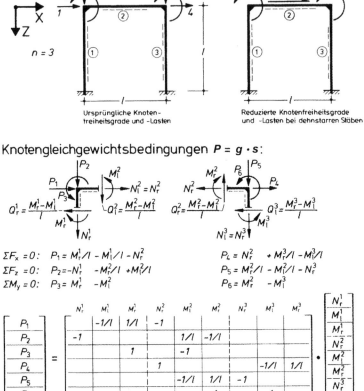

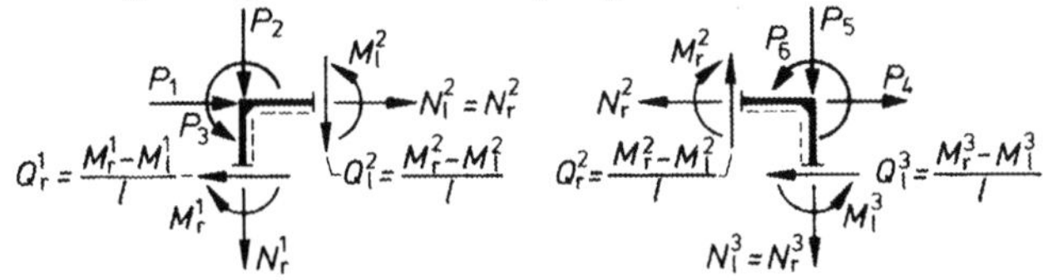

$\Sigma F_x = 0: \quad P_1 = M_r^1/l - M_l^1/l - N_r^2 \qquad P_4 = N_r^2 + M_r^3/l - M_l^3/l$

$\Sigma F_z = 0: \quad P_2 = -N_r^1 - M_r^2/l + M_l^2/l \qquad P_5 = M_r^2/l - M_l^2/l - N_r^3$

$\Sigma M_y = 0: \quad P_3 = M_r^1 - M_l^2 \qquad P_6 = M_r^2 - M_l^3$

P	N_r^1	M_l^1	M_r^1	N_r^2	M_l^2	M_r^2	N_r^3	M_l^3	M_r^3
P_1		-1/l	1/l	-1					
P_2	-1				1/l	-1/l			
P_3			1		-1				
P_4				1				-1/l	1/l
P_5					-1/l	1/l	-1		
P_6						1		-1	

$\cdot \; [N_r^1,\ M_l^1,\ M_r^1,\ N_r^2,\ M_l^2,\ M_r^2,\ N_r^3,\ M_l^3,\ M_r^3]^T$

Umgruppierte, reduzierte Knoten-gleichgewichtsbedingungen $\begin{bmatrix} \boldsymbol{P}_r \\ \boldsymbol{P}_u \end{bmatrix} = \begin{bmatrix} \boldsymbol{g}_{rr} & \boldsymbol{O} \\ \boldsymbol{g}_{ur} & \boldsymbol{g}_{uu} \end{bmatrix} \cdot \begin{bmatrix} \boldsymbol{s}_r \\ \boldsymbol{s}_u \end{bmatrix}$:

P	M_l^1	M_r^1	M_l^2	M_r^2	M_l^3	M_r^3	N_r^1	N_r^2	N_r^3
P_1+P_4	-1/l	1/l			-1/l	1/l			
P_3		1	-1						
P_6				1	-1				
P_2			1/l	-1/l			-1		
P_4					-1/l	1/l		1	
P_5			-1/l	1/l					-1

$\cdot \; [M_l^1,\ M_r^1,\ M_l^2,\ M_r^2,\ M_l^3,\ M_r^3,\ N_r^1,\ N_r^2,\ N_r^3]^T$

leere Positionen sind mit Nullen besetzt

Abb. 2.44 Reduktion von Knotenfreiheitsgraden und -lasten infolge der Annahme dehnstarrer Stabelemente

$$s = b \cdot P : \begin{bmatrix} s_r \\ --- \\ s_u \end{bmatrix} = \begin{bmatrix} b_{rr} & 0 \\ ------- & \\ b_{ur} & b_{uu} \end{bmatrix} \cdot \begin{bmatrix} P_r \\ --- \\ P_u \end{bmatrix}, \tag{2.140}$$

$$\text{worin } b_{uu} = (g_{uu})^{-1}, b_{ur} = -(g_{uu})^{-1} \cdot g_{ur} \cdot b_{rr}$$

gilt. Diese bei inneren Zwangsbedingungen stets erzielbare Struktur von b besitzt die Konsequenz, dass die reguläre Teilmatrix F_{rr}, die alle reduzierten Freiheitsgrade V_r mit hierzu korrespondierenden Knotenlasten P_r verknüpft, im oberen Teil von F konzentriert wird, wie die Multiplikation

$$\begin{bmatrix} f_{rr} & 0 \\ 0 & 0 \end{bmatrix} \begin{bmatrix} b_{rr} & 0 \\ b_{ur} & b_{uu} \end{bmatrix}$$

$$F = b^T \cdot f \cdot b = \begin{bmatrix} b_{rr}^T & b_{ur}^T \\ 0 & b_{uu}^T \end{bmatrix} \begin{bmatrix} b_{rr}^T f_{rr} & 0 \\ 0 & 0 \end{bmatrix} \begin{bmatrix} F_{rr} & 0 \\ 0 & 0 \end{bmatrix} \text{——} F_{rr} = b_{rr}^T f_{rr} b_{rr} \tag{2.141}$$

beweist. Wir erkennen somit:

> **Satz** Die durch innere Zwangsbedingungen beeinflussten äußeren Freiheitsgrade und Knotenlasten sind *vor* Rechnungsbeginn zu unterdrücken oder zu koppeln.

Abbildung 2.44 enthält abschließend im oberen rechten Teil das Tragwerk mit den reduzierten äußeren Freiheitsgraden und Lasten. Was übrigens besagt die durch Addition der 1. und 4. ursprünglichen Knotengleichgewichtsbedingung entstandene neue Gleichgewichtsbedingung? Offenbar stellt sie gerade die horizontale Kräftegleichgewichtsbedingung des gesamten Riegels dar, eine durchaus verallgemeinerbare Erkenntnis: Bisher wurden Gleichgewichtsbedingungen in Richtung der durch die Verformungsfähigkeit der Stabelemente ermöglichten Knotenfreiheitsgrade aufgestellt. Bilden sich nun durch innere Zwangsbedingungen *starre Substrukturen*, so sind deren Gleichgewichtsbedingungen im Sinne ihrer Starrkörperbewegungsmöglichkeiten zu formulieren.

2.4.3 Verallgemeinerte Last- und Einheitszustände

Bisher waren Last- und Einheitszustände stets an *statisch bestimmten* Hauptsystemen definiert worden, letztere verursacht durch *Einzelwirkungen* vom Betrage „1“ in den gelösten

Bindungen. In den folgenden Abschnitten werden wir erkennen, dass beide Einschränkungen fallengelassen werden dürfen, wodurch Einheits- sowie Lastzustände wesentlich verallgemeinert werden können.

Zur Erläuterung kehren wir noch einmal zum Standard-Kraftgrößenalgorithmus für statisch unbestimmte Tragwerke in Abb. 2.32 zurück. Seinen Kern bildeten die *Elastizitätsgleichungen*, die durch Substitution

- der Gleichgewichtstransformation (2.102) am statisch bestimmten Hauptsystem sowie
- der Nachgiebigkeitsbeziehung (2.52) aller Elemente

in die Kurzform (2.117) zu gewinnen waren:

$$\begin{aligned} \boldsymbol{s} &= \boldsymbol{b}_0 \cdot \boldsymbol{P} + \boldsymbol{b}_\times \cdot \boldsymbol{X} \\ \boldsymbol{v} &= \boldsymbol{f} \cdot \boldsymbol{s} + \overset{\circ}{\boldsymbol{v}} \\ \boldsymbol{V}_\mathrm{x} = \boldsymbol{b}_\mathrm{x}^\mathrm{T} \cdot \boldsymbol{v} &= \boldsymbol{b}_\mathrm{x}^\mathrm{T} \cdot \boldsymbol{f} \cdot \boldsymbol{b}_\mathrm{x} \cdot \boldsymbol{X} + \boldsymbol{b}_\mathrm{x}^\mathrm{T} \cdot \boldsymbol{f} \cdot \boldsymbol{b}_0 \cdot \boldsymbol{P} + \boldsymbol{b}_\mathrm{x}^\mathrm{T} \cdot \overset{\circ}{\boldsymbol{v}} \\ &= \boldsymbol{F}_\mathrm{xx} \cdot \boldsymbol{X} + \boldsymbol{F}_\mathrm{x0} \cdot \boldsymbol{P} + \boldsymbol{b}_\mathrm{x}^\mathrm{T} \cdot \overset{\circ}{\boldsymbol{v}} = 0. \end{aligned} \tag{2.142}$$

Hierin enthielt $\boldsymbol{b}_0$ spaltenweise die Stabendkraftgrößen $\boldsymbol{s}$ infolge von Einheitsknotenlasten $P_\mathrm{j} = 1$, $\boldsymbol{b}_\mathrm{x}$ die Stabendkraftgrößen infolge n statisch überzähliger Einzelwirkungen $X_\mathrm{j} = 1$. $\overset{\circ}{\boldsymbol{v}}$ bildete den Vektor der eingeprägten Stabendweggrößen.

Als erstes verallgemeinern wir die statisch überzähligen Einzelwirkungen $X_\mathrm{j} = 1$ durch folgende Transformation:

$$\boldsymbol{X}^* = \lambda \cdot \boldsymbol{X}. \tag{2.143}$$

Die Transformationsmatrix λ enthalte beliebige reelle Zahlen, sei (n, n)-quadratisch und regulär; somit besitzt sie n voneinander unabhängige Zeilen. Damit existiert die zu (2.143) inverse Transformation

$$\boldsymbol{X} = \lambda^{-1} \cdot \boldsymbol{X}^*, \tag{2.144}$$

die wir in obige Gleichgewichtstransformation substituieren:

$$\boldsymbol{s} = \boldsymbol{b}_0 \cdot \boldsymbol{P} + \boldsymbol{b}_\mathrm{x} \cdot \boldsymbol{X} = \boldsymbol{b}_0 \cdot \boldsymbol{P} + \boldsymbol{b}_\mathrm{x} \cdot \lambda^{-1} \cdot \boldsymbol{X}^* = \boldsymbol{b}_0 \cdot \boldsymbol{P} + \boldsymbol{b}_\mathrm{x}^* \cdot \boldsymbol{X}^*. \tag{2.145}$$

Wir verdeutlichen uns, dass $\boldsymbol{X}^*$ laut (2.144) Linearkombinationen der ursprünglichen Einzelwirkungen $X_\mathrm{j} = 1$ enthält. Offensichtlich bleibt durch diese Verallgemeinerung der statisch Überzähligen der Kern des Kraftgrößenalgorithmus (2.142) völlig unberührt.

In ähnlicher Weise werde nun der Lastzustand verallgemeinert. Hierzu spalten wir einen Teilvektor $\overset{\circ}{\boldsymbol{X}}$ von $\boldsymbol{X}$ ab, den wir erneut mit beliebigen, reellen Zahlen belegen:

$$\boldsymbol{X} = \overset{\circ}{\boldsymbol{X}} + \Delta \boldsymbol{X}, \tag{2.146}$$

und substituieren (2.146) wieder in obige Gleichgewichtstransformation:

$$s = b_0 \cdot P + b_x \cdot X = b_0 \cdot P + b_x \cdot \overset{\circ}{X} + b_x \cdot \Delta X$$
$$= b_0 \cdot P + \overset{\circ}{s} + b_x \cdot \Delta X. \quad (2.147)$$

Hierin kürzt die Spalte der Stabendkraftgrößen

$$\overset{\circ}{s} = b_x \cdot \overset{\circ}{X} \quad (2.148)$$

den durch willkürliche Wahl von $\overset{\circ}{X}$ im Tragwerk hervorgerufenen Zwangskraftzustand ab, einen unabhängig von den Knotenlasten existierenden Gleichgewichtszustand. Substituiert man (2.147) und (2.52) in (2.117), so entsteht:

$$V_x = b_x^T \cdot v = b_x^T \cdot f \cdot b_x \cdot \Delta X + b_x^T \cdot f \cdot b_0 \cdot P + b_x^T \cdot f \cdot \overset{\circ}{s} + b_x^T \cdot \overset{\circ}{v}$$
$$= F_{xx} \cdot \Delta X + F_{x0} \cdot P + b_x^T \cdot \overset{\circ}{v}{}^* = 0, \quad (2.149)$$

worin

$$\overset{\circ}{v}{}^* = f \cdot \overset{\circ}{s} + \overset{\circ}{v} \quad (2.150)$$

nunmehr die Stabendweggrößen infolge des *gewählten* Zwangszustandes $\overset{\circ}{s}$ und infolge der *eingeprägten* Stabeinwirkungen $\overset{\circ}{v}$ zusammenfasst. Durch Vergleich von (2.149) mit (2.142) wird erneut deutlich, dass auch durch diese Verallgemeinerung der Kern des Kraftgrößenalgorithmus unverändert bestehen bleibt.

Zusammenfassend halten wir daher fest:

Satz Bei der Berechnung eines n-fach statisch unbestimmten Tragwerks
- können n beliebige, linear voneinander unabhängige Einzelwirkungskombinationen als Einheitszustände verwendet werden;
- kann der Lastzustand über die bisherige Festlegung $X_j = 0$ des statisch bestimmten Hauptsystems hinaus durch beliebige Wahl der X_j definiert werden.

Beide Verallgemeinerungen umfassen verschiedene klassische Lösungskonzepte. Soweit diese heute noch von Bedeutung sind, sollen ihre matriziellen Varianten in den nächsten Abschnitten behandelt werden.

2.4.4 Gruppen von Einheitszuständen sowie unterschiedliche Hauptsysteme

In diesem Abschnitt wird uns die Möglichkeit verallgemeinerter Einheitszustände auf zwei wichtige Schlussfolgerungen führen. Zu deren Erläuterung wird ein 6-fach statisch unbestimmter, zweigeschossiger Einfeldrahmen nebst seinem statisch bestimmten Hauptsystem und den 6 zugehörigen Einheitszuständen $M_j(X_j = 1)$ in Abb. 2.45 betrachtet.

Aus diesen Einzelwirkungen $X_j = 1$ kombinieren wir nun mit Hilfe der in Abb. 2.46 oben angegebenen Transformationsmatrix λ 6 verallgemeinerte Einheitszustände $X_j^* = 1$ als Gruppenwirkungen. Deren Biegemomente sind im unteren Teil von Abb. 2.46 dargestellt. Wie im Abschn. 2.4.3 belegt, können diese neuen Zustände ohne Modifikation des Berechnungsganges der statisch unbestimmten Analyse des Rahmens zugrundegelegt werden, da durch die Regularität von λ deren lineare Unabhängigkeit gewährleistet ist.

> **Satz** Einheitszustände dürfen durch beliebige, linear voneinander unabhängige Gruppen von Einzelwirkungen gebildet werden.

In der klassischen Statik wurde diese Vorgehensweise als *Lastgruppenverfahren* bezeichnet.

Wie unschwer erkennbar, ist die Matrix $\boldsymbol{F}_{xx}$ der Elastizitätszahlen infolge der ursprünglichen Einzelwirkungen $X_j = 1$ der Abb. 2.45 voll besetzt (siehe auch Abb. 2.49). Da die verallgemeinerten Einheitszustände $X_1^*, X_2^*, X_3^*, X_4^*$ der Abb. 2.46 symmetrisch, X_5^*, X_6^* antimetrisch zur vertikalen Symmetrieachse des Tragwerks sind, da X_4^* darüber hinaus symmetrisch zur horizontalen Zentralachse des oberen Geschosses ist und X_3^* antimetrisch, weist $\boldsymbol{F}_{xx}^*$ dagegen folgende Besetzung auf:

$$\boldsymbol{F}_{xx}^*: \quad \left[\begin{array}{cccc|cc} \bullet & \bullet & \bullet & \bullet & & \\ \bullet & \bullet & \bullet & \bullet & & \\ \bullet & \bullet & \bullet & & & \\ \bullet & \bullet & & \bullet & & \\ \hline & & & & \bullet & \bullet \\ & & & & \bullet & \bullet \end{array}\right]. \tag{2.151}$$

Durch die gruppenweise Kombination der statisch überzähligen Einzelwirkungen wurde somit eine Teilentkopplung des Systems der Elastizitätsgleichungen erreicht. Im folgenden Abschnitt werden wir die Frage, ob auch eine vollständige Diagonalisierung von $\boldsymbol{F}_{xx}$ erreicht werden kann, wieder aufgreifen.

Alle bisherigen Einheitszustände waren am statisch bestimmten Hauptsystem der Abb. 2.45 definiert worden. Die meisten dieser Einheitszustände können jedoch auch durch gleiche oder modifizierte Kraftwirkungen an *anderen* statisch bestimmten Hauptsystemen gewonnen werden.

Beispielsweise entsteht M_1 in Abb. 2.47 durch die ursprüngliche Einzelwirkung $X_1 = 1$, jedoch an einem Dreigelenkrahmen, der im Obergeschoß zwei abgeknickte Kragarme aufweist. M_1^* im gleichen Bild lässt sich als Endmomenteneinwirkung $X_i^* = 1$ an einem mehrfach abgeknickten sowie verzweigten Kragarm interpretieren, M_6^* als Folge der Einwirkung einer Querkraftgruppe „1/4" an zwei abgeknickten Kragarmen. M_4^* schließlich

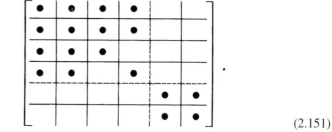

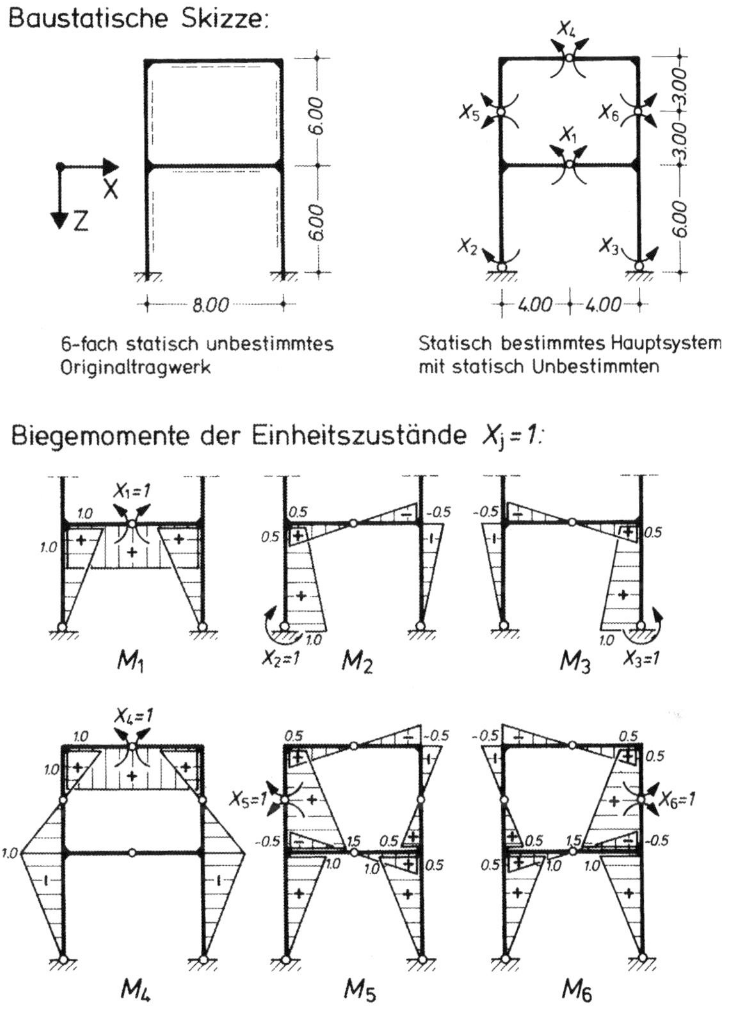

Abb. 2.45 Rahmentragwerk mit statisch bestimmtem Hauptsystem und Einheitszuständen

gewinnen wir sogar an einem innerlich und äußerlich verschieblichen System ($n = -6$), das allerdings unter der Momenteneinwirkungsgruppe kinematisch starr ist.

Diese beispielhaft belegte Möglichkeit der Wahl unterschiedlicher Hauptsysteme kann in gleicher Weise auf Lastzustände erweitert werden.

Satz Lastzustände und jeder Eigenzustand können an unterschiedlichen Hauptsystemen gewonnen werden. Letztere dürfen auch kinematisch verschieblich sein, allerdings nicht unter der vorliegenden Einwirkung.

Verallgemeinerung der Einheitszustände:

$$X^* = \lambda \cdot X = \begin{bmatrix} X_1^* \\ X_2^* \\ X_3^* \\ X_4^* \\ X_5^* \\ X_6^* \end{bmatrix} = \begin{bmatrix} 1 & 1 & 1 & & & \\ & 1 & 1 & & & \\ 1 & & & 1 & & \\ -1 & & & 1 & 1 & 1 \\ & 1 & -1 & & & \\ & & & & 1 & -1 \end{bmatrix} \cdot \begin{bmatrix} X_1 \\ X_2 \\ X_3 \\ X_4 \\ X_5 \\ X_6 \end{bmatrix}$$

Biegemomente der neuen Einheitszustände $X_j^* = 1$:

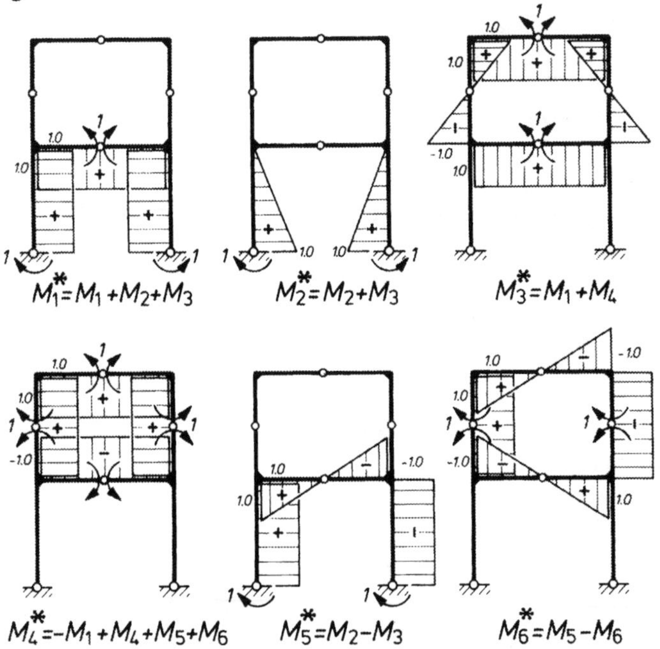

Abb. 2.46 Rahmentragwerk mit Einheitszuständen aus Gruppen von Einzelwirkungen

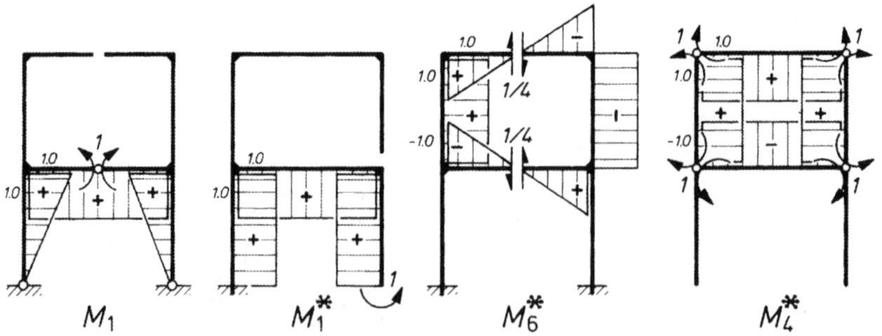

Abb. 2.47 Ausgewählte Einheitszustände der Abb. 2.45 und 2.46, interpretiert als Wirkungen an unterschiedlichen Hauptsystemen

Alle in diesem Abschnitt gewonnenen Erkenntnisse lassen sich natürlich nur dann vorteilhaft anwenden, wenn die $\tilde{\boldsymbol{b}}$-Matrix (2.102) nicht durch Inversion von $\tilde{\boldsymbol{g}}$ gewonnen wird, sondern manuell aus Einheitszuständen aufgebaut wird.

2.4.5 Orthogonale Einheitszustände

Im letzten Abschnitt waren für Tragwerke mit Symmetrieachsen durch Zusammenfassung statisch unbestimmter Einzelwirkungen zu Gruppenwirkungen symmetrische und antimetrische Einheitszustände erzeugt worden, was zur teilweisen Entkopplung des Systems der Elastizitätslgeichungen führte. Könnte man auch für beliebige, d. h. nichtsymmetrische Tragwerke zu derartigen Teilentkopplungen oder sogar zu vollständigen Entkopplungen gelangen? Besonders eine vollständige Entkopplung der Elastizitätsgleichungen, also die *Diagonalisierung* von $\boldsymbol{F}_{\mathrm{xx}}$, wäre im Zeitalter von Arbeitsplatzcomputern mit dem Vorteil verbunden, dass die Gleichungsauflösung durch numerische Unschärfen unbeeinflusst bliebe. Da in diesem Fall sämtliche Elemente von $\boldsymbol{F}_{\mathrm{xx}}$ außerhalb der Hauptdiagonale verschwinden würden, in klassischer Bezeichnungsweise (für ebene Stabwerke)

$$\delta_{ik} = \int_0^1 \boldsymbol{\sigma}_{\mathrm{i}} \cdot \mathbf{E}^{-1} \cdot \boldsymbol{\sigma}_{\mathrm{k}} \mathrm{d}x = \int_0^1 \left[\frac{N_i N_k}{EA} + \frac{Q_i Q_k}{GA_Q} + \frac{M_i M_k}{EI} \right] \mathrm{d}x = 0 \qquad \text{für} \quad i \neq k \quad (2.152)$$

somit die Einheitszustände zueinander orthogonal wären, bezeichnet man die erforderlichen Vorgehensweisen als *Orthogonalisierungsverfahren*.

Derartige Orthogonalisierungskonzepte waren in der klassischen Baustatik als Verfahren des elastischen Schwerpunkts [34] oder als Dreimomentengleichung [24] weit verbreitet. Auch die gelegentlich als *Verfahren der Gruppenlasten* bezeichneten Konzepte [14], die $\mathbf{F}_{\mathrm{xx}}$ in eine obere Dreiecksmatrix transformierten, zählen hierzu. Heute haben diese Vorgehensweisen jegliche Bedeutung verloren. Das erneute Aufgreifen dieser Fragestellung durch uns dient der Einführung in ein modernes, strukturmechanisch begründetes Orthogonalisierungskonzept.

Wir knüpfen an die Form (2.106) des Systems der Elastizitätsgleichungen

$$\boldsymbol{F}_{\mathrm{xx}} \cdot \boldsymbol{X} = -\left(\boldsymbol{F}_{\mathrm{x0}} \cdot \boldsymbol{P} + \boldsymbol{b}_{\mathrm{x}}^{\mathrm{T}} \cdot \overset{\circ}{\boldsymbol{v}}\right) = \boldsymbol{R} \qquad (2.153)$$

mit beliebigen Einzel- oder Gruppenwirkungen $X_{\mathrm{j}} = 1$ an und fragen nach den an die Transformation

$$\boldsymbol{X} = \boldsymbol{U} \cdot \boldsymbol{X}^* \qquad (2.154)$$

zu stellenden Bedingungen im Hinblick auf eine Diagonalisierung der stets symmetrischen Matrix $\boldsymbol{F}_{\mathrm{xx}}$. $\boldsymbol{U}$ sei (n, n)-quadratisch und regulär. Zur Beantwortung unserer Frage substituieren wir (2.154) in (2.153)

$$\boldsymbol{F}_{\text{xx}} \cdot \boldsymbol{U} \cdot \boldsymbol{X}^{*} = \boldsymbol{R} \tag{2.155}$$

und multiplizieren anschließend von links mit $\boldsymbol{U}^{\text{T}}$:

$$\boldsymbol{U}^{\text{T}} \cdot \boldsymbol{F}_{\text{xx}} \cdot \boldsymbol{U} \cdot \boldsymbol{X}^{*} = \boldsymbol{F}^{*}_{\text{xx}} \cdot \boldsymbol{X}^{*} = \boldsymbol{U}^{\text{T}} \cdot \boldsymbol{R},\ \boldsymbol{F}^{*}_{\text{xx}} = \boldsymbol{U}^{\text{T}} \cdot \boldsymbol{F}_{\text{xx}} \cdot \boldsymbol{U}, \tag{2.156}$$

wodurch die transformierte Form des Ausgangssystems (2.153) entsteht.

Nach Erreichen dieses Zwischenstandes wenden wir uns dem speziellen Eigenwertproblem

$$\boldsymbol{F}_{\text{xx}} \cdot \boldsymbol{X} = \lambda \boldsymbol{X},\ (\boldsymbol{F}_{\text{xx}} - \lambda \boldsymbol{I}) \cdot \boldsymbol{X} = \boldsymbol{0} \tag{2.157}$$

zu, das durch den Satz $\{\lambda_{\text{n}}, \boldsymbol{X}_{\text{n}}\}$ von n Eigenwerten λ_{n} mit zugehörigen Eigenvektoren $\boldsymbol{X}_{\text{n}}$ gelöst wird. Ordnen wir sämtliche Eigenvektoren spaltenweise in der quadratischen Matrix $\boldsymbol{U}$ an und sämtliche Eigenwerte in der Diagonalmatrix Λ

$$\boldsymbol{U}_{(\text{nxn})} = [\boldsymbol{X}_1 \boldsymbol{X}_2 \ldots \boldsymbol{X}_{\text{n}}],\ \Lambda_{(\text{nxn})} = [\lambda_1 \lambda_2 \ldots \lambda_{\text{n}}], \tag{2.158}$$

so nimmt das Eigenwertproblem (2.157) folgende Form an:

$$\boldsymbol{F}_{\text{xx}} \cdot \boldsymbol{U} = \boldsymbol{U} \cdot \Lambda. \tag{2.159}$$

Durch Linksmultiplikation mit $\boldsymbol{U}^{\text{T}}$ entsteht hieraus

$$\boldsymbol{U}^{\text{T}} \cdot \boldsymbol{F}_{\text{xx}} \cdot \boldsymbol{U} = \boldsymbol{F}^{*}_{\text{xx}} = \boldsymbol{U}^{\text{T}} \cdot \boldsymbol{U}\Lambda = \boldsymbol{I}\Lambda = \Lambda \tag{2.160}$$

unter Beachtung der *Orthonormierungsbedingung*

$$\boldsymbol{U}^{\text{T}} \cdot \boldsymbol{U} = \boldsymbol{I}, \tag{2.161}$$

da die Eigenvektoren zueinander orthogonal ($\boldsymbol{X}_{\text{i}}^{\text{T}} \cdot \boldsymbol{X}_{\text{k}} = 0 \,\text{für}\, i \neq k$) und auf die Länge „1" normiert ($\boldsymbol{X}_{\text{i}}^{\text{T}} \cdot \boldsymbol{X}_{\text{i}} = 1$) sind. Damit aber erkennen wir im Vergleich zwischen (2.156) und (2.161), dass $\boldsymbol{F}^{*}_{\text{xx}}$ gerade die Diagonalmatrix Λ aller Eigenwerte von $\boldsymbol{F}_{\text{xx}}$ verkörpert, solange $\boldsymbol{U}$ spaltenweise die Eigenvektoren von $\boldsymbol{F}_{\text{xx}}$ enthält. Übrigens folgt aus (2.161)

$$\boldsymbol{U}^{-1} = \boldsymbol{U}^{\text{T}} \tag{2.162}$$

und hieraus die zu (2.154) inverse Transformation:

$$\boldsymbol{X}^{*} = \boldsymbol{U}^{\text{T}} \cdot \boldsymbol{X} \tag{2.163}$$

der ursprünglichen Wirkungen X_{j} in zueinander orthogonale Einheitszustände X^{*}_{j}.

Satz Jede Nachgiebigkeitsmatrix $\boldsymbol{F}_{\text{xx}}$ ist durch Transformation in ihre Eigenrichtungen diagonalisierbar. Die hierzu erforderliche Kongruenztransformation mit der Matrix $\boldsymbol{U}$ ihrer Eigenvektoren kann durch zueinander orthogonale Einheitszustände mechanisch interpretiert werden.

Baustatische Skizzen:

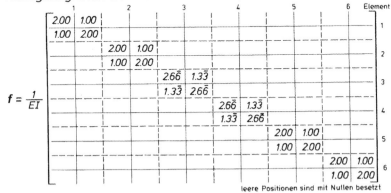

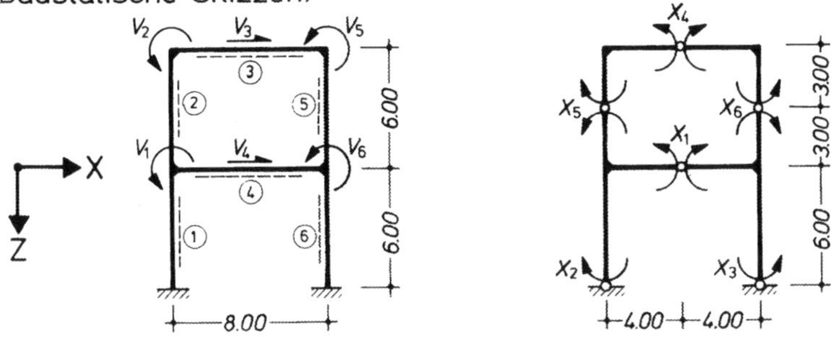

Diskretisiertes Originaltragwerk mit äußeren kinematischen Freiheitsgraden

Statisch bestimmtes Hauptsystem mit statisch unbestimmten Einzelwirkungen

Gleichgewichtstransformation der Einheitszustände X_j gemäß Abb 2.45:

$$\mathbf{s}_x = \mathbf{b}_x \cdot \mathbf{P}: \quad \begin{bmatrix} M_l^1 \\ M_r^1 \\ M_l^2 \\ M_r^2 \\ M_l^3 \\ M_r^3 \\ M_l^4 \\ M_r^4 \\ M_l^5 \\ M_r^5 \\ M_l^6 \\ M_r^6 \end{bmatrix} = \begin{bmatrix} & 1.0 & & & & \\ 1.0 & 0.5 & -0.5 & -1.0 & 1.0 & 1.0 \\ & & & -1.0 & 1.5 & 0.5 \\ & & & 1.0 & 0.5 & -0.5 \\ & & & 1.0 & 0.5 & -0.5 \\ & & & 1.0 & -0.5 & 0.5 \\ 1.0 & 0.5 & -0.5 & & -0.5 & 0.5 \\ 1.0 & -0.5 & 0.5 & & 0.5 & -0.5 \\ & & & 1.0 & -0.5 & 0.5 \\ & & & -1.0 & 0.5 & 1.5 \\ 1.0 & -0.5 & 0.5 & -1.0 & 1.0 & 1.0 \\ & & 1.0 & & & \end{bmatrix} \cdot \begin{bmatrix} X_1 \\ X_2 \\ X_3 \\ X_4 \\ X_5 \\ X_6 \end{bmatrix}$$

(Spalten: X_1, X_2, X_3, X_4, X_5, X_6)

Nachgiebigkeitsmatrix aller Elemente $(EI = konst.)$:

$$\mathbf{f} = \frac{1}{EI} \begin{bmatrix} 2.00 & 1.00 & & & & & & & & & & \\ 1.00 & 2.00 & & & & & & & & & & \\ & & 2.00 & 1.00 & & & & & & & & \\ & & 1.00 & 2.00 & & & & & & & & \\ & & & & 2.6\bar{6} & 1.3\bar{3} & & & & & & \\ & & & & 1.3\bar{3} & 2.6\bar{6} & & & & & & \\ & & & & & & 2.6\bar{6} & 1.3\bar{3} & & & & \\ & & & & & & 1.3\bar{3} & 2.6\bar{6} & & & & \\ & & & & & & & & 2.00 & 1.00 & & \\ & & & & & & & & 1.00 & 2.00 & & \\ & & & & & & & & & & 2.00 & 1.00 \\ & & & & & & & & & & 1.00 & 2.00 \end{bmatrix}$$

(Element 1, 2, 3, 4, 5, 6; leere Positionen sind mit Nullen besetzt)

Abb. 2.48 F_{xx}-orthogonale Einheitszustände eines Rahmentragwerks, Teil 1

Damit haben wir eine wichtige Erkenntnis gewonnen. Das hergeleitete Orthogonalisierungskonzept erläutern wir nun am Beispiel des bereits bekannten, 6-fach statisch unbestimmten Rahmentragwerks in Abb. 2.48. Da Normalkraftdeformationen unterdrückt werden sollen, entfallen gemäß Abschn. 2.4.2 sämtliche vertikalen Knotenfreiheitsgrade;

die horizontalen Verschiebungsfreiheitsgrade werden zu den beiden Riegelgrößen V_3 und V_4 zusammengefasst. Neben diesen Informationen wiederholt Abb. 2.48 das statisch bestimmte Hauptsystem und überträgt die Einheitszustände aus Abb. 2.45 unmittelbar in die Matrix $\boldsymbol{b}_\mathrm{x}$. Eine Gewinnung von $\boldsymbol{b}_\mathrm{x}$ aus den Knotengleichgewichtsbedingungen würde mindestens auch eine Definition der Stabmitten der Stäbe 2 bis 5 als Knotenpunkte notwendig machen, somit eine erheblich aufwendigere Diskretisierung erfordern. Zusätzlich finden wir in Abb. 2.48 noch die Nachgiebigkeitsmatrix aller 6 Stabelemente.

Zunächst bestimmen wir in Abb. 2.49 die voll besetzte Elastizitätsmatrix $\boldsymbol{F}_\mathrm{xx}$ der ursprünglichen Einheitszustände und ermitteln sodann deren Eigenwerte λ_n sowie Eigenvektoren $\boldsymbol{X}_\mathrm{n}$, die spaltenweise in $\boldsymbol{U}$ zusammengefasst werden. Die Eigenvektoren finden wir damit in der in Bildmitte befindlichen Transformation (2.163) gerade *zeilenweise* wieder, durch welche die ursprünglichen Einheitszustände X_j in orthogonale Gruppen X_j^* überführt werden. Abbildung 2.49 schließt mit der Diagonalmatrix $\boldsymbol{F}_\mathrm{xx}^*$ ab, die erwartungsgemäß (2.160) auf der Hauptdiagonale die Eigenwerte λ_n vor $\boldsymbol{F}_\mathrm{xx}$ enthält.

Orthogonalisierungsverfahren spielen in der computerorientierten Statik eine bedeutende Rolle. Wenn auch die Reduzierung des Lösungsaufwandes für (2.153) durch die

Ausgangsmatrix der Elastizitätszahlen:

$$
\boldsymbol{F}_{xx} = \boldsymbol{b}_x^T \cdot \boldsymbol{f} \cdot \boldsymbol{b}_x = \frac{1}{EI}
\begin{array}{c}
\begin{array}{cccccc} 1 & 2 & 3 & 4 & 5 & 6 \end{array} \\
\left[\begin{array}{cccccc}
12.0000 & 1.0000 & 1.0000 & -4.0000 & 4.0000 & 4.0000 \\
 & 4.6667 & -2.6667 & -1.0000 & 0.3333 & 1.6667 \\
 & & 4.6667 & -1.0000 & 1.6667 & 0.3333 \\
 & & & 16.0000 & -6.0000 & -6.0000 \\
 & \text{symmetrisch} & & & 12.3333 & 3.6667 \\
 & & & & & 12.3333
\end{array}\right]
\end{array}
$$

Transformation der Einzelwirkungen X_j in die Eigenrichtungen von F_xx:

$$
\boldsymbol{X}^* = \boldsymbol{U}^T \cdot \boldsymbol{X} =
\begin{bmatrix} X_1^* \\ X_2^* \\ X_3^* \\ X_4^* \\ X_5^* \\ X_6^* \end{bmatrix} =
\begin{bmatrix}
0.40381 & 0.07601 & 0.07601 & -0.62412 & 0.46683 & 0.46683 \\
0.79965 & 0.03901 & 0.03901 & 0.59450 & 0.04521 & 0.04521 \\
 & 0.37175 & -0.37175 & & -0.60150 & 0.60150 \\
-0.43808 & 0.02116 & 0.02116 & 0.50662 & 0.52467 & 0.52467 \\
 & 0.60150 & -0.60150 & & 0.37175 & -0.37175 \\
0.07500 & -0.70161 & -0.70161 & -0.01928 & 0.06891 & 0.06891
\end{bmatrix} \cdot
\begin{bmatrix} X_1 \\ X_2 \\ X_3 \\ X_4 \\ X_5 \\ X_6 \end{bmatrix}
$$

Diagonalisierte Matrix der Elastizitätszahlen:

$$
\boldsymbol{F}_{xx}^* = \boldsymbol{U}^T \cdot \boldsymbol{F}_{xx} \cdot \boldsymbol{U} = \frac{1}{EI}
\begin{bmatrix}
27.8073 & & & & & \\
 & 9.5760 & & & & \\
 & & 9.4907 & & & \\
 & & & 6.9475 & & \\
 & & & & 6.5093 & \\
 & & & & & 1.6692
\end{bmatrix}
$$

leere Positionen sind mit Nullen besetzt

Abb. 2.49 $\boldsymbol{F}_\mathrm{xx}$-orthogonale Einheitszustände eines Rahmentragwerks, Teil 2

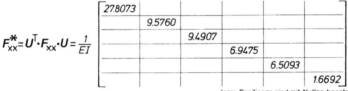

Behandlung des Eigenwertproblems (2.159) weitgehend ausgeglichen wird, so liefert die Diagonalisierung des Systems der Elastizitätsgleichungen

$$\boldsymbol{F}_{\mathrm{xx}} \cdot \boldsymbol{X} = \boldsymbol{R} \rightarrow \boldsymbol{F}^{*}_{\mathrm{xx}} \cdot \boldsymbol{X}^{*} = \boldsymbol{U}^{\mathrm{T}} \cdot \boldsymbol{R} \quad \text{mit} \quad \boldsymbol{F}^{*}_{\mathrm{xx}} = \boldsymbol{U}^{\mathrm{T}} \cdot \boldsymbol{F}_{\mathrm{xx}} \cdot \boldsymbol{U} \tag{2.164}$$

durch die Zuordnung orthogonalisierter Einheitszustände X^{*}_{j} zu Lastgruppen $\boldsymbol{U}^{\mathrm{T}} \cdot \boldsymbol{R}$ doch wichtige mechanische Einsichten in das Tragverhalten einer vorliegenden Struktur [32, 38]. Analoge Transformationen vollständiger diskretisierter Tragwerke in m *„Ein-Feder-Systeme"* durch Orthogonalisierung der endgültigen Gesamt-Nachgiebigkeitsmatrix $\boldsymbol{F}$ übertragen diese Einsichten aus der eigentlich statisch unbestimmten Berechnung der Abb. 2.32 auf den gesamten Kraftgrößengorithmus [7, 38].

2.4.6 Statisch unbestimmte Hauptsysteme

Lastzustände dürfen gemäß Abschn. 2.4.3 durch *beliebige Wahl* der statisch Überzähligen definiert werden, also auch durch eine solche, die einem *statisch unbestimmten* Hauptsystem entspricht. Um zunächst den hierzu erforderlichen Rechenalgorithmus kennenzulernen, zerlegen wir in der für ein beliebiges, n-fach statisch unbestimmtes Tragwerk geltenden Gleichgewichtstransformation (2.102) am statisch bestimmten Hauptsystem

$$\boldsymbol{s} = \tilde{\boldsymbol{b}} \cdot \tilde{\boldsymbol{P}} = \boldsymbol{b}_0 \cdot \boldsymbol{P} + \boldsymbol{b}_x \cdot \boldsymbol{X} = \boldsymbol{b}_0 \cdot \boldsymbol{P} + \boldsymbol{b}_1 \cdot \boldsymbol{X}_1 + \boldsymbol{b}_2 \cdot \boldsymbol{X}_2 \tag{2.165}$$

die n-zeilige Spalte $\boldsymbol{X}$ der statisch Überzähligen in folgende zwei Untergruppen:

- $\boldsymbol{X}_1$ als n^*-zeilige. Teilspalte derjenigen statisch Unbestimmten, die im 1. Schritt das ursprüngliche, statisch bestimmte Hauptsystem in das *n^*-fach statisch unbestimmte* Hauptsystem überführen;
- $\boldsymbol{X}_2$ als $(n - n^*)$-zeilige Teilspalte derjenigen statisch Unbestimmten, die im 2. Schritt das n^*-fach statisch unbestimmte Hauptsystem in das n-fach statisch unbestimmte Originaltragwerk überführen.

Mit der gemäß (2.165) unterteilten $\tilde{\mathbf{b}}$ -Matrix bilden wir im oberen Teil von Abb. 2.50 die Gesamt-Nachgiebigkeitsbeziehung des statisch bestimmten Hauptsystems, in welcher $\mathbf{V}_1$, $\mathbf{V}_2$ die zu $\mathbf{X}_1$, $\mathbf{X}_2$ korrespondierenden Klaffungen darstellen.

Im 1. Berechnungsschritt in Abb. 2.50 transformieren wir nun das statisch bestimmte Hauptsystem durch Lösen der Elastizitätsgleichungen $\mathbf{V}_1 = 0$ in das n^*-fach statisch unbestimmte Tragwerk. Den für $\mathbf{X}_1$ erhaltenen Ausdruck, der die Knotenlasten $\mathbf{P}$, die eingeprägten Stabenddeformationen $\overset{\circ}{\mathbf{v}}$ sowie die statisch Überzähligen $\mathbf{X}_2$ des 2. Eliminationsschrittes enthält, substituieren wir zunächst in die Gleichgewichtstransformation:

$$\begin{aligned} \boldsymbol{s} &= \boldsymbol{b}_0 \cdot \boldsymbol{P} + \boldsymbol{b}_1 \cdot \boldsymbol{X}_1 + \boldsymbol{b}_2 \cdot \boldsymbol{X}_2 \\ &= \left(\boldsymbol{b}_0 - \boldsymbol{b}_1 \boldsymbol{F}_{11}^{-1} \boldsymbol{F}_{10}\right) \cdot \boldsymbol{P} + \left(\boldsymbol{b}_2 - \boldsymbol{b}_1 \boldsymbol{F}_{11}^{-1} \boldsymbol{F}_{12}\right) \cdot \boldsymbol{X}_2 - \boldsymbol{b}_1 \boldsymbol{F}_{11}^{-1} \boldsymbol{b}_1^{\mathrm{T}} \overset{\circ}{\boldsymbol{v}}, \end{aligned} \tag{2.166}$$

danach in die verbliebenen Gleichungen der Gesamt-Nachgiebigkeitsbeziehung:

$$\begin{aligned}
\boldsymbol{V} &= \boldsymbol{F}_{00} \cdot \boldsymbol{P} + \boldsymbol{F}_{01} \cdot \boldsymbol{X}_1 + \boldsymbol{F}_{02} \cdot \boldsymbol{X}_2 + \boldsymbol{b}_0^{\mathrm{T}} \cdot \overset{\circ}{\boldsymbol{v}} \\
&= \left(\boldsymbol{F}_{00} - \boldsymbol{F}_{10}^{\mathrm{T}} \boldsymbol{F}_{11}^{-1} \boldsymbol{F}_{10}\right) \cdot \boldsymbol{P} + \left(\boldsymbol{F}_{02} - \boldsymbol{F}_{10}^{\mathrm{T}} \boldsymbol{F}_{11}^{-1} \boldsymbol{F}_{12}\right) \cdot \boldsymbol{X}_2 \\
&\quad + \boldsymbol{b}_0^{\mathrm{T}} - \boldsymbol{F}_{10}^{\mathrm{T}} \boldsymbol{F}_{11}^{-1} \boldsymbol{b}_1^{\mathrm{T}} \cdot \overset{\circ}{\boldsymbol{v}}, \\
\boldsymbol{V}_2 &= \boldsymbol{F}_{20} \cdot \boldsymbol{P} + \boldsymbol{F}_{21} \cdot \boldsymbol{X}_1 + \boldsymbol{F}_{22} \cdot \boldsymbol{X}_2 + \boldsymbol{b}_2^{\mathrm{T}} \cdot \overset{\circ}{\boldsymbol{v}} \\
&= \left(\boldsymbol{F}_{20} - \boldsymbol{F}_{12}^{\mathrm{T}} \boldsymbol{F}_{11}^{-1} \boldsymbol{F}_{10}\right) \cdot \boldsymbol{P} + \left(\boldsymbol{F}_{22} - \boldsymbol{F}_{12}^{\mathrm{T}} \boldsymbol{F}_{11}^{-1} \boldsymbol{F}_{12}\right) \cdot \boldsymbol{X}_2 \\
&\quad + \boldsymbol{b}_2^{\mathrm{T}} - \boldsymbol{F}_{12}^{\mathrm{T}} \boldsymbol{F}_{11}^{-1} \boldsymbol{b}_1^{\mathrm{T}} \cdot \overset{\circ}{\boldsymbol{v}}.
\end{aligned} \tag{2.167}$$

Damit ist ein n^*-fach statisch unbestimmtes Tragwerk entstanden, das als statisch unbestimmtes Hauptsystem für den im unteren Teil von Abb. 2.50 wiedergegebenen 2. Eliminationsschritt dienen wird: das Auflösen der Elastizitätsgleichungen $\boldsymbol{V}_2 = \boldsymbol{0}$ sowie die sich hieran anschließenden Transformationen auf das Originaltragwerk durch Elimination der $\boldsymbol{X}_2$. Offensichtlich dienen hierzu gerade wieder die gleichen Beziehungen wie beim Standard-Kraftgrößenalgorithmus, wenn man von den statisch unbestimmten Zwangsanteilen $\boldsymbol{k}_{11} \cdot \overset{\circ}{\boldsymbol{v}}$ des 1. Eliminationsschrittes absieht. Daher stellen wir fest:

Satz Der Berechnung eines n-fach statisch unbestimmten Tragwerks können Einheits- und Lastzustände an einem n^*-fach statisch unbestimmten Hauptsystem zugrunde gelegt werden. Der für die Berechnung einzusetzende Algorithmus entspricht dem Standard-Kraftgrößenalgorithmus für einen Grad der statischen Unbestimmtheit von $(n - n^*)$.

Wann können statisch unbestimmte Hauptsysteme mit Vorteil eingesetzt werden? In der klassischen Statik wurden gelegentlich statisch unbestimmte Teilstrukturen mit dokumentiertem Nachgiebigkeitsverhalten zu Gesamttragwerken zusammengefügt, wobei das vorrangige Ziel eine Reduktion des Berechnungsaufwandes war. Heute besitzen statisch unbestimmte Hauptsysteme vor allem bei der Analyse von Bauzuständen [32], bei bestimmten Tragwerksmodifikationen [6, 33] oder in Produktionsvorgängen Bedeutung, wenn Teilstrukturen schrittweise zu hochgradig statisch unbestimmten Tragwerken komplettiert bzw. nachträglich zusammengefügt werden. Derartige Aufgabenstellungen können bei der Montage vorgefertigter Bauelemente auftreten [5, 35].

Zur prinzipiellen Erläuterung des Vorgehens wollen wir, beginnend in Abb. 2.51, in das bereits mehrfach behandelte, 6-fach statisch unbestimmte Rahmentragwerk *nachträglich* die beiden Fachwerkdiagonalen 7 und 8 einziehen. Bei der Berechnung sollen alle ursprünglichen Stäbe 1 bis 6 erneut als dehnstarr angenommen werden, nicht jedoch die beiden zusätzlichen Fachwerkstäbe. Aus diesem Grund beschreiben die reduzierten Freiheitsgrade der Abb. 2.48 das Verformungsverhalten der Struktur. Weiterhin werden die statisch Überzähligen X_1 bis X_6 wie in Abb. 2.45 definiert, ergänzt durch die beiden Stabkräfte X_7, X_8 der Fachwerkdiagonalen.

Statisch bestimmtes Hauptsystem *(n = 0):*

Gleichgewichtstransformation:

$$s = \tilde{b} \cdot \tilde{P} = \quad \left[\begin{array}{c} s \end{array} \right] = \left[\begin{array}{c|c|c} b_0 & b_1 & b_2 \end{array} \right] \cdot \left[\begin{array}{c} P \\ \hline X_1 \\ \hline X_2 \end{array} \right]$$

$n - n^*$ Einheitszustände $X_{2i} = 1$
n^* Einheitszustände $X_{1i} = 1$
$\leftarrow n \rightarrow$

Gesamt-Nachgiebigkeitsbeziehung:

$$\tilde{V} = \tilde{b}^\mathsf{T} \cdot f \cdot \tilde{b} \cdot \tilde{P} = \left[\begin{array}{c} V \\ \hline V_1 \\ \hline V_2 \end{array} \right] = \left[\begin{array}{c|c|c} F_{00} & F_{01} & F_{02} \\ \hline F_{10} & F_{11} & F_{12} \\ \hline F_{20} & F_{21} & F_{22} \end{array} \right] \cdot \left[\begin{array}{c} P \\ \hline X_1 \\ \hline X_2 \end{array} \right] + \left[\begin{array}{c} b_0^\mathsf{T} \cdot \mathring{v} \\ \hline b_1^\mathsf{T} \cdot \mathring{v} \\ \hline b_2^\mathsf{T} \cdot \mathring{v} \end{array} \right] \quad \text{mit: } F_{ik} = b_i^\mathsf{T} \cdot f \cdot b_k = F_{ki}^\mathsf{T}$$

$\leftarrow n \rightarrow$

1. Berechnungsschritt zum n^*-fach statisch unbestimmten Hauptsystem:

Elastizitätsgleichungen:

$$V_1 = F_{10} \cdot P + F_{11} \cdot X_1 + F_{12} \cdot X_2 + b_1^\mathsf{T} \cdot \mathring{v} =$$
$$X_1 = -F_{11}^{-1} \cdot F_{10} \cdot P - F_{11}^{-1} \cdot F_{12} \cdot X_2 - F_{11}^{-1} \cdot b_1^\mathsf{T} \cdot \mathring{v}$$

Gleichgewichtstransformation:

$$\left[\begin{array}{c} s \end{array} \right] = \left[\begin{array}{c|c} b_0^* & b_2^* \end{array} \right] \cdot \left[\begin{array}{c} P \\ \hline X_2 \end{array} \right] + \left[k_{11} \cdot \mathring{v} \right] \quad \text{mit: } b_i^* = b_i - b_1 \cdot F_{11}^{-1} \cdot F_{1i}$$
$$k_{11} = -b_1 \cdot F_{11}^{-1} \cdot b_1^\mathsf{T}$$

Gesamt-Nachgiebigkeitsbeziehung:

$$\left[\begin{array}{c} V \\ \hline V_2 \end{array} \right] = \left[\begin{array}{c|c} F_{00}^* & F_{02}^* \\ \hline F_{20}^* & F_{22}^* \end{array} \right] \cdot \left[\begin{array}{c} P \\ \hline X_2 \end{array} \right] + \left[\begin{array}{c} b_0^{*\mathsf{T}} \cdot \mathring{v} \\ \hline b_2^{*\mathsf{T}} \cdot \mathring{v} \end{array} \right] \quad \text{mit: } F_{ik}^* = F_{ik} - F_{1i}^\mathsf{T} \cdot F_{11}^{-1} \cdot F_{1k}$$

$\leftarrow n - n^* \rightarrow$

2. Berechnungsschritt zum n-fach stat. unbestimmten Originaltragwerk:

Elastizitätsgleichungen:

$$V_2 = F_{20}^* \cdot P + F_{22}^* \cdot X_2 + b_2^{*\mathsf{T}} \cdot \mathring{v} = O$$
$$X_2 = -F_{22}^{*-1} \cdot F_{20}^* \cdot P - F_{22}^{*-1} \cdot b_2^{*\mathsf{T}} \cdot \mathring{v}$$

Gleichgewichtstransformation:

$$\left[\begin{array}{c} s \end{array} \right] = \left[\begin{array}{c} b \end{array} \right] \cdot \left[P \right] + \left[k_{11} \cdot \mathring{v} \right] + \left[k_{22} \cdot \mathring{v} \right] \quad \text{mit: } b = b_0^* - b_2^* \cdot F_{22}^{*-1} \cdot F_{20}^*$$
$$k_{22} = -b_2^* \cdot F_{22}^{*-1} \cdot b_2^{*\mathsf{T}}$$

Gesamt-Nachgiebigkeitsbeziehung:

$$\left[\begin{array}{c} V \end{array} \right] = \left[\begin{array}{c} F \end{array} \right] \cdot \left[P \right] + \left[b^\mathsf{T} \cdot \mathring{v} \right] \quad \text{mit: } F = F_{00}^* - F_{20}^{*\mathsf{T}} \cdot F_{22}^{*\mathsf{T}} \cdot F_{20}^*$$

Abb. 2.50 Kraftgrößenalgorithmus unter Verwendung eines statisch unbestimmten Hauptsystems

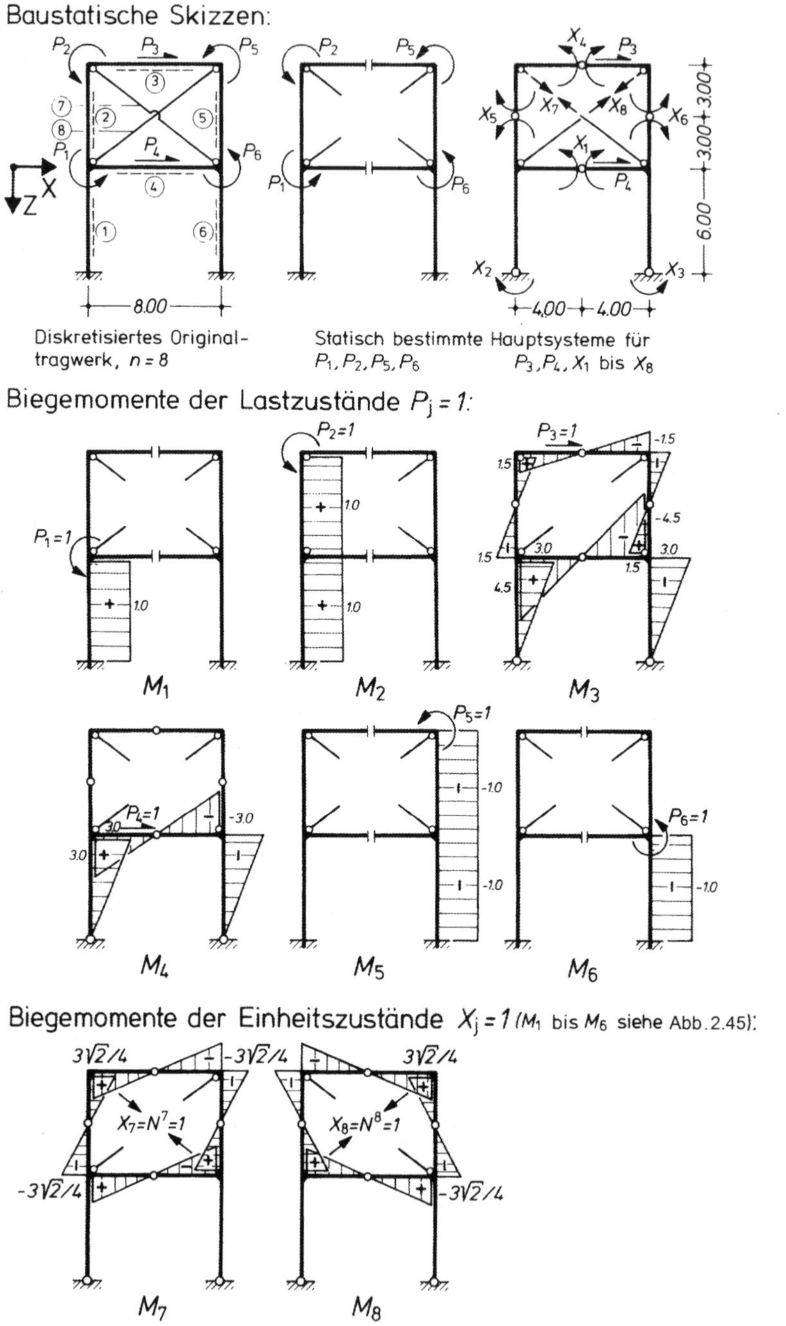

Abb. 2.51 Einheitszustände $P_j = 1$ und $X_j = 1$ eines 8-fach statisch unbestimmten Rahmentragwerk

Wir beginnen die Berechnung in Abb. 2.51 mit der Ermittlung der 6 Lastzustände $P_j = 1$ an zwei verschiedenen, statisch bestimmten Hauptsystemen. Die Einheitszustände $X_1 = 1$ bis $X_6 = 1$ werden Abb. 2.45 entnommen, während die Einheitszustände $X_7 = 1$ und $X_8 = 1$ im unteren Teil von Abb. 2.51 bestimmt werden. Mit diesen Informationen bauen wir die in Abb. 2.52 wiedergegebene Gleichgewichtstransformation des statisch bestimmten Hauptsystems auf und ergänzen diese durch die weitgehend

Gleichgewichtstransformation: $\mathbf{s} = \tilde{\mathbf{b}} \bullet \tilde{\mathbf{P}} = [\mathbf{b}_0 \,|\, \mathbf{b}_1 \,|\, \mathbf{b}_2] \bullet \begin{bmatrix} \mathbf{P} \\ \mathbf{X}_1 \\ \mathbf{X}_2 \end{bmatrix}$

s	P_1	P_2	P_3	P_4	P_5	P_6	X_1	X_2	X_3	X_4	X_5	X_6	X_7	X_8	• $\tilde{P}$
M_l^1	1.0	1.0						1.0							P_1
M_r^1	1.0	1.0	3.0	3.0			1.0	0.5	-0.5	-1.0	1.0	1.0			P_2
M_l^2		1.0	-1.5							-1.0	1.5	0.5	-1.2	1.2	P_3
M_r^2		1.0	1.5							1.0	0.5	-0.5	1.2	-1.2	P_4
M_l^3			1.5							1.0	0.5	-0.5	1.2	-1.2	P_5
M_r^3			-1.5							1.0	-0.5	0.5	-1.2	1.2	P_6
M_l^4			4.5	3.0			1.0	0.5	-0.5		-0.5	0.5	1.2	-1.2	X_1
M_r^4			-4.5	-3.0			1.0	-0.5	0.5		0.5	-0.5	-1.2	1.2	X_2
M_l^5			-1.5		-1.0					1.0	-0.5	0.5	-1.2	1.2	X_3
M_r^5			1.5		-1.0					-1.0	0.5	1.5	1.2	-1.2	X_4
M_l^6			-3.0	-3.0	-1.0	-1.0	1.0	-0.5	0.5	-1.0	1.0	1.0			X_5
M_r^6					-1.0	-1.0			1.0						X_6
N^7													1.0		X_7
N^8														1.0	X_8

Nachgiebigkeitsmatrix aller Elemente (Element 1-6 : EI=konst; 7,8 : $\frac{I \cdot l}{A} = 0.800$):

$\mathbf{f} = \frac{1}{EI}$ ·

Element	1	1	2	2	3	3	4	4	5	5	6	6	7	8
1	2.00	1.00												
1	1.00	2.00												
2			2.00	1.00										
2			1.00	2.00										
3					$2.6\bar{6}$	$1.3\bar{3}$								
3					$1.3\bar{3}$	$2.6\bar{6}$								
4							$2.6\bar{6}$	$1.3\bar{3}$						
4							$1.3\bar{3}$	$2.6\bar{6}$						
5									2.00	1.00				
5									1.00	2.00				
6											2.00	1.00		
6											1.00	2.00		
7													0.800	
8														0.800

leere Positionen sind mit Nullen besetzt

Gesamt-Nachgiebigkeitsbeziehung: $\tilde{\mathbf{V}} = \tilde{\mathbf{F}} \bullet \tilde{\mathbf{P}} = \begin{bmatrix} \mathbf{V} \\ \mathbf{V}_1 \\ \mathbf{V}_2 \end{bmatrix} = \begin{bmatrix} \mathbf{F}_{00} & \mathbf{F}_{01} & \mathbf{F}_{02} \\ \mathbf{F}_{10} & \mathbf{F}_{11} & \mathbf{F}_{12} \\ \mathbf{F}_{20} & \mathbf{F}_{21} & \mathbf{F}_{22} \end{bmatrix} \bullet \begin{bmatrix} \mathbf{P} \\ \mathbf{X}_1 \\ \mathbf{X}_2 \end{bmatrix}$

Abb. 2.52 Transformationen am statisch bestimmten Hauptsystem für ein 8-fach statisch unbestimmtes Rahmentragwerk

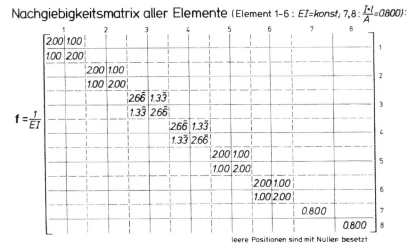

Abb. 2.48 entstammende Nachgiebigkeitsmatrix $\boldsymbol{f}$ aller 8 Stabelemente. Damit sind alle Voraussetzungen für die eigentliche Berechnung gemäß Abb. 2.50 geschaffen.

Als Ergebnis des 1. Eliminationsschrittes enthält Abb. 2.53 sowohl die Gleichgewichtstransformation als auch die Nachgiebigkeitsbeziehung des 6-fach statisch unbestimmten Rahmens, der einen länger bestehenden Bauzustand verkörpern könnte. Dieser dient nun als statisch unbestimmtes Hauptsystem für die beiden restlichen Einheitszustände X_7, X_8. Die in einem späteren Bauzustand erfolgende Schließung der verbliebenen Klaffungen V_{x7}, V_{x8} führt sodann gemäß Abb. 2.50 auf die in Abb. 2.54 wiedergegebenen Grundtransformationen des Originaltragwerks $n = 8$. Besonders eindrucksvoll wird an diesem Beispiel die schrittweise Versteifung der Struktur, ablesbar an den Hauptdiagonalgliedern der Gesamt-Nachgiebigkeitsmatrizen der Abb. 2.53 und 2.54, dokumentiert.

2.4.7 Automatische Wahl des Hauptsystems

Bisher erfolgte die Wahl des statisch bestimmten Hauptsystems stets auf *manuellem* Wege. Bekanntlich besteht diese Wahl in der Ergänzung der Knotengleichgewichtsbedingungen durch n geeignete Zusatzbedingungen mit dem Ziel, $\boldsymbol{g}^*$ bzw. $\boldsymbol{g}$ quadratisch und regulär zu machen. Manuelle Eingriffe stellen stets schwerwiegende Mängel computerautomatisierter Berechnungsabläufe dar. Wir werden daher nun versuchen, auch diesen Prozessteil zu automatisieren.

Da Auflagergrößen nicht von einer Wahl als statisch Überzählige ausschließbar sind, bilden die vollständigen Knotengleichgewichtsbedingungen (2.95) unter Einschluss der Auflagergrößen $\boldsymbol{C}$ den Ausgangspunkt unserer Überlegungen:

$$\boldsymbol{P}^* = \boldsymbol{g}^* \cdot \boldsymbol{s}^* = \begin{bmatrix} \boldsymbol{P} \\ \hline \boldsymbol{0} \end{bmatrix} = \left[\begin{array}{c|c} \boldsymbol{g} & \boldsymbol{0} \\ \hline \boldsymbol{g} & \boldsymbol{I} \end{array}\right] \cdot \begin{bmatrix} \boldsymbol{s} \\ \hline \boldsymbol{C} \end{bmatrix} . \tag{2.168}$$

Hierin vertritt $\boldsymbol{g}^*$ laut (2.96) eine zeilenreguläre Rechteckmatrix mit einer Überzahl von n Spalten gegenüber der quadratischen Form. Somit sind in ihr – kinematische Starrheit des Tragwerks vorausgesetzt – n Spalten untereinander linear abhängig. Wir gruppieren nun die Elemente der unbekannten Kraftgrößen $\boldsymbol{s}^*$ in (2.168) derart um

$$\begin{bmatrix} \boldsymbol{P}^* \end{bmatrix} = \left[\begin{array}{c|c} \boldsymbol{g}_0^* & \boldsymbol{g}_x^* \end{array}\right] \cdot \begin{bmatrix} \boldsymbol{s}_0^* \\ \hline \boldsymbol{s}_x^* \end{bmatrix} = \boldsymbol{P}^* = \boldsymbol{g}_0^* \cdot \boldsymbol{s}_0^* + \boldsymbol{g}_x^* \cdot \boldsymbol{s}_x^* , \tag{2.169}$$

Gleichgewichtstransformation: $\boldsymbol{s} = \boldsymbol{b}^* \cdot \boldsymbol{P}^* = [\boldsymbol{b}_0^* \,\vdots\, \boldsymbol{b}_2^*] \cdot \begin{bmatrix} \boldsymbol{P} \\ \boldsymbol{X}_2 \end{bmatrix}$, $\quad \boldsymbol{b}_0^* = \boldsymbol{b}_0 - \boldsymbol{b}_1 \cdot \boldsymbol{F}_{11}^{-1} \cdot \boldsymbol{F}_{10}$, $\quad \boldsymbol{b}_2^* = \boldsymbol{b}_2 - \boldsymbol{b}_1 \cdot \boldsymbol{F}_{11}^{-1} \cdot \boldsymbol{F}_{12}$

	P_1	P_2	P_3	P_4	P_5	P_6	X_7	X_8
M_l^1	-0.0349	0.0558	-2.0180	-1.7374	-0.0271	0.1931	-0.2245	0.2245
M_r^1	0.3071	-0.0685	0.9820	1.2626	0.0973	-0.1488	-0.2245	0.2245
M_l^2	-0.2513	-0.0349	-1.3489	0.1942	0.1931	0.1218	-1.2345	1.2345
M_r^2	-0.0337	0.4315	1.6511	0.1942	-0.2732	-0.0958	1.1655	-1.1655
M_l^3	-0.0337	-0.5685	1.6511	0.1942	-0.2732	-0.0958	1.1655	-1.1655
M_r^3	0.0958	0.2732	-1.6511	-0.1942	0.5685	-0.0337	-1.1655	1.1655
M_l^4	-0.4416	-0.0337	2.3309	1.0683	-0.0958	-0.2706	1.0101	-1.0101
M_r^4	0.2706	0.0958	-2.3309	-1.0683	0.0337	0.4416	-1.0101	1.0101
M_l^5	0.0958	0.2732	-1.6511	-0.1942	-0.4315	0.0337	-1.1655	1.1655
M_r^5	-0.1218	-0.1931	1.3489	-0.1942	0.0349	0.2513	1.2345	-1.2345
M_l^6	0.1488	-0.0973	-0.9820	-1.2626	0.0685	-0.3071	0.2245	-0.2245
M_r^6	-0.1931	0.0271	2.0180	1.7374	-0.0558	0.0349	0.2245	-0.2245
N^7							1.0000	
N^8								1.0000

$[M_l^1 \ldots N^8]^T = [\ldots] \cdot [P_1\; P_2\; P_3\; P_4\; P_5\; P_6\; X_7\; X_8]^T$

leere Positionen sind mit Nullen besetzt

Gesamt-Nachgiebigkeitsbeziehung: $\boldsymbol{V}^* = \boldsymbol{F}^* \cdot \boldsymbol{P}^* = \begin{bmatrix} \boldsymbol{V} \\ \boldsymbol{V}_2 \end{bmatrix} = \begin{bmatrix} \boldsymbol{F}_{00}^* & \boldsymbol{F}_{02}^* \\ {}^{*}_{20} & \boldsymbol{F}_{22}^* \end{bmatrix} \cdot \begin{bmatrix} \boldsymbol{P} \\ \boldsymbol{X}_2 \end{bmatrix}$

$$\boldsymbol{F}_{00}^* = \boldsymbol{F}_{00} - \boldsymbol{F}_{10}^T \cdot \boldsymbol{F}_{11}^{-1} \cdot \boldsymbol{F}_{10}$$
$$\boldsymbol{F}_{02}^* = \boldsymbol{F}_{02} - \boldsymbol{F}_{10}^T \cdot \boldsymbol{F}_{11}^{-1} \cdot \boldsymbol{F}_{12} = \boldsymbol{F}_{20}^{*T}$$
$$\boldsymbol{F}_{22}^* = \boldsymbol{F}_{22} - \boldsymbol{F}_{12}^T \cdot \boldsymbol{F}_{11}^{-1} \cdot \boldsymbol{F}_{12}$$

$[V_1 \ldots V_{x8}]^T = \frac{1}{EI} [\ldots] \cdot [P_1\; P_2\; P_3\; P_4\; P_5\; P_6\; X_7\; X_8]^T$

	P_1	P_2	P_3	P_4	P_5	P_6	X_7	X_8
V_1	0.817	-0.038	-3.108	-1.425	0.211	0.133	-1.347	1.347
V_2		1.152	-2.201	-0.259	-0.030	0.211	-1.554	1.554
V_3			43.252	18.324	-2.201	-3.108	19.942	19.942
V_4				13.273	-0.259	-1.425	4.040	-4.040
V_5	symmetrisch				1.152	-0.038	-1.554	1.554
V_6						0.817	-1.347	1.347
V_{x7}							13.522	-12.722
V_{x8}							-12.722	13.522

Abb. 2.53 Transformationen am 6-fach statisch unbestimmten Hauptsystem eines 8-fach statisch unbestimmten Rahmentragwerks

dass im vorderen Teil von $\boldsymbol{g}^*$ mit $\boldsymbol{g}_0^*$ eine *reguläre, quadratische* Matrix entsteht: $\det \boldsymbol{g}_0^* \neq 0$. $\boldsymbol{g}_x^*$ verkörpert dann die verbleibende, n-spaltige Restmatrix von $\boldsymbol{g}^*$. Hierin interpretieren wir nun

- s_0^* als *statisch bestimmte* Stabendkraftgrößen und Reaktionen,
- s_x^* als nicht durch Gleichgewichtsbetrachtungen bestimmbare, *statisch überzählige* Kraftgrößen $(\hat{=} \boldsymbol{X})$.

Da letztere somit zunächst unbestimmbar sind, bringen wir sie auf die Lastseite von (2.169)

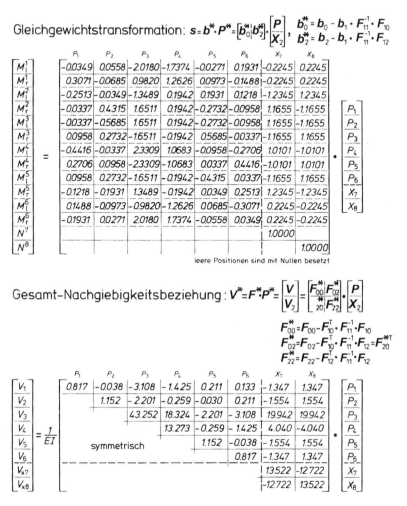

Gleichgewichtstransformation: $s = b \cdot P$ mit $b = b_0^* - b_2^* \cdot F_{22}^{*-1} \cdot F_{20}^*$

$$
\begin{bmatrix} M_l^1 \\ M_r^1 \\ M_l^2 \\ M_r^2 \\ M_l^3 \\ M_r^3 \\ M_l^4 \\ M_r^4 \\ M_l^5 \\ M_r^5 \\ M_l^6 \\ M_r^6 \\ N^7 \\ N^8 \end{bmatrix}
=
\begin{bmatrix}
-0.0579 & 0.0293 & -1.6769 & -1.6683 & -0.0536 & 0.1701 \\
0.2841 & -0.0951 & 1.3231 & 1.3317 & 0.0707 & -0.1719 \\
-0.3780 & -0.1811 & 0.5273 & 0.5744 & 0.0469 & -0.0049 \\
0.0860 & 0.5695 & -0.1202 & -0.1646 & -0.1352 & 0.0238 \\
0.0860 & -0.4305 & -0.1202 & -0.1646 & -0.1352 & 0.0238 \\
-0.0238 & 0.1352 & 0.1202 & 0.1646 & 0.4305 & -0.0860 \\
-0.3379 & 0.0860 & 0.7958 & 0.7573 & 0.0238 & -0.1670 \\
0.1670 & -0.0238 & -0.7958 & -0.7573 & -0.0860 & 0.3379 \\
-0.0238 & 0.1352 & 0.1202 & 0.1646 & -0.5695 & -0.0860 \\
0.0049 & -0.0469 & -0.5273 & -0.5744 & 0.1811 & 0.3780 \\
0.1719 & -0.0707 & -1.3231 & -1.3317 & 0.0951 & -0.2841 \\
-0.1701 & 0.0536 & 1.6769 & 1.6683 & -0.0293 & 0.0579 \\
0.0513 & 0.0592 & -0.7599 & -0.1540 & 0.0592 & 0.0513 \\
-0.0513 & -0.0592 & 0.7599 & 0.1540 & -0.0592 & -0.0513
\end{bmatrix}
\cdot
\begin{bmatrix} P_1 \\ P_2 \\ P_3 \\ P_4 \\ P_5 \\ P_6 \end{bmatrix}
$$

Gesamt-Nachgiebigkeitsbeziehung: $V = F \cdot P$ mit $F = F_{00}^* - F_{20}^{*T} \cdot F_{22}^{*-1} \cdot F_{20}^*$

$$
\begin{bmatrix} V_1 \\ V_2 \\ V_3 \\ V_4 \\ V_5 \\ V_6 \end{bmatrix}
= \frac{1}{EI}
\begin{bmatrix}
0.679 & -0.198 & -1.061 & -1.010 & 0.051 & -0.005 \\
 & 0.968 & 0.160 & 0.219 & -0.214 & 0.051 \\
 & & 12.943 & 12.183 & 0.160 & -1.061 \\
 & & & 12.029 & 0.219 & -1.010 \\
 & \text{symmetrisch} & & & 0.968 & -0.198 \\
 & & & & & 0.679
\end{bmatrix}
\cdot
\begin{bmatrix} P_1 \\ P_2 \\ P_3 \\ P_4 \\ P_5 \\ P_6 \end{bmatrix}
$$

Abb. 2.54 Transformation am 8-fach statisch unbestimmten Original des Rahmentragwerks der Abb. 2.51 bis 2.53

$$g_0^* \cdot s_0^* = P^* - g_X^* \cdot s_X^* \tag{2.170}$$

und gewinnen hieraus durch Multiplikation mit der Linksinversen $\left(g_0^*\right)^{-1}$:

$$s_0^* = \left(g_0^*\right)^{-1} \cdot P^* - \left(g_0^*\right)^{-1} g_X^* \cdot s_X^*$$

$$\left[s_0^* \right] = \left[g_0^{*-1} \right] \cdot \left[P^* \right] - \left[g_0^{*-1} g_X^* \right] \cdot \left[s_X^* \right]. \tag{2.171}$$

Ersetzen wir nun auf der rechten Seite dieser Beziehung s_X^* durch die gewohnte Bezeichnung

$$s_X^* = X = I \cdot X, \tag{2.172}$$

fassen P^* wieder mit X zusammen und ergänzen schließlich links die statisch bestimmten Anteile s_0^* durch s_X^* erneut zur vollständigen Spalte s^*, so entsteht mit

$$\boldsymbol{s}^* = \tilde{\boldsymbol{b}}^* \cdot \tilde{\boldsymbol{P}}^* = \begin{bmatrix} \boldsymbol{s}_0^* \\ --- \\ \boldsymbol{s}_x^* \end{bmatrix} = \left[\begin{array}{c|c} \boldsymbol{g}_0^{*-1} & \boldsymbol{g}_0^{*-1}\boldsymbol{g}_x^* \\ \hline \mathbf{0} & \boldsymbol{I} \end{array}\right] \cdot \begin{bmatrix} \boldsymbol{P}^* \\ --- \\ X \end{bmatrix} \tag{2.173}$$

gerade die zu (2.102) identische Gleichgewichtstransformation des statisch bestimmten Hauptsystems. Durch Vergleich gewinnen wir

$$\boldsymbol{b}_0 = \begin{bmatrix} \boldsymbol{g}_0^{*-1} \\ --- \\ \mathbf{0} \end{bmatrix}, \qquad \boldsymbol{b}_x = \begin{bmatrix} -\boldsymbol{g}_0^{*-1}\boldsymbol{g}_x^* \\ ---- \\ \boldsymbol{I} \end{bmatrix}, \tag{2.174}$$

gegenüber (2.102) allerdings um die Auflagergrößen erweitert. Sieht man hiervon ab, so folgt der weitere Berechnungsgang dem Standardalgorithmus in Abb. 2.32.

Damit haben wir allein durch Aussortieren von $(s \cdot p + a - n)$ linear unabhängigen Spalten $\boldsymbol{g}_0^*$ aus $\boldsymbol{g}^*$ *automatisch* ein statisch bestimmtes Hauptsystem erzeugt. Bevor wir uns den dabei auftretenden numerischen Gesichtspunkten zuwenden, wollen wir den hergeleiteten Algorithmus an Hand eines einfachen Beispiels erläutern. Hierzu wurde in Abb. 2.55 ein einseitig eingespannter, dehnstarrer Balken gewählt: ein 1-fach statisch unbestimmtes Tragwerk. Verabredungsgemäß werden die Knotengleichgewichtsbedingungen auch in Richtung der durch Lagerbedingungen unterdrückten Freiheitsgrade formuliert. Da zu Bearbeitungsbeginn die Wahl des statisch bestimmten Hauptsystems noch unbekannt ist, werden ebenfalls in Richtung der unterdrückten Knotenfreiheitsgrade Lasten (P_2, P_3, P_4) eingeführt: eine zulässige, wenn auch unübliche Vorgehensweise.

Als erstes stellen wir die vier Knotengleichgewichtsbedingungen auf und ordnen sie in das bekannte Matrizenschema ein. Verzichten wir auf eine Umordnung der Spalten in $\boldsymbol{g}^*$, so ist damit bereits M_B als statisch Überzählige festgelegt. Die hierdurch abgrenzbare reguläre Matrix $\boldsymbol{g}_0^*$ wird nun invertiert, womit die Gleichgewichtstransformation des statisch bestimmten Hauptsystems gemäß (2.173) aufgebaut werden kann. Das entstandene Hauptsystem stellt einen Balken auf 2 Stützen dar: $X = M_B$.

Selbstverständlich können auf diesem Wege zur Gewinnung des statisch bestimmten Hauptsystems nur Bindungen der in $\boldsymbol{s}^*$ aufgeführten Kraftgrößen gelöst werden. Querkraftgelenke beispielsweise erfordern eine Formulierung der Knotengleichgewichtsbedingungen in den vollständigen Stabendkraftgrößen gemäß Abschn. 2.1.4 sowie deren nachträgliche Reduktion.

Das Beispiel in Abb. 2.55 illustriert die prinzipielle Möglichkeit einer Gewinnung der Gleichgewichtsmatrizen $\boldsymbol{b}_0$, $\boldsymbol{b}_x$ aus $\boldsymbol{g}^*$. Zur numerischen Durchführung werden sukzessiv arbeitende Inversionsverfahren eingesetzt, welche schrittweise linear voneinander unabhängige Spalten im vorderen Teil, die abhängigen Spalten im hinteren Teil von $\boldsymbol{g}^*$ konzentrieren und gleichzeitig die Inversion durchführen. Mathematisch entspricht dieses

Baustatische Skizze, Tragwerksknoten und Stabelement:

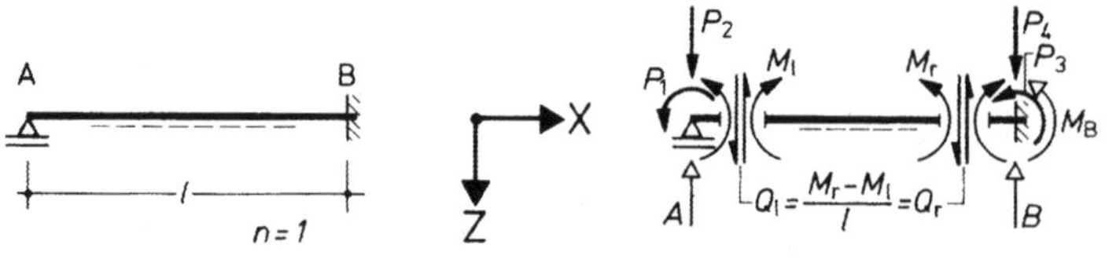

Knotengleichgewichtsbedingungen: $P^* = \left[g_0^* \mid g_x^*\right] \cdot \begin{bmatrix} s_0^* \\ s_x^* \end{bmatrix} = g^* \cdot s^*$

$$\begin{bmatrix} P_1 \\ P_2 \\ P_3 \\ P_4 \end{bmatrix} = \begin{bmatrix} -1 & & & & \\ 1/l & -1/l & 1 & & \\ & 1 & & & -1 \\ -1/l & 1/l & & 1 & \end{bmatrix} \cdot \begin{bmatrix} M_l \\ M_r \\ A \\ B \\ M_B \end{bmatrix}$$

Gleichgewichtstransformation des stat. bestimmten Hauptsystems:

$$\begin{bmatrix} s_0^* \\ s_x^* \end{bmatrix} = \begin{bmatrix} (g_0^*)^{-1} & -(g_0^*)^{-1} \cdot g_x^* \\ O & I \end{bmatrix} \cdot \begin{bmatrix} P^* \\ X \end{bmatrix} = \left[b_0 \mid b_x\right] \cdot \begin{bmatrix} P^* \\ X \end{bmatrix} :$$

$$\begin{bmatrix} M_l \\ M_r \\ A \\ B \\ M_B \end{bmatrix} = \begin{bmatrix} -1 & & & & \\ & & 1 & & 1 \\ 1/l & 1 & 1/l & & 1/l \\ -1/l & & -1/l & 1 & -1/l \\ & & & & 1 \end{bmatrix} \cdot \begin{bmatrix} P_1 \\ P_2 \\ P_3 \\ P_4 \\ X \end{bmatrix}$$

leere Positionen sind mit Nullen besetzt

Abb. 2.55 Automatische Wahl des Hauptsystems eines einseitig eingespannten Einfeldträgers

Vorgehen der Pseudoinversion einer Rechteckmatrix [16], wobei der Kern dieser Matrix mit den Einheitszuständen des Kraftgrößenverfahrens identisch ist.

Eine naheliegende Vorgehensweise bildet das Inversionsverfahren nach GAUSS-JORDAN[3] [35,49] bei welchem ein systematischer Spaltentausch mit zeilenweiser Pivotierung zur Minimierung der Stellenverluste in $\left(g_0^*\right)^{-1}$ gekoppelt ist. Als Pivotelement dient dabei i. A. das betragsmäßig größte Element einer Zeile. Ein derartiger Algorithmus wurde erstmalig in [13, 14] unter der Bezeichnung *automatic structure-cutter* veröffentlicht; unabhängig hiervon entwickelte, ähnliche Algorithmen finden sich in [36, 37], solche mit eingeschränktem Anwendungsbereich in [10].

Ein anderes Konzept verwendet das Eliminationsverfahren von GAUSS. Bei ihm wird g^* zunächst durch n Nullreihen zu einer quadratischen Matrix ergänzt, die im Verlauf

[3] CAMILLE JORDAN, italienischer Mathematiker in Paris, 1838–1922, Arbeiten zur Analysis und Mengenlehre.

der Elimination durch geeignete Einheitszeilen ersetzt und im Zeilentausch verarbeitet werden [41]. Wegen der Zeilenregularität von $\boldsymbol{g}^*$ treten im Verlauf der Dreieckszerlegung genau n Null-Pivotelemente auf, die auf genau n Einheitszustände führen. Diese Vorgehensweise wurde in [42] entwickelt; ihr Vorteil liegt in der gleichzeitigen Erzielung einer Bandstruktur von $\boldsymbol{F}_{xx}$, d. h. in der Entstehung *kompakter Einheitszustände* [21]. In [43] findet der Leser beide Verfahren erläutert und ihre unterschiedliche Leistungsfähigkeit durch Programmalgorithmen verglichen.

Aufgaben

Diskretisieren Sie die beiden Tragwerke der Abb. 1.4, 1.11 und legen Sie die Spalten $\boldsymbol{P}, \boldsymbol{C}$, $\boldsymbol{s}$ und $\boldsymbol{V}$ an (Abschn. 2.1.2, 2.1.3).

Ermitteln Sie die Transformationen zwischen den vollständigen, unabhängigen und abhängigen Stabendkraftgrößen für ein ebenes, kreisförmiges Stabelement von 90° Öffnungswinkel (Abschn. 2.1.3).

Warum gilt die Beziehung (2.17) nicht für statisch unbestimmte Tragwerkstopologien (Abschn. 2.1.3)?

Verifizieren Sie die $\boldsymbol{b}$- bzw. $\boldsymbol{b}^*$-Matrizen der Beispiele in den Abb. 2.20/2.21 und 2.22/2.23 durch konventionelle Gleichgewichtsbetrachtungen infolge $P_j = 1, 1 \leq j \leq m$ (Abschn. 2.1.3).

Stellen Sie die Gleichgewichtsbedingungen und die Nebenbedingung des Beispiels Abb. 2.20 zunächst in den vollständigen Stabendkraftgrößen $\dot{\boldsymbol{s}}$ auf und transformieren Sie $\dot{\boldsymbol{g}}^*$ sodann matriziell gemäß Abb. 2.4 (Abschn. 2.1.4).

Wie lautet die Transformation (2.24) → (2.26) für einen geraden, räumlich beanspruchten Stab (Abschn. 2.1.5)?

Wie lautet die Element-Nachgiebigkeitsmatrix $\mathbf{f}^e$ für ein ebenes

- Kreisbogenelement von 90° Öffnungswinkel,
- gerades Stabelement, dessen rechte Hälfte gegenüber der linken die doppelten Dehn- und Biegesteifigkeiten aufweist (Abschn. 2.1.6)?

Ermitteln Sie die Spalte $\dot{\boldsymbol{v}}^e$ für ein ebenes, kreisförmiges Stabelement von 90° Öffnungswinkel unter einer

- quergerichteten Einzellast in Bogenmitte,
- Temperatureinwirkung ΔT (Abschn. 2.1.7).

Versuchen Sie, durch paarweises Vertauschen von Last- und/oder Stabnummern, die Bandbreite der Matrix $\boldsymbol{g}^*$ in Abb. 2.24 zu verringern/zu vergrößern (Abschn. 2.2.2).

Entwickeln Sie aus der $\boldsymbol{b}^*$-Matrix des Trägerrostes Abb. 2.22/2.23 die Einflusslinien für folgende Kraftgrößen: C_1, C_2, C_3, M_1^{b} (Abschn. 2.2.3).

Gewinnen Sie die einzelnen Spalten der in Abb. 2.34 wiedergegebenen Gleichgewichtsmatrix $\tilde{\boldsymbol{b}}$ des statisch bestimmten Hauptsystems für das Rahmentragwerk der Abb. 2.33 durch konventionelle Gleichgewichtsbetrachtungen $P_j = 1, X_j = 1$ (Abschn. 2.3.3).

Ermitteln Sie die Vertikalverschiebung V_4 des Fachwerks in Abb. 2.41 mit Hilfe des Reduktionssatzes (2.123) für eine von Ihnen gewählte Lastkombination und vergleichen Sie Ihr Ergebnis mit Elementen von $\boldsymbol{F}$ in Abb. 2.43 (Abschn. 2.3.5).

Werten Sie die Gleichgewichtstransformation des 3-fach statisch unbestimmten Fachwerks in Abb. 2.42 unten für eine vorgegebene Lastkombination aus und kontrollieren Sie das Ergebnis

- ingenieurmäßig,
- mittels $\boldsymbol{g}_0$ von Abb. 2.41 (Abschn. 2.3.6).

Verifizieren Sie einzelne Zeilen der in Abb. 2.42 oben angegebenen Gleichgewichtsmatrix $\tilde{\boldsymbol{g}}$ des statisch bestimmten Hauptsystems durch Anwendung des Schnittverfahrens von RITTER, einzelne Spalten mittels eines CREMONAplanes (Abschn. 2.3.6).

Gruppieren Sie die matriziellen Gleichgewichtsbedingungen für das Rahmentragwerk der Abb. 2.20 unter der Annahme um, dass

- alle Stabelemente dehnstarr sind,
- zusätzlich das Stabelement C biegestarr ist (Abschn. 2.4.2).

Transformieren Sie den Standard-Kraftgrößenalgorithmus der Abb. 2.32 vollständig in die Richtungen der Eigenvektoren von $\boldsymbol{F}_{\mathrm{xx}}$, danach in diejenigen von $\tilde{\boldsymbol{F}}$. Wägen Sie die Vor- und Nachteile beider Orthogonalisierungen gegeneinander ab (Abschn. 2.4.5).

Gewinnen Sie durch Umgruppierung der Spalten von $\boldsymbol{g}^*$ in Abb. 2.55 weitere statisch bestimmte Hauptsysteme (Abschn. 2.4.7).

Literatur

1. Altenbach, J., Sacharov, A.S., et al.: Die Methode der Finiten Elemente in der Festkörpermechanik. VEB Fachbuchverlag, Leipzig (1982)
2. Argyris, J.H.: Die Matrizentheorie der Statik. Ingenieur. **25**, 174–192 (1957)
3. Argyris, J.H.: Energy theorems and structural analysis. Aircr. Eng. **26** (1954), S. 347–356, S. 383–394, 27(1955), S. 42–58, S. 80–94, S. 125–134, S. 145–158. Gesammelt veröffentlicht mit Kelsey, S. bei Butterworths, London (1960)
4. Argyris, J.: Some Further Developments of Matrix Methods of Structural Analysis, I and II, Advisory Group for Aeronautical Research and Development, September 1959 and July (1962)

5. Argyris, J.: Continua and discontinua, Matrix methods in structural mechanics. Proceedings for the Conference on Matrix Methods, Wright-Patterson Air Force Base, Ohio (1965)
6. Argyris, J., Kelsey, S.: Modern fuselage analysis and the elastic aircraft. Butterworths, London (1963)
7. Argyris, J., Mlejnek, H.-P.: Die Methode der Finiten Elemente in der elementaren Strukturmechanik. Band I: Verschiebungsmethode in der Statik, 1986; Band II: Kraft und gemischte Methoden. Friedr. Vieweg & Sohn Verlagsgesellschaft Wiesbaden (1987)
8. Asplund, S.O.: Structural Mechanics: Classical and Matrix Methods. Prentice-Hall Inc., Englewood Cliffs (1966)
9. Beaufait, F.W.: Basic Concepts of Structural Analysis. Prentice-Hall, Inc. Englewood Cliffs (1977)
10. Çakiroglu, A.: Die inneren Kraftzustände zur Erfüllung der Gleichgewichtsbedingungen im Kraftgrößenverfahren. Die Bautech. **51**, 298–301 (1974)
11. Clough, R.W., Kind, I.P., Wilson, E.L.: Structural analysis of multistory buildings. J. Struct. Div. ASCE. **90**, 19–34 (1964)
12. Denke, P.H.: A Matrix Method of Structural Analysis. Proceedings of 2nd US National Congress on Applied Mechanics, ASME S. 445–451, (1954)
13. Denke, P.H.: A General Digital Computer Analysis of Statically Indeterminate Structures. NASA Tech. Note D-1666, Washington (1962)
14. Denke, P.H.: A Computerized Static and Dynamic Structural Analysis System. Soc. Automotive Engineers Congress Exposition, Paper 3213, Detroit (1965)
15. Desai, S., Abel, J. F.: Introduction to the Finite Element Method. Van Nostrand Reinhold Comp., New York (1972)
16. Fadejew, D.K., Fadejewa, W.N.: Numerische Methoden der linearen Algebra. Verlag R. Oldenbourg, München (1970)
17. Gerstle, K.H.: Basic Structural Analysis. Prentice-Hall, Inc. Englewood Cliffs (1974)
18. Hahn, W., Mohr, K.: APL/PCXA, Erweiterung der IEEE-Arithmetik für technisch-wissenschaftliches Rechnen. C. Hanser Verlag, München (1988)
19. Homberg, H.: Kreuzwerke. Statik der Trägerroste und Platten. Forschungshefte aus dem Gebiet des Stahlbaus, Heft 8. Springer-Verlag, Berlin (1951)
20. Hsieh, Y.-Y.: Elementary Theory of Structures, 3rd edn. Prentice Hall, Englewood Cliffs (1988)
21. Kaneko, I., Lawo, M., Thierauf, G.: On computational procedures for the force method. Int. Journ. Num. Meth. Eng. **18**, 1469–1495 (1982)
22. Krätzig, W.B., Weber, B.: Modulare Programmsysteme als alternatives DV-Konzept in der Statik und Dynamik der Tragwerke. Die Bautech. **60**(3), 92–97 (1983)
23. Krätzig, W. B., Harte, R., Meskouris, M., Wittek, U.: Tragwerke 1 – Theorie und Berechnungsmethoden statisch bestimmter Stabtragwerke, Springer-Verlag, 5. bearb. Aufl page (2010)
24. Land, R.: Kinematische Theorie der statisch bestimmten Träger. Zeitschrift des österr. Ingenieur- und Architektenverbandes 40, S. 77 und S. 762 (1988)
25. Langefors, B.: Analysis of elastic structures by matrix transformation. J. Aeron. S. **19**, 451–458 (1952)
26. Langhaar, H.L.: Energy Methods in Applied Mechanics. John Wiley and Sons, Inc., New York (1962)
27. Laursen, H.I.: Matrix Analysis of Structures. McGraw-Hill Book Company, New York (1966)
28. Livesley, R.K.: Matrix Methods of Structural Analysis. Pergamon Press, Oxford (1964)
29. Martin, H.C.: Matrix Methods of Structural Analysis, Pergamon Press, Oxford (1964)
30. Mason, J.: Methods of Functional Analysis for Application in Solid Mechanics. Elsevier Science Publishers B.V., Amsterdam (1985)
31. McMinn, S.J.: Matrices for Structural Analysis, 2nd edn. E. & F.N. Spon Ltd., London (1966)

32. Meek, J.L.: Matrix Structural Analysis. McGraw-Hill Kogakusha LTD, Tokyo (1971)
33. Pestel, E.C., Leckie, F.A.: Matrix Methods in Elastomechanics. McGraw-Hill Book Company, New York (1963)
34. Pflüger, A.: Statik der Stabtragwerke, Springer-Verlag, Berlin (1978)
35. Przemieniecki, J.S.: Theory of Matrix Structural Analysis. McGraw-Hill Book Company, New York (1968)
36. Robinson, J.: Automatic selection of redundancies in the matrix force method. Can. Aeron. Space J. **11**, 9–12 (1965)
37. Robinson, J.: The rank technique and its application. J. Roy. Aeron. Soc. **69**, 280–283 (1965)
38. Robinson, J.: Integrated Theory of Finite Element Methods. John Wiley & Sons, London (1973)
39. Robinson, J., Haggenmacher, G.W.: Optimization of redundancy selection in the finite-element force method. J. AIAA. **8**, 1429–1433 (1970)
40. Tauchert, T.R.: Energy Principles in Structural Analysis. McGraw-Hill Comp., New York (1974)
41. Thierauf, G., Lawo, M.: Stabtragwerke. Matrizenmethoden der Statik und Dynamik, Teil I: Statik. Friedr. Vieweg & Sohn, Braunschweig (1980)
42. Thierauf, G., Topçu, A.: Structural optimization using the force method. Beitrag in: Robinson, J. (ed.): World Congress on Finite Element Methods in Structural Mechanics, Bournemouth (1975)
43. Topçu, A.: Ein Beitrag zur systematischen Berechnung finiter Elementtragwerke nach der Kraftmethode. Forschungsberichte aus dem Fachbereich Bauwesen, Universität Essen, Heft 10
44. Tottenham, H., Brebbia, C. (ed.): Finite Element Techniques in Structural Mechanics. Stress Analysis Publishers, Southampton (1970)
45. Turner, M.J., Clough, R.W., Martin, H.C.: Stiffness and deflection analysis of complex structures. J. Aeron. Sci. **23**, 805–823, 854 (1956)
46. Washizu, K.: Variational Methods in Elasticity and Plasticity, 2. Aufl. Pergamon Press Ltd., Oxford (1975)
47. Wilson, E.L.: SMIS-Symbolic Matrix Interpretive System. Report No. 73–3, Department of Civil Engineering, Division SESM, University of California, Berkeley (1973)
48. Wilson, E.L.: CAL 78-Computer Analysis Language. Report No. 79–1, Department of Civil Engineering, Division SESM, University of California, Berkeley (1979)
49. Zurmuhl, R.: Matrizen und ihre technischen Anwendungen, Springer-Verlag, Berlin (1964)

Das Weggrößenverfahren

3

Da bei Festigkeitsanalysen von Tragwerken Kräftezustände im Vordergrund des Interesses stehen, erscheint das Kraftgrößenverfahren mit seinen Gleichgewichtsbetrachtungen traditionsgemäß als hierfür natürliche Vorgehensweise. Das 2. Kapitel ließ uns aber bereits Kraft- und Weggrößen als prinzipiell gleichberechtigte Zustandsvariablen erkennen. Mit dem Weggrößenverfahren, auch Formänderungsgrößenverfahren genannt, soll nunmehr ein Berechnungskonzept vorgestellt werden, welches Deformationen als primäre Variablen verwendet und sich damit in erster Linie auf kinematische Betrachtungen abstützt. Zunächst werden in diesem Kapitel die Grundlagen des Weggrößenverfahrens behandelt, wobei ebenso wie beim Kraftgrößenverfahren seine Formulierung in unabhängigen inneren Variablen erfolgt. Nach einer Reminiszenz auf historische Verfahrensvarianten folgt die Erweiterung des Weggrößenverfahrens auf vollständige innere Variablen. Hieraus schließlich entwickeln wir als Übergang zu den finiten Elementen die direkte Steifigkeitsmethode, welche den meisten computergestützten Analyseverfahren zugrunde liegt.

3.1 Formulierung in unabhängigen Stabendvariablen

3.1.1 Diskretisiertes Tragwerksmodell und Zustandsvariablen

Ebenso wie das matrizielle Kraftgrößenverfahren basiert auch das Weggrößenverfahren auf den Konventionen eines *diskretisierten Tragwerksmodells*, die daher kurz wiederholt werden sollen. Dieses Modell bestand aus *Stabelementen*, welche an ihren Stabenden, den *Knotenpunkten*, miteinander verknüpft oder auf Lagern gestützt waren. Die Unterteilung in Knotenpunkte und Stabelemente durfte weitgehend ohne Rücksicht auf das Tragverhalten erfolgen, und die Numerierungsreihenfolge von Stäben sowie Knoten war willkürlich.

Tragwerke sind stets in den Umgebungsraum eingebettet, der durch eine *globale, rechtshändige kartesische Basis* X, Y, Z – im Sonderfall der Ebene X, Z – ausgemessen wird. Jedem einzelnen Punkt bzw. Stabelement eines diskretisierten Tragwerksmodells verleiht darüber hinaus eine *lokale, rechtshändige kartesische Basis* x, y, z – bzw. x, z –

W. B. Krätzig et al., *Tragwerke 2*, Springer-Lehrbuch,
https://doi.org/10.1007/978-3-642-41722-8_3

eine Orientierung; dabei verläuft die x-Achse stets in Stabachsenrichtung, vom linken (l) zum rechten (r) Stabende weisend.

Gemäß Abschn. 2.1.2 dienen alle unabhängigen Knotenfreiheitsgrade eines diskretisierten Tragwerksmodells sowie hierzu korrespondierende Knotenlasten zur Beschreibung des äußeren mechanischen Geschehens einer Tragwerksantwort.

> **Definition** Als äußere Zustandsvariablen finden alle *unabhängigen* (*wesentlichen*) *kinematischen Knotenfreiheitsgrade* sowie hierzu korrespondierende *Knotenlasten* Verwendung. Ihre positiven Wirkungsrichtungen werden paarweise gleichlautend definiert, vorzugsweise in den Richtungen der globalen Basis.

Beide Variablenfelder werden in beliebiger Reihenfolge gleichlautend durchnumeriert und je in einer Spaltenmatrix **P**, **V** zusammengefasst:

$$\boldsymbol{P} = \begin{bmatrix} P_1 \\ P_2 \\ \vdots \\ P_m \end{bmatrix}_{(m,1)}, \boldsymbol{V} = \begin{bmatrix} V_1 \\ V_2 \\ \vdots \\ V_m \end{bmatrix}_{(m,1)} \tag{3.1}$$

Damit lässt sich ihre Wechselwirkungsenergie als gemeinsames Matrizenprodukt

$$W^{(a)} = \boldsymbol{P}^T \cdot \boldsymbol{V} = \boldsymbol{V}^T \cdot \boldsymbol{P} = P_1 V_1 + P_2 V_2 + \ldots P_m V_m \tag{3.2}$$

darstellen. Schließlich werden auch die *Auflagergrößen* wieder in geeigneter, jedoch ebenfalls willkürlicher Reihenfolge durchnumeriert und in einer Spalte $\boldsymbol{C}$ abgelegt:

$$\boldsymbol{C}^T = \{C_1\ C_2\ C_3 \ldots C_r\}_{(r,1)} \tag{3.3}$$

Die inneren Zustandsvariablen wurden in den Abschn. 2.1.3 und 2.1.5 eingeführt.

> **Definition** Als innere Kraftgrößen findet eine elementweise Spaltenanordnung (2.7) der *unabhängigen Stabendkraftgrößen* $\boldsymbol{s}^e$ (2.8, 2.9), als innere Weggrößen eine gleichlautende Spalte der *korrespondierenden Stabendweggrößen* $\boldsymbol{v}^e$ (2.41 bis 2.43) aller p Stabelemente Verwendung:
>
> $$\boldsymbol{s} = \begin{bmatrix} \boldsymbol{s}^a \\ \boldsymbol{s}^b \\ \boldsymbol{s}^c \\ \vdots \\ \boldsymbol{s}^p \end{bmatrix}, \quad \boldsymbol{v} = \begin{bmatrix} \boldsymbol{v}^a \\ \boldsymbol{v}^b \\ \boldsymbol{v}^c \\ \vdots \\ \boldsymbol{v}^p \end{bmatrix}. \tag{3.4}$$

Die einzelnen hierin auftretenden Untermatrizen lauten im Fall ebener Stabelemente (2.29):

$$\boldsymbol{s}^{\mathrm{e}} = \begin{bmatrix} N_{\mathrm{r}} \\ M_{\mathrm{l}} \\ M_{\mathrm{r}} \end{bmatrix}_{(3,1)} , \quad \boldsymbol{v}^{\mathrm{e}} = \begin{bmatrix} u_{\Delta} \\ \tau_{\mathrm{l}} \\ \tau_{\mathrm{r}} \end{bmatrix}_{(3,1)} , \tag{3.5}$$

im Fall räumlicher Stabelemente dagegen (2.30):

$$\boldsymbol{s}^{\mathrm{e}} = \begin{bmatrix} N_{\mathrm{r}} \\ M_{\mathrm{Tr}} \\ M_{\mathrm{yl}} \\ M_{\mathrm{yr}} \\ M_{\mathrm{zl}} \\ M_{\mathrm{zr}} \end{bmatrix}_{(6,1)} , \quad \boldsymbol{v}^{\mathrm{e}} = \begin{bmatrix} u_{\Delta} \\ \varphi_{\Delta} \\ \tau_{\mathrm{yl}} \\ \tau_{\mathrm{yr}} \\ \tau_{\mathrm{zl}} \\ \tau_{\mathrm{zr}} \end{bmatrix}_{(6,1)} . \tag{3.6}$$

In (3.5, 3.6) verkörpert N_{r} erneut die Normalkraft, M_{Tr} das Torsionsmoment des rechten Stabendes. M_{l} und M_{r} repräsentieren die linken und rechten Stabendbiegemomente. u_{Δ} bezeichnet die Stablängung, φ_{Δ} die Tordierung am rechten Stabende. Mit τ_{l} und τ_{r} schließlich werden die Tangentendrehwinkel an den beiden Stabenden abgekürzt. Die im e-ten Element geleistete Wechselwirkungsenergie lässt sich hieraus zu

$$-\boldsymbol{W}^{\mathrm{e}} = \boldsymbol{s}^{\mathrm{eT}} \cdot \boldsymbol{v}^{\mathrm{e}} = \boldsymbol{v}^{\mathrm{eT}} \cdot \boldsymbol{s}^{\mathrm{e}} \tag{3.7}$$

berechnen, diejenige *aller* Elemente lautet gemäß (3.4):

$$-\boldsymbol{W}^{(\mathrm{i})} = \boldsymbol{s}^{\mathrm{T}} \cdot \boldsymbol{v} = \boldsymbol{v}^{\mathrm{T}} \cdot \boldsymbol{s}. \tag{3.8}$$

Von den Zustandsvariablen (3.1, 3.4) eines diskretisierten Tragwerkmodells wurden beim Kraftgrößenverfahren als primäre Variablen *Kraftgrößen* eingesetzt. Demgemäß dominierten dort Gleichgewichtsbetrachtungen das Verfahren, welches Gleichgewichtszustände bestimmt, die auch die Verformungsbedingungen der Struktur erfüllten. Dies erfolgte über *Nachgiebigkeitsbeziehungen* (2.40, 2.74) der Gestalt:

$$\text{Verformungsgrößen} = \text{Nachgiebigkeiten} \times \text{Kraftgrößen}. \tag{3.9}$$

Beim Weggrößenverfahren stellen dagegen *Verformungsgrößen* die primären Variablen dar. Somit werden hier kinematisch kompatible Verformungszustände so miteinander kombiniert, dass alle Gleichgewichtsaussagen erfüllt sind. Kraft- und Weggrößen sind dabei durch *Steifigkeitsbeziehungen* miteinander verknüpft:

$$\text{Kraftgrößen} = \text{Steifigkeiten} \times \text{Verformungsgrößen}. \tag{3.10}$$

Das *Kraftgrößenverfahren* verdankt seine traditionelle Favoritenstellung bei Festigkeitsanalysen der Tatsache, dass viele Strukturen mit nur wenigen statisch Überzähligen berechenbar sind. Obwohl sich die kinematischen Operationen des *Weggrößenverfahrens* demgegenüber durch eine viel stärkere Anschaulichkeit auszeichnen, wird bei diesem stets eine umfangreiche Gleichungsauflösung erforderlich, da üblicherweise die auf der linken Seite von (3.10) stehenden Kraftgrößen als einwirkend vorgegeben sind. Allerdings haben die Fortschritte der Computertechnik diesen ursprünglichen Nachteil des Weggrößenverfahrens längst in den Hintergrund treten lassen und so zu seiner heutigen Dominanz beigetragen.

3.1.2 Element-Steifigkeitsbeziehung in unabhängigen Variablen

Als erste Komponente des Weggrößenverfahrens soll nun die *Element-Steifigkeitsbeziehung* hergeleitet werden, beispielhaft für ein ebenes, einwirkungsfreies Biegestabelement unter Vernachlässigung von Querkraftdeformationen. Den Ausgangspunkt hierfür bildet die Abb. 2.13 entnommene Element-Nachgiebigkeitsbeziehung ($\beta = 0$) im oberen Teil von Abb. 3.1.

Die hierin auftretende Element-Nachgiebigkeitsmatrix $\boldsymbol{f}^{\mathrm{e}}$ ist gemäß den Begründungen des Abschn. 2.1.6 symmetrisch und regulär. Somit besitzt sie eine Inverse $(\boldsymbol{f}^{\mathrm{e}})^{-1}$, mit welcher die gesamte Nachgiebigkeitsbeziehung von links multipliziert wird:

$$\begin{aligned} \boldsymbol{v}^{\mathrm{e}} &= \boldsymbol{f}^{\mathrm{e}} \cdot \boldsymbol{s}^{\mathrm{e}} \\ (\boldsymbol{f}^{\mathrm{e}})^{-1} \cdot \boldsymbol{v}^{\mathrm{e}} &= (\boldsymbol{f}^{\mathrm{e}})^{-1} \cdot \boldsymbol{f}^{\mathrm{e}} \cdot \boldsymbol{s}^{\mathrm{e}} = \boldsymbol{I} \cdot \boldsymbol{s}^{\mathrm{e}} = \boldsymbol{s}^{\mathrm{e}}. \end{aligned} \tag{3.11}$$

Da das Produkt der Inversen $(\boldsymbol{f}^{\mathrm{e}})^{-1}$ mit der ursprünglichen Nachgiebigkeitsmatrix $\boldsymbol{f}^{\mathrm{e}}$ eine Einheitsmatrix $\boldsymbol{I}$ der Ordnung 3 ergibt, folgt hieraus, wenn wir zusätzlich $(\boldsymbol{f}^{\mathrm{e}})^{-1}$ mit $\boldsymbol{k}^{\mathrm{e}}$ abkürzen:

$$\boldsymbol{s}^{\mathrm{e}} = (\boldsymbol{f}^{\mathrm{e}})^{-1} \cdot \boldsymbol{v}^{\mathrm{e}} = \boldsymbol{k}^{\mathrm{e}} \cdot \boldsymbol{v}^{\mathrm{e}} \quad \text{mit} \quad \boldsymbol{k}^{\mathrm{e}} = (\boldsymbol{f}^{\mathrm{e}})^{-1}. \tag{3.12}$$

Damit haben wir in Abb. 3.1 eine erste Form der *Element-Steifigkeitsbeziehung* und der *Element-Steifigkeitsmatrix* $\boldsymbol{k}^{\mathrm{e}}$ durch Inversion gewonnen. Wie $\boldsymbol{f}^{\mathrm{e}}$ bezieht sich $\boldsymbol{k}^{\mathrm{e}}$ auf unabhängige Stabendvariablen; $\boldsymbol{k}^{\mathrm{e}}$ wird daher durch die Bezeichnung *unabhängige* oder *reduzierte* Steifigkeitsmatrix gegen eine spätere, erweiterte Definition abgegrenzt.

Die angewendete Herleitung (3.11, 3.12) ist natürlich problemlos auf beliebige Stabelemente übertragbar. Aus Abschn. 2.1.6 lassen sich somit die folgenden, für alle reduzierten Element-Steifigkeitsmatrizen geltenden Eigenschaften herleiten:

- Da gemäß (3.4) bis (3.6) jeder Stabendkraftgröße s_{i} eine korrespondierende Stabenddeformation v_{i} zugeordnet wurde, ist $\boldsymbol{k}^{\mathrm{e}}$ *quadratisch* von der Ordnung der in $\boldsymbol{s}^{\mathrm{e}}$, $\boldsymbol{v}^{\mathrm{e}}$ auftretenden Variablen.

Element-Nachgiebigkeitsbeziehung:

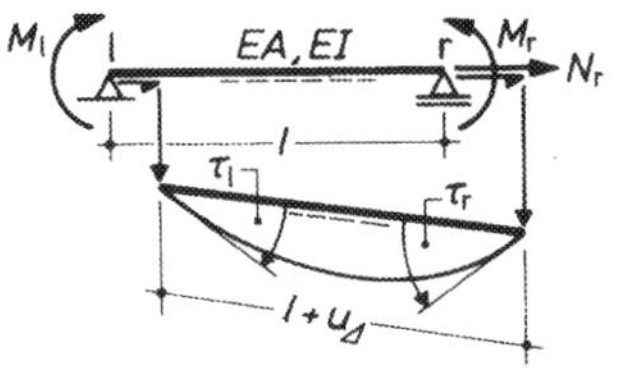

$$\boldsymbol{v}^e = \boldsymbol{f}^e \cdot \boldsymbol{s}^e$$

$$\begin{bmatrix} u_\Delta \\ \tau_l \\ \tau_r \end{bmatrix}^e = \begin{bmatrix} \frac{l}{EA} & & \\ & \frac{l}{3EI} & \frac{l}{6EI} \\ & \frac{l}{6EI} & \frac{l}{3EI} \end{bmatrix}^e \cdot \begin{bmatrix} N_r \\ M_l \\ M_r \end{bmatrix}^e$$

Element-Steifigkeitsbeziehung durch Inversion:

$$(\boldsymbol{f}^e)^{-1} \cdot \boldsymbol{v}^e = (\boldsymbol{f}^e)^{-1} \cdot \boldsymbol{f}^e \cdot \boldsymbol{s}^e = \boldsymbol{I} \cdot \boldsymbol{s}^e = \boldsymbol{s}^e$$

$$\boldsymbol{s}^e = (\boldsymbol{f}^e)^{-1} \cdot \boldsymbol{v}^e = \boldsymbol{k}^e \cdot \boldsymbol{v}^e$$

$$\begin{bmatrix} N_r \\ M_l \\ M_r \end{bmatrix}^e = \begin{bmatrix} \frac{EA}{l} & & \\ & \frac{4EI}{l} & -\frac{2EI}{l} \\ & -\frac{2EI}{l} & \frac{4EI}{l} \end{bmatrix}^e \cdot \begin{bmatrix} u_\Delta \\ \tau_l \\ \tau_r \end{bmatrix}^e$$

Transformation in die Vorzeichenkonvention II:

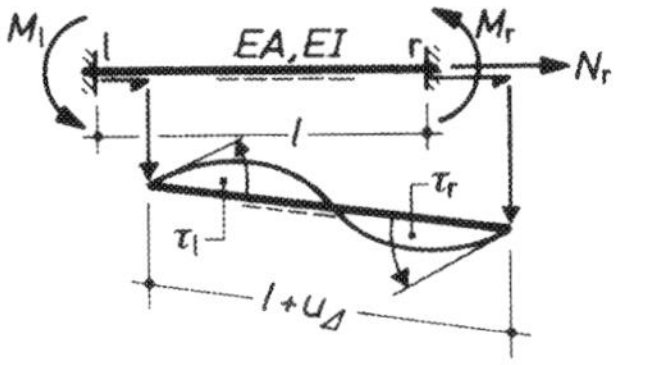

$$\boldsymbol{s}^e = \boldsymbol{k}^e \cdot \boldsymbol{v}^e$$

$$\begin{bmatrix} N_r \\ M_l \\ M_r \end{bmatrix}^e = \begin{bmatrix} \frac{EA}{l} & & \\ & \frac{4EI}{l} & \frac{2EI}{l} \\ & \frac{2EI}{l} & \frac{4EI}{l} \end{bmatrix}^e \cdot \begin{bmatrix} u_\Delta \\ \tau_l \\ \tau_r \end{bmatrix}^e$$

Informationsgehalt von $\boldsymbol{k}^e$:

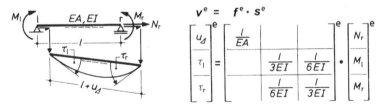

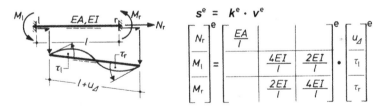

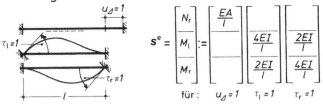

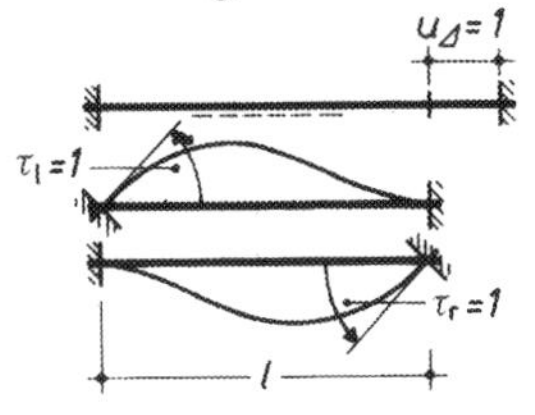

$$\boldsymbol{s}^e = \begin{bmatrix} N_r \\ M_l \\ M_r \end{bmatrix} := \begin{bmatrix} \frac{EA}{l} \\ \\ \\ \end{bmatrix} \begin{bmatrix} \\ \frac{4EI}{l} \\ \frac{2EI}{l} \end{bmatrix} \begin{bmatrix} \\ \frac{2EI}{l} \\ \frac{4EI}{l} \end{bmatrix}$$

für: $u_\Delta = 1$ $\quad \tau_l = 1$ $\quad \tau_r = 1$

Abb. 3.1 Herleitung und Informationsgehalt einer Element-Steifigkeitsbeziehung

- Als Inverse einer symmetrischen Matrix ist $\boldsymbol{k}^e$ stets *symmetrisch* und *regulär*: $\det \boldsymbol{k}^e \neq 0$.
- Die Hauptdiagonalglieder von $\boldsymbol{k}^e$ sind *positiv*.
- Die in der quadratischen Form $\boldsymbol{v}^{eT} \cdot \boldsymbol{k}^e \cdot \boldsymbol{v}^e$ vertretene Anzahl positiver Quadrate $v_i^e k_{ii}^e v_i^e$ entspricht gerade der Ordnung von $\boldsymbol{k}^e$: Element-Steifigkeitsmatrizen sind daher *positiv definit*.

Die dominierende Stellung des Weggrößenverfahrens beruht zu einem nicht unwesentlichen Teil auf der Einführung einer neuen Vorzeichenkonvention für die inneren Variablen.

> **Definition** In der *Vorzeichenkonvention* II werden die positiven Wirkungsrichtungen aller Stabendvariablen in Richtung positiver lokaler Koordinaten vereinbart.

Damit gilt N_r auch weiterhin als positiv, wenn es in Richtung der positiven, lokalen x-Achse wirkt; M_l und M_r sind beide im Gegenuhrzeigersinn (vektoriell: z-Richtung) positiv. Fasst man nach wie vor das linke Lager des Stabelementes als unverschieblich auf, so gelten gleichlautende Vorzeichenregelungen für u_Δ sowie für τ_l und τ_r. Wie die alle positiven Variablen enthaltende Skizze im mittleren Teil von Abb. 3.1 belegt, liefern damit weiterhin *positive* korrespondierende Stabendgrößen *positive* Beiträge zur Wechselwirkungsenergie (3.7).

Da in der Vorzeichenkonvention II M_l und τ_l ihre bisherige positive Wirkungsrichtung umkehren, erfordert dies Vorzeichenwechsel sowohl in der 2. Zeile als auch in der 2. Spalte von $\boldsymbol{k}^\mathrm{e}$ in Abb. 3.1: In der dortigen Element-Steifigkeitsmatrix verbleiben somit nur positive Steifigkeitskoeffizienten[1]. Übrigens werden wir einer möglichen Verwechselung mit der bisherigen Vorzeichenkonvention, nunmehr mit I herausgehoben, durch deutliche Markierung eines Wechsels und Angabe der aktuellen Konvention begegnen. Die bisherige Vorzeichenregelung wird stets ihre beherrschende Rolle behalten; nur im Kern des Weggrößenverfahrens wird die Transformation in die Vorzeichenkonvention II vorgenommen werden.

Im Abschn. 2.1.5 war der Balken auf 2 Stützen zur anschaulichen baustatischen Interpretation der Element-Nachgiebigkeitsbeziehung

$$\boldsymbol{v}^\mathrm{e} = \boldsymbol{f}^\mathrm{e} \cdot \boldsymbol{s}^\mathrm{e} \tag{3.13}$$

ausgewählt worden. Hierin sind die rechts stehenden Stabendkraftgrößen $\boldsymbol{s}^\mathrm{e} = \left\{N_\mathrm{r}\ M_\mathrm{l}\ M_\mathrm{r}\right\}^\mathrm{e}$ als Randangriffe beliebig vorgebbar und zugehörige Kinematen $\boldsymbol{v}^\mathrm{e}$ so berechenbar. In analoger Interpretation wählen wir nun ein beidseitig volleingespanntes Stabelement zur anschaulichen Erläuterung des Informationsinhaltes der Element-Steifigkeitsbeziehung

$$\boldsymbol{s}^\mathrm{e} = \boldsymbol{k}^\mathrm{e} \cdot \boldsymbol{v}^\mathrm{e}. \tag{3.14}$$

An diesem sind die Stabendkinematen $\boldsymbol{v}^\mathrm{e} = \left\{u_\Delta\ \tau_\mathrm{l}\ \tau_\mathrm{r}\right\}^\mathrm{e}$ einprägbar und aus (3.14) sodann die zugeordneten Kraftgrößen $\boldsymbol{s}^\mathrm{e}$ bestimmbar. Prägen wir nun im unteren Teil von Abb. 3.1 den einzelnen Kinematen Einheitsdeformationen $v_\mathrm{i} = 1$ ein, so erkennen wir, dass $\boldsymbol{k}^\mathrm{e}$ spaltenweise gerade diejenigen Stabendkraftgrößen als Steifigkeiten enthält, die das Element dem eingeprägten Zwang entgegensetzt.

Fassen wir nun die bisherigen Erkenntnisse zusammen.

[1] Diese werden in klassischen Abhandlungen [34] gelegentlich als Stabfestwerte bezeichnet.

Satz Die Element-Steifigkeitsbeziehung

$$s^e = k^e \cdot v^e \tag{3.15}$$

beschreibt die elastischen Steifigkeiten eines Stabelementes, welchem Stabendkinematen eingeprägt sind, in den korrespondierenden Stabendkraftgrößen.

Die Element-Steifigkeitsmatrix k^e enthält die durch Einheitsdeformationen geweckten Kraftgrößenwiderstände, sie ist quadratisch und symmetrisch. Sofern in (3.15) *unabhängige* Stabendvariablen verknüpft werden, ist die entstehende *reduzierte* Steifigkeitsmatrix regulär und positiv definit.

Hatten wir im Abschn. 2.1.6 die Addition einzelner Nachgiebigkeitselemente oder ganzer Nachgiebigkeitsmatrizen für gleiche Stabendkraftgrößen

$$\begin{aligned} v_1^e &= f_1^e \cdot s^e \\ v_2^e &= f_2^e \cdot s^e \end{aligned} \rightarrow v^e = v_1^e + v_2^e = (f_1^e + f_2^e) \cdot s^e \tag{3.16}$$

als *Reihenschaltung* von Federelementen erkannt, so stellt sich die Addition von Steifigkeitsmatrizen für gleiche Stabenddeformationen

$$\begin{aligned} s_1^e &= k_1^e \cdot v^e \\ s_2^e &= k_2^e \cdot v^e \end{aligned} \rightarrow s^e = s_1^e + s_2^e = (k_1^e + k_2^e) \cdot v^e \tag{3.17}$$

offensichtlich als *Parallelschaltung* dar. Abbildung 3.2 veranschaulicht diese beiden grundsätzlichen Alternativen [1].

Wie bereits erwähnt, können beliebige, reduzierte Element-Steifigkeitsmatrizen k^e durch Inversion der zugehörigen Element-Nachgiebigkeitsmatrix f^e und Transformation in die Vorzeichenkonvention II gewonnen werden. Abbildung 3.3 enthält die auf diesem Weg aus Abb. 2.13 ermittelten Element-Steifigkeitsbeziehungen für schubweiche, gerade Stäbe. Bei den Umformungen, die zum dortigen Parameter

$$\Phi = \frac{12EI}{l} \cdot \beta = \frac{12EI}{GA_Q l^2} = \frac{24(1+\nu)i^2}{\alpha_Q l^2} \tag{3.18}$$

führten, fanden die Beziehung

$$E/G = 2(1+\nu), \tag{3.19}$$

der Schubkoeffizient α_Q nach [22], Abschn. 2.3.3, sowie der Trägheitsradius

$$i = \sqrt{I/A} \tag{3.20}$$

des Querschnitts Verwendung.

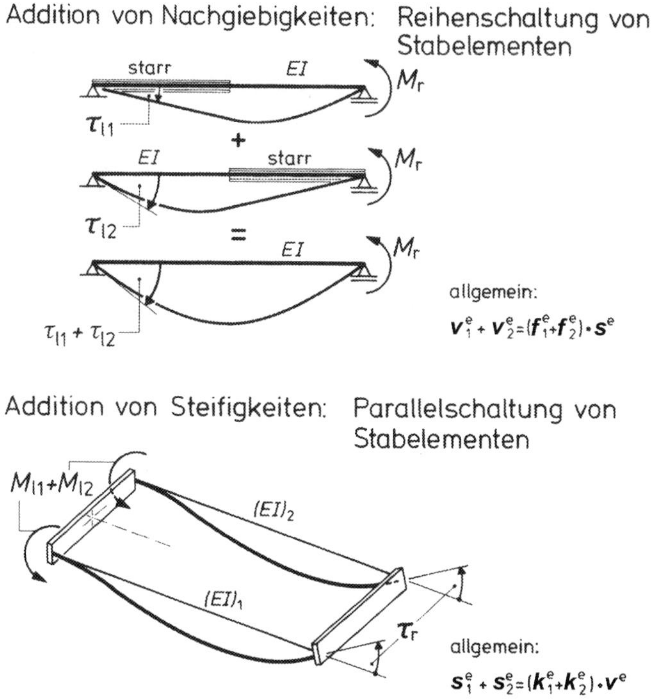

Abb. 3.2 Zum unterschiedlichen Charakter von Nachgiebigkeiten und Steifigkeiten

Gemäß (3.4) fassen wir auch für das Weggrößenverfahren wieder die Stabendvariablen aller Elemente in den beiden Vektoren $\boldsymbol{s}$, $\boldsymbol{v}$ zusammen. Damit ordnen sich die einzelnen Element-Steifigkeitsmatrizen $\boldsymbol{k}^e$ des Tragwerks auf der Hauptdiagonalen einer entstehenden *Hypermatrix* $\boldsymbol{k}$ an, der *reduzierten Steifigkeitsmatrix aller Elemente*. Diese ist, wie ihre Untermatrizen, quadratisch, symmetrisch, regulär und positiv definit:

$$\boldsymbol{s} = \boldsymbol{k} \cdot \boldsymbol{v}:$$

$$\begin{bmatrix} N_r \\ M_l \\ M_r \end{bmatrix}^b \text{—} \begin{bmatrix} \boldsymbol{s}^a \\ \boldsymbol{s}^b \\ \boldsymbol{s}^c \\ \vdots \\ \boldsymbol{s}^p \end{bmatrix} = \begin{bmatrix} \boldsymbol{k}^a & & & & \\ & \boldsymbol{k}^b & & & \\ & & \boldsymbol{k}^c & & \\ & & & \ddots & \\ & & & & \boldsymbol{k}^p \end{bmatrix} \cdot \begin{bmatrix} \boldsymbol{v}^a \\ \boldsymbol{v}^b \\ \boldsymbol{v}^c \\ \vdots \\ \boldsymbol{v}^p \end{bmatrix} \text{—} \begin{bmatrix} u_\Delta \\ \tau_l \\ \tau_r \end{bmatrix}^b . \tag{3.21}$$

Schließlich wiederholen wir in Abb. 3.4 noch einmal alle wesentlichen, das Werkstoffgesetz betreffenden Vereinbarungen dieses Abschnitts.

Baustatische Skizzen:

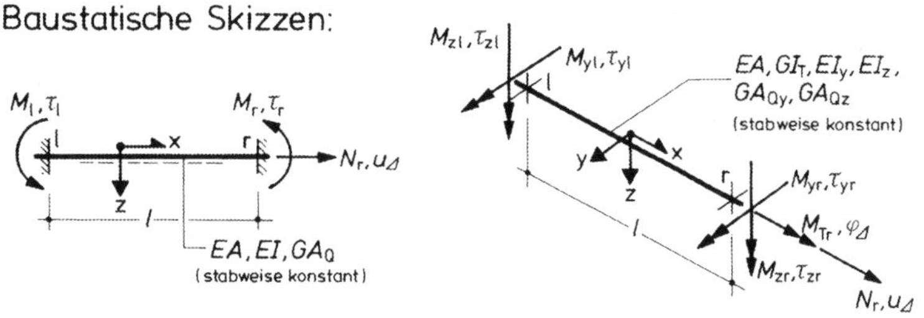

Element-Steifigkeitsbeziehungen:

$$\begin{bmatrix}N_r\\ M_l\\ M_r\end{bmatrix}^e = \begin{bmatrix}\frac{EA}{l} & & \\ & \frac{EI}{l}\cdot\frac{4+\Phi}{1+\Phi} & \frac{EI}{l}\cdot\frac{2-\Phi}{1+\Phi}\\ & \frac{EI}{l}\cdot\frac{2-\Phi}{1+\Phi} & \frac{EI}{l}\cdot\frac{4+\Phi}{1+\Phi}\end{bmatrix}^e \cdot \begin{bmatrix}u_\Delta\\ \tau_l\\ \tau_r\end{bmatrix}^e$$

$$\Phi = \frac{12EI}{GA_Q l^2} = \frac{24(1+\nu)i^2}{\alpha_Q l^2}$$

$$I_y = \int_A z^2 dA \qquad I_z = \int_A y^2 dA$$

$$\begin{bmatrix}N_r\\ M_{Tr}\\ M_{yl}\\ M_{yr}\\ M_{zl}\\ M_{zr}\end{bmatrix}^e = \begin{bmatrix}\frac{EA}{l} & & & & & \\ & \frac{GI_T}{l} & & & & \\ & & \frac{EI_y}{l}\cdot\frac{4+\Phi_y}{1+\Phi_y} & \frac{EI_y}{l}\cdot\frac{2-\Phi_y}{1+\Phi_y} & & \\ & & \frac{EI_y}{l}\cdot\frac{2-\Phi_y}{1+\Phi_y} & \frac{EI_y}{l}\cdot\frac{4+\Phi_y}{1+\Phi_y} & & \\ & & & & \frac{EI_z}{l}\cdot\frac{4+\Phi_z}{1+\Phi_z} & \frac{EI_z}{l}\cdot\frac{2-\Phi_z}{1+\Phi_z}\\ & & & & \frac{EI_z}{l}\cdot\frac{2-\Phi_z}{1+\Phi_z} & \frac{EI_z}{l}\cdot\frac{4+\Phi_z}{1+\Phi_z}\end{bmatrix}^e \cdot \begin{bmatrix}u_\Delta\\ \varphi_\Delta\\ \tau_{yl}\\ \tau_{yr}\\ \tau_{zl}\\ \tau_{zr}\end{bmatrix}^e$$

leere Positionen sind mit Nullen besetzt

$$\Phi_y = \frac{24(1+\nu)i_y^2}{\alpha_{Qy} l^2} \qquad \Phi_z = \frac{24(1+\nu)i_z^2}{\alpha_{Qz} l^2} \qquad i_y = \sqrt{\frac{I_y}{A}} \qquad i_z = \sqrt{\frac{I_z}{A}}$$

Vernachlässigung von Querkraftdeformationen: $\Phi = \Phi_y = \Phi_z = 0$

Abb. 3.3 Reduzierte Steifigkeitsbeziehungen gerader, schubweicher Stabelemente der Ebene und des Raumes (Vorzeichenkonvention II)

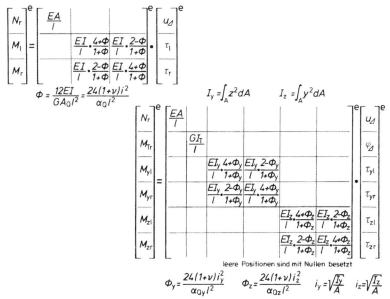

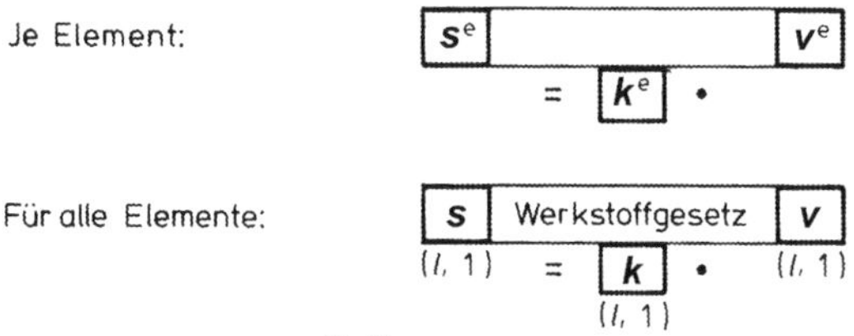
Je Element:
s^e
v^e
= k^e •
Für alle Elemente:
s
Werkstoffgesetz
v
(l, 1)
= k •
(l, 1)
(l, 1)

$$\begin{bmatrix}s_1\\ s_2\\ s_3\\ s_4\\ \vdots\\ s_l\end{bmatrix} = \begin{bmatrix}\mathbf{s}^a\\ \mathbf{s}^b\\ \vdots\\ \mathbf{s}^p\end{bmatrix} = \mathbf{s} \qquad \mathbf{v} = \begin{bmatrix}\mathbf{v}^a\\ \mathbf{v}^b\\ \vdots\\ \mathbf{v}^p\end{bmatrix} = \begin{bmatrix}v_1\\ v_2\\ v_3\\ v_4\\ \vdots\\ v_l\end{bmatrix}$$

Abb. 3.4 Element-Steifigkeitsbeziehung

3.1.3 Berücksichtigung von Stabeinwirkungen

Ebenso wie im Kap. 2 wollen wir nun wieder die Einschränkungen lastfreier Stabelemente fallen lassen und uns Stabeinwirkungen in Form von Kräften, stationären Temperaturfeldern sowie eingeprägten Einheitsversetzungen zuwenden. Wie im Abschn. 2.1.7 erläutert, können derartige Stabeinwirkungen Beiträge

- zu den Knotenlasten,
- zu den Stabenddeformationen sowie
- zu den vollständigen Stabendkraftgrößen, den Schnittgrößen und Verformungsbildern der Stabelemente

liefern. Zu deren Ermittlung greifen wir erneut das im Abschn. 2.1.7 verwendete Modell der Interpretation belasteter Stabelemente als *fiktiver Sekundärstrukturen* auf; letztere werden wieder als Einfeldbalken mit festem linken Gelenklager gemäß Abb. 2.16 idealisiert.

Beiträge zu den Knotenlasten Mögliche Beiträge der Stabeinwirkungen zu den Knotenlasten $\boldsymbol{P}$ können offensichtlich völlig analog (2.47) als übertragene Auflagerkräfte bestimmt und erneut gemäß (2.48) berücksichtigt werden.

Lastabhängige Stabenddeformationen: Festhaltekraftgrößen Den Ausgangspunkt zur Berücksichtigung von Stabenddeformationen aus Stabeinwirkungen bildet die im Abschn. 2.1.7 hergeleitete Element-Nachgiebigkeitsbeziehung (2.51)

$$\boldsymbol{v}^{\mathrm{e}} = \boldsymbol{f}^{\mathrm{e}} \cdot \boldsymbol{s}^{\mathrm{e}} + \overset{\circ}{\boldsymbol{v}}{}^{\mathrm{e}}, \tag{3.22}$$

worin $\overset{\circ}{\boldsymbol{v}}{}^{\mathrm{e}}$ die Spalte der Zusatzdeformationen gemäß (2.49, 2.50) beschrieb. Wie im Abschn. 3.1.2 wird nun (3.22) von links mit der Element-Steifigkeitsmatrix $\boldsymbol{k}^{\mathrm{e}} = (\boldsymbol{f}^{\mathrm{e}})^{-1}$ multipliziert

$$\boldsymbol{k}^{\mathrm{e}} \cdot \boldsymbol{v}^{\mathrm{e}} = \boldsymbol{k}^{\mathrm{e}} \cdot \boldsymbol{f}^{\mathrm{e}} \cdot \boldsymbol{s}^{\mathrm{e}} + \boldsymbol{k}^{\mathrm{e}} \cdot \overset{\circ}{\boldsymbol{v}}{}^{\mathrm{e}} = \boldsymbol{s}^{\mathrm{e}} + \boldsymbol{k}^{\mathrm{e}} \cdot \overset{\circ}{\boldsymbol{v}}{}^{\mathrm{e}},$$

$$\boldsymbol{s}^{\mathrm{e}} = \boldsymbol{k}^{\mathrm{e}} \cdot \boldsymbol{v}^{\mathrm{e}} - \boldsymbol{k}^{\mathrm{e}} \cdot \overset{\circ}{\boldsymbol{v}}{}^{\mathrm{e}} \tag{3.23}$$

und als Element-Steifigkeitsbeziehung interpretiert. Dabei gelangt die Zusatzspalte $\overset{\circ}{\boldsymbol{v}}{}^{\mathrm{e}}$ im Produkt mit $-\boldsymbol{k}^{\mathrm{e}}$ auf die andere Gleichungsseite. Offensichtlich werden dort durch $-\boldsymbol{k}^{\mathrm{e}} \cdot \overset{\circ}{\boldsymbol{v}}{}^{\mathrm{e}}$ gerade Stabendkraftgrößen $\overset{\circ}{\boldsymbol{s}}{}^{\mathrm{e}}$ als Folge von Stabeinwirkungen für *homogene* Weggrößenrandbedingungen $\boldsymbol{v}^{\mathrm{e}} = \left\{u_{\Delta} \ \tau_{\mathrm{l}} \ \tau_{\mathrm{r}}\right\}^{\mathrm{e}} = \boldsymbol{0}$, d. h. für unverschiebliche Volleinspannungen beschrieben, wie man durch Substitution von $\boldsymbol{v}^{\mathrm{e}} = 0$ in (3.23) erkennt:

$$\boldsymbol{v}^{\mathrm{e}} = 0: \quad \boldsymbol{s}^{\mathrm{e}} = -\boldsymbol{k}^{\mathrm{e}} \cdot \overset{\circ}{\boldsymbol{v}}{}^{\mathrm{e}} = \overset{\circ}{\boldsymbol{s}}{}^{\mathrm{e}}. \tag{3.24}$$

Somit können die Elemente des Zusatzgliedes (3.24) der Element-Steifigkeitsbeziehung (3.23) als durch Stabeinwirkungen hervorgerufene Stabendkraftgrößen $\overset{\circ}{\boldsymbol{s}}{}^{\mathrm{e}}$ eines vollständig eingespannten Stabelementes interpretiert werden, als sog. *Festhalte- oder Volleinspannkraftgrößen*.

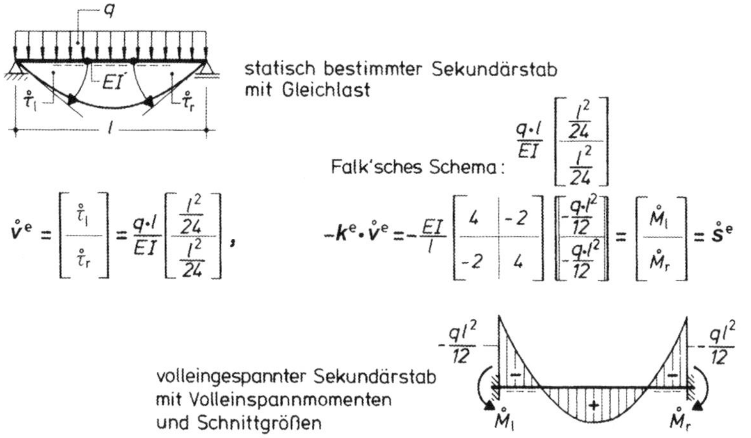

Abb. 3.5 Von den Stabendtangentenwinkeln unter Querbelastung q zu den Volleinspannmomenten (Vorzeichenkonvention I)

Abbildung 3.5 veranschaulicht diese Interpretation an Hand eines durch Gleichlast q beanspruchten Stabelementes. Abb. 2.17, Zeile 1, entnehmen wir die beiden Stabendtangentenwinkel τ_l°, τ_r° und ordnen sie wie üblich in die Spalte $\overset{\circ}{\boldsymbol{v}}{}^e$ ein. Durch deren Multiplikation mit der negativen Element-Steifigkeitsmatrix $-\boldsymbol{k}^e$, selbstverständlich ebenso wie $\overset{\circ}{\boldsymbol{v}}{}^e$ in der Vorzeichenkonvention I, entsteht erwartungsgemäß die Spalte $\overset{\circ}{\boldsymbol{s}}{}^e$ der Stabendmomente eines beidseitig volleingespannten Stabes.

Abschließend schreiben wir daher für (3.23, 3.24)

$$\boldsymbol{s}^e = \boldsymbol{k}^e \cdot \boldsymbol{v}^e + \overset{\circ}{\boldsymbol{s}}{}^e \text{ mit } \overset{\circ}{\boldsymbol{s}}{}^e = -\boldsymbol{k}^e \cdot \overset{\circ}{\boldsymbol{v}}{}^e, \tag{3.25}$$

worin die Festhalte- oder Volleinspannkraftgrößen $\overset{\circ}{\boldsymbol{s}}{}^e$ ebener Stabelemente für vorgegebene Einwirkungsbilder vorberechnet wurden und der jeweils oberen Zeile von Abb. 3.6 entnommen werden können. Beim Zusammenbau aller Elemente gemäß (3.21) wird nun die entstehende Gesamtbeziehung

$$\boldsymbol{s} = \boldsymbol{k} \cdot \boldsymbol{v} + \overset{\circ}{\boldsymbol{s}} \quad \text{mit} \quad \overset{\circ}{\boldsymbol{s}} = \left\{ \overset{\circ}{\boldsymbol{s}}{}^{\mathbf{a}} \, \overset{\circ}{\boldsymbol{s}}{}^{\mathbf{b}} \, \overset{\circ}{\boldsymbol{s}}{}^{\mathbf{c}} \ldots \overset{\circ}{\boldsymbol{s}}{}^{\mathrm{p}} \right\} \tag{3.26}$$

durch die Zusatzspalte $\overset{\circ}{\boldsymbol{s}}{}^e$ der Volleinspannkraftgrößen aller Elemente ergänzt. Wie rückblickend nochmals festgehalten werden soll, entstehen die $\overset{\circ}{\boldsymbol{s}}$ als Stabendkraftgrößen $\boldsymbol{s}$ unter homogenen Weggrößenrandbedingungen $\boldsymbol{v} = \boldsymbol{0}$ für alle Stäbe. Ein derartiges Tragwerk mit unverschieblichen Volleinspannungen an jedem Knoten werden wir im nächsten Abschnitt als kinematisch bestimmtes Hauptsystem einführen.

Auch das Weggrößenverfahren liefert wieder Zustandsvariablen an Knoten und Stabenden. Daher beeinflussen Stabeinwirkungen die vollständige Bestimmung der Kraftgrößen- und Verformungszustände aller Stabelemente in gleicher Weise, wie dies bereits am Ende des Abschn. 2.1.7 erläutert wurde.

$\alpha = \frac{a}{l}, \quad \beta = \frac{b}{l}, \quad \gamma = \frac{c}{l}$

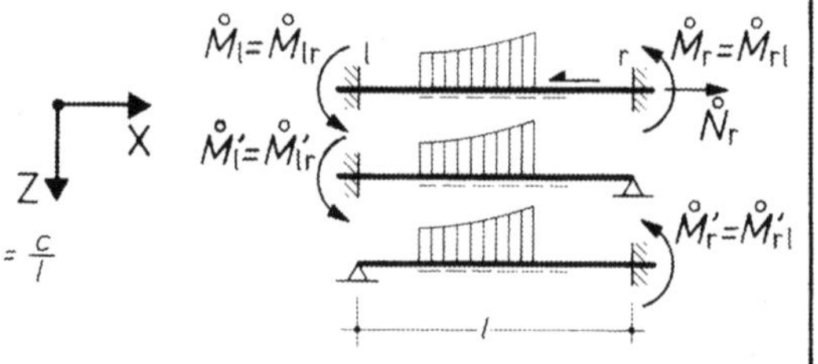

Nr.	Lastfall	$\mathring{N}_r$	$\mathring{M}_l$ / $\mathring{M}'_l$	$\mathring{M}_r$ / $\mathring{M}'_r$
1	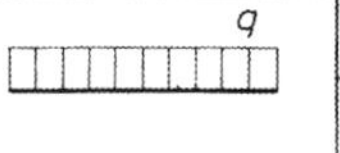 q		$q\frac{l^2}{12}$	$-q\frac{l^2}{12}$
			$q\frac{l^2}{8}$	$-q\frac{l^2}{8}$
2	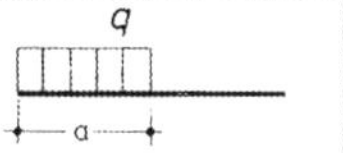 q, a		$q\frac{a^2}{12}(6-8\alpha+3\alpha^2)$	$-q\frac{a^2}{12}(4-3\alpha)$
			$q\frac{a^2}{8}(2-\alpha)^2$	$-q\frac{a^2}{8}(2-\alpha^2)$
3	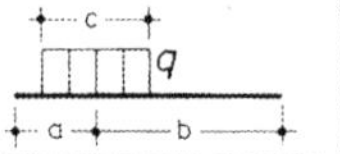 c, q, a, b		$qc[a\beta^2+\frac{\gamma^2}{12}(l-3b)]$	$-qc[b\alpha^2+\frac{\gamma^2}{12}(l-3a)]$
			$q\frac{bc}{2}[\alpha(1+\beta)-\frac{\gamma^2}{4}]$	$-q\frac{ac}{2}[\beta(1+\alpha)-\frac{\gamma^2}{4}]$
4	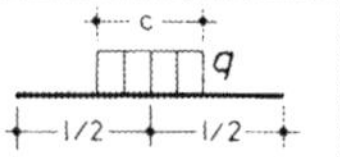 c, q, l/2, l/2		$q\frac{cl}{8}(1-\frac{\gamma^2}{3})$	$-q\frac{cl}{8}(1-\frac{\gamma^2}{3})$
			$q\frac{cl}{16}(3-\gamma^2)$	$-q\frac{cl}{16}(3-\gamma^2)$
5	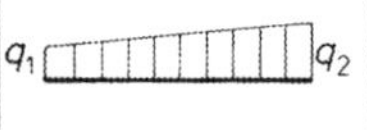 q_1, q_2		$\frac{l^2}{60}(3q_1+2q_2)$	$-\frac{l^2}{60}(2q_1+3q_2)$
			$\frac{l^2}{120}(8q_1+7q_2)$	$-\frac{l^2}{120}(7q_1+8q_2)$
6	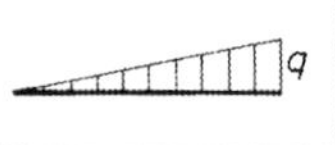 q		$q\frac{l^2}{30}$	$-q\frac{l^2}{20}$
			$q\frac{7l^2}{120}$	$-q\frac{l^2}{15}$
7	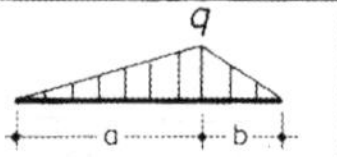 q, a, b		$q\frac{l^2}{30}(1+\beta+\beta^2-\frac{3}{2}\beta^3)$	$-q\frac{l^2}{30}(1+\alpha+\alpha^2-\frac{3}{2}\alpha^3)$
			$q\frac{l^2}{120}(1+\beta)(7-3\beta^2)$	$-q\frac{l^2}{120}(1+\alpha)(7-3\alpha^2)$
8	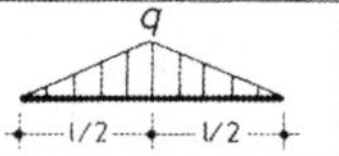 q, l/2, l/2		$q\frac{5}{96}l^2$	$-q\frac{5}{96}l^2$
			$q\frac{5}{64}l^2$	$-q\frac{5}{64}l^2$
9	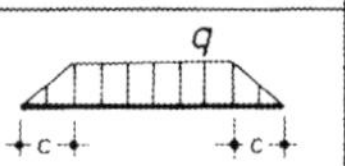 q, c, c		$q\frac{l^2}{12}[1-\gamma^2(2-\gamma)]$	$-q\frac{l^2}{12}[1-\gamma^2(2-\gamma)]$
			$q\frac{l^2}{8}[1-\gamma^2(2-\gamma)]$	$-q\frac{l^2}{8}[1-\gamma^2(2-\gamma)]$
10	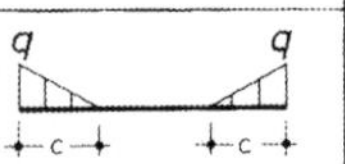 q, q, c, c		$q\frac{c^2}{6}(1-\frac{\gamma}{2})$	$-q\frac{c^2}{6}(1-\frac{\gamma}{2})$
			$q\frac{c^2}{4}(1-\frac{\gamma}{2})$	$-q\frac{c^2}{4}(1-\frac{\gamma}{2})$
11	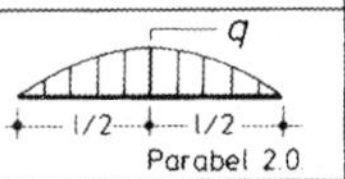 q, l/2, l/2, Parabel 2.0		$q\frac{l^2}{15}$	$-q\frac{l^2}{15}$
			$q\frac{l^2}{10}$	$-q\frac{l^2}{10}$
12	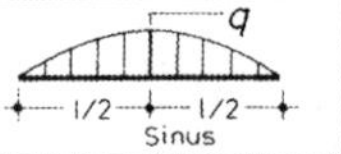 q, l/2, l/2, Sinus		$q\frac{2l^2}{\pi^3}$	$-q\frac{2l^2}{\pi^3}$
			$q\frac{3l^2}{\pi^3}$	$-q\frac{3l^3}{\pi^3}$

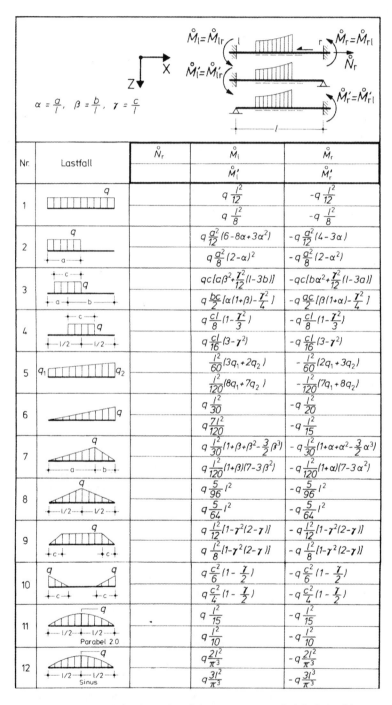

Abb. 3.6 Unabhängige Festhaltekräfte und Volleinspannmomente bei Stabeinwirkungen (Vorzeichenkonvention II)

13	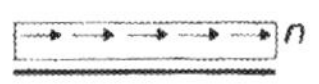	$-n\frac{l}{2}$		
14	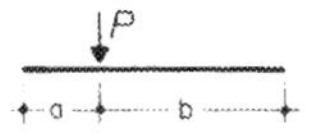		$P\cdot a\cdot\beta^2$ $P\frac{a}{2}\beta(1+\beta)$	$-P\cdot b\cdot\alpha^2$ $-P\frac{b}{2}\alpha(1+\alpha)$
15	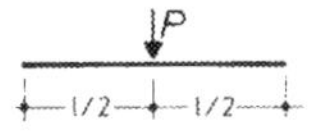		$P\frac{l}{8}$ $P\frac{3}{16}l$	$-P\frac{l}{8}$ $-P\frac{3}{16}l$
16	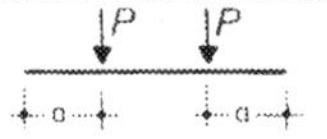		$Pa(1-\alpha)(1-2\alpha)$ $Pa\frac{3}{2}(1-\alpha)$	$-Pa(1-\alpha)(1-2\alpha)$ $-Pa\frac{3}{2}(1-\alpha)$
17	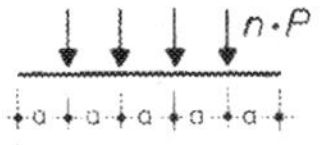		$P\frac{l}{12}\frac{n(n+2)}{n+1}$ $P\frac{l}{8}\frac{n(n+2)}{n+1}$	$-P\frac{l}{12}\frac{n(n+2)}{n+1}$ $-P\frac{l}{8}\frac{n(n+2)}{n+1}$
18	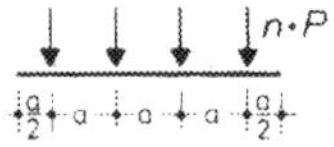		$P\frac{l}{24}\frac{2n^2+1}{n}$ $P\frac{l}{16}\frac{2n^2+1}{n}$	$-P\frac{l}{24}\frac{2n^2+1}{n}$ $-P\frac{l}{16}\frac{2n^2+1}{n}$
19		$-H\cdot\alpha$		
20	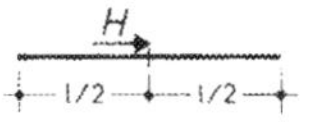	$-\frac{H}{2}$		
21	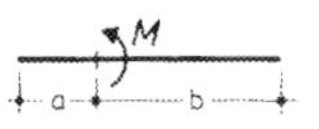		$M\cdot\beta(3\alpha-1)$ $\frac{M}{2}(1-3\beta^2)$	$M\cdot\alpha(3\beta-1)$ $\frac{M}{2}(1-3\alpha^2)$
22	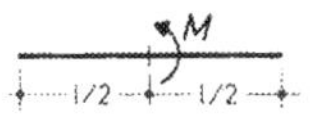		$\frac{M}{4}$ $\frac{M}{8}$	$\frac{M}{4}$ $\frac{M}{8}$
23	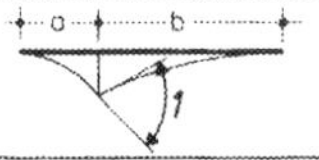		$\frac{2EI}{l}(3\beta-1)$ $\frac{3EI}{l}\beta$	$-\frac{2EI}{l}(3\alpha-1)$ $-\frac{3EI}{l}\alpha$
24	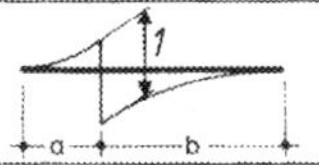		$-\frac{6EI}{l^2}$ $-\frac{3EI}{l^2}$	$-\frac{6EI}{l^2}$ $-\frac{3EI}{l^2}$
25	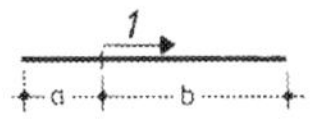	$-\frac{EA}{l}$		
26			$\frac{6EI}{l^2}\Delta w$ $\frac{3EI}{l^2}\Delta w$	$\frac{6EI}{l^2}\Delta w$ $\frac{3EI}{l^2}\Delta w$
27	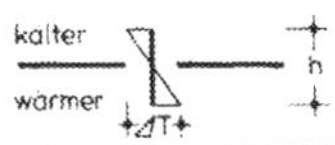		$EI\alpha_T\frac{\Delta T}{h}$ $\frac{3}{2}EI\alpha_T\frac{\Delta T}{h}$	$-EI\alpha_T\frac{\Delta T}{h}$ $-\frac{3}{2}EI\alpha_T\frac{\Delta T}{h}$
28	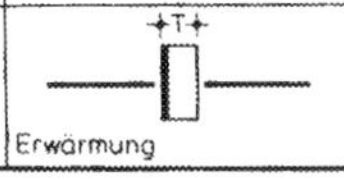	$-EA\alpha_T T$		

Abb. 3.6 (Fortsetzung)

3.1.4 Kinematische Kompatibilität

Das Kraftgrößenverfahren des Kap. 2 war von uns auf den Gleichgewichtsbedingungen (2.12)

$$\boldsymbol{P} = \boldsymbol{g} \cdot \boldsymbol{s} \tag{3.27}$$

zwischen allen Knotenlasten P_j und den unabhängigen Stabendkraftgrößen s_i aufgebaut worden, denen wir später die reziproke Gleichgewichtstransformation (2.13)

$$\boldsymbol{s} = \boldsymbol{b} \cdot \boldsymbol{P} \tag{3.28}$$

zuordneten. Die hierdurch definierte Gleichgewichtsmatrix $\boldsymbol{b}$ war für statisch bestimmte Tragwerke quadratisch und daher durch Inversion von $\boldsymbol{g}$ zu erhalten. Selbstverständlich konnte (3.28) für statisch bestimmte Strukturen auch unmittelbar durch Gleichgewichtsanalysen gewonnen werden. Für statisch unbestimmte Tragwerke besaß $\boldsymbol{b}$ Rechteckform mit einem Defizit von n Spalten; zu ihrem Aufbau war der komplizierte Algorithmus des Kraftgrößenverfahrens erforderlich. Die Weggrößenverträglichkeit zwischen Knotenfreiheitsgraden V_j und Stabendweggrößen v_i lieferte das Prinzip der virtuellen Kraftgrößen zu

$$\boldsymbol{V} = \boldsymbol{b}^\mathrm{T} \cdot \boldsymbol{v}. \tag{3.29}$$

Grundlage des Weggrößenverfahrens bildet die Forderung nach Weggrößenverträglichkeit zwischen äußeren und inneren Weggrößen V_j, v_i aller Knotenpunkte eines Tragwerks, für welche die Form

$$\boldsymbol{v} = \boldsymbol{a} \cdot \boldsymbol{V} \tag{3.30}$$

postuliert wird. Ganz analog zu (3.28) bezeichnen wir eine Aufgabenstellung als *kinematisch bestimmt*, wenn sich die durch (3.30) definierte *kinematische Transformations-* oder *Verträglichkeitsmatrix* $\boldsymbol{a}$ allein aus kinematischen Überlegungen gewinnen lässt.

Zunächst wollen wir den Informationsgehalt von $\boldsymbol{a}$ besser verstehen lernen, dazu schreiben wir (3.30) unter Beachtung von (3.1, 3.4) aus

$$\boldsymbol{v} = \boldsymbol{a} \cdot \boldsymbol{V}: \begin{bmatrix} \boldsymbol{v}^\mathrm{a} \\ \boldsymbol{v}^\mathrm{b} \\ \vdots \\ \boldsymbol{v}^\mathrm{p} \end{bmatrix} = \begin{bmatrix} v_1 \\ v_2 \\ \vdots \\ v_\mathrm{i} \\ \vdots \\ v_l \end{bmatrix} = \begin{bmatrix} a_{11} & a_{12} & \dots & a_{1\mathrm{j}} & \dots & a_{1\mathrm{m}} \\ a_{21} & a_{22} & \dots & a_{2\mathrm{j}} & \dots & a_{2\mathrm{m}} \\ \vdots & \vdots & & \vdots & & \vdots \\ a_{\mathrm{i}1} & a_{\mathrm{i}2} & \dots & a_{\mathrm{ij}} & \dots & a_{\mathrm{im}} \\ \vdots & \vdots & & \vdots & & \vdots \\ a_{l1} & a_{l2} & \dots & a_{l\mathrm{j}} & \dots & a_{l\mathrm{m}} \end{bmatrix} \cdot \begin{bmatrix} V_1 \\ V_2 \\ \vdots \\ V_\mathrm{j} \\ \vdots \\ V_\mathrm{m} \end{bmatrix} \tag{3.31}$$

und erkennen:

▶ **Satz** Die j-te Spalte der kinematischen Verträglichkeitsmatrix $\boldsymbol{a}$ enthält die Stabendweggrößen v_{i} infolge $V_{\mathrm{j}} = 1$, wenn gleichzeitig alle anderen Knotenfreiheitsgrade die Werte Null annehmen.

Weiter wird aus (3.31) deutlich, dass Strukturen, deren sämtliche Knotenfreiheitsgrade V_{j} verschwinden, auch frei von Stabendkinematen v_{i} sein müssen. Ein derartiges Tragwerk heißt kinematisch bestimmtes Hauptsystem.

▶ **Definition** Als *kinematisch bestimmtes Hauptsystem* bezeichnen wir ein diskretisiertes Tragwerksmodell, dessen sämtliche Knotenfreiheitsgrade verschwinden:

$$V_{\mathrm{j}} \equiv 0 \rightarrow v_{\mathrm{i}} \equiv 0. \tag{3.32}$$

Aufbauend auf diesem Begriff des kinematisch bestimmten Hauptsystems gewinnen wir nun eine einfache Handlungsanweisung zur Ermittlung der Elemente von $\boldsymbol{a}$ in (3.31): Dem kinematisch bestimmten Hauptsystem werden nacheinander Einheitsdeformationen $V_{\mathrm{j}} = 1$, $1 \leq j \leq m$, eingeprägt. Aus den sich einstellenden Stabendweggrößen v_{i} kann spaltenweise die $\boldsymbol{a}$-Matrix aufgebaut werden.

Zur Erläuterung des angegebenen Vorgehens wählen wir als Einführungsbeispiel das ebene Rahmentragwerk der Abb. 2.20, das im oberen Teil von Abb. 3.7 mit seinen Stabelementen und Knotenfreiheitsgraden erneut wiedergegeben wurde. Als erstes erzwingen wir am kinematisch bestimmten Hauptsystem die Deformation $V_1 = 1$, d. h., alle weiteren Knotenfreiheitsgrade verbleiben Null: $V_2 = V_3 = \ldots V_9 = 0$. Aus der skizzierten Biegefigur des Stabes a, die im Knoten 1 einen Drehwinkel 1 ($V_1 = 1$) und im Knoten 2 die horizontale Tangente einer Volleinspannung ($V_4 = 0$) aufweist, lesen wir $\tau_{\mathrm{l}}^{\mathrm{a}} = 1.00$ ab und setzen daher die 1.00 in die entsprechende Position der ersten Spalte der kinematischen Transformationsmatrix $\boldsymbol{a}$ ein. Als nächstes erzwingen wir $V_2 = 1$ am kinematisch bestimmten Hauptsystem, wodurch sich der Stab a um $u_{\Delta}^{\mathrm{a}} = 1.00$ verlängert, der Stab b sich dagegen um $u_{\Delta}^{\mathrm{b}} = -1.00$ verkürzt. Beide Werte werden in die 2. Spalte der Matrix $\boldsymbol{a}$ eingefügt. Prägen wir schließlich $V_3 = 1$ ein, so verformt sich der Riegel mit horizontalen Tangenten im Mittelknoten ($V_4 = 0$) sowie beiden Endknoten ($V_1 = V_7 = 0$), außerdem gilt $V_6 = 0$ im Knoten 3. Aus der in Abb. 3.7 skizzierten Verformungsfigur lesen wir die Stabendtangentenwinkel

$$\tau_{\mathrm{l}}^{\mathrm{a}} = \tau_{\mathrm{r}}^{\mathrm{a}} = 0.25, \quad \tau_{\mathrm{l}}^{\mathrm{b}} = \tau_{\mathrm{r}}^{\mathrm{b}} = -0.25 \tag{3.33}$$

ab, von der verformten Stabachse aus in der Vorzeichenkonvention II gemessen, und setzen diese Zahlenwerte an die zugehörigen Positionen der 3. Spalte von $\boldsymbol{a}$. In analoger Weise verfahren wir in Abb. 3.7 noch für alle verbliebenen Knotenfreiheitsgrade, indem wir die den einzelnen Zwangsverformungen $V_{\mathrm{j}} = 1$ zugeordneten, kinematisch kompatiblen Stabenddeformationen ermitteln und ihre Zahlenwerte in die zugehörige Spalte j

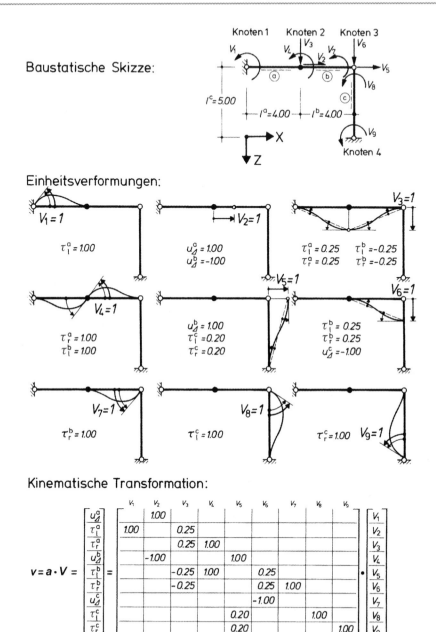

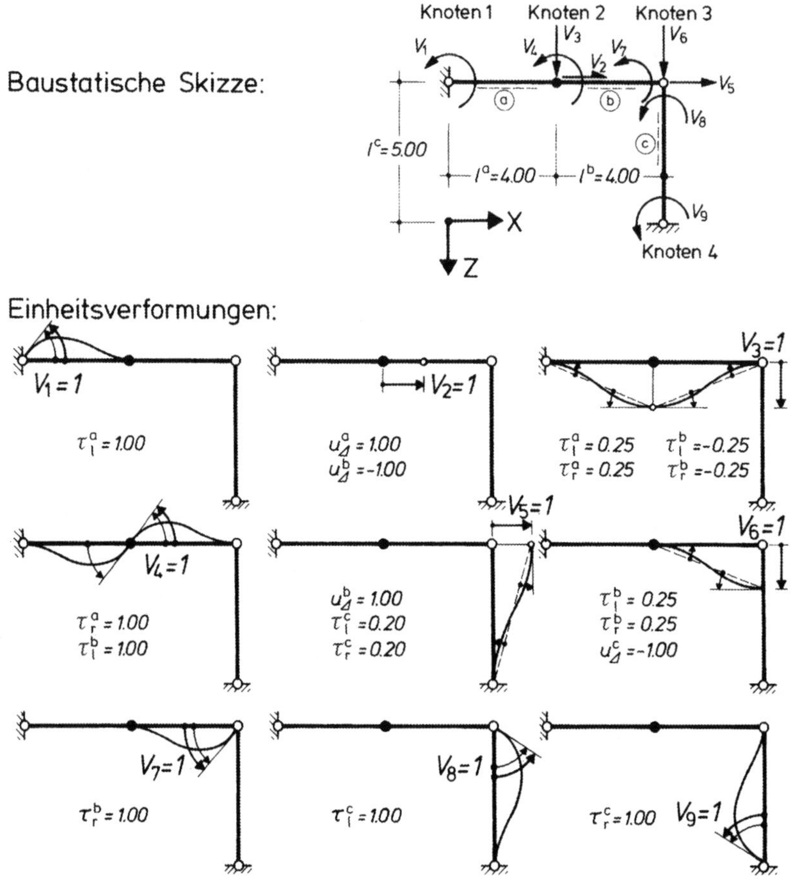

Kinematische Transformation:

$v = a \cdot V =$

	V_1	V_2	V_3	V_4	V_5	V_6	V_7	V_8	V_9
u_Δ^a		1.00							
τ_l^a	1.00		0.25						
τ_r^a			0.25	1.00					
u_Δ^b		-1.00			1.00				
τ_l^b			-0.25	1.00		0.25			
τ_r^b			-0.25			0.25	1.00		
u_Δ^c						-1.00			
τ_l^c					0.20			1.00	
τ_r^c					0.20				1.00

$\cdot \; [V_1, V_2, V_3, V_4, V_5, V_6, V_7, V_8, V_9]^T$

leere Positionen sind mit Nullen besetzt

Abb. 3.7 Aufbau der ***a***-Matrix eines ebenen, statisch bestimmten Rahmentragwerks (Vorzeichenkonvention II)

von ***a*** einordnen. Dabei benötigten wir offensichtlich die genaue Form der Biegefiguren überhaupt nicht; diese dienten uns nur zur geometrischen Veranschaulichung der dem kinematisch bestimmten Hauptsystem aufgezwungenen Einheitsverformungszustände, die selbstverständlich von infinitesimaler Größe waren.

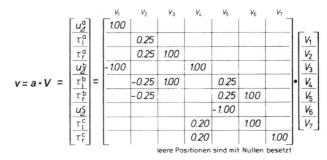

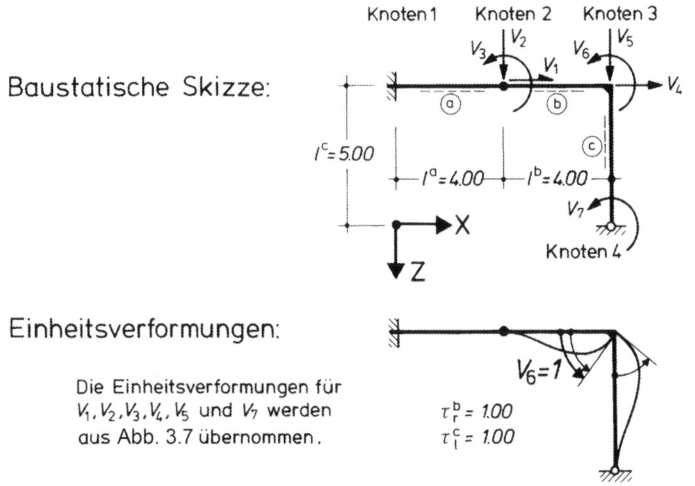

Kinematische Transformation:

$$
v = a \cdot V = \begin{bmatrix} u_\Delta^a \\ \tau_l^a \\ \tau_r^a \\ u_\Delta^b \\ \tau_l^b \\ \tau_r^b \\ u_\Delta^c \\ \tau_l^c \\ \tau_r^c \end{bmatrix} = \begin{bmatrix} 1.00 & & & & & & \\ & 0.25 & & & & & \\ & 0.25 & 1.00 & & & & \\ -1.00 & & & 1.00 & & & \\ & -0.25 & 1.00 & & 0.25 & & \\ & -0.25 & & & 0.25 & 1.00 & \\ & & & & -1.00 & & \\ & & & 0.20 & & 1.00 & \\ & & & 0.20 & & & 1.00 \end{bmatrix} \cdot \begin{bmatrix} V_1 \\ V_2 \\ V_3 \\ V_4 \\ V_5 \\ V_6 \\ V_7 \end{bmatrix}
$$

(Spalten der Matrix: $V_1, V_2, V_3, V_4, V_5, V_6, V_7$)

leere Positionen sind mit Nullen besetzt

Abb. 3.8 Aufbau der $\boldsymbol{a}$-Matrix eines ebenen, 2-fach statisch unbestimmten Rahmentragwerks (Vorzeichenkonvention II)

Als Nächstes wenden wir dieses Verfahren in Abb. 3.8 auch zum Aufbau der kinematischen Transformationsmatrix eines 2-fach statisch unbestimmten, ebenen Rahmentragwerks an, das bereits in Abb. 2.33 behandelt worden war. Die meisten Spalten von $\boldsymbol{a}$ können aus Abb. 3.7 übernommen werden. Allerdings entfällt der ursprüngliche Freiheitsgrad V_1 wegen der Volleinspannung im Knoten 1, und die ursprünglichen Freiheitsgrade V_7 und V_8 koppeln sich wegen der nunmehr biegesteifen Ecke im Knoten 3. Die einzig neue Einheitsverformungsfigur ist in Abb. 3.8 wiedergegeben. Die kinematische Transformation dieses Rahmentragwerks schließt das Bild ab.

Das Verblüffende an diesem Beispiel ist, dass die statische Unbestimmtheit des zuletzt behandelten Tragwerks keinerlei Schwierigkeiten bereitete, da die Problemstellung offensichtlich weiterhin kinematisch bestimmt blieb. Allerdings erweist sich die kinematische Transformationsmatrix $\boldsymbol{a}$ in Abb. 3.8 nicht mehr als quadratisch, sondern als rechteckig mit einem Spaltendefizit von $n = 2$. Dies drängt uns die Frage auf, ob es dual zum Fall statisch unbestimmter Strukturen, in welchem die Gleichgewichtstransformation (3.28) nicht mehr

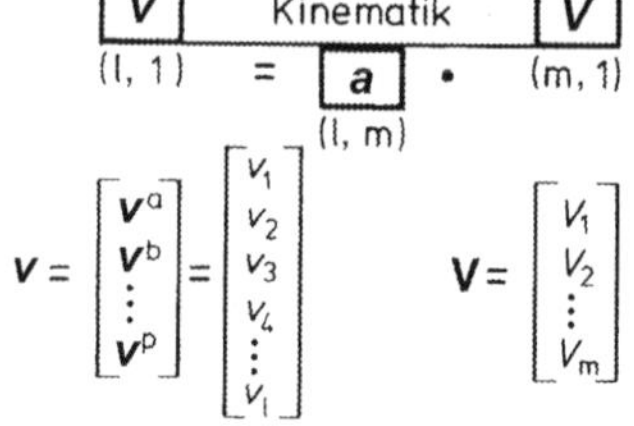

Abb. 3.9 Kinematische Transformation

allein durch Gleichgewichtsanalysen zu ermitteln ist, auch *kinematisch unbestimmte* Tragwerke gibt. In diesem Fall müsste sich die kinematische Transformationsmatrix $\boldsymbol{a}$ nicht mehr ausschließlich durch kinematische Betrachtungen aufbauen lassen. Offensichtlich kann diese Möglichkeit nur dann eintreten, wenn nicht *alle* kinematischen Freiheitsgrade einer Struktur als Variablen V_j eingeführt wurden ein zwar denkbarer, durch unsere Voraussetzungen aber ausdrücklich ausgeschlossener Fall (siehe Abschn. 3.1.1).

Abbildung 3.9 fasst abschliessend die Ergebnisse dieses Abschnittes zusammen.

3.1.5 Knotengleichgewicht und Kontragredienzeigenschaft

Nachdem wir knotenweise die geometrische Kompatibilität (3.30) zwischen äußeren und inneren Weggrößen $\{\boldsymbol{V}, \boldsymbol{v}\}$ postuliert haben, soll nun die zugehörige Gleichgewichtstransformation ermittelt werden. Hierzu wenden wir das *Prinzip der virtuellen Verschiebungen* (2.59)

$$\delta W = \delta \boldsymbol{V}^{\mathrm{T}} \cdot \boldsymbol{P} - \delta \boldsymbol{v}^{\mathrm{T}} \cdot \boldsymbol{s} = 0 \tag{3.34}$$

auf ein beliebiges, diskretisiertes Tragwerksmodell an. Sofern sich diese Aussage durch einen virtuellen, d. h. kinematisch verträglichen Deformationszustand $\{\delta \boldsymbol{V}, \delta \boldsymbol{v}\}$ mit

$$\delta \boldsymbol{v} = \boldsymbol{a} \cdot \delta \boldsymbol{V} \tag{3.35}$$

erfüllen lässt, sind die beiden Kraftgrößenfelder $\{\boldsymbol{P}, \boldsymbol{s}\}$ als im Gleichgewicht befindlich ausgewiesen.

Die Substitution von (3.35) in (3.34) führt unmittelbar auf:

$$\delta \boldsymbol{V}^{\mathrm{T}} \cdot \boldsymbol{P} - \delta \boldsymbol{V}^{\mathrm{T}} \cdot \boldsymbol{a}^{\mathrm{T}} \cdot \boldsymbol{s} = \delta \boldsymbol{V}^{\mathrm{T}} \cdot (\boldsymbol{P} - \boldsymbol{a}^{\mathrm{T}} \cdot \boldsymbol{s}) = 0. \tag{3.36}$$

Da $\delta \boldsymbol{V}$ als virtuelle Gruppe von Knotenfreiheitsgraden beliebig vorgebbar ist, sind $\{\boldsymbol{P}, \boldsymbol{s}\}$ immer dann im Gleichgewicht, wenn zwischen ihnen die *Gleichgewichtstransformation*

$$\boldsymbol{P} - \boldsymbol{a}^{\mathrm{T}} \cdot \boldsymbol{s} = \boldsymbol{0} \rightarrow \boldsymbol{P} = \boldsymbol{a}^{\mathrm{T}} \cdot \boldsymbol{s} \tag{3.37}$$

erfüllt ist. Diese wichtige Aussage verwendet somit erneut die kinematische Transformationsmatrix $\boldsymbol{a}$ und besagt, dass sich auch die zu (2.65) reziproken Beziehungen zwischen den Kraftgrößen- und Kinematenfeldern zueinander kontragredient transformieren.

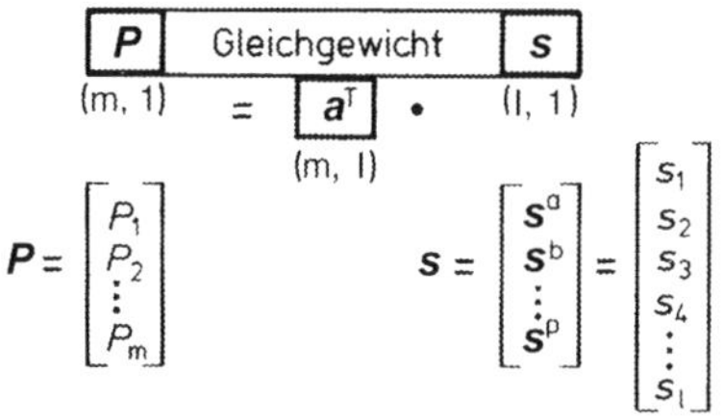

Abb. 3.10 Gleichgewichtstransformation

▶ **Satz** Die beiden Kraftgrößenfelder $\{\boldsymbol{P}, \boldsymbol{s}\}$ eines diskretisierten Tragwerksmodells befinden sich im Gleichgewicht und die Weggrößenfelder $\{\boldsymbol{V}, \boldsymbol{v}\}$ in einem kinematisch kompatiblen Deformationszustand, falls sich die Kraftgrößen *kontragredient* zu den Weggrößen transformieren:

$$\boldsymbol{P} = \boldsymbol{a}^{\mathrm{T}} \cdot \boldsymbol{s}, \quad \boldsymbol{v} = \boldsymbol{a} \cdot \boldsymbol{V}. \tag{3.38}$$

(3.38) bildet die zu (2.65) reziproke Formulierung der *statisch-kinematischen* (geometrischen) *Analogie* diskretisierter Stabstrukturen [1], [31]. Obwohl *Gleichgewicht* und *Verformungskompatibilität* an den Tragwerksknoten unterschiedliche physikalische Phänomene darstellen, sind sie über das Prinzip der virtuellen Arbeiten auch im Rahmen des Weggrößenverfahrens durch eng verwandte Transformationen (3.38) verknüpft. Im Einzelnen entspricht dabei eine Kräftegleichgewichtsbedingung der Kompatibilität einer Knotenverschiebung, eine Momentengleichgewichtsbedingung der Verträglichkeit einer Knotenverdrehung. Abbildung 3.10 fasst die erhaltenen Ergebnisse zusammen. Vergleichen wir es mit dem Überblick über das ganze Tragwerksmodell in Abb. 2.19, so erkennen wir, dass stets

$$\boldsymbol{g} = \boldsymbol{a}^{\mathrm{T}} \tag{3.39}$$

gilt. Die Matrix $\boldsymbol{g}$ der Knotengleichgewichts- und Nebenbedingungen, die wir bisher mittels klassischer statischer Vorgehensweisen aufgebaut hatten, kann somit auch durch ausschließlich kinematische Betrachtungen gewonnen werden. Aus den beiden reziproken kinematischen Transformationen der Abb. 2.19 und 3.8 bilden wir abschließend durch Substitution:

$$\begin{aligned} \delta\boldsymbol{V} &= \boldsymbol{b}^{\mathrm{T}} \cdot \delta\boldsymbol{v} \\ \delta\boldsymbol{v} &= \boldsymbol{a} \cdot \delta\boldsymbol{V} \\ \hline \delta\boldsymbol{V} &= \boldsymbol{b}^{\mathrm{T}} \cdot \boldsymbol{a} \cdot \delta\boldsymbol{V}. \end{aligned} \tag{3.40}$$

In dieser unabhängig vom Grad der statischen Unbestimmtheit geltenden Beziehung sind die virtuellen Knotenfreiheitsgrade $\delta\boldsymbol{V}$ beliebig vorgebbar. Daher bestätigen wir aus ihr

$$\boldsymbol{b}^{\mathrm{T}} \cdot \boldsymbol{a} = \boldsymbol{I} \rightarrow \boldsymbol{a}^{\mathrm{T}} \cdot \boldsymbol{b} = \boldsymbol{g} \cdot \boldsymbol{b} = \boldsymbol{I}^{\mathrm{T}} = \boldsymbol{I}, \tag{3.41}$$

einen bereits in Verbindung mit Abb. 2.6 gewonnenen Zusammenhang (2.16).

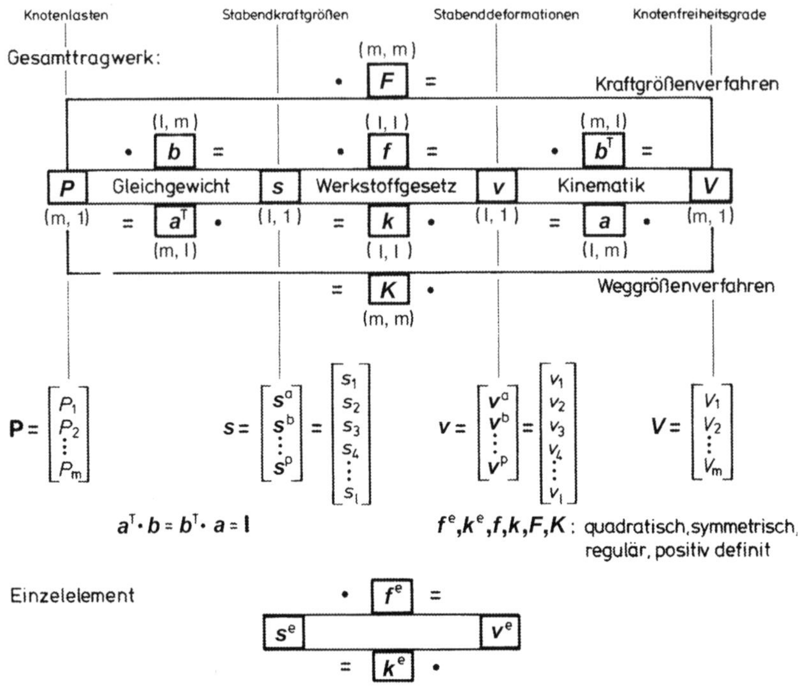

Abb. 3.11 Das diskretisierte Tragwerksmodell im Kraft- und Weggrößenverfahren

3.1.6 Gesamtüberblick und Zusammenfassung

In Abb. 3.11 ergänzen wir nunmehr den bisherigen Modellüberblick der Abb. 2.19 durch die für das Weggrößenverfahren hergeleiteten Einzeltransformationen in Abb. 3.4, 3.9 und 3.10. Aus diesem Gesamtüberblick über die bislang definierten Variablen $\{\boldsymbol{P}, \boldsymbol{s}\}$, $\{\boldsymbol{V}, \boldsymbol{v}\}$ sowie über sämtliche Transformationen werden die dominanten Rollen der *Gleichgewichtsmatrix* (dynamischen Verträglichkeitsmatrix) $\boldsymbol{b}$ im *Kraftgrößenverfahren* sowie der *kinematischen Transformationsmatrix* (kinematischen Verträglichkeitsmatrix) $\boldsymbol{a}$ im *Weggrößenverfahren* besonders deutlich. Hierauf begründet sich eine weitgehende Dualität der beiden Verfahren, auf die wir noch eingehender zu sprechen kommen werden. Im Folgenden wollen wir im Zusammenhang mit Abb. 3.11 rückblickend die wichtigsten dualen Eigenschaften beider Verfahren noch einmal herausstellen, wobei uns [1] als Vorbild dient.

Statisch bestimmte und unbestimmte Tragwerkstopologien weisen bekanntlich wichtige Tragverhaltensunterschiede auf, so im Hinblick auf Zwangsverformungen oder in Versagensnähe. Dagegen spielt die Unterscheidung in kinematisch bestimmte bzw. unbestimmte Strukturen eine untergeordnete Rolle, da die Einführung aller Knotenfreiheitsgrade als kinematische Variablen stets kinematisch bestimmte Aufgabenstellungen entstehen lässt. Von herausragender Bedeutung sind dagegen statisch *und* kinematisch

Ausgangspunkt des *Kraftgrößenverfahrens* bildete die Gleichgewichtstransformation $s = b \cdot P$	*Ausgangspunkt des Weggrößenverfahrens* bildete die kinematische Verträglichkeitstransformation $v = a \cdot V$
mit der Gleichgewichtsmatrix $\boldsymbol{b}$. Die zugehörige kinematische Transformation $V = b^{\mathrm{T}} \cdot v$	mit der kinematischen Verträglichkeitsmatrix $\boldsymbol{a}$. Die zugehörigen Knotengleichgewichtsbedingungen $P = a^{\mathrm{T}} \cdot s$
entstand hieraus mit Hilfe des *Prinzips der virtuellen Kraftgrößen*	entstanden hieraus mit Hilfe des *Prinzips der virtuellen Verschiebungen*
Tragwerke, für welche $\boldsymbol{b}$ allein aus Gleichgewichtsanalysen bestimmbar ist, bezeichnen wir als *statisch bestimmt*	Tragwerke, für welche $\boldsymbol{a}$ allein aus kinematischen Betrachtungen bestimmbar ist, bezeichnen wir als *kinematisch bestimmt*

bestimmte Strukturen, für welche $\boldsymbol{a}$ und $\boldsymbol{b}$ wegen ihrer quadratischen Form auseinander bestimmbar sind (3.41):

$$\boldsymbol{a}^{\mathrm{T}} \cdot \boldsymbol{b} = \boldsymbol{I} \rightarrow \boldsymbol{a} = (\boldsymbol{b}^{\mathrm{T}})^{-1}, \quad \boldsymbol{b} = (\boldsymbol{a}^{\mathrm{T}})^{-1}. \tag{3.42}$$

Analog zur Definition der Gesamt-Nachgiebigkeitsmatrix $\boldsymbol{F}$ verknüpfen wir nun wieder die äußeren Variablen $\{\boldsymbol{P}, \boldsymbol{V}\}$ des Gesamttragwerks miteinander, indem wir die Einzeltransformationen des Weggrößenverfahrens gemäß Abb. 3.11 von rechts nach links ineinander einsetzen. Für ausschließlich Knotenlasten tragende Strukturen gewinnen wir so:

$$\begin{array}{ll} \boldsymbol{v} = \boldsymbol{a} \cdot \boldsymbol{V} & \text{Kinematik} \\ \boldsymbol{s} = \boldsymbol{k} \cdot \boldsymbol{v} & \text{Werkstoffgesetz} \\ \boldsymbol{P} = \boldsymbol{a}^{\mathrm{T}} \cdot \boldsymbol{s} & \text{Gleichgewicht} \\ \hline \boldsymbol{P} = \boldsymbol{a}^{\mathrm{T}} \cdot \boldsymbol{k} \cdot \boldsymbol{a} \cdot \boldsymbol{V} = \boldsymbol{K} \cdot \boldsymbol{V}; & \end{array} \tag{3.43}$$

bei Vorhandensein zusätzlicher Stabeinwirkungen entsteht dagegen:

$$\begin{array}{l} \boldsymbol{v} = \boldsymbol{a} \cdot \boldsymbol{V} \\ \boldsymbol{s} = \boldsymbol{k} \cdot \boldsymbol{v} + \overset{\circ}{\boldsymbol{s}} \\ \boldsymbol{P} = \boldsymbol{a}^{\mathrm{T}} \cdot \boldsymbol{s} \\ \hline \boldsymbol{P} = \boldsymbol{a}^{\mathrm{T}} \cdot \boldsymbol{k} \cdot \boldsymbol{a} \cdot \boldsymbol{V} + \boldsymbol{a}^{\mathrm{T}} \cdot \overset{\circ}{\boldsymbol{s}} = \boldsymbol{K} \cdot \boldsymbol{V} + \boldsymbol{a}^{\mathrm{T}} \cdot \overset{\circ}{\boldsymbol{s}} \end{array} \tag{3.44}$$

mit den Volleinspannkraftgrößen $\overset{\circ}{\mathbf{s}}$ des kinematisch bestimmten Hauptsystems. Die hierin auftretende *Kongruenztransformation*

$$\boldsymbol{K} = \boldsymbol{a}^{\mathrm{T}} \cdot \boldsymbol{k} \cdot \boldsymbol{a} \tag{3.45}$$

definiert die *Gesamt-Steifigkeitsmatrix* des Tragwerks. Sie überträgt die Symmetrie der einzelnen Element-Steifigkeitsmatrizen in $\boldsymbol{k}$ auf die Gesamtstruktur. Wegen der Spaltenregularität von $\boldsymbol{a}$ wird in $\boldsymbol{K}$ außerdem Regularität und positive Definitheit bewahrt.

Satz Die Gesamt-Steifigkeitsbeziehung

$$\boldsymbol{P} = \boldsymbol{K} \cdot \boldsymbol{V} \quad \text{bzw.} \quad \boldsymbol{P} = \boldsymbol{K} \cdot \boldsymbol{V} + \boldsymbol{a}^{\mathrm{T}} \cdot \overset{\circ}{\boldsymbol{s}} \tag{3.46}$$

beschreibt das elastische Verhalten des Gesamttragwerks. Die hierin auftretende Gesamt-Steifigkeitsmatrix $\boldsymbol{K}$ erweist sich als quadratisch (m, m), symmetrisch, regulär und positiv definit.

Im Vergleich zu (2.74): $\boldsymbol{V} = \boldsymbol{F} \cdot \boldsymbol{P}$ entpuppt sich $\boldsymbol{K}$ als Inverse der Gesamt-Nachgiebigkeitsmatrix $\boldsymbol{F}$:

$$\boldsymbol{K} = \boldsymbol{F}^{-1}, \quad \boldsymbol{F} = \boldsymbol{K}^{-1}. \tag{3.47}$$

Abschließend wollen wir uns noch den Informationsgehalt der Gesamt-Steifigkeitsmatrix vor Augen führen, dazu schreiben wir (3.43) aus:

$$\boldsymbol{P} = \boldsymbol{K} \cdot \boldsymbol{V} = \begin{bmatrix} P_1 \\ P_2 \\ \vdots \\ P_i \\ \vdots \\ P_m \end{bmatrix} = \begin{bmatrix} K_{11} & K_{12} & \dots & K_{1j} & \dots & K_{1m} \\ K_{21} & K_{22} & \dots & K_{2j} & \dots & K_{2m} \\ \vdots & \vdots & & \vdots & & \vdots \\ K_{i1} & K_{i2} & \dots & K_{ij} & \dots & K_{im} \\ \vdots & \vdots & & \vdots & & \vdots \\ K_{m1} & K_{m2} & \dots & K_{mj} & \dots & K_{mm} \end{bmatrix} \cdot \begin{bmatrix} V_1 \\ V_2 \\ \vdots \\ V_j \\ \vdots \\ V_m \end{bmatrix}. \tag{3.48}$$

Erzwingen wir hierin gerade $V_j = 1$, belassen alle anderen Knotenfreiheitsgrade jedoch gleich Null, so finden wir die für diese Deformation erforderlichen Knotenkräfte, angeordnet in der j-ten Spalte.

Satz Die j-te Spalte der Gesamt-Steifigkeitsmatrix $\boldsymbol{K}$ enthält gerade diejenigen Knotenkraftgrößen P_i, welche das wirkliche Tragwerk in ein kinematisch bestimmtes Hauptsystem mit der Einheits-Knotenverschiebung $V_j = 1$ überführen.

3.1.7 Algorithmus des Weggrößenverfahrens

Aus den beiden in Abb. 3.11 wiedergegebenen Zentralgleichungen des Kraft- und Weggrößenverfahrens erkennen wir nun deutlich die grundsätzlich unterschiedlichen *natürlichen* Problemstellungen der beiden Verfahren:

Natürliche Vorgaben für das *Kraftgrößenverfahren* bilden eingeprägte Knotenlasten $\boldsymbol{P}$, für welche die im Tragwerk sich ausbildenden Knotenfreiheitsgrade $\boldsymbol{V}$ aus der *Gesamt-Nachgiebigkeitsbeziehung* $$\boldsymbol{V}=\boldsymbol{F}\cdot\boldsymbol{P}$$ bestimmt werden können	Natürliche Vorgaben für das *Weggrößenverfahren* bilden eingeprägte Knotenfreiheitsgrade $\boldsymbol{V}$, für welche die dem Tragwerk aufzuprägenden Knotenlasten $\boldsymbol{P}$ aus der *Gesamt-Steifigkeitsbeziehung* $$\boldsymbol{P}=\boldsymbol{K}\cdot\boldsymbol{V}$$ bestimmt werden können

Bei der Mehrzahl aller Aufgabenstellungen im Bauwesen werden *Lasten* als Einwirkungsgrößen vorgegeben. Daher erfordert eine Bearbeitung nach dem Weggrößenverfahren, wie bereits im Abschn. 3.1.1 betont, stets die Auflösung oder Inversion der Gesamt-Steifigkeitsbeziehung.

Dieser rechenintensive Kern findet sich im Zentrum des in Abb. 3.12 dargestellten allgemeinen Weggrößenalgorithmus; um ihn herum gruppieren sich folgende Einzelschritte:

- Zunächst werden die Vektoren $\boldsymbol{P}$ der einwirkenden Knotenlasten und der Festhaltekraftgrößen $\mathring{\boldsymbol{s}}$ nach Abb. 3.6 sowie die Matrix $\boldsymbol{k}$ aller Element-Steifigkeitsmatrizen aufgebaut.
- Für das zu berechnende Tragwerk $n \geq 0$ ermitteln wir sodann spaltenweise die kinematische Transformationsmatrix $\boldsymbol{a}$ durch Einheits-Knotendeformationen $V_{\mathrm{j}}=1$ am kinematisch bestimmten Hauptsystem; dabei spielt der Grad der statischen Unbestimmtheit n keine Rolle.
- Es folgt die Berechnung der Gesamt-Steifigkeitsmatrix $\boldsymbol{K}$ aus der Kongruenztransformation (3.45), in Abb. 3.12 als Multiplikationsschema dargestellt.
- Den nächsten Schritt bildet der Aufbau der Gesamt-Steifigkeitsbeziehung
$$\boldsymbol{P}=\boldsymbol{K}\cdot\boldsymbol{V}+\boldsymbol{a}^{\mathrm{T}}\cdot\mathring{\boldsymbol{s}}. \tag{3.49}$$
sowie deren Inversion; er führt auf die Gesamt-Nachgiebigkeitsbeziehung des zu analysierenden Tragwerks:
$$\boldsymbol{V}=\boldsymbol{F}\cdot(\boldsymbol{P}-\boldsymbol{a}^{\mathrm{T}}\cdot\mathring{\boldsymbol{s}}) \quad \text{mit} \quad \boldsymbol{F}=\boldsymbol{K}^{-1}. \tag{3.50}$$
- Zur Berechnung der Stabendkraftgrößen $\boldsymbol{s}$ substituieren wir sodann die kinematische Transformation (3.30) und weiter (3.50) in die Steifigkeitsbeziehung aller Elemente (3.26):
$$\boldsymbol{s}=\boldsymbol{k}\cdot\boldsymbol{v}+\mathring{\boldsymbol{s}}=\boldsymbol{k}\cdot\boldsymbol{a}\cdot\boldsymbol{V}+\mathring{\boldsymbol{s}}=\boldsymbol{k}\cdot\boldsymbol{a}\cdot\boldsymbol{F}\cdot\boldsymbol{P}-\boldsymbol{k}\cdot\boldsymbol{a}\cdot\boldsymbol{F}\cdot\boldsymbol{a}^{\mathrm{T}}\cdot\mathring{\boldsymbol{s}}+\mathring{\boldsymbol{s}}, \tag{3.51}$$
aus der wir durch Substitution von (3.25) das Analogon zu den Beziehungen (2.108, 2.109) gewinnen:
$$\begin{aligned}\boldsymbol{s}&=\boldsymbol{k}\cdot\boldsymbol{a}\cdot\boldsymbol{F}\cdot\boldsymbol{P}+\boldsymbol{k}\cdot\boldsymbol{a}\cdot\boldsymbol{F}\cdot\boldsymbol{a}^{\mathrm{T}}\cdot\boldsymbol{k}\cdot\mathring{\boldsymbol{v}}-\boldsymbol{k}\cdot\mathring{\boldsymbol{v}}\\&=\boldsymbol{k}\cdot\boldsymbol{a}\cdot\boldsymbol{F}\cdot\boldsymbol{P}+(\boldsymbol{k}\cdot\boldsymbol{a}\cdot\boldsymbol{F}\cdot\boldsymbol{a}^{\mathrm{T}}-\boldsymbol{I})\cdot\boldsymbol{k}\cdot\mathring{\boldsymbol{v}}=\boldsymbol{b}\cdot\boldsymbol{P}+\boldsymbol{k}_{\mathrm{xx}}\cdot\mathring{\boldsymbol{v}}\end{aligned} \tag{3.52}$$

1. Aufbau von $k, P, \overset{\circ}{s}$

2. Ermittlung der kinematischen Verträglichkeitsmatrix a am kinematisch bestimmten Hauptsystem:

$$\begin{bmatrix} v \end{bmatrix}_{(l,\,1)} = \begin{bmatrix} a \end{bmatrix}_{(l,\,m)} \cdot \begin{bmatrix} V \end{bmatrix}_{(m,\,1)}$$

rechteckig, spaltenregulär für $n > 0$
quadratisch, regulär für $n = 0$

3. Berechnung der Gesamt-Steifigkeitsmatrix K:

$$\begin{bmatrix} K \end{bmatrix}_{(m,\,l)} = \begin{bmatrix} a^{\mathsf{T}} \end{bmatrix}_{(m,\,l)} \begin{bmatrix} a^{\mathsf{T}} k \end{bmatrix}_{(m,\,l)} \begin{bmatrix} a^{\mathsf{T}} ka \end{bmatrix}_{(m,\,m)}$$

$(l,\,l)\, \begin{bmatrix} k \end{bmatrix}\, \begin{bmatrix} a \end{bmatrix}\,(l,\,m)$

4. Aufbau der Gesamt-Steifigkeitsbeziehung sowie Inversion:

$$\begin{bmatrix} P \end{bmatrix}_{(m,\,1)} = \begin{bmatrix} K \end{bmatrix}_{(m,\,m)} \cdot \begin{bmatrix} V \end{bmatrix}_{(m,\,1)} + \begin{bmatrix} a^{\mathsf{T}}\overset{\circ}{s} \end{bmatrix}_{(m,\,1)} \longrightarrow V = K^{-1} \cdot (P - a^{\mathsf{T}}\overset{\circ}{s}) = F \cdot P - F \cdot a^{\mathsf{T}}\overset{\circ}{s}$$

5. Berechnung der Stabendkraftgrößen s:

$$s = k \cdot v + \overset{\circ}{s} = kaF \cdot P - kaFa^{\mathsf{T}} \cdot \overset{\circ}{s} + \overset{\circ}{s} = kaF \cdot P + (kaFa^{\mathsf{T}} - I)k \cdot \overset{\circ}{v}$$

$\llcorner v = a \cdot V$ $\llcorner \overset{\circ}{s} = -k \cdot \overset{\circ}{v}$

$\llcorner V = F \cdot P - F \cdot a^{\mathsf{T}}\overset{\circ}{s}$

$$\begin{bmatrix} s \end{bmatrix}_{(l,\,1)} = \begin{bmatrix} b \end{bmatrix}_{(l,\,m)} \cdot \begin{bmatrix} P \end{bmatrix}_{(m,\,1)} + \begin{bmatrix} k_{xx}\overset{\circ}{v} \end{bmatrix}_{(l,\,1)} \quad \text{mit:} \quad b = kaF, \quad k_{xx} = (kaFa^{\mathsf{T}} - I)\,k$$

6. Ermittlung der Lagerreaktionen C:

$$C = -g_{sC} \cdot b \cdot P = b_C \cdot P$$

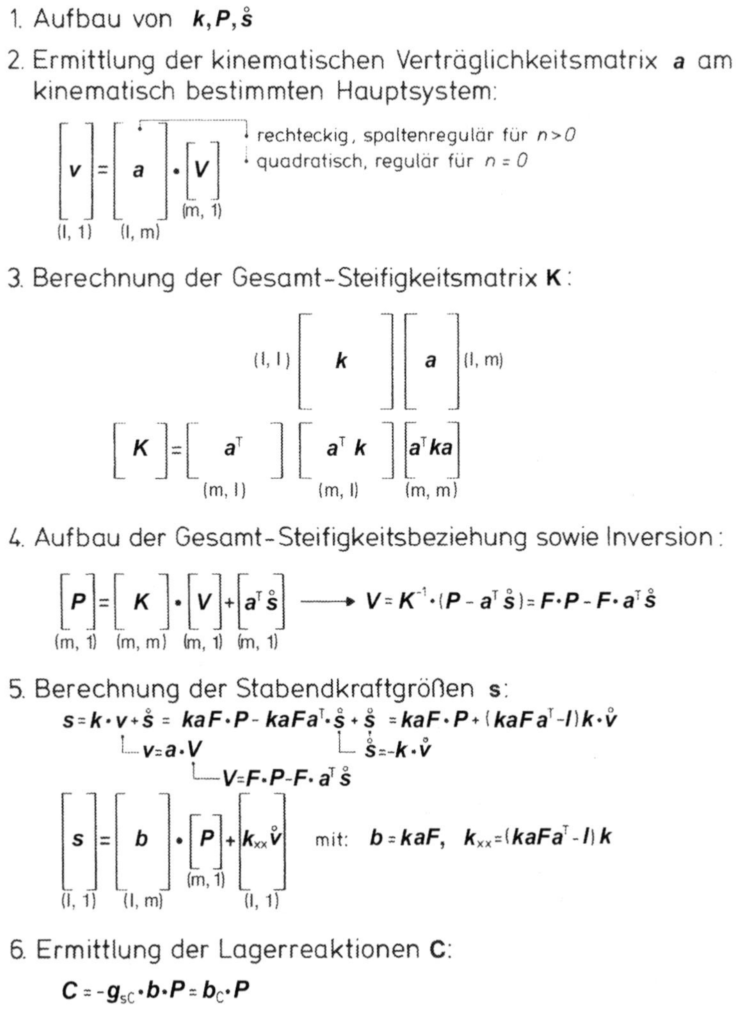

Abb. 3.12 Standard-Weggrößenalgorithmus

Durch Umformung von

$$b = k \cdot a \cdot F = k \cdot a \cdot b^{\mathsf{T}} \cdot f \cdot b \tag{3.53}$$

erkennen wir hierin die Gültigkeit von

$$k \cdot a \cdot b^{\mathsf{T}} \cdot f = I \tag{3.54}$$

unabhängig vom Grad n der statischen Unbestimmtheit, obwohl

$$a^{\mathsf{T}} \cdot b = b \cdot a^{\mathsf{T}} = I \tag{3.55}$$

nur für statisch bestimmte Tragwerke erfüllt ist.

- Abschließend erfolgt bei Bedarf die Ermittlung der Lagerreaktionen aus geeigneten Knotengleichgewichtsbedingungen gemäß (2.81).

Mit (3.52) und (3.55) bestätigen wir übrigens erwartungsgemäß

$$\boldsymbol{k}_{\mathrm{xx}} = (\boldsymbol{k} \cdot \boldsymbol{a} \cdot \boldsymbol{F} \cdot \boldsymbol{a}^{\mathrm{T}} - \boldsymbol{I}) \cdot \boldsymbol{k} = (\boldsymbol{k} \cdot \boldsymbol{a} \cdot \boldsymbol{b}^{\mathrm{T}} \cdot \boldsymbol{f} \cdot \boldsymbol{b} \cdot \boldsymbol{a}^{\mathrm{T}} - \boldsymbol{I}) \cdot \boldsymbol{k} = (\boldsymbol{I} \cdot \boldsymbol{I} - \boldsymbol{I}) \cdot \boldsymbol{k} = \boldsymbol{0} \quad (3.56)$$

in (3.52) das Verschwinden von Zwangsschnittgrößen infolge $\overset{\circ}{\boldsymbol{s}}$ für statisch bestimmte Strukturen.

Damit sind die beiden, gemäß Abb. 2.25 für Tragwerksanalysen wichtigen Systemmatrizen $\boldsymbol{b}$ und $\boldsymbol{F}$ nunmehr mittels des Weggrößenverfahrens bestimmt worden, so dass wieder sämtliche in den Abschn. 2.2.3 und 2.3.6 aufgeführten Standardaufgaben gelöst werden können. Erfolgt im 4. Schritt in Abb. 3.12 keine Inversion, sondern nur eine *Auflösung* der Gesamt-Steifigkeitsbeziehung nach $\boldsymbol{V}$, so führt dies auf einen ähnlich reduzierten Algorithmus mit eingeschränkter Lösungsallgemeinheit wie beim Kraftgrößenverfahren im Abschn. 2.3.4.

Bevor wir uns mehreren Beispielen zuwenden, wollen wir noch kurz eine gelegentlich zu Missverständnissen Anlass gebende Frage behandeln. Im Kraftgrößenverfahren des Kap. 2 waren die bei Stabbelastungen gedanklich eingeführten Sekundärstrukturen als *statisch bestimmte* Einfeldträger mit linkem festen Gelenklager vorausgesetzt worden. An diesen wurden die Stabenddeformationen $\overset{\circ}{\boldsymbol{v}}$ und die *statisch bestimmten* Knotenzusatzlasten $\overset{\circ}{\boldsymbol{P}}$ ermittelt. Beim Weggrößenverfahren traten an die Stelle der $\overset{\circ}{\boldsymbol{v}}$, wie im Abschn. 3.1.3 im Einzelnen begründet, die Festhaltekraftgrößen $\overset{\circ}{\boldsymbol{s}}$ von nunmehr *beidseitig vollständig eingespannten* Sekundärträgern. Damit entsteht die Frage, ob die Knotenzusatzlasten $\overset{\circ}{\boldsymbol{P}}$ nach wie vor an statisch bestimmten Einfeldträgern oder nicht richtiger auch an beidseitig eingespannten, d. h. statisch unbestimmten Sekundärträgern zu ermitteln seien.

Zur Beantwortung beginnen wir mit der Gesamt-Nachgiebigkeitsbeziehung

$$\boldsymbol{V} = \boldsymbol{F} \cdot \boldsymbol{P} + \boldsymbol{b}^{\mathrm{T}} \cdot \overset{\circ}{\boldsymbol{v}}, \quad (3.57)$$

welche in völlig eindeutiger Weise in $\boldsymbol{P} := \boldsymbol{P} + \overset{\circ}{\boldsymbol{P}}$ *statisch bestimmte* Knotenzusatzlasten $\overset{\circ}{\boldsymbol{P}}$ enthält. Durch Linksmultiplikation mit $\boldsymbol{K} = \boldsymbol{F}^{-1}$ entsteht hieraus:

$$\boldsymbol{K} \cdot \boldsymbol{V} = \boldsymbol{F}^{-1} \cdot \boldsymbol{F} \cdot \boldsymbol{P} + \boldsymbol{K} \cdot \boldsymbol{b}^{\mathrm{T}} \cdot \overset{\circ}{\boldsymbol{v}} \quad \rightarrow \quad \boldsymbol{P} = \boldsymbol{K} \cdot \boldsymbol{V} - \boldsymbol{K} \cdot \boldsymbol{b}^{\mathrm{T}} \cdot \overset{\circ}{\boldsymbol{v}}. \quad (3.58)$$

Substituieren wir hierin nun

$$\boldsymbol{K} = \boldsymbol{a}^{\mathrm{T}} \cdot \boldsymbol{k} \cdot \boldsymbol{a} \quad \text{sowie} \quad \overset{\circ}{\boldsymbol{v}} = -\mathbf{k}^{-1} \cdot \overset{\circ}{\boldsymbol{s}} = -\boldsymbol{f} \cdot \overset{\circ}{\boldsymbol{s}} \quad (3.59)$$

aus (3.25) und verwenden zusätzlich (3.54), so erhalten wir gerade

$$\boldsymbol{P} = \boldsymbol{K} \cdot \boldsymbol{V} + \boldsymbol{a}^{\mathrm{T}} \cdot \boldsymbol{k} \cdot \boldsymbol{a} \cdot \boldsymbol{b}^{\mathrm{T}} \cdot \boldsymbol{f} \cdot \overset{\circ}{\boldsymbol{s}} = \boldsymbol{K} \cdot \boldsymbol{V} + \boldsymbol{a}^{\mathrm{T}} \cdot \overset{\circ}{\boldsymbol{s}}, \quad (3.60)$$

die Normalform (3.44) der Gesamt-Steifigkeitsbeziehung mit nach wie vor *statisch bestimmten* Knotenzusatzlasten $\overset{\circ}{\boldsymbol{P}}$ in $\boldsymbol{P}$.

Die Antwort fällt somit eindeutig aus! Untersuchen wir jedoch die mechanische Bedeutung der in der modifizierten Form von (3.60)

$$\tilde{\boldsymbol{P}} = \boldsymbol{P} - \boldsymbol{a}^{\mathrm{T}} \cdot \overset{\circ}{\boldsymbol{s}} = \boldsymbol{K} \cdot \boldsymbol{V} \tag{3.61}$$

vorgegebenen Kraftgrößenseite

$$\tilde{\boldsymbol{P}} = \boldsymbol{P} - \boldsymbol{a}^{\mathrm{T}} \cdot \overset{\circ}{\boldsymbol{s}} := \boldsymbol{P} + \overset{\circ}{\boldsymbol{P}} - \boldsymbol{a}^{\mathrm{T}} \cdot \overset{\circ}{\boldsymbol{s}}, \tag{3.62}$$

so lehrt uns die Gleichgewichtstransformation (3.37), dass $(\overset{\circ}{\boldsymbol{P}} - \boldsymbol{a}^{\mathrm{T}} \cdot \overset{\circ}{\boldsymbol{s}})$ offensichtlich gerade die Überführung der statisch bestimmten $\overset{\circ}{\boldsymbol{P}}$ und der Volleinspannkraftgrößen $\overset{\circ}{\boldsymbol{s}}$ in *statisch unbestimmte* Knotenzusatzlasten vollständig eingespannter Sekundärträger beschreibt. Würden wir somit in $\overset{\circ}{\boldsymbol{P}}$ bereits *statisch unbestimmte* Knotenzusatzlasten berücksichtigen, d. h. sowohl Einspannkräfte als auch -momente, so müsste dann die explizite Einbeziehung des Terms $-\boldsymbol{a}^{\mathrm{T}} \cdot \overset{\circ}{\boldsymbol{s}}$ entfallen.

Abbildung 3.13 illustriert das Dargelegte an einem besonders einfachen Tragwerk – einem statisch bestimmten Kragarm. Seine Belastung bestehe aus den beiden Knotengrößen P_1, P_2 am Kragarmende sowie der Last $\boldsymbol{P}^*$ auf der dem einzigen Stabelement 1 gedanklich zugeordneten statisch bestimmten Sekundärstruktur. Damit treten folgende Variablen auf:

$$\boldsymbol{P} = \begin{bmatrix} P_1 \\ P_2 \end{bmatrix}, \boldsymbol{s} = \begin{bmatrix} M_1^1 \\ M_r^1 \end{bmatrix}, \boldsymbol{v} = \begin{bmatrix} \tau_1^1 \\ \tau_r^1 \end{bmatrix}, \boldsymbol{V} = \begin{bmatrix} V_1 \\ V_2 \end{bmatrix}. \tag{3.63}$$

Als erstes ermitteln wir die Element-Steifigkeitsmatrix $\boldsymbol{k}^1 = \boldsymbol{k}$, die statisch bestimmten Knotenzusatzlasten $\overset{\circ}{\boldsymbol{P}}$ und die Volleinspannmomente $\overset{\circ}{\boldsymbol{s}}$ gemäß Abb. 3.6. Mit der kinematischen Transformationsmatrix $\boldsymbol{a}$ lässt sich hieraus unter der zusätzlichen Annahme $P_1 = P_2 = 0$ die Gesamt-Steifigkeitsbeziehung zunächst in ihrer Normalform aufstellen, sodann in ihrer modifizierten Form, in welcher alle bekannten Lastgrößen links stehen. Das dort in $\tilde{\boldsymbol{P}} = \overset{\circ}{\boldsymbol{P}} - \boldsymbol{a}^{\mathrm{T}} \cdot \overset{\circ}{\boldsymbol{s}}$ an 1. Position stehende Element ergibt sich gerade als statisch unbestimmte Auflagerkraft

$$\overset{\circ}{P}{}_1^* = \frac{3}{4}P^* + \left(\frac{9}{64}P^*l - \frac{3}{64}P^*l\right) : l = \frac{3}{4}P^* + \frac{6}{64}P^* = \frac{54}{64}P^*, \tag{3.64}$$

das an 2. Position stehende Element als negatives Volleinspannmoment

$$\overset{\circ}{P}{}_2^* = \overset{\circ}{M}_2 = -\frac{9}{64}P^*l \tag{3.65}$$

der nun als vollständig in die Knotenpunkte der Primärstruktur eingespannt angesehenen Sekundärstruktur.

Baustatische Skizze und Ausgangsmatrizen:

$$k_1 = \frac{EI}{l}\begin{bmatrix} 4 & 2 \\ 2 & 4 \end{bmatrix} \qquad \mathring{P} = \begin{bmatrix} \frac{3}{4}P^* \\ 0 \end{bmatrix} \qquad \mathring{s} = \begin{bmatrix} \frac{9}{64}P^*l \\ -\frac{3}{64}P^*l \end{bmatrix}$$

Kinematische Transformation:

$$v = a \cdot V$$

$$\begin{bmatrix} \tau_l^1 \\ \tau_r^1 \end{bmatrix} = \begin{bmatrix} -\frac{1}{l} & 1 \\ -\frac{1}{l} & 0 \end{bmatrix} \cdot \begin{bmatrix} V_1 \\ V_2 \end{bmatrix}$$

Gesamt-Steifigkeitsmatrix K und Spalte $a^T \cdot \mathring{s}$:

$$K = \begin{array}{c} \underbrace{\frac{EI}{l}\begin{bmatrix} 4 & 2 \\ 2 & 4 \end{bmatrix}}_{k^1 = k} \quad \underbrace{\begin{bmatrix} -\frac{1}{l} & 1 \\ -\frac{1}{l} & 0 \end{bmatrix}}_{a} \\[2em] \underbrace{\begin{bmatrix} -\frac{1}{l} & -\frac{1}{l} \\ 1 & 0 \end{bmatrix}}_{a^T} \quad \underbrace{\frac{EI}{l}\begin{bmatrix} -\frac{6}{l} & -\frac{6}{l} \\ 4 & 2 \end{bmatrix}}_{a^T k} \quad \underbrace{\frac{EI}{l}\begin{bmatrix} \frac{12}{l^2} & -\frac{6}{l} \\ \frac{6}{l} & 4 \end{bmatrix}}_{a^T ka} \end{array}$$

$$a^T \cdot \mathring{s} = \underbrace{\begin{bmatrix} -\frac{1}{l} & -\frac{1}{l} \\ 1 & 0 \end{bmatrix}}_{a^T} \underbrace{\begin{bmatrix} \frac{9}{64}P^*l \\ \frac{3}{64}P^*l \end{bmatrix}}_{\mathring{s}} = \begin{bmatrix} -\frac{6}{64}P^* \\ \frac{9}{64}P^*l \end{bmatrix}$$

Gesamt-Steifigkeitsbeziehungen:

Normalform:
$$P = K \cdot V + a^T \cdot \mathring{s}:$$

$$\begin{bmatrix} \frac{3}{4}P^* \\ 0 \end{bmatrix} = \frac{EI}{l}\begin{bmatrix} \frac{12}{l^2} & -\frac{6}{l} \\ -\frac{6}{l} & 4 \end{bmatrix} \cdot \begin{bmatrix} V_1 \\ V_2 \end{bmatrix} + \begin{bmatrix} -\frac{6}{64}P^* \\ \frac{9}{64}P^*l \end{bmatrix}$$

Modifizierte Form:
$$\tilde{P} = P - a^T \cdot \mathring{s} = K \cdot V:$$

$$\begin{bmatrix} \frac{54}{64}P^* \\ -\frac{9}{64}P^*l \end{bmatrix} = \frac{EI}{l}\begin{bmatrix} \frac{12}{l^2} & -\frac{6}{l} \\ -\frac{6}{l} & 4 \end{bmatrix} \cdot \begin{bmatrix} V_1 \\ V_2 \end{bmatrix}$$

Interpretation der Modifizierung:

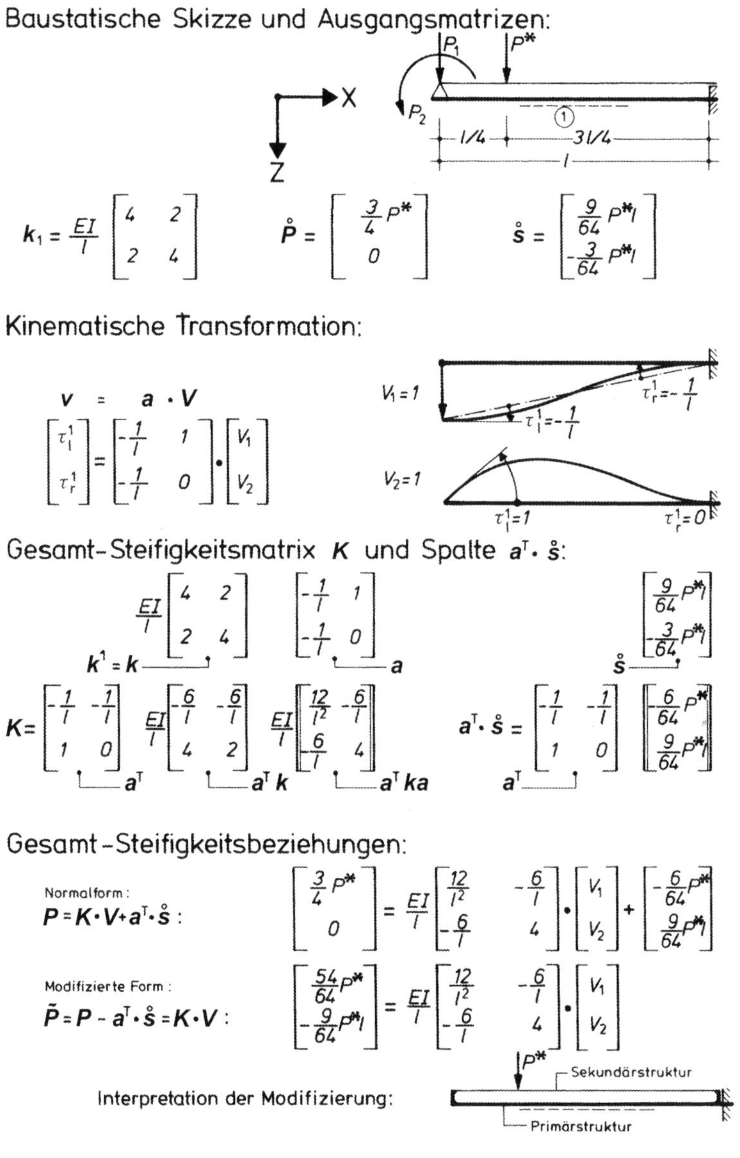

Abb. 3.13 Zur Berücksichtigung der Knotenzusatzlasten

▶ **Satz** Bei der Analyse von Tragwerken mit Stabeinwirkungen nach dem Weggrößenverfahren darf die Sekundärstruktur zur Bestimmung der Knotenzusatzlasten wie bisher als *statisch bestimmt* angesehen werden. In diesem Fall transformiert das Zusatzglied $a^T \cdot \mathring{s}$ die Festhaltekraftgrößen in die Knotenlasten.

Die Sekundärstruktur darf aber auch als Schar vollständig in die Knotenpunkte eingespannter, statisch unbestimmter Träger idealisiert werden. In diesem Fall sind die *statisch unbestimmten* Auflagergrößen als Knotenkräfte und Knotenmomente unmittelbar in die Spalte $\tilde{\boldsymbol{P}}$ der vorgegebenen Lasten der Gesamt-Steifigkeitsbeziehung einzutragen; das Zusatzglied $\boldsymbol{a}^{\mathrm{T}} \cdot \overset{\circ}{\boldsymbol{s}}$ entfällt.

3.1.8 Beispiele: Ebene Rahmensysteme und ebenes Fachwerk

Wir wollen als erstes die in den Abb. 3.7 und 3.8 begonnenen Beispiele weiterführen; dabei liegt unser Ziel in der Ermittlung der beiden grundlegenden Systemmatrizen $\boldsymbol{F}$ und $\boldsymbol{b}$. Gemäß Abb. 3.12 wenden wir hierzu folgende Berechnungsschritte an:

- Aufbau von $\boldsymbol{a}$ und $\boldsymbol{k}$,
- Ausführung der Kongruenztransformation $\boldsymbol{K} = \boldsymbol{a}^{\mathrm{T}} \cdot \boldsymbol{k} \cdot \boldsymbol{a}$,
- Inversion $\boldsymbol{K}^{-1} = \boldsymbol{F}$,
- Ermittlung von $\boldsymbol{b} = \boldsymbol{k} \cdot \boldsymbol{a} \cdot \boldsymbol{F}$.

Zur Eingrenzung numerischer Unschärfen führen wir abschließend die Kontrolle $\boldsymbol{a}^{T} \cdot \boldsymbol{b} = \boldsymbol{I}$ (3.41) durch.

In Abb. 3.14 findet der Leser noch einmal die baustatische Skizze des erstmalig im Abschn. 2.2.2 behandelten, statisch bestimmten Rahmentragwerks, das den kinematischen Herleitungen der Abb. 3.7 zugrunde lag. Kinematische Transformation und Steifigkeitsbeziehung aller Stabelemente, die den Element-Nachgiebigkeiten der Abb. 2.27 invers zugeordnet ist, sind dort ebenfalls aufgeführt.

Die wieder auf einem Computer gewonnenen Ergebnisse des obigen Berechnungsganges wurden in Abb. 3.15 dokumentiert ($\|\boldsymbol{a}^{\mathrm{T}} \cdot \boldsymbol{b} - \boldsymbol{I}\| < 10^{-14}$). Vergleicht man die Matrizen $\boldsymbol{b}$ und $\boldsymbol{F}$ mit den Ergebnissen des Kraftgrößenverfahrens in den Abb. 2.21 und 2.27, so sind die Gesamt-Nachgiebigkeiten $\boldsymbol{F}$ erwartungsgemäß identisch, während sich die Vorzeichen der Gleichgewichtsmatrizen $\boldsymbol{b}$ in den M_{l}-Zeilen wegen abweichender Vorzeichenkonventionen unterscheiden. In völlig analoger Weise wurde in den Abb. 3.13 und 3.14 das 2-fach statisch unbestimmte Rahmentragwerk aus Abb. 3.8 weiter bearbeitet; dessen Ergebnismatrizen wären den in Abb. 2.35 nach dem Kraftgrößenverfahren analysierten gegenüberzustellen. Besonders dieses Beispiel demonstriert durch seine geringe Anzahl von Berechnungsschritten die numerische Überlegenheit des Weggrößenverfahrens.

Bekanntlich dürfen laut Abb. 3.2 Steifigkeitselemente bei Kopplung von Freiheitsgraden addiert werden. Da die ursprünglichen Freiheitsgrade V_7 und V_8 aus Abb. 3.14 im Tragwerk der Abb. 3.16 zur Knotendrehung V_6 gekoppelt wurden, finden wir folglich als dessen Hauptdiagonalelement in der Gesamt-Steifigkeitsmatrix $\boldsymbol{K}$ in Abb. 3.17 die Summe der beiden ursprünglichen Hauptdiagonalelemente von Abb. 3.15:

$$K_{66} = 1.2222 \cdot 10^5 = (0.6666 + 0.5555) \cdot 10^5. \tag{3.66}$$

Baustatische Skizze:

Querschnittssteifigkeiten:

Stab a,b: $EA = 4.0000 \cdot 10^5\ kN$
$EI = 0.666\bar{6} \cdot 10^5\ kNm^2$

Stab c: $EA = 4.166\bar{6} \cdot 10^5\ kN$
$EI = 0.694\bar{4} \cdot 10^5\ kNm^2$

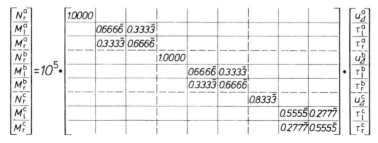

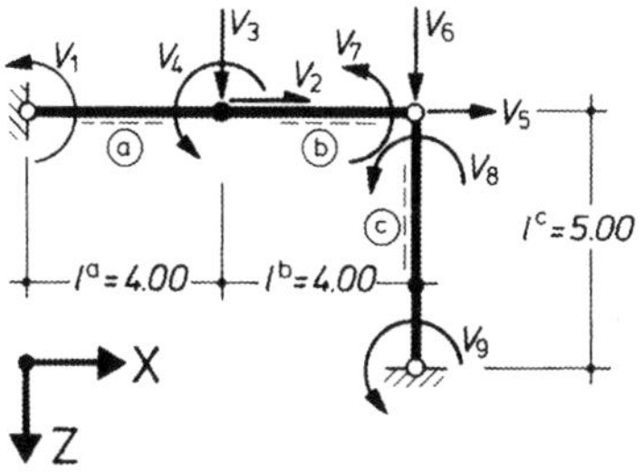

Kinematische Transformation gemäß Abb. 3.7: $\boldsymbol{v} = \boldsymbol{a} \cdot \boldsymbol{V}$

$$\begin{bmatrix} u_\Delta^a \\ \tau_l^a \\ \tau_r^a \\ u_\Delta^b \\ \tau_l^b \\ \tau_r^b \\ u_\Delta^c \\ \tau_l^c \\ \tau_r^c \end{bmatrix} = \begin{bmatrix} & 1.00 & & & & & & & \\ 1.00 & & 0.25 & & & & & & \\ & & 0.25 & 1.00 & & & & & \\ & -1.00 & & & 1.00 & & & & \\ & & -0.25 & 1.00 & & 0.25 & & & \\ & & -0.25 & & & 0.25 & 1.00 & & \\ & & & & & -1.00 & & & \\ & & & & 0.20 & & & 1.00 & \\ & & & & 0.20 & & & & 1.00 \end{bmatrix} \cdot \begin{bmatrix} V_1 \\ V_2 \\ V_3 \\ V_4 \\ V_5 \\ V_6 \\ V_7 \\ V_8 \\ V_9 \end{bmatrix}$$

Steifigkeitsbeziehung aller Elemente: $\boldsymbol{s} = \boldsymbol{k} \cdot \boldsymbol{v}$

$$\begin{bmatrix} N_r^a \\ M_l^a \\ M_r^a \\ N_r^b \\ M_l^b \\ M_r^b \\ N_r^c \\ M_l^c \\ M_r^c \end{bmatrix} = 10^5 \cdot \begin{bmatrix} 1.0000 & & & & & & & & \\ & 0.666\bar{6} & 0.333\bar{3} & & & & & & \\ & 0.333\bar{3} & 0.666\bar{6} & & & & & & \\ & & & 1.0000 & & & & & \\ & & & & 0.666\bar{6} & 0.333\bar{3} & & & \\ & & & & 0.333\bar{3} & 0.666\bar{6} & & & \\ & & & & & & 0.833\bar{3} & & \\ & & & & & & & 0.555\bar{5} & 0.277\bar{7} \\ & & & & & & & 0.277\bar{7} & 0.555\bar{5} \end{bmatrix} \cdot \begin{bmatrix} u_\Delta^a \\ \tau_l^a \\ \tau_r^a \\ u_\Delta^b \\ \tau_l^b \\ \tau_r^b \\ u_\Delta^c \\ \tau_l^c \\ \tau_r^c \end{bmatrix}$$

Abb. 3.14 Berechnung eines ebenen, statisch bestimmten Rahmentragwerks nach dem Weggrößenverfahren, Teil 1 (Vorzeichenkonvention II)

Außerdem behandeln wir erneut das bereits in den Abb. 2.37 bis 2.39 analysierte, 3-fach statisch unbestimmte Fachwerk. Wir beginnen wieder mit der Ermittlung der kinematischen Matrix $\boldsymbol{a}$ in Abb. 3.18 und übertragen hierzu das im Abschn. 3.1.4 entwickelte Konzept der Einheitsknotendeformationen am kinematisch bestimmten Hauptsystem auf Fachwerke. Dabei ist das kinematisch bestimmte Hauptsystem eines idealen Fachwerks natürlich knotenverschiebungsfrei, seine Fachwerkstäbe besitzen jedoch, wegen der Annahme reibungsfreier Knotengelenke, beliebige Drehfähigkeit.

Wir beginnen in Abb. 3.18 mit der Einheitsknotenverschiebung $V_1 = 1$; verfahrensgemäß bleiben alle anderen Knotenverschiebungen unterdrückt. Durch $V_1 = 1$ wandert der Knotenpunkt 1 in die infinitesimal benachbarte Position $1'$. Als Folge dieser

Gesamt-Steifigkeitsbeziehung: $\boldsymbol{P} = \boldsymbol{K} \cdot \boldsymbol{V}$

$\boldsymbol{P} = 10^{5} \cdot \boldsymbol{K} \cdot \boldsymbol{V}$, $\boldsymbol{P} = [P_1 \dots P_9]^T$, $\boldsymbol{V} = [V_1 \dots V_9]^T$

	V_1	V_2	V_3	V_4	V_5	V_6	V_7	V_8	V_9
P_1	0.6667		0.2500	0.3333					
P_2		2.0000			-1.0000				
P_3			0.2500			-0.1250	-0.2500		
P_4				1.3333		0.2500	0.3333		
P_5					1.0667			0.1667	0.1667
P_6		symmetrisch				0.9583	0.2500		
P_7							0.6667		
P_8								0.5556	0.2778
P_9									0.5556

Gesamt-Nachgiebigkeitsbeziehung: $\boldsymbol{V} = \boldsymbol{F} \cdot \boldsymbol{P}$

$\boldsymbol{V} = 10^{-5} \cdot \boldsymbol{F} \cdot \boldsymbol{P}$

	P_1	P_2	P_3	P_4	P_5	P_6	P_7	P_8	P_9
V_1	4.019		-6.075	-0.481		-0.150	-1.981		
V_2		1.000			1.000			-0.200	-0.200
V_3			16.300	-0.075		0.600	5.925		
V_4				1.019		-0.150	-0.481		
V_5					2.000			-0.400	-0.400
V_6		symmetrisch				1.200	-0.150		
V_7							4.019		
V_8								2.480	-1.120
V_9									2.480

Gleichgewichtstransformation: $\boldsymbol{s} = \boldsymbol{b} \cdot \boldsymbol{P}$ mit $\boldsymbol{b} = \boldsymbol{k} \cdot \boldsymbol{a} \cdot \boldsymbol{F}$

	P_1	P_2	P_3	P_4	P_5	P_6	P_7	P_8	P_9
N_r^a		1.000			1.000			-0.200	-0.200
M_l^a	1.000								
M_r^a	-0.500		2.000	0.500			0.500		
N_r^b					1.000			-0.200	-0.200
M_l^b	0.500		-2.000	0.500			-0.500		
M_r^b							1.000		
N_r^c	0.125		-0.500	0.125		-1.000	0.125		
M_l^c								1.000	
M_r^c									1.000

leere Positionen sind mit Nullen besetzt

Abb. 3.15 Berechnung eines ebenen, statisch bestimmten Rahmentragwerks nach dem Weggrößenverfahren, Teil 2 (Vorzeichenkonvention II)

Verschiebung drehen sich die Stäbe 1 und 2 um *infinitesimal* kleine Drehwinkel in die dick gezeichneten Stablagen, die daher zu den Ausgangsrichtungen *parallel* verbleiben. Nach einer solchen infinitesimalen Drehung findet sich das Ende des ersten unverformten Stabes in der Position 1* wieder: erst eine Längung um $u_\Delta^1 = 1/2$ überführt es in den Punkt 1′. Das Stabende des unverformten zweiten Stabes wird dagegen aus der Position 1° erst durch eine Kürzung $u_\Delta^2 = -1/2$ in die Position 1′ überführt. Der Stab 4 erfordert lediglich eine Kürzung $u_\Delta^4 = -1$. Damit sind die Elemente der 1. Spalte von $\boldsymbol{a}$ in Abb. 3.19 bestimmt.

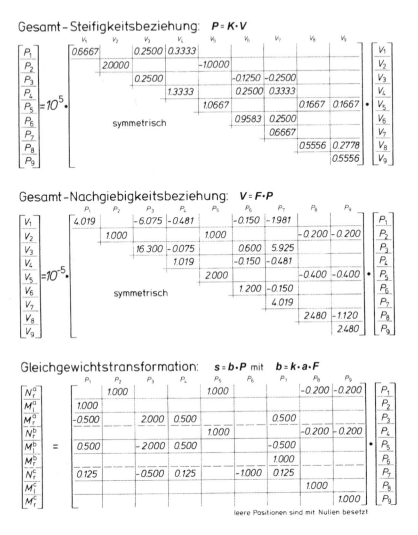

Baustatische Skizze:

Querschnittssteifigkeiten:

Stab a, b: $EA = 4.0000 \cdot 10^5\ kN$

$EI = 0.666\bar{6} \cdot 10^5\ kNm^2$

Stab c: $EA = 4.166\bar{6} \cdot 10^5\ kN$

$EI = 0.694\bar{4} \cdot 10^5\ kNm^2$

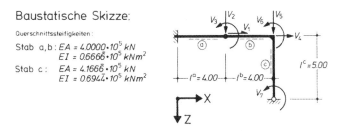

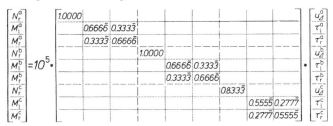

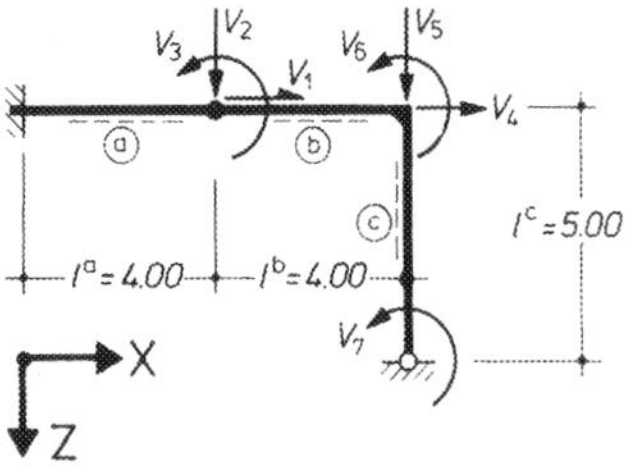

Kinematische Transformation gemäß Abb. 3.8: $\boldsymbol{v} = \boldsymbol{a} \cdot \boldsymbol{V}$

$$
\begin{bmatrix} u_\Delta^a \\ \tau_l^a \\ \tau_r^a \\ u_\Delta^b \\ \tau_l^b \\ \tau_r^b \\ u_\Delta^c \\ \tau_l^c \\ \tau_r^c \end{bmatrix}
=
\begin{bmatrix}
1.00 & & & & & & \\
 & 0.25 & & & & & \\
 & 0.25 & 1.00 & & & & \\
-1.00 & & & 1.00 & & & \\
 & -0.25 & 1.00 & & 0.25 & & \\
 & -0.25 & & & 0.25 & 1.00 & \\
 & & & & -1.00 & & \\
 & & & 0.20 & & 1.00 & \\
 & & & 0.20 & & & 1.00
\end{bmatrix}
\cdot
\begin{bmatrix} V_1 \\ V_2 \\ V_3 \\ V_4 \\ V_5 \\ V_6 \\ V_7 \end{bmatrix}
$$

Steifigkeitsbeziehung aller Elemente: $\boldsymbol{s} = \boldsymbol{k} \cdot \boldsymbol{v}$

$$
\begin{bmatrix} N_r^a \\ M_l^a \\ M_r^a \\ N_r^b \\ M_l^b \\ M_r^b \\ N_r^c \\ M_l^c \\ M_r^c \end{bmatrix}
= 10^5 \cdot
\begin{bmatrix}
1.0000 & & & & & & & & \\
 & 0.666\bar{6} & 0.333\bar{3} & & & & & & \\
 & 0.333\bar{3} & 0.666\bar{6} & & & & & & \\
 & & & 1.0000 & & & & & \\
 & & & & 0.666\bar{6} & 0.333\bar{3} & & & \\
 & & & & 0.333\bar{3} & 0.666\bar{6} & & & \\
 & & & & & & 0.833\bar{3} & & \\
 & & & & & & & 0.555\bar{5} & 0.277\bar{7} \\
 & & & & & & & 0.277\bar{7} & 0.555\bar{5}
\end{bmatrix}
\cdot
\begin{bmatrix} u_\Delta^a \\ \tau_l^a \\ \tau_r^a \\ u_\Delta^b \\ \tau_l^b \\ \tau_r^b \\ u_\Delta^c \\ \tau_l^c \\ \tau_r^c \end{bmatrix}
$$

Abb. 3.16 Berechnung eines ebenen, 2-fach statisch unbestimmten Rahmentragwerks nach dem Weggrößenverfahren, Teil 1 (Vorzeichenkonvention II)

Als zweites erzwingen wir die Knotenverschiebung $V_2 = 1$, welche die ursprünglichen Stabachsenlagen in die dick gezeichneten, parallelen Positionen dreht. Würde man jetzt den Knotenverbund der Stäbe lösen, lägen die unverformten Enden der Stäbe 1 und 2 in den Punkten 1* und 1°: beide Stäbe benötigten Verkürzungen $u_\Delta^1 = -\sqrt{3}/2, u_\Delta^2 = 1\sqrt{3}/2$, um die endgültige Lage $1''$ zu erreichen. Der Stab 4 dagegen dreht sich längungsfrei in die neue Position $1''$ Damit ist auch die 2. Spalte von $\boldsymbol{a}$ bekannt. Alle zur weiteren Auffüllung von $\boldsymbol{a}$ noch erforderlichen Knotenverschiebungsskizzen finden sich in Abb. 3.18; die entstandene kinematische Verträglichkeitsmatrix $\boldsymbol{a}$ enthält Abb. 3.19 gemeinsam mit der Steifigkeitsbeziehung aller Elemente.

Die erneut mit dem Standard-Weggrößenalgorithmus erzielten Ergebnisse in Abb. 3.20 möge der Leser mit denjenigen der Abb. 2.38 und 2.39 vergleichen. Dabei sei daran erinnert, dass bei Fachwerken die beiden Vorzeichenkonventionen I und II offenkundig identisch sind.

Gesamt-Steifigkeitsbeziehung: $\boldsymbol{P} = \boldsymbol{K} \cdot \boldsymbol{V}$

$$\begin{bmatrix} P_1 \\ P_2 \\ P_3 \\ P_4 \\ P_5 \\ P_6 \\ P_7 \end{bmatrix} = 10^5 \cdot \begin{bmatrix} 2.0000 & & & -1.0000 & & & \\ & 0.2500 & & & -0.1250 & -0.2500 & \\ & & 1.3333 & & 0.2500 & 0.3333 & \\ & & & 1.0667 & & 0.1667 & 0.1667 \\ & \text{symmetrisch} & & & 0.9583 & 0.2500 & \\ & & & & & 1.2222 & 0.2778 \\ & & & & & & 0.5556 \end{bmatrix} \cdot \begin{bmatrix} V_1 \\ V_2 \\ V_3 \\ V_4 \\ V_5 \\ V_6 \\ V_7 \end{bmatrix}$$

(Spalten: V_1, V_2, V_3, V_4, V_5, V_6, V_7)

Gesamt-Nachgiebigkeitsbeziehung: $\boldsymbol{V} = \boldsymbol{F} \cdot \boldsymbol{P}$

$$\begin{bmatrix} V_1 \\ V_2 \\ V_3 \\ V_4 \\ V_5 \\ V_6 \\ V_7 \end{bmatrix} = 10^{-5} \cdot \begin{bmatrix} 0.9928 & -0.1061 & 0.0260 & 0.9855 & 0.0081 & -0.1102 & -0.2406 \\ & 5.5619 & -0.4212 & -0.2122 & 0.4921 & 1.3159 & -0.5943 \\ & & 0.8676 & 0.0520 & -0.1971 & -0.3227 & 0.1457 \\ & & & 1.9710 & 0.0162 & -0.2204 & -0.4811 \\ & \text{symmetrisch} & & & 1.1853 & -0.1006 & 0.0454 \\ & & & & & 1.3662 & -0.6170 \\ & & & & & & 2.2528 \end{bmatrix} \cdot \begin{bmatrix} P_1 \\ P_2 \\ P_3 \\ P_4 \\ P_5 \\ P_6 \\ P_7 \end{bmatrix}$$

(Spalten: P_1, P_2, P_3, P_4, P_5, P_6, P_7)

Gleichgewichtstransformation: $\boldsymbol{s} = \boldsymbol{b} \cdot \boldsymbol{P}$ mit $\boldsymbol{b} = \boldsymbol{k} \cdot \boldsymbol{a} \cdot \boldsymbol{F}$

$$\begin{bmatrix} N_r^a \\ M_l^a \\ M_r^a \\ N_r^b \\ M_l^b \\ M_r^b \\ N_r^c \\ M_l^c \\ M_r^c \end{bmatrix} = \begin{bmatrix} 0.9928 & -0.1061 & 0.0260 & 0.9855 & 0.0081 & -0.1102 & -0.2406 \\ -0.0179 & 1.2501 & 0.1839 & -0.0357 & 0.0573 & 0.2214 & -0.1000 \\ -0.0092 & 1.1097 & 0.4731 & -0.0184 & -0.0084 & 0.1139 & -0.0514 \\ -0.0072 & -0.1061 & 0.0260 & 0.9855 & 0.0081 & -0.1102 & -0.2406 \\ 0.0092 & -1.1097 & 0.5269 & 0.0184 & 0.0084 & -0.1139 & 0.0514 \\ -0.0362 & -0.5306 & 0.1301 & -0.0724 & 0.0406 & 0.4491 & -0.2028 \\ -0.0068 & -0.4101 & 0.1643 & -0.0135 & -0.9878 & 0.0838 & -0.0379 \\ 0.0362 & 0.5306 & -0.1301 & 0.0724 & -0.0406 & 0.5509 & 0.2028 \\ & & & & & & 1.0000 \end{bmatrix} \cdot \begin{bmatrix} P_1 \\ P_2 \\ P_3 \\ P_4 \\ P_5 \\ P_6 \\ P_7 \end{bmatrix}$$

(Spalten: P_1, P_2, P_3, P_4, P_5, P_6, P_7)

leere Positionen sind mit Nullen besetzt

Abb. 3.17 Berechnung eines ebenen, 2-fach statisch unbestimmten Rahmentragwerks nach dem Weggrößenverfahren, Teil 2 (Vorzeichenkonvention II)

3.1.9 Nichtprismatische Stabelemente

Stabelemente werden häufig, den Konstruktionen der Abb. 3.21 folgend, mit variablen Querschnittsverläufen versehen. Oftmals behilft man sich in derartigen Fällen mit einer Steifigkeitsmodellierung durch mehrere Einzelelemente konstanten, jedoch unterschiedlichen Querschnitts. Korrekter jedoch wäre die Verwendung von Steifigkeitsmatrizen und Volleinspannmomenten für derartige *nichtprismatische* Stäbe, deren Herleitung nun erfolgen soll [12, 19].

In Abb. 3.22 betrachten wir hierzu ein ebenes Stabelement mit konstantem Elastizitätsmodul E, jedoch veränderlichen Querschnittsverläufen $A(x)$, $I(x)$. Seine Schubsteifigkeit

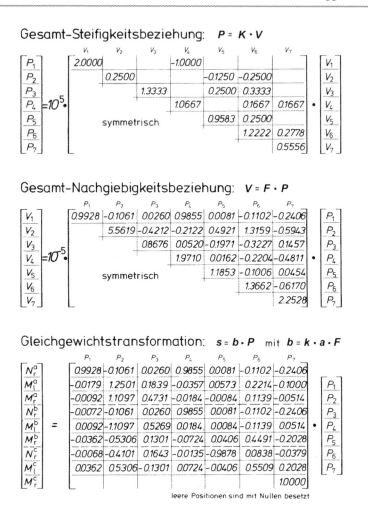

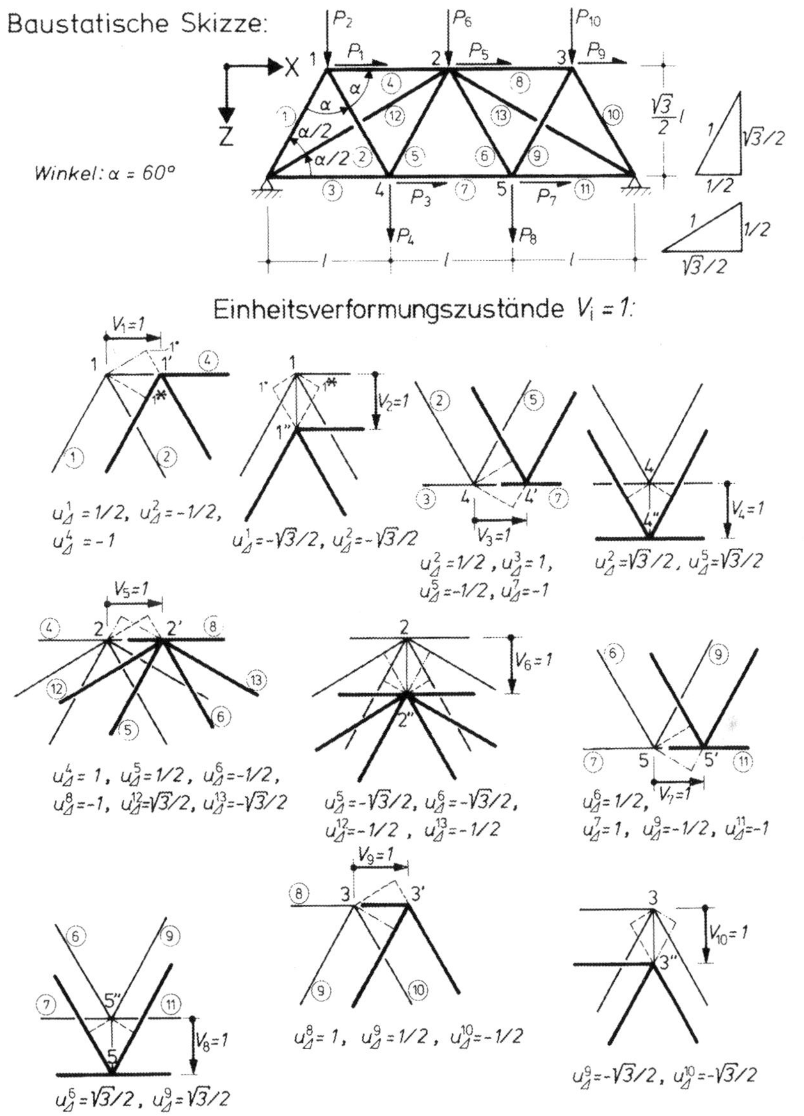

Abb. 3.18 Aufbau der kinematischen Transformationsmatrix für ein ebenes, 3-fach statisch unbestimmtes Fachwerk

sei unendlich groß: $GA_Q = \infty$. Zur Ermittlung der Elemente seiner Nachgiebigkeitsmatrix knüpfen wir an (2.38)

$$f_{ik}^{e} = \int_0^1 \left[\frac{N_i N_k}{EA(x)} + \frac{M_i M_k}{EI(x)} \right] dx \quad \text{für} \quad GA_Q = \infty \tag{3.67}$$

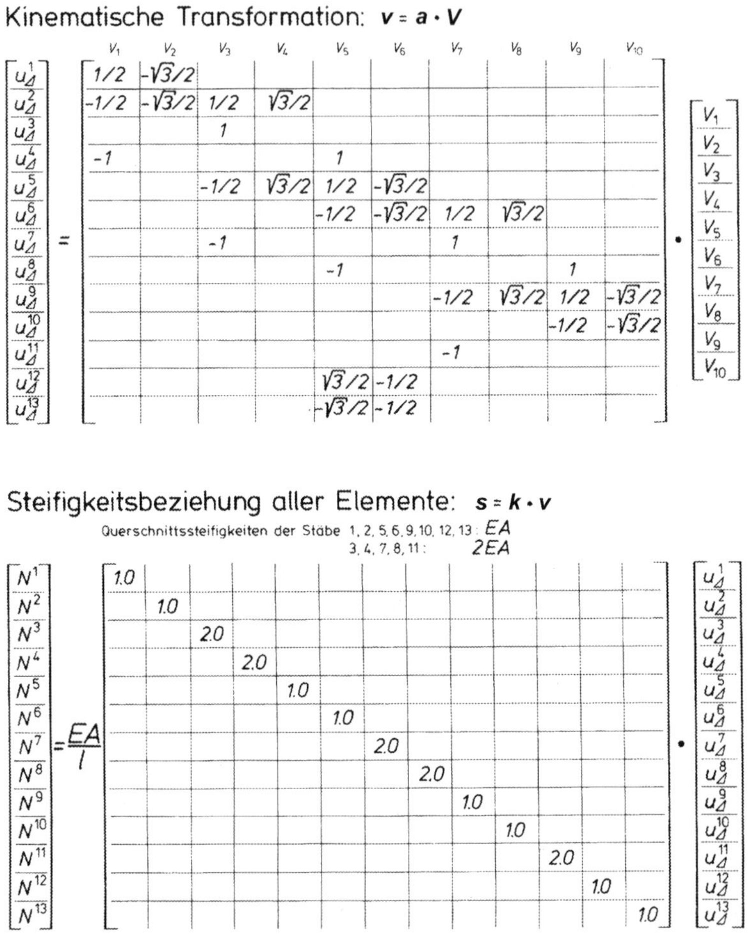

Abb. 3.19 Berechnung eines ebenen, 3-fach statisch unbestimmten Fachwerks nach dem Weggrößenverfahren, Teil 1

an, worin N_{i}, N_{k}, M_{i} und M_{k} Schnittgrößenverläufe infolge der Stabendkraftgrößen

$$s_1 = N_{\mathrm{r}} = 1, \quad s_2 = M_{\mathrm{l}} = 1, \quad s_3 = M_{\mathrm{r}} = 1 \tag{3.68}$$

darstellen. Nach Bildung der Formänderungsarbeiten gewinnen wir hieraus die in Abb. 3.22 angegebenen Integrale, die dort in das vertraute Matrixschema für f^{e} eingeordnet werden. Für prismatische Stabelemente, also solche mit konstantem Querschnitt A_0, I_0, liefern diese erwartungsgemäß

Gesamt-Steifigkeitsbeziehung: $\boldsymbol{P} = \boldsymbol{K} \cdot \boldsymbol{V}$

$[P_1 \ldots P_{10}] = \frac{EA}{l} \cdot K \cdot [V_1 \ldots V_{10}]$

	V_1	V_2	V_3	V_4	V_5	V_6	V_7	V_8	V_9	V_{10}
P_1	2.5000		-0.2500	-0.4330	-2.0000					
P_2		1.5000	-0.4330	-0.7500						
P_3			4.5000		-0.2500	0.4330	-2.0000			
P_4				1.5000	0.4330	-0.7500				
P_5					6.0000		-0.2500	-0.4330	-2.0000	
P_6						2.0000	-0.4330	-0.7500		
P_7		symmetrisch					4.5000		-0.2500	0.4330
P_8								1.5000	0.4330	-0.7500
P_9									2.5000	
P_{10}										1.5000

Gesamt-Nachgiebigkeitsbeziehung: $\boldsymbol{V} = \boldsymbol{F} \cdot \boldsymbol{P}$

$[V_1 \ldots V_{10}] = \frac{l}{EA} \cdot F \cdot [P_1 \ldots P_{10}]$

	V_1	V_2	V_3	V_4	V_5	V_6	V_7	V_8	V_9	V_{10}
V_1	0.7015	0.1555	0.0955	0.2559	0.3095	0.1299	0.0830	0.0978	0.2390	0.0249
V_2		1.0838	0.1108	0.7703	0.0137	0.3750	0.0747	0.2505	-0.0249	0.1037
V_3			0.3134	0.0407	0.0714	-0.0433	0.1509	-0.0624	0.0830	-0.0747
V_4				1.5171	-0.0137	0.7750	0.0624	0.5370	-0.0978	0.2505
V_5					0.3810		0.0714	0.0137	0.3095	-0.0137
V_6						1.1000	0.0433	0.7750	-0.1299	0.3750
V_7		symmetrisch					0.3134	-0.0407	0.0955	-0.1108
V_8								1.5171	-0.2559	0.7703
V_9									0.7015	-0.1555
V_{10}										1.0838

Gleichgewichtstransformation: $\boldsymbol{s} = \boldsymbol{b} \cdot \boldsymbol{F}$ mit $\boldsymbol{b} = \boldsymbol{k} \cdot \boldsymbol{a} \cdot \boldsymbol{F}$

$[N^1 \ldots N^{13}] = b \cdot [P_1 \ldots P_{13}]$

	P_1	P_2	P_3	P_4	P_5	P_6	P_7	P_8	P_9	P_{10}
N^1	0.2161	-0.8609	-0.0482	-0.5392	0.1429	-0.2598	-0.0232	-0.1681	0.1411	-0.0773
N^2	-0.2161	-0.2938	0.0482	0.5392	-0.1429	0.2598	0.0232	0.1681	-0.1411	0.0773
N^3	0.1911	0.2217	0.6268	0.0814	0.1429	-0.0866	0.3018	-0.1248	0.1661	-0.1495
N^4	-0.7839	-0.2835	-0.0482	-0.5392	0.1429	-0.2598	-0.0232	-0.1681	0.1411	-0.0773
N^5	0.2161	0.2938	-0.0482	0.6155	0.1429	-0.2598	-0.0232	-0.1681	0.1411	-0.0773
N^6	-0.1411	-0.0773	0.0232	-0.1681	-0.1429	-0.2598	0.0482	0.6155	-0.2161	0.2938
N^7	-0.0250	-0.0722	-0.3250	0.0433	0.0000	0.1732	0.3250	0.0433	0.0250	-0.0722
N^8	-0.1411	-0.0773	0.0232	-0.1681	-0.1429	-0.2598	0.0482	-0.5392	0.7839	-0.2835
N^9	0.1411	0.0773	-0.0232	0.1681	0.1429	0.2598	-0.0482	0.5392	0.2161	-0.2938
N^{10}	-0.1411	-0.0773	0.0232	-0.1681	-0.1429	-0.2598	0.0482	-0.5392	-0.2161	-0.8609
N^{11}	-0.1661	-0.1495	-0.3018	-0.1248	-0.1429	-0.0866	-0.6268	0.0814	-0.1911	0.2217
N^{12}	0.2031	-0.1756	0.0835	-0.3994	0.3299	-0.5500	0.0402	-0.3756	0.3330	-0.1994
N^{13}	-0.3330	-0.1994	-0.0402	-0.3756	-0.3299	-0.5500	-0.0835	-0.3994	-0.2031	-0.1756

leere Positionen sind mit Nullen besetzt

Abb. 3.20 Berechnung eines ebenen, 3-fach statisch unbestimmten Fachwerks nach dem Weggrößenverfahren, Teil 2

$$f^{\mathrm{e}}(A(x) = A_0, I(x) = I_0) = \begin{bmatrix} \dfrac{l}{EA_0} & 0 & 0 \\ 0 & \dfrac{l}{3EI_0} & \dfrac{-l}{6EI_0} \\ 0 & \dfrac{-l}{6EI_0} & \dfrac{l}{3EI_0} \end{bmatrix} \tag{3.69}$$

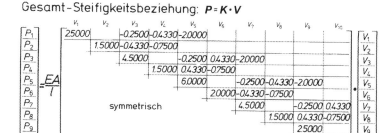

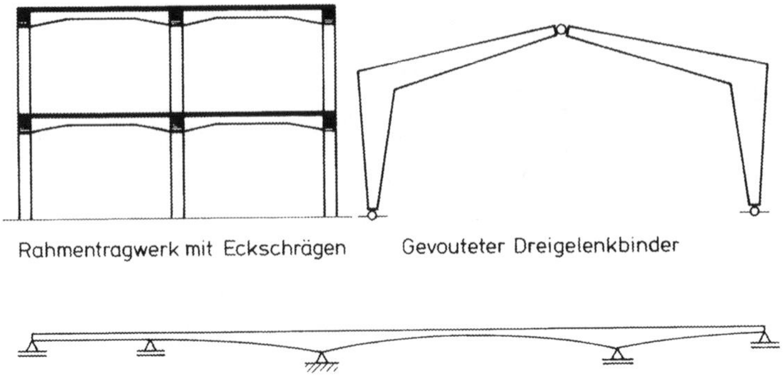

Abb. 3.21 Tragwerke mit nichtprismatischen Stabelementen

die aus Kap. 2 bekannte Nachgiebigkeitsmatrix, wegen der gewählten Wirkungsrichtung von M_1 bereits in der Vorzeichenkonvention II. Durch Inversion von $\boldsymbol{f}^{\mathrm{e}}$ sowie nach geringfügigen weiteren Umformungen entsteht hieraus die Abb. 3.22 abschließende, reduzierte Element-Steifigkeitsmatrix $\boldsymbol{k}^{\mathrm{e}}$. Diese geht für konstante Querschnittsverläufe natürlich in diejenige der Abb. 3.1 über:

$$\boldsymbol{k}^{\mathrm{e}}(A(x) = A_0, I(x) = I_0) = \begin{bmatrix} \frac{EA_0}{l} & 0 & 0 \\ 0 & \frac{4EI_0}{l} & \frac{2EI_0}{l} \\ 0 & \frac{2EI_0}{l} & \frac{4EI_0}{l} \end{bmatrix} \tag{3.70}$$

Im Falle nichtprismatischer Stäbe werden die Einzelelemente von $\boldsymbol{k}^{\mathrm{e}}$ gemäß Abb. 3.22 nach Vorgabe von $A(x)$, $I(x)$ zweckmäßigerweise numerisch integriert. Um dem Leser einen Einblick in das Verhalten der Steifigkeitskoeffizienten $k_{\mathrm{ij}}^{\mathrm{e}}$ bei sich änderndem Querschnittsverlauf zu ermöglichen, wurden die Integrale der Abb. 3.22 für Stäbe mit geraden, ein- und zweiseitigen Eckschrägen (Vouten) ausgewertet. Die hieraus unter Verwendung der Abkürzungen

$$k_{11} = \frac{EA_0}{l}\kappa_{11}, \; k_{22} = \frac{EI_0}{l}\kappa_{22}, \; k_{23} = \frac{EI_0}{l}\kappa_{23}, \; k_{33} = \frac{EI_0}{l}\kappa_{33} \tag{3.71}$$

ermittelten Koeffizienten $\kappa_{11}, \kappa_{22}, \kappa_{23}$ und κ_{33} wurden in den Abb. 3.23 und 3.24 angegeben bzw. graphisch dargestellt. In ihnen bezeichnen A_0, I_0 die Querschnittswerte im prismatischen Normalbereich, A_{e}, I_{e} diejenigen am Stabende. Als wichtigstes Merkmal der Steifigkeitselemente $k_{\mathrm{ij}}^{\mathrm{e}}$ symmetrisch gevouteter Träger ist aus Abb. 3.23 ein Angleichen der Koeffizienten $\kappa_{22} = \kappa_{33}$ und κ_{23} für ansteigende Voutung ($n \to 0$) zu erkennen. Bei den in Abb. 3.24 dargestellten, einseitig gevouteten Stäben werden dagegen die beiden Koeffizienten κ_{22} und κ_{33} zunehmend ungleicher. Detailliertere Zahlentafeln, auch für andere Voutenformen, zur Entnahme von Steifigkeitskoeffizienten findet man in [16].

Stabelement:

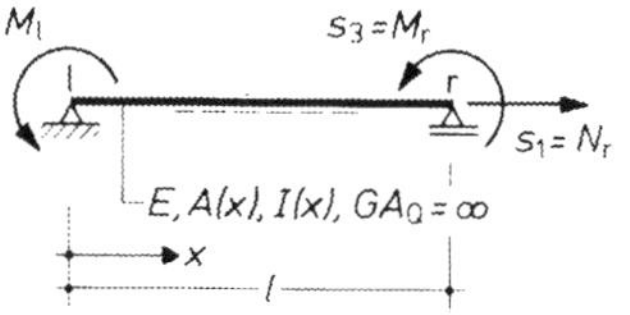

Element-Nachgiebigkeitsmatrix:

$$f_{ik}^e = \int_0^l \left[\frac{N_i N_k}{EA} + \frac{M_i M_k}{EI} \right] dx:$$

$$f_{11}^e = \frac{1}{E} \int_0^l \frac{dx}{A(x)} \qquad s_1 = 1:$$

$$f_{22}^e = \frac{1}{El^2} \int_0^l \frac{(l-x)^2}{I(x)} dx \qquad s_2 = -\frac{l-x}{l}:$$

$$f_{23}^e = -\frac{1}{El^2} \int_0^l \frac{(l-x)x}{I(x)} dx = f_{32}^e$$

$$f_{33}^e = \frac{1}{El^2} \int_0^l \frac{x^2}{I(x)} dx \qquad s_3 = \frac{x}{l}:$$

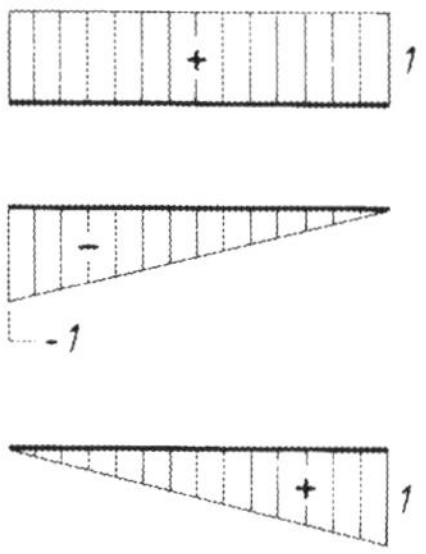

$$\mathbf{f}^e = \begin{bmatrix} f_{11}^e & 0 & 0 \\ 0 & f_{22}^e & f_{23}^e \\ 0 & f_{32}^e & f_{33}^e \end{bmatrix} = \frac{1}{El^2} \cdot \begin{bmatrix} \int_0^l \frac{l^2}{A(x)} dx & 0 & 0 \\ 0 & \int_0^l \frac{(l-x)^2}{I(x)} dx & -\int_0^l \frac{(l-x)x}{I(x)} dx \\ 0 & -\int_0^l \frac{(l-x)x}{I(x)} dx & \int_0^l \frac{x^2}{I(x)} dx \end{bmatrix}$$

Element-Steifigkeitsmatrix:

$$\mathbf{k}^e = \begin{bmatrix} k_{11}^e & 0 & 0 \\ 0 & k_{22}^e & k_{23}^e \\ 0 & k_{32}^e & k_{33}^e \end{bmatrix} = E \cdot \begin{bmatrix} \left(\int_0^l \frac{dx}{A(x)}\right)^{-1} & 0 & 0 \\ 0 & \frac{1}{D} \int_0^l \frac{x^2}{I(x)} dx & \frac{1}{D} \int_0^l \frac{(l-x)x}{I(x)} dx \\ 0 & \frac{1}{D} \int_0^l \frac{(l-x)x}{I(x)} dx & \frac{1}{D} \int_0^l \frac{(l-x)^2}{I(x)} dx \end{bmatrix}$$

$$\text{mit:} \quad D = \int_0^l \frac{dx}{I(x)} \cdot \int_0^l \frac{x^2}{I(x)} dx - \left(\int_0^l \frac{x}{I(x)} dx \right)^2$$

Abb. 3.22 Herleitung der Steifigkeitsmatrix für nichtprismatische Stäbe (Vorzeichenkonvention II)

Selbstverständlich müssen auch die Volleinspannkraftgrößen $\overset{\circ}{\mathbf{s}}{}^e$ im nichtprismatischen Fall unter Berücksichtigung der veränderlichen Querschnittsverläufe ermittelt werden, was analog zu Abb. 3.22 erfolgen kann. Die aus (2.49) berechneten Stabenddeformationen $\overset{\circ}{\mathbf{v}}{}^e$ werden durch (3.25)

$$\overset{\circ}{\mathbf{s}}{}^e = -\mathbf{k}^e \cdot \overset{\circ}{\mathbf{v}}{}^e \tag{3.72}$$

in Volleinspannkraftgrößen transformiert. Einen konventionellen Berechnungsgang für Volleinspannmomente findet der Leser in [18]; Zahlentafeln für einige Lastbilder sind wieder in [16] enthalten. Näherungswerte für $\overset{\circ}{\mathbf{s}}{}^e$ lassen sich aus (3.68) mit den Stabenddeformationen für prismatische Stäbe nach Abb. 2.17 sowie der Steifigkeitsmatrix für veränderliche Querschnittsverläufe berechnen. Weiterführende Literatur zu diesem Thema bildet [20, 27].

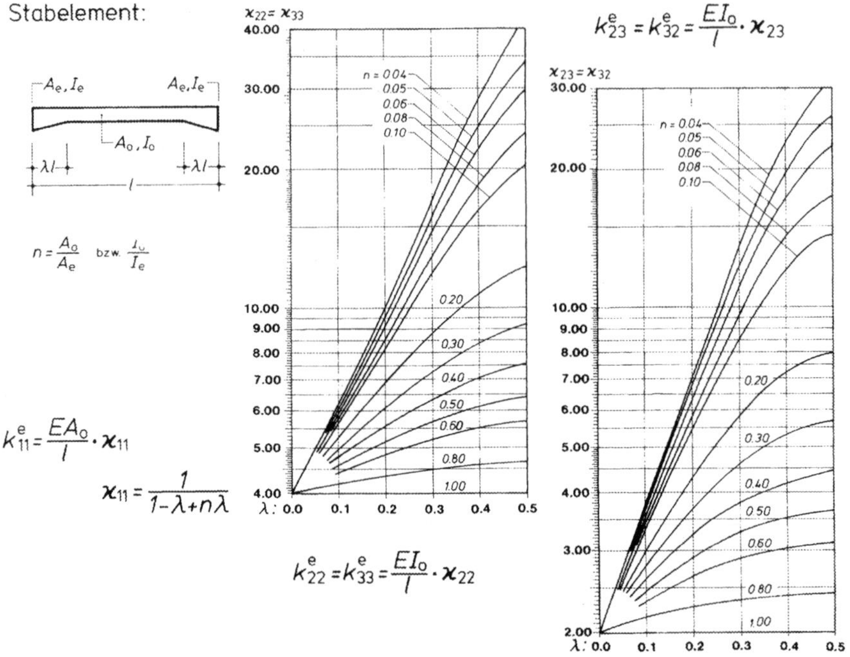

Abb. 3.23 Elemente der Steifigkeitsmatrix für Stabelemente mit beidseitig geraden Vouten

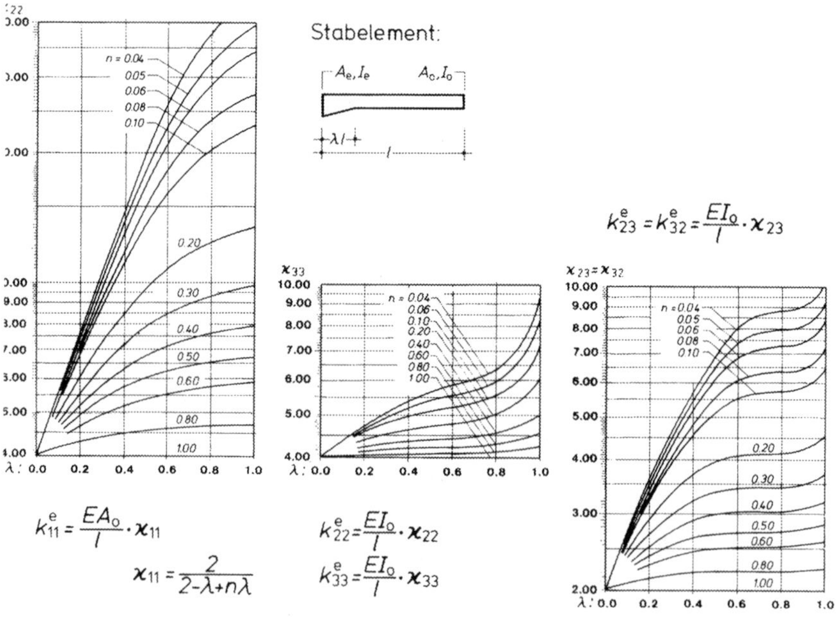

Abb. 3.24 Elemente der Steifigkeitsmatrix für Stabelemente mit einseitig geraden Vouten

3.2 Das Drehwinkelverfahren

3.2.1 Stabendmomentenbeziehungen

Die Grundzüge des Drehwinkelverfahrens, einer Variante des Weggrößenverfahrens, gehen bereits auf F. ENGESSER[2] [11] und O. MOHR[3] [28, 29] zurück, die zur Analyse von Fachwerk-Nebenspannungen *Knotendrehwinkel* als Unbekannte einführten und damit die Zahl der Unbekannten gegenüber dem Kraftgrößenverfahren stark reduzieren konnten. Von Schülern MOHRS [5] wurde das neue Konzept zur Berechnung von Rahmentragwerken eingesetzt, deren Topologie einer Anwendung des Weggrößenverfahrens entgegenkommt. Insbesondere die Arbeit von W. GEHLER[4] [13] enthält bereits eine moderne Verfahrensvariante für vollständige Stabendvariablen; sie war ihrer Zeit weit voraus und geriet wieder in Vergessenheit [14].

Die weitere Entwicklung des Weggrößenverfahrens wurde durch Arbeiten von A. OSTENFELD[5] [30, 31] und L. MANN[6] [25] geprägt, ersterer führte auch den häufig verwendeten Begriff *Deformationsmethode* ein. Das Vorgehen beider Autoren unterscheidet sich aus heutiger Sicht kaum und wird unseren Lesern als Variante des Weggrößenverfahrens unter Benutzung unabhängiger Stabendvariablen gemäß Abschn. 3.1.6 hergeleitet werden. Die dabei zu treffenden Vereinfachungen zielen gemäß der ursprünglich verfolgten Absicht auf *manuelle* Handhabbarkeit ab. Für das entstehende Berechnungskonzept verwenden wir in Übereinstimmung mit der Literatur [5, 8, 9] die Bezeichnung *Drehwinkelverfahren*. Diese Variante des Weggrößenverfahrens ist heute in der Ingenieurpraxis weniger verbreitet, zu offensichtlich sind ihre Nachteile gegenüber dem allgemeinen Weggrößenkonzept, insbesondere für die Computerautomatisierung. Die frühere Bedeutung des Drehwinkelverfahrens klingt noch bei Tragwerksanalysen im Rahmen der Theorie 2. Ordnung nach, wenn das eingesetzte Programmsystem dieser Anforderung nicht nachkommt und manuelle Zusatzberechnungen erforderlich werden [33, 36, 37].

Zur Herleitung des Drehwinkelverfahrens vereinbaren wir, ausgehend von der Element-Steifigkeitsbeziehung (3.25) eines ebenen Stabes e in der Vorzeichenkonvention II gemäß Abb. 3.3

---

[2] FRIEDRICH ENGESSER, badischer Bauingenieur, 1848–1931, Professor für Statik und Brückenbau an der Technischen Hochschule Karlsruhe, Arbeiten über Erddruck und zur inelastischen Knickung.

[3] CHRISTIAN OTTO MOHR, 1835–1918, Professor für Mechanik und Statik an der Technischen Hochschule Dresden, herausragender Vertreter der graphischen Statik. Beiträge zur Theorie des Erddrucks, zur Biegelinienermittlung und zu Bruchhypothesen.

[4] WILLI GEHLER, 1876–1953, Professor für Stahlbrückenbau, Festigkeitslehre und Baustoffkunde an der Technischen Hochschule Dresden, Konstrukteur bedeutender Stahlbeton-Hallentragwerke.

[5] ASGER S. OSTENFELD, 1866–1931, dänischer Bauingenieur, seit 1905 Professor für Baustatik und Stahlbau an der Technischen Universität Kopenhagen (Lyngby), zahlreiche Veröffentlichungen zur Statik von Stahltragwerken.

[6] LUDWIG MANN, 1871–1959, Professor für Mechanik und Statik der Baukonstruktionen an der Technischen Hochschule Breslau, bedeutende Beiträge zur Theorie der Raumtragwerke.

$$\begin{bmatrix} N_\mathrm{r} \\ M_l \\ M_r \end{bmatrix}^\mathrm{e} = \begin{bmatrix} \frac{EA}{l} & 0 & 0 \\ 0 & \frac{EI}{l}\cdot\frac{4+\phi}{1+\phi} & \frac{EI}{l}\cdot\frac{2-\phi}{1+\phi} \\ 0 & \frac{EI}{l}\cdot\frac{2-\phi}{1+\phi} & \frac{EI}{l}\cdot\frac{4+\phi}{1+\phi} \end{bmatrix}^\mathrm{e} \cdot \begin{bmatrix} u_\Delta \\ \tau_l \\ \tau_r \end{bmatrix}^\mathrm{e} + \begin{bmatrix} \overset{\circ}{N}_r \\ \overset{\circ}{M}_\mathrm{l} \\ \overset{\circ}{M}_r \end{bmatrix}^\mathrm{e} \tag{3.73}$$

folgende *Vereinfachungen:*

- der Stab sei *schubstarr* $GA_\mathrm{Q} = \infty \rightarrow \phi = 0$ und
- der Stab sei *dehnstarr* $EA/l = \infty$ bzw. $l/EA = 0$.

Die Annahme der Dehnstarrheit führt gemäß Abb. 3.1 zur Singularität der Element-Nachgiebigkeitsmatrix mit Rangabfall 1: $\boldsymbol{f}^\mathrm{e}$ ist damit nur für die Biegeanteile invertierbar. In der aus (3.73) verbleibenden Reststeifigkeitsbeziehung eines Stabes mit konstantem Querschnitt

$$\begin{bmatrix} M_\mathrm{l} \\ M_\mathrm{r} \end{bmatrix}^\mathrm{e} = \frac{2EI}{l} \cdot \begin{bmatrix} 2 & 1 \\ 1 & 2 \end{bmatrix}^\mathrm{e} \cdot \begin{bmatrix} \tau_\mathrm{l} \\ \tau_\mathrm{r} \end{bmatrix}^\mathrm{e} + \begin{bmatrix} \overset{\circ}{\mathbf{M}}_\mathrm{l} \\ \overset{\circ}{\mathbf{M}}_\mathrm{r} \end{bmatrix}^\mathrm{e} \tag{3.74}$$

fehlen somit Verknüpfungen zwischen N_r und u_Δ, d. h. im Rahmen des Drehwinkelverfahrens können Normalkräfte nur aus Gleichgewichtsbetrachtungen ermittelt werden.

In die Reststeifigkeitsbeziehung (3.74) substituieren wir nun eine gemischte Gruppe *äußerer Kinematen:*

- die bekannten *Knotendrehwinkel* $\varphi_\mathrm{l}, \varphi_\mathrm{r}$, positiv wie üblich im Gegenuhrzeigersinn, sowie
- den *Stabdrehwinkel* oder *Stabsehnendrehwinkel* ψ, positiv im Uhrzeigersinn.

Aus der in Abb. 3.25 wiedergegebenen Darstellung lesen wir die Zuordnungen

$$\tau_\mathrm{l} = \varphi_\mathrm{l} + \psi, \quad \tau_\mathrm{r} = \varphi_\mathrm{r} + \psi \quad \text{mit} \quad \psi = \frac{w_\mathrm{r} - w_\mathrm{l}}{l} \tag{3.75}$$

ab, die dort als matrizielle Transformation wiederholt sind. Mittels dieser ersetzen wir nun die unabhängigen Stabendkinematen $\boldsymbol{v}^\mathrm{e}$ der Reststeifigkeitsbeziehung und erhalten so deren im mittleren Teil von Abb. 3.25 wiedergegebene transformierte Form. Da im Drehwinkelverfahren matrizielle Operationen ungebräuchlich sind, schreibt man die beiden aus (3.74) entstandenen Steifigkeitsgleichungen als *Stabendmomentenbeziehungen* des beidseitig elastisch eingespannten Stabes in einer besonderen Notation aus:

$$\begin{aligned} M_\mathrm{lr} &= \overset{\circ}{M}_\mathrm{lr} + k_\mathrm{lr}(2\varphi_\mathrm{l} + \varphi_\mathrm{r} + 3\psi), \\ M_\mathrm{rl} &= \overset{\circ}{M}_{\mathrm{r}l} + k_\mathrm{rl}(\varphi_\mathrm{l} + 2\varphi_\mathrm{r} + 3\psi). \end{aligned} \tag{3.76}$$

Steifigkeitsbeziehung und Sonderkinematik eines Stabelementes:

$$\left[\begin{matrix} M_l \\ M_r \end{matrix}\right]^e = \frac{2EI}{l}\left[\begin{array}{c|c} 2 & 1 \\ \hline 1 & 2 \end{array}\right]^e \cdot \left[\begin{matrix} \tau_l \\ \tau_r \end{matrix}\right]^e + \left[\begin{matrix} \overset{\circ}{M}_l \\ \overset{\circ}{M}_r \end{matrix}\right]^e$$

infolge: $\quad u_\Delta = u_r - u_l = 0 \longrightarrow u_r = u_l$

$$\left[\begin{matrix} \tau_l \\ \tau_r \end{matrix}\right]^e = \left[\begin{array}{c|c|c} 1 & 0 & 1 \\ \hline 0 & 1 & 1 \end{array}\right]^e \cdot \left[\begin{matrix} \varphi_l \\ \varphi_r \\ \psi \end{matrix}\right]^e$$

mit: $\quad \psi = \dfrac{w_r - w_l}{l}$

Beidseitig elastisch eingespannte Stäbe:

$$\left[\begin{matrix} \tau_l \\ \tau_r \end{matrix}\right]^e = \left[\begin{array}{c|c|c} 1 & 0 & 1 \\ \hline 0 & 1 & 1 \end{array}\right]^e \cdot \left[\begin{matrix} \varphi_l \\ \varphi_r \\ \psi \end{matrix}\right]^e$$

$$\left[\begin{matrix} M_l \\ M_r \end{matrix}\right]^e = \frac{2EI}{l}\left[\begin{array}{c|c} 2 & 1 \\ \hline 1 & 2 \end{array}\right]^e \cdot \left[\begin{matrix} \tau_l \\ \tau_r \end{matrix}\right]^e + \left[\begin{matrix} \overset{\circ}{M}_l \\ \overset{\circ}{M}_r \end{matrix}\right]^e = \frac{2EI}{l}\left[\begin{array}{c|c|c} 2 & 1 & 3 \\ \hline 1 & 2 & 3 \end{array}\right]^e \cdot \left[\begin{matrix} \varphi_l \\ \varphi_r \\ \psi \end{matrix}\right]^e + \left[\begin{matrix} \overset{\circ}{M}_l \\ \overset{\circ}{M}_r \end{matrix}\right]^e$$

In der Schreibweise des Drehwinkelverfahrens:

$$M_{lr} = \overset{\circ}{M}_{lr} + k_{lr}\,(2\varphi_l + \varphi_r + 3\psi)$$
$$M_{rl} = \overset{\circ}{M}_{rl} + k_{rl}\,(\varphi_l + 2\varphi_r + 3\psi) \quad \text{mit: } k_{lr} = k_{rl} = \frac{2EI}{l}$$

Gelenkstäbe:

Elimination von φ_r mittels $M_{rl} = 0$:

$$M_{rl} = \overset{\circ}{M}_{rl} + k_{rl}(\varphi_l + 2\varphi_r + 3\psi) = 0: \quad k_{rl}\varphi_r = -k_{rl}(\tfrac{1}{2}\varphi_l + \tfrac{3}{2}\psi) - \frac{\overset{\circ}{M}_{rl}}{2}$$

$$M_{lr} = k_{lr}(2\varphi_l \underbrace{-\tfrac{1}{2}\varphi_l + 3\psi - \tfrac{3}{2}\psi}) + \underbrace{\overset{\circ}{M}_{lr} - \frac{\overset{\circ}{M}_{rl}}{2}}$$

$$\qquad\qquad\qquad \tfrac{3}{2}\varphi_l + \tfrac{3}{2}\psi \qquad\qquad \overset{\circ}{M}'_{lr}$$

In der Schreibweise des Drehwinkelverfahrens:

$$M'_{lr} = \overset{\circ}{M}'_{lr} + k'_{lr}\,(2\varphi_l + 2\psi)$$
$$M'_{rl} = \overset{\circ}{M}'_{rl} + k'_{rl}\,(2\varphi_r + 2\psi) \quad \text{mit: } k'_{lr} = k'_{rl} = \frac{3EI}{2l}$$

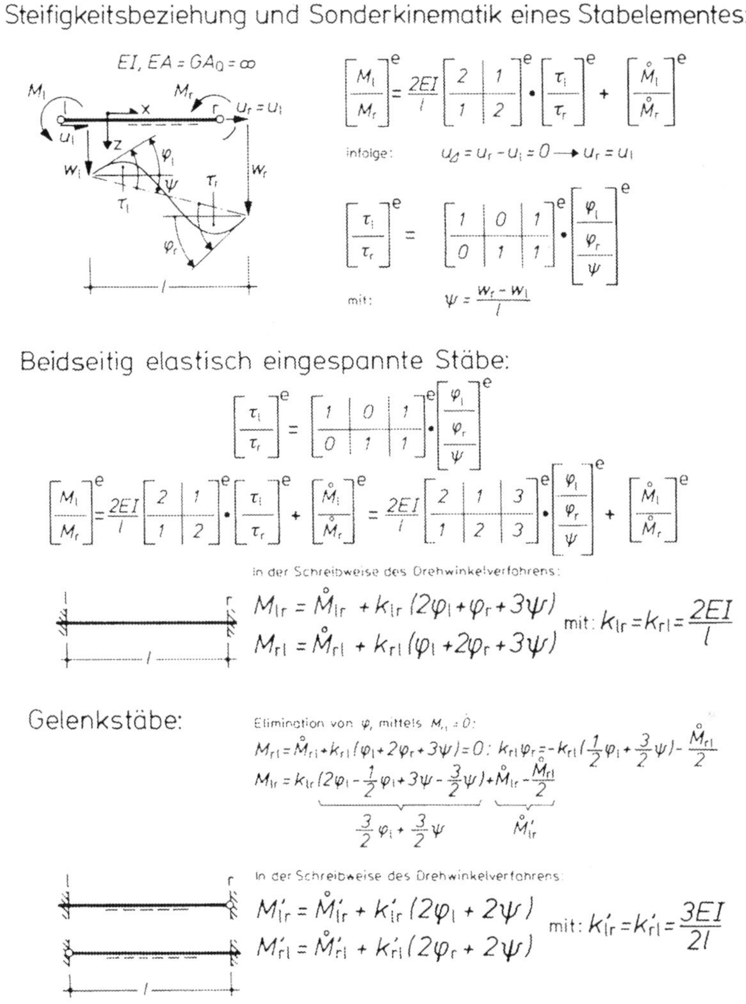

Abb. 3.25 Herleitung der Stabendmomentenbeziehungen (Vorzeichenkonvention II)

Hierin bedeutet M_{lr} (M_{rl}) das Stabendmoment am Knoten l (r) des nach r (l) weisenden Stabes. Die entsprechenden *Volleinspannmomente* $\overset{\circ}{M}_{lr}$, $\overset{\circ}{M}_{rl}$ können wieder Abb. 3.6 entnommen werden, und

$$k_{lr} = k_{rl} = \frac{2EI}{l} \tag{3.77}$$

bezeichnet man als *Stabsteifigkeit* des die Knoten l and r verbindenden Stabes.

Um die Anzahl unbekannter Deformationen zur leichteren manuellen Handhabbarkeit klein zu halten, verwendet man neben beidseitig elastisch eingespannten Stabelementen im Drehwinkelverfahren noch *Gelenkstäbe* mit nur einseitiger Einspannung. Im

Gelenk verschwindet ein mögliches Zwängungsmoment, deswegen bleibt ein dort auftretender Knotendrehwinkel ohne Einfluss auf das Moment im Nachbarknoten. Während der Elimination eines Randmomentes aus der Stabendmomentenbeziehung, durchgeführt im unteren Teil der Abb. 3.25, erweist sich die Einführung der *Stabsteifigkeit eines Gelenkstabes*

$$k'_{\mathrm{lr}} = k'_{\mathrm{rl}} = \frac{3EI}{2l} = 0.75\ k_{\mathrm{lr}} \tag{3.78}$$

als zweckmäßig, um folgende *Stabendmomentenbeziehungen für Gelenkstäbe* zu gewinnen:

$$\begin{aligned} M'_{\mathrm{lr}} &= \overset{\circ}{M}{}'_{\mathrm{lr}} + k'_{\mathrm{lr}}(2\varphi_l + 2\psi) \text{ mit Gelenk in } r, \\ M'_{\mathrm{rl}} &= \overset{\circ}{M}{}'_{\mathrm{rl}} + k'_{\mathrm{rl}}(2\varphi_{\mathrm{r}} + 2\psi) \text{ mit Gelenk in } l. \end{aligned} \tag{3.79}$$

Hierin treten auch geänderte *Volleinspannmomente* $\overset{\circ}{M}{}'_{\mathrm{lr}}$, $\overset{\circ}{M}{}'_{\mathrm{rl}}$ auf, die erneut in Abb. 3.6 für eine Reihe von Einwirkungen vorberechnet wurden.

Nachdem nunmehr mit den Stabendmomentenbeziehungen *Steifigkeitsaussagen* für Stabelemente vorliegen, wenden wir uns wieder der Berechnung von Tragwerken zu. Gemäß Abschn. 3.1.6 fehlen uns hierzu noch die *Kinematik* und das *Knotengleichgewicht*. Zur Behandlung der Tragwerkskinematik sind als erstes Art und Anzahl der m äußeren Freiheitsgrade φ_{K}, ψ_{s} des vorliegenden Tragwerks gemäß der Übersicht in Abb. 3.11 festzulegen. Da die Stabendmomentenbeziehungen bereits in äußeren Freiheitsgraden formuliert sind, können diese für jedes elastisch eingespannte Stabende angeschrieben werden. Erfolgt dies für sämtliche Elemente und werden dabei in den Stabendmomentenbeziehungen (3.76, 3.79) noch die elementbezogen benannten Knoten- bzw. Stabdrehwinkel mit ihren globalen Variablen in $\boldsymbol{V}$ identifiziert, so ist die Kinematik bereits vollständig in das Stoffgesetz eingeflossen, ohne formale Ermittlung der $\boldsymbol{a}$-Matrix. Übrig bleibt somit nur noch die Formulierung des Knotengleichgewichts.

3.2.2 Tragwerke mit unverschieblichem Knotennetz

Hierzu beschränken wir uns zunächst auf die einfachere Gruppe derjenigen Tragwerke, die nur Knotendrehwinkel aufweisen. Für diese gelten die Stabendmomentenbeziehungen somit ohne Stabdrehwinkel: $\psi_{\mathrm{s}} = 0$. Abbildung 3.26 grenzt diese Tragwerksgruppe von beliebigen Strukturen im oberen Teil an Hand eines einfachen Zweigelenkrahmens ab. Im unteren Teil zeigt es beispielhaft einige Tragwerke, die nur Knotendrehwinkel als Freiheitsgrade aufweisen. Dies gilt natürlich nur dann, wenn jeder dargestellte Stab als *ein* Element eingeführt wird, eine zur Reduktion der unbekannten Drehwinkel bei manuellen Verfahren ohnehin übliche Vorgehensweise. Da wir stillschweigend die Anwendung der Stabendmomentenbeziehungen für Gelenkstäbe voraussetzen, brauchen die Drehwinkel in den Lagern der Stabwerke in Abb. 3.26 nicht als unabhängige Freiheitsgrade eingeführt zu werden.

Rahmentragwerk mit und ohne Verschiebungsfreiheitsgrad:

$$V = \begin{bmatrix} u & \varphi_1 & \varphi_2 \end{bmatrix}^T, m = 3 \qquad V = \begin{bmatrix} \varphi_1 & \varphi_2 \end{bmatrix}^T, m = 2$$

bzw.: $\begin{bmatrix} \psi & \varphi_1 & \varphi_2 \end{bmatrix}^T$, m: Grad der geometrischen Unbestimmtheit

Nur Knotendrehwinkel aufweisende Tragwerke:

$$V = \begin{bmatrix} \varphi_1 \end{bmatrix}, m = 1 \qquad V = \begin{bmatrix} \varphi_1 & \varphi_2 \end{bmatrix}^T, m = 2$$

$$V = \begin{bmatrix} \varphi_1 & \varphi_2 & \varphi_3 & \varphi_4 & \varphi_5 & \varphi_6 \end{bmatrix}^T, m = 6 \qquad V = \begin{bmatrix} \varphi_1 & \varphi_2 & \varphi_3 & \varphi_4 & \varphi_5 & \varphi_6 & \varphi_7 & \varphi_8 \end{bmatrix}^T, m = 8$$

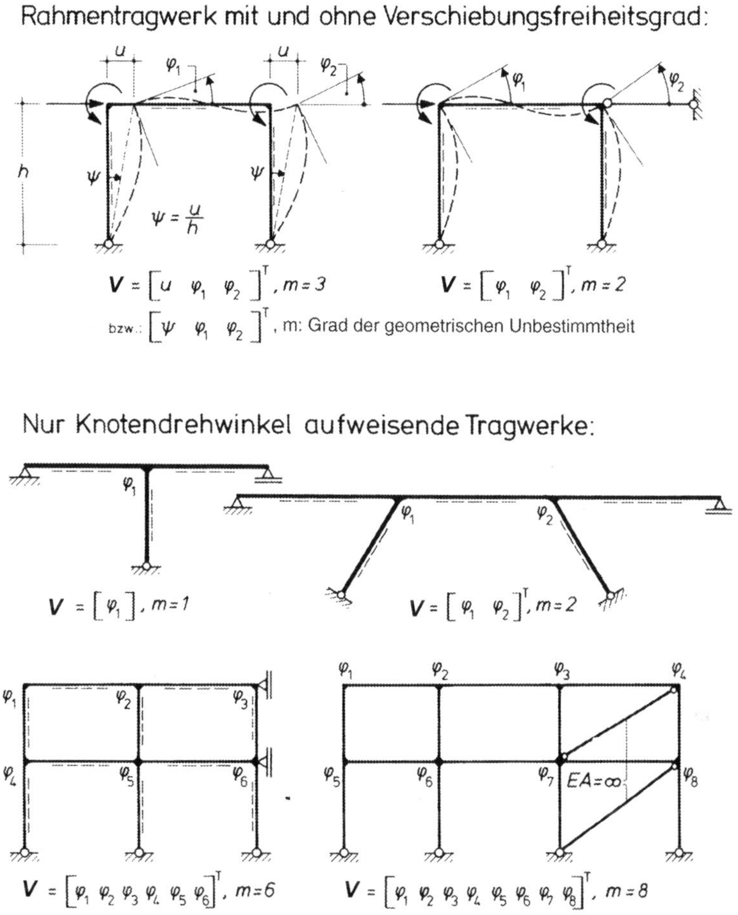

Abb. 3.26 Zur Abgrenzung von Tragwerken mit und ohne Knotenverschiebungen

▶ **Satz** Tragwerke mit *unverschieblichem* Knotennetz besitzen als Freiheitsgrade nur *Knotendrehwinkel*, keine Stabdrehwinkel. Zur Gewinnung des kinematisch bestimmten Hauptsystems sind daher nur Knotendrehwinkel zu blockieren; Drehwinkel in Stabendgelenken bleiben dabei unberücksichtigt.

Zur Bestimmung der unbekannten Knotendrehwinkel steht gemäß (3.38) je Knoten eine *Momentengleichgewichtsbedingung* zur Verfügung.

Stellt man somit alle Knotengleichgewichtsbedingungen auf und substituiert in diese die Stabendmomentenbeziehungen, in welche zuvor die globale Kinematik eingebaut wurde, so sind damit alle physikalisch verfügbaren Informationen verarbeitet. Das Ergebnis ist wieder die *Gesamt-Steifigkeitsbeziehung*, im Drehwinkelverfahren als System der

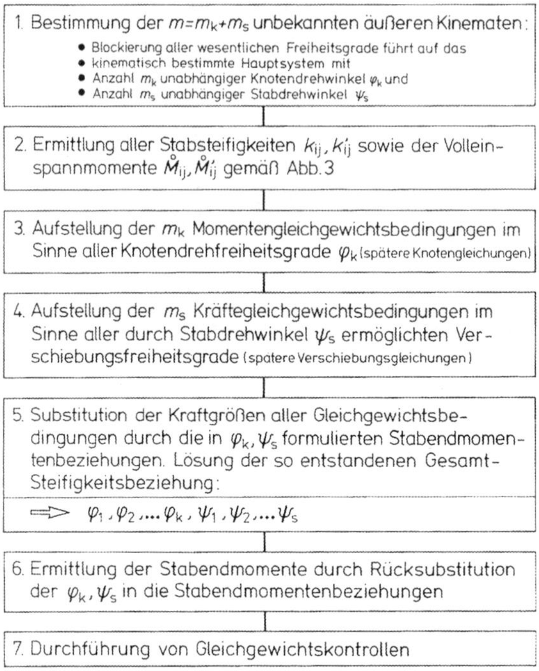

Abb. 3.27 Der Algorithmus des Drehwinkelverfahren

Knotengleichungen bezeichnet. Verglichen mit der strengen Systematik des allgemeinen Weggrößenverfahrens zeigt der eingeschlagene Weg ein dem klassischen Kraftgrößenverfahren vergleichbares Maß an Empirie. Da die Schöpfer des Drehwinkelverfahrens die Aussagen des Prinzips der virtuellen Verrückungen ($\boldsymbol{v} = \boldsymbol{a} \cdot \boldsymbol{V}$, $\boldsymbol{P} = \boldsymbol{a}^{\mathrm{T}} \cdot \boldsymbol{s}$) übersahen, muss eben sowohl die Kinematik als auch das Knotengleichgewicht explizit formuliert werden [17]. Aus heutiger Sicht stellt das Drehwinkelverfahren einen frühen, unsystematischen Vorläufer der *direkten Steifigkeitsmethode* des Abschn. 3.4 dar.

Doch nun zur Tragwerksberechnung ($\psi_s = 0$) nach dem Drehwinkelverfahren, für die wir in Abb. 3.27 folgende Schritte niederlegen: Nach der Definition der unbekannten Knotendrehwinkel φ_k im 1. Schritt erfolgt als zweites die Ermittlung der Stabsteifigkeiten k_{ij} und k'_{ij} aller Elemente und, für belastete Stäbe, der Volleinspannmomente aus Abb. 3.6. Im 3. Schritt werden die Momentengleichgewichtsbedingungen aller mit unbekannten Drehwinkeln versehenen Knoten formuliert, entweder unmittelbar in den Stabendmomenten oder den gleich großen, entgegengesetzt drehenden Knotenmomenten. Werden hierin sodann die Stabendmomente mittels der Stabendmomentenbeziehungen eliminiert und dabei sofort die globalen Bezeichnungen der Knotendrehwinkel verwendet, so entsteht als Ergebnis die Gesamt-Steifigkeitsbeziehung, auch als System der Knotengleichungen bezeichnet. Deren Lösung bestimmt die auftretenden Knotendrehwinkel, aus welchen durch Rücksubstitution in die Stabendmomentenbeziehungen im 6. Schritt elementweise die wirklichen Stabendmomente berechnet werden. Hieran schließt sich zweckmäßigerweise die Kontrolle der Momentengleichgewichtsbedingungen jedes Knotens an. Alle diese Berechnungsschritte wurden in der Vorzeichenkonvention II bearbeitet. Abschließend erfolgt daher die Rücktransformation der Stabendmomente in die Vorzeichenkonvention I und in ihr die Ermittlung der Schnittgrößen-Zustandslinien mittels stabweise angewandter Gleichgewichtsbetrachtungen.

Als Einführungsbeispiel wählen wir in Abb. 3.28 das bekannte, 2-fach statisch unbestimmte Rahmentragwerk, dessen Abmessungen und Steifigkeiten Abb. 3.16 entstammen. Diskretisieren wir dieses Tragwerk durch 2 Stabelemente, so tritt als einziger Freiheitsgrad der Knotendrehwinkel φ_2 auf. Es folgen alle soeben geschilderten Berechnungsschritte von den Vorarbeiten und vom Aufbau der Gesamt-Steifigkeitsbeziehung bis zur Kontrolle des Momentengleichgewichts im Knoten 2, wobei unmittelbar die Stabendmomentenbeziehungen (3.76, 3.79) Verwendung fanden. Die in der Vorzeichenkonvention II bearbeiteten Schritte sind durch einen ausgefüllten Punkt herausgehoben.

Zur abschließenden Transformation der berechneten Stabendmomente in Biegemomente werden diese in ihren tatsächlichen Wirkungsrichtungen in die im unteren Teil von Abb. 3.28 wiedergegebene Skizze eingetragen, knotenseitig zu Doppelwirkungen ergänzt und so in die Vorzeichenkonvention I übertragen. Abschließend entstanden hieraus durch stabweise Gleichgewichtsbetrachtungen die dargestellten Schnittgrößen-Zustandslinien.

3.2.3 Einflusslinienermittlung

Vorbereitend soll in diesem Abschnitt zunächst eine etwas umfangreichere Aufgabenstellung im Rahmen des Drehwinkelverfahrens behandelt werden: der in Abb. 3.29 dargestellte Mehrfeldrahmen unter einer mittigen Einzellast im zweiten Feld. Dabei folgen wir erneut den in Abb. 3.27 niedergelegten Berechnungsschritten.

Das Tragwerk werde durch 5 Knotenpunkte in 2 Standardelemente sowie in 2 Gelenkstäbe diskretisiert. Unter Vernachlässigung der Stabdehnungen bleibt damit das Knotennetz unverschieblich, und als äußere Kinematen treten nur die beiden zentralen Drehwinkel φ_2, φ_4 auf. φ_1 und φ_5 stellen wegen der Verwendung von Gelenkstäben unwesentliche Freiheitsgrade dar. Wir beginnen wieder mit der Ermittlung der Stabsteifigkeiten sowie der Volleinspannmomente und stellen sodann die beiden Knotengleichgewichtsbedingungen auf. Aus ihnen entsteht durch Substitution der Stabendmomentenbeziehungen die Abb. 3.29 abschließende Gesamt-Steifigkeitsbeziehung. Deren Lösungen setzen wir sodann in Abb. 3.30 in die Stabendmomentenbeziehungen ein, woraus – noch in der Vorzeichenkonvention II – die Endmomente aller vier Stäbe bestimmt werden. Nach den Gleichgewichtskontrollen erfolgt wieder skizzenmäßig ihre Transformation in Biegemomente der Vorzeichenkonvention I. Aus letzteren bauen wir die Biegemomenten-Zustandslinie auf; hieraus entstehen die restlichen Schnittgrößen durch Gleichgewichtsanalysen gemäß Abschn. 5.1.2 von [22]. Erneut wurden die in der Vorzeichenkonvention II ausgeführten Bearbeitungsschritte durch ausgefüllte Kreise markiert.

Nach diesem Beispiel zur Schnittgrößenberechnung wenden wir uns nun der Ermittlung von *Einflusslinien* mittels des Drehwinkelverfahrens zu. Aus den möglichen

Baustatische Skizze:

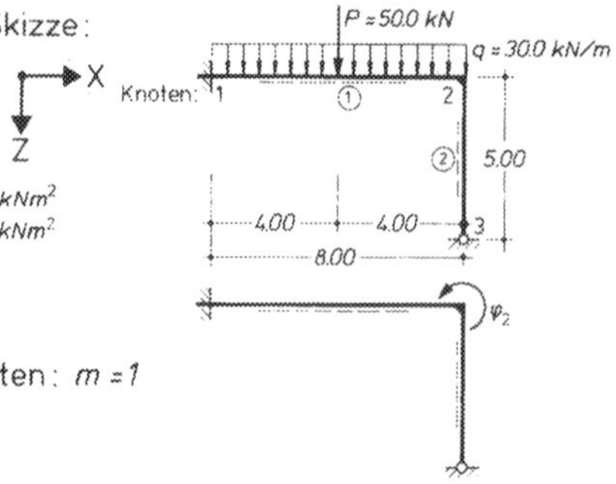

$(EI)_1 = 0.6667 \cdot 10^5\ kNm^2$

$(EI)_2 = 0.6944 \cdot 10^5\ kNm^2$

$EA = GA_Q = \infty$

Äußere Kinematen: $m = 1$

- Stabsteifigkeiten und Volleinspannmomente (Abb. 3.6):

$$k_{12} = k_{21} = \frac{2(EI)_1}{l_1} = \frac{2 \cdot 0.6667 \cdot 10^5}{8.00} = 0.1667 \cdot 10^5$$

$$k'_{23} = 0.75\ \frac{2(EI)_2}{l_2} = \frac{0.75 \cdot 2 \cdot 0.6944 \cdot 10^5}{5.00} = 0.2083\ 10^5$$

$$\mathring{M}_{12} = -\mathring{M}_{21} = q\frac{l_1^2}{12} + P\frac{l_1}{8} = 30.0 \cdot \frac{8.00^2}{12} + 50.0 \cdot \frac{8.00}{8} = 210.00\ kNm$$

- Momentengleichgewichtsbedingung:

$$\Sigma M_2 = M_{21} + M'_{23} = 0$$

- Gesamt-Steifigkeitsbeziehung (Knotengleichung):

$$M_{21} = -210.00 + 0.1667 \cdot 10^5 \cdot 2\varphi_2 = -210.00 + 0.3333 \cdot 10^5 \cdot \varphi_2$$

$$M'_{23} = 0.2083 \cdot 10^5 \cdot 2\varphi_2 = 0.4167 \cdot 10^5 \cdot \varphi_2$$

$$\Sigma M_2 = -210.00 + 0.7500 \cdot 10^5 \cdot \varphi_2 = 0$$

$$\varphi_2 = 280.00 \cdot 10^{-5}$$

- Berechnung der Stabendmomente:

$$M_{12} = 210.00 + 0.1667 \cdot 10^5 \cdot \varphi_2 = 210.00 + 0.1667 \cdot 10^5 \cdot 280.00 \cdot 10^{-5} = 256.67\ kNm$$

$$M_{21} = -210.00 + 0.1667 \cdot 10^5 \cdot 2\varphi_2 = -210.00 + 0.1667 \cdot 10^5 \cdot 2 \cdot 280.00 \cdot 10^{-5} = -116.67\ kNm$$

$$M'_{23} = 0.2083 \cdot 10^5 \cdot 2\varphi_2 = 0.2083 \cdot 10^5 \cdot 2 \cdot 280.00 \cdot 10^{-5} = 116.67\ kNm$$

- Gleichgewichtskontrolle: $\Sigma M_2 = M_{21} + M'_{23} = -116.67 + 116.67 = 0$

Transformation in die Vorzeichenkonvention I:

Schnittgrößen-Zustandslinien:

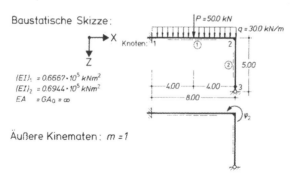

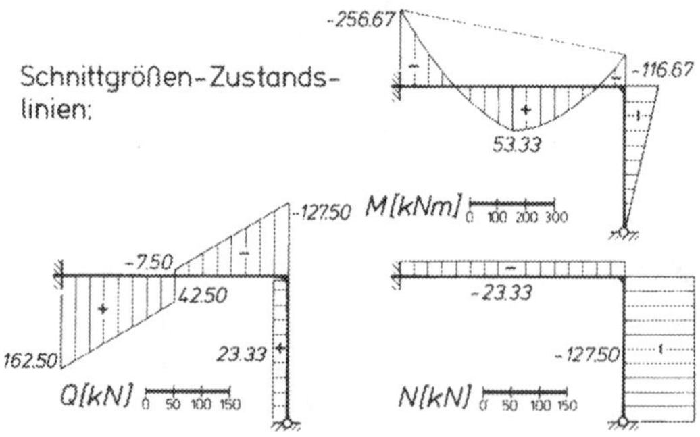

Abb. 3.28 Berechnung eines ebenen Rahmentragwerks nach dem Drehwinkelverfahren mit dem Grad der kinematischen Unbestimmtheit m

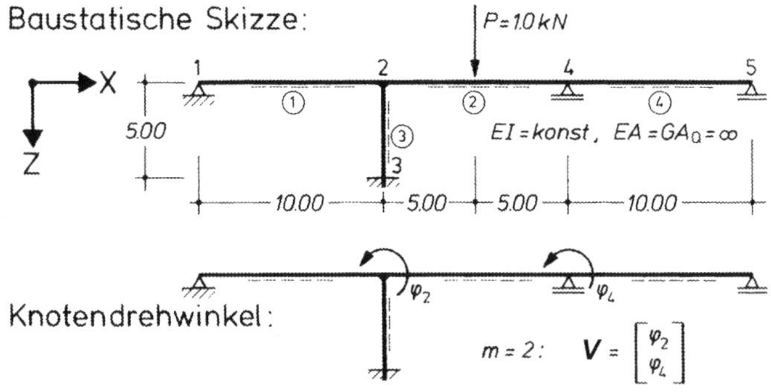

• Stabsteifigkeiten und Volleinspannmomente (Abb. 3.6, Zeile 15):

$$k'_{21} = 0.75 \cdot \frac{2EI}{l_1} = 0.75 \cdot \frac{2 \cdot EI}{10.00} = 0.1500\,EI$$
$$k_{23} = k_{32} = \frac{2EI}{l_3} = \frac{2 \cdot EI}{5.00} = 0.4000\,EI$$
$$k_{24} = k_{42} = \frac{2EI}{l_2} = \frac{2 \cdot EI}{10.00} = 0.2000\,EI$$
$$k'_{45} = 0.75 \cdot \frac{2EI}{l_4} = 0.75 \cdot \frac{2 \cdot EI}{10.00} = 0.1500\,EI$$
$$\mathring{M}_{24} = -\mathring{M}_{42} = P\frac{l_2}{8} = 1.0 \cdot \frac{10.00}{8} = 1.2500\,\text{kNm}$$

• Momentengleichgewichtsbedingungen:

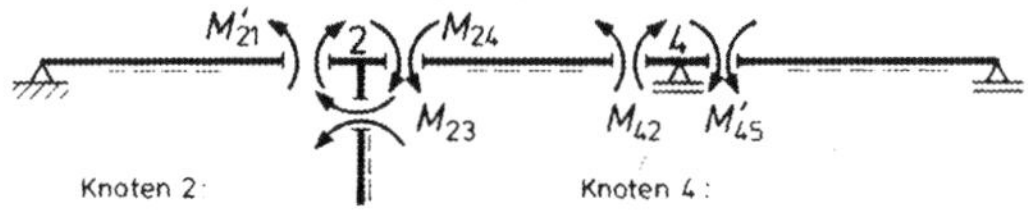

Knoten 2: $\Sigma M_2 = M'_{21} + M_{23} + M_{24} = 0$

Knoten 4: $\Sigma M_4 = M_{42} + M'_{45} = 0$

• Gesamt-Steifigkeitsbeziehung (System der Knotengleichungen):

Momentengleichgewichtsbedingung Knoten 2:

$$M'_{21} = 0.1500\,EI \cdot 2\varphi_2 = 0.3000\,EI \cdot \varphi_2$$
$$M_{23} = 0.4000\,EI \cdot 2\varphi_2 = 0.8000\,EI \cdot \varphi_2$$
$$M_{24} = 1.2500 + 0.2000EI \cdot (2\varphi_2 + \varphi_4) = 1.2500 + 0.4000EI \cdot \varphi_2 + 0.2000EI \cdot \varphi_4$$
$$\Sigma M_2 = 1.2500 + 1.5000EI \cdot \varphi_2 + 0.2000EI \cdot \varphi_4 = 0$$

Momentengleichgewichtsbedingung Knoten 4:

$$M_{42} = -1.2500 + 0.2000EI \cdot (\varphi_2 + 2\varphi_4) = -1.2500 + 0.2000EI \cdot \varphi_2 + 0.4000EI \cdot \varphi_4$$
$$M'_{45} = 0.1500EI \cdot 2\varphi_4 = 0.3000EI \cdot \varphi_4$$
$$\Sigma M_4 = -1.2500 + 0.2000EI \cdot \varphi_2 + 0.7000EI \cdot \varphi_4 = 0$$

Lösung: $EI\varphi_2 = -1.1139, \quad EI\varphi_4 = 2.1040$

Abb. 3.29 Berechnung eines Mehrfeldrahmens nach dem Drehwinkelverfahren, Teil 1 mit dem Grad der kinematischen Unbestimmtheit *m*

Konzepten wählen wir eine gemischte Vorgehensweise aus, die sich durch große Anschaulichkeit auszeichnet. Im Abschn. 1.5.2 wurden Kraftgrößen-Einflusslinien n-fach statisch unbestimmter Tragwerke als virtuelle Biegelinien der Lastgurte $(n-1)$-fach statisch unbestimmter Hilfssysteme interpretiert. Diese Hilfssysteme wiesen im jeweiligen Aufpunkt i die zur Kraftgröße korrespondierende Klaffung „− 1" auf, die wir uns in einem gedachten Gelenk wirkend vorstellten. Die beispielhaft in Abb. 3.31 gesuchten

- Berechnung der Stabendmomente:

$M'_{21} = 0.1500 \cdot 2 \cdot EI\varphi_2 = -0.3342\ kNm$

$M_{23} = 0.4000 \cdot 2 \cdot EI\varphi_2 = -0.8911\ kNm$

$M_{32} = 0.4000 \cdot EI\varphi_2 = -0.4456\ kNm$

$M_{2L} = 1.2500 + 0.2000 \cdot 2 \cdot EI\varphi_2 + 0.2000 \cdot EI\varphi_L = 1.2252\ kNm$

$M_{L2} = -1.2500 + 0.2000 \cdot EI\varphi_2 + 0.2000 \cdot 2 \cdot EI\varphi_L = -0.6312\ kNm$

$M'_{L5} = 0.1500 \cdot 2 \cdot EI\varphi_L = 0.6312\ kNm$

- Gleichgewichtskontrollen:

$\Sigma M_2 = M'_{21} + M_{23} + M_{2L} = -0.3342 - 0.8911 + 1.2252 = -0.0001 \approx 0$

$\Sigma M_L = M_{L2} + M'_{L5} = -0.6312 + 0.6312 = 0$

Transformation in die Vorzeichenkonvention I:

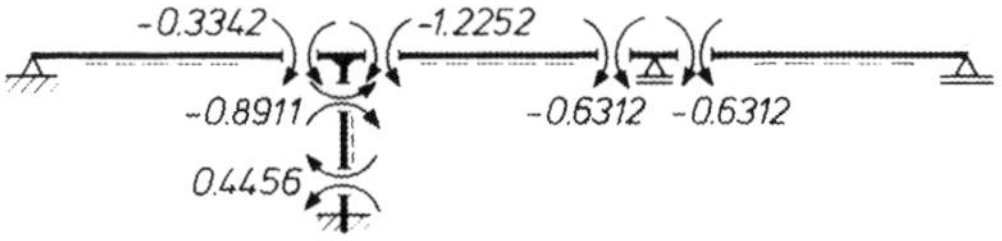

Schnittgrößen-Zustandslinien:

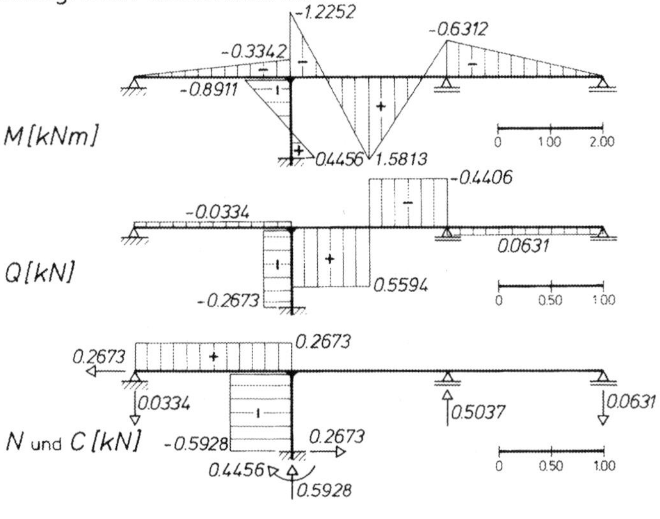

Abb. 3.30 Berechnung eines Mehrfeldrahmens nach dem Drehwinkelverfahren, Teil 2

Einflusslinien finden wir somit als Biegelinien des Lastgurtes, wenn in *i* ein Biegelinienknick (Biegeliniensprung) „– 1" auftritt.

Zur Ermittlung jeder dieser Einflusslinien führen wir zunächst gemäß Abb. 3.31 im betroffenen Feld eine geeignete lokale, zwangsläufige kinematische Kette ein und prägen in deren Aufpunkt *i* die erforderliche virtuelle Klaffung „– 1" ein. Diese Klaffung denken wir uns im weiteren *blockiert*. Gelingt es uns nun, die beiden während der Einprägung zwangsläufig entstandenen Stabendklaffungen in den Gelenken *l* und *r* wieder zu beseitigen, wäre unsere Aufgabe bereits gelöst.

Diese Beseitigung soll mittels des Drehwinkelverfahrens erfolgen: Zunächst bestimmen wir die Volleinspannmomente infolge der eingeprägten Klaffung „ – 1" aus Abb. 3.6,

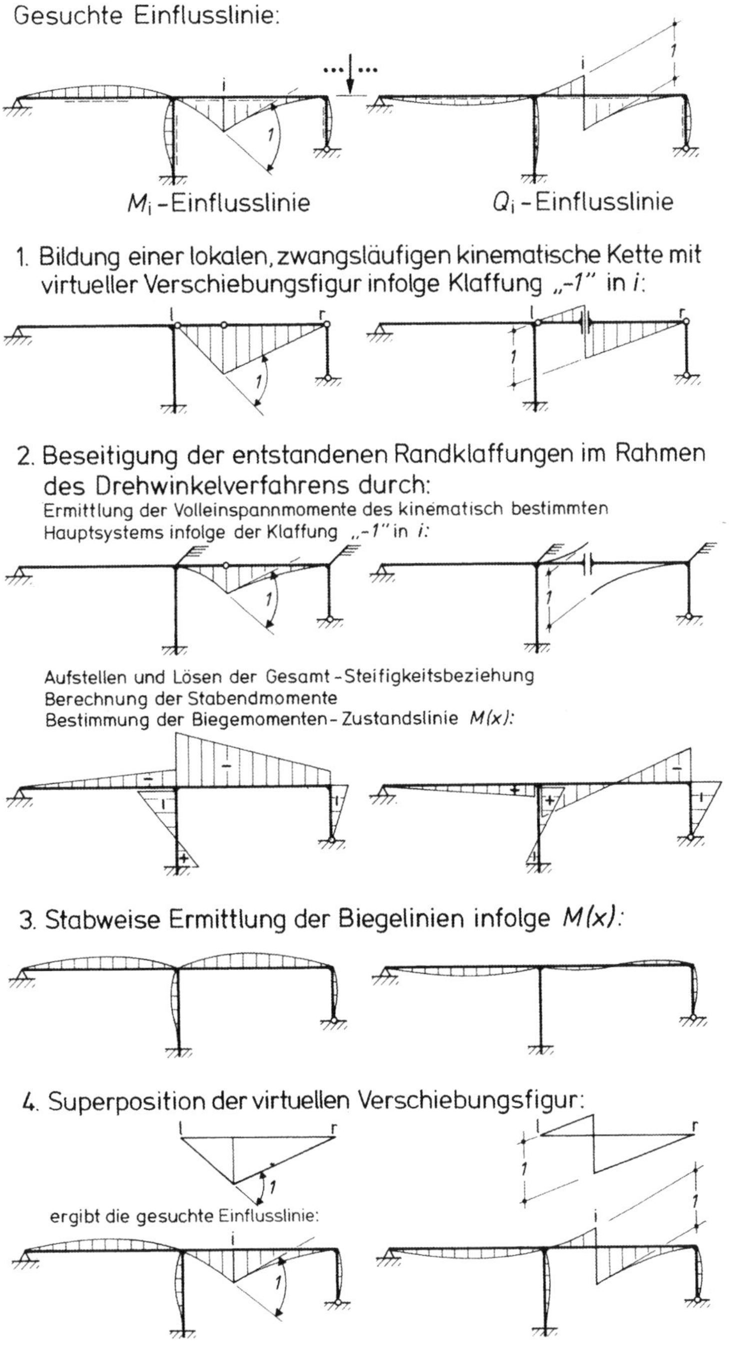
Gesuchte Einflusslinie:
M_i -Einflusslinie
Q_i -Einflusslinie
1. Bildung einer lokalen, zwangsläufigen kinematische Kette mit virtueller Verschiebungsfigur infolge Klaffung „-1" in i:
2. Beseitigung der entstandenen Randklaffungen im Rahmen des Drehwinkelverfahrens durch:
Ermittlung der Volleinspannmomente des kinematisch bestimmten Hauptsystems infolge der Klaffung „-1" in i:
Aufstellen und Lösen der Gesamt-Steifigkeitsbeziehung
Berechnung der Stabendmomente
Bestimmung der Biegemomenten-Zustandslinie $M(x)$:
3. Stabweise Ermittlung der Biegelinien infolge $M(x)$:
4. Superposition der virtuellen Verschiebungsfigur:
ergibt die gesuchte Einflusslinie:

Abb. 3.31 Einflusslinienermittlung nach dem Drehwinkelverfahren

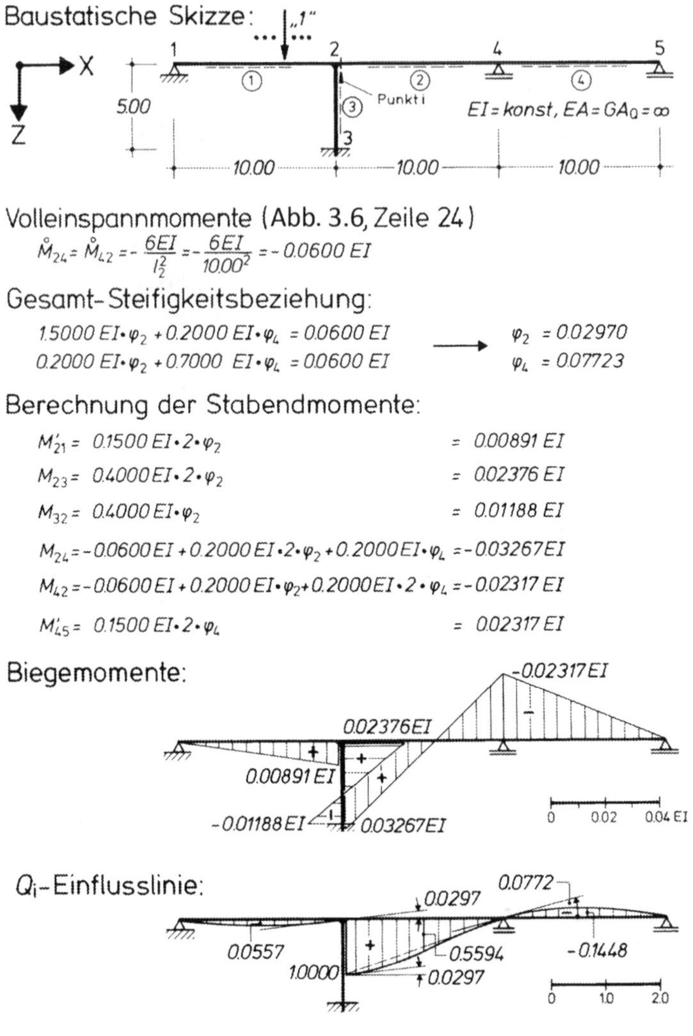

Abb. 3.32 Ermittlung der Qi-Einflusslinie eines Mehrfeldrahmens nach dem Drehwinkelverfahren

Zeile 23 bis 25, stellen sodann die Gesamt-Steifigkeitsbeziehung auf, lösen diese und berechnen aus den Knotendrehwinkeln die Stabendmomente. Weiter erfolgt die Ermittlung der Biegemomente $M(x)$ sowie stabweise diejenige der Biegelinien der Lastgurtstäbe, beispielsweise mittels der ω-Funktionen des Abschn. 9.2.3. Der so entstandenen Biegefigur, die nach wie vor die zwangsläufig sich entwickelnden Stabendklaffungen aufweist, muss abschließend noch die ursprüngliche virtuelle Verschiebungsfigur der lokalen kinematischen Kette superponiert werden, wodurch die Zwangsklaffungen in l, r wieder verschwinden, die primäre Klaffung „– 1" in i natürlich erhalten bleibt.

Diese Schritte sind in Abb. 3.32 für die Q_i-Einflusslinie des eingangs behandelten Mehrfeldrahmens selbsterläuternd durchgeführt. Zur Konzentration auf die wesentlichen Schritte wurde die abschließende Ermittlung der virtuellen Biegefigur mittels der

- Volleinspannmomente (Abb. 3.6, Zeile 23: $\alpha = 0, \beta = 1$):

$$\overset{\circ}{M}_{24} = \frac{2EI}{l_2}(3\beta - 1) = \frac{2EI}{10.00} \cdot 2 = 0.4000EI, \quad \overset{\circ}{M}_{42} = -\frac{2EI}{l_2}(3\alpha - 1) = \frac{2EI}{10.00} = 0.2000EI$$

- Gesamt-Steifigkeitsbeziehung:

$$1.5000\,EI \cdot \varphi_2 + 0.2000\,EI \cdot \varphi_4 = -0.4000\,EI$$
$$0.2000\,EI \cdot \varphi_2 + 0.7000\,EI \cdot \varphi_4 = -0.2000\,EI$$

$\longrightarrow$

$$\varphi_2 = -0.2376$$
$$\varphi_4 = -0.2178$$

- Berechnung der Stabendmomente:

$$M'_{21} = 0.1500\,EI \cdot 2 \cdot \varphi_2 \qquad\qquad = -0.0713\,EI$$
$$M_{23} = 0.4000\,EI \cdot 2 \cdot \varphi_2 \qquad\qquad = -0.1901\,EI$$
$$M_{32} = 0.4000\,EI \cdot \varphi_2 \qquad\qquad = -0.0951\,EI$$
$$M_{24} = 0.4000\,EI + 0.2000\,EI \cdot 2 \cdot \varphi_2 + 0.2000\,EI \cdot \varphi_4 = 0.2614\,EI$$
$$M_{42} = 0.2000\,EI + 0.2000\,EI \cdot \varphi_2 + 0.2000\,EI \cdot 2 \cdot \varphi_4 = 0.0654\,EI$$
$$M'_{45} = 0.1500\,EI \cdot 2 \cdot \varphi_4 \qquad\qquad = -0.0654\,EI$$

Biegemomente:

M_i-Einflusslinie:

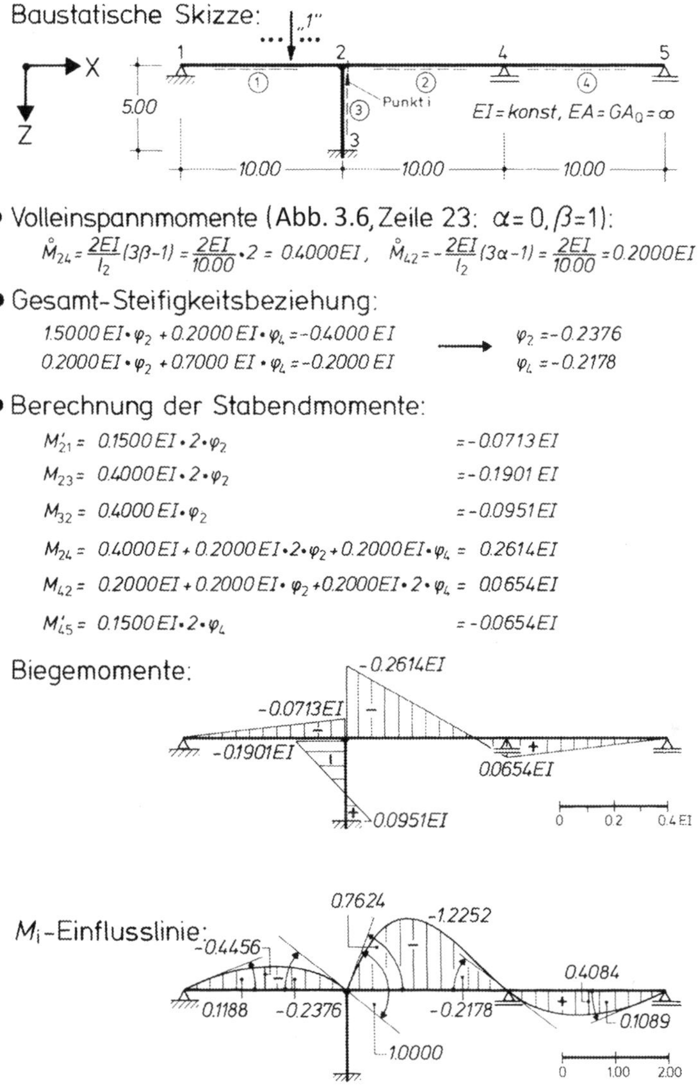

Abb. 3.33 Ermittlung der Mi-Einflusslinie eines Mehrfeldrahmens nach dem Drehwinkelverfahren

ω-Funktionen sowie deren Superposition mit den virtuellen Verschiebungen der zwangs-läufigen kinematischen Kette nicht im Einzelnen wiederholt. Die gleichen Schritte finden sich in Abb. 3.33, das die Ermittlung der Randmomenten-Einflusslinie M_i des Stab-elementes 2 wiedergibt. Da hier wegen der Randlage des Aufpunktes i die virtuelle Verschiebungsfigur der lokalen kinematischen Kette verschwindet, entsteht die gesuchte Einflusslinie unmittelbar als Biegefigur infolge der berechneten Biegemomente $M(x)$. Die Mittelordinaten beider Einflusslinien für Q_i und M_i lassen sich abschließend durch die Schnittgrößen der Abb. 3.30 überprüfen.

3.2.4 Knotengleichungen und Knotensteifigkeiten

In diesem Abschnitt wollen wir Einblicke in die Struktur der Gesamt-Steifigkeitsbeziehung gewinnen, die durch das Drehwinkelverfahren für Tragwerke mit *unverschieblichem Knotennetz* aufgebaut wird. Zur Herleitung der k-ten Steifigkeitsbeziehung, auch k-te *Knotengleichung* genannt, betrachten wir in Abb. 3.34 den Tragwerksknoten k, der gemeinsam mit seinen durch Stäbe verbundenen Nachbarknoten i, j, l, m und n aus einer beliebig komplizierten Struktur herausgeschnitten sei. Er werde durch ein vorgegebenes

Tragwerksknoten k:

Knotengleichgewicht: $\sum M_k = -\overset{\circ}{M}_k + M_{ki} + M_{kj} + M_{kl} + M_{km} + M'_{kn} = 0$

Knotengleichung durch Substitution der Stabendmomenten-beziehungen:

$$-\overset{\circ}{M}_k$$

$$M_{ki} = \overset{\circ}{M}_{ki} + 2k_{ki}\,\varphi_k + k_{ki}\,\varphi_i$$
$$M_{kj} = \overset{\circ}{M}_{kj} + 2k_{kj}\,\varphi_k + k_{kj}\,\varphi_j$$
$$M_{kl} = \overset{\circ}{M}_{kl} + 2k_{kl}\,\varphi_k + k_{kl}\,\varphi_l$$
$$M_{km} = \overset{\circ}{M}_{km} + 2k_{km}\,\varphi_k + k_{km}\varphi_m$$
$$M'_{kn} = \overset{\circ}{M}'_{kn} + 2k'_{kn}\varphi_k$$

$$\sum M_k = -\overset{\circ}{M}_k + \sum_r \overset{\circ}{M}_{kr} + 2k_k\varphi_k + k_{ki}\varphi_i + k_{kj}\varphi_j + k_{kl}\varphi_l + k_{km}\varphi_m = 0$$

$$\boxed{k_{ki}\,\varphi_i + k_{kj}\varphi_j + 2k_k\varphi_k + k_{kl}\,\varphi_l + k_{km}\varphi_m = \overset{\circ}{M}_k - \sum_r \overset{\circ}{M}_{kr}}$$

mit der Volleinspannmomentensumme $\sum \overset{\circ}{M}_{kr} = \overset{\circ}{M}_{ki} + \overset{\circ}{M}_{kj} + \overset{\circ}{M}_{kl} + \overset{\circ}{M}_{km} + \overset{\circ}{M}'_{kn}$

Knotensteifigkeit $k_k = k_{ki} + k_{kj} + k_{kl} + k_{km} + k'_{kn}$

Einbau in die Gesamt-Steifigkeitsbeziehung:

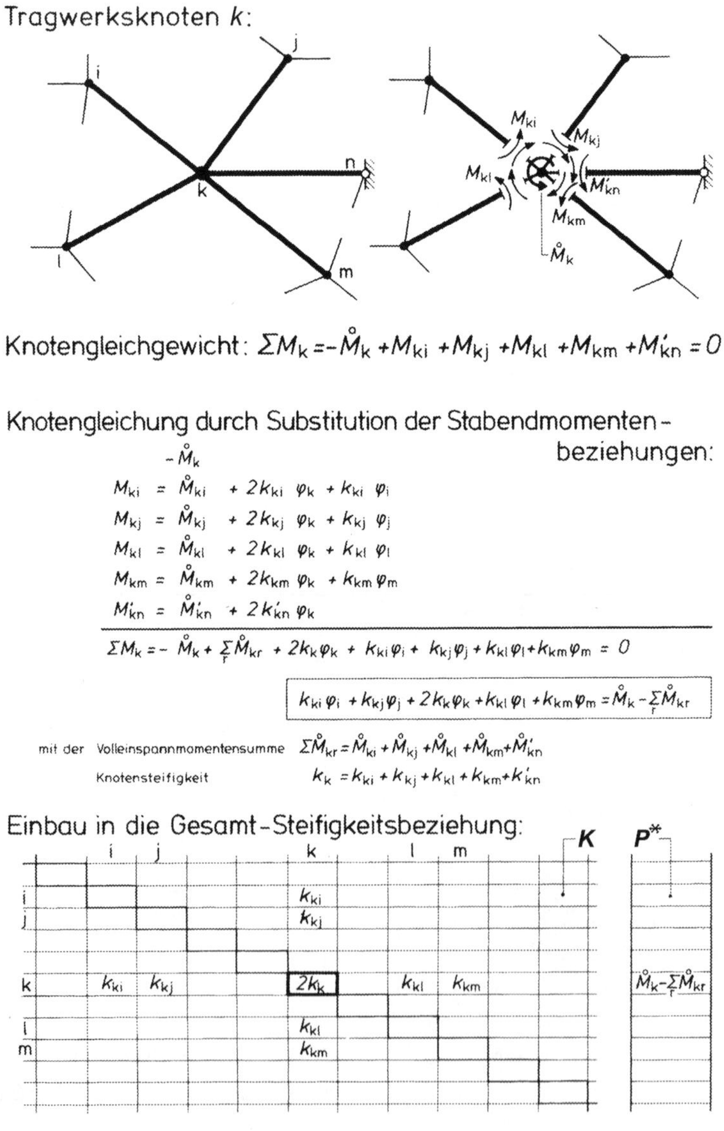

Abb. 3.34 k-te Knotengleichung und Knotensteifigkeit

äußeres Knotenmoment $\overset{\circ}{M}_{\mathrm{k}}$ beansprucht. Außerdem seien die in k untereinander biegesteif verbundenen Stäbe durch Stabeinwirkungen beansprucht; damit aktivieren sie Volleinspannmomente in dem im kinematisch bestimmten Hauptsystem blockierten Knoten.

In bekannter Weise trennen wir nun wieder den Knoten k durch einen fiktiven Rundschnitt aus dem Stabverbund heraus und formulieren sein Momentengleichgewicht. Hierin substituieren wir die Stabendmomentenbeziehungen (3.76, 3.79)

$$\begin{aligned} M_{\mathrm{kr}} &= \overset{\circ}{M}_{\mathrm{kr}} + k_{\mathrm{kr}} \cdot (2\varphi_k + \varphi_{\mathrm{r}}) && \text{der Standardstäbe sowie} \\ M'_{\mathrm{kr}} &= \overset{\circ}{M}{}'_{\mathrm{kr}} + k'_{\mathrm{kr}} \cdot 2\varphi_{\mathrm{k}} && \text{des Gelenkstabes} \end{aligned} \tag{3.80}$$

und gewinnen so gerade die k-te Knotengleichung. Als deren Hauptdiagonalelement tritt die doppelte Steifigkeit aller in k biegesteif angeschlossenen Stäbe auf, die sogenannte *Knotensteifigkeit* k_{k}. Außerhalb der Hauptdiagonalen stehen in den Positionen der mit k durch biegesteife Stäbe verbundenen Knoten gerade die *einfachen Stabsteifigkeiten* dieser Stäbe. Auf der Lastseite finden wir erwartungsgemäß (3.44)

$$\boldsymbol{K} \cdot \boldsymbol{V} = \boldsymbol{P} - \boldsymbol{a}^{\mathrm{T}} \cdot \overset{\circ}{\boldsymbol{s}} = \boldsymbol{P}^*, \tag{3.81}$$

das vorgegebene Knotenmoment und die transformierten Volleinspannmomente.

Satz Auf der Hauptdiagonalen der Gesamt-Steifigkeitsmatrix $\boldsymbol{K}$ des Drehwinkelverfahrens ($\psi_{\mathrm{s}} = 0$) stehen die zweifachen Knotensteifigkeiten, an den übrigen Positionen die Stabsteifigkeiten derjenigen Stäbe, die Knoten biegesteif miteinander verbinden.

Die Gesamt-Steifigkeitsmatrix $\boldsymbol{K}$ des Drehwinkelverfahrens lässt sich somit auch allein durch Kenntnis der Tragwerkstopologie aufbauen; ihre Ermittlung über die Knotengleichgewichtsbedingungen bildet einen der besonderen Anschaulichkeit wegen beliebten Umweg. Aus der Darstellung eines Ausschnittes aus $\boldsymbol{K}$ in Abb. 3.34 wird die *Dominanz* ihrer *Diagonalglieder* deutlich erkennbar, eine für die Konvergenz iterativer Methoden wichtige Eigenschaft. Wie ersichtlich steigert die Anzahl der in k angeschlossenen Stäbe die dort vorhandene Knotensteifigkeit ebenso wie diese Diagonaldominanz.

Kehren wir noch einmal zum k-ten Knoten der Abb. 3.34 zurück. Lösen wir nun im kinematisch bestimmten Hauptsystem nur *seine* Blockierung, behalten jedoch alle anderen Blockierungen bei

$$\varphi_{\mathrm{k}} = \varphi_{\mathrm{k}}, \quad \varphi_{\mathrm{i}} = \varphi_{\mathrm{j}} = \varphi_{\mathrm{l}} = \varphi_{\mathrm{m}} = 0, \tag{3.82}$$

so bildet sich ein Knotenkreuzwerk mit *einem* Drehfreiheitsgrad φ_{k}, $m_{\mathrm{k}} = 1$, aus. Dessen Knotengleichung

$$2k_{\mathrm{k}} \cdot \varphi_{\mathrm{k}} = \overset{\circ}{M}_{\mathrm{k}} - \sum_{\mathrm{r}} \overset{\circ}{M}_{\mathrm{kr}} \quad \rightarrow \quad \varphi_{\mathrm{k}} = \left(\overset{\circ}{M}_{\mathrm{k}} - \sum_{\mathrm{r}} \overset{\circ}{M}_{\mathrm{kr}} \right) : 2k_{\mathrm{k}} \tag{3.83}$$

beschreibt eine erste Näherung des Verhaltens der Gesamtstruktur in der Umgebung des Knotens k.

3.2.5 Tragwerke mit verschieblichem Knotennetz

Wir wollen nun die im Abschn. 3.2.2 getroffene Einschränkung aufheben und Tragwerke mit zusätzlichen Knoten-Verschiebungsfreiheitsgraden behandeln. In derartigen Strukturen bilden sich, wie in Abb. 3.26 erläutert, neben Knotendrehwinkeln auch Stabdrehwinkel aus. Daher ist für sie stets die *vollständige* Form der Stabendmomentenbeziehungen (3.76, 3.79) zu verwenden. Stabdrehwinkel stellen offenbar eine besonders scharfsinnige Form von Verschiebungsfreiheitsgraden dar, wenn Tragwerksknoten durch dehnstarre Stäbe ($u_\Delta = 0$) gekoppelt werden, was unmittelbar aus Abb. 3.36 hervorgeht.

Abschnitt 3.1.5 lehrte uns, dass jedem Knotendrehwinkel eine Momentengleichgewichtsbedingung, jedem Verschiebungsfreiheitsgrad eine korrespondierende Kräftegleichgewichtsbedingung zugeordnet ist. Beim Aufbau der Gesamt-Steifigkeitsbeziehung müssen daher neben den m_k Knotengleichgewichtsbedingungen (siehe Abb. 3.27), deren Aufstellung Abschn. 3.2.2 behandelte, noch m_s Kräftegleichgewichtsbedingungen im Sinne jedes der m_s unabhängigen Verschiebungsfreiheitsgrade formuliert werden. Die hieraus entstehenden *zusätzlichen* Gesamt-Steifigkeitsbeziehungen werden als *Verschiebungsgleichungen*, gelegentlich auch als *Netz-* [35, 36, 38] oder *Kettengleichungen* bezeichnet.

Satz Tragwerke mit *verschieblichem* Knotennetz weisen *Knoten-* und *Stabdrehwinkel* als Freiheitsgrade auf. Zur Gewinnung des kinematisch bestimmten Hauptsystems sind daher Knoten- und Stabdrehwinkel zu blockieren.

Als Bestimmungsgleichungen der unbekannten Drehwinkel stehen je Knotendrehwinkel eine *Knoten-Momentengleichgewichtsbedingung*, je unabhängigem Stabdrehwinkel eine *Kräftegleichgewichtsbedingung* zur Verfügung.

Wir wollen zunächst einmal die Aufstellung einer derartigen zusätzlichen Kräftegleichgewichtsbedingung am Beispiel der Abb. 3.35 erläutern. Wie erwähnt, entspricht die Formulierung des Momentengleichgewichtes im Knoten 2 weiterhin dem in Abschn. 3.2.2 Gelernten. Offensichtlich kann der Knoten 2 in Abb. 3.35 oben neben einer Verdrehung φ auch eine elastische Horizontalverschiebung u ausführen. Infolge der im Drehwinkelverfahren vorausgesetzten Dehnstarrheit aller Stäbe überträgt sich diese Verschiebung u ebenfalls in den Knoten 1: Der Tragwerksriegel verschiebt sich horizontal als starrer Körper. Die in den Knoten 1 und 3 auftretenden Knotendrehwinkel bleiben bei Verwendung von Gelenkstäben natürlich wieder bedeutungslos.

Zur Aufstellung der Zusatzgleichung separieren wir nun im mittleren Teil von Abb. 3.35 durch fiktive Schnitte den Riegel vom Resttragwerk und formulieren sein Kräftegleichgewicht $\sum F_x = 0$. Hierin ersetzen wir sodann die Querkräfte Q_l^2, Q_r^3 durch die die Stabendmomente enthaltenden Stiel-Gleichgewichtsbedingungen, um in sie später – wie bei den Knotengleichungen – die Stabendmomentenbeziehungen einführen zu können. Damit ist die gesuchte zusätzliche Gleichgewichtsbedingung ermittelt.

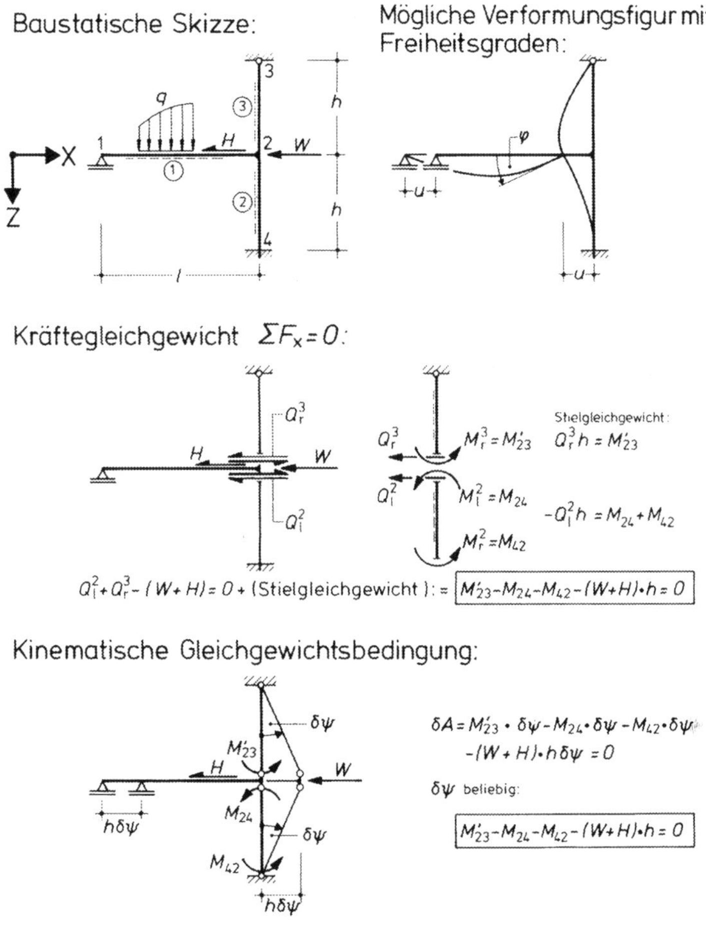

Abb. 3.35 Aufstellung der Kräftegleichgewichtsbedingung für den Riegel eines Rahmens mit verschieblichem Knotennetz

Diese Formulierung des zusätzlichen Kräftegleichgewichts in Querkräften, welche danach durch Stabgleichgewichtsbetrachtungen in Stabendmomente transformiert werden, lässt sich nun sehr elegant unter Anwendung des Prinzips der virtuellen Arbeiten straffen. Im Abschn. 4.2.6 von [22] hatten wir erfahren, dass die Summe der virtuellen Arbeiten jeder Gleichgewichtsgruppe an einer zwangsläufigen kinematischen Kette verschwindet, und im Folgeabschn. 4.2.7 hatten wir hierauf aufbauend Kraftgrößen berechnet. Das dort beschriebene Verfahren aufgreifend überführen wir daher das ursprüngliche Tragwerk durch Einbau von *Biegemomentengelenken* an Stabenden in eine solche kinematische Kette, dass in ihr der betreffende Freiheitsgrad aktivierbar ist. Die Beschränkung auf *Biegemomentengelenke* führt zu einem Arbeitsausdruck, der wunschgemäß nur Stabendmomente aufweist. Im Beispiel der Abb. 3.35 fügen wir daher in das Stielelement Nr.

2 *zwei* Endgelenke, in das Stielelement Nr. 3 *ein* Endgelenk ein. In die so entstandene kinematische Kette prägen wir sodann im unteren Teil der Abb. 3.35 eine virtuelle Verdrehung $\delta\psi$ im Sinne eines positiven (negativen) Stabdrehwinkels für das 2. (3.) Stabelement ein. Aus der dabei geleisteten virtuellen Arbeit entsteht unmittelbar die gesuchte Gleichgewichtsbedingung, erwartungsgemäß nunmehr nur in Stabendmomenten formuliert. In die Skizze der Abb. 3.35 wurden sämtliche Arbeit leistenden Kraftgrößen eingetragen, d. h. die an virtuell gedrehten Stabenden wirkenden Stabendmomente sowie die an virtuell verschobenen Punkten angreifenden Lasten.

In Abb. 3.36 wurde dieses Vorgehen auf einen dreistöckigen Stockwerksrahmen verallgemeinert, in welchem bei Annahme dehnstarrer Stäbe neben $m_k = 6$ Knotendrehwinkeln $m_s = 3$ Riegelverschiebungsfreiheitsgrade auftreten. Um wieder horizontale kinematische Riegelverschiebungen zu ermöglichen, wird jeweils eine solche Anzahl von Biegemomentengelenken in die Stielenden eingefügt, dass eine lokale kinematische Kette mit dem angestrebten Freiheitsgrad entsteht. Eingezeichnet sind in die Verschiebungsfiguren der Abb. 3.36 wieder sämtliche Stabendmomente, die während einer virtuellen Stabdrehung virtuelle Arbeiten leisten. Ohne die Arbeitsausdrücke im Einzelnen anzuschreiben, ist aus den beteiligten Stabendmomenten bereits erkennbar, dass mehr oder weniger komplizierte, lokale kinematische Ketten mit eben solchen Arbeitsaussagen gewählt werden können. Offensichtlich ergeben sich die zusätzlichen Gleichgewichtsbedingungen, wie im unteren Teil von Abb. 3.36 angedeutet, umso einfacher, je *lokaler* die kinematisch drehbaren Tragwerksteile gewählt werden können.

Unsere Erläuterungen zur Behandlung von Tragwerken mit Verschiebungsfreiheitsgraden wollen wir mit einem kurzen Beispiel abschließen: dem mit zwei unabhängigen Knotenkinematen ausgestatteten Rahmentragwerk der Abb. 3.37. Wieder folgt der Berechnungsgang dem in Abb. 3.27 niedergelegten Algorithmus.

Zunächst bestimmen wir die beiden Stabsteifigkeiten k'_{12} und k_{23} sowie das Volleinspannmoment M'_{21} aus Abb. 3.6. Das zu behandelnde Rahmentragwerk besitzt im Sinne des Drehwinkelverfahrens 2 kinematische Freiheitsgrade: den Knotendrehwinkel φ_2 ($m_k = 1$) und die horizontale Knoten- bzw. Riegelverschiebung u_2 ($m_s = 1$), die auch durch den Stabdrehwinkel ψ des 2. Stabelementes beschreibbar ist:

$$\psi = u_2/l_2. \tag{3.84}$$

Zur Aufstellung der Gesamt-Steifigkeitsbeziehung benötigen wir daher neben der Momentengleichgewichtsbedingung $\Sigma M_y = 0$ des Knotens 2 die dortige Kräftegleichgewichtsbedingung $\Sigma F_x = 0$. Zu ihrer Aufstellung verwandeln wir das ursprüngliche Rahmentragwerk mittels zweier Stabendgelenke im Stab 2 in eine solche zwangsläufige kinematische Kette, welche gerade eine Horizontalverschiebung des Riegels ermöglicht. Nach Vorgabe der virtuellen Drehung $\delta\psi$ und Bildung der virtuellen Arbeit gemäß Abb. 3.37 gewinnen wir die dort in Klammern stehende, gesuchte Gleichgewichtsbedingung.

In beiden Gleichgewichtsbedingungen werden nunmehr die Momente mittels der Stabendmomentenbeziehungen (3.76, 3.79) substituiert: Als Gesamt-Steifigkeitsbeziehung entstehen eine Knoten- und eine Verschiebungsgleichung. Nach deren Lösung dienen

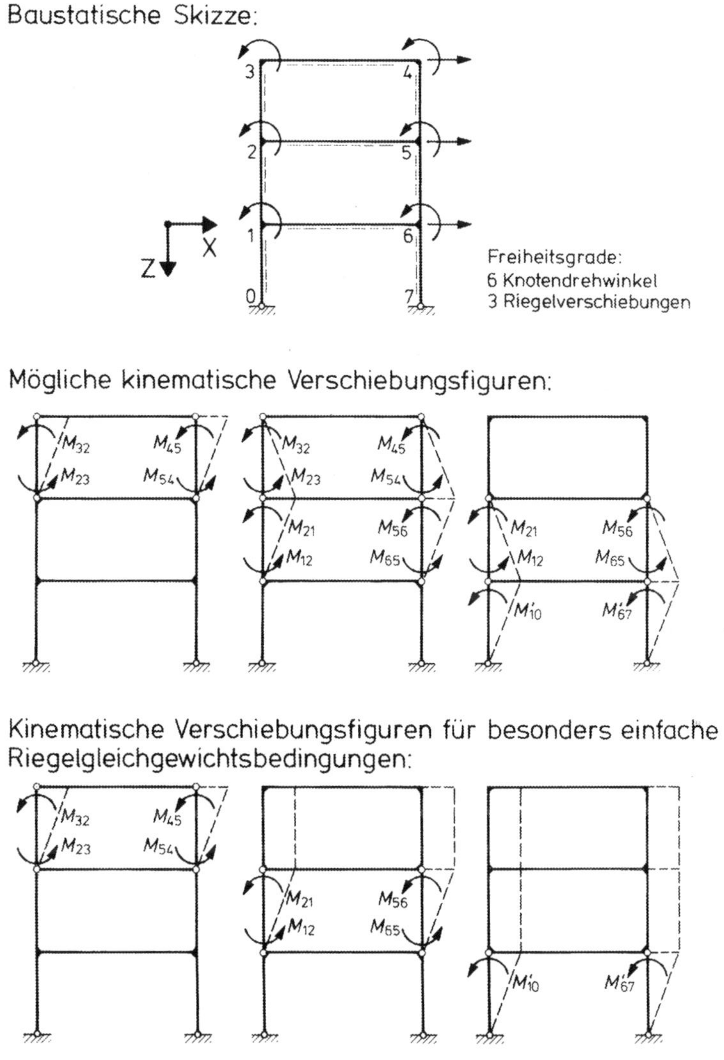

Abb. 3.36 Virtuelle Verschiebungsfiguren zur kinematischen Formulierung der Riegelgleichgewichtsbedingungen eines Stockwerksrahmens

die beiden gewonnenen Drehwinkel zur Bestimmung der Stabendmomente M'_{21}, M_{23} und M_{32}. Deren Transformation in die Vorzeichenkonvention I schließlich ermöglicht die Ermittlung der Biegemomenten-Zustandslinie, die Abb. 3.37 abschließt. Die Gesamt-Steifigkeitsbeziehung dieses Beispiels zeigt übrigens ein wichtiges Merkmal von Tragwerken mit verschieblichem Knotennetz: den möglichen Verlust der Diagonaldominanz von $\boldsymbol{K}$.

Am Ende von Abb. 3.37 finden wir gleichzeitig die Biegemomentenlinie für den Fall eines *festen* Gelenklagers im Punkt 1. Dann wird die Horizontalbelastung H durch

Baustatische Skizze:

$(EI)_1 = 0.6667 \cdot 10^5 kNm^2$
$(EI)_2 = 0.6944 \cdot 10^5 kNm^2$
$EA = GA_0 = \infty$

Kinematische Freiheitsgrade:
$m = 2 : \mathbf{V} = \{\varphi_2 \ \psi\}$

- Steifigkeiten und Volleinspannmoment (Abb. 3.6):

$$k'_{12} = 0.75 \frac{2(EI)_1}{l_1} = 0.75 \frac{2 \cdot 0.6667 \cdot 10^5}{8.00} = 0.1250 \cdot 10^5$$

$$k_{23} = k_{32} = \frac{2(EI)_2}{l_2} = \frac{2 \cdot 0.6944 \cdot 10^5}{5.00} = 0.2778 \cdot 10^5$$

$$M'_{21} = -q \frac{l_1^2}{8} = -\frac{30.0 \cdot 8.00^2}{8} = -240.00 \, kNm$$

- Gleichgewichtsbedingungen:

Momentengleichgewicht:
$\Sigma M_2 = M'_{21} + M_{23} = 0$

Kräftegleichgewicht:
$(M_{23} + M_{32} + H \cdot l_2) \cdot -\delta\psi = 0$

- Gesamt-Steifigkeitsbeziehung:

Knotengleichung
$M'_{21} = -240.00 + 0.1250 \cdot 10^5 \cdot 2\varphi_2 \qquad = -240.00 \cdot 0.2500 \cdot 10^5 \cdot \varphi_2$
$M_{23} = \qquad 0.2778 \cdot 10^5 \cdot (2\varphi_2 + 3\psi) = \qquad 0.5555 \cdot 10^5 \cdot \varphi_2 + 0.8333 \cdot 10^5 \cdot \psi$
$\overline{\Sigma M_2} \qquad\qquad = -240.00 + 0.8055 \cdot 10^5 \cdot \varphi_2 + 0.8333 \cdot 10^5 \cdot \psi = 0$

Verschiebungsgleichung:
$M_{23} = \qquad 0.2778 \cdot 10^5 \cdot (2\varphi_2 + 3\psi) = \qquad 0.5555 \cdot 10^5 \cdot \varphi_2 + 0.8333 \cdot 10^5 \cdot \psi$
$M_{32} = \qquad 0.2778 \cdot 10^5 \cdot (\varphi_2 + 3\psi) = \qquad 0.2778 \cdot 10^5 \cdot \varphi_2 + 0.8333 \cdot 10^5 \cdot \psi$
$H \cdot l_2 = 20.0 \cdot 5.00 \qquad\qquad = 100.00$
$\overline{M_{23} + M_{32} + H \cdot l_2} \qquad = 100.00 + 0.8333 \cdot 10^5 \cdot \varphi_2 + 1.6666 \cdot 10^5 \cdot \psi = 0$

Lösung: $\varphi_2 = 745.73 \cdot 10^{-5}$
$\psi = -432.87 \cdot 10^{-5}$

- Berechnung der Stabendmomente:

$M'_{21} = -240.00 + 0.1250 \cdot 10^5 \cdot 2 \cdot 745.73 \cdot 10^{-5} \qquad\qquad = -53.57 \, kNm$
$M_{23} = \quad 0.2778 \cdot 10^5 \cdot (2 \cdot 745.73 \cdot 10^{-5} - 3 \cdot 432.87 \cdot 10^{-5}) = \quad 53.57 \, kNm$
$M_{32} = \quad 0.2778 \cdot 10^5 \cdot (745.73 \cdot 10^{-5} - 3 \cdot 432.87 \cdot 10^{-5}) = -153.57 \, kNm$

Biegemomenten-Zustandslinie:

Gestrichelt eingezeichnet ist die
Biegemomenten-Zustandslinie für
ein festes Gelenklager im Punkt 1

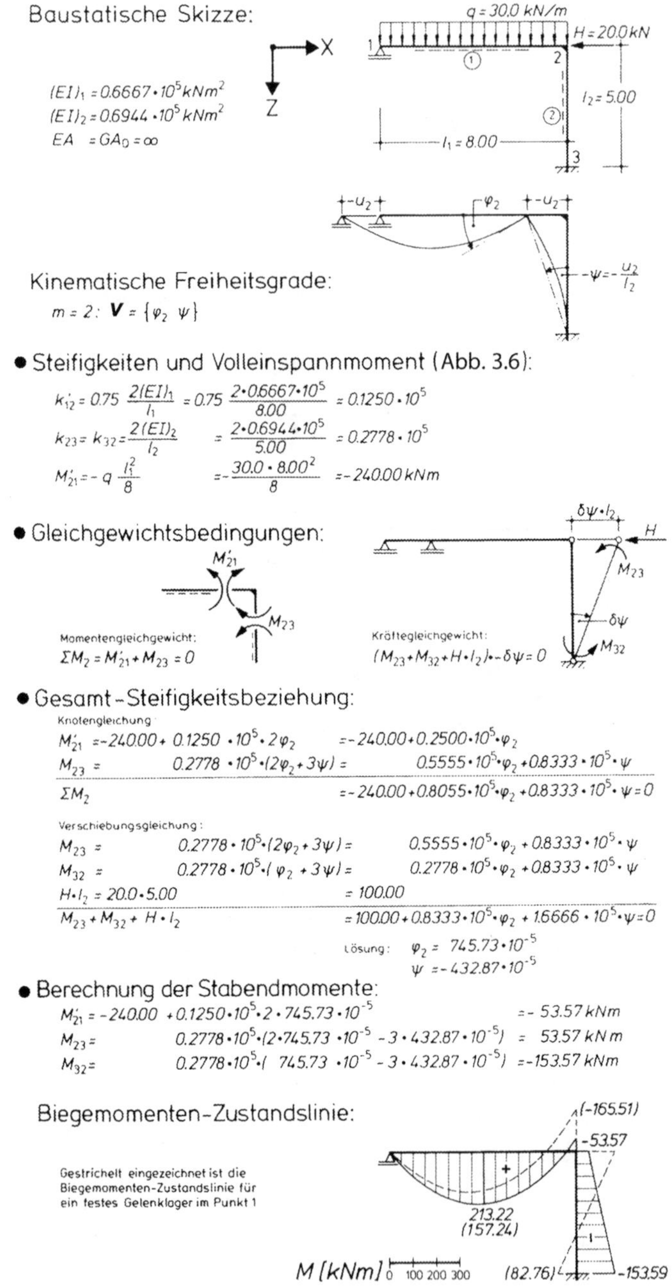

Abb. 3.37 Berechnung eines ebenen Rahmentragwerks mit verschieblichem Knotennetz nach dem Drehwinkelverfahren

den Riegel unmittelbar ins Auflager 1 geleitet; das hiermit verbundene Umgehen einer Stielverbiegung führt offenbar zu einer erheblich größeren Einspannwirkung im Knoten 2.

3.3 Verwendung vollständiger Stabendvariablen

3.3.1 Vom Gesamtpotential zur Element-Steifigkeitsbeziehung

Nach diesem Rückblick auf klassische Verfahrensvarianten kehren wir wieder in die Gegenwart der Tragwerksanalysetechniken zurück. Als Nächstes wollen wir die über die direkten Variationsmethoden bestehende Verwandtschaft des Weggrößenverfahrens zum *Prinzip der virtuellen Verschiebungen* bzw. – bei linear elastischem Werkstoffverhalten – zum *Prinzip vom Minimum des Gesamtpotentials* behandeln. Hierzu denken wir uns ein beliebiges Stabkontinuum $x_a \leq x \leq x_b$ mit Rand- und Stützstellen. Längs der Stabachse x seien in bekannter Weise die Felder $\boldsymbol{u}$ der äußeren Weggrößen, $\boldsymbol{\varepsilon}$ der Verzerrungen, $\overset{\circ}{\boldsymbol{p}}$ der vorgegebenen äußeren Lasten und $\boldsymbol{\sigma}$ der Schnittgrößen definiert. In den Rand- und Stützstellen sollen Randverschiebungsgrößen $\boldsymbol{r} = \boldsymbol{R}_\mathrm{r} \cdot \boldsymbol{u} = \overset{\circ}{\boldsymbol{r}}$, $\forall \in x_\mathrm{r}$ oder Randkraftgrößen $\boldsymbol{t} = \boldsymbol{R}_\mathrm{t} \cdot \boldsymbol{\sigma} = \overset{\circ}{\boldsymbol{t}}$, $\forall \in x_\mathrm{t}$ vorgegeben sein. Mit der durch $\boldsymbol{\sigma} = \boldsymbol{E} \cdot \boldsymbol{\varepsilon}$ definierten Elastizitätsmatrix $\boldsymbol{E}$ lautet das Gesamtpotential $\Pi(\boldsymbol{u})$ des betrachteten Stabkontinuums (siehe Abschn. 2.4.4, [22]:

$$\Pi(\boldsymbol{u}) = \frac{1}{2} \int\limits_{(x_a,x_b)} \boldsymbol{\varepsilon}^\mathrm{T} \cdot \boldsymbol{E} \cdot \boldsymbol{\varepsilon}\, \mathrm{d}x - \int\limits_{(\mathbf{x_a},\mathbf{x_b})} \boldsymbol{u}^\mathrm{T} \cdot \overset{\circ}{\boldsymbol{p}} \mathrm{d}x - \left[\boldsymbol{r}^\mathrm{T} \overset{\circ}{\boldsymbol{t}}\right]_{\mathbf{x_r}}, \tag{3.85}$$

für welche die folgende, nach J.L. LAGRANGE[7] und P.G. DIRICHLET[8] benannte Minimalaussage [24, 26, 40] gilt:

Satz Unter allen kinematisch zulässigen Deformationszuständen $\{\bar{\boldsymbol{u}}, \bar{\boldsymbol{\varepsilon}}, \bar{\boldsymbol{r}}\}$ mit

$$\bar{\boldsymbol{\varepsilon}} = \boldsymbol{D}_\mathrm{k} \cdot \bar{\boldsymbol{u}} \quad \forall \in (x_a, x_b), \qquad \bar{\boldsymbol{r}} = \boldsymbol{R}_\mathrm{r} \cdot \bar{\boldsymbol{u}} = \overset{\circ}{\boldsymbol{r}} \quad \forall \in x_\mathrm{r} \tag{3.86}$$

nimmt das Gesamtpotential Π eines linear elastischen Tragwerks für den wirklichen, dem herrschenden Kraftgrößenzustand $\{\boldsymbol{\sigma}, \boldsymbol{p}, \boldsymbol{t}\}$ zugeordneten Weggrößenzustand $\{\boldsymbol{u}, \boldsymbol{\varepsilon}, \boldsymbol{r}\}$ ein Minimum an:

$$\min \Pi(\boldsymbol{u}) = 0: \quad \delta\Pi = 0 \quad \text{und } \delta^2\Pi > 0. \tag{3.87}$$

[7] JOSEPH LOUIS COMTE DE LAGRANGE, französischer Mathematiker, 1736–1813; bedeutende Beiträge zu den Energieprinzipien und zur Variationsrechnung, Begründer des Prinzips der virtuellen Verrückungen (1788).

[8] PETER GUSTAV LEJEUNE DIRICHLET, 1805–1859; Mathematiker an den Universitäten Breslau, Berlin und Göttingen, wichtige Arbeiten zur Zahlen-, Funktionen- und Potentialtheorie.

Somit stellt die 1. Variation (3.87) des Gesamtpotentials unter der Nebenbedingung (3.86) gerade eine schwache Formulierung der Gleichgewichtsaussagen und Kraftgrößen-Randbedingungen (2.127) dar:

$$\boldsymbol{D}_{\rm e} \cdot \boldsymbol{\sigma} + \overset{\circ}{\boldsymbol{p}} = 0 \quad \forall \in (x_{\rm a}, x_{\rm b}), \qquad \boldsymbol{t} = \boldsymbol{R}_{\rm t} \cdot \boldsymbol{\sigma} = \overset{\circ}{\boldsymbol{t}} \quad \forall \in x_{\rm t}. \tag{3.88}$$

Dieses Prinzip werden wir nun zur Formulierung des Steifigkeitsverhaltens eines geraden, in einer Ebene beanspruchten Stabelementes e der Länge l einsetzen: $0 \leq x \leq l$. Dazu approximieren wir dessen Verschiebungsfeld $\boldsymbol{u}^{\rm e} = \{u\ w\}$ mit den 3 *unabhängigen* Stabendweggrößen $\boldsymbol{v}^{\rm e} = (u_\Delta\ \tau_{\rm l}\ \tau_{\rm r})$ als Freiwerten und der Matrix $\boldsymbol{\Omega}^{\rm e}$ der *kinematischen Formfunktionen*:

$$\boldsymbol{u}^{\rm e} = \boldsymbol{\Omega}^{\rm e} \boldsymbol{v}^{\rm e}. \tag{3.89}$$

Durch Anwendung des Differentialoperators $\boldsymbol{D}_{\rm k}$ entstehen aus (3.89) zugehörige Approximationen der Verzerrungsgrößen

$$\boldsymbol{\varepsilon}^{\rm e} = \boldsymbol{D}_{\rm k} \cdot \boldsymbol{u}^{\rm e} = \boldsymbol{D}_{\rm k} \cdot \boldsymbol{\Omega}^{\rm e}\ \boldsymbol{v}^{\rm e} = \boldsymbol{H}^{\rm e} \cdot \boldsymbol{v}^{\rm e}. \tag{3.90}$$

Substitution beider Ausdrücke in das Gesamtpotential (3.85) führt auf

$$\begin{aligned} \pi^{\rm e} &= \frac{1}{2}\, \boldsymbol{v}^{\rm eT} \cdot \int_0^1 \boldsymbol{H}^{\rm eT} \cdot \boldsymbol{E} \cdot \boldsymbol{H}^{\rm e} {\rm d}x \cdot \boldsymbol{v}^{\rm e} + \boldsymbol{v}^{\rm eT} \cdot \int_0^1 -\boldsymbol{\Omega}^{\rm eT} \cdot \overset{\circ}{\boldsymbol{p}}\, {\rm d}x - \boldsymbol{v}^{\rm eT} \cdot \boldsymbol{s}^{\rm e} \\ &= \frac{1}{2} \boldsymbol{v}^{\rm eT} \cdot \boldsymbol{k}^{\rm e} \cdot \boldsymbol{v}^{\rm e} + \boldsymbol{v}^{\rm eT} \cdot \overset{\circ}{\boldsymbol{s}}{}^{\rm e} - \boldsymbol{v}^{\rm eT} \cdot \boldsymbol{s}^{\rm e}, \end{aligned} \tag{3.91}$$

wenn gemäß Abschn. 2.1.5 der Potentialanteil der Stabrandgrößen durch (2.28) beschrieben wird. Führen wir noch die Variation (3.87) hinsichtlich der unabhängigen Stabendweggrößen $\boldsymbol{v}^{\rm e}$ durch, so entsteht mit

$$\begin{aligned} \delta\pi^{\rm e} &= \frac{\partial \pi^{\rm e}}{\partial \boldsymbol{v}^{\rm e}} \delta \boldsymbol{v}^{\rm e} = \left(\boldsymbol{k}^{\rm e} \cdot \boldsymbol{v}^{\rm e} + \overset{\circ}{\boldsymbol{s}}{}^{\rm e} - \boldsymbol{s}^{\rm e}\right) \cdot \delta \boldsymbol{v}^{\rm e} = 0 : \\ \boldsymbol{s}^{\rm e} &= \boldsymbol{k}^{\rm e} \cdot \boldsymbol{v}^{\rm e} + \overset{\circ}{\boldsymbol{s}}{}^{\rm e} \end{aligned} \tag{3.92}$$

gerade wieder die Element-Steifigkeitsbeziehung (3.25), wenn die Integrale in (3.91) als Element-Steifigkeitsmatrix $\boldsymbol{k}^{\rm e}$ und als Element-Festhaltekraftgrößen $\overset{\circ}{\boldsymbol{s}}{}^{\rm e}$ interpretiert werden:

$$\boldsymbol{k}^{\rm e} = \int_0^1 \boldsymbol{H}^{\rm eT} \cdot \boldsymbol{E} \cdot \boldsymbol{H}^{\rm e}\, {\rm d}x, \qquad \overset{\circ}{\boldsymbol{s}}{}^{\rm e} = -\int_0^1 \boldsymbol{\Omega}^{\rm eT} \cdot \overset{\circ}{\boldsymbol{p}}\, {\rm d}x. \tag{3.93}$$

Gegenüber der Ursprungsform (3.25) besitzen (3.92, 3.93) jedoch eine erheblich erweiterte Gültigkeit, da in der Matrix $\boldsymbol{\Omega}^{\rm e}$ der Formfunktionen *beliebige* Approximationen der Verschiebungsverläufe $\boldsymbol{u}(x)$ auftreten dürfen. Einzige an die in $\boldsymbol{\Omega}^{\rm e}$ vertretenen Funktionen zu stellende Bedingung ist die Eigenschaft virtueller Verformungen, d. h., von ihnen sind die kinematischen Feldgleichungen und Randbedingungen (3.86) zu erfüllen.

Die geschilderte Vorgehensweise ist mit dem RITZ-Verfahren[9], angewendet auf das elastische Gesamtpotential π^e des Stabes e, eng verwandt: $\boldsymbol{u}^{\mathrm{e}} = \boldsymbol{\Omega}^{\mathrm{e}} \cdot \boldsymbol{v}^{\mathrm{e}}$ beschreibt den RITZ-*Ansatz* mit $\boldsymbol{\Omega}^{\mathrm{e}}$ als Matrix der RITZ-*Funktionen* und den RITZ-*Parametern* $\boldsymbol{v}^{\mathrm{e}}$. Während das klassische RITZ-Verfahren [6, 8] jedoch ein *vollständiges*, d. h. unendliches System zulässiger Vergleichsfunktionen verwendet und diese Minimalfolge je nach gewünschter Genauigkeit abbricht, liegen in (3.89) nur 3 Ansatzfunktionen und 3 RITZ-Parameter vor. Hinreichend genaue Approximationen wird man daher höchstens von einer höheren Diskretisierung erwarten dürfen, also von einer größeren Anzahl kleinerer Stabelemente im Tragwerksverlauf. Um auch auf diesem Wege Konvergenz gegen die exakte Lösung zu erhalten, müssen über (3.86) hinaus folgende Zusatzforderungen erfüllt sein:

- *Konformität* des Ansatzes: Stetigkeit des Verschiebungsfeldes sowie dessen n Ableitungen (n ist die höchste Ordnung der in $\boldsymbol{D}_{\mathrm{k}}$ auftretenden Differentialoperatoren) über die Knotenpunkte hinweg erfordert $(n - 1)$ -mal stetige Differenzierbarkeit der betreffenden Formfunktionen.
- *Vollständigkeit* des Ansatzes: Die Formfunktionen müssen mindestens die Beschreibung konstanter Verzerrungszustände im Stabelement gestatten.
- *Starrkörperbedingung:* Starrkörperbewegungen eines Stabelementes müssen schnittgrößenfrei ausführbar sein.

Alle in diesem Abschnitt gemachten Ausführungen gelten sehr allgemein. Das beschriebene Vorgehen lässt sich ohne Schwierigkeiten auf beliebige Stabelemente übertragen; auf mehrdimensionale Strukturelemente, beispielsweise auf Platten und Scheiben, erfolgt die Übertragung in der Methode der Finiten Elemente [2–4, 39, 41, 42]. Übrigens ist die Starrkörperbedingung für die durch (3.93) definierten Elemente solange bedeutungslos, wie die durch Abspaltung der Starrkörperbewegung aus den *vollständigen* Stabendweggrößen gewonnenen *unabhängigen* Variablen $\mathbf{v}^{\mathrm{e}}$ als RITZ-Parameter Verwendung finden.

In Abb. 3.38 wurden nun die gemäß (3.93) auszuführenden Berechnungsschritte für ein schubstarres, gerades Stabelement vorbereitet, wobei als RITZ-Funktionen ω_i die *exakten* Lösungen des homogenen Dehn- und Biegeproblems $u'' = 0, w'''' = 0$ gewählt wurden. Im oberen Teil der Abb. 3.38 findet sich der RITZ-Ansatz, darunter der gemäß (3.86) zugeordnete Ansatz für die Verzerrungsgrößen ($\boldsymbol{D}_{\mathrm{k}}$, siehe [22], Kap. 2): Offensichtlich werden durch ihn alle zusätzlichen Konvergenzanforderungen erfüllt. In Abb. 3.39 erfolgt sodann die matrizielle Zusammenfassung des ersten Integranden (3.93); die Ausführung der Integrationen liefert als Ergebnis die aus Abb. 3.1 bekannte *reduzierte Steifigkeitsmatrix* $\boldsymbol{k}^{\mathrm{e}}$. Abschließend werden dort die Festhaltekraftgrößen $\overset{\circ}{\boldsymbol{s}}{}^{\mathrm{e}}$ (3.93) für konstante Stablasten q_x, q_z in gleicher Weise ermittelt, so dass zusammenfassend folgende *reduzierte Element-Steifigkeitsbeziehung* angebbar ist:

[9] WALTHER RITZ, deutscher Mathematiker, 1878–1909, veröffentlichte 1908 dieses Verfahren. Seine Grundzüge gehen aber bereits auf LORD RAYLEIGH, 1842–1919, und sein 1877 erschienenes Werk „Theory of Sound" zurück, weshalb es korrekter als RAYLEIGH-RITZ-VERFAHREN bezeichnet wird.

Stabelement mit unabhängigen Stabendvariablen:

$$\boldsymbol{s}^{\mathrm{e}\mathsf{T}} = \begin{bmatrix} N_r & M_l & M_r \end{bmatrix}$$

$$\boldsymbol{v}^{\mathrm{e}\mathsf{T}} = \begin{bmatrix} u_\Delta & \tau_l & \tau_r \end{bmatrix}$$

RITZ - Ansatz mit Matrix Ω^{e}:

$$\boldsymbol{u} = \begin{bmatrix} u \\ w \end{bmatrix} = \Omega^{\mathrm{e}}\cdot\boldsymbol{v}^{\mathrm{e}} = \begin{bmatrix} \omega_2 & & \\ & \omega_4\cdot l & \omega_6\cdot l \end{bmatrix}^{\mathrm{e}} \cdot \begin{bmatrix} u_\Delta \\ \tau_l \\ \tau_r \end{bmatrix}^{\mathrm{e}}$$

$$= \begin{bmatrix} \xi & & \\ & (-\xi + 2\xi^2 - \xi^3)\cdot l & (\xi^2 - \xi^3)\cdot l \end{bmatrix}^{\mathrm{e}} \cdot \begin{bmatrix} u_\Delta \\ \tau_l \\ \tau_r \end{bmatrix}^{\mathrm{e}}$$

$\xi:$ 0.00 0.25 0.50 0.75 1.00

Verwendete Formfunktionen:

ω_4

ω_6

ω_2

1.00

Matrix H^{e} gemäß (3.116):

$$H^{\mathrm{e}} = D_k \cdot \Omega^{\mathrm{e}} = \begin{bmatrix} d_x & 0 \\ 0 & -d_x^2 \end{bmatrix} \cdot \Omega^{\mathrm{e}} = \begin{bmatrix} \dfrac{1}{l}\dfrac{d}{d\xi} & 0 \\ 0 & -\dfrac{1}{l^2}\dfrac{d^2}{d\xi^2} \end{bmatrix} \begin{bmatrix} \xi & 0 & 0 \\ 0 & (-\xi + 2\xi^2 - \xi^3)\cdot l & (\xi^2 - \xi^3)\cdot l \end{bmatrix}^{\mathrm{e}} = \begin{bmatrix} 1 & 0 & 0 \\ 0 & -(4 - 6\xi) & -(2 - 6\xi) \end{bmatrix}^{\mathrm{e}} \cdot \dfrac{1}{l}$$

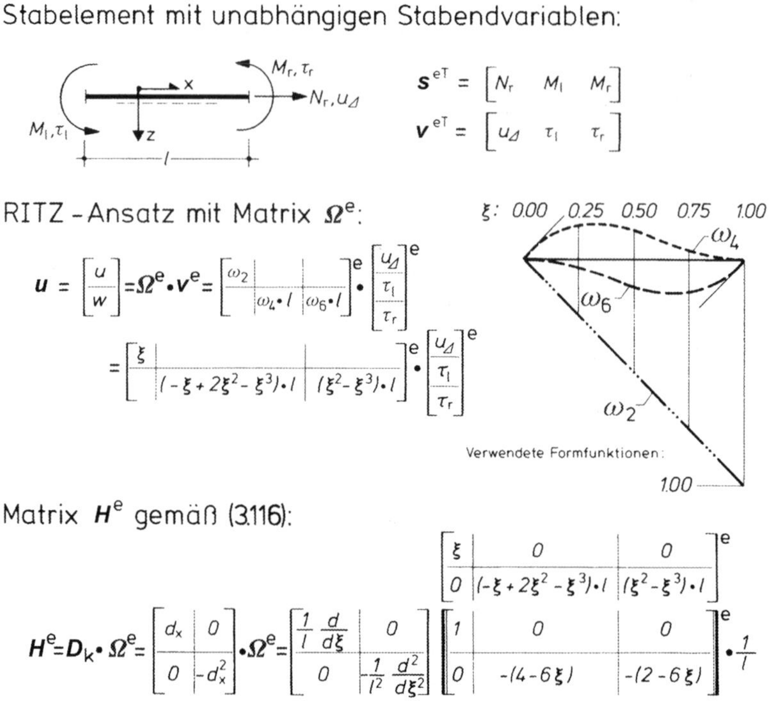

Abb. 3.38 RAYLEIGH-RITZ-Verfahren für ein ebenes Stabelement unter Verwendung unabhängiger Stabendvariablen, Teil 1

$$\boldsymbol{s}^{\mathrm{e}} = \boldsymbol{k}^{\mathrm{e}}\cdot\boldsymbol{v}^{\mathrm{e}} + \overset{\circ}{\boldsymbol{s}}{}^{\mathrm{e}}:$$

$$\begin{bmatrix} N_r \\ \hline M_l \\ \hline M_r \end{bmatrix}^{\mathrm{e}} = \begin{bmatrix} \dfrac{EA}{l} & 0 & 0 \\ \hline 0 & \dfrac{4EI}{l} & \dfrac{2EI}{l} \\ \hline 0 & \dfrac{2EI}{l} & \dfrac{4EI}{l} \end{bmatrix}^{\mathrm{e}} \begin{bmatrix} u_\Delta \\ \hline \tau_l \\ \hline \tau_r \end{bmatrix}^{\mathrm{e}} + \begin{bmatrix} -q_x\dfrac{l}{2} \\ \hline q_z\dfrac{l^2}{12} \\ \hline -q_z\dfrac{l^2}{12} \end{bmatrix}^{\mathrm{e}} \cdot$$

$$(3.94)$$

Da im RITZ-Ansatz exakte Lösungen verarbeitet wurden, führen die Herleitungen auch nicht auf approximative, sondern auf exakte Beziehungen.

3.3.2   Einführung vollständiger Stabendvariablen

Die Definition *unabhängiger* Stabendkraftgrößen s^{e} im Abschn. 2.1.3 wurde notwendig, um zur Beschreibung des Gleichgewichts der Gesamtstruktur durch das Knotengleichgewicht nur die gerade erforderliche Mindestmenge von Variablen im Berechnungsgang

Element-Steifikeitsmatrix: $\mathbf{k}^e = \int_0^l \mathbf{H}^{eT} \cdot \mathbf{E} \cdot \mathbf{H}^e \, dx = \int_0^1 \mathbf{H}^{eT} \cdot \mathbf{E} \cdot \mathbf{H}^e \cdot l \, d\xi$

$$\begin{bmatrix} EA & 0 \\ 0 & EI \end{bmatrix} \begin{bmatrix} 1 & 0 & 0 \\ 0 & -(4-6\xi) & -(2-6\xi) \end{bmatrix}^e \cdot \frac{1}{l}$$

$$\mathbf{H}^{eT} \cdot \mathbf{E} \cdot \mathbf{H}^e = \frac{1}{l} \begin{bmatrix} 1 & 0 \\ 0 & -(4-6\xi) \\ 0 & -(2-6\xi) \end{bmatrix}^e \begin{bmatrix} \frac{EA}{l} & 0 \\ 0 & -\frac{EI}{l}(4-6\xi) \\ 0 & -\frac{EI}{l}(2-6\xi) \end{bmatrix} \begin{bmatrix} \frac{EA}{l^2} & 0 & 0 \\ 0 & \frac{EI}{l^2}(4-6\xi)^2 & \frac{EI}{l^2}(4-6\xi)(2-6\xi) \\ 0 & \frac{EI}{l^2}(2-6\xi)(4-6\xi) & \frac{EI}{l^2}(2-6\xi)^2 \end{bmatrix}$$

Integrationen:

$$\int_0^1 \frac{EA}{l^2} \cdot l \, d\xi = \frac{EA}{l} \int_0^1 d\xi = \frac{EA}{l} \xi \Big|_0^1 = \frac{EA}{l}$$

$$\int_0^1 \frac{EI}{l^2} (4-6\xi)^2 \cdot l \, d\xi = \int_0^1 \frac{EI}{l} (16 - 48\xi + 36\xi^2) \, d\xi = \frac{EI}{l} (16\xi - 24\xi^2 + 12\xi^3) \Big|_0^1 = \frac{4EI}{l}$$

$$\int_0^1 \frac{EI}{l^2} (4-6\xi)(2-6\xi) \cdot l \, d\xi = \int_0^1 \frac{EI}{l} (8 - 36\xi + 36\xi^2) \, d\xi = \frac{EI}{l} (8\xi - 18\xi^2 + 12\xi^3) \Big|_0^1 = \frac{2EI}{l}$$

$$\int_0^1 \frac{EI}{l^2} (2-6\xi)^2 \cdot l \, d\xi = \int_0^1 \frac{EI}{l} (4 - 24\xi + 36\xi^2) \, d\xi = \frac{EI}{l} (4\xi - 12\xi^2 + 12\xi^3) \Big|_0^1 = \frac{4EI}{l}$$

Vollständige Form der Element-Steifigkeitsmatrix (Vorzeichenkonvention II):

$$\mathbf{k}^e = \begin{bmatrix} \frac{EA}{l} & 0 & 0 \\ 0 & \frac{4EI}{l} & \frac{2EI}{l} \\ 0 & \frac{2EI}{l} & \frac{4EI}{l} \end{bmatrix}$$

Festhaltekraftgrößen: $\mathring{\mathbf{s}}^e = -\int_0^l \mathbf{\Omega}^{eT} \cdot \mathring{\mathbf{p}} \, dx = -\int_0^1 \mathbf{\Omega}^{eT} \cdot \mathring{\mathbf{p}} \cdot l \, d\xi$

$$\begin{bmatrix} q_x \\ q_z \end{bmatrix}$$

$$-\mathbf{\Omega}^{eT} \cdot \mathring{\mathbf{p}} = -\begin{bmatrix} \xi & 0 \\ 0 & (-\xi + 2\xi^2 - \xi^3) \cdot l \\ 0 & (\xi^2 - \xi^3) \cdot l \end{bmatrix} \begin{bmatrix} -q_x \xi \\ q_z \cdot (\xi - 2\xi^2 + \xi^3) \cdot l \\ q_z \cdot (-\xi^2 + \xi^3) \cdot l \end{bmatrix}, \quad \mathring{\mathbf{s}}^e = \begin{bmatrix} -q_x \cdot l/2 \\ q_z \cdot l^2/12 \\ -q_z \cdot l^2/12 \end{bmatrix}$$

Integrationen für q_x = konst, q_z = konst:

$$\int_0^1 -q_x \xi \cdot l \, d\xi = -q_x l \cdot \int_0^1 \xi \, d\xi = -q_x l \cdot \frac{\xi^2}{2} \Big|_0^1 = -q_x \frac{l}{2}$$

$$\int_0^1 q_z \cdot (\xi - 2\xi^2 + \xi^3) \cdot l^2 \, d\xi = q_z l^2 \cdot \int_0^1 (\xi - 2\xi^2 + \xi^3) \, d\xi = q_z l^2 \left(\frac{1}{2}\xi^2 - \frac{2}{3}\xi^3 + \frac{1}{4}\xi^4\right) \Big|_0^1 = q_z \frac{l^2}{12}$$

$$\int_0^1 q_z \cdot (-\xi^2 + \xi^3) \cdot l^2 \, d\xi = q_z l^2 \cdot \int_0^1 (-\xi^2 + \xi^3) \, d\xi = q_z l^2 \left(-\frac{1}{3}\xi^3 + \frac{1}{4}\xi^4\right) \Big|_0^1 = -q_z \frac{l^2}{12}$$

Abb. 3.39 RAYLEIGH-RITZ-Verfahren für ein ebenes Stabelement unter Verwendung unabhängiger Stabendvariablen, Teil 2

mitzuführen. Die auftretenden Matrizen nahmen so eine geringstmögliche Größe an. Allerdings mussten damit die *vollständigen* Stabendkraftgrößen $\mathbf{s}^e$ aus den unabhängigen ebenso wie die Schnittgrößen-Verläufe $\boldsymbol{\sigma}^e(x)$ *nachträglich* durch elementweise Gleichgewichtsbetrachtungen bestimmt werden. Im Rückblick des Abschn. 2.4.1 auf das Kraftgrößenverfahren kam dies durch die Forderung zum Ausdruck, dass die elementweisen Approximationen (2.132)

$$\boldsymbol{\sigma}^{\mathrm{e}}(x) = \boldsymbol{\theta}^{\mathrm{e}}(x) \cdot \boldsymbol{s}^{\mathrm{e}} \tag{3.95}$$

der Schnittgrößen *statisch zulässig* sein mussten, d. h. mit den unabhängigen Stabendkraftgrößen $\boldsymbol{s}^{\mathrm{e}}$ die Gleichgewichts- und Kraftgrößenrandbedingungen zu erfüllen hatten. Nur unter dieser Nebenbedingung durfte (3.95) im Prinzip vom Minimum des konjugierten Gesamtpotentials (2.131) verwendet werden.

Im vergangenen Abschnitt hatten wir nun erkannt, dass dual hierzu von den elementweisen Approximationen

$$\boldsymbol{u}^{\mathrm{e}}(x) = \boldsymbol{\Omega}^{\mathrm{e}}(x) \cdot \boldsymbol{v}^{\mathrm{e}} \tag{3.96}$$

des Verschiebungszustandes allein deren *kinematische Zulässigkeit* vorauszusetzen war, wonach (3.96) sowie die zugehörigen Verzerrungsgrößen $\boldsymbol{\varepsilon}^{\mathrm{e}}(x)$ die kinematischen Feldgleichungen und Randbedingungen (3.86) zu erfüllen hatten. Anforderungen an das Element-Gleichgewicht brauchten ausdrücklich nicht gestellt zu werden. Als RITZ-Parameter in (3.96) könnte man daher ebensogut die *vollständigen* Stabendweggrößen $\mathring{\boldsymbol{v}}^{\mathrm{e}}$ einführen. Zwar würden hierdurch beispielsweise die in der Element-Steifigkeitsbeziehung vertretenen Matrizen auf doppelte Größe aufgebläht; in der damit entstehenden Verfahrensvariante lägen die vollständigen Stabendvariablen $\mathring{\boldsymbol{s}}^{\mathrm{e}}$, $\mathring{\boldsymbol{v}}^{\mathrm{e}}$ jedoch unmittelbar nach Berechnungsabschluss ohne Nachlaufrechnung vor.

Zur Beschreitung dieses Weges approximieren wir somit nun die Verschiebungsgrößen eines Stabelementes mittels der *vollständigen* Stabendweggrößen $\mathring{\boldsymbol{v}}^{\mathrm{e}}$ als RITZ-Parameter:

$$\boldsymbol{u}^{\mathrm{e}} = \mathring{\boldsymbol{\Omega}}^{\mathrm{e}} \cdot \mathring{\boldsymbol{v}}^{\mathrm{e}}. \tag{3.97}$$

Durch Anwendung des Differentialoperators $\boldsymbol{D}_{\mathrm{k}}$ lassen sich hieraus wieder die (3.97) zuzuordnenden Approximationen der Verzerrungsgrößen gewinnen:

$$\boldsymbol{\varepsilon}^{\mathrm{e}} = \boldsymbol{D}_{\mathrm{k}} \cdot \boldsymbol{u}^{\mathrm{e}} = \boldsymbol{D}_{\mathrm{k}} \cdot \mathring{\boldsymbol{\Omega}}^{\mathrm{e}} \cdot \mathring{\boldsymbol{v}}^{\mathrm{e}} = \mathring{\boldsymbol{H}}^{\mathrm{e}} \cdot \mathring{\boldsymbol{v}}^{\mathrm{e}}. \tag{3.98}$$

Das in (3.85) auftretende Teilpotential der Randvariablen kann gleichermaßen durch die unabhängigen und durch die vollständigen Variablen beschrieben werden, wie bereits im Abschn. 2.1.5 für das vorliegende Stabelement bewiesen wurde. Von dort übernehmen wir, nunmehr in der Vorzeichenkonvention II:

$$W = [\boldsymbol{r}^{\mathrm{T}}\, \boldsymbol{t}]_{\mathrm{xr}} = \boldsymbol{v}^{\mathrm{eT}} \cdot \boldsymbol{s}^{\mathrm{e}} = [u_{\Delta}\ \tau_l\ \tau_r] \cdot \begin{bmatrix} N_{\mathrm{r}} \\ M_l \\ M_{\mathrm{r}} \end{bmatrix}$$

$$= \dot{\boldsymbol{v}}^{\mathrm{eT}} \cdot \dot{\boldsymbol{s}}^{\mathrm{e}} = [u_{\mathrm{l}}\ w_l\ \varphi_l\ u_{\mathrm{r}}\ w_{\mathrm{r}}\ \varphi_{\mathrm{r}}] \cdot \begin{bmatrix} N_l \\ Q_l \\ M_l \\ N_r \\ Q_r \\ M_r \end{bmatrix} \tag{3.99}$$

Durch Substitution dieser drei Ausdrücke in das Potential (3.85) entsteht als Gesamtpotential π^{e} des Elementes e:

$$\pi^{\mathrm{e}} = \frac{1}{2}\boldsymbol{v}^{\mathrm{eT}} \cdot \int_0^1 \dot{\boldsymbol{H}}^{\mathrm{eT}} \cdot \boldsymbol{E} \cdot \dot{\boldsymbol{H}}^{\mathrm{e}}\,\mathrm{d}x \cdot \dot{\boldsymbol{v}}^{\mathrm{e}} + \dot{\boldsymbol{v}}^{\mathrm{eT}} \cdot \int_0^1 -\dot{\boldsymbol{\Omega}}^{\mathrm{et}} \cdot \mathring{\boldsymbol{p}}\,\mathrm{d}x - \dot{\boldsymbol{v}}^{\mathrm{eT}} \cdot \dot{\boldsymbol{s}}^{\mathrm{e}}, \tag{3.100}$$

aus dessen Variation nach $\dot{\boldsymbol{v}}^{\mathrm{e}}$ sich analog zu (3.92)

$$\delta\pi^{\mathrm{e}} = \frac{\partial\pi^{\mathrm{e}}}{\partial\,\dot{\boldsymbol{v}}^{\mathrm{e}}}\delta\,\dot{\boldsymbol{v}}^{\mathrm{e}} = \left(\dot{\boldsymbol{k}}^{\mathrm{e}} \cdot \dot{\boldsymbol{v}}^{\mathrm{e}} + \dot{\mathring{\boldsymbol{s}}}^{\mathrm{e}} - \dot{\boldsymbol{s}}^{\mathrm{e}}\right) \cdot \delta\,\dot{\boldsymbol{v}}^{\mathrm{e}} = 0:$$

$$\dot{\boldsymbol{s}}^{\mathrm{e}} = \dot{\boldsymbol{k}}^{\mathrm{e}} \cdot \dot{\boldsymbol{v}}^{\mathrm{e}} + \dot{\mathring{\boldsymbol{s}}}^{\mathrm{e}} \tag{3.101}$$

die Element-Steifigkeitsbeziehung in den *vollständigen* Stabendvariablen gewinnen lässt, gültig für folgende Abkürzungen:

$$\dot{\boldsymbol{k}}^{\mathrm{e}} = \int_0^1 \dot{\boldsymbol{H}}^{\mathrm{eT}} \cdot \boldsymbol{E} \cdot \dot{\boldsymbol{H}}^{\mathrm{e}}\,\mathrm{d}x, \quad \dot{\mathring{\boldsymbol{s}}}^{\mathrm{e}} = \int_0^1 -\dot{\Omega}^{\mathrm{eT}} \cdot \mathring{\boldsymbol{p}}\,\mathrm{d}x. \tag{3.102}$$

In den Abb. 3.40 und 3.41 sind die in dieser Variante zur Ermittlung der *vollständigen Steifigkeitsmatrix* $\dot{\boldsymbol{k}}^{\mathrm{e}}$ und der *vollständigen Festhaltekraftgrößen* $\dot{\mathring{\boldsymbol{s}}}^{\mathrm{e}}$ gemäß (3.102) auszuführenden Berechnungsschritte zusammengestellt worden, ebenfalls für ein schubstarres, gerades Stabelement. Als Formfunktionen ω_{i} wurden wieder die *exakten* Lösungen des homogenen Dehn- und Biegeproblems $u'' = 0$, $w'''' = 0$ gewählt. Gegenüber Abb. 3.38 besitzen die Matrizen $\dot{\boldsymbol{\Omega}}^{\mathrm{e}}$ und $\dot{\boldsymbol{H}}^{\mathrm{e}}$ offensichtlich doppelte Länge, wodurch der Integrand $\dot{\boldsymbol{H}}^{\mathrm{eT}} \cdot \boldsymbol{E} \cdot \dot{\boldsymbol{H}}^{\mathrm{e}}$ und die Element-Steifigkeitsmatrix $\dot{\boldsymbol{k}}^{\mathrm{e}}$ zu quadratischen Matrizen der Ordnung 6 aufgebläht werden. Ähnliches gilt für den am Ende von Abb. 3.41 enthaltenen, aus den dort wiedergegebenen Integrationen entstandenen Vektor $\dot{\mathring{\boldsymbol{s}}}^{\mathrm{e}}$ der Festhaltekraftgrößen. In diesem ist besonders gut erkennbar, dass er wirklich *sämtliche* Reaktionen des Elementes auf die eingeprägten Lasten $q_x =$ konst, $q_z =$ konst enthält, also die *vollständigen* Festhaltekraftgrößen.

Stabelement mit vollständigen Stabendvariablen:

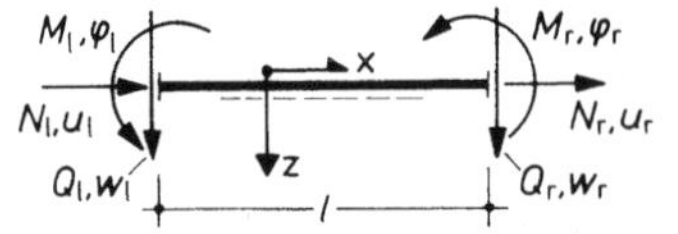

$$\overset{\bullet}{\boldsymbol{s}}^{eT} = \begin{bmatrix} N_l & Q_l & M_l & N_r & Q_r & M_r \end{bmatrix}$$

$$\overset{\bullet}{\boldsymbol{v}}^{eT} = \begin{bmatrix} u_l & w_l & \varphi_l & u_r & w_r & \varphi_r \end{bmatrix}$$

RITZ-Ansatz mit Matrix $\overset{\bullet}{\Omega}^e$:

$$\boldsymbol{u} = \begin{bmatrix} u \\ w \end{bmatrix} = \overset{\bullet}{\Omega}^e \cdot \overset{\bullet}{\boldsymbol{v}}^e = \begin{bmatrix} \omega_1 & 0 & 0 & \omega_2 & 0 & 0 \\ 0 & \omega_3 & \omega_4 \cdot l & 0 & \omega_5 & \omega_6 \cdot l \end{bmatrix} \cdot \overset{\bullet}{\boldsymbol{v}}^e$$

$$= \begin{bmatrix} 1-\xi & 0 & 0 & \xi & 0 & 0 \\ 0 & 1-3\xi^2+2\xi^3 & (-\xi+2\xi^2-\xi^3)\cdot l & 0 & 3\xi^2-2\xi^3 & (\xi^2-\xi^3)\cdot l \end{bmatrix}^e \cdot \begin{bmatrix} u_l \\ w_l \\ \varphi_l \\ u_r \\ w_r \\ \varphi_r \end{bmatrix}^e$$

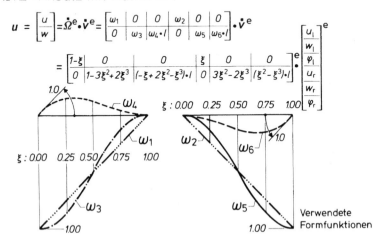

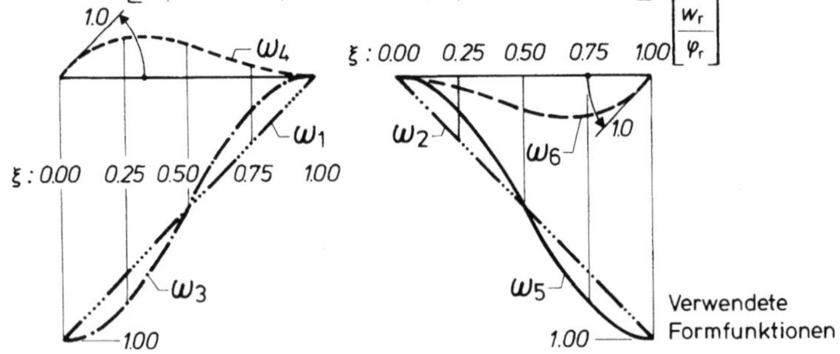

Matrix $\boldsymbol{H}^e$ gemäß (3.124):

$$\overset{\bullet}{\boldsymbol{H}}^e = \boldsymbol{D}_k \cdot \overset{\bullet}{\Omega}^e = \begin{bmatrix} \frac{1}{l}\frac{d}{d\xi} & 0 \\ 0 & -\frac{1}{l^2}\frac{d^2}{d\xi^2} \end{bmatrix} \begin{bmatrix} 1-\xi & 0 & 0 & \xi & 0 & 0 \\ 0 & 1-3\xi^2+2\xi^3 & (-\xi+2\xi^2-\xi^3)\cdot l & 0 & 3\xi^2-2\xi^3 & (\xi^2-\xi^3)\cdot l \end{bmatrix}^e = \begin{bmatrix} -1 & 0 & 0 & 1 & 0 & 0 \\ 0 & (6-12\xi)\frac{1}{l} & -(4-6\xi) & 0 & -(6-12\xi)\frac{1}{l} & -(2-6\xi) \end{bmatrix}^e \cdot \frac{1}{l}$$

Element-Steifigkeitsmatrix: $\overset{\bullet}{\boldsymbol{k}}^e = \int_0^l \overset{\bullet}{\boldsymbol{H}}^{eT} \cdot \boldsymbol{E} \cdot \overset{\bullet}{\boldsymbol{H}}^e dx = \int_0^1 \overset{\bullet}{\boldsymbol{H}}^{eT} \cdot \boldsymbol{E} \cdot \overset{\bullet}{\boldsymbol{H}}^e l \, d\xi$

$$\overset{\bullet}{\boldsymbol{H}}^{eT} \cdot \boldsymbol{E} \cdot \overset{\bullet}{\boldsymbol{H}}^e = \begin{bmatrix} \frac{EA}{l^2} & 0 & 0 & -\frac{EA}{l^2} & 0 & 0 \\ 0 & \frac{EI}{l^4}(6-12\xi)^2 & -\frac{EI}{l^3}(6-12\xi)(4-6\xi) & 0 & -\frac{EI}{l^4}(6-12\xi)^2 & -\frac{EI}{l^3}(6-12\xi)(2-6\xi) \\ 0 & -\frac{EI}{l^3}(4-6\xi)(6-12\xi) & \frac{EI}{l^2}(4-6\xi)^2 & 0 & \frac{EI}{l^3}(4-6\xi)(6-12\xi) & \frac{EI}{l^2}(4-6\xi)(2-6\xi) \\ -\frac{EA}{l^2} & 0 & 0 & \frac{EA}{l^2} & 0 & 0 \\ 0 & -\frac{EI}{l^4}(6-12\xi)^2 & \frac{EI}{l^3}(6-12\xi)(4-6\xi) & 0 & \frac{EI}{l^4}(6-12\xi)^2 & \frac{EI}{l^3}(6-12\xi)(2-6\xi) \\ 0 & -\frac{EI}{l^3}(2-6\xi)(6-12\xi) & \frac{EI}{l^2}(2-6\xi)(4-6\xi) & 0 & \frac{EI}{l^3}(2-6\xi)(6-12\xi) & \frac{EI}{l^2}(2-6\xi)^2 \end{bmatrix}$$

Abb. 3.40 RAYLEIGH-RITZ-Verfahren für ein ebenes Stabelement unter Verwendung vollständiger Stabendvariablen, Teil 1

Integrationen:

$$\int_0^1 \frac{EA}{l^2}\cdot l\, d\xi = \frac{EA}{l}\cdot\int_0^1 d\xi = \frac{EA}{l}\xi\Big|_0^1 = \frac{EA}{l}$$

$$\int_0^1 \frac{EI}{l^4}(6-12\xi)^2\cdot l\, d\xi = \frac{EI}{l^3}\cdot 6^2\cdot\int_0^1 (1-4\xi+4\xi^2)\, d\xi = \frac{EI}{l^3}\cdot 6^2\cdot(\xi-2\xi^2+\frac{4}{3}\xi^3)\Big|_0^1 = \frac{12EI}{l^3}$$

$$\int_0^1 -\frac{EI}{l^3}(6-12\xi)(4-6\xi)\cdot l\, d\xi = -\frac{EI}{l^2}\cdot 6\cdot 2\cdot\int_0^1 (2-7\xi+6\xi^2)d\xi = -\frac{EI}{l^2}\cdot 6\cdot 2\cdot(2\xi-\frac{7}{2}\xi^2+2\xi^3)\Big|_0^1 = -\frac{6EI}{l^2}$$

$$\int_0^1 -\frac{EI}{l^3}(6-12\xi)(2-6\xi)\cdot l\, d\xi = -\frac{EI}{l^2}\cdot 6\cdot 2\cdot\int_0^1 (1-5\xi+6\xi^2)d\xi = -\frac{EI}{l^2}\cdot 6\cdot 2\cdot(\xi-\frac{5}{2}\xi^2+2\xi^3)\Big|_0^1 = -\frac{6EI}{l^2}$$

$$\int_0^1 \frac{EI}{l^2}(4-6\xi)^2\cdot l\, d\xi = \frac{EI}{l}\cdot 2^2\cdot\int_0^1 (4-12\xi+9\xi^2)d\xi = \frac{EI}{l}\cdot 2^2\cdot(4\xi-6\xi^2+3\xi^3)\Big|_0^1 = \frac{4EI}{l}$$

$$\int_0^1 \frac{EI}{l^2}(2-6\xi)(4-6\xi)\cdot l\, d\xi = \frac{EI}{l}\cdot 2^2\cdot\int_0^1 (2-9\xi+9\xi^2)d\xi = \frac{EI}{l}\cdot 2^2\cdot(2\xi-\frac{9}{2}\xi^2+3\xi^3)\Big|_0^1 = \frac{2EI}{l}$$

$$\int_0^1 \frac{EI}{l^2}(2-6\xi)^2\cdot l\, d\xi = \frac{EI}{l^2}\cdot 2^2\cdot\int_0^1 (1-6\xi+9\xi^2)\, d\xi = \frac{EI}{l^2}\cdot 2^2\cdot(\xi-3\xi^2+3\xi^3)\Big|_0^1 = \frac{4EI}{l}$$

Vollständige Form der Element-Steifigkeitsmatrix (Vorzeichenkonvention II):

$$\overset{\bullet}{\boldsymbol{k}}^e = \begin{bmatrix} \frac{EA}{l} & 0 & 0 & -\frac{EA}{l} & 0 & 0 \\ 0 & \frac{12EI}{l^3} & -\frac{6EI}{l^2} & 0 & -\frac{12EI}{l^3} & -\frac{6EI}{l^2} \\ 0 & -\frac{6EI}{l^2} & \frac{4EI}{l} & 0 & \frac{6EI}{l^2} & \frac{2EI}{l} \\ -\frac{EA}{l} & 0 & 0 & \frac{EA}{l} & 0 & 0 \\ 0 & -\frac{12EI}{l^3} & \frac{6EI}{l^2} & 0 & \frac{12EI}{l^3} & \frac{6EI}{l^2} \\ 0 & -\frac{6EI}{l^2} & \frac{2EI}{l} & 0 & \frac{6EI}{l^2} & \frac{4EI}{l} \end{bmatrix}$$

Festhaltekraftgrößen: $\overset{\bullet}{\boldsymbol{s}}^{\circ e} = -\int_0^l \overset{\bullet}{\boldsymbol{\Omega}}^{eT}\cdot\overset{\circ}{\boldsymbol{p}}\, dx = -\int_0^1 \overset{\bullet}{\boldsymbol{\Omega}}^{eT}\cdot\overset{\circ}{\boldsymbol{p}}\cdot l\, d\xi$

$$-\overset{\bullet}{\boldsymbol{\Omega}}^{eT}\cdot\overset{\circ}{\boldsymbol{p}} = -\begin{bmatrix} 1-\xi & 0 \\ 0 & 1-3\xi^2+2\xi^3 \\ 0 & (-\xi+2\xi^2-\xi^3)\cdot l \\ \xi & 0 \\ 0 & 3\xi^2-2\xi^3 \\ 0 & (\xi^2-\xi^3)\cdot l \end{bmatrix} \begin{bmatrix} q_x \\ q_z \end{bmatrix} = \begin{bmatrix} -q_x(1-\xi) \\ -q_z(1-3\xi^2+2\xi^3) \\ q_z(\xi-2\xi^2+\xi^3)\cdot l \\ -q_x\xi \\ -q_z(3\xi^2-2\xi^3) \\ -q_z(\xi^2-\xi^3)\cdot l \end{bmatrix}, \quad \overset{\bullet}{\boldsymbol{s}}^{\circ e} = \begin{bmatrix} -q_x l/2 \\ -q_z l/2 \\ q_z l^2/12 \\ -q_x l/2 \\ -q_z l/2 \\ -q_z l^2/12 \end{bmatrix}$$

Integrationen für q_x = konst, q_z = konst:

$$\int_0^1 -q_x(1-\xi)\cdot l\, d\xi = -q_x l\cdot\int_0^1 (1-\xi)\, d\xi = -q_x l\cdot(\xi-\frac{1}{2}\xi^2)\Big|_0^1 = -q_x\frac{l}{2}$$

$$\int_0^1 -q_z(1-3\xi^2+2\xi^3)\cdot l\, d\xi = -q_z l\cdot\int_0^1 (1-3\xi^2+2\xi^3)d\xi = -q_z l\cdot(\xi-\xi^3+\frac{1}{2}\xi^4)\Big|_0^1 = -q_z\frac{l}{2}$$

$$\int_0^1 q_z(\xi-2\xi^2+\xi^3)\cdot l^2 d\xi = q_z l^2\cdot\int_0^1 (\xi-2\xi^2+\xi^3)\, d\xi = q_z l^2\cdot(\frac{1}{2}\xi^2-\frac{2}{3}\xi^3+\frac{1}{4}\xi^4)\Big|_0^1 = q_z\frac{l^2}{12}$$

$$\int_0^1 -q_x\xi\cdot l\, d\xi = -q_x l\cdot\int_0^1 d\xi = -q_x l\cdot\frac{1}{2}\xi^2\Big|_0^1 = -q_x\frac{l}{2}$$

$$\int_0^1 -q_z(3\xi^2-2\xi^3)\cdot l d\xi = -q_z l\cdot\int_0^1 (3\xi^2-2\xi^3)d\xi = -q_z l\cdot(\xi^3-\frac{1}{2}\xi^4)\Big|_0^1 = -q_z\frac{l}{2}$$

$$\int_0^1 -q_z(\xi^2-\xi^3)\cdot l^2 d\xi = -q_z l^2\cdot\int_0^1 (\xi^2-\xi^3)\, d\xi = -q_z l^2\cdot(\frac{1}{3}\xi^3-\frac{1}{4}\xi^4)\Big|_0^1 = -q_z\frac{l^2}{12}$$

Abb. 3.41 RAYLEIGH-RITZ-Verfahren für ein ebenes Stabelement unter Verwendung vollständiger Stabendvariablen, Teil 2

Werfen wir noch einen Blick auf die in $\overset{\bullet}{\boldsymbol{\Omega}}^{\mathrm{e}}$ in Abb. 3.40 vertretenen Interpolationsfunktionen ω_{i}, sogenannte HERMITE-Polynome[10]. Ihre Interpretation im Sinne des Abschn. 1.5.2 entlarvt diese als *Einflusslinien* der Stabendkraftgrößen des beidseitig voll eingespannten Stabelementes. Prüfen wir, ob diese HERMITE-Polynome die im letzten Abschnitt aufgestellten Zusatzanforderungen erfüllen: Offensichtlich ist der gewählte Ansatz *konform* und, wie $\overset{\bullet}{\boldsymbol{H}}^{\mathrm{e}}$ bezeugt, auch *vollständig*.

Folgende Kombinationen der einzelnen Formfunktionen beschreiben *Starrkörperdeformationen*:

$\omega_1 + \omega_2 = 1$ eine axiale Translation der Größe 1,
$\omega_3 + \omega_5 = 1$ eine transversale Translation der Größe 1 und
$\omega_3 + \omega_4 + \omega_6 = 1 - \xi$ eine Stabrotation um den Winkel $1/l$.

Aus der entstandenen, in Abb. 3.41 wiedergegebenen Steifigkeitsmatrix $\overset{\bullet}{\boldsymbol{k}}^{\mathrm{e}}$ können eine Reihe von Eigenschaften abgelesen werden, die allen *vollständigen Element-Steifigkeitsmatrizen* eigen sind:

- Da gemäß (3.99) jeder Stabendkraftgröße $\overset{\bullet}{s}_{\mathrm{i}}$ eine korrespondierende Stabendweggröße $\overset{\bullet}{v}_{\mathrm{i}}$ zugeordnet wurde, ist $\overset{\bullet}{\boldsymbol{k}}^{\mathrm{e}}$ *quadratisch* von der Ordnung der in $\overset{\bullet}{\boldsymbol{s}}^{\mathrm{e}}, \overset{\bullet}{\boldsymbol{v}}^{\mathrm{e}}$ zusammengefassten Variablen.
- $\overset{\bullet}{\boldsymbol{k}}^{\mathrm{e}}$ ist infolge der Kongruenztransformation in (3.102) *symmetrisch,* ihre Hauptdiagonalglieder sind *positiv*.
- $\overset{\bullet}{\boldsymbol{k}}^{\mathrm{e}}$ ist *singulär*: $\det \overset{\bullet}{\boldsymbol{k}}^{\mathrm{e}} = 0$. Der *Rangabfall* von $\overset{\bullet}{\boldsymbol{k}}^{\mathrm{e}}$ entspricht gerade der halben Anzahl der in $\overset{\bullet}{\boldsymbol{s}}^{\mathrm{e}}, \overset{\bullet}{\boldsymbol{v}}^{\mathrm{e}}$ auftretenden Variablen, d. h. der Anzahl der jeweils vorhandenen abhängigen Stabendvariablen.
- Für die folgende quadratische Form gilt:

$$Q = \overset{\bullet}{\boldsymbol{v}}^{\mathrm{eT}} \cdot \overset{\bullet}{\boldsymbol{k}}^{\mathrm{e}} \cdot \overset{\bullet}{\boldsymbol{v}}^{\mathrm{e}} \geq 0, \tag{3.103}$$

somit ist $\overset{\bullet}{\boldsymbol{k}}^{\mathrm{e}}$ *positiv semi-definit*.

Die beiden erstgenannten Eigenschaften sind augenfällig. Zur Erläuterung der Singularität von $\overset{\bullet}{\boldsymbol{k}}^{\mathrm{e}}$ wählen wir die Steifigkeitsmatrix eines Fachwerkstabes, die wir durch Streichung aller *EI* enthaltenden Zeilen und Spalten aus $\overset{\bullet}{\boldsymbol{k}}^{\mathrm{e}}$ gewinnen:

---

[10] CHARLES HERMITE, 1822–1901; Mathematiker in Paris, Arbeiten zur Algebra, Zahlen- und Funktionentheorie.

$$\dot{\boldsymbol{k}}^{*\mathrm{e}} = \frac{EA}{l}\begin{bmatrix} 1 & -1 \\ -1 & 1 \end{bmatrix}, \quad \det \dot{\boldsymbol{k}}^{*\mathrm{e}} = \frac{EA}{l}\left(1^2 - (-1)^2\right) = 0. \tag{3.104}$$

Offensichtlich verschwindet die Determinante dieser quadratischen Matrix 2. Ordnung mit Rangabfall 1, da sämtliche Elemente als Unterdeterminanten 1. Ordnung ungleich Null sind. Die quadratische Form

$$Q^* = \begin{bmatrix} u_l & u_r \end{bmatrix} \cdot \frac{EA}{l}\begin{bmatrix} 1 & -1 \\ -1 & 1 \end{bmatrix} \cdot \begin{bmatrix} u_l \\ u_r \end{bmatrix} = \frac{EA}{l}(u_l u_l - 2u_l u_r + u_r u_r) \tag{3.105}$$

nimmt für die achsiale Translation $u_\mathrm{l} = u_\mathrm{r}$ ihren Minimalwert Null bei ansonsten ausschließlich positiven Werten an. Damit ist die positive Semi-Definitheit von $\dot{\boldsymbol{k}}^{*\mathrm{e}}$ nachgewiesen.

3.3.3 Vollständige Element-Steifigkeitsmatrizen

Vollständige Element-Steifigkeitsmatrizen (und Festhaltekraftgrößen) lassen sich aus den zugehörigen reduzierten Größen auch durch einfache Transformationen gewinnen. Zur Demonstration wird in Abb. 3.42 oben erneut ein ebenes Stabelement mit seinen vollständigen Stabendkraftgrößen dargestellt. Aus den drei Gleichgewichtsbedingungen sowie den Identitäten $N_\mathrm{r} = N_\mathrm{r}$, $M_\mathrm{l} = M_\mathrm{l}$, $M_\mathrm{r} = M_\mathrm{r}$ gewinnen wir zunächst die matrizielle Transformation der unabhängigen in die vollständigen Stabendkraftgrößen:

$$\dot{\boldsymbol{s}}^\mathrm{e} = \boldsymbol{e}^{\mathrm{eT}} \cdot \boldsymbol{s}^\mathrm{e}. \tag{3.106}$$

Diese Transformation entspricht derjenigen aus Abb. 2.4, umgeschrieben in die Vorzeichenkonvention II.

Daneben findet sich in Abb. 3.42, ebenfalls in der Vorzeichenkonvention II, die Transformation der vollständigen in die unabhängigen Stabendweggrößen, die aus kinematischen Überlegungen am Stabelement hergeleitet wurde:

$$\boldsymbol{v}^\mathrm{e} = \boldsymbol{e}^\mathrm{e} \cdot \dot{\boldsymbol{v}}^\mathrm{e}. \tag{3.107}$$

Die hierin auftretende, zu (3.106) transponierte Matrix e^e beweist erneut die enge Verwandtschaft dynamischer und kinematischer Vorgehensweisen.

Wenn wir nun die für unabhängige Stabendvariablen gültige Element-Steifigkeitsbeziehung (3.14) mittels (3.106) auf vollständige Stabendkraftgrößen transformieren und anschließend die in ihr vertretenen unabhängigen Stabendweggrößen mittels (3.107) in die $\dot{\boldsymbol{v}}^\mathrm{e}$ überführen, gewinnen wir die für vollständige Stabendvariablen geltende Element-Steifigkeitsbeziehung:

Vollständige und unabhängige Stabendvariablen:

Gleichgewicht: $N_l + N_r = 0$
$Q_l + Q_r = 0$
$Q_r \cdot l - M_l - M_r = 0$

Kinematik: $u_\Delta = u_r - u_l$

$$\tau_l = \varphi_l - \frac{1}{l}w_l + \frac{1}{l}w_r$$

$$\tau_r = \varphi_r - \frac{1}{l}w_l + \frac{1}{l}w_r$$

$$\overset{\bullet}{\boldsymbol{s}}{}^e = \boldsymbol{e}^{eT} \cdot \boldsymbol{s}^e$$

$$\begin{bmatrix} N_l \\ Q_l \\ M_l \\ \hline N_r \\ Q_r \\ M_r \end{bmatrix} = \begin{bmatrix} -1 & 0 & 0 \\ 0 & -1/l & -1/l \\ 0 & 1 & 0 \\ \hline 1 & 0 & 0 \\ 0 & 1/l & 1/l \\ 0 & 0 & 1 \end{bmatrix} \cdot \begin{bmatrix} N_r \\ M_l \\ M_r \end{bmatrix}$$

$$\boldsymbol{v}^e = \boldsymbol{e}^e \cdot \overset{\bullet}{\boldsymbol{v}}{}^e$$

$$\begin{bmatrix} u_\Delta \\ \tau_l \\ \tau_r \end{bmatrix} = \begin{bmatrix} -1 & 0 & 0 & 1 & 0 & 0 \\ 0 & -1/l & 1 & 0 & 1/l & 0 \\ 0 & -1/l & 0 & 0 & 1/l & 1 \end{bmatrix} \cdot \begin{bmatrix} u_l \\ w_l \\ \varphi_l \\ u_r \\ w_r \\ \varphi_r \end{bmatrix}$$

Transformation der Element-Steifigkeitsmatrix:

$$\boldsymbol{k}^e = \boldsymbol{e}^{eT} \cdot \boldsymbol{k}^e \cdot \boldsymbol{e}^e$$

$$\begin{bmatrix} \frac{EA}{l} & 0 & 0 \\ 0 & \frac{4EI}{l} & \frac{2EI}{l} \\ 0 & \frac{2EI}{l} & \frac{4EI}{l} \end{bmatrix} \begin{bmatrix} -1 & 0 & 0 & 1 & 0 & 0 \\ 0 & -\frac{1}{l} & 1 & 0 & \frac{1}{l} & 0 \\ 0 & -\frac{1}{l} & 0 & 0 & \frac{1}{l} & 1 \end{bmatrix}$$

$$= \begin{bmatrix} -1 & 0 & 0 \\ 0 & -\frac{1}{l} & \frac{1}{l} \\ 0 & 1 & 0 \\ 1 & 0 & 0 \\ 0 & \frac{1}{l} & \frac{1}{l} \\ 0 & 0 & 1 \end{bmatrix} \begin{bmatrix} -\frac{EA}{l} & 0 & 0 \\ 0 & -\frac{6EI}{l^2} & \frac{6EI}{l^2} \\ 0 & \frac{4EI}{l} & \frac{2EI}{l} \\ \frac{EA}{l} & 0 & 0 \\ 0 & \frac{6EI}{l^2} & \frac{6EI}{l^2} \\ 0 & \frac{2EI}{l} & \frac{4EI}{l} \end{bmatrix} \begin{bmatrix} \frac{EA}{l} & 0 & 0 & -\frac{EA}{l} & 0 & 0 \\ 0 & \frac{12EI}{l^3} & -\frac{6EI}{l^2} & 0 & -\frac{12EI}{l^3} & -\frac{6EI}{l^2} \\ 0 & -\frac{6EI}{l^2} & \frac{4EI}{l} & 0 & \frac{6EI}{l^2} & \frac{2EI}{l} \\ -\frac{EA}{l} & 0 & 0 & \frac{EA}{l} & 0 & 0 \\ 0 & -\frac{12EI}{l^3} & \frac{6EI}{l^2} & 0 & \frac{12EI}{l^3} & \frac{6EI}{l^2} \\ 0 & -\frac{6EI}{l^2} & \frac{2EI}{l} & 0 & \frac{6EI}{l^2} & \frac{4EI}{l} \end{bmatrix}$$

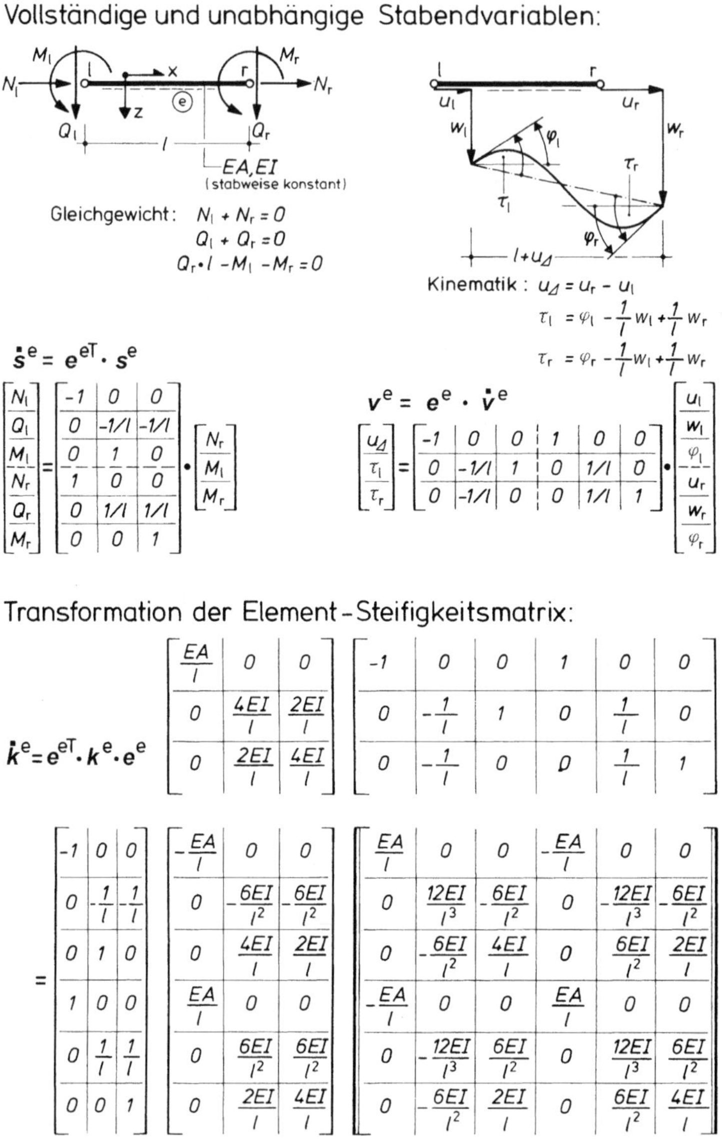

Abb. 3.42 Transformation der reduzierten in die vollständige Element-Steifigkeitsmatrix $\overset{\bullet}{\boldsymbol{k}}{}^e$ (Vorzeichenkonvention II)

$$\overset{\blacksquare}{\boldsymbol{s}}{}^e = \boldsymbol{e}^{eT} \cdot \boldsymbol{s}^e$$

$$\boldsymbol{s}^e = \boldsymbol{k}^e \cdot \boldsymbol{v}_e$$

$$\boldsymbol{v}^e = \boldsymbol{e}^e \cdot \overset{\blacksquare}{\boldsymbol{v}}{}^e$$

$$\overset{\blacksquare}{\boldsymbol{s}}{}^e = \boldsymbol{e}^{eT} \cdot \boldsymbol{k}^e \cdot \boldsymbol{e}^e \cdot \overset{\blacksquare}{\boldsymbol{v}}{}^e = \overset{\blacksquare}{\boldsymbol{k}}{}^e \cdot \overset{\blacksquare}{\boldsymbol{v}}{}^e . \tag{3.108}$$

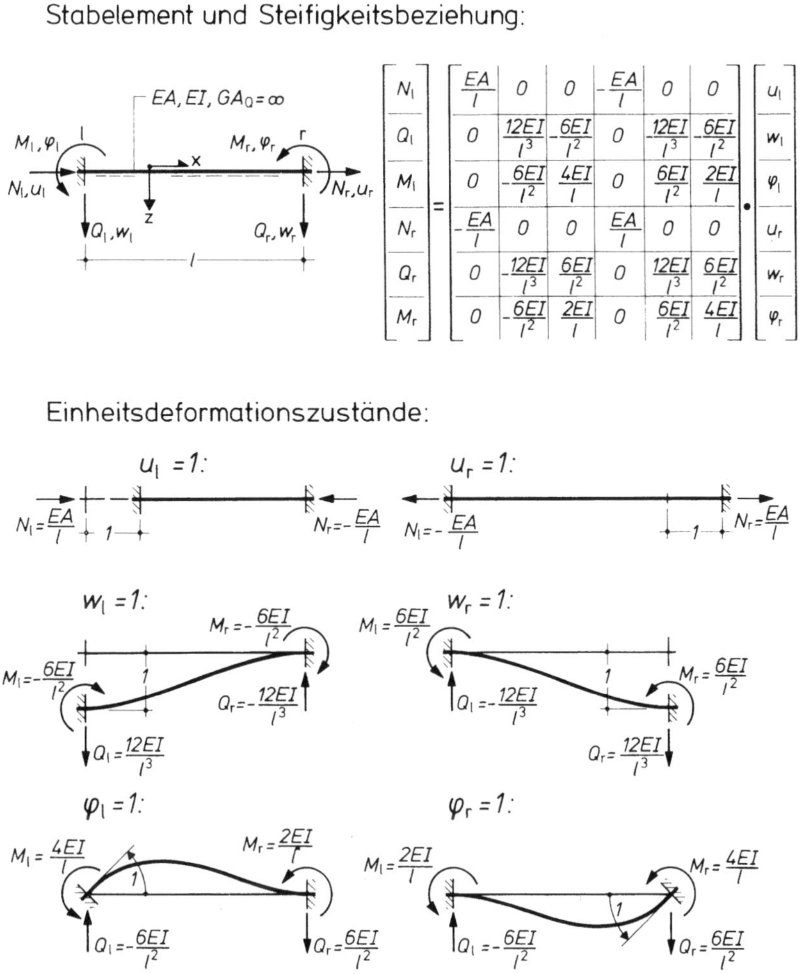

Abb. 3.43 Informationsinhalt der vollständigen Steifigkeitsmatrix $\mathring{\mathbf{k}}^{\mathrm{e}}$ eines ebenen Stabes (Vorzeichenkonvention II)

Hierin beschreibt die Kongruenztransformation

$$\mathring{\boldsymbol{k}}^{\mathrm{e}} = \boldsymbol{e}^{\mathrm{eT}} \cdot \boldsymbol{k}^{\mathrm{e}} \cdot \boldsymbol{e}^{\mathrm{e}} \tag{3.109}$$

die vollständige Element-Steifigkeitsmatrix, die im unteren Teil von Abb. 3.42 ausmultipliziert wurde: Wie erwartet entsteht auf völlig anderem Wege die bereits aus Abb. 3.41 bekannte quadratische Steifigkeitsmatrix $\mathring{\boldsymbol{k}}^{\mathrm{e}}$ 6. Ordnung. Deren Informationsinhalt wird nun in Abb. 3.43 analysiert. Hierzu prägen wir dem dortigen kinematisch bestimmten Stabelement nacheinander einzelne Stabendweggrößen $\mathring{v}_{\mathrm{i}} = 1$ ein und lesen spaltenweise aus

Baustatische Skizzen:

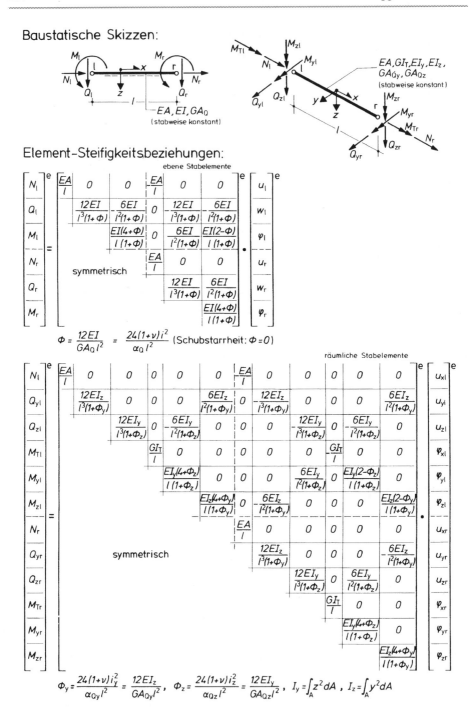

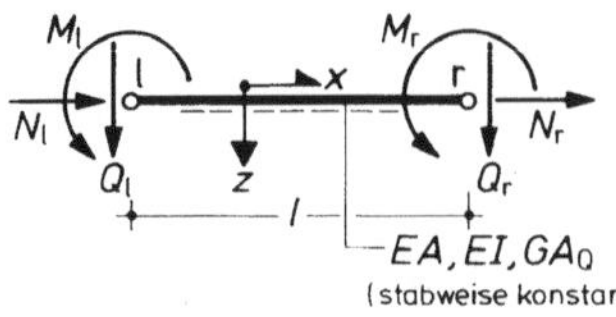

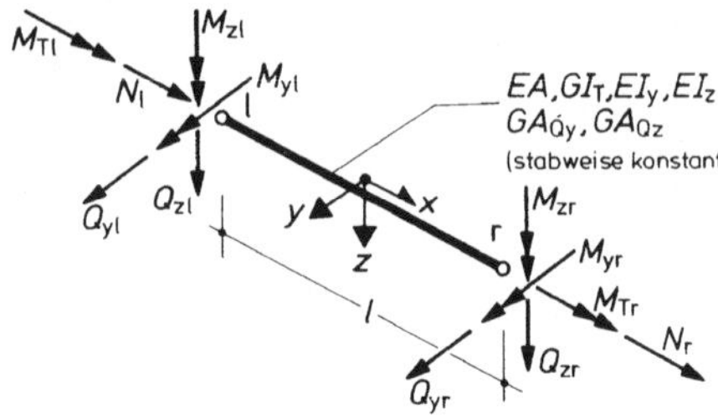

Element-Steifigkeitsbeziehungen:

ebene Stabelemente

$$
\begin{bmatrix} N_l \\ Q_l \\ M_l \\ N_r \\ Q_r \\ M_r \end{bmatrix}^e =
\begin{bmatrix}
\frac{EA}{l} & 0 & 0 & -\frac{EA}{l} & 0 & 0 \\
 & \frac{12EI}{l^3(1+\Phi)} & -\frac{6EI}{l^2(1+\Phi)} & 0 & -\frac{12EI}{l^3(1+\Phi)} & -\frac{6EI}{l^2(1+\Phi)} \\
 & & \frac{EI(4+\Phi)}{l(1+\Phi)} & 0 & \frac{6EI}{l^2(1+\Phi)} & \frac{EI(2-\Phi)}{l(1+\Phi)} \\
 & & & \frac{EA}{l} & 0 & 0 \\
 & \text{symmetrisch} & & & \frac{12EI}{l^3(1+\Phi)} & \frac{6EI}{l^2(1+\Phi)} \\
 & & & & & \frac{EI(4+\Phi)}{l(1+\Phi)}
\end{bmatrix}^e \cdot
\begin{bmatrix} u_l \\ w_l \\ \varphi_l \\ u_r \\ w_r \\ \varphi_r \end{bmatrix}^e
$$

$$\Phi = \frac{12EI}{GA_Q l^2} = \frac{24(1+\nu)i^2}{\alpha_Q l^2} \quad \text{(Schubstarrheit: } \Phi = 0\text{)}$$

räumliche Stabelemente

$$
\begin{bmatrix} N_l \\ Q_{yl} \\ Q_{zl} \\ M_{Tl} \\ M_{yl} \\ M_{zl} \\ N_r \\ Q_{yr} \\ Q_{zr} \\ M_{Tr} \\ M_{yr} \\ M_{zr} \end{bmatrix}^e =
\begin{bmatrix}
\frac{EA}{l} & 0 & 0 & 0 & 0 & 0 & -\frac{EA}{l} & 0 & 0 & 0 & 0 & 0 \\
 & \frac{12EI_z}{l^3(1+\Phi_y)} & 0 & 0 & 0 & \frac{6EI_z}{l^2(1+\Phi_y)} & 0 & -\frac{12EI_z}{l^3(1+\Phi_y)} & 0 & 0 & 0 & \frac{6EI_z}{l^2(1+\Phi_y)} \\
 & & \frac{12EI_y}{l^3(1+\Phi_z)} & 0 & -\frac{6EI_y}{l^2(1+\Phi_z)} & 0 & 0 & 0 & -\frac{12EI_y}{l^3(1+\Phi_z)} & 0 & -\frac{6EI_y}{l^2(1+\Phi_z)} & 0 \\
 & & & \frac{GI_T}{l} & 0 & 0 & 0 & 0 & 0 & -\frac{GI_T}{l} & 0 & 0 \\
 & & & & \frac{EI_y(4+\Phi_z)}{l(1+\Phi_z)} & 0 & 0 & 0 & \frac{6EI_y}{l^2(1+\Phi_z)} & 0 & \frac{EI_y(2-\Phi_z)}{l(1+\Phi_z)} & 0 \\
 & & & & & \frac{EI_z(4+\Phi_y)}{l(1+\Phi_y)} & 0 & -\frac{6EI_z}{l^2(1+\Phi_y)} & 0 & 0 & 0 & \frac{EI_z(2-\Phi_y)}{l(1+\Phi_y)} \\
 & & & & & & \frac{EA}{l} & 0 & 0 & 0 & 0 & 0 \\
 & & & \text{symmetrisch} & & & & \frac{12EI_z}{l^3(1+\Phi_y)} & 0 & 0 & 0 & -\frac{6EI_z}{l^2(1+\Phi_y)} \\
 & & & & & & & & \frac{12EI_y}{l^3(1+\Phi_z)} & 0 & \frac{6EI_y}{l^2(1+\Phi_z)} & 0 \\
 & & & & & & & & & \frac{GI_T}{l} & 0 & 0 \\
 & & & & & & & & & & \frac{EI_y(4+\Phi_z)}{l(1+\Phi_z)} & 0 \\
 & & & & & & & & & & & \frac{EI_z(4+\Phi_y)}{l(1+\Phi_y)}
\end{bmatrix}^e \cdot
\begin{bmatrix} u_{xl} \\ u_{yl} \\ u_{zl} \\ \varphi_{xl} \\ \varphi_{yl} \\ \varphi_{zl} \\ u_{xr} \\ u_{yr} \\ u_{zr} \\ \varphi_{xr} \\ \varphi_{yr} \\ \varphi_{zr} \end{bmatrix}^e
$$

$$\Phi_y = \frac{24(1+\nu)i_y^2}{\alpha_{Qy} l^2} = \frac{12EI_z}{GA_{Qy} l^2}, \quad \Phi_z = \frac{24(1+\nu)i_z^2}{\alpha_{Qz} l^2} = \frac{12EI_y}{GA_{Qz} l^2}, \quad I_y = \int_A z^2 dA, \quad I_z = \int_A y^2 dA$$

Abb. 3.44 Vollständige Steifigkeitsbeziehungen gerader, ebener und räumlicher schubweicher Stabelemente (Vorzeichenkonvention II)

$\dot{\boldsymbol{k}}^{\mathrm{e}}$ die durch diese Zwangsverformungen geweckten Kraftwiderstände ab, wie dies bereits im unteren Teil von Abb. 3.1 für $\boldsymbol{k}^{\mathrm{e}}$ erfolgte. Die abgelesenen Kraftgrößen wurden in die einzelnen Einheitsdeformationszustände der Abb. 3.43, wieder die aus Abb. 3.40 bekannten Stabendkraftgrößen-Einflusslinien, eingetragen und als Vektoren in ihren tatsächlichen Wirkungsrichtungen eingezeichnet.

Gemäß (3.109) wurden in Abb. 3.44 sodann die reduzierten Element-Steifigkeitsbeziehungen der Abb. 3.3 für schubweiche Stäbe in solche für vollständige Stabendvariablen transformiert. Die vollständigen Stabendvariablen für das räumliche Stabelement wurden dabei in Übereinstimmung mit unseren bisherigen Ordnungsprinzipien in den beiden Spalten $\dot{\boldsymbol{s}}^{\mathrm{e}}$, $\dot{\boldsymbol{v}}^{\mathrm{e}}$ angeordnet. Da in diesen unabhängige und linear abhängige Stabendvariablen gemeinsam auftreten, sind vollständige Steifigkeitsmatrizen $\dot{\boldsymbol{k}}^{\mathrm{e}}$ *singulär* mit Rangabfall r^* gemäß der Anzahl der abhängigen Elemente je Spalte; für ihren Rang r gilt somit:

Fachwerkelemente: $r = 1$,
ebene Biegestabelemente: $r = 3$ und
räumliche Stabelemente: $r = 6$.

Selbstverständlich kann die in Abb. 3.22 entwickelte, reduzierte Element-Steifigkeitsmatrix $\boldsymbol{k}^{\mathrm{e}}$ für einen nichtprismatischen Stab ebenfalls gemäß (3.109) in eine vollständige Steifigkeitsmatrix $\dot{\boldsymbol{k}}^{\mathrm{e}}$ transformiert werden.

3.3.4 Das diskretisierte Tragwerksmodell

Um in Ergänzung des Abschn. 3.1.6 wieder das gesamte Tragwerksmodell zu beschreiben, fassen wir erneut seine sämtlichen Stabelemente gemäß (3.21) zusammen:

$$\dot{\boldsymbol{s}} = \dot{\boldsymbol{k}} \cdot \dot{\boldsymbol{v}}: \quad \begin{bmatrix} \dot{\boldsymbol{s}}^{\mathrm{a}} \\ \dot{\boldsymbol{s}}^{\mathrm{b}} \\ \dot{\boldsymbol{s}}^{\mathrm{c}} \\ \vdots \\ \dot{\boldsymbol{s}}^{\mathrm{p}} \end{bmatrix} = \begin{bmatrix} \dot{\boldsymbol{k}}^{\mathrm{a}} & & & & \\ & \dot{\boldsymbol{k}}^{\mathrm{b}} & & & \\ & & \dot{\boldsymbol{k}}^{\mathrm{c}} & & \\ & & & \ddots & \\ & & & & \dot{\boldsymbol{k}}^{\mathrm{p}} \end{bmatrix} \cdot \begin{bmatrix} \dot{\boldsymbol{v}}^{\mathrm{a}} \\ \dot{\boldsymbol{v}}^{\mathrm{b}} \\ \dot{\boldsymbol{v}}^{\mathrm{c}} \\ \vdots \\ \dot{\boldsymbol{v}}^{\mathrm{p}} \end{bmatrix}. \tag{3.110}$$

Dabei nehmen nun die Spaltenmatrizen $\dot{\boldsymbol{s}}$, $\dot{\boldsymbol{v}}$ und die vollständige Steifigkeitsmatrix $\dot{\boldsymbol{k}}$ aller Elemente infolge der Verwendung vollständiger Stabendvariablen gegenüber Abb. 3.11 doppelte Zeilen- bzw. Zeilen- und Spaltenzahl $2l$ an. Ebenso wie die einzelnen Element-Steifigkeitsmatrizen wird $\dot{\boldsymbol{k}}$ singulär und zwar mit Rangabfall l. Daher ist eine Inversion von $\dot{\boldsymbol{k}}$ unmöglich: Vollständige Stabendvariablen und Steifigkeitsmatrizen lassen sich somit ausschließlich im Rahmen des Weggrößenverfahrens verwenden, weshalb das neue Schema der Abb. 3.45 nur für den unteren Bereich darstellbar ist.

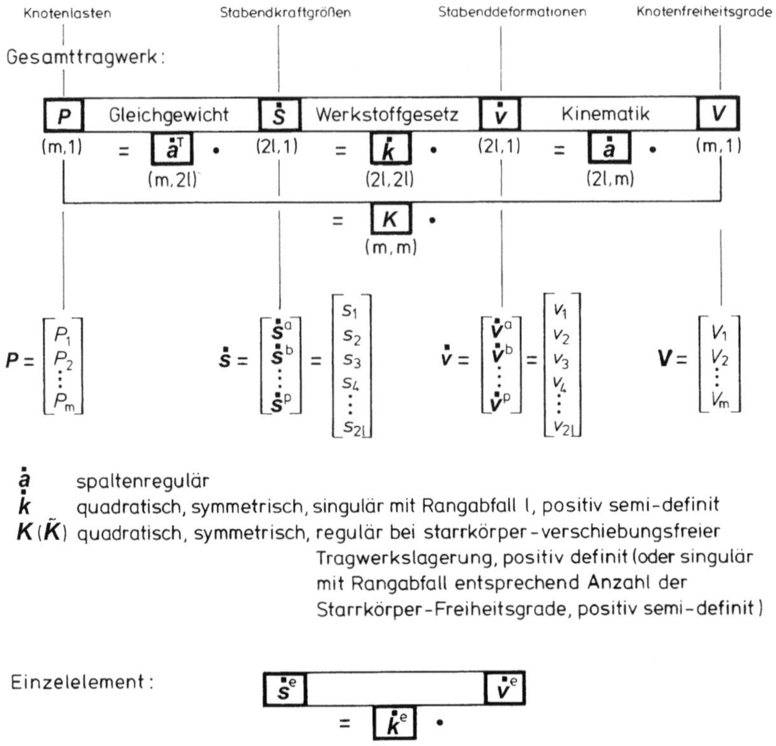

Abb. 3.45 Das diskretisierte Tragwerksmodell mit vollständigen Stabendvariablen im Weggrößenverfahren

Natürlich bleibt durch ein Arbeiten mit vollständigen Stabendvariablen die Anzahl m der Elemente von $\boldsymbol{P}$ and $\boldsymbol{V}$ unverändert. Die kinematische Transformationsmatrix $\dot{\boldsymbol{a}}$ in

$$\dot{\boldsymbol{v}} = \dot{\boldsymbol{a}} \cdot \boldsymbol{V} \tag{3.111}$$

bewahrt daher ihre ursprüngliche Spaltenzahl, wird aber auf die doppelte Zeilenzahl aufgebläht: Sie gewinnt die Ordnung $(2l, m)$. Bereits eingangs des 2. Kapitels hatten wir als wichtige Voraussetzung postuliert, dass $\boldsymbol{V}$ nur *unabhängige Knotenfreiheitsgrade* enthalten darf. Kinematisch bedeutet dies, dass unterschiedliche Linearkombinationen von $\boldsymbol{V}$ niemals zu gleichen inneren Deformationszuständen führen dürfen (siehe auch Abschn. 3.1.1). Damit muss $\dot{\boldsymbol{a}}$ stets spaltenregulär sein, sich also wie $\boldsymbol{a}$ durch Einheitsdeformationszustände $V_i = 1$ am kinematisch bestimmten Hauptsystem ermitteln lassen. Mit der Spaltenregularität von $\dot{\boldsymbol{a}}$ ist auch bei dieser Verfahrensvariante eine notwendige Voraussetzung für die Anwendung des Prinzips der virtuellen Verschiebungen eingehalten, aus dem daher ganz analog zu (3.38) die zu (3.111) kontragrediente Gleichgewichtstransformation entsteht:

$$\boldsymbol{P} = \dot{\boldsymbol{a}}^{\mathrm{T}} \cdot \dot{\boldsymbol{s}}. \tag{3.112}$$

Fassen wir abschließend wieder sämtliche Einzeltransformationen des diskretisierten Tragwerksmodells zur globalen Steifigkeitsbeziehung zusammen:

$$
\begin{array}{rcll}
 & & \overset{\bullet}{\boldsymbol{v}} = \overset{\bullet}{\boldsymbol{a}} \cdot \boldsymbol{V} & \text{Kinematik} \\
 & \overset{\bullet}{\boldsymbol{s}} = \overset{\bullet}{\boldsymbol{k}} \cdot \overset{\bullet}{\boldsymbol{v}} & & \text{Werkstoffgesetz} \\
\boldsymbol{P} = \overset{\bullet}{\boldsymbol{a}}^{\mathrm{T}} \cdot \overset{\bullet}{\boldsymbol{s}} & & & \text{Gleichgewicht} \\
\hline
\end{array}
$$

$$
\boldsymbol{P} = \overset{\bullet}{\boldsymbol{a}}^{\mathrm{T}} \cdot \overset{\bullet}{\boldsymbol{k}} \cdot \overset{\bullet}{\boldsymbol{a}} \cdot \boldsymbol{V} = \boldsymbol{K} \cdot \boldsymbol{V}, \tag{3.113}
$$

so definiert

$$
\boldsymbol{K} = \overset{\bullet}{\boldsymbol{a}}^{\mathrm{T}} \cdot \overset{\bullet}{\boldsymbol{k}} \cdot \overset{\bullet}{\boldsymbol{a}} \tag{3.114}
$$

die vertraute Gesamt-Steifigkeitsmatrix der Ordnung (m, m). Diese ist, wegen der vorausgesetzten Spaltenregularität von $\overset{\bullet}{\boldsymbol{a}}$, regulär und positiv definit, sofern das Tragwerk starrkörperverschiebungsfrei gelagert ist. Abbildung 3.45 gibt abschließend einen Abriss aller für ein Tragwerksmodell mit vollständigen Stabendvariablen geltenden Transformationen und Eigenschaften.

3.3.5 Einführungsbeispiel

Um insbesondere zweifelnde Leser von der problemlosen Verwendung vollständiger Stabendvariablen zu überzeugen, wählen wir als Einführungsbeispiel erneut das schon mehrfach behandelte, 2-fach statisch unbestimmte Rahmentragwerk der Abb. 3.46. Seine Berechnung nach dem Standard-Weggrößenalgorithmus erfolgt jetzt unter Verwendung *vollständiger* Stabendvariablen.

Der erste Bearbeitungsschritt liegt erneut in der Aufstellung der kinematischen Transformationsmatrix $\overset{\bullet}{\boldsymbol{a}}$ durch Einprägen von Einheitsverformungen $V_{\mathrm{i}} = 1$ in das kinematisch bestimmte Hauptsystem gemäß Abschn. 3.1.4. Hierzu beginnen wir links oben in Abb. 3.46 mit dem Einprägen der Knotenverschiebung $V_1 = 1$, die für das linke Stabelement a zu $u_{\mathrm{r}}^{\mathrm{a}} = 1.00$, für das rechte Stabelement b zu $u_{\mathrm{l}}^{\mathrm{b}} = 1.00$ führt. (Selbstverständlich werden wieder alle Stabvariablen in der Vorzeichenkonvention II gemessen.) Beide Stabenddeformationen tragen wir in die erste Spalte der $\overset{\bullet}{\boldsymbol{a}}$-Matrix, einer (18,7)-Rechteckmatrix im unteren Teil von Abb. 3.46, ein. Als zweites prägen wir dem kinematisch bestimmten Hauptsystem die vertikale Knotenverschiebung $V_2 = 1$ ein und lesen hieraus $w_{\mathrm{r}}^{\mathrm{a}} = 1.00$ sowie $w_{\mathrm{l}}^{\mathrm{b}} = 1.00$ ab, was in die zweite Spalte der $\overset{\bullet}{\boldsymbol{a}}$-Matrix übernommen wird. Ebenso problemlos läuft das Erzwingen der Knotenverdrehung $V_3 = 1$ ab, dieses führt zu den Elementdeformationen $\varphi_{\mathrm{r}}^{\mathrm{a}} = 1.00$ und $\varphi_{\mathrm{l}}^{\mathrm{b}} = 1.00$, was in die jeweiligen Positionen der dritten Spalte der $\overset{\bullet}{\boldsymbol{a}}$-Matrix eingetragen wird.

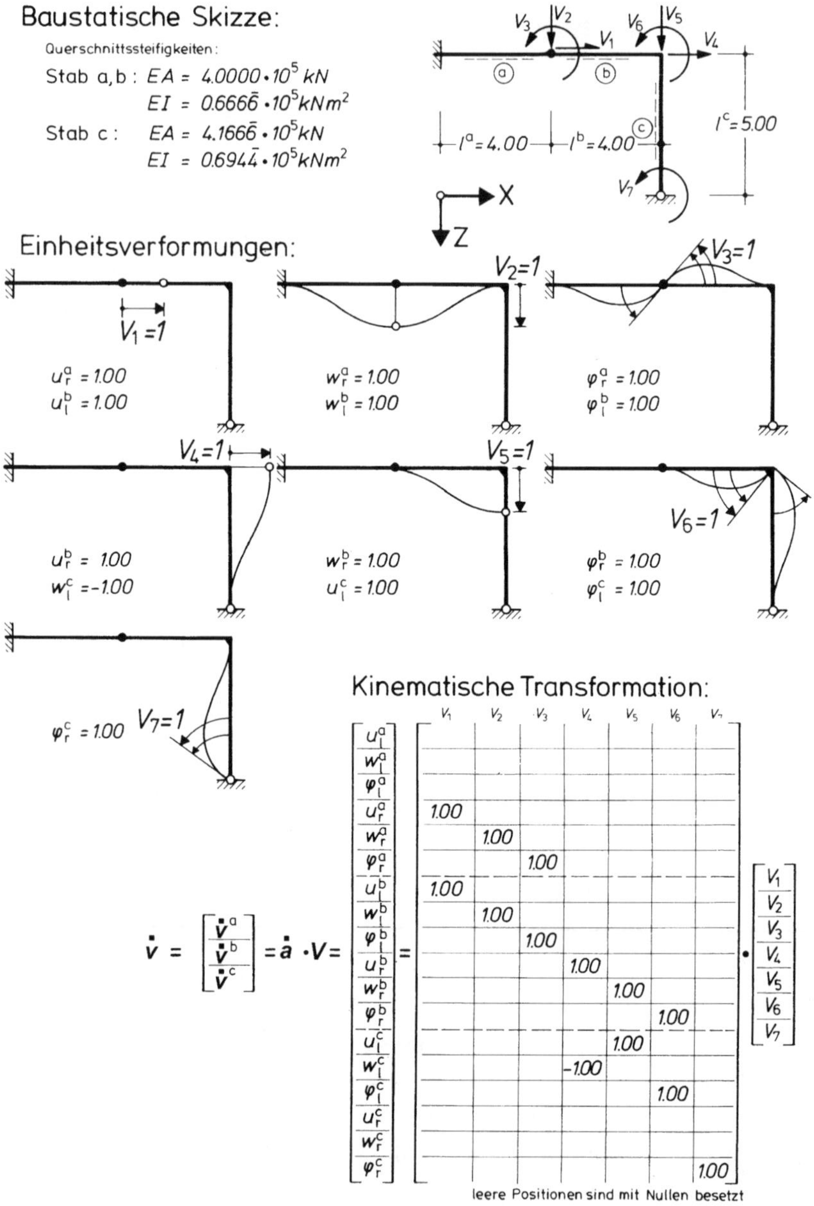

Abb. 3.46 Berechnung eines ebenen, 2-fach statisch unbestimmten Rahmentragwerks mit vollständigen Stabendvariablen, Teil 1: Einheitsdeformationszustände

Steifigkeitsbeziehung aller Elemente:

$$\dot{s} = \dot{k} \cdot \dot{v} = \begin{bmatrix} \dot{s}^a \\ \dot{s}^b \\ \dot{s}^c \end{bmatrix} = \begin{bmatrix} \dot{k}^a & & \\ & \dot{k}^b & \\ & & \dot{k}^c \end{bmatrix} \cdot \begin{bmatrix} \dot{v}^a \\ \dot{v}^b \\ \dot{v}^c \end{bmatrix} , \qquad \dot{k}^a = \dot{k}^b$$

mit:

$$\dot{s}^a = \dot{k}^a \cdot \dot{v}^a = \begin{bmatrix} N_l \\ Q_l \\ M_l \\ N_r \\ Q_r \\ M_r \end{bmatrix}^a = 10^5 \cdot \begin{bmatrix} 1.0000 & & & -1.0000 & & \\ & 0.1250 & -0.2500 & & -0.1250 & -0.2500 \\ & -0.2500 & 0.666\bar{6} & & 0.2500 & 0.333\bar{3} \\ -1.0000 & & & 1.0000 & & \\ & -0.1250 & 0.2500 & & 0.1250 & 0.2500 \\ & -0.2500 & 0.333\bar{3} & & 0.2500 & 0.666\bar{6} \end{bmatrix}^a \begin{bmatrix} u_l \\ w_l \\ \varphi_l \\ u_r \\ w_r \\ \varphi_r \end{bmatrix}^a$$

$$\dot{s}^c = \dot{k}^c \cdot \dot{v}^c = \begin{bmatrix} N_l \\ Q_l \\ M_l \\ N_r \\ Q_r \\ M_r \end{bmatrix}^c = 10^5 \cdot \begin{bmatrix} 0.833\bar{3} & & & -0.833\bar{3} & & \\ & 0.066\bar{6} & -0.166\bar{6} & & -0.066\bar{6} & -0.166\bar{6} \\ & -0.166\bar{6} & 0.555\bar{5} & & 0.166\bar{6} & 0.277\bar{7} \\ -0.833\bar{3} & & & 0.833\bar{3} & & \\ & -0.066\bar{6} & 0.166\bar{6} & & 0.066\bar{6} & 0.166\bar{6} \\ & -0.166\bar{6} & 0.277\bar{7} & & 0.166\bar{6} & 0.555\bar{5} \end{bmatrix}^c \begin{bmatrix} u_l \\ w_l \\ \varphi_l \\ u_r \\ w_r \\ \varphi_r \end{bmatrix}^c$$

Berechnungsalgorithmus:

$$K = \dot{a}^T \cdot \dot{k} \cdot \dot{a}$$

$$K \longrightarrow P = K \cdot V$$

$$\text{Inversion}: \quad K^{-1} \longrightarrow V = K^{-1} \cdot P = F \cdot P$$

$$s = \dot{k} \cdot \dot{v} = \dot{k} \cdot \dot{a} \cdot V = \dot{k} \cdot \dot{a} \cdot K^{-1} \cdot P = \dot{b} \cdot P$$
$$\dot{b} = \dot{k} \cdot \dot{a} \cdot K^{-1}:$$

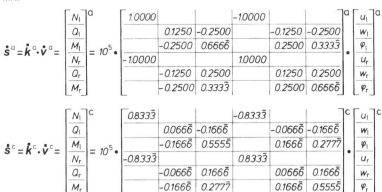

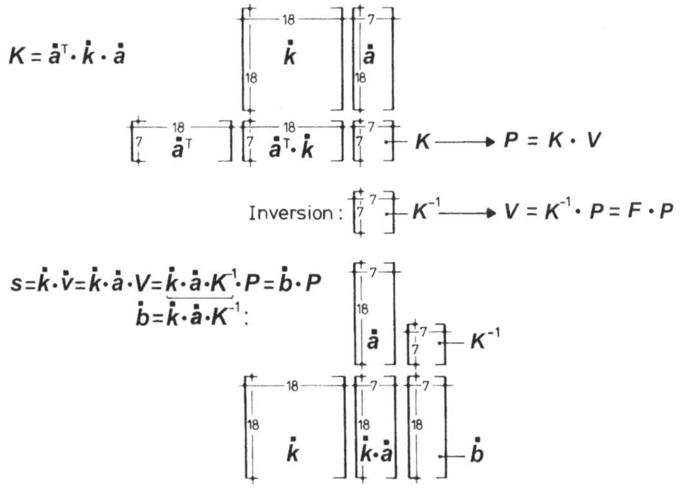

Abb. 3.47 Berechnung eines ebenen, 2-fach statisch unbestimmten Rahmentragwerks mit vollständigen Stabendvariablen, Teil 2: Element-Steifigkeiten und Berechnungsalgorithmus

Detailerläuterungen zum Einprägen weiterer globaler Freiheitsgrade erscheinen überflüssig, da keine Abweichungen vom bisherigen Vorgehen auftreten. Zugleich erkennen wir hinsichtlich dieses Bearbeitungsschrittes: Da vollständige Stabenddeformationen und globale Freiheitsgrade bei gleichen lokalen und globalen Bezugssystemen identisch definiert sind, ist das Vorgehen gegenüber demjenigen bei Verwendung unabhängiger Stabendvariablen spürbar einfacher.

Im zweiten Schritt bauen wir in Abb. 3.47 die Steifigkeitsmatrix $\overset{\bullet}{\boldsymbol{k}}$ aller drei Stabelemente auf, durch welche der Vektor $\overset{\bullet}{\boldsymbol{v}}$ der vollständigen Stabenddeformationen, ausgeschrieben in Abb. 3.46, in den Vektor

$$\begin{aligned}\overset{\bullet}{\boldsymbol{s}} &= \{\overset{\bullet}{\boldsymbol{s}}{}^{\mathrm{a}} \;\; \overset{\bullet}{\boldsymbol{s}}{}^{\mathrm{b}} \;\; \overset{\bullet}{\boldsymbol{s}}{}^{\mathrm{c}}\} \\ &= \{N_{\mathrm{l}}^{\mathrm{a}}\, Q_{\mathrm{l}}^{\mathrm{a}}\, M_{\mathrm{l}}^{\mathrm{a}}\, N_{\mathrm{r}}^{\mathrm{a}}\, Q_{\mathrm{r}}^{\mathrm{a}}\, M_{\mathrm{r}}^{\mathrm{a}} \mid N_{\mathrm{l}}^{\mathrm{b}}\, Q_{\mathrm{l}}^{\mathrm{b}}\, M_{\mathrm{l}}^{\mathrm{b}}\, N_{\mathrm{r}}^{\mathrm{b}}\, Q_{\mathrm{r}}^{\mathrm{b}}\, M_{\mathrm{r}}^{\mathrm{b}} \mid N_{\mathrm{l}}^{\mathrm{c}}\, Q_{\mathrm{l}}^{\mathrm{c}}\, M_{\mathrm{l}}^{\mathrm{c}}\, N_{\mathrm{r}}^{\mathrm{c}}\, Q_{\mathrm{r}}^{\mathrm{c}}\, M_{\mathrm{r}}^{\mathrm{c}}\}\end{aligned} \tag{3.115}$$

der korrespondierenden, vollständigen Stabendkraftgrößen transformiert wird. Die vollständigen Steifigkeitsmatrizen der einzelnen Stabelemente wurden dabei, wie in Abb. 3.47 nachvollziehbar, gemäß $\overset{\bullet}{\boldsymbol{k}}{}^{\mathrm{e}}$ nach Abb. 3.43 berechnet. $\overset{\bullet}{\boldsymbol{k}}$ entsteht hieraus als quadratische Matrix der Ordnung 18.

Der danach zweckmäßigerweise im Computer ablaufende Berechnungsalgorithmus gemäß Abb. 3.12 ist im unteren Teil von Abb. 3.47 detailliert. Die berechneten Ergebnismatrizen $\boldsymbol{K}$, $\boldsymbol{F}$ und $\overset{\bullet}{\boldsymbol{b}}$ finden sich in Abb. 3.48, dem Gegenstück zu Abb. 3.17: $\boldsymbol{K}$ und $\boldsymbol{F}$ ergeben sich natürlich gleich, $\overset{\bullet}{\boldsymbol{b}}$ ist gegenüber $\boldsymbol{b}$ um die abhängigen Stabendkraftgrößen erweitert. Wir erkennen, dass der Algorithmus der Abb. 3.12 ohne wesentliche Änderungen auch bei Verwendung vollständiger Stabendvariablen gültig bleibt. Allerdings werden alle Matrizenkanten, die Stabendvariablen zugeordnet sind, auf doppelte Länge gestreckt. Diesem einzig erkennbaren Nachteil der Vergrößerung der Matrizen steht jedoch der größere Informationsgehalt gegenüber: So lassen sich aus den in der $\overset{\bullet}{\boldsymbol{b}}$-Matrix gespeicherten Informationen die Schnittgrößen-Zustandslinien aller Knotenkraftgrößen ohne Nachlaufberechnung ermitteln, wie Abb. 3.49 dokumentiert. (Der Leser möge beim Nachvollziehen der dortigen Ergebnisdarstellungen die Vorzeichentransformation $\boldsymbol{II} \to \mathbf{I}$ beachten: $\overset{\bullet}{\boldsymbol{b}}$ verwendet die Konvention II, die Schnittgrößen werden jedoch wie üblich in der Vorzeichenkonvention I dargestellt.)

3.3.6 Berücksichtigung von Stabeinwirkungen

Um auch wieder Stabelemente mit *Stabeinwirkungen* im Rahmen vollständiger Stabendvariablen behandeln zu können, werden noch die Volleinspannkraftgrößen $\overset{\bullet\circ}{\boldsymbol{s}}{}^{e}$ in der Element-Steifigkeitsbeziehung (3.101)

$$\overset{\bullet}{\boldsymbol{s}}{}^{\mathrm{e}} = \overset{\bullet}{\boldsymbol{k}}{}^{\mathrm{e}} \cdot \overset{\bullet}{\boldsymbol{v}}{}^{\mathrm{e}} + \overset{\bullet\circ}{\boldsymbol{s}}{}^{\mathrm{e}} \tag{3.116}$$

benötigt. Diese sollen nunmehr ergänzend zu (3.102) gemäß der Vorgehensweise von Abschn. 3.3.3 durch Transformation der $\overset{\bullet}{\boldsymbol{s}}{}^{\mathrm{e}}$ (Abb. 3.6) bestimmt werden. Bisher war dort

Gesamt-Steifigkeitsbeziehung: $\mathbf{P} = \mathbf{K} \cdot \mathbf{V}$

$\mathbf{P} = 10^5 \cdot \mathbf{K} \cdot \mathbf{V}$

	V_1	V_2	V_3	V_4	V_5	V_6	V_7
P_1	2.0000			-1.0000			
P_2		0.2500			-0.1250	-0.2500	
P_3			1.3333		0.2500	0.3333	
P_4				1.0667		0.1667	0.1667
P_5		symmetrisch			0.9583	0.2500	
P_6						1.2222	0.2778
P_7							0.5556

Gesamt-Nachgiebigkeitsbeziehung: $\mathbf{V} = \mathbf{F} \cdot \mathbf{P}$

$\mathbf{V} = 10^{-5} \cdot \mathbf{F} \cdot \mathbf{P}$

	P_1	P_2	P_3	P_4	P_5	P_6	P_7
V_1	0.9928	-0.1061	0.0260	0.9855	0.0081	-0.1102	-0.2406
V_2		5.5621	-0.4213	-0.2123	0.4921	1.3160	-0.5943
V_3			0.8677	0.0521	-0.1971	-0.3227	0.1458
V_4				1.9710	0.0162	-0.2204	-0.4811
V_5		symmetrisch			1.1853	-0.1006	0.0454
V_6						1.3663	-0.6171
V_7							2.2529

Gleichgewichtstransformation: $\overset{\bullet}{\mathbf{s}} = \overset{\bullet}{\mathbf{b}} \cdot \mathbf{P}$

	P_1	P_2	P_3	P_4	P_5	P_6	P_7
N_l^a	-0.9928	0.1061	-0.0260	-0.9855	-0.0081	0.1102	0.2406
Q_l^a	0.0068	-0.5899	-0.1643	0.0135	-0.0122	-0.0838	0.0379
M_l^a	-0.0179	1.2501	0.1839	-0.0357	0.0573	0.2214	-0.1000
N_r^a	0.9928	-0.1061	0.0260	0.9855	0.0081	-0.1102	-0.2406
Q_r^a	-0.0068	0.5899	0.1643	-0.0135	0.0122	0.0838	-0.0379
M_r^a	-0.0092	1.1097	0.4731	-0.0184	-0.0084	0.1139	-0.0514
N_l^b	0.0072	0.1061	-0.0260	-0.9855	-0.0081	0.1102	0.2406
Q_l^b	0.0068	0.4101	-0.1643	0.0135	-0.0122	-0.0838	0.0379
M_l^b	0.0092	-1.1097	0.5269	0.0184	0.0084	-0.1139	0.0514
N_r^b	-0.0072	-0.1061	0.0260	0.9855	0.0081	-0.1102	-0.2406
Q_r^b	-0.0068	-0.4101	0.1643	-0.0135	0.0122	0.0838	-0.0379
M_r^b	-0.0362	-0.5307	0.1301	-0.0724	0.0406	0.4491	-0.2028
N_l^c	0.0068	0.4101	-0.1643	0.0135	0.9878	-0.0838	0.0379
Q_l^c	-0.0072	-0.1061	0.0260	-0.0145	0.0081	-0.1102	-0.2406
M_l^c	0.0362	0.5307	-0.1301	0.0724	-0.0406	0.5509	0.2028
N_r^c	-0.0068	-0.4101	0.1643	-0.0135	-0.9878	0.0838	-0.0379
Q_r^c	0.0072	0.1061	-0.0260	0.0145	-0.0081	0.1102	0.2406
M_r^c							1.0000

leere Positionen sind mit Nullen besetzt

Abb. 3.48 Berechnung eines ebenen, 2-fach statisch unbestimmten Rahmentragwerks mit vollständigen Stabendvariablen, Teil 3: Ergebnismatrizen

die Transformation (3.106) der Stabendkraftgrößen nur für lastfreie Stäbe aufgestellt worden; bei Vorhandensein von Stabeinwirkungen treten jedoch noch Zusatzglieder $\boldsymbol{p}^{*e}$ auf, welche Resultierende und Momente von Stablasten verkörpern:

$$\overset{\bullet}{s}^{e} = \boldsymbol{e}^{eT} \cdot \boldsymbol{s}^{e} + \boldsymbol{p}^{*e}. \tag{3.117}$$

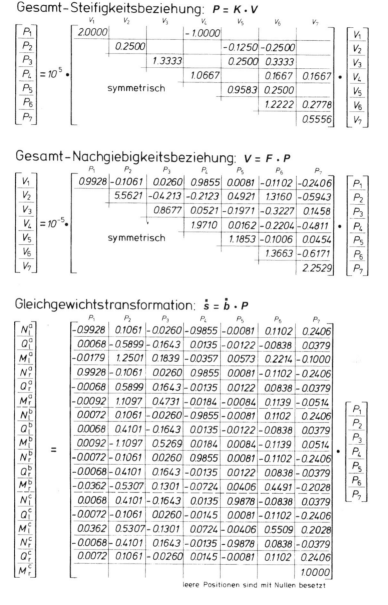

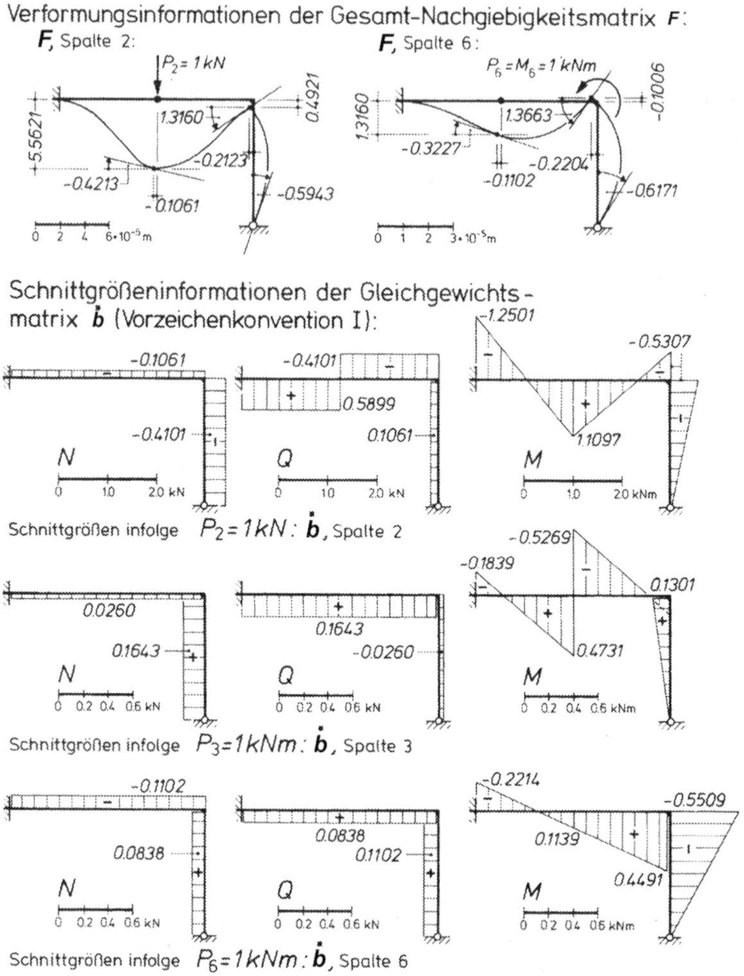

Abb. 3.49 Berechnung eines ebenen, 2-fach statisch unbestimmten Rahmentragwerks mit vollständigen Stabendvariablen, Teil 4: Ergebnisdarstellung

Abbildung 3.50 zeigt im oberen Teil deren Ursprung für allgemeine Streckenlasten $q_x(x)$, $q_z(x)$ aus den Gleichgewichtsbedingungen und leitet aus ihnen, analog zu Abb. 3.42, die für Gleichlasten geltenden Transformationen (3.117) explizit her.

Substituiert man nun in (3.117) die Element-Steifigkeitsbeziehung (3.25) sowie hierin die Transformation der Elementkinematen (3.107), so entsteht:

Gleichgewichtsbedingungen bei Wirkung allgemeiner Streckenlasten:

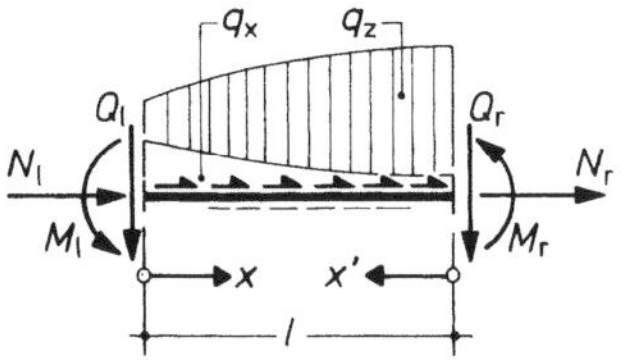

$$N_l + N_r + \int_0^l q_x\,dx = 0$$

$$M_l + M_r + Q_l\,l + \int_0^l q_z\,x'\,dx = 0$$

$$M_l + M_r - Q_r\,l - \int_0^l q_z\,x\,dx = 0$$

Sonderfall: Gleichlast $q_x = konst,\ q_z = konst$:

$$N_l = -N_r - q_x \cdot l$$

$$Q_l = -(M_l + M_r):l - q_z \cdot l/2$$

$$Q_r = (M_l + M_r):l - q_z \cdot l/2$$

Gleichgewichtstransformation:

$$\overset{\blacksquare}{\boldsymbol{s}}{}^{e} = \boldsymbol{e}^{eT} \cdot \boldsymbol{s}^{e} + \boldsymbol{p}^{*e}: \quad \begin{bmatrix} N_l \\ Q_l \\ M_l \\ N_r \\ Q_r \\ M_r \end{bmatrix}^{e} = \begin{bmatrix} -1 & & \\ & -1/l & -1/l \\ & 1 & \\ 1 & & \\ & 1/l & 1/l \\ & & 1 \end{bmatrix}^{e} \cdot \begin{bmatrix} N_r \\ M_l \\ M_r \end{bmatrix}^{e} + \begin{bmatrix} -q_x \cdot l \\ -q_z \cdot l/2 \\ \\ \\ -q_z \cdot l/2 \\ \\ \end{bmatrix}$$

Transformation der Volleinspannkraftgrößen:

$$\begin{bmatrix} -q_x \cdot l/2 \\ q_z \cdot l^2/12 \\ -q_z \cdot l^2/12 \end{bmatrix}^{e} \text{— } \overset{\circ}{\boldsymbol{s}}{}^{e} \text{ gemäß Abb. 3.6}$$

$$\overset{\blacksquare\circ}{\boldsymbol{s}}{}^{e} = \boldsymbol{e}^{eT} \cdot \overset{\circ}{\boldsymbol{s}}{}^{e} + \boldsymbol{p}^{*e}: \quad \begin{bmatrix} \overset{\circ}{N}_l \\ \overset{\circ}{Q}_l \\ \overset{\circ}{M}_l \\ \overset{\circ}{N}_r \\ \overset{\circ}{Q}_r \\ \overset{\circ}{M}_r \end{bmatrix}^{e} = \begin{bmatrix} -1 & & \\ & -1/l & -1/l \\ & 1 & \\ 1 & & \\ & 1/l & 1/l \\ & & 1 \end{bmatrix}^{e} \cdot \begin{bmatrix} q_x \cdot l/2 \\ \\ q_z \cdot l^2/12 \\ -q_x \cdot l/2 \\ \\ -q_z \cdot l^2/12 \end{bmatrix} + \begin{bmatrix} -q_x \cdot l \\ -q_z \cdot l/2 \\ \\ \\ -q_z \cdot l/2 \\ \\ \end{bmatrix}^{e} = \begin{bmatrix} -q_x \cdot l/2 \\ -q_z \cdot l/2 \\ q_z \cdot l^2/12 \\ -q_x \cdot l/2 \\ -q_z \cdot l/2 \\ -q_z \cdot l^2/12 \end{bmatrix}^{e}$$

Abb. 3.50 Bestimmung vollständiger Festhaltekraftgrößen

$$\overset{\blacksquare}{\boldsymbol{s}}{}^{e} = \boldsymbol{e}^{eT} \cdot \boldsymbol{s}^{e} + \boldsymbol{p}^{*e}$$

$$\boldsymbol{s}^{e} = \boldsymbol{k}^{e} \cdot \boldsymbol{v}^{e} + \overset{\circ}{\boldsymbol{s}}{}^{e}$$

$$\underline{\boldsymbol{v}^{e} = \boldsymbol{e}^{e} \cdot \overset{\blacksquare}{\boldsymbol{v}}{}^{e}}$$

$$\overset{\blacksquare}{\boldsymbol{s}}{}^{e} = \boldsymbol{e}^{eT} \cdot \boldsymbol{k}^{e} \cdot \boldsymbol{e}^{e} \cdot \overset{\blacksquare}{\boldsymbol{v}}{}^{e} + \boldsymbol{e}^{eT} \cdot \overset{\circ}{\boldsymbol{s}}{}^{e} + \boldsymbol{p}^{*e} = \overset{\blacksquare}{\boldsymbol{k}}{}^{e} \cdot \overset{\blacksquare}{\boldsymbol{v}}{}^{e} + \overset{\blacksquare}{\boldsymbol{s}}{}^{e} \tag{3.118}$$

mit

$$\overset{\blacksquare\circ}{\boldsymbol{s}}{}^{e} = \boldsymbol{e}^{eT} \cdot \overset{\circ}{\boldsymbol{s}}{}^{e} + \boldsymbol{p}^{*e}. \tag{3.119}$$

Diese Transformation ist für Gleichlasten q_x, q_z im unteren Teil von Abb. 3.50 ausgeführt worden: Sie liefert offensichtlich die gesuchten *vollständigen Festhaltekraftgrößen* dieser Lastbilder, d. h. sämtliche an beiden Stabenden auftretenden Stabendkraftgrößen.

Als Ergebnis dieser Transformationen enthält Abb. 3.52 die vollständigen Festhaltekräfte und Volleinspannmomente für die bereits aus Abb. 3.6 bekannten Lastbilder. Die weitere Behandlung der vollständigen Volleinspannkraftgrößen im Weggrößenverfahren entspricht nun weitgehend dem Algorithmus in Abb. 3.12 sowie den Erläuterungen des Abschn. 3.1.3. Die durch Stablasten in die Knoten eingeleiteten Lastanteile werden allerdings nicht mehr, wie bei Verwendung unabhängiger Stabendvariablen, als statisch bestimmte Auflagerreaktionen gemäß (2.48) berücksichtigt. Vielmehr sind diese bereits ganz in den vollständigen Festhaltekraftgrößen $\mathring{\dot{s}}^e$ enthalten und werden durch sie in die Nachbarknoten übertragen. Damit geben wir hier die Hilfsvorstellung belasteter Sekundärträger zugunsten einer Kraftübertragung über die Knotenanschnitte auf.

3.3.7 Beispiel: Ebenes Rahmentragwerk mit schrägem Stiel

Zur weiteren Erläuterung des Weggrößenverfahrens mit vollständigen Stabendvariablen greifen wir nun in Abb. 3.51 auf das erstmals in Abb. 1.8 behandelte Rahmentragwerk zurück. Wie dort sollen auch jetzt Achsialverformungen der Stäbe vernachlässigt werden, d. h., es gilt zukünftig: $u_1^e = u_r^e = 0$. Offensichtlich entfällt durch diese Annahme unmittelbar der vertikale Freiheitsgrad des Knotens 3. Weiterhin sind hierdurch wegen der Schräglage des Stabes d die drei identischen, *horizontalen* Freiheitsgrade der Riegelknoten mit dem *vertikalen* Freiheitsgrad V_3 gekoppelt: Weil das Stabelement d – neben Verbiegungen aus V_2, V_4 – nur *Drehungen* um seinen Endknoten 4 erleiden kann, sind horizontale Riegelverschiebungen stets mit vertikalen Verschiebungen im Knoten 2 verbunden. Da nur *ein* unabhängiger Freiheitsgrad einzuführen ist, wählen wir V_3 als diesen.

Im mittleren Teil der Abb. 3.51 findet der Leser als 1. Bearbeitungsschritt erneut die Einheitsverformungszustände der nunmehr 6 äußeren Knotenfreiheitsgrade, aus welchen sodann spaltenweise die kinematische Transformationsmatrix $\dot{\boldsymbol{a}}$ aufgebaut wird. Die eingangs erläuterte Freiheitsgradkopplung im Knoten 4 ist der Verformungsfigur für V_3 zu entnehmen: Das Einprägen von $V_3 = 1$ erzwingt wegen der horizontalen Riegelverschieblichkeit die zum Stab d rechtwinklige Verschiebung 5/4 sowie die horizontale Riegelverschiebung 3/4, wie mittels des pythagoreischen Lehrsatzes bestätigt wird.

In Abb. 3.53 folgen sodann die einzelnen Element-Steifigkeitsmatrizen $\dot{\boldsymbol{k}}^e$ gemäß Abb. 3.42, aus welchen sich die Matrix $\dot{\boldsymbol{k}}$ aufbaut. Durch Kongruenztransformation mit $\dot{\boldsymbol{a}}$ (3.114) entsteht hieraus erneut die Gesamt-Steifigkeitsmatrix $\boldsymbol{K}$, deren Gesamt-Steifigkeitsbeziehung und – nach Inversion $\boldsymbol{F} = \boldsymbol{K}^{-1}$ – Gesamt-Nachgiebigkeitsbeziehung Abb. 3.53 abschließen.

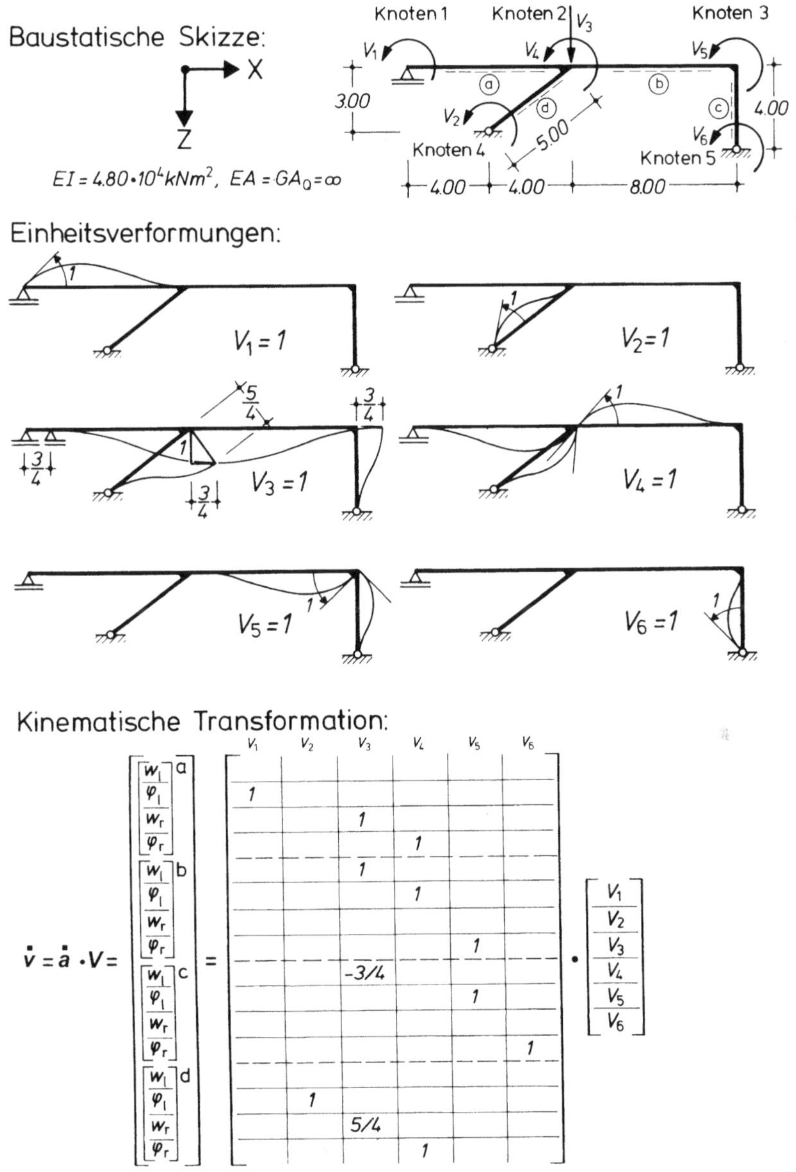

Abb. 3.51 Berechnung eines ebenen Rahmentragwerks: Kinematik

Die noch verbleibenden Berechnungsschritte des Standardalgorithmus in Abb. 3.12 sind einleitend in Abb. 3.54 wiederholt. Zwar wurde zur Gewinnung von $\boldsymbol{F}$ die Gesamt-Steifigkeitsbeziehung auf Abb. 3.53 invertiert; für eine Berechnung einzelner Lastfälle reicht jedoch die zeitsparendere Gleichungsauflösung stets aus. Zur Bestimmung der Schnittgrößen des Lastfalls 1 wird zunächst der Lastvektor $\boldsymbol{P}$ wie angegeben aufgebaut.

$\alpha = \frac{a}{l},\ \beta = \frac{b}{l},\ \gamma = \frac{c}{l}$

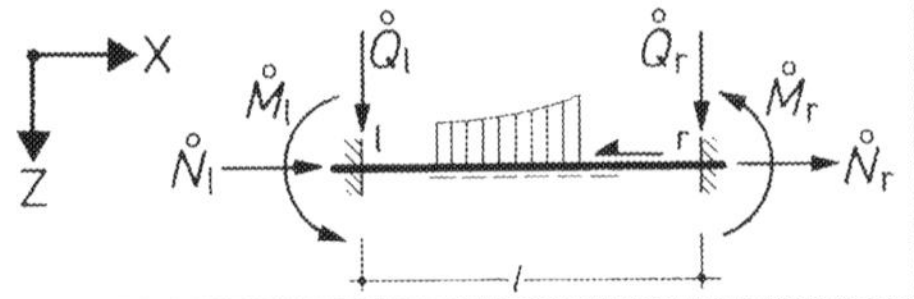

Nr.	Lastfall	$\mathring{N}_l$ / $\mathring{N}_r$	$\mathring{Q}_l$ / $\mathring{Q}_r$	$\mathring{M}_l$ / $\mathring{M}_r$
1	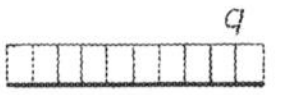		$-q\frac{l}{2}$	$q\frac{l^2}{12}$
			$-q\frac{l}{2}$	$-q\frac{l^2}{12}$
2	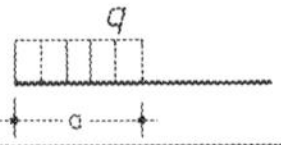		$-q\frac{a}{2}(2-2\alpha^2+\alpha^3)$	$q\frac{a^2}{12}(6-8\alpha+3\alpha^2)$
			$-q\frac{a}{2}\alpha^2(2-\alpha)$	$-q\frac{a^2}{12}\alpha(4-3\alpha)$
3	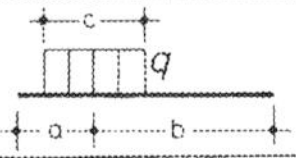		$-qc[\beta+(\alpha\beta-\frac{\gamma^2}{4})(\beta-\alpha)]$	$qc[a\beta^2+\frac{\gamma^2}{12}(l-3b)]$
			$-qc[\alpha-(\alpha\beta-\frac{\gamma^2}{4})(\beta-\alpha)]$	$-qc[b\alpha^2+\frac{\gamma^2}{12}(l-3a)]$
4	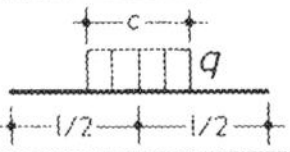		$-q\frac{c}{2}$	$q\frac{cl}{8}(1-\frac{\gamma^2}{3})$
			$-q\frac{c}{2}$	$-q\frac{cl}{8}(1-\frac{\gamma^2}{3})$
5			$-\frac{l}{20}(7q_1+3q_2)$	$\frac{l^2}{60}(3q_1+2q_2)$
			$-\frac{l}{20}(3q_1+7q_2)$	$-\frac{l^2}{60}(2q_1+3q_2)$
6	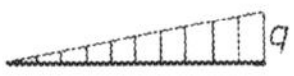		$-q\frac{3l}{20}$	$q\frac{l^2}{30}$
			$-q\frac{7l}{20}$	$-q\frac{l^2}{20}$
7	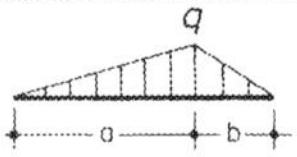		$-q\frac{l}{20}(3+3\beta+3\beta^2-2\beta^3)$	$q\frac{l^2}{30}(1+\beta+\beta^2-\frac{3}{2}\beta^3)$
			$-q\frac{l}{20}(3+3\alpha+3\alpha^2-2\alpha^3)$	$-q\frac{l^2}{30}(1+\alpha+\alpha^2-\frac{3}{2}\alpha^3)$
8	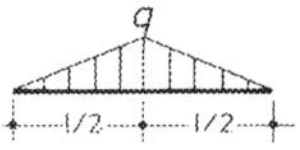		$-q\frac{l}{4}$	$q\frac{5}{96}l^2$
			$-q\frac{l}{4}$	$-q\frac{5}{96}l^2$
9	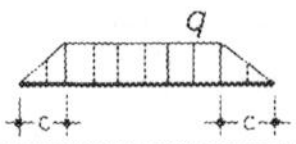		$-q\frac{l}{2}(1-\gamma)$	$q\frac{l^2}{12}[1-\gamma^2(2-\gamma)]$
			$-q\frac{l}{2}(1-\gamma)$	$-q\frac{l^2}{12}[1-\gamma^2(2-\gamma)]$
10	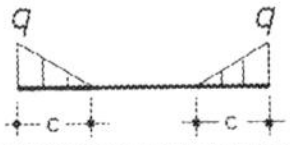		$-q\frac{c}{2}$	$q\frac{c^2}{6}(1-\frac{\gamma}{2})$
			$-q\frac{c}{2}$	$-q\frac{c^2}{6}(1-\frac{\gamma}{2})$
11	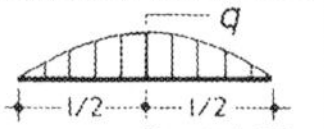 Parabel 2.O.		$-q\frac{l}{3}$	$q\frac{l^2}{15}$
			$-q\frac{l}{3}$	$-q\frac{l^2}{15}$
12	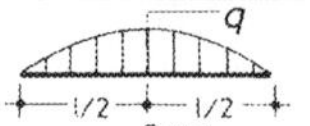 Sinus		$-q\frac{l}{\pi}$	$q\frac{2l^2}{\pi^3}$
			$-q\frac{l}{\pi}$	$-q\frac{2l^2}{\pi^2}$
13		$-n\frac{l}{2}$		
		$-n\frac{l}{2}$		

Abb. 3.52 Vollständige Festhaltekräfte und Volleinspannmomente bei Stabeinwirkungen (Vorzeichenkonvention II)

14	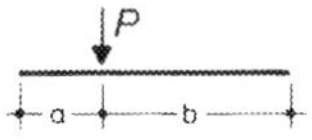		$-P\,\beta^2(3-2\beta)$	$P\,a\,\beta^2$
			$-P\,\alpha^2(3-2\alpha)$	$-P\,b\,\alpha^2$
15	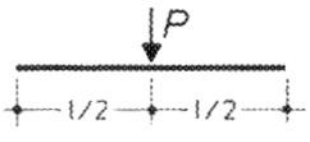		$-P\frac{1}{2}$	$P\frac{l}{8}$
			$-P\frac{1}{2}$	$-P\frac{l}{8}$
16	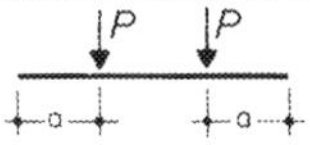		$-P$	$P\,a(1-\alpha)$
			$-P$	$-P\,a(1-\alpha)$
17	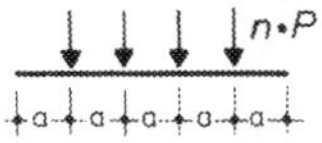		$-P\frac{n}{2}$	$P\frac{l}{12}\,\frac{n(n+2)}{n+1}$
			$-P\frac{n}{2}$	$-P\frac{l}{12}\,\frac{n(n+2)}{n+1}$
18	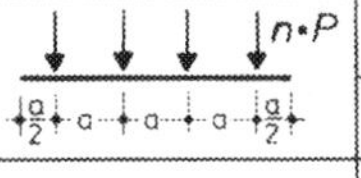		$-P\frac{n}{2}$	$P\frac{l}{24}\,\frac{2n^2+1}{n}$
			$-P\frac{n}{2}$	$-P\frac{l}{24}\,\frac{2n^2+1}{n}$
19		$-H\cdot\beta$		
		$-H\cdot\alpha$		
20	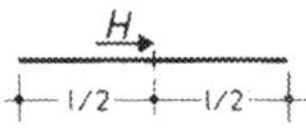	$-H\frac{1}{2}$		
		$-H\frac{1}{2}$		
21	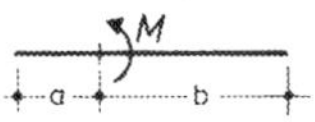		$-M\frac{6}{l}\,\alpha\beta$	$M\,\beta(3\alpha-1)$
			$M\frac{6}{l}\,\alpha\beta$	$M\,\alpha(3\beta-1)$
22	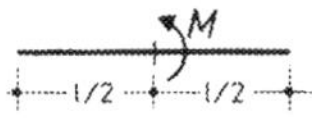		$-M\frac{3}{2l}$	$M\frac{1}{4}$
			$M\frac{3}{2l}$	$M\frac{1}{4}$
23	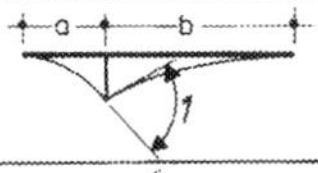		$\frac{6EI}{l^2}(\alpha-\beta)$	$\frac{2EI}{l}(3\beta-1)$
			$-\frac{6EI}{l^2}(\beta-\alpha)$	$-\frac{2EI}{l}(3\alpha-1)$
24	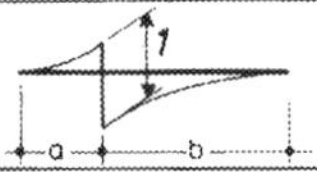		$\frac{12EI}{l^3}$	$-\frac{6EI}{l^2}$
			$-\frac{12EI}{l^3}$	$-\frac{6EI}{l^2}$
25	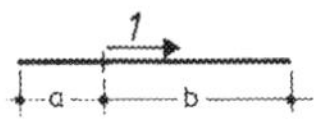	$-\frac{EA}{l}$		
		$-\frac{EA}{l}$		
26			$-\frac{12EI}{l^3}\Delta w$	$\frac{6EI}{l^2}\Delta w$
			$\frac{12EI}{l^3}\Delta w$	$\frac{6EI}{l^2}\Delta w$
27	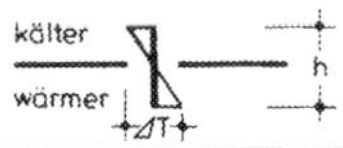			$EI\,\alpha_T\frac{\Delta T}{h}$
				$-EI\,\alpha_T\frac{\Delta T}{h}$
28	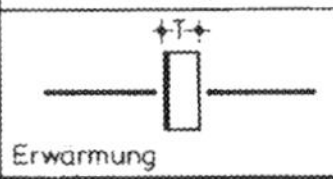	$EA\,\alpha_T T$		
		$-EA\,\alpha_T T$		

Abb. 3.52 (Fortsetzung)

Steifigkeitsmatrix $\overset{\bullet}{\boldsymbol{k}}$ aller Elemente:

$$\overset{\bullet}{\boldsymbol{k}} = \begin{bmatrix} \overset{\bullet}{\boldsymbol{k}}{}^{a} & & & \\ & \overset{\bullet}{\boldsymbol{k}}{}^{b} & & \\ & & \overset{\bullet}{\boldsymbol{k}}{}^{c} & \\ & & & \overset{\bullet}{\boldsymbol{k}}{}^{d} \end{bmatrix} \qquad \overset{\bullet}{\boldsymbol{k}}{}^{a} = \overset{\bullet}{\boldsymbol{k}}{}^{b} = 10^4 \cdot \begin{bmatrix} 0.1125 & -0.4500 & -0.1125 & -0.4500 \\ -0.4500 & 2.4000 & 0.4500 & 1.2000 \\ -0.1125 & 0.4500 & 0.1125 & 0.4500 \\ -0.4500 & 1.2000 & 0.4500 & 2.4000 \end{bmatrix}$$

$$\overset{\bullet}{\boldsymbol{k}}{}^{c} = 10^4 \cdot \begin{bmatrix} 0.9000 & -1.8000 & -0.9000 & -1.8000 \\ -1.8000 & 4.8000 & 1.8000 & 2.4000 \\ -0.9000 & 1.8000 & 0.9000 & 1.8000 \\ -1.8000 & 2.4000 & 1.8000 & 4.8000 \end{bmatrix} \qquad \overset{\bullet}{\boldsymbol{k}}{}^{d} = 10^4 \cdot \begin{bmatrix} 0.4608 & -1.1520 & -0.4608 & -1.1520 \\ -1.1520 & 3.8400 & 1.1520 & 1.9200 \\ -0.4608 & 1.1520 & 0.4608 & 1.1520 \\ -1.1520 & 1.9200 & 1.1520 & 3.8400 \end{bmatrix}$$

Gesamt-Steifigkeitsbeziehung mit $\boldsymbol{K} = \overset{\bullet}{\boldsymbol{a}}{}^{T} \cdot \overset{\bullet}{\boldsymbol{k}} \cdot \overset{\bullet}{\boldsymbol{a}}$:

$$\begin{bmatrix} P_1 \\ P_2 \\ P_3 \\ P_4 \\ P_5 \\ P_6 \end{bmatrix} = 10^4 \cdot \begin{bmatrix} 2.4000 & & 0.4500 & 1.2000 & & \\ & 3.8400 & 1.4400 & 1.9200 & & \\ & & 1.4513 & 1.4400 & 0.9000 & 1.3500 \\ & \text{symmetrisch} & & 8.6400 & 1.2000 & \\ & & & & 7.2000 & 2.4000 \\ & & & & & 4.8000 \end{bmatrix} \cdot \begin{bmatrix} V_1 \\ V_2 \\ V_3 \\ V_4 \\ V_5 \\ V_6 \end{bmatrix}$$

(Spalten: V_1, V_2, V_3, V_4, V_5, V_6)

Gesamt-Nachgiebigkeitsbeziehung mit $\boldsymbol{F} = \boldsymbol{K}^{-1}$:

$$\begin{bmatrix} V_1 \\ V_2 \\ V_3 \\ V_4 \\ V_5 \\ V_6 \end{bmatrix} = 10^{-4} \cdot \begin{bmatrix} 0.5116 & 0.1658 & -0.3779 & -0.0482 & 0.0238 & 0.0944 \\ & 0.5830 & -0.8362 & -0.0181 & 0.0350 & 0.2177 \\ & & 2.4441 & -0.1608 & -0.0595 & -0.6577 \\ & \text{symmetrisch} & & 0.1568 & -0.0253 & 0.0579 \\ & & & & 0.1740 & -0.0702 \\ & & & & & 0.4284 \end{bmatrix} \cdot \begin{bmatrix} P_1 \\ P_2 \\ P_3 \\ P_4 \\ P_5 \\ P_6 \end{bmatrix}$$

(Spalten: P_1, P_2, P_3, P_4, P_5, P_6)

leere Positionen sind mit Nullen besetzt

Abb. 3.53 Berechnung eines ebenen Rahmentragwerks: Steifigkeiten und Nachgiebigkeiten

Mit ihm entsteht durch Lösung der Gesamt-Steifigkeitsbeziehung der Vektor $\boldsymbol{V}$ der Knotenweggrößen, hieraus mittels der kinematischen Transformation (3.111) der Vektor $\overset{\bullet}{\boldsymbol{v}}$ der vollständigen Stabenddeformationen. Dessen Substitution in die Steifigkeitsbeziehung aller Elemente (3.110) ergibt schließlich die vollständigen Stabendkraftgrößen $\overset{\bullet}{\boldsymbol{s}}$, erwartungsgemäß in der Vorzeichenkonvention II. Zu ihrem Vergleich mit den Schnittgrößen des gleichen Lastfalles in Abb. 1.10 müssen daher die Vorzeichen von Q_1 und M_1 umgekehrt werden. Der 2. Lastfall, eine thermische Riegeleinwirkung von $\Delta T = -50\,\mathbf{K}$, folgt demselben Vorgehen. Der dort verwendete Vektor $\overset{\bullet\circ}{\boldsymbol{s}}$ der eingeprägten Volleinspannkraftgrößen wird dabei unter Verwendung von Abb. 3.52 ermittelt. Die berechneten, Abb. 3.54 abschließenden Stabendkraftgrößen können mit den Schnittgrößen dieser Einwirkung in Abb. 1.13 verglichen werden.

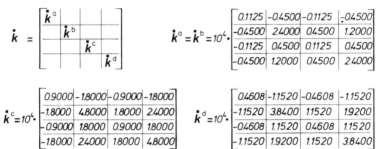

Verwendeter Algorithmus:

$$\mathbf{P} = \mathbf{K} \cdot \mathbf{V} + \dot{\mathbf{a}}^T \cdot \overset{\circ\bullet}{\mathbf{s}} \longrightarrow \mathbf{V} = \mathbf{F} \cdot (\mathbf{P} - \dot{\mathbf{a}}^T \cdot \overset{\circ\bullet}{\mathbf{s}}) \quad \text{(Inversion oder Gleichungsauflösung)}$$

$$\dot{\mathbf{v}} = \dot{\mathbf{a}} \cdot \mathbf{V}$$

$$\dot{\mathbf{s}} = \dot{\mathbf{k}} \cdot \dot{\mathbf{v}} + \overset{\circ\bullet}{\mathbf{s}}$$

Lastfall 1: $P_3 = 50.00\,kN$

$$\mathbf{P} = \{0 \mid 0 \mid 50.00 \mid 0 \mid 0 \mid 0\}, \quad \overset{\circ\bullet}{\mathbf{s}} = \mathbf{0}$$

$$\mathbf{V} = 10^{-2} \cdot \{-0.1889 \mid -0.4181 \mid 1.2221 \mid -0.0804 \mid -0.0297 \mid -0.3288\}$$

$\dot{\mathbf{s}}^e = [Q_l, M_l, Q_r, M_r]^e$:

	Stab a	Stab b	Stab c	Stab d
Q_l	-1.628	18.705	-17.945	-12.967
M_l	0.000	-77.858	71.780	0.000
Q_r	1.628	-18.705	17.945	12.967
M_r	13.025	-71.780	0.000	64.834

Lastfall 2: Temperaturgradient $\Delta T = -50K$ im Riegel a, b:

$$\alpha_T = 1.0 \cdot 10^{-5} K^{-1}, \quad h = 0.40\,m, \quad \Delta T = T_{\text{unten}} - T_{\text{oben}} = 10°C - 60°C = -50K$$

$$EI\alpha_T \frac{\Delta T}{h} = 4.80 \cdot 10^4 \cdot 1.0 \cdot 10^{-5} \cdot \frac{-50.00}{0.40} = -60.00$$

$$\mathbf{P} = \mathbf{0}, \quad \overset{\circ\bullet}{\mathbf{s}} = \{0 \;\; -60.00 \;\; 0 \;\; 60.00 \mid 0 \;\; -60.00 \;\; 0 \;\; 60.00 \mid 0 \;\; 0 \;\; 0 \;\; 0 \mid 0 \;\; 0 \;\; 0 \;\; 0\}$$

$$\mathbf{V} = 10^{-3} \cdot \{2.9269 \mid 0.7851 \mid -1.9103 \mid -0.1375 \mid -0.9009 \mid 0.9877\}$$

$\dot{\mathbf{s}}^e = [Q_l, M_l, Q_r, M_r]$:

	Stab a	Stab b	Stab c	Stab d
Q_l	-10.403	2.524	11.331	3.543
M_l	0.000	-65.514	-45.326	0.000
Q_r	10.403	-2.524	-11.331	-3.543
M_r	83.227	45.326	0.000	-17.713

Abb. 3.54 Berechnung eines ebenen Rahmentragwerks: Knotenverschiebungen und vollständige Stabendkraftgrößen zweier Lastfälle

3.3.8 Beispiel: Trägerrost

Im Abschn. 2.3.4 behandelten wir einen einfachen Trägerrost nach dem Kraftgrößenverfahren, dessen fehlende Querbiegesteifigkeit ($EI_z = 0$) sowie Torsionssteifigkeit ($GI_T = 0$) im Stab b die Aufgabe 2-fach statisch unbestimmt machten. Nunmehr werden wir dieses Tragwerk nach dem Weggrößenverfahren mit vollständigen Stabendvariablen berechnen. Im oberen Teil von Abb. 3.55 beginnen wir den Berechnungsgang wieder mit der Festlegung der wesentlichen Knotenfreiheitsgrade: Verschiebungen in den globalen Richtungen X, Y entfallen wegen vorausgesetzter Lastfreiheit, die Drehung φ_z wegen der Biegeweichheit um die lokalen z-Achsen. Ebenfalls aus diesen Gründen darf im Vektor

$\overset{\bullet}{s}$ der Stabendkraftgrößen die Gruppe der N, Q_y, M_z gestrichen werden, für den Stab b zusätzlich diejenige der Torsionsmomente M_T. Die Spalte $\overset{\bullet}{v}$ enthält alle zu den in $\overset{\bullet}{s}$ verbleibenden Kraftgrößen korrespondierenden Stabendkinematen.

Diese im Kraftgrößenverfahren mit Sorgfalt zu modellierenden Steifigkeitseigenschaften übertragen sich auf einfache Weise in die kinematische Transformationsmatrix, wie man beispielsweise dem Zwangsverformungszustand $V_2 = 1$ entnimmt: Er führt zu einer Verbiegung von Stab a sowie einer Tordierung von Stab b, letztere bleibt aber wegen der fehlenden Torsionsvariablen $\varphi^{\mathrm{b}}_{\mathrm{xl}}$, $\varphi^{\mathrm{b}}_{\mathrm{xr}}$ in $\overset{\bullet}{\boldsymbol{a}}$ unfixiert. Als nächsten Schritt stellen wir wieder die beiden vollständigen Stabsteifigkeitsmatrizen $\overset{\bullet}{\boldsymbol{k}}{}^{\mathrm{a}}$, $\overset{\bullet}{\boldsymbol{k}}{}^{\mathrm{b}}$ auf: Aus derjenigen des allgemeinen räumlichen Elementes in Abb. 3.44 ($\phi_y = \phi_z = 0$) gewinnen wir zunächst die für querbelastete, torsionssteife Stäbe geltende Variante durch Streichung der Zeilen für N_l, N_r, Q_{yl}, Q_{yr}, M_{zl}, M_{zr} sowie der zugehörigen Spalten. Sie ist am Ende von Abb. 3.55 wiedergegeben. Durch weitere Streichung der M_{Tl}, M_{Tr} zugeordneten Zeilen und Spalten entsteht hieraus die für das Stabelement b geltende Steifigkeitsmatrix eines reinen Biegestabes.

Die mit den aktuellen Zahlenwerten versehenen Steifigkeitsmatrizen $\overset{\bullet}{\boldsymbol{k}}{}^{\mathrm{a}}$, $\overset{\bullet}{\boldsymbol{k}}{}^{\mathrm{b}}$ finden sich am Beginn der Abb. 3.56 gemeinsam mit den vollständigen Festhaltekraftgrößen. Aus beidem bauen wir, dem Algorithmus in Abb. 3.12 folgend, die Gesamt-Steifigkeitsbeziehung der Struktur auf, deren Lösung $\boldsymbol{V}$ ebenfalls in Abb. 3.56 angegeben ist. Mit den Elementen V_i berechnen wir sodann die vollständigen Stabendkraftgrößen $\overset{\bullet}{s}$, aus denen sich, nach Transformation in die Vorzeichenkonvention I, die Schnittgrößen-Zustandslinien konstruieren lassen. Der Leser möge beim Vergleich der hier gewonnenen Ergebnisse mit denjenigen der Abb. 2.40 beachten, dass dort – wegen der Verwendung *unabhängiger* Variablen – P_1 mit der Auflagerkomponente $16.0 \cdot 9.00/2 = 72.0\,\mathrm{kN}$ infolge $q^{\mathrm{b}}_{\mathrm{z}}$ zu belegen ist.

3.4 Die direkte Steifigkeitsmethode

3.4.1 Gesamt-Steifigkeitsbeziehung und Lagerreaktionen

Bisher waren die verschiedenen Varianten des Weggrößenverfahrens in einer vornehmlich auf manuelle Handhabbarkeit abzielenden Weise vorgestellt worden. Nun wollen wir uns, als Übergang zur Methode der finiten Elemente, stärker computerorientierten Aspekten zuwenden. Damit treten viele der Ingenieuranschauung entstammende Vereinfachungen der Statik, wie sie noch im letzten Abschnitt zur Verkleinerung der Matrizenordnungen angewendet wurden, zunehmend zugunsten einheitlicher Behandlungsstrategien in den Hintergrund. In diesem Sinne beginnen wir mit der Erläuterung der *Ermittlung von Lagerreaktionen* $\boldsymbol{C}$ aus der Gesamt-Steifigkeitsbeziehung, um auch den Schritt 6 der Abb. 3.12 auf kinematische Informationen zu gründen.

Kinematische Transformationsmatrizen $\boldsymbol{a}$, $\overset{\bullet}{\boldsymbol{a}}$ waren bisher stets unter Berücksichtigung der wirklichen Lagerungsbedingungen eines vorliegenden Tragwerks aufgestellt

Baustatische Skizze und Variablen:

Stab *a*: EI_y, $EI_z \approx 0$, $GI_T = 0.5EI_y$

Stab *b*: EI_y, $EI_z \approx 0$, $GI_T \approx 0$

$n = 2$ für Querbelastung

Maßeinheiten: kN, m

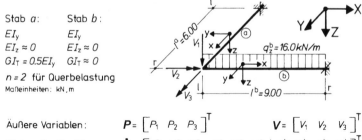

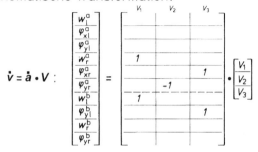

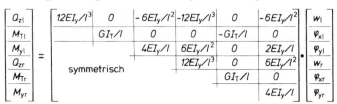

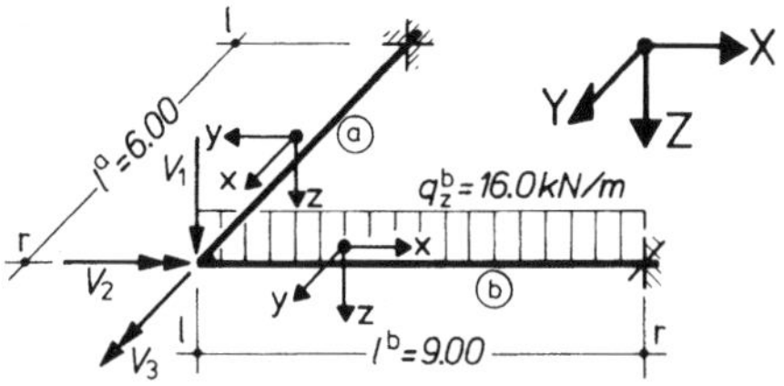

Äußere Variablen: $\mathbf{P} = \begin{bmatrix} P_1 & P_2 & P_3 \end{bmatrix}^T \qquad \mathbf{V} = \begin{bmatrix} V_1 & V_2 & V_3 \end{bmatrix}^T$

Stabendkraftgrößen: $\mathring{\mathbf{s}} = \begin{bmatrix} Q_{zl}^a & M_{Tl}^a & M_{yl}^a & Q_{zr}^a & M_{Tr}^a & M_{yr}^a & | & Q_{zl}^b & M_{yl}^b & Q_{zr}^b & M_{yr}^b \end{bmatrix}^T$

Stabenddeformationen: $\mathring{\mathbf{v}} = \begin{bmatrix} w_l^a & \varphi_{xl}^a & \varphi_{yl}^a & w_r^a & \varphi_{xr}^a & \varphi_{yr}^a & | & w_l^b & \varphi_{yl}^b & w_r^b & \varphi_{yr}^b \end{bmatrix}^T$

Kinematische Transformation:

$$\mathring{\mathbf{v}} = \mathring{\mathbf{a}} \cdot \mathbf{V}: \quad \begin{bmatrix} w_l^a \\ \varphi_{xl}^a \\ \varphi_{yl}^a \\ w_r^a \\ \varphi_{xr}^a \\ \varphi_{yr}^a \\ w_l^b \\ \varphi_{yl}^b \\ w_r^b \\ \varphi_{yr}^b \end{bmatrix} = \begin{bmatrix} & & \\ & & \\ & & \\ 1 & & \\ & & 1 \\ & -1 & \\ 1 & & \\ & & 1 \\ & & \\ & & \end{bmatrix} \cdot \begin{bmatrix} V_1 \\ V_2 \\ V_3 \end{bmatrix}$$

(Spalten der Matrix: V_1, V_2, V_3)

Vollständige Steifigkeitsbeziehung eines Trägerrost-Stabes:

$$\begin{bmatrix} Q_{zl} \\ M_{Tl} \\ M_{yl} \\ Q_{zr} \\ M_{Tr} \\ M_{yr} \end{bmatrix} = \begin{bmatrix} 12EI_y/l^3 & 0 & -6EI_y/l^2 & -12EI_y/l^3 & 0 & -6EI_y/l^2 \\ & GI_T/l & 0 & 0 & -GI_T/l & 0 \\ & & 4EI_y/l & 6EI_y/l^2 & 0 & 2EI_y/l \\ & \text{symmetrisch} & & 12EI_y/l^3 & 0 & 6EI_y/l^2 \\ & & & & GI_T/l & 0 \\ & & & & & 4EI_y/l \end{bmatrix} \cdot \begin{bmatrix} w_l \\ \varphi_{xl} \\ \varphi_{yl} \\ w_r \\ \varphi_{xr} \\ \varphi_{yr} \end{bmatrix}$$

Abb. 3.55 Berechnung eines Trägerrostes mit vollständigen inneren Variablen, Teil 1

worden. Sofern dieses Tragwerk kinematisch unverschieblich war, entstand dabei stets eine *reguläre* Gesamt-Steifigkeitsmatrix $\boldsymbol{K}$. Allerdings war dieses Vorgehen mit dem Nachteil verknüpft, dass die Auflagerreaktionen $\boldsymbol{C}$ aus nachlaufenden Knotengleichgewichtsbetrachtungen zu bestimmen waren.

Zur Beseitigung dieses Nachteils sollen nun die Auflagerbindungen zunächst außer Betracht bleiben. Folglich versehen wir jeden Tragwerksknoten mit seiner Maximalzahl wesentlicher Freiheitsgrade, d. h. 3 bei ebenen und 6 bei räumlichen, nebenbedingungsfreien Stabwerksknoten. Eine derartige ungelagerte Tragstruktur ist natürlich sämtlicher Starrkörperfreiheitsgrade fähig, d. h. 2(3) Translationen und 1(3) Rotation(en) im ebenen

Vollständige Stab-Steifigkeitsmatrizen und Volleinspannkraftgrößen:

$$\dot{\boldsymbol{k}}^{a} = EI_y \cdot \begin{bmatrix} 0.05556 & & -0.16667 & -0.05556 & & -0.16667 \\ & 0.08333 & & & -0.08333 & \\ & & 0.66667 & 0.16667 & & 0.33333 \\ & \text{symmetrisch} & & 0.05556 & & 0.16667 \\ & & & & 0.08333 & \\ & & & & & 0.66667 \end{bmatrix}, \quad \mathring{\dot{\boldsymbol{s}}}^{a} = \begin{bmatrix} \\ \\ \\ \\ \\ \\ \end{bmatrix}$$

$$\dot{\boldsymbol{k}}^{b} = EI_y \cdot \begin{bmatrix} 0.01646 & -0.07407 & -0.01646 & -0.07407 \\ & 0.44444 & 0.07407 & 0.22222 \\ & \text{symmetrisch} & 0.01646 & 0.07407 \\ & & & 0.44444 \end{bmatrix}, \quad \mathring{\dot{\boldsymbol{s}}}^{b} = \begin{bmatrix} -72.000 \\ 108.000 \\ -72.000 \\ -108.000 \end{bmatrix}$$

Gesamt-Steifigkeitsbeziehung mit Lösung:

$$\boldsymbol{K} \cdot \boldsymbol{V} = -\dot{\boldsymbol{a}}^{T} \cdot \mathring{\dot{\boldsymbol{s}}}: \qquad EI_y \cdot \begin{bmatrix} 0.07207 & -0.16667 & -0.07407 \\ -0.16667 & 0.66667 & \\ -0.07407 & & 0.52778 \end{bmatrix} \cdot \frac{1}{EI_y} \begin{bmatrix} 2848.70 \\ 712.18 \\ 195.19 \end{bmatrix} = \begin{bmatrix} 72.000 \\ \\ -108.000 \end{bmatrix}$$

Vollständige Stabendkraftgrößen:

$$\dot{\boldsymbol{s}} = \dot{\boldsymbol{k}} \cdot \dot{\boldsymbol{a}} \cdot \boldsymbol{V} + \mathring{\dot{\boldsymbol{s}}}: \qquad \dot{\boldsymbol{s}}^{a} = \begin{bmatrix} Q_{zl} \\ M_{Tl} \\ M_{yl} \\ Q_{zr} \\ M_{Tr} \\ M_{yr} \end{bmatrix}^{a} = \begin{bmatrix} -39.57 \\ -16.27 \\ 237.39 \\ 39.57 \\ 16.27 \\ \\ \end{bmatrix} \qquad \dot{\boldsymbol{s}}^{b} = \begin{bmatrix} Q_{zl} \\ M_{yl} \\ Q_{zr} \\ M_{yr} \end{bmatrix}^{b} = \begin{bmatrix} -39.57 \\ -16.27 \\ -104.43 \\ -275.64 \end{bmatrix}$$

leere Positionen sind mit Nullen besetzt

Schnittgrößen-Zustandslinien:

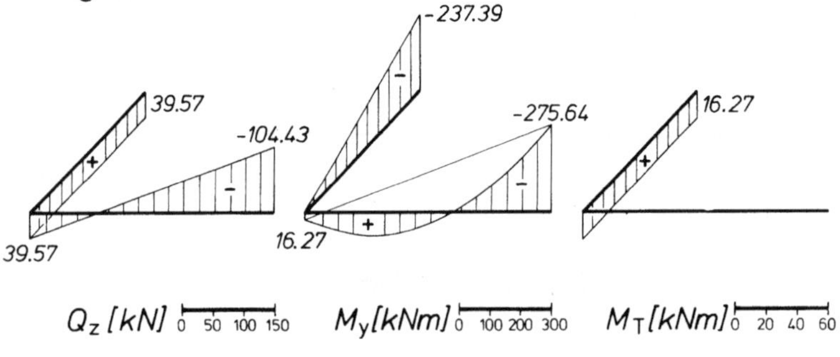

Abb. 3.56 Berechnung eines Trägerrostes mit vollständigen inneren Variablen, Teil 2

(räumlichen) Fall. Durch Blockieren aller Knotenfreiheitsgrade können wir jedoch wie bisher das starre, *kinematisch bestimmte Hauptsystem* definieren, an welchem durch sukzessives Einprägen einzelner Freiheitsgrade wieder die kinematische Transformationsmatrix spaltenweise aufgebaut werden kann. Fassen wir dabei im Vektor $\boldsymbol{V}$ wie bisher alle auch später noch *aktiven* Freiheitsgrade zusammen, im Vektor $\boldsymbol{V}_c$ alle später durch Auflagerbedingungen *gefesselten*, so entsteht die kinematische Transformation in folgender Variante:

$$\overset{\bullet}{\boldsymbol{v}} = \tilde{\boldsymbol{a}} \cdot \tilde{\boldsymbol{V}} = \left[\begin{array}{c|c} \overset{\bullet}{\boldsymbol{a}} & \overset{\bullet}{\boldsymbol{a}}_c \end{array} \right] \cdot \left[\begin{array}{c} \boldsymbol{V} \\ \hline \boldsymbol{V}_c \end{array} \right] = \overset{\bullet}{\boldsymbol{a}} \cdot \boldsymbol{V} + \overset{\bullet}{\boldsymbol{a}}_c \cdot \boldsymbol{V}_c \,. \tag{3.120}$$

Mit $\tilde{\boldsymbol{a}}$ bilden wir wieder die Gesamt-Steifigkeitsbeziehung (3.113)

$$\tilde{\boldsymbol{P}} = \tilde{\boldsymbol{a}}^{\mathrm{T}} \cdot \overset{\bullet}{\boldsymbol{k}} \cdot \tilde{\boldsymbol{a}} \cdot \tilde{\boldsymbol{V}} + \tilde{\boldsymbol{a}}^{\mathrm{T}} \cdot \overset{\bullet}{\overset{\circ}{\boldsymbol{s}}} = \tilde{\boldsymbol{K}} \cdot \tilde{\boldsymbol{V}} + \tilde{\boldsymbol{a}}^{\mathrm{T}} \cdot \overset{\bullet}{\overset{\circ}{\boldsymbol{s}}} :$$

$$= \left[\begin{array}{c} \overset{\bullet}{\boldsymbol{a}}^{\mathrm{T}} \\ \hline \overset{\bullet}{\boldsymbol{a}}_c^{\mathrm{T}} \end{array} \right] \cdot \left[\overset{\bullet}{\boldsymbol{k}} \right] \cdot \left[\begin{array}{c|c} \overset{\bullet}{\boldsymbol{a}} & \overset{\bullet}{\boldsymbol{a}}_c \end{array} \right] \cdot \tilde{\boldsymbol{V}} + \left[\begin{array}{c} \overset{\bullet}{\boldsymbol{a}}^{\mathrm{T}} \\ \hline \overset{\bullet}{\boldsymbol{a}}_c^{\mathrm{T}} \end{array} \right] \cdot \left[\overset{\bullet}{\overset{\circ}{\boldsymbol{s}}} \right], \tag{3.121}$$

die nach Ausführung der Matrizenmultiplikationen als

$$\left[\begin{array}{c} \boldsymbol{P} \\ \hline \boldsymbol{P}_c \end{array} \right] = \left[\begin{array}{c|c} \boldsymbol{K} & \boldsymbol{K}_c^{\mathrm{T}} \\ \hline \boldsymbol{K}_c & \boldsymbol{K}_{cc} \end{array} \right] \cdot \left[\begin{array}{c} \boldsymbol{V} \\ \hline \boldsymbol{V}_c \end{array} \right] + \left[\begin{array}{c} \overset{\bullet}{\boldsymbol{a}}^{\mathrm{T}} \cdot \overset{\bullet}{\overset{\circ}{\boldsymbol{s}}} \\ \hline \overset{\bullet}{\boldsymbol{a}}_c^{\mathrm{T}} \cdot \overset{\bullet}{\overset{\circ}{\boldsymbol{s}}} \end{array} \right] \tag{3.122}$$

mit

$$\boldsymbol{K} = \overset{\bullet}{\boldsymbol{a}}^{\mathrm{T}} \cdot \overset{\bullet}{\boldsymbol{k}} \cdot \overset{\bullet}{\boldsymbol{a}}, \quad \boldsymbol{K}_c = \overset{\bullet}{\boldsymbol{a}}_c^{\mathrm{T}} \cdot \overset{\bullet}{\boldsymbol{k}} \cdot \overset{\bullet}{\boldsymbol{a}}, \quad \boldsymbol{K}_{cc} = \overset{\bullet}{\boldsymbol{a}}_c^{\mathrm{T}} \cdot \overset{\bullet}{\boldsymbol{k}} \cdot \overset{\bullet}{\boldsymbol{a}}_c \tag{3.123}$$

darstellbar ist. Hierin ist die Gesamt-Steifigkeitsmatrix $\tilde{\boldsymbol{K}}$ *singulär*: ihr Rangabfall entspricht der Anzahl möglicher Starrkörperfreiheitsgrade, worauf bereits im Abb. 3.45 hingewiesen wurde. $\boldsymbol{P}$ fasst die zu den aktiven Knotenfreiheitsgraden $\boldsymbol{V}$ korrespondierenden Knotenkraftgrößen zusammen; in $\boldsymbol{P}_c$ stehen die zu $\boldsymbol{V}_c$ korrespondierenden Kraftgrößen in den Auflagerbindungen, also die späteren *Auflagerreaktionen* $\boldsymbol{C}$.

Im Normalfall werden nun sämtliche, den Auflagerbindungen zugeordneten Freiheitsgrade $\boldsymbol{V}_c$ im Sinne starrer Lagerungen unterdrückt:

$$\boldsymbol{V}_c = \boldsymbol{0}. \tag{3.124}$$

Hiermit entsteht aus der oberen Zeile von (3.122) die Standardform der Gesamt-Steifigkeitsbeziehung:

$$\boldsymbol{P} = \boldsymbol{K} \cdot \boldsymbol{V} + \overset{\bullet}{\boldsymbol{a}}^{\mathrm{T}} \cdot \overset{\bullet}{\overset{\circ}{\boldsymbol{s}}} \;\rightarrow\; \boldsymbol{V} = \boldsymbol{K}^{-1} \cdot (\boldsymbol{P} - \overset{\bullet}{\boldsymbol{a}}^{\mathrm{T}} \cdot \overset{\bullet}{\overset{\circ}{\boldsymbol{s}}}), \tag{3.125}$$

aus der unteren dagegen eine Zusatzgleichung zur Bestimmung der Lagerreaktionen:

$$\boldsymbol{P}_\mathrm{c} = \boldsymbol{C} = \boldsymbol{K}_\mathrm{c} \cdot \boldsymbol{V} + \overset{\bullet}{\boldsymbol{a}}{}_\mathrm{c}^\mathrm{T} \cdot \overset{\bullet\circ}{\boldsymbol{s}}. \tag{3.126}$$

Werden dagegen Auflagerverschiebungen durch

$$\boldsymbol{V}_\mathrm{c} = \overset{\circ}{\boldsymbol{V}}_\mathrm{c} \neq 0$$

vorgegeben, so lauten die entsprechenden Beziehungen:

$$\begin{aligned} &\boldsymbol{P} = \boldsymbol{K} \cdot \boldsymbol{V} + \boldsymbol{K}_\mathrm{c}^\mathrm{T} \cdot \overset{\circ}{\boldsymbol{V}}_\mathrm{c} + \overset{\bullet}{\boldsymbol{a}}{}^\mathrm{T} \cdot \overset{\bullet\circ}{\boldsymbol{s}} \;\rightarrow\; \boldsymbol{V} = \boldsymbol{K}^{-1} \cdot (\boldsymbol{P} - \boldsymbol{K}_\mathrm{c}^\mathrm{T} \cdot \overset{\circ}{\boldsymbol{V}}_\mathrm{c} - \overset{\bullet}{\boldsymbol{a}}{}^\mathrm{T} \cdot \overset{\bullet\circ}{\boldsymbol{s}}), \\ &\boldsymbol{P}_\mathrm{c} = \boldsymbol{C} = \boldsymbol{K}_\mathrm{c} \cdot \boldsymbol{V} + \boldsymbol{K}_\mathrm{cc} \cdot \overset{\circ}{\boldsymbol{V}}_\mathrm{c} + \overset{\bullet}{\boldsymbol{a}}{}_c^\mathrm{T} \cdot \overset{\bullet\circ}{\boldsymbol{s}}. \end{aligned} \tag{3.127}$$

Abbildung 3.57 illustriert das geschilderte Vorgehen an Hand des bereits mehrfach behandelten, ebenen Rahmentragwerks, dessen sämtliche Knotenpunkte zunächst mit den 3 Freiheitsgraden der Ebene versehen wurden. In der kinematischen Transformation, deren spaltenweise Aufstellung der Leser wiederholen und durch Abb. 3.46 kontrollieren möge, wurden alle später aktiven Freiheitsgrade V_4 bis V_9 und V_{12} im vorderen Teil von $\tilde{\boldsymbol{a}}$ angeordnet, die durch die Volleinspannung im Knoten 1 $\{V_1 \;\; V_2 \;\; V_3\}$ und durch das feste Gelenklager im Knoten 4 $\{V_{10} \;\; V_{11}\}$ später unterdrückten Freiheitsgrade im hinteren Teil. Im unteren Bereich von Abb. 3.57 findet sich schließlich die mit Rangabfall 3 singuläre Gesamt-Steifigkeitsmatrix $\tilde{\boldsymbol{K}}$ mit der bereits aus Abb. 3.48 bekannten, regulären Untermatrix $\boldsymbol{K}$ sowie den weiteren Untermatrizen gemäß (3.123).

Damit wurde ein Weg zur Ermittlung von Lagerreaktionen gewiesen, der sich ebenfalls auf Zwangsverformungszustände am kinematisch bestimmten Hauptsystem gründet. In der Computeranwendung werden die Knotenfreiheitsgrade allerdings nicht von Anfang an in die beiden Gruppen $\boldsymbol{V}$, $\boldsymbol{V}_\mathrm{C}$ unterteilt, sondern zunächst, ihrer Numerierungsreihenfolge gemäß, ansteigend angeordnet. Die Auflagerbindungen (3.124) werden in $\tilde{\boldsymbol{K}}$ erst *nachträglich* durch Streichen der entsprechenden Zeilen und Spalten berücksichtigt, sofern keine Berechnung von Lagerreaktionen durchgeführt werden soll. Im gegenteiligen Fall erfolgt nachträglich die Umordnung gemäß (3.122) sowie die Berechnung entsprechend (3.126) oder (3.127).

3.4.2 Gesamt-Steifigkeitsmatrizen durch Inzidenzen

Die Ermittlung der Gesamt-Steifigkeitsmatrix als Kongruenztransformation

$$\boldsymbol{K} = \boldsymbol{a}^\mathrm{T} \cdot \boldsymbol{k} \cdot \boldsymbol{a} = \overset{\bullet}{\boldsymbol{a}}{}^\mathrm{T} \cdot \overset{\bullet}{\boldsymbol{k}} \cdot \overset{\bullet}{\boldsymbol{a}}, \quad \tilde{\boldsymbol{K}} = \tilde{\boldsymbol{a}}^\mathrm{T} \cdot \overset{\bullet}{\boldsymbol{k}} \cdot \tilde{\boldsymbol{a}} \tag{3.128}$$

ist ein zeitaufwendiger, speicherplatzbeanspruchender Berechnungsschritt. Zur Ermittlung einer beide Nachteile aufhebenden Verfahrensweise, die als *direkte Steifigkeitsmethode*

Baustatische Skizze:

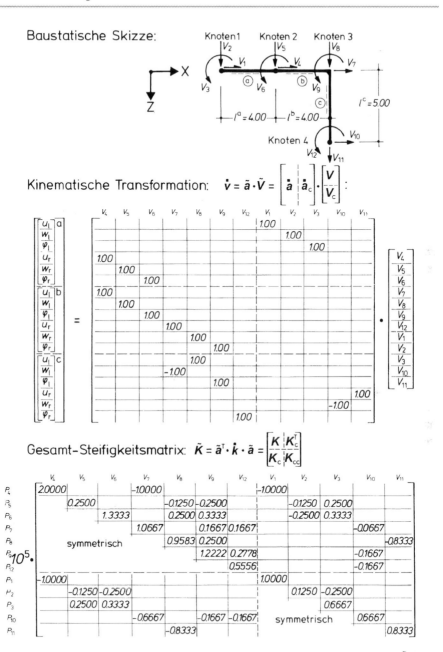

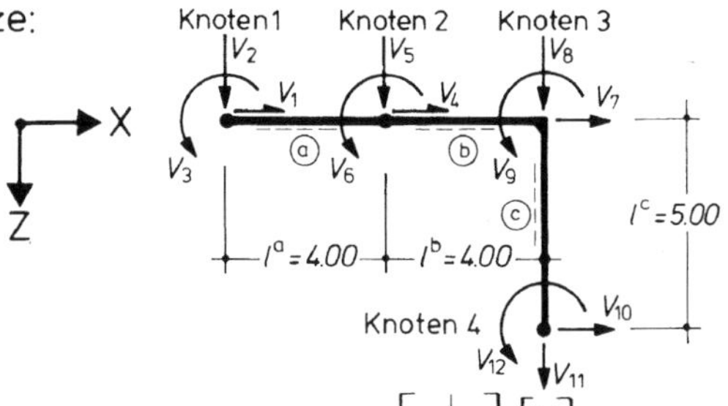

Kinematische Transformation: $\dot{v} = \tilde{a} \cdot \tilde{V} = \begin{bmatrix} \dot{a} & \dot{a}_c \end{bmatrix} \cdot \begin{bmatrix} V \\ V_c \end{bmatrix}$:

		V_4	V_5	V_6	V_7	V_8	V_9	V_{12}	V_1	V_2	V_3	V_{10}	V_{11}
a	u_l								1.00				
	w_l									1.00			
	φ_l										1.00		
	u_r	1.00											
	w_r		1.00										
	φ_r			1.00									
b	u_l	1.00											
	w_l		1.00										
	φ_l			1.00									
	u_r				1.00								
	w_r					1.00							
	φ_r						1.00						
c	u_l					1.00							
	w_l				-1.00								
	φ_l						1.00						
	u_r												1.00
	w_r											-1.00	
	φ_r							1.00					

$\cdot \; [V_4 \; V_5 \; V_6 \; V_7 \; V_8 \; V_9 \; V_{12} \; V_1 \; V_2 \; V_3 \; V_{10} \; V_{11}]^T$

Gesamt-Steifigkeitsmatrix: $\tilde{K} = \tilde{a}^T \cdot \dot{k} \cdot \tilde{a} = \begin{bmatrix} K & K_c^T \\ K_c & K_{cc} \end{bmatrix}$

$10^5 \cdot$

	V_4	V_5	V_6	V_7	V_8	V_9	V_{12}	V_1	V_2	V_3	V_{10}	V_{11}
P_4	2.0000			-1.0000				-1.0000				
P_5		0.2500			-0.1250	-0.2500			-0.1250	0.2500		
P_6			1.3333		0.2500	0.3333			-0.2500	0.3333		
P_7				1.0667		0.1667	0.1667				-0.0667	
P_8		symmetrisch			0.9583	0.2500						-0.8333
P_9						1.2222	0.2778				-0.1667	
P_{12}							0.5556				-0.1667	
P_1	-1.0000							1.0000				
P_2		-0.1250	-0.2500						0.1250	-0.2500		
P_3		0.2500	0.3333							0.6667		
P_{10}				-0.6667		-0.1667	-0.1667		symmetrisch		0.6667	
P_{11}					-0.8333							0.8333

Abb. 3.57 Durch Auflagerfreiheitsgrade verallgemeinerte Gesamt-Steifigkeitsmatrix $\tilde{K}$ eines ebenen Rahmentragwerks

bezeichnet wird, verdeutlichen wir uns noch einmal die Inhalte der kinematischen Transformationsmatrizen $\boldsymbol{a}$, $\dot{\boldsymbol{a}}$ und $\tilde{\boldsymbol{a}}$. Besonders im Rückblick auf die verschiedenen behandelten Beispiele wird offenbar, dass diese stets *globale* Freiheitsgrade V_{i} in *lokale* Elementfreiheitsgrade v_{j}, die Stabenddeformationen, transformieren. Dies erfolgte, besonders anschaulich bei Verwendung *vollständiger* Stabendvariablen, durch die beiden Verfahrensschritte der *Drehung* und der *Identifikation* von Freiheitsgraden. Zunächst wollen wir die Auswirkungen der Identifikation von Freiheitsgraden am einfachen Beispiel eines aus 2 Elementen bestehenden Stabwerks in Abb. 3.58 untersuchen. Auflagerbindungen bleiben dabei außer Betracht.

Im oberen Bildteil erkennen wir das Tragwerk mit sämtlichen *globalen* Freiheitsgraden V_1 bis V_6. Da Achsialverformungen vereinfachend vernachlässigt werden, tritt je Knoten nur *eine* Verschiebung und *eine* Drehung auf. Darunter finden wir die beiden Stabelemente *a* und *b* mit ihren Element-Freiheitsgraden, auch als *lokale* Freiheitsgrade bezeichnet. Zur besseren Übersicht wurden sämtliche Freiheitsgrade durch Nummern unterschiedlicher Schriftgröße gekennzeichnet.

Lokale und globale Freiheitsgrade beziehen sich auf gleich orientierte Bezugssysteme (X, Z), (x, z), wodurch Freiheitsgraddrehungen entfallen. Damit entsteht die kinematische Transformationsmatrix $\tilde{\boldsymbol{a}}$ als reine *Inzidenzmatrix*, welche globale mit lokalen Freiheitsgraden identifiziert und daher nur die Elemente 1 und 0 enthält. Mit dieser führen wir im unteren Teil von Abb. 3.58 zunächst die Vormultiplikation der (8,8)-Matrix $\dot{\boldsymbol{k}}$, deren Steifigkeitselemente zur besseren Übersicht durch Kreise ($\dot{\boldsymbol{k}}^{\mathrm{a}}$) und Punkte ($\dot{\boldsymbol{k}}^{\mathrm{b}}$) symbolisiert wurden, mit der (6,8)-Matrix $\tilde{\boldsymbol{a}}^{\mathrm{T}}$ aus. Deutlich erkennen wir im Zwischenergebnis $\tilde{\boldsymbol{a}}^{\mathrm{T}} \cdot \dot{\boldsymbol{k}}$, dass dort die beiden ursprünglichen Element-Steifigkeitsmatrizen $\dot{\boldsymbol{k}}^{\mathrm{a}}$, $\dot{\boldsymbol{k}}^{\mathrm{b}}$ wegen der Werte 0 und 1 in $\tilde{\boldsymbol{a}}$ völlig unverändert auftreten, wegen der Struktur von $\tilde{\boldsymbol{a}}$ jedoch gegeneinander verschoben sind. Durch die Nachmultiplikation mit der (8,6)-Matrix $\tilde{\boldsymbol{a}}$ erfolgt sodann ein Ineinanderschieben beider Element-Steifigkeitsmatrizen in der Weise, dass sich offenkundig auf jeder globalen Position *i*, *l* von $\tilde{\boldsymbol{K}}$ die Summe der Element-Steifigkeitswerte für identische lokale und globale Freiheitsgrade wiederfindet. Zur Heraushebung dieser Identität globaler und lokaler Freiheitsgrade dient deren Markierung entlang der Ränder der Ergebnismatrix $\tilde{\boldsymbol{K}}$. Beispielsweise finden wir auf der (globalen) Position 2,2 von $\tilde{\boldsymbol{K}}$ nur das Steifigkeitselement $\dot{k}^{\mathrm{a}}_{22}$, da dem globalen Freiheitsgrad V_2 nur der *eine* Elementfreiheitsgrad $\dot{v}^{\mathrm{a}}_2$ entspricht. Dagegen entsprechen dem globalen Freiheitsgrad V_3 die *beiden* Elementfreiheitsgrade $\dot{v}^{\mathrm{a}}_3$ und $\dot{v}^{\mathrm{b}}_1$; folgerichtig finden wir auf der globalen Position 3,3 von $\tilde{\boldsymbol{K}}$ die Summe der zugehörigen Element-Steifigkeiten: $\tilde{K}_{33} = \dot{k}^{\mathrm{a}}_{33} + \dot{k}^{\mathrm{b}}_{11}$. Da weiterhin der globale Freiheitsgrad V_4 den lokalen Freiheitsgraden $\dot{v}^{\mathrm{a}}_4$, $\dot{v}^{\mathrm{b}}_2$ entspricht, gilt: $\tilde{K}_{34} = \dot{k}^{\mathrm{a}}_{34} + \dot{k}^{\mathrm{b}}_{12}$ sowie $\tilde{K}_{44} = \dot{k}^{\mathrm{a}}_{44} + \dot{k}^{\mathrm{b}}_{22}$.

Wir fassen die aus Abb. 3.58 gewonnenen Erkenntnisse verallgemeinernd zusammen: Sofern globale Knotenfreiheitsgrade und vollständige Elementfreiheitsgrade auf *gleiche*

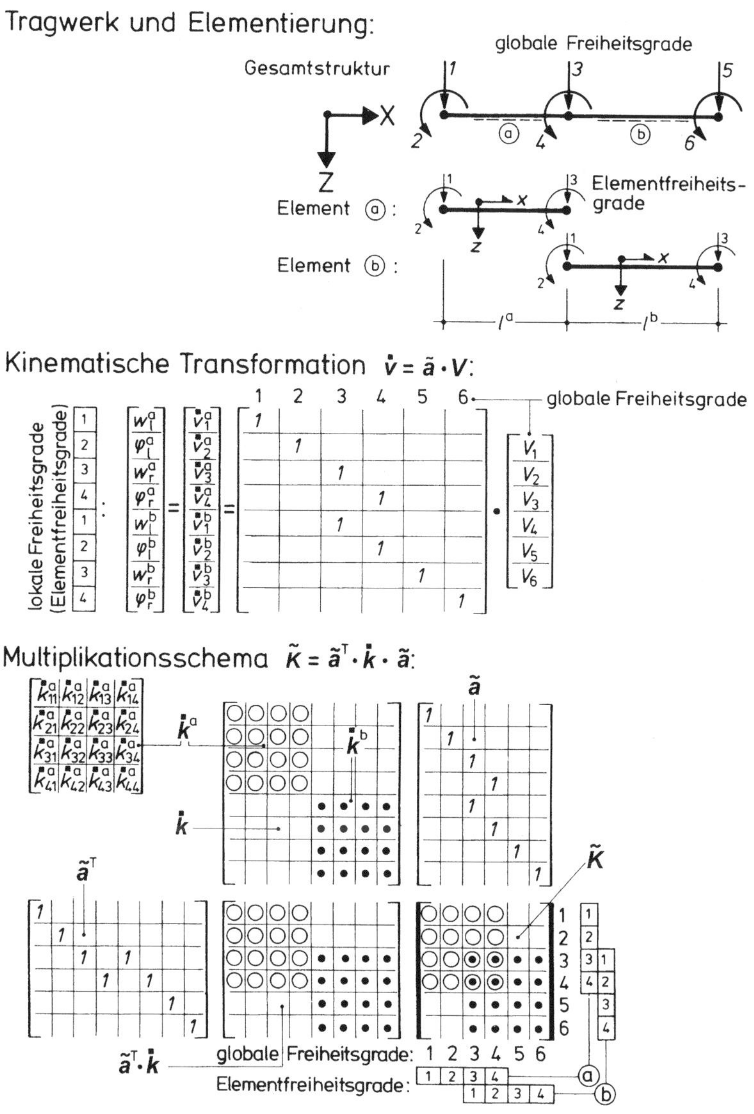

Abb. 3.58 Zur Inzidenz-Transformation der $\dot{\mathbf{k}}^e$ in $\tilde{\mathbf{K}}$

Bezugssysteme bezogen sind, können Gesamt-Steifigkeitsmatrizen $\boldsymbol{K}$ bzw. $\tilde{\boldsymbol{K}}$ gegenüber der Kongruenztransformation (3.128) wesentlich effektiver durch Identifikation zugehöriger globaler und lokaler Freiheitsgrade sowie durch elementweise Superposition der Steifigkeitswerte nach folgendem Prinzip aufgebaut werden:

Satz Entsprechen den globalen Freiheitsgraden V_i und V_l die Elementfreiheitsgrade $\overset{\bullet}{v}_j^a, \overset{\bullet}{v}_k^b, \ldots$ und $\overset{\bullet}{v}_m^a, \overset{\bullet}{v}_n^b, \ldots$, so baut sich die Gesamtsteifigkeit durch folgende Superposition auf:

$$(K_{il} \text{ bzw.} \tilde{K}_{il}) = \overset{\bullet}{k}_{jm}^a + \overset{\bullet}{k}_{kn}^b + \ldots, \forall i, l. \tag{3.129}$$

Gesamt-Steifigkeitsmatrizen können somit auch auf direktem Wege durch Einbau der Element-Steifigkeitswerte an die korrekten globalen Positionen gewonnen werden. Für die klassische Variante des Drehwinkelverfahrens hatten wir diese Vorgehensweise bereits im Abschn. 3.2.4 kennengelernt. Nunmehr beginnt man mit einer Nullmatrix der Ordnung von $\tilde{\boldsymbol{K}}$ und superponiert in sie die einzelnen elementbezogenen Steifigkeitswerte, gesteuert durch den Inzidenzprozess (3.129) der Identifikation globaler mit lokalen Freiheitsgraden. Dieser Vorgang, auch als *Einmischen* der Elementsteifigkeiten in $\tilde{\boldsymbol{K}}$ bezeichnet, findet seine physikalische Erklärung durch die in Abb. 3.2 erläuterte Parallelschaltung von Stabelementen.

Die gleiche Vorgehensweise kann ebenfalls zum Aufbau des globalen Lastvektors $\overset{\circ}{\boldsymbol{P}}$ infolge von Elementeinwirkungen Verwendung finden, wofür im Standardalgorithmus der Abb. 3.12 die Transformation $\overset{\bullet}{\boldsymbol{a}}^T \cdot \overset{\bullet\circ}{\boldsymbol{s}}$ diente. Beispielsweise würde ein Elementlastanteil $\overset{\circ}{Q}{}_r^a$ in Abb. 3.58 unmittelbar in die Position $\overset{\circ}{\boldsymbol{P}}_1$ eingefügt werden; in $\overset{\circ}{\boldsymbol{P}}_3$ dagegen stände $\left(\overset{\circ}{Q}{}_r^a + \overset{\circ}{Q}{}_r^b\right)$.

3.4.3 Globale Elementsteifigkeiten und Volleinspannkraftgrößen

Durch die Erkenntnisse des letzten Abschnittes ist die weitere Strategie vorgezeichnet: Um die Gesamt-Steifigkeitsmatrix $\boldsymbol{K}$ bzw. $\tilde{\boldsymbol{K}}$ und den Lastvektor $\overset{\circ}{\boldsymbol{P}}$ eines Tragwerks allein durch *Inzidenzen*, d. h. Freiheitsgradidentifikationen, aufbauen zu können, müssen zunächst alle Element-Steifigkeitsmatrizen $\overset{\bullet}{\boldsymbol{k}}^e$ und Volleinspannmomente $\overset{\bullet\circ}{\boldsymbol{s}}{}^e$ in die Richtungen des globalen Bezugssystems {**X Y Z**} gedreht werden. Die dabei entstehenden drehtransformierten Größen werden als *globale* Elementgrößen bezeichnet und rechts unten mit *g* indiziert.

Zur Herleitung der Drehtransformationen für die Stabendvariablen eines *ebenen* Stabelementes dienen die Skizzen im oberen Teil von Abb. 3.59. Dort sind im linken Teil die vollständigen, auf die *lokale* Basis bezogenen Stabendvariablen an beiden Stabenden in den positiven Wirkungsrichtungen der Vorzeichenkonvention II dargestellt, ergänzt durch

Stabelement

mit vollständigen Stabendvariablen: mit vollständigen, globalen Stabendvariablen:

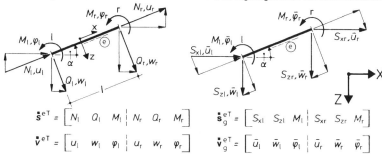

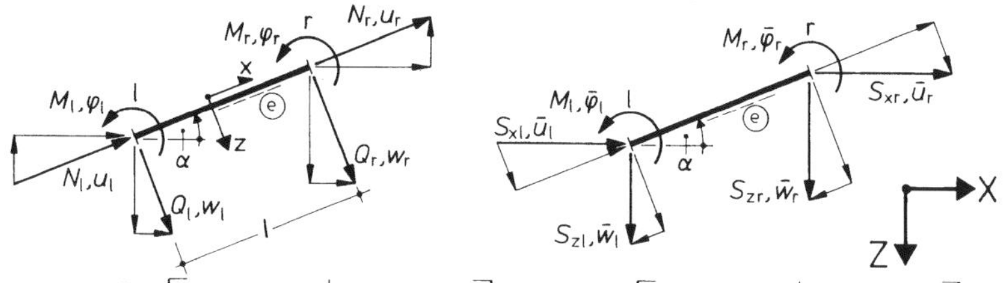

$$\mathbf{\dot{s}}^{eT} = \left[N_l \quad Q_l \quad M_l \mid N_r \quad Q_r \quad M_r \right] \qquad \mathbf{\dot{s}}_g^{eT} = \left[S_{xl} \quad S_{zl} \quad M_l \mid S_{xr} \quad S_{zr} \quad M_r \right]$$

$$\mathbf{\dot{v}}^{eT} = \left[u_l \quad w_l \quad \varphi_l \mid u_r \quad w_r \quad \varphi_r \right] \qquad \mathbf{\dot{v}}_g^{eT} = \left[\bar{u}_l \quad \bar{w}_l \quad \bar{\varphi}_l \mid \bar{u}_r \quad \bar{w}_r \quad \bar{\varphi}_r \right]$$

Transformationsmatrizen: $s = \sin\alpha = -\dfrac{X_r - X_l}{l} = -\dfrac{\Delta X}{l}$,

$$c = \cos\alpha = -\frac{Z_r - Z_l}{l} = -\frac{\Delta Z}{l}, \quad l = \pm\sqrt{(\Delta X)^2 + (\Delta Z)^2}$$

$$\mathbf{c} = \begin{bmatrix} c & -s & 0 \\ s & c & 0 \\ 0 & 0 & 1 \end{bmatrix} \qquad \mathbf{c}^T = \begin{bmatrix} c & s & 0 \\ -s & c & 0 \\ 0 & 0 & 1 \end{bmatrix}$$

Nachweis der Orthogonalität von **c**:

$$\mathbf{c} \cdot \mathbf{c}^T = \mathbf{I}, \quad \mathbf{c}^T = \mathbf{c}^{-1}: \quad \begin{bmatrix} c & -s & 0 \\ s & c & 0 \\ 0 & 0 & 1 \end{bmatrix} \begin{bmatrix} c & s & 0 \\ -s & c & 0 \\ 0 & 0 & 1 \end{bmatrix} \begin{bmatrix} 1 & 0 & 0 \\ 0 & 1 & 0 \\ 0 & 0 & 1 \end{bmatrix}$$

Transformation globaler in lokale Stabendvariablen:

$$\mathbf{\dot{s}}^e = \mathbf{c}^e \cdot \mathbf{\dot{s}}_g^e = \begin{bmatrix} \mathbf{\dot{s}}_l \\ \mathbf{\dot{s}}_r \end{bmatrix}^e = \begin{bmatrix} \mathbf{c} & \mathbf{0} \\ \mathbf{0} & \mathbf{c} \end{bmatrix}^e \cdot \begin{bmatrix} \mathbf{\dot{s}}_l \\ \mathbf{\dot{s}}_r \end{bmatrix}_g^e \qquad \mathbf{\dot{v}}^e = \mathbf{c}^e \cdot \mathbf{\dot{v}}_g^e = \begin{bmatrix} \mathbf{\dot{v}}_l \\ \mathbf{\dot{v}}_r \end{bmatrix}^e = \begin{bmatrix} \mathbf{c} & \mathbf{0} \\ \mathbf{0} & \mathbf{c} \end{bmatrix}^e \cdot \begin{bmatrix} \mathbf{\dot{v}}_l \\ \mathbf{\dot{v}}_r \end{bmatrix}_g^e$$

Transformation lokaler in globale Stabendvariablen:

$$\mathbf{\dot{s}}_g^e = \mathbf{c}^{eT} \cdot \mathbf{\dot{s}}^e = \begin{bmatrix} \mathbf{\dot{s}}_l \\ \mathbf{\dot{s}}_r \end{bmatrix}_g^e = \begin{bmatrix} \mathbf{c}^T & \mathbf{0} \\ \mathbf{0} & \mathbf{c}^T \end{bmatrix}^e \cdot \begin{bmatrix} \mathbf{\dot{s}}_l \\ \mathbf{\dot{s}}_r \end{bmatrix}^e \qquad \mathbf{\dot{v}}_g^e = \mathbf{c}^{eT} \cdot \mathbf{\dot{v}}^e = \begin{bmatrix} \mathbf{\dot{v}}_l \\ \mathbf{\dot{v}}_r \end{bmatrix}_g^e = \begin{bmatrix} \mathbf{c}^T & \mathbf{0} \\ \mathbf{0} & \mathbf{c}^T \end{bmatrix}^e \cdot \begin{bmatrix} \mathbf{\dot{v}}_l \\ \mathbf{\dot{v}}_r \end{bmatrix}^e$$

Abb. 3.59 Drehtransformationen für Stabendvariablen ebener Stabelemente

vektorielle Zerlegungen in die Richtungen der globalen Basis. Hieraus ablesbar sind die Transformationen

$$\begin{bmatrix} N \\ Q \\ M \end{bmatrix} = \begin{bmatrix} \cos\alpha & -\sin\alpha & 0 \\ \sin\alpha & \cos\alpha & 0 \\ 0 & 0 & 1 \end{bmatrix} \cdot \begin{bmatrix} S_x \\ S_z \\ M \end{bmatrix}, \quad \begin{bmatrix} u \\ w \\ \varphi \end{bmatrix} = \begin{bmatrix} \cos\alpha & -\sin\alpha & 0 \\ \sin\alpha & \cos\alpha & 0 \\ 0 & 0 & 1 \end{bmatrix} \cdot \begin{bmatrix} \overline{u} \\ \overline{w} \\ \overline{\varphi} \end{bmatrix}, \tag{3.130}$$

gültig für beide Stabenden l und r. Darin sind das Biegemoment M und der Knotendrehwinkel φ wegen ihrer Vektorrichtung rechtwinklig zur Darstellungsebene *drehinvariant*.

Im rechten Teil der Skizze finden wir das gleiche Stabelement, nunmehr mit den *globalen* Stabendvariablen, deren Zerlegungen in die lokalen Richtungen ebenfalls für beide Stabenden gelten:

$$\begin{bmatrix} S_x \\ S_z \\ M \end{bmatrix} = \begin{bmatrix} \cos\alpha & \sin\alpha & 0 \\ -\sin\alpha & \cos\alpha & 0 \\ 0 & 0 & 1 \end{bmatrix} \cdot \begin{bmatrix} N \\ Q \\ M \end{bmatrix}, \quad \begin{bmatrix} \overline{u} \\ \overline{w} \\ \overline{\varphi} \end{bmatrix} = \begin{bmatrix} \cos\alpha & \sin\alpha & 0 \\ -\sin\alpha & \cos\alpha & 0 \\ 0 & 0 & 1 \end{bmatrix} \cdot \begin{bmatrix} u \\ w \\ \varphi \end{bmatrix}. \tag{3.131}$$

Bezeichnen wir die beiden zueinander transponierten, zwei Drehtransformationen beschreibenden Matrizen mit

$$c = \begin{bmatrix} \cos\alpha & -\sin\alpha & 0 \\ \sin\alpha & \cos\alpha & 0 \\ 0 & 0 & 1 \end{bmatrix}, \quad \mathbf{c}^{\mathrm{T}} = \begin{bmatrix} \cos\alpha & \sin\alpha & 0 \\ -\sin\alpha & \cos\alpha & 0 \\ 0 & 0 & 1 \end{bmatrix}, \tag{3.132}$$

so zeigt der mittlere Teil von Abb. 3.59, dass ihr Produkt gerade eine Einsmatrix 3. Ordnung liefert:

$$\boldsymbol{c} \cdot \boldsymbol{c}^{\mathrm{T}} = \boldsymbol{c}^{\mathrm{T}} \cdot \boldsymbol{c} = \boldsymbol{I} \;\rightarrow\; \boldsymbol{c}^{-1} = \boldsymbol{c}^{\mathrm{T}}. \tag{3.133}$$

Damit ist die Transponierte von $\boldsymbol{c}$ gleich ihrer Inversen und $\boldsymbol{c}$ erwartungsgemäß als *orthogonale* Matrix ausgewiesen, denn die behandelte Drehung der lokalen Basis in die globale stellt eine orthogonale Transformation von Bezugssystemen dar.

Im unteren Teil von Abb. 3.59 sind nun die Drehtransformationen (3.130, 3.131) für den Gesamtstab zusammengefasst, wodurch die Element-Transformationsmatrizen $\boldsymbol{c}^{\mathrm{e}}$, $\boldsymbol{c}^{\mathrm{eT}}$ definiert werden:

$$\overset{\blacksquare}{\boldsymbol{s}}{}^{\mathrm{e}} = \boldsymbol{c}^{\mathrm{e}} \cdot \overset{\blacksquare}{\boldsymbol{s}}{}^{\mathrm{e}}_{\mathrm{g}}, \quad \overset{\blacksquare}{\boldsymbol{v}}{}^{\mathrm{e}} = \boldsymbol{c}^{\mathrm{e}} \cdot \overset{\blacksquare}{\boldsymbol{v}}{}^{\mathrm{e}}_{\mathrm{g}}, \quad \overset{\blacksquare}{\boldsymbol{s}}{}^{\mathrm{e}}_{\mathrm{g}} = \boldsymbol{c}^{\mathrm{eT}} \cdot \overset{\blacksquare}{\boldsymbol{s}}{}^{\mathrm{e}}, \quad \overset{\blacksquare}{\boldsymbol{v}}{}^{\mathrm{e}}_{\mathrm{g}} = \boldsymbol{c}^{\mathrm{eT}} \cdot \overset{\blacksquare}{\boldsymbol{v}}{}^{\mathrm{e}}. \tag{3.134}$$

Bei geraden Stäben enthalten diese identische Untermatrizen $\mathbf{c}$, $\mathbf{c}^{\mathrm{T}}$ je Seite, bei gekrümmten Stäben sind sie i. A. verschieden. Mit Hilfe von (3.134) transformieren wir nun die Element-Steifigkeitsbeziehung (3.118) auf globale Stabendvariablen:

$$\overset{\blacksquare}{\boldsymbol{s}}{}^{\mathrm{e}}_{\mathrm{g}} = \boldsymbol{c}^{\mathrm{eT}} \cdot \overset{\blacksquare}{\boldsymbol{s}}{}^{\mathrm{e}}$$

$$\overset{\blacksquare}{\boldsymbol{s}}{}^{\mathrm{e}} = \overset{\blacksquare}{\boldsymbol{k}}{}^{\mathrm{e}} \cdot \overset{\blacksquare}{\boldsymbol{v}}{}^{\mathrm{e}} + \overset{\blacksquare\circ}{\boldsymbol{s}}{}^{\mathrm{e}}$$

$$\overset{\blacksquare}{\boldsymbol{v}}{}^{\mathrm{e}} = \boldsymbol{c}^{\mathrm{e}} \cdot \overset{\blacksquare}{\boldsymbol{v}}{}^{\mathrm{e}}_{\mathrm{g}}$$

$$\overset{\blacksquare}{\boldsymbol{s}}{}^{\mathrm{e}}_{\mathrm{g}} = \boldsymbol{c}^{\mathrm{eT}} \cdot \overset{\blacksquare}{\boldsymbol{k}}{}^{\mathrm{e}} \cdot \boldsymbol{c}^{\mathrm{e}} \cdot \overset{\blacksquare}{\boldsymbol{v}}{}^{\mathrm{e}}_{\mathrm{g}} + \boldsymbol{c}^{\mathrm{eT}} \cdot \overset{\blacksquare\circ}{\boldsymbol{s}}{}^{\mathrm{e}} = \overset{\blacksquare}{\boldsymbol{k}}{}^{\mathrm{e}}_{\mathrm{g}} \cdot \overset{\blacksquare}{\boldsymbol{v}}{}^{\mathrm{e}}_{\mathrm{g}} + \overset{\blacksquare\circ}{\boldsymbol{s}}{}^{\mathrm{e}}_{\mathrm{g}}. \tag{3.135}$$

Hierin gilt für die auf die globale Basis bezogene Element-Steifigkeitsmatrix:

$$\dot{\boldsymbol{k}}_g^{\mathrm{e}} = \boldsymbol{c}^{\mathrm{eT}} \cdot \dot{\boldsymbol{k}}^{\mathrm{e}} \cdot \boldsymbol{c}^{\mathrm{e}}, \tag{3.136}$$

für die globalen Volleinspannkraftgrößen:

$$\dot{\overset{\circ}{\boldsymbol{s}}}{}_{\mathrm{g}}^{\mathrm{e}} = \boldsymbol{c}^{\mathrm{eT}} \cdot \dot{\overset{\circ}{\boldsymbol{s}}}{}^{\mathrm{e}}. \tag{3.137}$$

In Abb. 3.60 findet der Leser abschließend die auf diesem Wege aus Abb. 3.44 transformierte Steifigkeitsmatrix für ein schubweiches, ebenes Stabelement: Wie ersichtlich, sind bei derartigen globalen Element-Steifigkeitsmatrizen (3.136) Normalkraft- und Querkrafteinflüsse nicht mehr trennbar. Im unteren Teil dieses Bildes entstand hieraus durch Streichung der Biege- und Schubsteifigkeit $EI = \phi = 0$ die globale Element-Steifigkeitsmatrix eines Fachwerkstabes.

Ebenes Stabwerkselement:

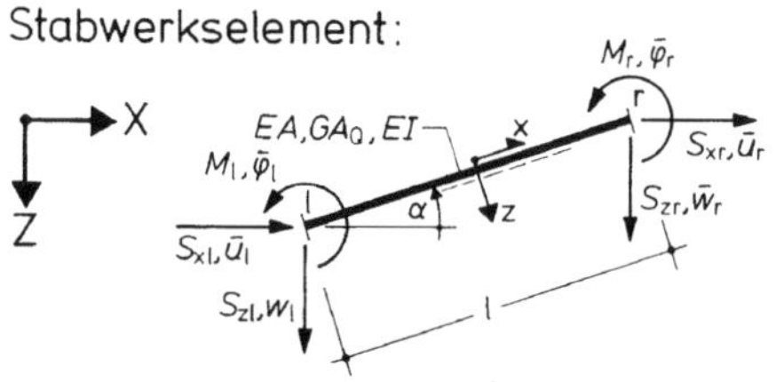

$$\begin{bmatrix} S_{xl} \\ S_{zl} \\ M_l \\ S_{zr} \\ S_{zr} \\ M_r \end{bmatrix}^{e} = \begin{bmatrix} \frac{EA}{l}c^2+\frac{12EI}{l^3(1+\Phi)}s^2 & -\frac{EA}{l}cs+\frac{12EI}{l^3(1+\Phi)}cs & -\frac{6EI}{l^2(1+\Phi)}s & -\frac{EA}{l}c^2-\frac{12EI}{l^3(1+\Phi)}s^2 & \frac{EA}{l}cs-\frac{12EI}{l^3(1+\Phi)}cs & -\frac{6EI}{l^2(1+\Phi)}s \\ & \frac{EA}{l}s^2+\frac{12EI}{l^3(1+\Phi)}c^2 & -\frac{6EI}{l^2(1+\Phi)}c & \frac{EA}{l}cs-\frac{12EI}{l^3(1+\Phi)}cs & -\frac{EA}{l}s^2-\frac{12EI}{l^3(1+\Phi)}c^2 & -\frac{6EI}{l^2(1+\Phi)}c \\ & & \frac{EI(4+\Phi)}{l(1+\Phi)} & \frac{6EI}{l^2(1+\Phi)}s & \frac{6EI}{l^2(1+\Phi)}c & \frac{EI(2-\Phi)}{l(1+\Phi)} \\ & \text{symmetrisch} & & \frac{EA}{l}c^2+\frac{12EI}{l^3(1+\Phi)}s^2 & -\frac{EA}{l}cs+\frac{12EI}{l^3(1+\Phi)}cs & \frac{6EI}{l^2(1+\Phi)}s \\ & & & & \frac{EA}{l}s^2+\frac{12EI}{l^3(1+\Phi)}c^2 & \frac{6EI}{l^2(1+\Phi)}c \\ & & & & & \frac{EI(4+\Phi)}{l(1+\Phi)} \end{bmatrix}^{e} \bullet \begin{bmatrix} \bar{u}_l \\ \bar{w}_l \\ \bar{\varphi}_l \\ \bar{u}_r \\ \bar{w}_r \\ \bar{\varphi}_r \end{bmatrix}^{e}$$

$$\Phi = \frac{12EI}{GA_Q l^2} = \frac{24(1-\nu)i^2}{\alpha_Q l^2} \quad (\text{Schubstarrheit: } \Phi = 0) \qquad s = \sin\alpha, \quad c = \cos\alpha$$

Ebenes Fachwerkelement:

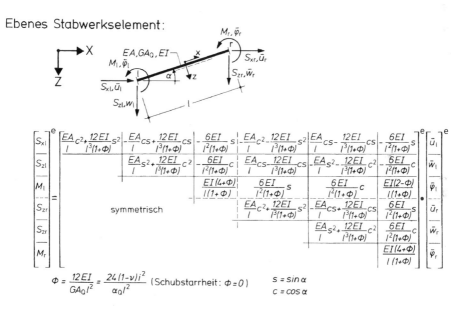

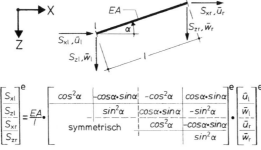

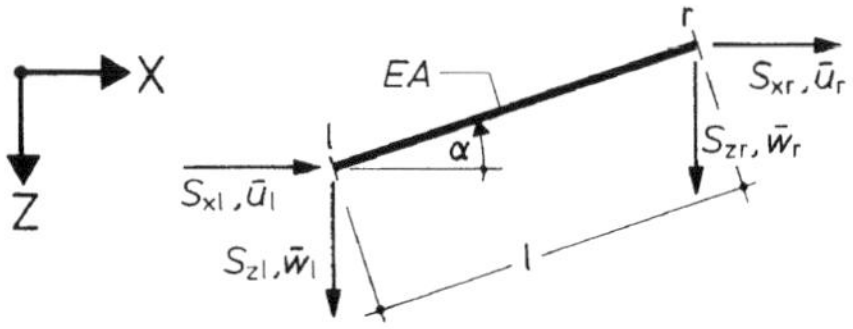

$$\begin{bmatrix} S_{xl} \\ S_{zl} \\ S_{xr} \\ S_{zr} \end{bmatrix}^{e} = \frac{EA}{l} \bullet \begin{bmatrix} \cos^2\alpha & \cos\alpha\cdot\sin\alpha & -\cos^2\alpha & \cos\alpha\cdot\sin\alpha \\ & \sin^2\alpha & \cos\alpha\cdot\sin\alpha & -\sin^2\alpha \\ \text{symmetrisch} & & \cos^2\alpha & -\cos\alpha\cdot\sin\alpha \\ & & & \sin^2\alpha \end{bmatrix}^{e} \bullet \begin{bmatrix} \bar{u}_l \\ \bar{w}_l \\ \bar{u}_r \\ \bar{w}_r \end{bmatrix}^{e}$$

Abb. 3.60 Globale Steifigkeitsbeziehungen eines ebenen Stabwerk- und Fachwerkelementes

Anschließend an den ebenen Fall sollen gleichartige Drehtransformationen für ein schräg im Raum angeordnetes, gerades Stabelement in Abb. 3.61 hergeleitet werden. Hierzu finden wir wieder im linken oberen Bildteil ein räumliches Stabelement mit seinen auf die *lokale* Basis bezogenen, positiven Stabendgrößen $\mathring{s}^e$, $\mathring{v}^e$, im rechten Bildteil mit den auf die *globale* Basis bezogenen, positiven Variablen, alle in der Vorzeichenkonvention II. Unterhalb der Skizzen sind die Stabendvariablen als Zeilen dargestellt.

Die Drehtransformationen zwischen lokalem $\{\boldsymbol{x}\ \boldsymbol{y}\ \boldsymbol{z}\}$ und globalem $\{\boldsymbol{X}\ \boldsymbol{Y}\ \boldsymbol{Z}\}$ Bezugssystem werden nun durch

$$\begin{aligned}\begin{bmatrix}\boldsymbol{x}\\ \boldsymbol{y}\\ \boldsymbol{z}\end{bmatrix} &= \begin{bmatrix}\cos(x,X) & \cos(x,Y) & \cos(x,Z)\\ \cos(y,X) & \cos(y,Y) & \cos(y,Z)\\ \cos(z,X) & \cos(z,Y) & \cos(z,Z)\end{bmatrix}\cdot\begin{bmatrix}\boldsymbol{X}\\ \boldsymbol{Y}\\ \boldsymbol{Z}\end{bmatrix} = \boldsymbol{c}\cdot\begin{bmatrix}\boldsymbol{X}\\ \boldsymbol{Y}\\ \boldsymbol{Z}\end{bmatrix},\\ \begin{bmatrix}\boldsymbol{X}\\ \boldsymbol{Y}\\ \boldsymbol{Z}\end{bmatrix} &= \begin{bmatrix}\cos(X,x) & \cos(X,y) & \cos(X,z)\\ \cos(Y,x) & \cos(Y,y) & \cos(Y,z)\\ \cos(Z,x) & \cos(Z,y) & \cos(Z,z)\end{bmatrix}\cdot\begin{bmatrix}\boldsymbol{x}\\ \boldsymbol{y}\\ \boldsymbol{z}\end{bmatrix} = \boldsymbol{c}^{\mathrm{T}}\cdot\begin{bmatrix}\boldsymbol{x}\\ \boldsymbol{y}\\ \boldsymbol{z}\end{bmatrix}\end{aligned} \tag{3.138}$$

abgekürzt, wobei $\{\boldsymbol{x}\ \boldsymbol{y}\ \boldsymbol{z}\}$ bzw. $\{\boldsymbol{X}\ \boldsymbol{Y}\ \boldsymbol{Z}\}$ Einheitsvektoren in Richtung der jeweiligen Koordinatenachsen verkörpern. Die Elemente der beiden orthogonalen Transformationsmatrizen $\boldsymbol{c}$, $\boldsymbol{c}^{\mathrm{T}}$ werden durch die sogenannten *Richtungskosinus* gebildet; beispielsweise bezeichnet $\cos(y, X)$ den Kosinus des Winkels zwischen der lokalen y-Achse und der globalen X-Achse. Translatorische und rotatorische Stabendvariablen transformieren sich wie die zugehörigen Einheitsvektoren, was auf die im unteren Teil von Abb. 3.61 angegebenen Transformationen führt. Diese entsprechen formal den für ebene Stäbe hergeleiteten Beziehungen (3.134); selbstverständlich besitzen die Element-Transformationsmatrizen $\boldsymbol{c}^{e}$, $\boldsymbol{c}^{e\mathrm{T}}$ einen anderen Aufbau und Inhalt.

Ergänzend hierzu wurden in Abb. 3.62 die Rechenschritte und Formeln zur Ermittlung der in $\boldsymbol{c}$ enthaltenen Richtungskosinus zusammengestellt – ein Prozessteil, der ausschließlich im Computer abläuft. Vereinfachend setzen wir dort voraus, dass globale und lokale Basen den gleichen Ursprung besitzen. Im 1. Schritt beginnen wir mit der Berechnung der Richtungskosinus der *Stabachse x* aus den globalen Koordinaten der Stabenden l, r. Sämtliche dabei betrachteten Winkel liegen natürlich in unterschiedlichen räumlichen Ebenen. Im 2. Schritt werden die zur lokalen y-Achse gehörenden Richtungskosinus bestimmt; diese sei gleichzeitig die 1. *Querschnittshauptachse*. Hierzu muss ein Referenzpunkt P der lokalen y-Achse mit den globalen Koordinaten X_{P}, Y_{P}, Z_{P} festgelegt werden; aus letzteren gewinnen wir die Richtungskosinus in üblicher Weise. Die Richtungskosinus der 2. *Querschnittshauptachse* schließlich, der lokalen z-Achse, bestimmen wir im letzten Schritt aus einem Vektor $\boldsymbol{z}$, welcher zu den beiden Einheitsvektoren $\boldsymbol{x}$, $\boldsymbol{y}$ in Richtung der jeweiligen lokalen Koordinatenachsen orthogonal liegt. Dessen Komponenten

$$z = \boldsymbol{x}\times\boldsymbol{y} = X_z\boldsymbol{X} + Y_z\boldsymbol{Y} + Z_z\boldsymbol{Z} \tag{3.139}$$

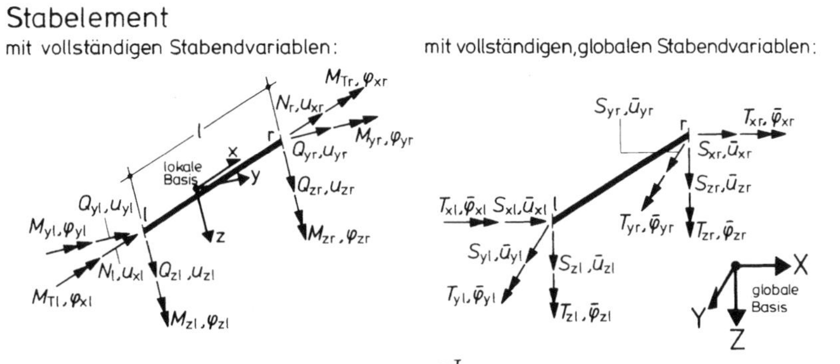

$$\dot{\mathbf{s}}^e = \left[[N\ Q_y\ Q_z\ M_T\ M_y\ M_z]_l\ [N\ Q_y\ Q_z\ M_T\ M_y\ M_z]_r \right]^T$$

$$\dot{\mathbf{s}}^e_g = \left[[S_x\ S_y\ S_z\ T_x\ T_y\ T_z]_l\ [S_x\ S_y\ S_z\ T_x\ T_y\ T_z]_r \right]^T$$

$$\dot{\mathbf{v}}^e = \left[[u_x\ u_y\ u_z\ \varphi_x\ \varphi_y\ \varphi_z]_l\ [u_x\ u_y\ u_z\ \varphi_x\ \varphi_y\ \varphi_z]_r \right]^T$$

$$\dot{\mathbf{v}}^e_g = \left[[\bar{u}_x\ \bar{u}_y\ \bar{u}_z\ \bar{\varphi}_x\ \bar{\varphi}_y\ \bar{\varphi}_z]_l\ [\bar{u}_x\ \bar{u}_y\ \bar{u}_z\ \bar{\varphi}_x\ \bar{\varphi}_y\ \bar{\varphi}_z]_r \right]^T$$

Transformationsmatrizen :

$$\mathbf{c} = \begin{bmatrix} \cos(x,X) & \cos(x,Y) & \cos(x,Z) \\ \cos(y,X) & \cos(y,Y) & \cos(y,Z) \\ \cos(z,X) & \cos(z,Y) & \cos(z,Z) \end{bmatrix} \qquad \mathbf{c}^T = \begin{bmatrix} \cos(X,x) & \cos(X,y) & \cos(X,z) \\ \cos(Y,x) & \cos(Y,y) & \cos(Y,z) \\ \cos(Z,x) & \cos(Z,y) & \cos(Z,z) \end{bmatrix}$$

$\cos(a,A)$ bezeichnet den Richtungskosinus zwischen der (lokalen) a-Achse und der (globalen) A-Achse

Transformation globaler in lokale Stabendvariablen:

$$\dot{\mathbf{s}}^e = \mathbf{c}^e \cdot \dot{\mathbf{s}}^e_g = \begin{bmatrix} \dot{\mathbf{s}}_l \\ \dot{\mathbf{s}}_r \end{bmatrix}^e = \begin{bmatrix} \mathbf{c} & \mathbf{0} & \mathbf{0} & \mathbf{0} \\ \mathbf{0} & \mathbf{c} & \mathbf{0} & \mathbf{0} \\ \mathbf{0} & \mathbf{0} & \mathbf{c} & \mathbf{0} \\ \mathbf{0} & \mathbf{0} & \mathbf{0} & \mathbf{c} \end{bmatrix}^e \cdot \begin{bmatrix} \dot{\mathbf{s}}_l \\ \dot{\mathbf{s}}_r \end{bmatrix}^e_g \qquad \dot{\mathbf{v}}^e = \mathbf{c}^e \cdot \dot{\mathbf{v}}^e_g = \begin{bmatrix} \dot{\mathbf{v}}_l \\ \dot{\mathbf{v}}_r \end{bmatrix}^e = \begin{bmatrix} \mathbf{c} & \mathbf{0} & \mathbf{0} & \mathbf{0} \\ \mathbf{0} & \mathbf{c} & \mathbf{0} & \mathbf{0} \\ \mathbf{0} & \mathbf{0} & \mathbf{c} & \mathbf{0} \\ \mathbf{0} & \mathbf{0} & \mathbf{0} & \mathbf{c} \end{bmatrix}^e \cdot \begin{bmatrix} \dot{\mathbf{v}}_l \\ \dot{\mathbf{v}}_r \end{bmatrix}^e_g$$

Transformation lokaler in globale Stabendvariablen:

$$\dot{\mathbf{s}}^e_g = \mathbf{c}^{eT} \cdot \dot{\mathbf{s}}^e = \begin{bmatrix} \dot{\mathbf{s}}_l \\ \dot{\mathbf{s}}_r \end{bmatrix}^e = \begin{bmatrix} \mathbf{c}^T & \mathbf{0} & \mathbf{0} & \mathbf{0} \\ \mathbf{0} & \mathbf{c}^T & \mathbf{0} & \mathbf{0} \\ \mathbf{0} & \mathbf{0} & \mathbf{c}^T & \mathbf{0} \\ \mathbf{0} & \mathbf{0} & \mathbf{0} & \mathbf{c}^T \end{bmatrix}^e \cdot \begin{bmatrix} \dot{\mathbf{s}}_l \\ \dot{\mathbf{s}}_r \end{bmatrix}^e \qquad \dot{\mathbf{v}}^e_g = \mathbf{c}^{eT} \cdot \dot{\mathbf{v}}^e = \begin{bmatrix} \dot{\mathbf{v}}_l \\ \dot{\mathbf{v}}_r \end{bmatrix}^e = \begin{bmatrix} \mathbf{c}^T & \mathbf{0} & \mathbf{0} & \mathbf{0} \\ \mathbf{0} & \mathbf{c}^T & \mathbf{0} & \mathbf{0} \\ \mathbf{0} & \mathbf{0} & \mathbf{c}^T & \mathbf{0} \\ \mathbf{0} & \mathbf{0} & \mathbf{0} & \mathbf{c}^T \end{bmatrix}^e \cdot \begin{bmatrix} \dot{\mathbf{v}}_l \\ \dot{\mathbf{v}}_r \end{bmatrix}^e$$

Abb. 3.61 Drehtransformationen für Stabendvariablen räumlicher Stabelemente

lassen sich aus der bekannten Determinantenformel der Vektorrechnung für das äußere Produkt ermitteln [6]. Nach Division der gewonnenen Komponenten durch die Länge l_z des Vektors z entstehen abschließend die noch ausstehenden Richtungskosinus der lokalen z-Achse.

1. Schritt: Richtungskosinus der Stabachse (lokale x-Achse):

$$\cos(x,X) = \frac{X_r - X_l}{l} = \frac{\Delta X}{l}$$

$$\cos(x,Y) = \frac{Y_r - Y_l}{l} = \frac{\Delta Y}{l}$$

$$\cos(x,Z) = \frac{Z_r - Z_l}{l} = \frac{\Delta Z}{l}$$

$$\text{mit:} \quad l = \sqrt[+]{\Delta X^2 + \Delta Y^2 + \Delta Z^2}$$

2. Schritt: Richtungskosinus der 1. Hauptachse des Querschnitts (lokale y-Achse) durch Wahl eines Referenzpunktes P auf y:

$$\cos(y,X) = \frac{X_P}{l_P}$$

$$\cos(y,Y) = \frac{Y_P}{l_P}$$

$$\cos(z,Y) = \frac{Z_P}{l_P}$$

$$\text{mit:} \quad l_P = \sqrt[+]{X_P^2 + Y_P^2 + Z_P^2}$$

3. Schritt: Richtungskosinus der 2. Hauptachse des Querschnitts (lokale z-Achse) aus den globalen Komponenten des Vektors z:

Aus der Vektorgleichung: $\quad z = x \times y = X_z X + Y_z Y + Z_z Z = \det \begin{bmatrix} X & Y & Z \\ \Delta X & \Delta Y & \Delta Z \\ X_P & Y_P & Z_P \end{bmatrix}$

folgen die Komponenten:
$$X_z = \Delta Y \cdot Z_P - \Delta Z \cdot Y_P$$
$$Y_z = \Delta Z \cdot X_P - \Delta X \cdot Z_P$$
$$Z_z = \Delta X \cdot Y_P - \Delta Y \cdot X_P$$

$$\cos(z,X) = \frac{X_z}{l_z}$$

$$\cos(z,Y) = \frac{Y_z}{l_z}$$

$$\cos(z,Z) = \frac{Z_z}{l_z} \quad \text{mit:} \quad l_z = \sqrt[+]{X_z^2 + Y_z^2 + Z_z^2}$$

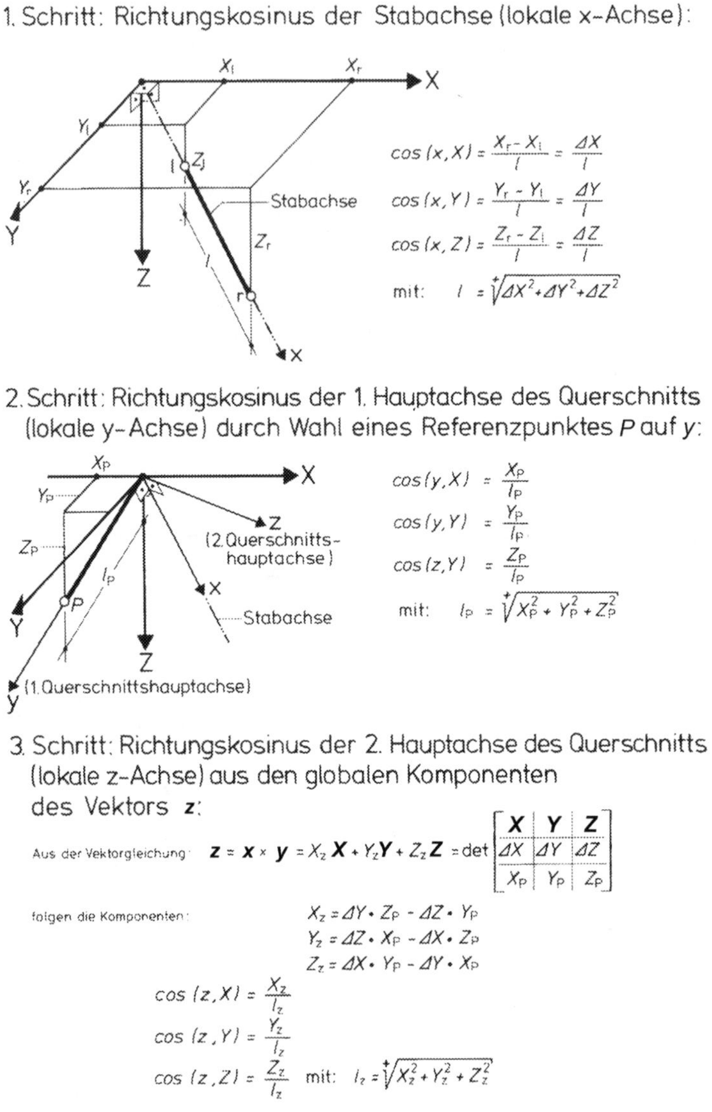

Abb. 3.62 Berechnungsschema für die Richtungskosinus der Drehtransformationsmatrix c aus Abb. 3.61

Wie bereits erwähnt, wird die Drehtransformation (3.136) der vollständigen Steifigkeitsmatrix $\overset{*}{k}{}^e$ eines räumlichen Stabelementes, gemäß Abb. 3.44 eine quadratische Matrix der Ordnung 12, auf die globalen Richtungen immer computerintern vorgenommen werden. Um dennoch einen Eindruck von der Wirkung einer derartigen Transformation auf räumliche Stabelemente zu gewinnen, führen wir diese an Hand eines Trägerrost-Elementes durch. Hierunter versteht man gemäß Abb. 3.55 ein normalkraftfreies, quer zur Stabachse belastetes, torsionssteifes Stabelement, das allein eine Biegesteifigkeit EI_y um die y-Achse aufweist ($EI_z = 0$). Ein derartiges Element wird mit seinen lokalen Stabendvariablen im oberen linken Bildteil (Abb. 3.63) dargestellt, daneben mit seinen globalen Stabendvariablen. Das lokale Bezugssystem ist dabei gegenüber dem globalen um den Winkel α in der XY-Ebene gedreht. Durch entsprechende Streichungen leiten wir aus Abb. 3.44 die vollständige Element-Steifigkeitsbeziehung für die verbliebenen lokalen Variablen her.

Als Nächstes bauen wir die Matrix $\boldsymbol{c}^{\mathrm{T}}$ gemäß Abb. 3.61 auf, durch welche die Drehung der *globalen* in die *lokale* Basis beschrieben wird. Beispielsweise fällt die lokale y-Achse mit der globalen X-Achse nach Drehung der letzteren um den Winkel $90° + \alpha$ zusammen, somit ergibt sich

$$\cos(X, y) = \cos(90° + \alpha) = -\sin\alpha. \tag{3.140}$$

Auf analogem Wege gewinnen wir so die vollständige, für ein räumliches Stabelement geltende Transformationsmatrix $\mathbf{c}^{\mathrm{e}}$ gemäß Abb. 3.61. Da jedoch von den vollständigen Stabendkraftgrößen

$$\dot{\boldsymbol{s}}^{\mathrm{e}} = \{N_{\mathrm{l}}\ Q_{\mathrm{yl}}\ Q_{\mathrm{zl}}\ M_{\mathrm{Tl}}\ M_{\mathrm{yl}}\ M_{\mathrm{zl}} | N_{\mathrm{r}}\ Q_{\mathrm{yr}}\ Q_{\mathrm{zr}}\ M_{\mathrm{Tr}}\ M_{\mathrm{yr}}\ M_{\mathrm{zr}}\}$$

durch die weiter oben besprochenen Steifigkeitsannahmen nur der Vektor

$$\dot{\boldsymbol{s}}^{\mathrm{e}} = \{-\ -\ Q_{\mathrm{zl}}\ M_{\mathrm{Tl}}\ M_{\mathrm{yl}}\ - \mid -\ -Q_{\mathrm{zr}}\ M_{\mathrm{Tr}}\ M_{\mathrm{yr}} -\}$$

verbleibt, verkleinert sich $\boldsymbol{c}^{\mathrm{e}}$ schließlich auf die in Abb. 3.63 angegebene, reduzierte Form. Mit dieser gewinnen wir durch Kongruenztransformation (3.136) die Abb. 3.63 abschließende globale Element-Steifigkeitsmatrix $\dot{\boldsymbol{k}}^{\mathrm{e}}_{\mathrm{g}}$. Erwartungsgemäß sind hierin die den Querkräften $Q_{\mathrm{zl}} = S_{\mathrm{zl}}$, $Q_{\mathrm{zr}} = S_{\mathrm{zr}}$ und Querverschiebungen $w_{\mathrm{l}} = \bar{w}_{\mathrm{l}}$, $w_{\mathrm{r}} = \bar{w}_{\mathrm{r}}$ zugeordneten Steifigkeitselemente drehinvariant; alle übrigen Elemente werden von der Drehtransformation betroffen und enthalten daher die $\boldsymbol{c}$ entstammenden Winkelfunktionen $\sin\alpha$ und $\cos\alpha$.

3.4.4 Das Tragwerksmodell der direkten Steifigkeitsmethode

Im vergangenen Abschnitt waren die auf lokale Basen bezogenen, vollständigen Stabendvariablen $\dot{\boldsymbol{s}}^{\mathrm{e}}$, $\dot{\boldsymbol{v}}^{\mathrm{e}}$ eines Elementes in Variablen $\dot{\boldsymbol{s}}^{\mathrm{e}}_{\mathrm{g}}$, $\dot{\boldsymbol{v}}^{\mathrm{e}}_{\mathrm{g}}$ hinsichtlich der globalen Basis drehtransformiert worden (3.134):

$$\dot{\boldsymbol{s}}^{\mathrm{e}} = \boldsymbol{c}^{\mathrm{e}} \cdot \dot{\boldsymbol{s}}^{\mathrm{e}}_{\mathrm{g}},\ \dot{\boldsymbol{v}}^{\mathrm{e}} = \boldsymbol{c}^{\mathrm{e}} \cdot \dot{\boldsymbol{v}}^{\mathrm{e}}_{\mathrm{g}} \text{ bzw. } \dot{\boldsymbol{s}}^{\mathrm{e}}_{\mathrm{g}} = \boldsymbol{c}^{\mathrm{eT}} \cdot \dot{\boldsymbol{s}}^{\mathrm{e}},\ \dot{\boldsymbol{v}}^{\mathrm{e}}_{\mathrm{g}} = \boldsymbol{c}^{\mathrm{eT}} \cdot \dot{\boldsymbol{v}}^{\mathrm{e}}, \tag{3.141}$$

woraus anschließend die globale Element-Steifigkeitsbeziehung (3.135)

$$\dot{\boldsymbol{s}}^{\mathrm{e}}_{g} = \dot{\boldsymbol{k}}^{\mathrm{e}}_{g} \cdot \dot{\boldsymbol{v}}^{\mathrm{e}}_{g} + \dot{\mathring{\boldsymbol{s}}}^{\mathrm{e}}_{g} \tag{3.142}$$

Trägerrost-Element mit lokalen und globalen Stabendvariablen:

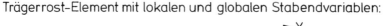

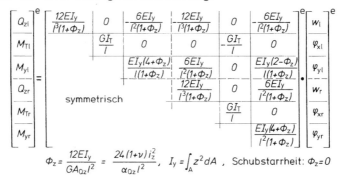

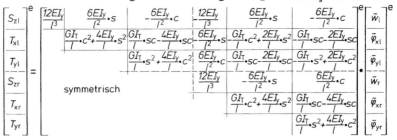

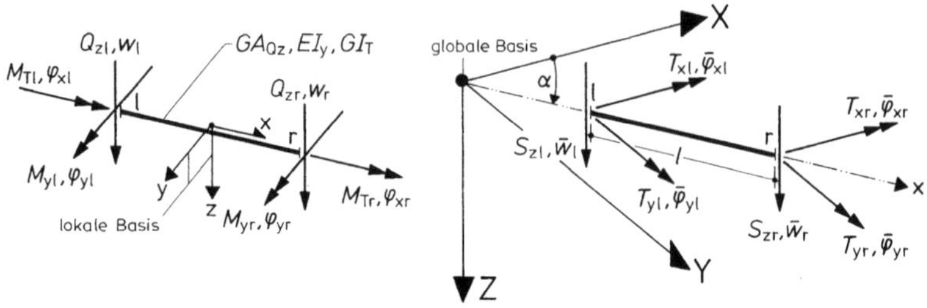

Lokale Element-Steifigkeitsbeziehung:

$$\begin{bmatrix} Q_{zl} \\ M_{Tl} \\ M_{yl} \\ Q_{zr} \\ M_{Tr} \\ M_{yr} \end{bmatrix}^e = \begin{bmatrix} \frac{12EI_y}{l^3(1+\Phi_z)} & 0 & -\frac{6EI_y}{l^2(1+\Phi_z)} & -\frac{12EI_y}{l^3(1+\Phi_z)} & 0 & -\frac{6EI_y}{l^2(1+\Phi_z)} \\ & \frac{GI_T}{l} & 0 & 0 & -\frac{GI_T}{l} & 0 \\ & & \frac{EI_y(4+\Phi_z)}{l(1+\Phi_z)} & \frac{6EI_y}{l^2(1+\Phi_z)} & 0 & \frac{EI_y(2-\Phi_z)}{l(1+\Phi_z)} \\ & \text{symmetrisch} & & \frac{12EI_y}{l^3(1+\Phi_z)} & 0 & \frac{6EI_y}{l^2(1+\Phi_z)} \\ & & & & \frac{GI_T}{l} & 0 \\ & & & & & \frac{EI_y(4+\Phi_z)}{l^2(1+\Phi_z)} \end{bmatrix}^e \cdot \begin{bmatrix} w_l \\ \varphi_{xl} \\ \varphi_{yl} \\ w_r \\ \varphi_{xr} \\ \varphi_{yr} \end{bmatrix}^e$$

$$\Phi_z = \frac{12EI_y}{GA_{Qz} l^2} = \frac{24(1+\nu)\, i_z^2}{\alpha_{Qz} l^2}, \quad I_y = \int_A z^2 dA, \quad \text{Schubstarrheit: } \Phi_z = 0$$

Richtungskosinus und Drehtransformationsmatrix $\mathbf{c}^e$:

$$s = \sin\alpha, \quad c = \cos\alpha$$

$$\mathbf{c}^T = \begin{bmatrix} \cos\alpha & \cos(90°+\alpha) & \cos 90° \\ \cos(270°+\alpha) & \cos\alpha & \cos 90° \\ \cos 90° & \cos 90° & \cos 0° \end{bmatrix} = \begin{bmatrix} c & -s & 0 \\ s & c & 0 \\ 0 & 0 & 1 \end{bmatrix}, \quad \mathbf{c}^e = \begin{bmatrix} 1 & & & & & \\ & c & s & & & \\ & -s & c & & & \\ & & & 1 & & \\ & & & & c & s \\ & & & & -s & c \end{bmatrix}^e$$

Globale Element-Steifigkeitsbeziehung für $\Phi_z = 0$ mit $\mathbf{k}_g^e = \mathbf{c}^{eT} \cdot \mathbf{k}^e \cdot \mathbf{c}^e$:

$$\begin{bmatrix} S_{zl} \\ T_{xl} \\ T_{yl} \\ S_{zr} \\ T_{xr} \\ T_{yr} \end{bmatrix}^e = \begin{bmatrix} \frac{12EI_y}{l^3} & \frac{6EI_y}{l^2}\cdot s & -\frac{6EI_y}{l^2}\cdot c & -\frac{12EI_y}{l^3} & \frac{6EI_y}{l^2}\cdot s & -\frac{6EI_y}{l^2}\cdot c \\ & \frac{GI_T}{l}\cdot c^2 + \frac{4EI_y}{l}\cdot s^2 & \frac{GI_T}{l}\cdot sc - \frac{4EI_y}{l}\cdot sc & -\frac{6EI_y}{l^2}\cdot s & -\frac{GI_T}{l}\cdot c^2 + \frac{2EI_y}{l}\cdot s^2 & -\frac{GI_T}{l}\cdot sc - \frac{2EI_y}{l}\cdot sc \\ & & \frac{GI_T}{l}\cdot s^2 + \frac{4EI_y}{l}\cdot c^2 & \frac{6EI_y}{l^2}\cdot c & -\frac{GI_T}{l}\cdot sc - \frac{2EI_y}{l}\cdot sc & -\frac{GI_T}{l}\cdot s^2 + \frac{2EI_y}{l}\cdot c^2 \\ & \text{symmetrisch} & & \frac{12EI_y}{l^3} & -\frac{6EI_y}{l^2}\cdot s & \frac{6EI_y}{l^2}\cdot c \\ & & & & \frac{GI_T}{l}\cdot c^2 + \frac{4EI_y}{l}\cdot s^2 & \frac{GI_T}{l}\cdot sc - \frac{4EI_y}{l}\cdot sc \\ & & & & & \frac{GI_T}{l}\cdot s^2 + \frac{4EI_y}{l}\cdot c^2 \end{bmatrix}^e \cdot \begin{bmatrix} \bar{w}_l \\ \bar{\varphi}_{xl} \\ \bar{\varphi}_{yl} \\ \bar{w}_r \\ \bar{\varphi}_{xr} \\ \bar{\varphi}_{yr} \end{bmatrix}^e$$

Abb. 3.63 Globale Steifigkeitsbeziehung eines Trägerrostelementes

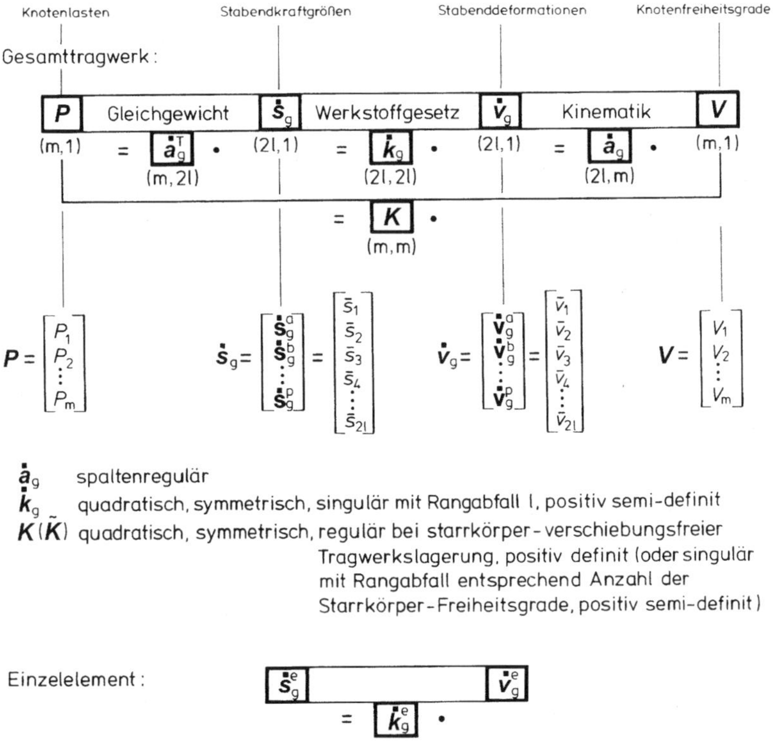

Abb. 3.64 Das Tragwerksmodell der direkten Steifigkeitsmethode

entstand. Hierdurch wurden die auf die globale Basis bezogene Element-Steifigkeitsmatrix $\dot{\boldsymbol{k}}_{\mathrm{g}}^{\mathrm{e}}$ (3.136) und die zugehörige Spalte $\dot{\mathring{\boldsymbol{s}}}_{\mathrm{g}}^{\mathrm{e}}$ (3.137) der Volleinspannkraftgrößen definiert. Erneut fassen wir nun wieder die globalen Stabendvariablen sämtlicher Elemente zu zwei Spalten $\dot{\boldsymbol{s}}_{g}$, $\dot{\boldsymbol{v}}_{\mathrm{g}}$ zusammen und gewinnen so für Abb. 3.64 den ersten Bestandteil des Tragwerksmodells mit der *globalen Steifigkeitsmatrix* $\dot{\boldsymbol{k}}_{\mathrm{g}}$ *aller Elemente* sowie dem Vektor $\dot{\mathring{\boldsymbol{s}}}_{\mathrm{g}}$ aller *globalen Volleinspannkraftgrößen:*

$$\dot{\boldsymbol{s}}_{\mathrm{g}} = \dot{\boldsymbol{k}}_{\mathrm{g}} \cdot \dot{\boldsymbol{v}}_{\mathrm{g}} + \dot{\mathring{\boldsymbol{s}}}_{\mathrm{g}} =$$

$$\begin{bmatrix} \dot{\boldsymbol{s}}_{\mathrm{g}}^{\mathrm{a}} \\ \dot{\boldsymbol{s}}_{\mathrm{g}}^{\mathrm{b}} \\ \vdots \\ \dot{\boldsymbol{s}}_{\mathrm{g}}^{\mathrm{p}} \end{bmatrix} = \begin{bmatrix} \dot{\boldsymbol{k}}_{\mathrm{g}}^{\mathrm{a}} & & & \\ & \dot{\boldsymbol{k}}_{\mathrm{g}}^{\mathrm{b}} & & \\ & & \ddots & \\ & & & \dot{\boldsymbol{k}}_{\mathrm{g}}^{\mathrm{p}} \end{bmatrix} \cdot \begin{bmatrix} \dot{\boldsymbol{v}}_{\mathrm{g}}^{\mathrm{a}} \\ \dot{\boldsymbol{v}}_{\mathrm{g}}^{\mathrm{b}} \\ \vdots \\ \dot{\boldsymbol{v}}_{\mathrm{g}}^{\mathrm{p}} \end{bmatrix} + \begin{bmatrix} \dot{\mathring{\boldsymbol{s}}}_{\mathrm{g}}^{\mathrm{a}} \\ \dot{\mathring{\boldsymbol{s}}}_{\mathrm{g}}^{\mathrm{b}} \\ \vdots \\ \dot{\mathring{\boldsymbol{s}}}_{\mathrm{g}}^{\mathrm{p}} \end{bmatrix}. \tag{3.143}$$

Als Nächstes definieren wir eine quadratische Matrix $\dot{c}$ der Ordnung $2l$

$$\dot{c} = \left[\begin{array}{c|c|c|c} c^{a} & & & \\ \hline & c^{b} & & \\ \hline & & \ddots & \\ \hline & & & c^{p} \end{array}\right], \tag{3.144}$$

welche die Drehtransformationsmatrizen c^{e} sämtlicher Einzelelemente in der durch $\dot{s}_g$, $\dot{v}_g$ vorgegebenen Reihenfolge enthält. Elemente mit gleichen (unterschiedlichen) lokalen Orientierungen sind hierin durch gleiche (unterschiedliche) Element-Drehtransformationsmatrizen vertreten. Mit Hilfe von $\dot{c}$ lassen sich nun globale und lokale Modellvariablen gemäß (3.141) ineinander überführen, beispielsweise gilt

$$\dot{s} = \dot{c} \cdot \dot{s}_g \quad \text{oder} \quad \dot{v}_g = \dot{c}^{T} \cdot \dot{v}. \tag{3.145}$$

Kombinieren wir diese Aussagen mit der Gleichgewichtstransformation (3.112) und der kinematischen Transformation (3.111) für lokale, vollständige Stabendvariablen

$$\begin{aligned} P &= \dot{a}^{T} \cdot \dot{s} = \dot{a}^{T} \cdot \dot{c} \cdot \dot{s}_g & \qquad \dot{v}_g &= \dot{c}^{T} \cdot \dot{v} = \dot{c}^{T} \cdot \dot{a} \cdot V \\ &= \dot{a}_g^{T} \cdot \dot{s}_g & &= \dot{a}_g \cdot V \\ &\text{mit } \dot{a}_g^{T} = \dot{a}^{T} \cdot \dot{c}, & &\text{mit } \dot{a}_g = \dot{c}^{T} \cdot \dot{a}, \end{aligned} \tag{3.146}$$

so bildet sich wieder in beiden Fällen die gleiche kinematische Transformationsmatrix $\dot{a}_g$ aus. Sie verbindet die hinsichtlich der *globalen* Basis definierten Knotenfreiheitsgrade V mit den eingangs in die *globale* Basis transformierten Stabenddeformationen $\dot{v}_g$, beschreibt somit einen reinen Identifikationsprozess und kann daher nur Nullen und Einsen enthalten.

▶ **Satz** Die für *globale Stabenddeformationen* $\dot{v}_g$ geltende kinematische Transformationsmatrix $\dot{a}_g$ identifiziert diese mit den ebenfalls auf die globale Basis bezogenen Knotenfreiheitsgraden. Als Inzidenzmatrix enthält sie daher nur die Werte 1 und 0.

Mit den drei Transformationen (3.143, 3.146) entsteht nun das in Abb. 3.64 wiedergegebene Tragwerksmodell. Die hieraus aufstellbare Gesamt-Steifigkeitsbeziehung

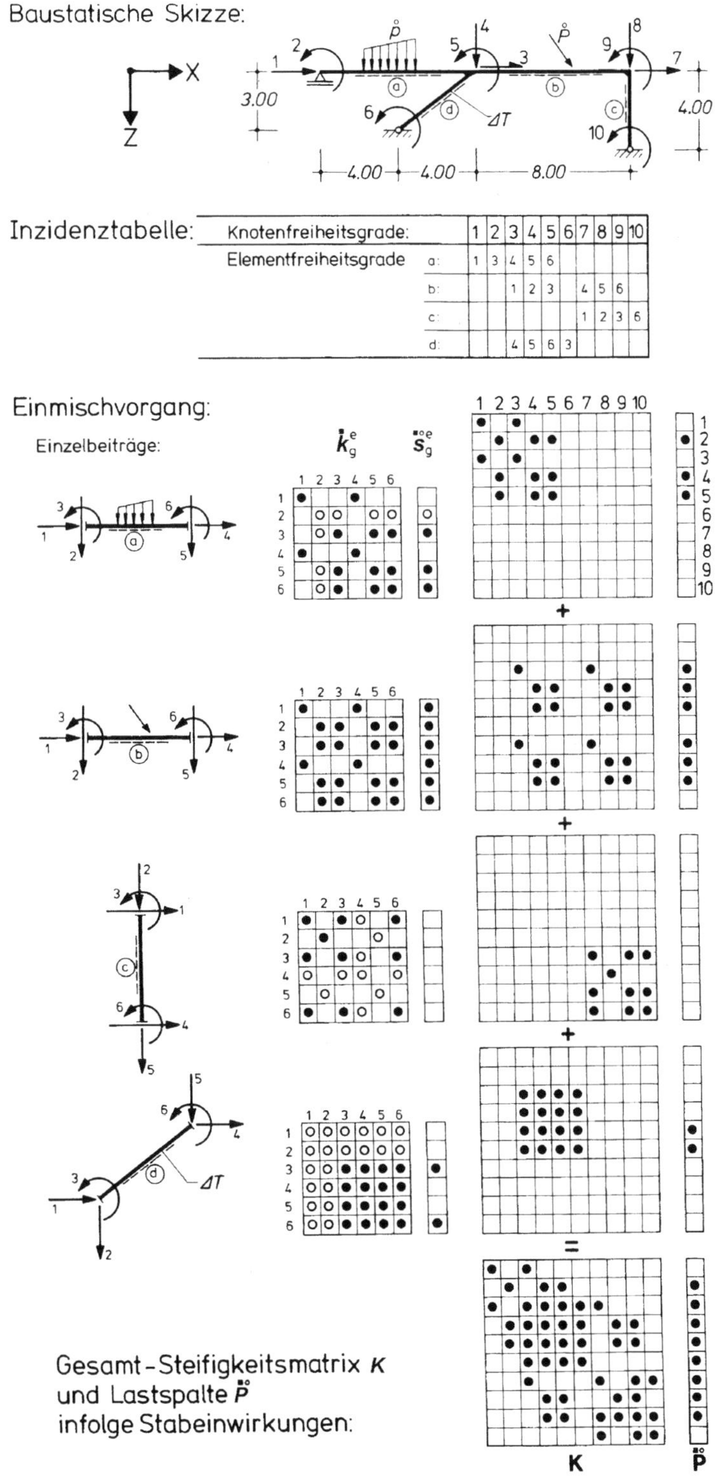

Knotenfreiheitsgrade:		1	2	3	4	5	6	7	8	9	10
Elementfreiheitsgrade	a:	1	3	4	5	6					
	b:			1	2	3		4	5	6	
	c:							1	2	3	6
	d:			4	5	6	3				

Abb. 3.65 Aufbau der Gesamt-Steifigkeitsmatrix und der Lastspalte durch Einmischen

$$\overset{\blacksquare}{v}_g = \overset{\blacksquare}{a}_g \cdot V$$

$$\overset{\blacksquare}{s}_g = \overset{\blacksquare}{k}_g \cdot \overset{\blacksquare}{v}_g + \overset{\blacksquare\circ}{s}_g$$

$$P = \overset{\blacksquare}{a}{}_g^T \cdot \overset{\blacksquare}{s}_g$$

$$P = \overset{\blacksquare}{a}{}_g^T \cdot \overset{\blacksquare}{k}_g \cdot \overset{\blacksquare}{a}_g \cdot V + \overset{\blacksquare}{a}{}_g^T \cdot \overset{\blacksquare\circ}{s}_g = K \cdot V + \overset{\blacksquare\circ}{P} \qquad (3.147)$$

weist für die Gesamt-Steifigkeitsmatrix $\boldsymbol{K}$ bzw. $\tilde{\boldsymbol{K}}$ und den Stablastanteil $\overset{\bullet\circ}{\boldsymbol{P}}$ folgende Varianten aus:

$$\boldsymbol{K} = \dot{\boldsymbol{a}}_g^T \cdot \dot{\boldsymbol{k}}_g \cdot \dot{\boldsymbol{a}}_g, \quad \overset{\bullet\circ}{\boldsymbol{P}} = \dot{\boldsymbol{a}}_g^T \cdot \overset{\bullet\circ}{\boldsymbol{s}}_g. \qquad (3.148)$$

Hierin wird jedoch $\dot{\boldsymbol{a}}_g$ nicht mehr als Matrix, sondern als *Inzidenztabelle* bereitgestellt. Deshalb ist die Kongruenztransformation (3.148) auch nur als *formale Schreibweise* anzusehen; der Aufbau von $\boldsymbol{K}$ und $\overset{\bullet\circ}{\boldsymbol{P}}$ im Computer erfolgt erheblich effektiver durch den im Abschn. 3.4.1 beschriebenen Einmischvorgang.

Zu dessen näherer Erläuterung in Abb. 3.65 wählen wir das zuletzt im Abschn. 3.3.7 behandelte Stabwerk, in der baustatischen Skizze nunmehr mit sämtlichen aktiven globalen Freiheitsgraden versehen. Darunter befinden sich herausgetrennt die 4 Stabelemente mit ihren ebenfalls hinsichtlich der globalen Basis definierten Stabenddeformationen. Offensichtlich entspricht der Knotenfreiheitsgrad $1(= V_1)$ gerade der Stabendverschiebung $1(= \dot{v}_1^a)$ des Elementes a, $2(= V_2)$ der Verdrehung $3(= \dot{v}_3^a)$, u.s.w. Diese Informationen sind für sämtliche Elemente in der angegebenen Inzidenztafel in einer besonders kondensierten Weise gespeichert, die damit die in Abb. 3.64 noch *formal* verwendete kinematische Transformation $\dot{\boldsymbol{a}}_g$ ersetzt. Würde man in der Inzidenztafel der Abb. 3.65 die globalen Element-Freiheitsgrade untereinander schreiben und die Identität (Nichtidentität) von Freiheitsgraden durch eine 1(0) kennzeichnen, so erhielte man natürlich genau die für dieses Beispiel gültige Matrix $\dot{\boldsymbol{a}}_g$.

Neben den Stabelementen der Abb. 3.65 findet der Leser die globalen Element-Steifigkeitsmatrizen $\dot{\boldsymbol{k}}_g^e$ und zugehörigen Volleinspannkraftgrößen $\overset{\bullet\circ}{\boldsymbol{s}}{}_g^e$ in symbolischer Form. Besonders herausgehoben durch ausgefüllte Kreise wurden hierin die den später aktiven Freiheitsgraden zugeordneten Steifigkeitselemente, während die den durch Auflagerbedingungen unterdrückten Freiheitsgraden zugeordneten, d. h. unbedeutenden Elemente weiß blieben. Am rechten Bildrand ist der nach der Inzindenztafel und gemäß den im Abschn. 3.4.2 erkannten Regeln (3.129) durchgeführte Einmischprozess ebenfalls symbolisch wiedergegeben. Da bei der Auswahl der Knotenfreiheitsgrade eine von Starrkörperdeformationen freie Lagerung beschrieben wurde, ergibt sich **K** als regulär. Im anderen Fall wäre $\boldsymbol{K} = \tilde{\boldsymbol{K}}$ singulär.

Baustatische Skizze:

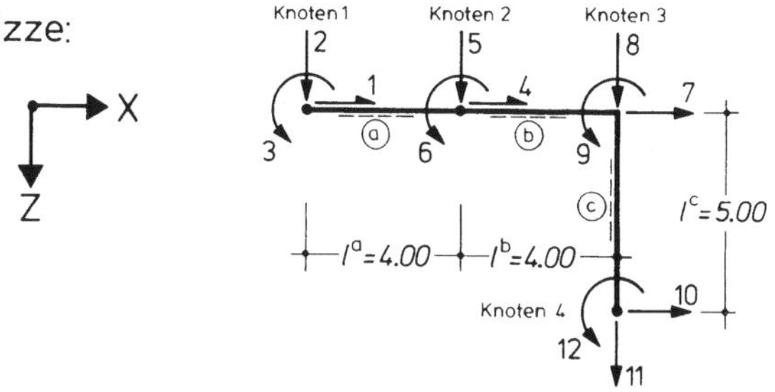

Inzidenztabelle:

Knotenfreiheitsgrade:		1	2	3	4	5	6	7	8	9	10	11	12
Elementfreiheitsgrade	a:	1	2	3	4	5	6						
	b:				1	2	3	4	5	6			
	c:							1	2	3	4	5	6

Globale Element - Steifigkeitsbeziehungen:

Element a und b:

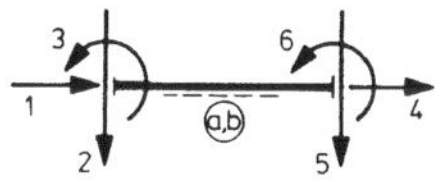

$$\begin{bmatrix} S_{xl} \\ S_{zl} \\ M_l \\ S_{xr} \\ S_{zr} \\ M_r \end{bmatrix} = 10^5 \cdot \begin{bmatrix} 1.0000 & & & -1.0000 & & \\ & 0.1250 & -0.2500 & & -0.1250 & -0.2500 \\ & -0.2500 & 0.666\bar{6} & & 0.2500 & 0.333\bar{3} \\ -1.0000 & & & 1.0000 & & \\ & -0.1250 & 0.2500 & & 0.1250 & 0.2500 \\ & -0.2500 & 0.333\bar{3} & & 0.2500 & 0.666\bar{6} \end{bmatrix} \cdot \begin{bmatrix} \bar{u}_l \\ \bar{w}_l \\ \bar{\varphi}_l \\ \bar{u}_r \\ \bar{w}_r \\ \bar{\varphi}_r \end{bmatrix}$$

Element c:

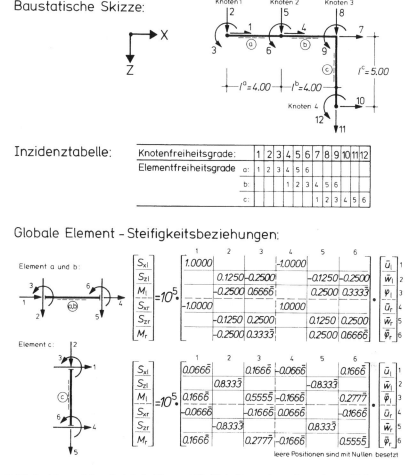

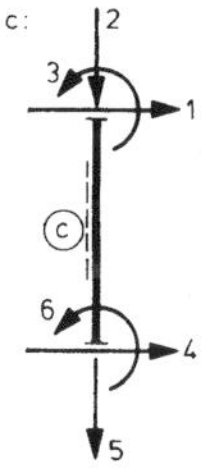

$$\begin{bmatrix} S_{xl} \\ S_{zl} \\ M_l \\ S_{xr} \\ S_{zr} \\ M_r \end{bmatrix} = 10^5 \cdot \begin{bmatrix} 0.066\bar{6} & & 0.166\bar{6} & -0.066\bar{6} & & 0.166\bar{6} \\ & 0.833\bar{3} & & & -0.833\bar{3} & \\ 0.166\bar{6} & & 0.555\bar{5} & -0.166\bar{6} & & 0.277\bar{7} \\ -0.066\bar{6} & & -0.166\bar{6} & 0.066\bar{6} & & -0.166\bar{6} \\ & -0.833\bar{3} & & & 0.833\bar{3} & \\ 0.166\bar{6} & & 0.277\bar{7} & -0.166\bar{6} & & 0.555\bar{5} \end{bmatrix} \cdot \begin{bmatrix} \bar{u}_l \\ \bar{w}_l \\ \bar{\varphi}_l \\ \bar{u}_r \\ \bar{w}_r \\ \bar{\varphi}_r \end{bmatrix}$$

leere Positionen sind mit Nullen besetzt

Abb. 3.66 Inzidenztafel und globale Element-Steifigkeitsmatrizen eines ebenen Rahmentragwerks

3.4.5 Beispiel: Aufbau von $\tilde{K}$ für ein ebenes Rahmentragwerk

Ziel des ersten Zahlenbeispiels zur direkten Steifigkeitsmethode ist der Aufbau der verallgemeinerten Gesamt-Steifigkeitsmatrix $\tilde{\boldsymbol{K}}$ nach Abschn. 3.4.1 für sämtliche Knotenfreiheitsgrade des dort behandelten Rahmens. Zunächst übernehmen wir in Abb. 3.66 die Diskretisierung des Tragwerks in 4 Knotenpunkte und 3 Stabelemente aus Abb. 3.57, was wieder auf 12 Knotenfreiheitsgrade führt. Im unteren Bildteil wurden die Stabelemente *a*, *b* sowie *c* in ihrer jeweiligen räumlichen Orientierung mit den *globalen* Elementfreiheitsgraden dargestellt, die in gewohnter Weise numeriert und zu Spaltenvektoren vereinigt wurden. Elementweise erfolgt sodann die Identifikation dieser Elementfreiheitsgrade mit den globalen Knotenfreiheitsgraden in der Inzidenztabelle. Im nächsten Schritt kann die globale Steifigkeitsmatrix der Stäbe *a*, *b* unmittelbar Abb. 3.47 entnommen werden, da hier lokale und globale Basis übereinstimmen. Für das Stabelement *c* dagegen

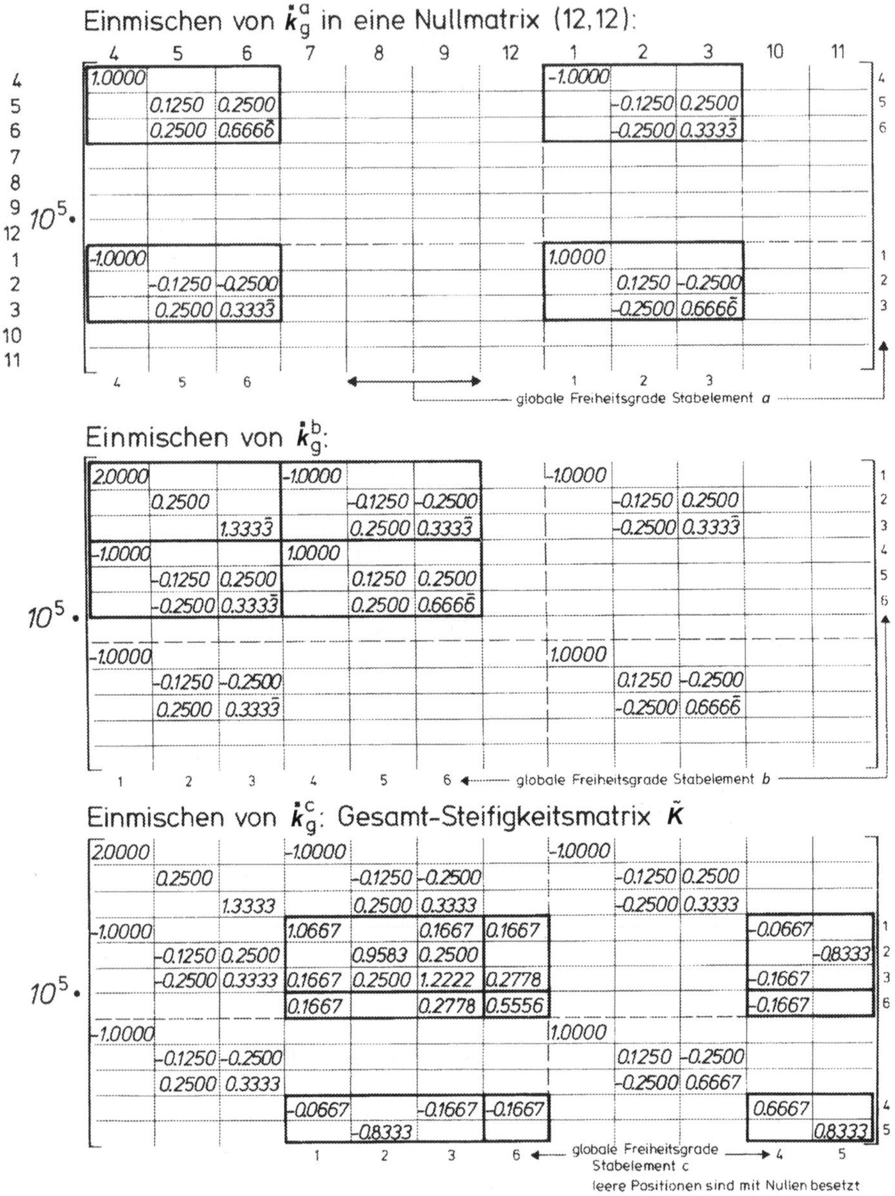

Abb. 3.67 Einmischvorgang der Element-Steifigkeitsmatrizen von Abb. 3.66

ist die lokale Basis x, z um den Winkel $\alpha = -90°$ in die globale Basis X, Z zu drehen, was gemäß Abb. 3.60 auf die im unteren Teil von Abb. 3.66 angegebene, globale Element-Steifigkeitsbeziehung dieses Stabes führt.

Abbildung 3.67 beginnt nun den Einmischprozess zum sukzessiven Aufbau der Gesamt-Steifigkeitsmatrix $\tilde{\boldsymbol{K}}$ mit dem Bereitstellen einer derart partitionierten (12,12)-Nullmatrix, dass sich die Steifigkeitswerte der später aktiven Knotenfreiheitsgrade 4 bis

9 und 12 links oben, diejenigen der zur Volleinspannung im Knoten 1 und zur Unverschieblichkeit im Knoten 4 später zu unterdrückenden Freiheitsgrade 1 bis 3, 10, 11 im rechten unteren Teil konzentrieren. Nach Übertragung der Freiheitsgrad-Inzidenzen des Stabelementes a an Zeilen und Spalten der Nullmatrix werden als erstes die Elemente von $\dot{\boldsymbol{k}}_{\mathrm{g}}^{\mathrm{a}}$ positionsgerecht eingebaut. Zur deutlichen Heraushebung sind diese eingerahmt. Zum Einmischen von $\dot{\boldsymbol{k}}_{\mathrm{g}}^{\mathrm{b}}$ folgen in gleicher Weise die Inzidenzen der Element-Freiheitsgrade $\dot{\boldsymbol{v}}_{\mathrm{g}}^{\mathrm{b}}$ und das Eintragen der Elemente von $\dot{\boldsymbol{k}}_{\mathrm{g}}^{\mathrm{b}}$.

Bereits in $\tilde{\boldsymbol{K}}$ vorhandene Steifigkeitswerte werden dabei mit solchen von $\dot{\boldsymbol{k}}_{\mathrm{g}}^{\mathrm{b}}$ auf gleichen Positionen superponiert. Als Letztes folgt in Abb. 3.67 das gleichartige Einmischen von $\dot{\boldsymbol{k}}_{\mathrm{g}}^{\mathrm{c}}$, was wieder die bereits aus Abb. 3.57 vertraute Matrix $\tilde{\boldsymbol{K}}$ entstehen lässt.

Dieser i. A. computerautomatisch ausgeführte Einmischvorgang erfolgte nur hier zum besseren Verständnis manuell. Auch würde im Computer nur die Hälfte der symmetrischen Gesamt-Steifigkeitsmatrix aufgebaut werden. Ebensowenig würden später aktive Freiheitsgrade bereits vor dem Einmischen von den gefesselten separiert werden, sondern erst nach Abschluss durch Zeilen- und Spaltentausch.

3.4.6 Beispiel: Trägerrost

Als weiteres Beispiel soll nun der Trägerrost der Abb. 3.55 und 3.56 unter der dort angegebenen Last q_z^{b} nach der direkten Steifigkeitsmethode behandelt werden. Hierzu definieren wir zunächst in Abb. 3.68 *sämtliche* globalen Knotenfreiheitsgrade, d. h. ohne Berücksichtigung der Auflagerbedingungen, jedoch unter Beachtung der besonderen, im Abschn. 3.3.8 erläuterten Steifigkeitsverhältnisse $EI_z^{\mathrm{a}} = EI_z^{\mathrm{b}} = GI_{\mathrm{T}}^{\mathrm{b}} = 0$.

Bereits in Abb. 3.56 wurden die beiden Element-Steifigkeitsmatrizen $\dot{\boldsymbol{k}}^{\mathrm{a}}$, $\dot{\boldsymbol{k}}^{\mathrm{b}}$ für auf lokale Basen bezogene Stabendvariablen numerisch bereitgestellt. Die Steifigkeitsmatrix $\dot{\boldsymbol{k}}^{\mathrm{a}}$ für das Stabelement a muss nun um den Winkel $\alpha = +90^\circ$ in die Richtung der globalen Basis gedreht werden. Dies kann durch Kongruenztransformation (3.136) mit $(\sin 90^\circ = 1, \cos 90^\circ = 0)$

$$\boldsymbol{c}^{\mathrm{a}} = \left[\begin{array}{c|c|c|c|c|c} 1 & & & & & \\ \hline & & 1 & & & \\ \hline & -1 & & & & \\ \hline & & & 1 & & \\ \hline & & & & & 1 \\ \hline & & & & -1 & \end{array}\right] \qquad (3.149)$$

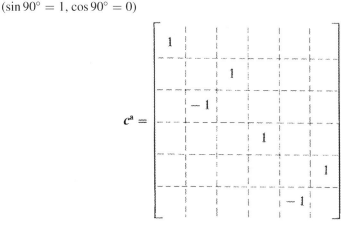

Gesamtstruktur mit Knotenvariablen:

Stab a:	Stab b:
EI_y	EI_y
$EI_z \approx 0$	$EI_z \approx 0$
$GI_T = 0.5EI_y$	$GI_T \approx 0$

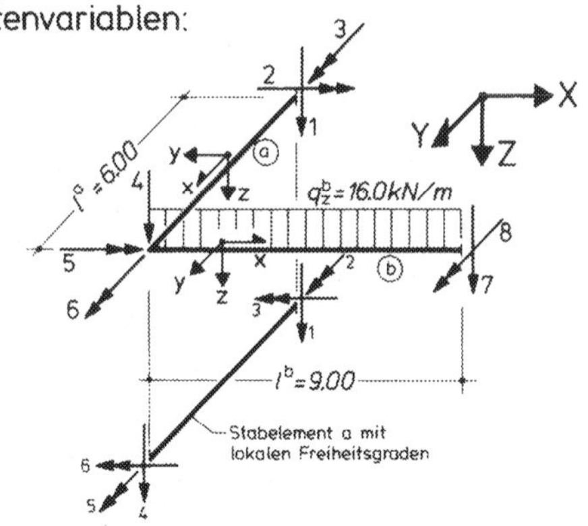

Globale Element-Steifigkeitsmatrizen und Volleinspannkraftgrößen:

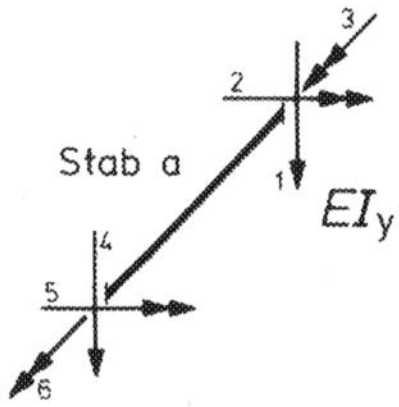

$\overset{\bullet}{\boldsymbol{k}}{}_g^e$, $\overset{\bullet}{\boldsymbol{s}}{}_g^{oe}$ (Stab a), $EI_y \cdot$

	1	2	3	4	5	6	$\overset{\bullet}{s}{}_g^{oe}$
1	0.05556	0.16667		-0.05556	0.16667		
2		0.66667		-0.16667	0.33333		
3			0.08333			-0.08333	
4				0.05556	-0.16667		
5	symmetrisch				0.66667		
6						0.08333	

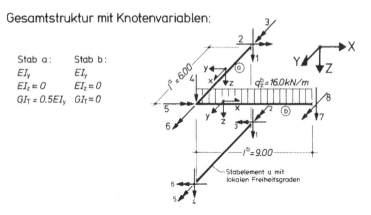

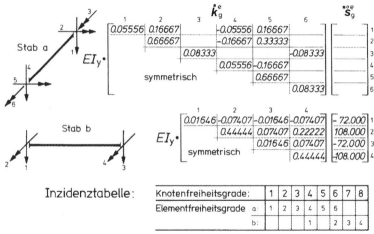

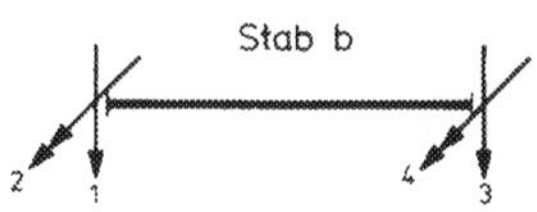

(Stab b), $EI_y \cdot$

	1	2	3	4	$\overset{\bullet}{s}{}_g^{oe}$
1	0.01646	-0.07407	-0.01646	-0.07407	- 72.000
2		0.44444	0.07407	0.22222	108.000
3			0.01646	0.07407	-72.000
4	symmetrisch			0.44444	-108.000

Inzidenztabelle:

Knotenfreiheitsgrade:		1	2	3	4	5	6	7	8
Elementfreiheitsgrade	a:	1	2	3	4	5	6		
	b:				1		2	3	4

Gesamt-Steifigkeitsbeziehung nach Zeilen- und Spaltentausch:

$\tilde{\boldsymbol{K}}$, $\tilde{\boldsymbol{P}} - \tilde{\boldsymbol{a}}^T \cdot \overset{\bullet}{\boldsymbol{s}}{}^o$, $EI_y \cdot$

	4	5	6	1	2	3	7	8	$\tilde{P} - \tilde{a}^T \cdot \overset{\bullet}{s}{}^o$
4	0.07202	-0.16667	-0.07407	-0.05556	-0.16667		-0.01646	-0.07407	72.000
5		0.66667		0.16667	0.33333				
6	symmetrisch		0.52778			-0.08333	0.07407	0.22222	-108.000
1	-0.05556	0.16667		0.05556	0.16667				
2	-0.16667	0.33333			0.66667				
3			-0.08333			0.08333			
7	-0.01646		0.07407	symmetrisch			0.01646	0.07407	72.000
8	-0.07407		0.22222					0.44444	108.000

leere Positionen sind mit Nullen besetzt

Abb. 3.68 Berechnung eines Trägerrostes nach der direkten Steifigkeitsmethode

gemäß Abb. 3.63 oder unmittelbar durch Auswertung der dort aufgeführten globalen Element-Steifigkeitsmatrix erfolgen. Die drehtransformierte Steifigkeitsmatrix $\overset{\bullet}{\boldsymbol{k}}{}_g^a$ findet sich gemeinsam mit den in der Reihenfolge der Abb. 3.63 durchnumerierten, globalen

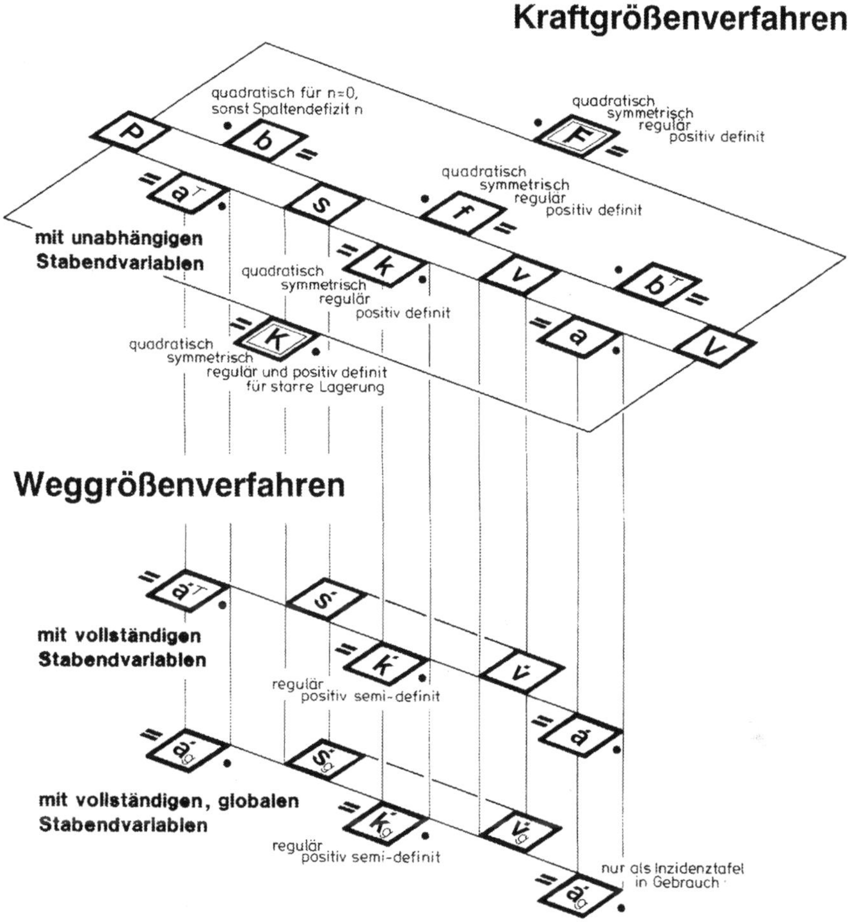

Abb. 3.69 Berechnung eines Trägerrostes nach der direkten Steifigkeitsmethode

Element-Freiheitsgraden in der Bildmitte (Abb. 3.68). Unmittelbar aus Abb. 3.56 wird die lokale Element-Steifigkeitsmatrix $\dot{\boldsymbol{k}}^{\mathrm{b}}$ des Elementes *b* übernommen. Sie entspricht der globalen Form $\dot{\boldsymbol{k}}_{\mathrm{g}}^{\mathrm{b}}$, da hier offensichtlich lokale und globale Basis übereinstimmen.

Nach Aufstellen der Inzidenztabelle im mittleren Teil von Abb. 3.68 möge der Leser selbst das Einmischen der beiden Element-Steifigkeiten $\dot{\boldsymbol{k}}_{\mathrm{g}}^{\mathrm{a}}$, $\dot{\boldsymbol{k}}_{\mathrm{g}}^{\mathrm{b}}$ (sowie der zugehörigen Volleinspannkraftgrößen $\dot{\mathring{\boldsymbol{s}}}^{\mathrm{a}}$, $\dot{\mathring{\boldsymbol{s}}}^{\mathrm{b}}$) in eine quadratische Nullmatrix (Nullspalte) der Ordnung 8 mit von 1 monoton ansteigender Reihung der globalen Freiheitsgrade vornehmen. Durch Zeilen- und Spaltentausch entsteht hieraus sodann die Abb. 3.68 abschließende Gesamt-Steifigkeitsbeziehung in der Anordnung (3.122), in welcher links oben die auf die später aktiven Freiheitsgrade V_4, V_5, V_6 reduzierte Steifigkeitsmatrix $\boldsymbol{K}$ auftritt, wie ein Vergleich mit Abb. 3.56 beweist.

3.5 Computerbasierte Tragwerksanalysen

3.5.1 Algorithmisierung der direkten Steifigkeitsmethode

Die direkte Steifigkeitsmethode, die in den Abschn. 3.4 erläutert wurde, liegt heute der großen Mehrzahl aller strukturmechanischen Computerprogramme zugrunde. Derartige Programmsysteme sind stets in folgende Programmphasen unterteilt:

Die *Eingabephase,* das *Preprocessing,* umfasst

- die Diskretisierung und Topologie der Struktur,
- alle Informationen zur Geometrie und Steifigkeit
- sowie zu den Einwirkungen.

Die *Berechnungsphase* besteht aus

- der Ermittlung der Elementmatrizen $\dot{\boldsymbol{k}}_{\mathrm{g}}^{\mathrm{e}}$, $\dot{\mathring{\boldsymbol{s}}}_{\mathrm{g}}^{\mathrm{e}}$,
- ihrem Zusammenbau zur Gesamt-Steifigkeitsmatrix $\tilde{\mathbf{K}}$ und zur Lastspalte $\tilde{\boldsymbol{P}}$,
- der Umordnung der Gesamt-Steifigkeitsbeziehung gemäß (3.122),
- der Lösung der reduzierten Steifigkeitsbeziehung (3.125)
- sowie der Ermittlung der Lagerreaktionen gemäß (3.126)
- und schließlich der Berechnung der Stabendvariablen $\dot{\boldsymbol{s}}^{\mathrm{e}}$, $\dot{\boldsymbol{v}}^{\mathrm{e}}$.

Die *Ausgabephase*, das *Postprocessing*, schließt

- Ergebnisnachbearbeitungen, wie Lastfallsuperpositionen und Extremwertbestimmungen,
- sowie die alpha-numerische oder graphische Ergebniswiedergabe über Drucker, Plotter oder Bildschirm ein.

Vielfach läuft das Preprocessing in autarken, graphisch-interaktiv arbeitenden Programmen ab, welche die generierten Daten über Schnittstellen dem Berechnungskern zuführen. Die gleichen Programme können im Postprocessing in umgekehrter Richtung Ergebnisdaten durch computer-graphische Hilfsmittel anschaulich darstellen, aufbauend auf den in der Eingabephase gespeicherten Datensätzen des Tragwerksmodells.

Analogen Programmphasen folgen auch Programmsysteme für allgemeinere Finite-Elemente-Analysen, wobei Elementmatrizen anderer Festkörpermodelle, von Platten, Scheiben, Schalen oder dreidimensionalen Kontinua, Verwendung finden. In Programmsystemen werden zur Speicherplatzeinsparung an Stelle von $\tilde{\boldsymbol{K}}$, $\tilde{\boldsymbol{P}}$ oft nur die reduzierten Größen $\boldsymbol{K}$, $\boldsymbol{P}$ aufgebaut; dann allerdings müssen die Lagerreaktionen $\boldsymbol{C}$ gemäß Schritt 6 der Abb. 3.12 aus nachlaufenden Gleichgewichtsbetrachtungen bestimmt werden.

In der Eingabephase eines nach der direkten Steifigkeitsmethode arbeitenden Analyseprogramms sind mindestens folgende Informationen über die zu bearbeitende Aufgabe bereitzustellen:

- Die *Element-Knotenbeziehungen*, sie enthalten sämtliche Stabelemente mit den an ihren jeweiligen linken und rechten Enden liegenden Tragwerksknoten, für räumliche Tragwerke darüber hinaus pro Stab den zur Hauptachsenorientierung erforderlichen Referenzknoten.
- Die *Lagerungsbedingungen* des Tragwerks, beispielsweise als Zeile mit den Nummern sämtlicher gefesselter Freiheitsgrade.

Mit diesen Angaben ist die *Topologie* des Tragwerks erfasst. Die Anzahl der *Freiheitsgrade pro Knoten* sowie Angaben über die *Elementtypen* nebst deren Anzahl von Elementfreiheitsgraden informieren zusätzlich über Tragverhaltenseigenschaften. Ist programmintern die Numerierungsreihenfolge der globalen Knotenfreiheitsgrade festgelegt, z. B. u_{i}, w_{i}, φ_i, so kann aus den bis hierher bereitgestellten Informationen automatisch

- die *Inzidenztafel* aufgebaut werden. Erfolgt dies nicht, so ist diese als Zuordnung von Knoten- und Elementfreiheitsgraden einzugeben. Mit der Tabelle der
- *Knotenkoordinaten* liegt sodann auch die gesamte *Tragwerksgeometrie* fest, da aus ihnen die Längen aller Stäbe sowie deren Richtungskosinus gegenüber der globalen Basis bestimmbar sind, aus je einem Bezugsknoten darüber hinaus die Richtungskosinus der Querschnittshauptachsen.
- Die *Element-Steifigkeitsdaten* schließlich vervollständigen Tragwerkstopologie und -geometrie um Steifigkeitsinformationen. Außerdem werden noch
- die *Knotenlasten* benötigt, abgelegt als Zeile analog zu den Knotenfreiheitsgraden, sowie die Tabelle der
- Elementlasten, die häufig durch numerierte Lastbilder ähnlich Abb. 3.52 angewählt werden.

Die beiden letztgenannten Datengruppen können in einzelne *Lastfälle* unterteilt werden.

3.5.2 Fehlermöglichkeiten, Fehlerkontrollen und Ergebniszuverlässigkeit

Viele Ingenieure begegnen den von ihnen erzielten Ergebnissen mit bemerkenswerter Kritiklosigkeit, sobald diese unter Computerhilfe entstanden sind. Sie übersehen dabei, dass die Zuverlässigkeit von Computeranalysen diejenige manuellen Ursprungs nicht automatisch übertrifft, da Computerprozesse ebenfalls vielen Fehlerquellen unterliegen. Jeder Ingenieur sollte sich daher der vielfältigen Fehlermöglichkeiten von Computeranalysen bewusst sein und Verifikationsstrategien beherrschen. Die folgende Übersicht geht auf mannigfaltige, oft herstellerspezifische Hardware-Fehler nicht ein.

Fehler des strukturmechanischen Modells

Die im Rahmen der Statik zu analysierenden Tragstrukturen stellen vereinfachte, *idealisierte* Abbilder der physikalischen Wirklichkeit dar; sie können beträchtlich von dieser abweichen. Strukturmechanische Modellbildungsfehler lassen sich wohl nur durch langjährige Berufserfahrungen und eine selbstkritische Berufsauffassung vermeiden. Oftmals führen manuell handhabbare *Überschlagsformeln* auf Fehlerspuren.

Fehler im numerischen Modell

- *Eingabefehler* entstehen durch systematisch oder zufällig fehlerbehaftete Programmeingaben. Vermeidbar sind sie nur durch gewissenhafte, systematische *Eingabekontrollen*, möglichst durch unterschiedliche Personen. Nachträgliches Aufspüren von Eingabefehlern erfordert eine sorgfältige *Dokumentation* der Ein-und Ausgabedaten von Projekten.
- *Programmfehler*, d. h. Fehler im Programmcode, treten viel häufiger auf, als kritiklose Benutzer glauben mögen oder Programmersteller zugeben: erfahrungsgemäß weisen selbst gewissenhaft ausgetestete Programme je 1000 bis 2000 Programmzeilen einen Codefehler auf. Besonders die komplizierten, umfangreichen strukturmechanischen Programmsysteme können auch nach jahrelangem fehlerfreien Lauf plötzlich einen Programmfehler in einem selten benutzten Programmpfad offenbaren. Zur Erklärung: Nur 10 sequentielle Programmverzweigungen können auf 1024 mögliche Programmpfade führen!

  Auch wenn ein Programmsystem bisher stets korrekte Ergebnisse produzierte, sich immer als ausführbar und terminiert erwies, ist dies kein Beweis seiner Richtigkeit [15, 21]: Bestenfalls ist es auf den ausgetesteten Programmpfaden korrekt. Es gibt keinen Beweis der generellen Richtigkeit von Programmen, nur den nachgewiesenen Fehler!

  Da der vom Hersteller getriebene Testaufwand dem Programmanwender i. A. verborgen bleibt, stellen *automatische Fehlermeldungen* ein brauchbares Indiz für die Programmiersorgfalt dar. Eine gewisse Unterstützung bei der Fehlererkennung bilden *Benutzergruppen* für ein Programmsystem, bei denen häufig Fehlerlisten zirkulieren. Wichtig ist die Verwendung der jeweils neuesten, weil fehlerärmsten Programmfassung.
- Ein interessanter Aspekt ist die *Programmalterung*, die durch Einstellung der Systempflege entsteht. Dadurch können bei neuen Betriebssystem- oder Compilerversionen fehlerhafte Programmläufe auftreten. Aufwärtskompatibilität ist bei Anwenderprogrammen selten; Abhilfe gewährleistet nur die Verwendung noch in der Systempflege befindlicher Programmpakete.

Fehler in der numerischen Durchführung

- Alle Eingaben, Zwischen- und Endergebnisse werden im Computer durch mit *Rundungsfehlern* behaftete Maschinenzahlen dargestellt.

- *Abbruchfehler* treten in allen iterativen Näherungsverfahren auf, die bei vielen Matrizenoperationen Verwendung finden. Da einprogrammierte Abbruchschranken dem Benutzer i. A. verborgen bleiben, ist die explizite Abschätzung dieses Fehlers für den Programmanwender unmöglich.
- *Akkumulationsfehler* entstehen durch bestimmte Algorithmen, die vor allem Rundungsfehler akkumulieren [10]. Andere Algorithmen gleichen Rundungsfehler im Mittel aus. Dem Anwender fehlen i. A. Informationen darüber, ob in dem von ihm verwendeten Programmsystem fehlerakkumulierende Rechenprozesse ablaufen.

Fehler in der numerischen Durchführung lassen sich somit vom Programmanwender höchstens *implizit* quantifizieren. Der durch die Auflösung eines linearen Gleichungssystems entstehende Fehler wächst i. A. mit steigender Größe des Gleichungssystems stark an; er lässt sich durch die exakte Inversion (A.32) $\rightarrow$ (A.33) überprüfen. Zur Abschätzung eines durch eine schlecht konditionierte Steifigkeitsmatrix vermuteten Berechnungsfehler ist die Anwendung des Satzes von BETTI-MAXWELL auf die vorliegende Struktur ein erprobtes Mittel. Letzter Ausweg jeder erfolglosen Fehlersuche ist die Verwendung eines unabhängigen Programmsystems.

Für eine ausführliche Betrachtung von computerbasierteten Verfahren der Tragwerksanalyse sowie der Finite-Elemente-Methode sei auf [23] verwiesen. Zusammenfassend gibt Abb. 3.69 nochmals einen Rückblick auf die Variablen und Transformationen des Kraft- sowie des Weggrößenverfahrens.

Aufgaben

Weisen Sie für die Element-Steifigkeitmatrizen in Abb. 3.3 nach, dass diese mit den Flexibilitätsmatrizen der Abb. 2.13 multipliziert Einheitsmatrizen ergeben. Beachten Sie dabei die unterschiedlichen Vorzeichenkonventionen (Abschn. 3.1.2).

Man bestimme aus den in den Aufgaben des Kap. 2 gewonnenen Nachgiebigkeitsmatrizen $\boldsymbol{f}^{\mathrm{e}}$ eines ebenen

- Kreisbogenelementes von 90° Öffnungswinkel,
- geraden Stabelementes, dessen rechte Hälfte gegenüber der linken die doppelten Dehn- und Biegesteifigkeiten aufweist,

die zugehörigen Element-Steifigkeitsmatrizen $\boldsymbol{k}^{\mathrm{e}}$ (Abschn. 3.1.2).

Man bestimme aus den in den Aufgaben des Kap. 2 gewonnenen Stabenddeformationen $\overset{\circ}{\boldsymbol{v}}{}^{\mathrm{e}}$ die Spalte $\overset{\circ}{\boldsymbol{s}}{}^{\mathrm{e}}$ der Volleinspannkraftgrößen für ein ebenes, kreisförmiges Stabelement von 90° Öffnungswinkel unter einer

- quergerichteten Einzellast in Bogenmitte,
- Temperatureinwirkung ΔT (Abschn. 3.1.3).

Führen Sie im Knoten 2 des Rahmens in Abb. 3.7 ein zusätzliches Biegemomentengelenk ein, und ermitteln Sie die kinematische Transformationsmatrix $\boldsymbol{a}$ dieses einfach kinematisch verschieblichen Tragwerks. Was bedeutet die Existenz von $\boldsymbol{a}$? Gewinnen Sie aus $\boldsymbol{a}$ die Einflusslinien für M_l^b und M_r^b für vertikale Riegelbelastung (Abschn. 3.1.4).

Ermitteln Sie für den ebenen Rahmen der Abb. 3.7 die kinematische Transformationsmatrix $\boldsymbol{a}$ in der Vorzeichenkonvention I. Prüfen Sie im Vergleich zu Abb. 2.20, dass $\boldsymbol{g} = \boldsymbol{a}^T$ gilt (Abschn. 3.1.5).

Leiten Sie die kinematische Transformationsmatrix $\boldsymbol{a}$ des 2-fach statisch unbestimmten Rahmens in Abb. 3.8 in der Vorzeichenkonvention $\boldsymbol{I}$ her. Verifizieren Sie mit der Gleichgewichtsmatrix $\boldsymbol{b}$ der Abb. 2.35 die Beziehung 3.41 $\boldsymbol{a}^T \cdot \boldsymbol{b} = \boldsymbol{I}$. Ziehen Sie aus dem Ergebnis Schlussfolgerungen auf die erzielte Rechengenauigkeit (Abschn. 3.1.5).

Man führe mit den auf den Abb. 3.19 und 3.20 enthaltenen Matrizen die Transformation $a^T \cdot b = I$ gemäß 3.41 durch (Abschn. 3.1.8).

Ermitteln Sie die M_r^a-Einflusslinie für den Rahmen der Abb. 3.16 für vertikale Riegellasten

- aus der Transformation $\boldsymbol{s} = \boldsymbol{b} \cdot \boldsymbol{P}$ gemäß Abb. 3.17,
- unter Verwendung der Festhaltekraftgrößen nach Abb. 3.6, Zeile 23 (Abschn. 3.1.8).

Man untersuche an einem Kragarm mit einseitig gerader Voutung die im Vergleich zur genauen Lösung in Abb. 3.24 durch 2 oder 3 stückweise konstant steife Elemente entstehenden Fehler

- in der Spitzendurchbiegung,
- im Kragmoment (Abschn. 3.1.9).

Ermitteln Sie den Wert der Determinante det $\dot{\boldsymbol{k}}^e$ der in Abb. 3.41 wiedergegebenen vollständigen Stab-Steifigkeitsmatrix. Bestimmen Sie den Rangabfall von $\dot{\boldsymbol{k}}^e$, beispielsweise durch Produktdarstellung von det $\dot{\boldsymbol{k}}^e$ (Abschn. 3.3.2).

Transformieren Sie gemäß Abb. 3.42 die reduzierte Element-Steifigkeitsmatrix $\mathbf{k}^e$ des in Abb. 3.22 behandelten nichtprismatischen Stabes in die vollständige Element-Steifigkeitsmatrix $\dot{\boldsymbol{k}}^e$ (Abschn. 3.3.3).

Man skizziere aus den in Abb. 3.48 enthaltenen Informationen die Einflusslinien selbst gewählter Stabendkraftgrößen und Knotendeformationen (Abschn. 3.3.5).

Ermitteln Sie aus $\tilde{\boldsymbol{K}}$ in Abb. 3.57 die globalen Freiheitsgrade für von Ihnen gewählte Auflagerzwangsdeformationen. Berechnen Sie mit den Matrizen $\dot{\boldsymbol{k}}^e$ gemäß Abb. 3.47 die zugehörigen Stabendkraftgrößen (Abschn. 3.4.1).

Stellen Sie $\tilde{\boldsymbol{K}}$ gemäß Abb. 3.57 für eine monoton ansteigende Reihung $V = \{V_1 V_2 \ldots V_{12}\}$ der Knotenfreiheitsgrade auf. Gewinnen Sie hieraus durch Streichung der den Auflagerbindungen zugeordneten Zeilen und Spalten die reguläre Gesamt-Steifigkeitsmatrix $\boldsymbol{K}$ (Abschn. 3.4.1).

Literatur

1. Argyris, J.H.: Energy theorems and structural analysis. Aircr. Eng. **26** (1954), 347–356, 383–394, **27** (1955), 42–58, 80–94, 125–134, 145–158. Gesammelt veröffentlicht mit Kelsey, S. bei Butterworths, London (1960)
2. Argyris, J., Mlejnek, H.-P.: Die Methode der Finiten Elemente in der elementaren Strukturmechanik. Band I: Verschiebungsmethode in der Statik, 1986; Band II: Kraft und gemischte Methoden. Friedr. Vieweg & Sohn Verlagsgesellschaft, Wiesbaden (1987)
3. Altenbach, J., Sacharov, A.S. et al.: Die Methode der Finiten Elemente in der Festkörpermechanik. VEB Fachbuchverlag, Leipzig (1982)
4. Bathe, K.-J.: Finite-Elemente-Methoden. Springer-Verlag, Berlin (1986)
5. Bendixsen, A.: Die Methode der Alpha-Gleichungen zur Berechnung von Rahmenkonstruktionen. Springer-Verlag, Berlin (1914)
6. Bronstein, I.N., Semendjajew, K.A.: Taschenbuch der Mathematik, 23. Aufl. Gemeinschaftsausgabe Verlag Nauka, Moskau und B.G. Teubner Verlagsgesellschaft, Leipzig (1987)
7. Clough, R.W.: The finite element method in structural mechanics. In: Zienkiewicz, O.C., Holister, G.S. (Hrsg) Chapter 7 in Stress Analysis. Wiley, New York 1965, S. 85–119
8. Courant, R., Hilbert, D.: Methoden der Mathematischen Physik I und II, 3. und 2. Aufl. Springer-Verlag, Berlin (1968)
9. Cross, H.: Analysis of continuous frames by distributing fixed-end moments. Paper No. 1793. Trans. ASCE **96**, 1–10 (1932)
10. Engeln-Müllges, G., Reutter, F.: Formelsammlung zur numerischen Mathematik mit Standard-Fortran 77-Programmen, 6. Aufl. BI-Wissenschaftsverlag, Mannheim (1988)
11. Engesser, F.: Zusatzkräfte und Nebenspannungen. Springer-Verlag, Berlin (1892)
12. Gallagher, R.H., Lee, Ch.: Matrix dynamic and stability analysis with non-uniform elements. Int. J. Num. Meth. Eng. **2**, 265–275 (1970)
13. Gehler, W.: Rahmenberechnung mittels der Drehwinkel. Beitrag in: Otto Mohr zum achtzigsten Geburtstage. Verlag W. Ernst & Sohn, Berlin (1916)
14. Gehler, W.: Der Rahmen. Verlag W. Ernst & Sohn, Berlin (1919)
15. Goldschlager, L., Lister, A.: Informatik – Eine moderne Einführung, 2. Aufl. Carl Hanser Verlag, München Wien (1986)
16. Guldan, R.: Rahmentragwerke und Durchlaufträger, 6. erweiterte Aufl. Springer-Verlag, Wien (1959)
17. Hertwig, A.: Das Kraftgrößen- und Formänderungsgrößenverfahren zur Berechnung statisch unbestimmter Gebilde. Der Stahlbau **6**, 145 (1933)
18. Kammenhuber, J., Wegmann, H.: Belastungsglieder für Biegestäbe mit Einschluß von Balken mit veränderlichem Trägheitsmoment und vorgespannten Stäben. Beton- und Stahlbetonbau **55**(1), 7–20 (1960)
19. Karabalis, D.L., Beskos, D.E.: Static, dynamic and stability analysis of structures composed of tapered beams. Comput. Struct. **16**, 731–748 (1983)
20. Kiener, G.: Übertragungsmatrizen, Lastvektoren, Steifigkeitsmatrizen und Volleinspannschnittgrößen einer Gruppe konischer Stäbe mit linear veränderlichen Querschnittsabmessungen. Bauingenieur **63**, 567–574 (1988)

21. Kopetz, H.: Softwarezuverlässigkeit. Carl Hanser Verlag, München Wien (1976)
22. Krätzig, W.B., Harte, R., Meskouris, K., Wittek, U.: Tragwerke 1, 5. Auflage, Springer-Verlag, Berlin (2010)
23. Krätzig, W.B., Basar, Y.: Tragwerke 3 – Theorie und Anwendung der Methode der Finiten Elemente. Springer-Verleg, Berlin (1997)
24. Langhaar, H.L.: Energy Methods in Applied Mechanics. John Wiley and Sons, Inc., New York (1962)
25. Mann, L.: Theorie der Rahmentragwerke auf neuer Grundlage. Verlag J. Springer, Berlin (1927)
26. Mason, J.: Methods of Functional Analysis for Application in Solid Mechanics. Elsevier Science Publishers B.V., Amsterdam (1985)
27. Medwadowski, S.J.: Nonprismatic shear beams. J. Struct. Engg. **110**, 1067–1082 (1984)
28. Mohr, O.: Die Berechnung des Fachwerks mit starren Knotenverbindungen. Zivilingenieur 1892, S. 577 und 1893, S. 67 (1892)
29. Mohr, O.: Abhandlungen aus dem Gebiet der Technischen Mechanik; Abhandlung XI, Abschn. 21. Verlag W. Ernst & Sohn, Berlin (1906)
30. Ostenfeld, A.: Berechnung statisch unbestimmter Systeme mittels der Deformationsmethode. Eisenbau **12**, 275 (1921)
31. Ostenfeld, A.: Die Deformationsmethode. Verlag J. Springer, Berlin (1926)
32. Pestel, E.C., Leckie, F.A.: Matrix Methods in Elastomechanics. McGraw-Hill Book Company, New York (1963)
33. Petersen, Chr.: Statik und Stabilität der Baukonstruktionen. Friedr. Vieweg & Sohn, Wiesbaden (1980)
34. Pflüger, A.: Statik der Stabtragwerke. Springer-Verlag, Berlin (1978)
35. Rothert, H., Gensichen, V.: Anschauliche Herleitung der Netzgleichung der Theorie II. Ordnung. Bauingenieur **58**, 415–419 (1983)
36. Rothert, H., Gensichen, V.: Nichtlineare Stabstatik. Springer-Verlag, Berlin (1987)
37. Rubin, H., Vogel, U.: Baustatik ebener Stabwerke; Kap. 3 des Stahlbau Handbuchs, Bd. 1. Stahlbau-Verlags-GmbH, Köln (1982)
38. Scheer, J.: Zur Netzgleichung des auf Theorie II. Ordnung erweiterten Formänderungsgrößenverfahrens. Der Stahlbau **35**, 211–216 (1966)
39. Schwarz, H.R.: Methode der Finiten Elemente. 2. Aufl. B.G. Teubner Verlag, Stuttgart (1984)
40. Washizu, K.: Variational Methods in Elasticity and Plasticity. 2. ed., Pergamon Press Ltd., Oxford (1975)
41. Zienkiewicz, O.C.: Methode der Finiten Elemente. C. Hanser Verlag, München (1984)
42. Zienkiewicz, O.C.: The Finite Element Method, 3. Aufl. McGraw-Hill Book Company, London (1985)

Einführung in nichtlineares Verhalten von Stabtragwerken

4

4.1 Lineares und nichtlineares Tragverhalten

In den bisherigen Abschnitten des Buches hatten wir stets *lineares* Tragverhalten von Stabtragwerken unterstellt. Dieses ist bekanntlich dadurch gekennzeichnet, dass die Systemantworten, also Auflagergrößen, Schnittgrößen und Verformungen, den Lasteinwirkungen proportional sind. Daher galt das *Superpositionsprinzip*, welches es erlaubt, Gesamtwirkungen aus einzelnen Teilwirkungen additiv zusammenzusetzen. Derartiges lineares Tragverhalten, auch als *Theorie 1. Ordnung* bezeichnet, erfordert folgende, bereits ausführlich im Abschn. 2 von Tragwerke 1 [14] behandelte Annahmen:

- Die entstehenden Tragwerksverformungen werden als hinreichend (infinitesimal) klein angesehen, um das Gleichgewicht am *unverformten* Tragwerk formulieren zu können. Damit dürfen alle Lastangriffspunkte als unverschieblich und alle Lasten als richtungstreu angesehen werden.
- Es gilt *linear-elastisches* Werkstoffverhalten gemäß dem HOOKEschen[1] Gesetz. Somit sind innere Kraft- und Weggrößen linear miteinander verknüpft, und die Beanspruchungen des Werkstoffs überschreiten nirgends seine Elastizitätsgrenze.
- Die kinematischen Beziehungen stellen *lineare* Beziehungen zwischen den inneren und äußeren Kinematen dar.
- Die einzelnen Stäbe des Tragwerks verformen sich *querschnittstreu*.

[1] ROBERT HOOKE, 1635–1703; britischer Physiker und Zeitgenosse Newtons, veröffentlichte 1675 das Ergebnis seiner Experimente zur lastabhängigen Deformation von Stahlfedern in einem berühmten Anagramm, das er 1678 auflöste: ut tensio sic vis.

W. B. Krätzig et al., *Tragwerke 2*, Springer-Lehrbuch,
https://doi.org/10.1007/978-3-642-41723-8_4

Lassen wir nun die erste dieser Annahmen fallen, so liegt *geometrisch-nichtlineares* Tragverhalten vor, welches im Abschn. 4.2 näher untersucht werden soll. Die Aufhebung der zweiten Annahme, nämlich die Berücksichtigung nichtlinearer Materialgesetze, führt auf *physikalisch-nichtlineare* Tragwerksmodelle, auf die im Abschn. 4.3 näher eingegangen wird. Zunächst aber verweilen wir noch kurz beim bisherigen linearen Tragwerksverhalten, der Theorie 1. Ordnung.

Jedes Tragwerk verformt sich bekanntlich unter Einwirkung von äußeren Lasten, und erst in diesem verformten Zustand befindet es sich im Gleichgewicht. Strenggenommen müssten daher die Gleichgewichtsbedingungen zur Verknüpfung der äußeren Lasten mit den Schnittgrößen stets am verformten System aufgestellt werden. Im Rahmen der bislang verwendeten Theorie 1. Ordnung wurden jedoch die Abweichungen von der unverformten Lage als so klein angesehen, dass vereinfachend das unverformte Tragwerk als Gleichgewichtskonfiguration verwendet werden durfte. Damit entfällt zwar die Möglichkeit, den Einfluss der Verformungen auf das Gleichgewicht zu untersuchen, wir gewinnen jedoch den wichtigen Vorteil dieser nunmehr linearen Theorie, dass in ihr das Superpositionsgesetz gilt, natürlich immer unter Voraussetzung der Gültigkeit des HOOKEschen Gesetzes. Nur wegen dieser Gültigkeit des Superpositionsgesetzes können wir

- maßgebende Beanspruchungen durch Überlagerung von Teillastfällen ermitteln,
- ungünstige Stellungen von Wanderlasten mittels Einflusslinien bestimmen.

Beispielsweise gewinnt man im Rahmen der Theorie 1. Ordnung eine maßgebende Bemessungsschnittgröße S_F infolge der Schnittgrößen S_1, S_2,... S_k aus den Teillastfällen 1, 2,... k mittels der Superposition

$$S_F = \gamma_{F1} S_1 + \gamma_{F2} S_2 + \ldots + \gamma_{Fk} S_k = \sum_{m=1}^{k} \gamma_{Fm} S_m, \tag{4.1}$$

wenn die Faktoren γ_{Fm} Lastvielfache darstellen, beispielsweise partielle Sicherheitsfaktoren der Einwirkungsseite.

Es existieren jedoch viele Problemstellungen in der Tragwerksmechanik, für welche eine Vernachlässigung des Deformationseinflusses auf das Gleichgewicht unzutreffend, ja sogar unzulässig wäre. Zu letzteren gehören beispielsweise Stäbe unter Druck und Biegung, zu ersteren Seilkonstruktionen. Derartige Aufgabenstellungen heißen kinematisch- oder geometrisch-nichtlinear und werden mit *Tragwerkstheorien höherer Ordnung* behandelt, welche die Deformationseinflüsse auf das Gleichgewicht berücksichtigen.

Zur Einführung in derartige Konzepte verwenden wir in Abb. 4.1 ein einfaches Fachwerk aus zwei Gelenkstäben geringer Dehnsteifigkeit (EA). Unter Einwirkung der zentrischen Last P möge sich der Neigungswinkel der Fachwerkstäbe von α auf $(\alpha + \varphi)$ erhöhen, somit liefert das Krafteck für die Stabkraft S im verformten Zustand (Theorie 2. Ordnung)

$$S^{II} = \frac{P}{2 \sin(\alpha + \varphi)}. \tag{4.2}$$

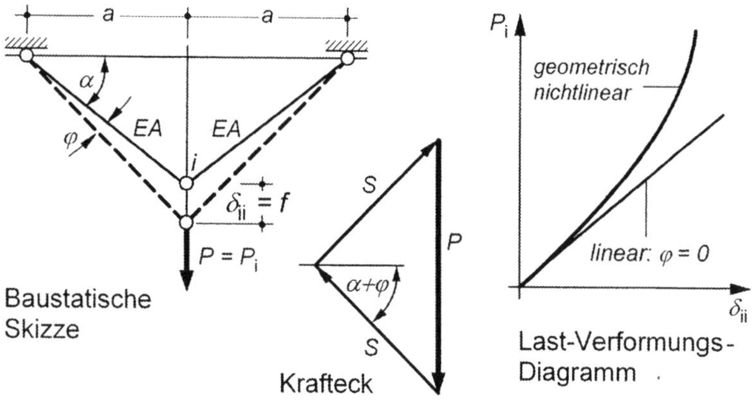

Abb. 4.1 Zugbeanspruchtes Fachwerk unter Einzellast

Nach Theorie 1. Ordnung wäre näherungsweise $\varphi = 0$ und somit $S^{\mathrm{I}} = P/(2\sin\alpha)$. Das ist eine vertretbare Näherung, solange α nicht zu klein und $\Phi(P)$ nicht zu groß ist. Bei abnehmendem Winkel α wird jedoch der Einfluss von Φ immer größer, und für $\alpha = 0$ ist das Ergebnis nach Theorie 1. Ordnung unsinnig. Wir erkennen somit, dass für gewisse Tragwerke und Lastarten die Theorie 1. Ordnung unzureichend ist und Theorien höherer Ordnung erforderlich werden, die eine Erfassung des Verformungseinflusses auf das Gleichgewicht gestatten.

Bei der Theorie 2. Ordnung, gelegentlich auch als Verformungstheorie bezeichnet, wird nun folgende Grundannahme getroffen:

- Die Tragwerksverformungen sind zwar immer noch klein gegenüber den Systemabmessungen, werden jedoch in den Gleichgewichtsformulierungen berücksichtigt.

Ansonsten bleiben die Annahmen der Theorie 1. Ordnung unverändert [14], d. h.

- für Drehwinkel φ aus Formänderungen gilt $\sin\varphi \approx \tan\varphi \approx \varphi$, $\cos\varphi \approx 1$,
- für Dehnungen ε gilt $\varepsilon << 1$, $\Delta l << l$,
- für Stabverkrümmungen κ aus Biegung gilt angenähert $\kappa = \frac{1}{\rho} = -w''$.

Offensichtlich versteift das Tragwerk der Abb. 4.1 mit steigender Last P und Durchbiegung f in nichtlinearer Weise, weil der Nenner $\sin(\alpha + \varphi)$ in (4.2) nichtlinear anwächst: Die Systemantwort rechts in Abb. 4.1 weicht nach oben von der linearen Beziehung der Theorie 1. Ordnung ab. Für $\alpha = 0$ übrigens liefert die Theorie 2. Ordnung die analytische Lösung

$$S^{\mathrm{II}} = 0{,}50\sqrt[3]{EAP^2}. \tag{4.3}$$

für die Stabkraft und

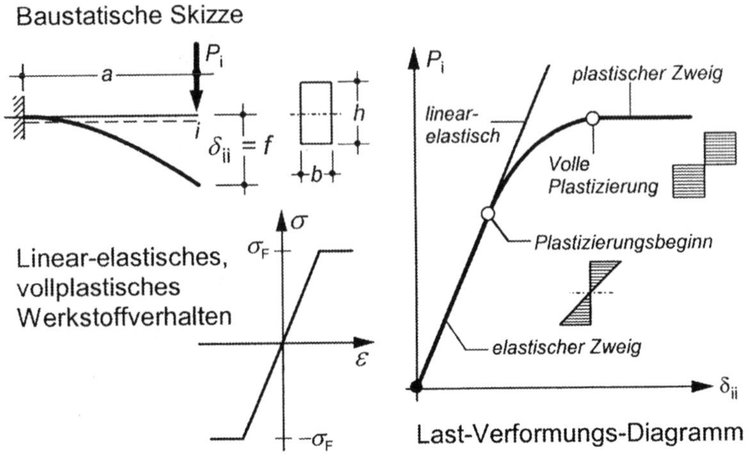

Abb. 4.2 Tragverhalten eines elasto-plastischen Kragarms

$$f^{\text{II}} = \delta_{\text{ii}}^{\text{II}} = a\sqrt[3]{\frac{P}{EA}}. \tag{4.4}$$

für die Durchsenkung der Mittelgelenks. Erwartungsgemäß sind beide Werte nichtlineare Funktionen von P. Deshalb liefert beispielsweise eine doppelte Last weder die doppelte Stabkraft noch die doppelte Durchbiegung, weshalb keine Superposition von Einzelzuständen mehr zulässig ist. Wegen dieser generellen Ungültigkeit des Superpositionsgesetzes müssen in einer Bemessung nach Theorie 2. Ordnung stets Schnittgrößen unter den λ-fachen Gebrauchslasten ermittelt und dem Tragwerkswiderstand gegenübergestellt werden. Diese entsprechen nicht den λ-fachen Schnittgrößen unter den 1-fachen Gebrauchslasten.

Eine weitere Klasse nichtlinearer Problemstellungen entsteht, wenn das lineare HOOKEsche Gesetz seine Gültigkeit verliert. Derartige Tragwerksproblemstellungen werden als *physikalisch-nichtlinear* bezeichnet.

Zur Einführung betrachten wir den unter einer Einzellast stehenden Kragarm in Abb. 4.2. Wie dort dargestellt, sei das Werkstoffverhalten zunächst linear-elastisch, danach vollplastisch. Dieser Begriff sagt aus, dass das Last-Verformungs-Diagramm zunächst linear-elastisches Verhalten bis zum Plastizierungsbeginn aufweist, wenn die äußeren Fasern des Einspannquerschnitts die Fließgrenzen σ_F bzw. -σ_F erreichen. Damit endet die lineare Verformungsphase, und das Tragverhalten weicht bei weiterer Laststeigerung nichtlinear auf, weil aus weiteren Dehnungen kein Spannungszuwachs mehr folgt (Abb. 4.2 rechts). Die zum Versagen führende Traglast wäre bei voller Durchplastizierung des Querschnitts erreicht, weil sich dann im Einspannpunkt ein Fließgelenk ausbildet: Damit wird das ursprünglich statisch bestimmte Tragwerk kinematisch verschieblich und zu weiterer Lastaufnahme unfähig. Hierzu wären eigentlich unendlich große Dehnungen (und Rotationen) im Fließgelenk erforderlich, beide Parameter werden aber durch endliche Versuchswerte gut eingegrenzt.

Tragwerksanalysen unter Annahme der Ausbildung von Fließgelenken stellen die einfachste Variante physikalisch-nichtlinearer Berechnungskonzepte dar. Ihre Annahmen entsprechen völlig denjenigen der Theorie 1. Ordnung, mit Ausnahme des Werkstoffgesetzes:

- Für Fließgelenkanalysen wird die Gültigkeit des linearen HOOKEschen Gesetzes im jeweiligen Fließgelenk außer Kraft gesetzt. Außerhalb der Fließgelenke wird das Tragwerksverhalten unverändert als linear-elastisch angesehen.

Bei nichtlinearem Werkstoffverhalten werden Tragwerke bei zunehmender Beanspruchung weicher, d. h. sie verlieren bis zum Versagen an Steifigkeit. Aus Abb. 4.2 erkennt man deutlich den typischen nichtlinearen Verlauf der Last-Verformungskurve. Erwartungsgemäß verliert auch hier das Superpositionsgesetz seine Gültigkeit, weshalb man bemessungstechnisch für eine bestimmte Lastkombination nur ein Lastvielfaches λ vorgeben kann, um den hierfür ermittelten Traglastgrenzwert dem Tragwerkswiderstand gegenüberzustellen. Das Ergebnis ist eine auf das Gesamttragwerk bezogene Sicherheit gegen plastisches Versagen. Derartige integrative Aussagen über das jeweilige Gesamttragwerk, nicht nur für einzelne Bemessungspunkte wie bei der Theorie 1. Ordnung, bilden den Vorteil beider nichtlinearen Nachweiskonzepte. Übrigens zeigt bereits Abb. 1.1 dieses Buches die Ergebnisse einer solchen elasto-plastischen Traglastanalyse eines 2-fach statisch unbestimmten, räumlichen Tragwerks.

4.2 Geometrische Nichtlinearität nach Theorie 2. Ordnung

4.2.1 Einführende Bemerkungen

Zunächst wollen wir unsere Kenntnisse über geometrisch-nichtlineare Phänomene noch etwas erweitern. Hierzu zeigt Abb. 4.3 einen exzentrisch beanspruchten, deformierten Druckstab, welcher die Berücksichtigung der Tragwerksverformungen im Gleichgewicht nahelegt. In diesem Beispiel *muss* das nach Theorie 2. Ordnung ermittelte Maximalmoment $M^{\mathrm{II}} = P(h + e)$ zwingend der Bemessung zugrundegelegt werden, wenn P, wie dargestellt, den Träger auf Druck beansprucht. Dann nämlich vergrößert es das nach Theorie 1. Ordnung bestimmbare Biegemoment $M^{\mathrm{I}} = P\ h$, welches somit einen zu kleinen, d. h. unsicheren Bemessungswert liefern würde. Wirkt P dagegen als Zugkraft, so vermindert sich das Biegemoment in Feldmitte, und die Theorie 2. Ordnung *kann* zum Einsatz kommen, etwa aus Wirtschaftlichkeitsgründen. Somit erkennen wir, dass bei Biegung mit großen Druckkräften geometrisch-nichtlineare Theorien aus Sicherheitsgründen angewandt werden müssen, während es bei Zugkräften eine Frage der Wirtschaftlichkeit ist, ob sie zum Einsatz kommen.

Die Verformungsberücksichtigung liefert noch einen weiteren interessanten Aspekt. Wie eben erläutert tritt bei Druckbeanspruchung eine Vergrößerung der Durchbiegung

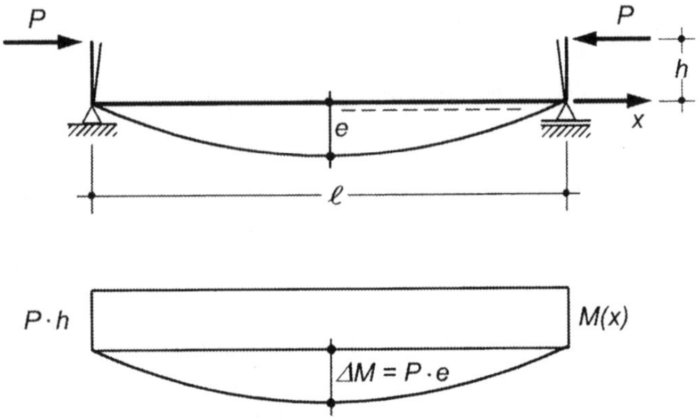

Abb. 4.3 Exzentrisch beanspruchter Druckstab

des betroffenen Stabes auf, bei Zugbeanspruchung dagegen eine Verringerung. Im ersten Fall wird somit die Stabsteifigkeit scheinbar geringer, im zweiten Fall größer, beides Aspekte, die sich in die Gesamtsteifigkeitsmatrix $\boldsymbol{K}^{\mathrm{II}}$ des Tragwerks nach Theorie 2. Ordnung transformieren und dort eine wichtige Rolle spielen.

Im Abschn. 4.1 hatten wir bereits die Annahmen der Theorie 2. Ordnung denjenigen einer Theorie 1. Ordnung gegenübergestellt. Dabei wurde deutlich, dass auch die Theorie 2. Ordnung eine Näherungstheorie für immer noch kleine Deformationen darstellt. Treten nun in einem Tragwerk noch größere Deformationen auf, und sind diese in der Berechnung zu berücksichtigen, so werden vollständig nichtlineare Stabtheorien erforderlich, die durch folgende Annahmen charakterisiert sind:

- Die Tragwerksverformungen können bis zur Größenordnung der Systemabmessungen anwachsen und werden auch so in den Gleichgewichtsformulierungen berücksichtigt;
- für Drehwinkel Φ aus Formänderungen gilt dann $\sin\varphi \neq \tan\varphi \neq \varphi$, $\cos\varphi \neq 1$;
- $\Delta\ell$ ist nicht mehr unbedingt $\ll \ell$ und darf nicht gegenüber ℓ vernächlässigt werden;
- für die Stabverkrümmung gilt stets die nichtlineare Differentialbeziehung

$$\kappa = \frac{-w''}{\left(1 + w'^2\right)^{1,5}}. \tag{4.5}$$

Vollständig nichtlineare Verformungstheorien, auch als *Theorien großer Verformungen* oder gelegentlich als Theorien 3. Ordnung bezeichnet, werden bei relativ weichen Tragstrukturen erforderlich. Hierzu zählen weitgespannte Hängebrücken, Seilnetze oder Membrantragwerke. Für uns sind diese Unterschiede in der Größe der berücksichtigten Verformungen wichtig für die richtige Klassifikation von Tragwerksantworten, um die jeweils korrekten Analysekonzepte einsetzen zu können. Eine Gegenüberstellung der Annahmen der einzelnen Idealisierungsstufen findet der Leser in Abb. 4.4.

Theorie:	1. Ordnung	2. Ordnung	3. Ordnung
Formulierung des Gleichgewichts am:	unverformten System	verformten System	verformten System
Verformung im Verhältnis zu den Systemabmessungen	vernachlässigbar klein (<< 1)	endlich, aber klein (<< 1)	unbeschränkt
Vernachlässigung von Δl infolge Stabverkrümmung (Projektionskonstanz)	ja	ja	nein
Stabverkrümmung	$\kappa^{I} = -w'' = M^{I}/EI$	$\kappa^{II} = -w'' = M^{II}/EI$	$\kappa^{III} = -\frac{w''}{(1+w'^2)^{3/2}} = \frac{M^{III}}{EI}$
Beziehung zwischen Belastung und Zustandsgrößen	linear, Superposition möglich	nichtlinear, Superposition nicht möglich	nichtlinear, Superposition nicht möglich
Belastung:	Gebrauchslast	λ-fache Gebrauchslast	λ-fache Gebrauchslast

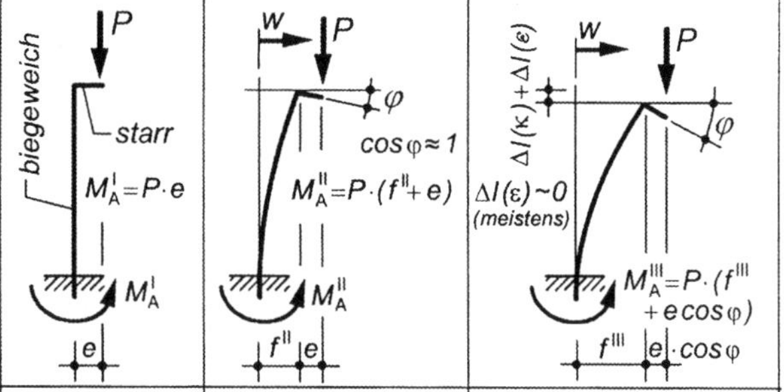

Abb. 4.4 Annahmen von Stabwerkstheorien verschiedener Ordnung

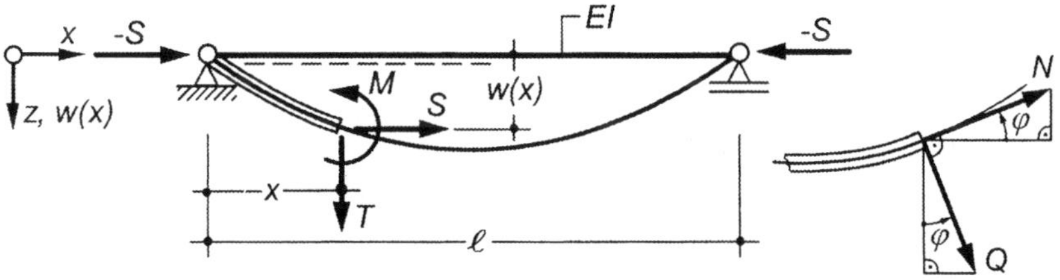

Abb. 4.5 Frei aufliegender Stab unter Druckbeanspruchung

4.2.2 Ein erster Schritt zur Theorie 2. Ordnung: Euler-Stabilität

Wir wollen uns nun einen ersten Einblick in die Stabtheorie 2. Ordnung verschaffen. Hierzu trage in Abb. 4.5 ein gerader, ebener Stab an seinen Enden die beiden achsialen Gleichgewichtskräfte S und sei ansonsten unbelastet. Es gelten alle in Abschn. 4.2 getroffenen Annahmen der Theorie 2. Ordnung, somit liefert das Momentengleichgewicht um das Schnittufer x offensichtlich das Biegemoment $M^{\text{II}}(x)$ infolge einer Stabauslenkung $w(x)$ zu:

$$M(x) = M^{\text{II}}(x) = (-S)w(x) \cdot \tag{4.6}$$

Im Rahmen der Theorie 2. Ordnung verwendet man anstelle der Normalkraft N und der Querkraft Q, die sich beide auf die (nunmehr als verformt zu behandelnde) Stabachse beziehen, die *Stablängskraft* S und die *Transversalkraft* T. Beide sind auf die Richtungen x, z der unverformten Stabachse bezogen, wie in Abb. 4.5 dargestellt. Umrechnungen zwischen beiden Schnittgrößendefinitionen gewinnen wir mit der Transformation

$$\varphi = -w'(x) \ll 1 \tag{4.7}$$

gemäß Tragwerke 1, Bild 9.1 [14] und erhalten

$$\begin{aligned} S &= N \cos\varphi + Q \sin\varphi \approx N - Q\,w' \approx N \text{ für } Q \ll N, \\ T &= Q \cos\varphi - N \sin\varphi \approx Q - N\,w', \end{aligned} \tag{4.8}$$

die wir im weiteren noch verwenden werden. Nun kehren wir jedoch zur Gleichgewichtsaussage (4.6) zurück. Verwenden wir hierin das linear elastische Stoffgesetz eines ebenen Stabes für Biegemomente $M = EI\kappa = -EIw''$, wieder gemäß Tragwerke 1, Bild 9.1 [14], so erhalten wir die Differentialbeziehung:

$$EIw'' = -M^{\text{II}} = +Sw. \tag{4.9}$$

Hieraus entsteht nach Division durch EI die lineare Differentialgleichung 2. Ordnung

$$w'' + \frac{\varepsilon^2}{l^2} w = 0 \tag{4.10}$$

mit der dimensionslosen *Stabkennzahl* ε als konstantem Koeffizienten:

$$\varepsilon = l\sqrt{\frac{-S}{EI}}\cdot \tag{4.11}$$

Die homogene Differentialgleichung (4.9) beschreibt mathematisch ein *Eigenwertproblem*, ihre allgemeine Lösung lautet:

$$w(x) = C_1 \cos\frac{\varepsilon x}{l} + C_2 \sin\frac{\varepsilon x}{l}\cdot \tag{4.12}$$

Mit den Randbedingungen $w(0) = 0$, $w(\ell) = 0$ gemäß Abb. 4.5 erhalten wir hieraus:

$$\begin{aligned} w(0) &= 0 \rightarrow C_1 = 0, \\ w(l) &= 0 \rightarrow C_2 \sin\varepsilon = 0\cdot \end{aligned} \tag{4.13}$$

Zur Erfüllung der zweiten Bedingung muss entweder $C_2 = 0$ sein, was der trivialen Lösung des geraden, nicht ausgelenkten Stabes entspricht, oder es ergibt sich als nicht-triviale Lösung:

$$\sin\varepsilon = 0 \rightarrow \varepsilon = n\,\pi \; (n = 0,1,2\,...) \tag{4.14}$$

Für n = 1 ist $\varepsilon = \pi$ und die zugehörige Stablängskraft S (als Druckkraft) entspricht gerade der EULERschen Knicklast des Stabes, 1744 von L. EULER[2] erstmals hergeleitet:

$$P_{\mathrm{E}} = -S_{\mathrm{ki}} = \frac{EI\pi^2}{l^2}. \tag{4.15}$$

Die zugehörige Biegelinie, auch *Grundeigenform* oder *1. Eigenvektor* genannt, entsteht mit (4.13) aus (4.11) zu:

$$w(x) = C_2 \sin\frac{\pi x}{l}; \tag{4.16}$$

sie bildet eine Sinushalbwelle. Mit Erreichen der kritischen Last (4.15) geht das früher stabile (unverbogene) Gleichgewicht des geraden Stabes in eine neue, gemäß (4.16) instabile, sinusförmig ausgeknickte Gleichgewichtslage über. Deren Ausbiegungsamplitude C_2 ist im Rahmen dieser Theorie nicht bestimmbar. Die Knicklänge s_{k} des Stabes, definiert als Abstand der Wendepunkte der Knickbiegelinie, beträgt für den vorliegenden Euler-Fall 2 gerade $s_{\mathrm{k}} = \ell$. Gemäß (4.14) existieren für n = 2,3, ... weitere Lösungen des Eigenwertproblems (4.9) mit höheren Knicklasten und Knickformen. Für andere Standard-Randbedingungen ergeben sich die in Abb. 4.6 zusammengestellten bekannten Euler-Knickfälle 1 bis 4 mit den jeweils angegebenen Knicklängen. Ist die EULER-Knicklast $P_{\mathrm{E}} = -S_{\mathrm{ki}}$ eines Stabes mit allgemeineren Randbedingungen, beispielsweise elastischen Endeinspannungen, bekannt, so gewinnt man die zugehörige Knicklänge aus (4.15) zu:

$$s_{\mathrm{k}}^2 = \frac{EI\pi^2}{P_{\mathrm{E}}}. \tag{4.17}$$

4.2.3 Imperfektionen und Stabilitätsverhalten

Nun betrachten wir in Abb. 4.7 den Fall, dass der im vorigen Abschnitt behandelte beidseitig gelenkig gelagerte Stab unter seiner Achsiallast S zusätzlich eine *Vorverformung* $w_0(x)$, eine geometrische *Imperfektion*, aufweist. Jede beliebige derartige Vorverformung $w_0(x)$ lässt sich in eine trigonometrische Reihe entwickeln, von der wir nur das erste Glied berücksichtigen wollen:

$$w_0(x) = C_0 \sin\frac{\pi x}{l}. \tag{4.18}$$

Quantitative Vorgaben für die Größe dieser Imperfektion in der Mitte der Knicklänge s_{k} finden sich in den einschlägigen Bemessungsnormen für die Werkstoffe Stahlbeton, Stahl

[2] LEONHARD EULER, 1707–1783; deutscher Mathematiker aus Basel, wirkte an den Akademien von Berlin und St. Petersburg, außerordentlich zahlreiche und grundlegende Arbeiten zu vielen Problemen der Fluid- und Festkörpermechanik, glaubte, die ganze materielle Welt mit Hilfe der Mathematik und Mechanik erklären zu können.

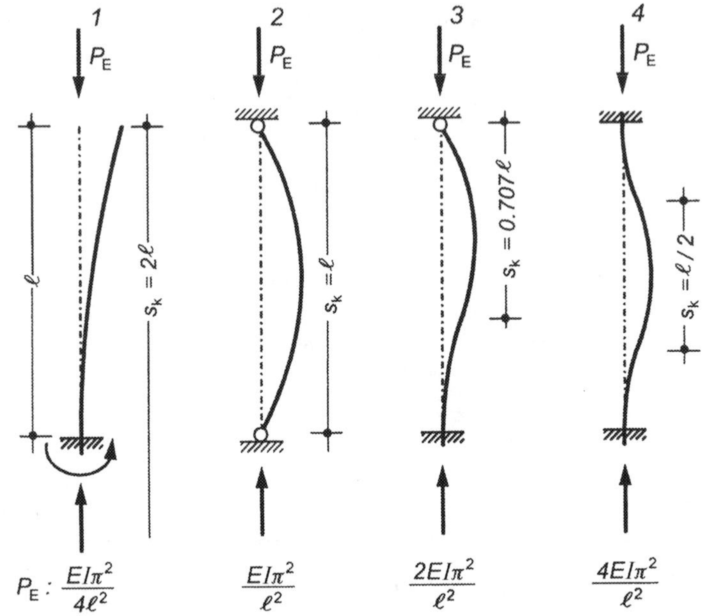

Abb. 4.6 Die vier grundlegenden Knickfälle nach EULER

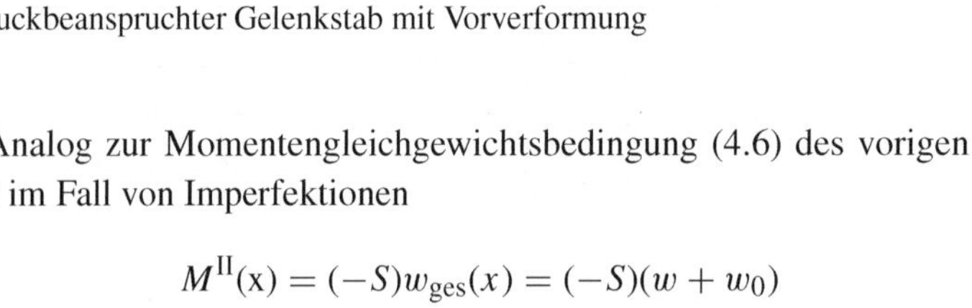

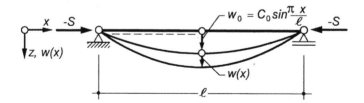

Abb. 4.7 Druckbeanspruchter Gelenkstab mit Vorverformung

und Holz. Analog zur Momentengleichgewichtsbedingung (4.6) des vorigen Abschnitts erhalten wir im Fall von Imperfektionen

$$M^{\mathrm{II}}(\mathrm{x}) = (-S)w_{\mathrm{ges}}(x) = (-S)(w + w_0) \tag{4.19}$$

und hieraus die nunmehr inhomogene Differentialgleichung der Knickbiegelinie

$$w'' + \left(\frac{\varepsilon}{l}\right)^2 w = -\left(\frac{\varepsilon}{l}\right)^2 C_0 \sin\frac{\pi x}{l}. \tag{4.20}$$

Deren homogener Lösungsanteil wurde bereits durch (4.12) angegeben. Zur Bestimmung ihres partikulären Integrals verwenden wir den Ansatz

$$w_{\mathrm{P}} = C_3 \sin\frac{\pi x}{l}; w''_{\mathrm{P}} = -\left(\frac{\pi}{l}\right)^2 C_3 \sin\frac{\pi x}{l}. \tag{4.21}$$

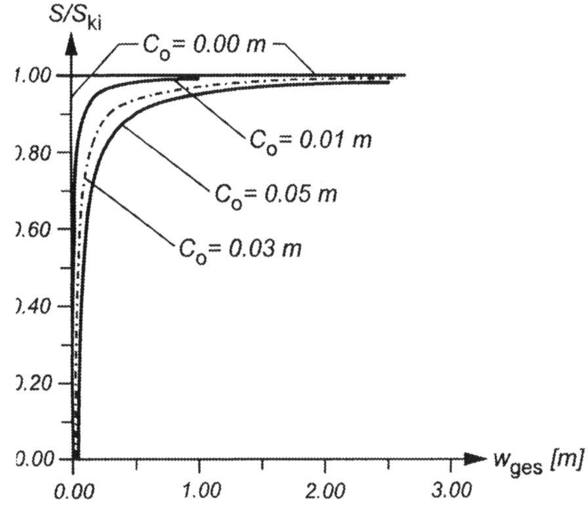

Abb. 4.8 Mittendurchbiegung eines imperfekten Gelenkstabes als Funktion von S/S_{ki}

und erhalten damit durch Substitution in die Differentialgleichung (4.20) für w_{P}:

$$w_{\text{P}} = C_0 \frac{\varepsilon^2}{\pi^2 - \varepsilon^2} \sin \frac{\pi x}{\ell}. \tag{4.22}$$

Die Randbedingungen $w(0) = 0, w(\ell) = 0$ liefern $C_1 = C_2 = 0$, d. h. die obige Lösung $w = w_{\text{p}}$.

Die gesuchte Gesamtdurchbiegung $w_{\text{ges}} = w_0 + w$ ergibt sich somit zu

$$w_{\text{ges}} = w_0 + w = C_0 \sin \frac{\pi x}{\ell} + C_0 \frac{\varepsilon^2}{\pi^2 - \varepsilon^2} \sin \frac{\pi x}{\ell}. \tag{4.23}$$

Nach einigen Umformungen [14, 29] mittels der Stabkennzahl ε nach (4.11) erhalten wir hieraus die Abhängigkeit der Gesamtdurchbiegung w_{ges} von der Imperfektionsordinate C_0 und vom Verhältnis der einwirkenden Stabkraft S zur EULER-Knicklast $P_{\text{E}} = -S_{\text{ki}}$ zu:

$$w_{\text{ges}} = \frac{1}{1 - \frac{S}{S_{\text{ki}}}} C_{0.} \sin \frac{\pi x}{\ell}. \tag{4.24}$$

Die Beziehung (4.24) beschreibt das typische Verhalten eines vorverformten, d. h. mit einer vorgegebenen Imperfektion C_0 versehenen, druckbeanspruchten Stabes. Zur Verdeutlichung zeigt Abb. 4.8 die Maximaldurchbiegung in Trägermitte eines freiaufliegenden Balkens der Länge 3,00 m und der Biegesteifigkeit $EI = 359\,\text{kNm}^2$ in Abhängigkeit von der Vorverformung C_0 in m und dem wirkenden Druckkraftverhältnis S/S_{ki}. Für $C_0 = 0$, dem ideal geraden Stab, liegt ein klasssches Verzweigungsproblem vor: Der Stab bleibt für Druckkräfte unterhalb der EULERschen Knicklast völlig gerade und knickt für $S = S_{\text{ki}}$ im Instabilitätspunkt plötzlich aus. Wie bereits erwähnt, ist mit der verwendeten

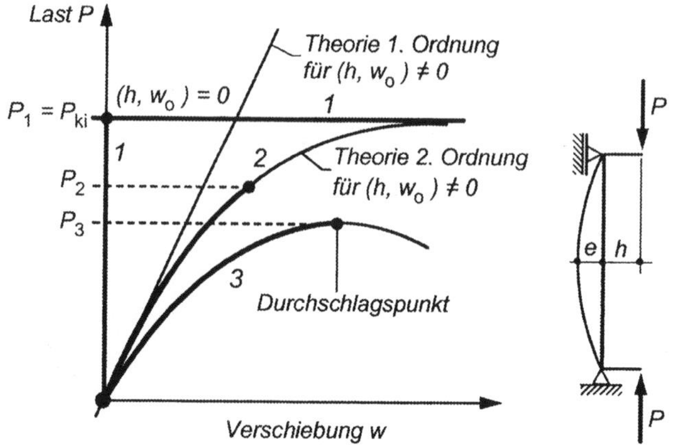

Abb. 4.9 Typen unterschiedlichen Stabilitätsverhaltens

Theorie die Ordinate dieser Ausknickung aus (4.12) nicht bestimmbar; sie strebt somit gegen unendlich.

Im Gegensatz dazu treten gemäß Abb. 4.8 für Imperfektionsamplituden $C_0 \neq 0$ und Laststufen unterhalb der EULERschen Knicklast S_{ki} bereits von C_0 und S/S_{ki} abhängige Durchbiegungsordinaten w_{ges} auf, das typische Verhalten eines *Spannungsproblems 2. Ordnung*. Für die Instabilitätsgrenze $S/S_{ki} = 1$ streben wieder alle Durchbiegungen gegen unendlich. Die berechneten großen Durchbiegungswerte für höhere (S/S_{ki})-Werte nahe der Knicklast sind natürlich unrealistisch, da die Tragfähigkeit des Stabsystems lange vorher durch Überschreiten der Materialfestigkeit erschöpft sein wird.

Diese für das ebene Knickproblem erkannten Tragphänomene treten in ähnlicher Weise auch für räumlich beanspruchte Stäbe auf. Die Problemvielfalt wird dann allerdings durch das Biegeknicken über beide Achsen und durch das Biegedrillknickproblem ungleich komplizierter [3, 24, 31].

Aus dem bisher Gesagten haben wir erkannt, dass Stabilität und Imperfektionen bei druckbeanspruchten Einzelstäben eine enge Wechselwirkung eingehen, der Schlüssel zu den Konzepten der Theorie 2. Ordnung. Tatsächlich bilden beide Grundelemente beim Konstruieren mit schlanken Stäben eine Einheit, eine Erkenntnis, die auch auf größere, kompliziertere Tragwerke übertragbar ist. Daher wollen wir uns nun anhand von Abb. 4.9 einen kurzen Überblick über alle grundsätzlich möglichen, geometrisch-nichtlinearen Lastverformungsphänomene bei allgemeineren Tragstrukturen verschaffen. Die Darstellungen bilden natürlich – wegen der erläuterten Näherungsannahmen – Approximationen an die Wirklichkeit.

Wir beschreiben das Geschehen in einem charakteristischen Last-Verformungsraum (P, w) eines beliebigen Tragwerks, beispielsweise das Stabsystem rechts in Abb. 4.9. Kurve 1 verkörpert erneut eine *Gleichgewichtsverzweigung* am perfekten, imperfektionsfreien Tragwerk, beispielsweise dem ideal mittig belasteten Stab: Nach einem biegungsfreien

Vorbeulbereich knickt der Stab im Verzweigungspunkt P_1 mit unbestimmbarer Amplitude aus. Kurve 2 repräsentiert ein typisches *Spannungsproblem 2. Ordnung*. Derartiges Verhalten tritt auf, wenn schon unterhalb der Knicklast $P_1 = P_{ki}$ eine Ausbiegung vorliegt, beispielsweise infolge äußerer Querlasten oder vorhandener Imperfektionen. Das System versagt ohne Gleichgewichtsverzweigung, wenn vor Erreichen der Stabilitätsgrenze die Bruchschnittgrößen überschritten werden (P_2). Erfolgt dies nicht, so schmiegt sich der Lastverformungspfad 2 an den zugehörigen Pfad der Theorie 1. Ordnung und den Verzweigungspfad 1 asymptotisch an. Derartiges Verhalten ist typisch für mäßig schlanke Stützen ($\lambda = s_k/i < 70$).

Kurve 3 schließlich charakterisiert ein Stabilitätsverhalten ohne Gleichgewichtsverzweigung. Bei einem derartigen *Durchschlagsproblem* erfolgt das Versagen dadurch, dass mit zunehmender Belastung kein Gleichgewicht zwischen äußeren und inneren Kraftgrößen mehr möglich ist: Das äußere Moment wächst mit zunehmender Stabverformung schneller an als das widerstehende innere Moment, was zum Versagen bei P_3, dem Durchschlagspunkt, führt. Dieses Verhalten ist typisch für sehr schlanke Stützen bei nicht momentenfreiem Grundzustand, bei Bogenkonstruktionen und bei elasto-plastischem Materialverhalten.

Schließlich sei noch erwähnt, dass auch aus nichtlinearen Vorbeulzuständen heraus Verzweigungsprobleme möglich sind [27, 28, 33]. Verzweigung und Durchschlagsphänomene bilden Stabilitätsprobleme im engeren Sinn, seit Jahrzehnten ein Schwerpunkt der Tragwerksforschung [10, 25, 30].

4.2.4 Stabsteifigkeitsbeziehung nach Theorie 2. Ordnung

Nunmehr soll die Differentialgleichung eines ebenen, geraden Stabes nach Theorie 2. Ordnung aufgestellt und aus deren Lösung die zugehörige Stabsteifigkeitsbeziehung hergeleitet werden. In Abb. 4.10 ist hierzu ein belastetes, verformtes Stabelement der Länge dx dargestellt, an welchem die dort angesetzten Gleichgewichtskräfte wirken. Entnehmen wir diesem Bild die Momentengleichgewichtsbeziehung, differenzieren diese einmal

$$M'' + S'w' + Sw'' = T', \tag{4.25}$$

und substituieren hierin sodann S' und T', aus den Kräftegleichgewichtsbeziehungen in Abb. 4.10, so folgt hieraus

$$M'' + Sw'' = -q_z + q_x w' \cdot \tag{4.26}$$

Verwendung der kinematischen Beziehung $\kappa = -w''$ und des Stoffgesetzes $M = EI\kappa$, beispielsweise wieder aus Tragwerke 1, Bild 9.1 [14], liefert unmittelbar die gesuchte *Differentialgleichung der Theorie 2. Ordnung* für quer- und längsbelastete Stäbe:

$$(EIw'')'' - Sw'' = q_z - q_x w' \cdot \tag{4.27}$$

Verformtes differentielles Stabelement

Gleichgewichtsbedingungen:

$$\sum F_x = 0: \quad dS + q_x\, dx = 0, \qquad S' = -q_x$$

$$\sum F_z = 0: \quad dT + q_z\, dx = 0, \qquad T' = -q_z$$

$$\sum M = 0: \quad dM + S\, dw - T\, dx = 0, \quad M' + Sw' = T$$

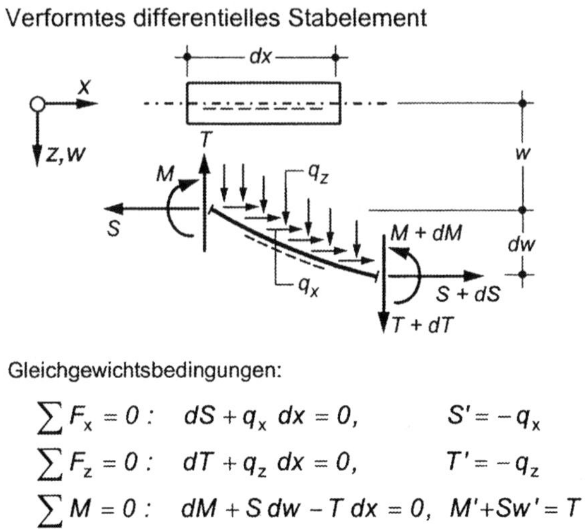

Abb. 4.10 Gleichgewicht am verformten Stabelement

Diese Differentialgleichung ist pseudo-linear: Zwar treten in ihr die Ableitungen von w nur linear auf, doch nichtlineare Kopplungen entstehen über die Stabkräfte S, die verformungsabhängig sind.

Wir behandeln als erstes den homogenen Teil der Differentialgleichung (4.27) für konstante Biegesteifigkeit EI, die mittels der Stabkennzahl ε nach (4.11) folgende Form annimmt:

$$w'''' + \left(\frac{\varepsilon}{\ell}\right)^2 w'' = 0 \cdot \tag{4.28}$$

Deren allgemeine Lösung lautet

$$w(x) = C_1 \cos\frac{\varepsilon x}{\ell} + C_2 \sin\frac{\varepsilon x}{\ell} + C_3 x + C_4, \tag{4.29}$$

woraus wir für die Ableitungen folgende Ausdrücke gewinnen:

$$-\varphi(x) = w'(x) = -\frac{\varepsilon}{\ell} C_1 \sin\frac{\varepsilon x}{\ell} + \frac{\varepsilon}{\ell} C_2 \cos\frac{\varepsilon x}{\ell} + C_3, \tag{4.30}$$

$$w''(x) = -\frac{\varepsilon^2}{\ell^2} C_1 \cos\frac{\varepsilon x}{\ell} - \frac{\varepsilon^2}{\ell^2} C_2 \sin\frac{\varepsilon x}{\ell}, \tag{4.31}$$

$$w'''(x) = +\frac{\varepsilon^3}{\ell^3} C_1 \sin\frac{\varepsilon x}{\ell} - \frac{\varepsilon^3}{\ell^3} C_2 \cos\frac{\varepsilon x}{\ell}. \tag{4.32}$$

Wenn wir nun jeweils gemäß Abb. 4.11 die Paare von Stabendkraftgrößen T_1, M_1 am Stabanfang und T_2, M_2 am Stabende, positiv wirkend in der Vorzeichenkonvention II, aus den vier Zwangsdeformationen „1" der Stabendkinematen

$$w_1 = 1, \ \varphi_1 = 0, w_2 = 0, \varphi_2 = 0, \tag{4.33}$$

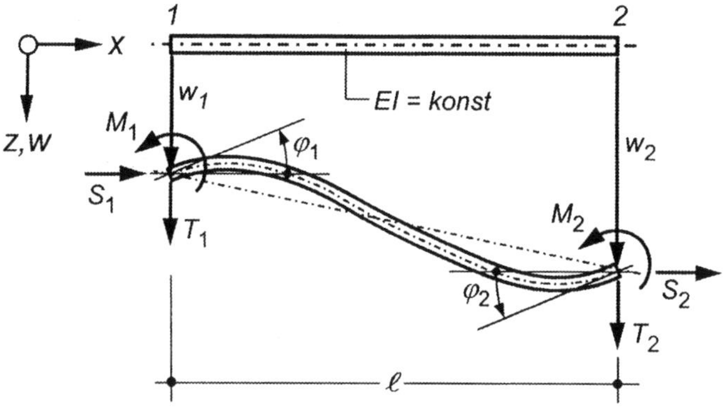

Abb. 4.11 Lastfreies Stabelement mit positiven Stabendvariablen, Vorzeichenkonvention II

$$w_1 = 0,\ \varphi_1 = 1, w_2 = 0, \varphi_2 = 0, \tag{4.34}$$

$$w_1 = 0,\ \varphi_1 = 0, w_2 = 1, \varphi_2 = 0, \tag{4.35}$$

$$w_1 = 0,\ \varphi_1 = 0, w_2 = 0, \varphi_2 = 1 \tag{4.36}$$

bestimmen, so bilden diese gerade die vier Spalten der gesuchten Elementsteifigkeitsmatrix $\boldsymbol{k}^{\mathrm{II}}$ im lokalen (x, z)-Koordinatensystem. Dazu müssen zunächst die Freiwerte C_1 bis C_4 als Lösung eines linearen Gleichungssystems 4. Ordnung ermittelt werden; danach erhalten wir die Schnittkräfte aus

$$M(x) = -EIw''(x), \tag{4.37}$$

$$Q(x) = -EIw'''(x)\cdot \tag{4.38}$$

Zur Veranschaulichung des Ergebnisses zeigt Abb. 4.12 die Verläufe der nunmehr aus (4.28) bis (4.32) ermittelten Durchbiegung w, der Neigung w', des Biegemoments $M(x) = -EIw''$ und der Querkraft $Q = -EIw'''$ eines Trägers der Länge 5.00 m für alle vier oben erwähnten Zwangsverformungen. Belastet ist der Träger mit der Biegesteifigkeit $EI = 10.000$ kNm^2 mit einer Druckkraft von $-S = D = 2000$ kN. Auf der Abszisse aller Abbildungen wurde die normierte lokale Stabkoordinate $\xi = x/\ell$ verwendet.

Jeder der abgebildeten Verläufe hängt natürlich über die Stabkennzahl ε nach (4.11) von Größe und Vorzeichen der Stablängskraft S ab. Um einen Eindruck dieser Abhängigkeit zu vermitteln, vergleicht die folgende Abb. 4.13 Biegemomenten- und Querkraftverläufe des ursprünglichen Stabes ($EI = 10000$ kNm^2, $\ell = 5.00$ m, $-S = D = 2000$ kN) für die Einheitsverformungsfälle $w_1 = 1, \varphi_1 = 1$ mit dem gleichen Stab unter der geringeren Druckkraft $D = 100$ kN.

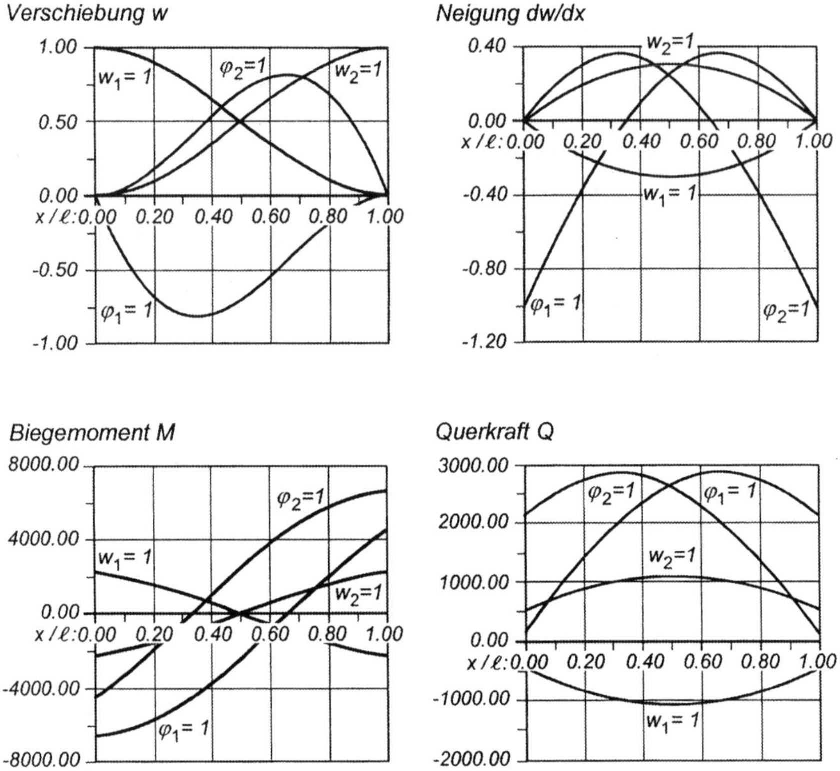

Abb. 4.12 Zustandsgrößen für Einheitsverschiebungen und -verdrehungen

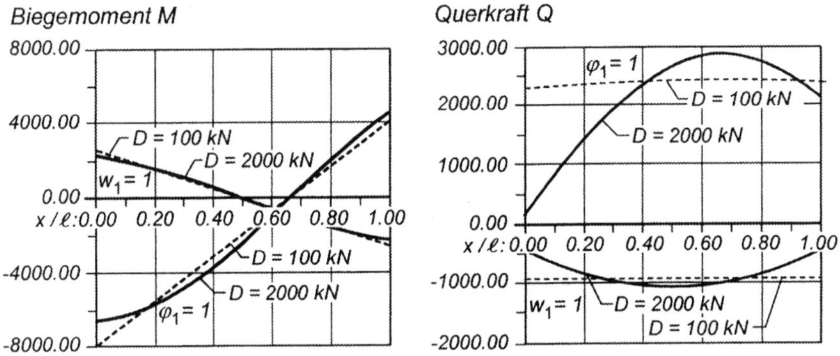

Abb. 4.13 Biegemomente und Querkräfte für unterschiedliche Druckkräfte $D = -S$

Zur Aufstellung der Steifigkeitsmatrix $\boldsymbol{k}^{\text{II}}$ müssen die Stabendkraftgrößen nach Theorie 2. Ordnung nun wie folgt ausgewertet werden, für T unter Verwendung von (4.8):

$$T_1 = D \cdot w'(0) + EI \cdot w'''(0), \tag{4.39}$$

$$M_1 = -M(0) = EI \cdot w''(0), \tag{4.40}$$

$$T_2 = -\big(D \cdot w'(\ell) + EI \cdot w'''(\ell)\big)\,, \tag{4.41}$$

$$M_2 = M(\ell) = -EI \cdot w''(\ell)\cdot \tag{4.42}$$

Das weitere Vorgehen mittels dieser Beziehungen soll nun anhand der Auswertung ihrer 1. Spalte skizziert werden. Das zugehörige Gleichungssystem gemäß (4.33)

$$\begin{bmatrix} 1 \\ 0 \\ 0 \\ 0 \end{bmatrix} = \begin{bmatrix} 1 & 0 & 0 & 1 \\ 0 & \varepsilon/\ell & 1 & 0 \\ \cos\varepsilon & \sin\varepsilon & \ell & 1 \\ -\frac{\varepsilon}{\ell}\sin\varepsilon & \frac{\varepsilon}{\ell}\cos\varepsilon & 1 & 0 \end{bmatrix} \cdot \begin{bmatrix} C_1 \\ C_2 \\ C_3 \\ C_4 \end{bmatrix} \tag{4.43}$$

wird mit Hilfe eines Computer-Algebra-Programms, beispielsweise Maple, Mathematica, Mathcad oder Matlab, nach den Konstanten C_1 bis C_4 analytisch aufgelöst. Diese so gewonnenen Konstanten werden in die Lösungsableitungen (4.29) bis (4.32) substituiert, und mit den derart ermittelten Funktionen werden die obigen Stabendkraftausdrücke nach Theorie 2. Ordnung ausgewertet.

Wiederholt man dieses Vorgehen auch für die noch fehlenden drei Bedingungen (4.34) bis (4.36) und baut sodann alle erhaltenen Ergebnisse in eine Stabsteifigkeitsbeziehung auf der Grundlage von Abb. 4.11 ein, so lautet das Ergebnis:

$$\boldsymbol{s}^{\mathrm{II\,e}} = \boldsymbol{k}^{\mathrm{II\,e}} \cdot \boldsymbol{v}^{\mathrm{e}} =$$

$$\begin{bmatrix} T_1 \\ M_1 \\ T_2 \\ M_2 \end{bmatrix} = \frac{EI}{\ell^3} \cdot \begin{bmatrix} k_{11} & & & \text{symm.} \\ k_{21} & k_{22} & & \\ k_{31} & k_{32} & k_{33} & \\ k_{41} & k_{42} & k_{43} & k_{44} \end{bmatrix} \cdot \begin{bmatrix} w_1 \\ \varphi_1 \\ w_2 \\ \varphi_2 \end{bmatrix} = k^{\mathrm{II\,e}} \cdot \begin{bmatrix} w_1 \\ \varphi_1 \\ w_2 \\ \varphi_2 \end{bmatrix}. \tag{4.44}$$

Erwartungsgemäß ist die *Elementsteifigkeitsbeziehung* (4.44) in den vollständigen Stabendfreiheitsgraden $(w_1, \varphi_1, w_2, \varphi_2)$ und den zugehörigen Stabendkraftgrößen (T_1, M_1, T_2, M_2) formuliert, ganz analog zum Abschn. 3.1.2 dieses Buches für die Theorie 1. Ordnung. Die dort erfolgte didaktische Heraushebung vollständiger Stabendvariablen durch Kopfmarkierung mittels eines schwarzen Quadrates erscheint nunmehr nicht mehr notwendig. Obige Elementsteifigkeitsmatrix $\boldsymbol{k}^{\mathrm{II\,e}}$ (4.44) der Theorie 2. Ordnung enthält folgende Koeffizienten:

$$k_{11} = \frac{\varepsilon^3 \sin\varepsilon}{2(1-\cos\varepsilon) - \varepsilon\sin\varepsilon} = 2(A' + B') - \varepsilon^2, \tag{4.45}$$

$$k_{21} = \frac{\varepsilon^2 \ell(1-\cos\varepsilon)}{2(1-\cos\varepsilon) - \varepsilon\sin\varepsilon} = -(A' + B')\ell, \tag{4.46}$$

$$k_{22} = \frac{\varepsilon\ell^2(\sin\varepsilon - \varepsilon\cos\varepsilon)}{2(1-\cos\varepsilon) - \varepsilon\sin\varepsilon} = A'\ell^2, \tag{4.47}$$

$$k_{42} = \frac{\varepsilon \ell^2(\varepsilon - \sin\varepsilon)}{2(1-\cos\varepsilon) - \varepsilon\sin\varepsilon} = B'\ell^2 \tag{4.48}$$

$$k_{31} = -k_{11};\ k_{32} = -k_{21};\ k_{33} = k_{11};\ k_{41} = k_{21};$$
$$k_{43} = -k_{21};\ k_{44} = k_{22} \tag{4.49}$$

mit der wohlbekannten Stabkennzahl (4.11) $\varepsilon = \ell\sqrt{\frac{|S|}{EI}}$ und den beiden Hilfswerten

$$A' = \frac{\varepsilon(\sin\varepsilon - \varepsilon\cos\varepsilon)}{2(1-\cos\varepsilon) - \varepsilon\sin\varepsilon}, \tag{4.50}$$

$$B' = \frac{\varepsilon(\varepsilon - \sin\varepsilon)}{2(1-\cos\varepsilon) - \varepsilon\sin\varepsilon}. \tag{4.51}$$

Unter Verwendung dieser beiden Hilfswerte A' und B' lautet die alternative Form der Stabsteifigkeitsmatrix $\boldsymbol{k}^{\mathrm{II\,e}}$ (4.44) des beidseitig elastisch eingespannten Stabes:

$$\boldsymbol{k}^{\mathrm{IIe}} = \frac{EI}{\ell^3} \cdot \begin{bmatrix} [2(A'+B')-\varepsilon^2] & & & \text{symm.} \\ -(A'+B')\ell & A'\ell^2 & & \\ -[2(A'+B')-\varepsilon^2] & (A'+B')\ell & [2(A'+B')-\varepsilon^2] & \\ -(A'+B')\ell & B'\ell^2 & (A'+B')\ell & A'\ell^2 \end{bmatrix}. \tag{4.52}$$

Beide Parameter A' und B' sind in Abhängigkeit von ε in Abb. 4.15 tabelliert. Vergleichen wir die dortigen Tabellenwerte für $\varepsilon = 0$, also den Fall $S = 0$ der Theorie 1. Ordnung, oder untersuchen hierfür die analytischen Ausdrücke (4.50), (4.51), so erkennen wir, dass $k^{\mathrm{II\,e}}(\varepsilon = 0)$ erwartungsgemäß in die klassische Stabsteifigkeitsmatrix (der Theorie 1. Ordnung) des Abb. 3.41 übergeht.

Es ist eine Besonderheit der von uns gewählten Herleitung, dass die Koeffizienten der Stabsteifigkeitsmatrix $\boldsymbol{k}^{\mathrm{II\,e}}$ vollständig durch die *Stabkennzahl* ε beschrieben werden. Für Werte $\varepsilon \neq 0$ lässt sich stets deren additive Zerlegung

$$\boldsymbol{k}^{\mathrm{II\,e}} = \boldsymbol{k}^{\mathrm{I\,e}} + \boldsymbol{k}^{\mathrm{geom\,e}} \tag{4.53}$$

nachweisen, wobei $\boldsymbol{k}^{\mathrm{I\,e}}$ die bekannte elastische Steifigkeitsmatrix (3.109), $\boldsymbol{k}^{\mathrm{geom\,e}}$ die sogenannte geometrische Steifigkeitsmatrix darstellt, eine aus der Theorie nichtlinearer finiter Elemente vertraute matrizielle Größe. Letztere ist eine lineare Funktion der Stablängskraft *S*. Spätestens bei diesem Vergleich wird uns auffallen, dass wir bisher die Dehnsteifigkeit *EA* des Stabes als unendlich groß angesetzt hatten, Stabdehnungen daher außer Acht gelassen hatten. Wenn wir diese Annahme aufgeben, so werden im Rahmen der Theorie 2. Ordnung die klassischen Dehnsteifigkeitszeilen etwa aus Abb. 3.41 einfach der Beziehung (4.52) superponiert. Das Ergebnis finden wir in Abb. 4.14.

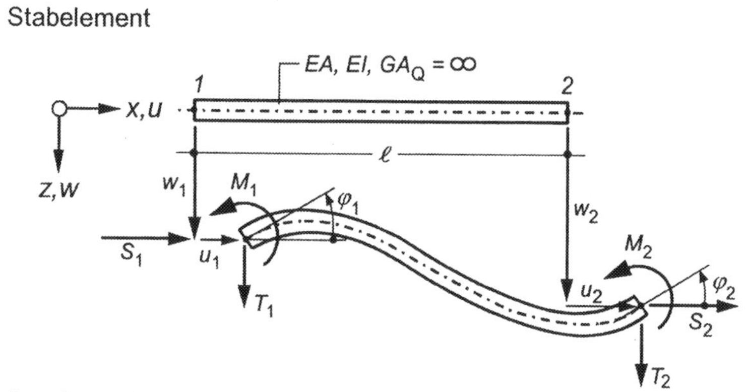

Stab-Steifigkeitsbeziehung

$$\begin{bmatrix} S_1 \\ T_1 \\ M_1 \\ S_2 \\ T_2 \\ M_2 \end{bmatrix} = \frac{EI}{\ell^3} \begin{bmatrix} \frac{A}{I}\ell^2 & & & & & \\ & 2(A'+B')-\varepsilon^2 & & & \text{symmetrisch} & \\ & -(A'+B')\ell & A'\ell^2 & & & \\ -\frac{A}{I}\ell^2 & & & \frac{A}{I}\ell^2 & & \\ & -2(A'+B')+\varepsilon^2 & (A'+B')\ell & & 2(A'+B')-\varepsilon^2 & \\ & -(A'+B')\ell & B'\ell^2 & & (A'+B')\ell & A'\ell^2 \end{bmatrix} \cdot \begin{bmatrix} u_1 \\ w_1 \\ \varphi_1 \\ u_2 \\ w_2 \\ \varphi_2 \end{bmatrix}$$

leere Positionen sind mit Nullen besetzt

Abb. 4.14 Vollständige Stabsteifigkeitsbeziehung der Theorie 2. Ordnung

4.2.5 Stabsteifigkeiten für Gelenkstäbe

Immer noch spielen auch bei Problemen nach Theorie 2. Ordnung manuelle Verfahren zur Tragwerksanalyse gemäß Abschn. 3.1.1 eine gewisse Rolle [1, 6, 14]. Dabei erscheinen besondere Elementsteifigkeiten für einseitig eingespannte Gelenkstäbe als sinnvolle Vereinfachung. Beispielsweise wird beim rechts einseitig eingespannten Stab mit linkem Endgelenk $M_1 = 0$. Damit gewinnt man aus (4.52) eine Bestimmungsgleichung, mit der man Φ_1 eliminieren bzw. durch w_1, w_2 und Φ_2 ersetzen kann. Nach kurzer Umrechnung entsteht die Matrix $\boldsymbol{k}^{\mathrm{II\,e}}$

$$\boldsymbol{k}^{\mathrm{II\,e}} = \frac{EI}{\ell^3} \cdot \begin{bmatrix} C' & & & \text{symm.} \\ 0 & 0 & & \\ -C' & 0 & C' & \\ -C'\ell & 0 & C'\ell & C'\ell^2 \end{bmatrix} \tag{4.54}$$

	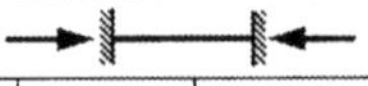				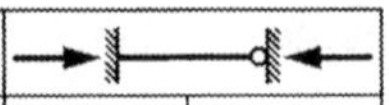	
ε	A'	B'	$A'+B'$	E'_p	C'	F'_p
0,00	4,000	2,000	6,000	1,000	3,000	1,000
0,10	3,999	2,000	5,999	1,000	2,998	1,000
0,20	3,995	2,001	5,996	1,001	2,992	1,001
0,30	3,988	2,003	5,991	1,002	2,982	1,003
0,40	3,979	2,005	5,984	1,003	2,968	1,005
0,50	3,967	2,008	5,975	1,004	2,950	1,008
0,60	3,952	2,012	5,964	1,006	2,927	1,012
0,70	3,934	2,017	5,951	1,008	2,901	1,017
0,80	3,914	2,022	5,936	1,011	2,870	1,022
0,90	3,891	2,028	5,919	1,014	2,834	1,028
1,00	3,865	2,034	5,899	1,017	2,794	1,035
1,10	3,836	2,042	5,878	1,021	2,749	1,043
1,20	3,804	2,050	5,854	1,025	2,699	1,051
1,30	3,769	2,059	5,829	1,029	2,644	1,061
1,40	3,732	2,070	5,801	1,034	2,584	1,072
1,50	3,691	2,081	5,771	1,040	2,518	1,084
1,60	3,647	2,093	5,739	1,045	2,446	1,097
1,70	3,599	2,106	5,705	1,052	2,367	1,111
1,80	3,548	2,120	5,668	1,059	2,282	1,127
1,90	3,494	2,135	5,629	1,066	2,189	1,145
2,00	3,436	2,152	5,588	1,074	2,088	1,164
2,10	3,374	2,170	5,544	1,082	1,979	1,185
2,20	3,309	2,189	5,498	1,091	1,861	1,209
2,30	3,240	2,210	5,450	1,101	1,732	1,235
2,40	3,166	2,233	5,399	1,111	1,591	1,263
2,50	3,088	2,257	5,345	1,123	1,438	1,295
2,60	3,005	2,283	5,289	1,134	1,270	1,331
2,70	2,918	2,312	5,230	1,147	1,086	1,371
2,80	2,825	2,342	5,168	1,161	0,883	1,416
2,90	2,728	2,376	5,103	1,176	0,659	1,466
3,00	2,624	2,411	5,036	1,192	0,408	1,524
3,10	2,515	2,450	4,965	1,208	0,127	1,591
3,20	2,399	2,492	4,891	1,227	-0,191	1,667
3,30	2,276	2,538	4,814	1,246	-0,554	1,757
3,40	2,146	2,588	4,734	1,267	-0,974	1,864
3,50	2,008	2,642	4,651	1,290	-1,468	1,992
3,60	1,862	2,702	4,564	1,315	-2,059	2,148
3,70	1,706	2,767	4,473	1,341	-2,781	2,345
3,80	1,540	2,838	4,378	1,370	-3,691	2,597
3,90	1,363	2,917	4,280	1,402	-4,881	2,935
4,00	1,173	3,004	4,177	1,436	-6,518	3,410
4,10	0,970	3,100	4,070	1,474	-8,941	4,125
4,20	0,751	3,207	3,958	1,516	-12,947	5,326
4,30	0,515	3,327	3,842	1,562	-20,984	7,768
4,40	0,259	3,462	3,721	1,612	-45,981	15,433
4,50	-0,019	3,614	3,595	1,669		
4,60	-0,323	3,787	3,463	1,733		
4,70	-0,658	3,984	3,326	1,804		
4,80	-1,029	4,211	3,182	1,885		
4,90	-1,443	4,475	3,032	1,979		
5,00	-1,909	4,785	2,876	2,086		
5,10	-2,439	5,151	2,712	2,212		
5,20	-3,052	5,592	2,540	2,362		
5,30	-3,769	6,130	2,361	2,542		
5,40	-4,625	6,798	2,172	2,762		
5,50	-5,673	7,647	1,975	3,039		
5,60	-6,992	8,759	1,767	3,396		
5,70	-8,721	10,269	1,548	3,876		
5,80	-11,111	12,428	1,317	4,555		
5,90	-14,671	15,745	1,074	5,587		
6,00	-20,638	21,454	0,816	7,349		

Abb. 4.15 Hilfswerte zum Aufbau der Stabsteifigkeitsmatrix $\boldsymbol{k}^{\mathrm{II\,e}}$

mit dem Parameter

$$C' = \frac{\varepsilon^2 \sin\varepsilon}{\sin\varepsilon - \varepsilon\cos\varepsilon}. \qquad (4.55)$$

Entsprechend erhält man für den Stab mit rechtem Endgelenk $M_2 = 0$:

$$k^{\text{II e}} = \frac{EI}{\ell^3} \cdot \begin{bmatrix} C' & & & \text{symm.} \\ -C'\ell & C'\ell^2 & & \\ -C' & C'\ell & C' & \\ 0 & 0 & 0 & 0 \end{bmatrix} \tag{4.56}$$

Auch C' ist wieder in Abb. 4.15 in Abhängigkeit von ε tabelliert. Beide Stabsteifigkeitsmatrizen (4.54), (4.56) können vom Leser unschwer gemäß Abb. 4.14 auf die elastische Wirkung von Stablängskräften S_1, S_2 erweitert werden.

4.2.6 Volleinspannkraftgrößen nach Theorie 2. Ordnung

Sind in einem Tragwerk neben den diskreten Knotenlasten $\boldsymbol{P}$ zusätzlich Elementbelastungen auf den einzelnen Stäben vorhanden, so müssen auch hier natürlich die zugehörigen Festhaltekraftgrößen $\boldsymbol{s}^{\text{II 0e}}$ analog (3.116)

$$\boldsymbol{s}^{\text{II e}} = \boldsymbol{k}^{\text{II e}} \cdot \boldsymbol{v}^{\text{e}} + \boldsymbol{s}^{\text{II 0e}}, \tag{4.57}$$

nunmehr ebenfalls nach Theorie 2. Ordnung als Funktion der Stabkennzahl $\varepsilon = \ell\sqrt{\frac{|S|}{EI}}$ (4.11), ermittelt werden. Ausgehend von der Differentialgleichung (4.27) eines mit q_z querbelasteten Stabes konstanter Biegesteifigkeit EI = konst.:

$$w'''' - \left(\frac{\varepsilon}{\ell}\right)^2 w'' = \frac{q_z}{EI} \tag{4.58}$$

suchen wir beispielsweise für q_z = konst. ein partikuläres Integral w_p, welches wir durch probieren zu

$$w_p = \frac{q_z x^2}{\varepsilon^2} \cdot \frac{\ell^2}{2EI} = \frac{q_z x^2}{2S} \tag{4.59}$$

ermitteln. Die Gesamtlösung *w(x)* entsteht damit aus der in Abschn. 4.2.4 gewonnenen allgemeinen Lösung der homogenen Differentialgleichung und diesem partikulären Integral (4.59) für den beidseitig voll eingespannten Stab nach einigen Umformungen. Für den Biegemomentenverlauf $M^{\text{II}}(x)$ im Stab gewinnen wir hieraus [14, 29]:

$$M^{\text{II}}(x) = \frac{q_z \ell^2}{\varepsilon^2} \cdot \left(\frac{\varepsilon}{2} \sin \varepsilon x/\ell + \frac{\varepsilon}{2} \cdot \frac{1+\cos\varepsilon}{\sin\varepsilon} \cos \varepsilon x/\ell - 1\right), \tag{4.60}$$

aus welchem wir die in Abb. 4.16 angegebenen Volleinspannmomente ermitteln können.

In dieser Abb., deren Ursprung auf [26] zurückgeht, sind für einige häufig vorkommende Lastbilder die entsprechenden Werte der Volleinspannmomente zusammengestellt, und zwar sowohl für den beidseitig als auch für den einseitig eingespannten Druckstab mit rechtem Gelenk. Folgende Abkürzungen werden hierin verwendet:

$$E_k' = \frac{8}{\varepsilon^2}\left[A'\left(\frac{\sin(\xi'\varepsilon)}{\sin\varepsilon} - \xi'\right) - B'\left(\frac{\sin(\xi\varepsilon)}{\sin\varepsilon} - \xi\right)\right], \tag{4.61}$$

$$E_k'' = \frac{8}{\varepsilon^2}\left[A'\left(\frac{\sin(\xi\varepsilon)}{\sin\varepsilon} - \xi\right) - B'\left(\frac{\sin(\xi'\varepsilon)}{\sin\varepsilon} - \xi'\right)\right], \tag{4.62}$$

$$E_p' = \frac{12}{\varepsilon^2}\left[1 - \frac{1}{2}(A' - B')\right], \tag{4.63}$$

$$E_D' = \frac{30}{\varepsilon^2}\left(\frac{B'}{3} - \frac{A'}{6}\right), E_D'' = \frac{20}{\varepsilon^2}\left(1 + \frac{B'}{6} - \frac{A'}{3}\right), \tag{4.64}$$

$$E_M' = \frac{A'[\varepsilon\cos(\xi'\varepsilon) - \sin\varepsilon] + B'\,\varepsilon\cos(\xi\varepsilon) - \sin\varepsilon]}{\varepsilon^2\sin\varepsilon}, \tag{4.65}$$

$$E_M'' = \frac{A'\,[\varepsilon\cos(\xi\varepsilon) - \sin\varepsilon] + B'\left[\varepsilon\cos(\xi'\varepsilon) - \sin\varepsilon\right]}{\varepsilon^2\sin\varepsilon}, \tag{4.66}$$

$$F_k' = \frac{8}{\varepsilon^2}C'\left(\frac{\sin(\xi'\varepsilon)}{\sin\varepsilon} - \xi'\right), \tag{4.67}$$

$$F_p' = \frac{8}{\varepsilon^2}\left(1 + \frac{B'}{A'} - \frac{C'}{2}\right), F_D' = \frac{120}{7\varepsilon^2}\left(\frac{B}{A'} - \frac{C'}{6}\right), \tag{4.68}$$

$$F_M' = \frac{\sin\varepsilon - \varepsilon\cos(\xi'\varepsilon)}{\sin\varepsilon - \varepsilon\cos\varepsilon}. \tag{4.69}$$

Volleinspannmomente für weitere Querlastfälle, Temperatureinwirkungen und Imperfektionsformen findet der Leser in [14,29] oder in [1,6]. In Abb. 4.16 fehlen die Volleinspann-Transversalkräfte T_1 und T_2 mit voller Absicht, da sie aus den Stabendmomenten und der Momentengleichgewichtsbedingung in Abb. 4.10 bestimmbar sind, eine Aufgabe für interessierte Leser. Neben den bereits eingeführten Hilfswerten A', B', und C' der obigen Formeln sind auch E_p' und F_p' in Abb. 4.15 in Abhängigkeit von ε tabelliert.

4.2.7 Tragwerksanalysen nach Theorie 2. Ordnung

Gesamtsteifigkeitsbeziehung

Im Verlauf der Abschn. 4.2.4 bis 4.2.6 hatten wir gezeigt, wie sich in der Theorie 2. Ordnung alle Verformungseinflüsse elementweise in den Stabsteifigkeitsmatrizen $\boldsymbol{k}^{\mathrm{II\,e}}$ und den Vektoren der Volleinspannkraftgrößen $\boldsymbol{s}^{\mathrm{II\,0e}}$ konzentrieren. Alle anderen für Tragwerksanalysen erforderlichen Transformationen, nämlich Gleichgewicht und Kinematik, beispielsweise gemäß Abb. 3.45, können daher unverändert aus der Theorie 1. Ordnung übernommen werden. Dies ist auch der Grund dafür, warum Tragwerksanalysen nach Theorie 2. Ordnung gelegentlich noch immer den klassischen manuellen baustatischen Verfahren zugeordnet werden, siehe [1, 14, 29]. Wir orientieren uns hier

Nr.	Lastfall	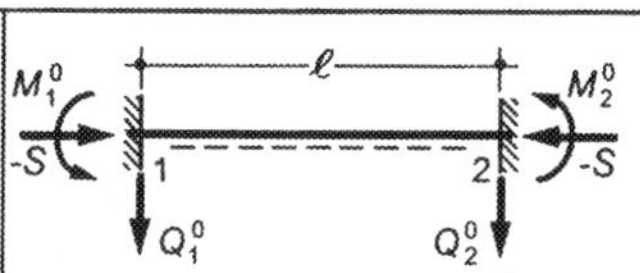	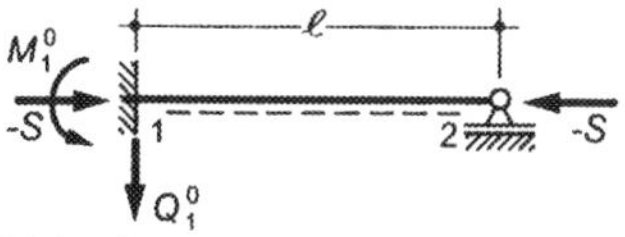
1	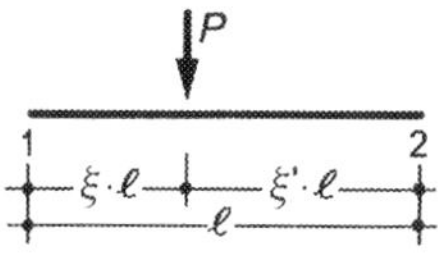	$M_1^0 = \frac{P \cdot \ell}{8} \cdot E_k'$ $M_2^0 = -\frac{P \cdot \ell}{8} \cdot E_k''$	$M_1^0 = \frac{p \cdot \ell}{8} \cdot F_k'$
2	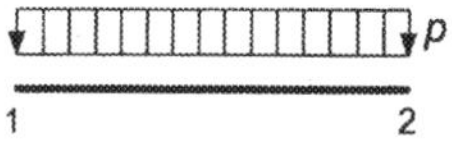	$M_1^0 = -M_2^0 = \frac{p \cdot \ell^2}{12} \cdot E_p'$	$M_1^0 = \frac{p \cdot \ell^2}{8} \cdot F_p'$
3	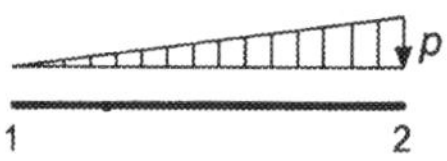	$M_1^0 = \frac{1}{30} \cdot p \cdot \ell^2 \cdot E_D'$ $M_2^0 = -\frac{1}{20} \cdot p \cdot \ell^2 \cdot E_D''$	$M_1^0 = \frac{7}{120} p \cdot \ell^2 \cdot F_D'$
4	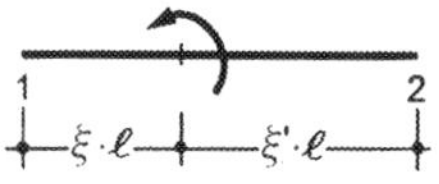	$M_1^0 = M \cdot E_M'$ $M_2^0 = M \cdot E_M''$	$M_1^0 = -M \cdot F_M'$

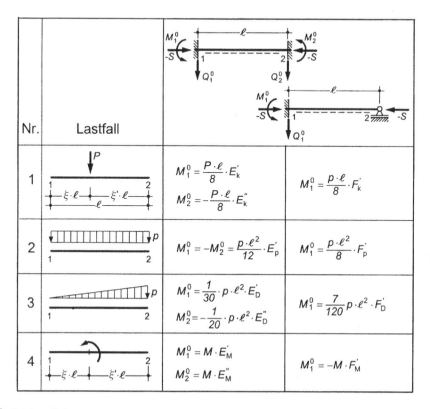

Abb. 4.16 Volleinspannmomente nach Theorie 2. Ordnung

natürlich an modernen computerorientierten Konzepten. Deshalb verwenden wir zum Aufbau der Gesamt-Steifigkeitsbeziehung im Standardkonzept des Weggrößenverfahrens den uns vertrauten Algorithmus (3.113):

$$\begin{array}{rl} \boldsymbol{v} = \boldsymbol{a} \cdot \boldsymbol{V} & \text{Kinematik} \\ \boldsymbol{s}^{\mathrm{II}} = \boldsymbol{k}^{\mathrm{II}} \cdot \boldsymbol{v} + \boldsymbol{s}^{0\,\mathrm{II}} & \text{Werkstoffgesetz} \\ \boldsymbol{P} = \boldsymbol{a}^{\mathrm{T}} \cdot \boldsymbol{s}^{\mathrm{II}} & \text{Gleichgewicht} \\ \hline \boldsymbol{P} = \boldsymbol{a}^{\mathrm{T}} \cdot \boldsymbol{k}^{\mathrm{II}} \cdot \boldsymbol{a} \cdot \boldsymbol{V} + \boldsymbol{a}^{\mathrm{T}} \cdot \boldsymbol{s}^{0\,\mathrm{II}} = \boldsymbol{K}^{\mathrm{II}} \cdot \boldsymbol{V} + \boldsymbol{a}^{\mathrm{T}} \cdot \boldsymbol{s}^{0\,\mathrm{II}}, & \end{array} \tag{4.70}$$

bzw. in der direkten Steifigkeitsmethode den Algorithmus (3.147):

$$\begin{array}{rl} \boldsymbol{v}_{\mathrm{g}} = \boldsymbol{a}_{\mathrm{g}} \cdot \boldsymbol{V} & \text{Kinematik} \\ \boldsymbol{s}_{\mathrm{g}}^{\mathrm{II}} = \boldsymbol{k}_{\mathrm{g}}^{\mathrm{II}} \cdot \boldsymbol{v} + \boldsymbol{s}^{0}{}_{\mathrm{g}}^{\mathrm{II}} & \text{Werkstoffgesetz} \\ \boldsymbol{P} = \boldsymbol{a}_{\mathrm{g}}^{\mathrm{T}} \cdot \boldsymbol{s}_{\mathrm{g}}^{\mathrm{II}} & \text{Gleichgewicht} \\ \hline \boldsymbol{P} = \boldsymbol{a}_{\mathrm{g}}^{\mathrm{T}} \cdot \boldsymbol{k}_{\mathrm{g}}^{\mathrm{II}} \cdot \boldsymbol{a}_{\mathrm{g}} \cdot \boldsymbol{V} + \boldsymbol{a}_{\mathrm{g}}^{\mathrm{T}} \cdot \boldsymbol{s}^{0}{}_{\mathrm{g}}^{\mathrm{II}} = \boldsymbol{K}^{\mathrm{II}} \cdot \boldsymbol{V} + \boldsymbol{a}_{\mathrm{g}}^{\mathrm{T}} \cdot \boldsymbol{s}^{0}{}_{\mathrm{g}}^{\mathrm{II}}. & \end{array} \tag{4.71}$$

Bei Letzterem waren bekanntlich alle stabbezogenen Funktionsmatrizen, nämlich Stabendkraftgrößen s_g, Volleinspannkraftgrößen $s^0{}_g{}^{II}$, Stabsteifigkeitsmatrix $k_g{}^{II}$ und Stabenddeformationen v_g, durch die jeweilige Drehtransformation (3.145) in Richtung der globalen Basis gedreht.

Als Grundgleichung für alle noch ausstehenden Erläuterungen verwenden wir nun im Weiteren einheitlich folgende Form der Gesamtsteifigkeitsbeziehung:

$$P^* = P - a^T \cdot s^{0\,II} = K^{II} \cdot V \Rightarrow V = (K^{II})^{-1} \cdot P^*, \tag{4.72}$$

wobei das stablasten-bezogene Belastungsglied $a^T \cdot s^{0\,II}$ natürlich auch die Fußindizierung tiefgestellt tragen kann. Diese Grundgleichung der Theorie 2. Ordnung bildet eine erste Näherung zur Erfassung geometrisch-nichtlinearer Phänomene bei Tragwerksanalysen, hauptsächlich für folgende zwei Fragestellungen:

- Ermittlung der Schnittgrößen für Nachweise als *Spannungsproblem 2. Ordnung*, meist als normenseits vorgegebener Ersatz für den Stabilitätsnachweis;
- Ermittlung *klassischer Stabilitätsgrenzen* von Tragwerken und *genauer Knicklängen* druckbeanspruchter Stabelemente für den Stabilitätsnachweis.

Spannungsprobleme 2. Ordnung

Die wesentlichen Schritte eines Spannungsproblems 2. Ordnung sind in Abb. 4.17 zusammengestellt. Sie erfordern Tragwerksanalysen für λ-fache äußere Lastkombinationen (Punkt 1). Dabei bezeichnet λ eine normenseitig vorgegebene Gesamtsicherheit. Um die

1. *Die vorgegebenen Gesamtlasten* $\boldsymbol{P}^*$ *eines zu analysierenden Zustands werden mit einer normenseitigen Sicherheitszahl* λ *multipliziert:* $\boldsymbol{P}^* := \lambda \boldsymbol{P}^*$.

2. *Für diesen Zustand werden aus einer (linearen) Analyse nach Theorie 1. Ordnung die Normalkräfte* $N^{I,e} = \boldsymbol{S}^{I,e}$ *aller Stabelemente e bestimmt:* $\boldsymbol{K}^I \cdot \boldsymbol{V} = \lambda \boldsymbol{P}^* \rightarrow \boldsymbol{V}^I = (\boldsymbol{K}^I)^{-1} \cdot \lambda \boldsymbol{P}^* \rightarrow \boldsymbol{S}^I \rightarrow N^{I,e}$.

3. *Mit diesen Stabkräften können alle Stabsteifigkeitsmatrizen* $\boldsymbol{k}^{II,e}$ *und Volleinspannkraftgrößen* $\boldsymbol{s}^{0,e}$ *in einer 1. Näherung aufgebaut werden, und die Tragwerksanalyse nach Theorie 2. Ordnung kann durchgeführt werden:* $\boldsymbol{K}^{II} \cdot \boldsymbol{V} = \lambda \boldsymbol{P}^* \rightarrow \boldsymbol{V}^{II} = (\boldsymbol{K}^{II})^{-1} \cdot \lambda \boldsymbol{P}^* \rightarrow \boldsymbol{s}^{II} \rightarrow \{N^{II}, Q^{II}, M^{II}\}^e$.

4. *Ausführung der normenseitig vorgesehenen Spannungsnachweise für die Schnittgrößen* $\{N^{II}, Q^{II}, M^{II}\}^e$ *der Theorie 2. Ordnung unter* λ*-fachen Lasten, beispielsweise:*
$$\sigma = \frac{N^{II}}{A} \pm \frac{M^{II}}{W} \leq \sigma_F.$$

Abb. 4.17 Algorithmus für Tragwerksanalysen als Spannungsproblem 2. Ordnung

Gesamt-Steifigkeitsmatrix $\boldsymbol{K}^{\text{II}}$ überhaupt aufbauen zu können, benötigen wir die in jedem Stabelement wirkenden Längskräfte S als Eingaben. Als erste Näherung hierfür verwenden wir die Ergebnisse einer klassischen Tragwerksanalyse 1. Ordnung (Punkt 2) für die vorgegebenen λ-fachen Lasten. Aus diesen Informationen kann je Stabelement die Stabsteifigkeitsmatrix $\boldsymbol{k}^{\text{II e}}$ und aus diesen die Gesamt-Steifigkeitsmatrix $\boldsymbol{K}^{\text{II}}$ aufgebaut werden, womit die eigentliche Analyse nach Theorie 2. Ordnung gemäß (4.70) bzw. (4.71) erfolgen kann (Punkt 3). In diesem Verfahrensschritt können ebenfalls vorgegebene Stabimperfektionen nach Abschn. 4.2.3 oder Knotenimperfektionen berücksichtigt werden. Mit den in diesem Schritt ermittelten Schnittgrößen $\{N^{II}, Q^{\text{II}}, M^{\text{II}}\}$ werden sodann in allen Bemessungspunkten die erforderlichen *Spannungsnachweise nach Theorie 2. Ordnung* gemäß Punkt 4 durchgeführt.

Damit gilt ein Spannungsproblem 2. Ordnung üblicherweise als abgeschlossen. Gelegentlich erscheint die erzielte Genauigkeit nach Punkt 3, Abb. 4.17, nicht ausreichend, wenn die Stablängskräfte nach Theorie 2. Ordnung stark von den nach Theorie 1. Ordnung verwendeten Näherungswerten abweichen. In diesem Fall kann natürlich hinter Punkt 3 eine Iterationsschleife derart eingebaut werden, dass dieser Schritt mit den genaueren Stablängskräften $N^{\text{II e}}$ wiederholt wird. Oftmals ergibt sich bei Spannungsproblemen 2. Ordnung auch der Wunsch nach Überlagerung einzelner Lastfälle. Obwohl wegen der Nichtlinearität des Problems Lastfallüberlagerungen bei Nachweisen nach Theorie 2. Ordnung eigentlich generell ausgeschlossen sind, bleiben sie immer dann zulässig, wenn stabweise die Stabkennzahlen ε (4.11) in den einzelnen Lastfällen unverändert sind.

Tragwerksinstabilitäten

Die zweite Aufgabenstellung bei Tragwerksanalysen nach Theorie 2. Ordnung ist die Bestimmung von Stabilitätsgrenzen λ_{krit} eines Tragwerks und der zugehörigen Stab-Knicklängen. λ_{krit} ist hierbei wieder das Vielfache einer gegebenen Lastkombination. Dieser Faktor wird als *Beulsicherheit* der vorgegebenen Lastkombination interpretiert.

Im Falle einer Stabinstabilität wird, wie wir bereits im Abschn. 4.2.2 erkannt hatten, die betroffene Stabsteifigkeitsmatrix $\boldsymbol{k}^{\text{II e}}$ singulär, ein Prozess, der sich in die Gesamtsteifigkeitsmatrix $\boldsymbol{K}^{\text{II}}$ transformiert. Damit gelten folgende generelle Tragwerkseigenschaften:

$\boldsymbol{K}^{\text{II}}$ regulär ($\det \boldsymbol{K}^{\text{II}} \neq 0$): Tragwerk ist unter den gegebenen Lasten stabil;
$\boldsymbol{K}^{\text{II}}$ singulär ($\det \boldsymbol{K}^{\text{II}} = 0$):Tragwerk ist unter den gegebenen Lasten instabil.

Im zweiten Fall ist wegen $\det \boldsymbol{K}^{\text{II}} = 0$ die Gesamtsteifigkeitsbeziehung (4.72) nach Theorie 2. Ordnung für die vorgegebene Lastkombination $\lambda \boldsymbol{P}^* = \lambda_{\text{krit}} \boldsymbol{P}^*$ nicht mehr invertierbar:

$$\lambda \boldsymbol{P}^* = \lambda(\mathbf{P} - \boldsymbol{a}^{\text{T}} \cdot \boldsymbol{s}^{0\,\text{II}}) = \boldsymbol{K}^{\text{II}} \cdot \boldsymbol{V}. \tag{4.73}$$

Im Abschn. 4.2.4 hatten wir erkannt, dass die Stabsteifigkeitsmatrizen $\boldsymbol{k}^{\text{II e}}$ sich jeweils aus der elastischen $\boldsymbol{k}^{\text{I e}}$ nach Theorie 1. Ordnung und der geometrischen Matrix $\boldsymbol{k}^{\text{geom e}}$ zusammensetzen, letztere als lineare Funktionen der jeweiligen Stablängskraft S. Diese Eigenschaft transformiert sich natürlich in die Gesamtsteifigkeitsmatrix $\boldsymbol{K}^{\text{II}}$.

Legen wir somit beispielsweise einer Tragwerksanalyse die normierte Lastkombination $\boldsymbol{P}^* = \boldsymbol{P}^\circ$ zugrunde und erhöhen diese zur Stabilitätsuntersuchung um den Faktor λ, so weist die globale Steifigkeitsmatrix $\boldsymbol{K}^{\mathrm{II}}$ wegen der Stablängskräfte folgende innere Struktur auf:

$$\boldsymbol{K}^{\mathrm{II}}(\lambda \boldsymbol{P}^\circ) = \boldsymbol{K}^{\mathrm{I}} + \lambda \boldsymbol{K}^{\mathrm{geom}}(\boldsymbol{P}^\circ), \tag{4.74}$$

wobei $\boldsymbol{K}^{\mathrm{I}}$ die wohlbekannte elastische Gesamtsteifigkeitsmatrix verkörpert und $\boldsymbol{K}^{\mathrm{geom}}$ gemäß (4.53) als *globale geometrische Steifigkeitsmatrix* bezeichnet wird.

Die Vorgehensweise des Stabilitätsnachweises besteht nun darin, dass der Lastfaktor λ, mit welchem Knotenlasten und Volleinspannkraftgrößen, aber auch die Stabdruckkräfte S^{e} in den einzelnen Stabsteifigkeitsmatrizen multipliziert werden, gedanklich solange erhöht wird, bis die globale Systemsteifigkeitsmatrix $\boldsymbol{K}^{\mathrm{II}}$ singulär wird, d. h. beide Anteile in (4.74) entgegengesetzt gleichgewichtig werden:

$$\det \boldsymbol{K}^{\mathrm{II}}(\lambda \boldsymbol{P}^\circ) = \det\{\boldsymbol{K}^{\mathrm{I}} + \lambda \boldsymbol{K}^{\mathrm{geom}}(\boldsymbol{P}^\circ)\} = 0 \Rightarrow \lambda_{\mathrm{krit}}. \tag{4.75}$$

Der aus diesem Eigenwertproblem bestimmbare Lastfaktor $\lambda = \lambda_{\mathrm{krit}}$ stellt die gesuchte Beulsicherheit des Tragwerks unter der vorgegebenen Lastkombination dar. Aus den Eigenformen gewinnt man die Knicklängen der Einzelstäbe.

Dieses Vorgehen erfolgt meistens erneut mit den Stablängskräften nach Theorie 1. Ordnung, kann aber auch wieder iterativ die wirklichen Stablängskräfte berücksichtigen. Eine praktische Schwierigkeit hierbei besteht darin, die Singularität von $\boldsymbol{K}^{\mathrm{II}}$ exakt zu ermitteln, da der entwerfende Ingenieur meistens über keine Programmwerkzeuge hierzu verfügt und fertige Programmsysteme selten die Komponenten der singulären Matrix (4.75) verfügbar machen.

Natürlich kann man sich durch sukzessive Steigerung von λ einem Näherungswert von λ_{krit} beliebig annähern. Alternativ hierzu kann man zur Bestimmung der Stabilitätslast $\lambda_{\mathrm{krit}}\boldsymbol{P}^\circ$ aber auch Tragwerksverschiebungen infolge einer kleinen Querlast auswerten, die mit abnehmender Systemsteifigkeit $\boldsymbol{K}^{\mathrm{II}} \Rightarrow 0$ in der Nähe des Verzweigungspunkts, der gesuchten Singularität, über alle Grenzen wachsen. Im Einführungsbeispiel des nächsten Abschnittes wurde der Reziprokwert der Horizontalverschiebung eines Rahmentragwerks als Funktion des Lastfaktors λ ausgewertet. Bei seinem Nulldurchgang ist dann der gesuchte Beulsicherheitsfaktor λ_{krit} ablesbar. Die Knicklängen der Einzelstäbe bestimmt man danach aus (4.17).

4.2.8 Zwei Einführungsbeispiele

Als erstes soll für das in Abb. 4.18 dargestellte ebene Rahmentragwerk eine Tragwerksanalyse nach Theorie 2. Ordnung durchgeführt und diese mit den Ergebnissen nach Theorie 1. Ordnung verglichen werden. Der Rahmen ist an beiden Auflagern eingespannt. Er wird

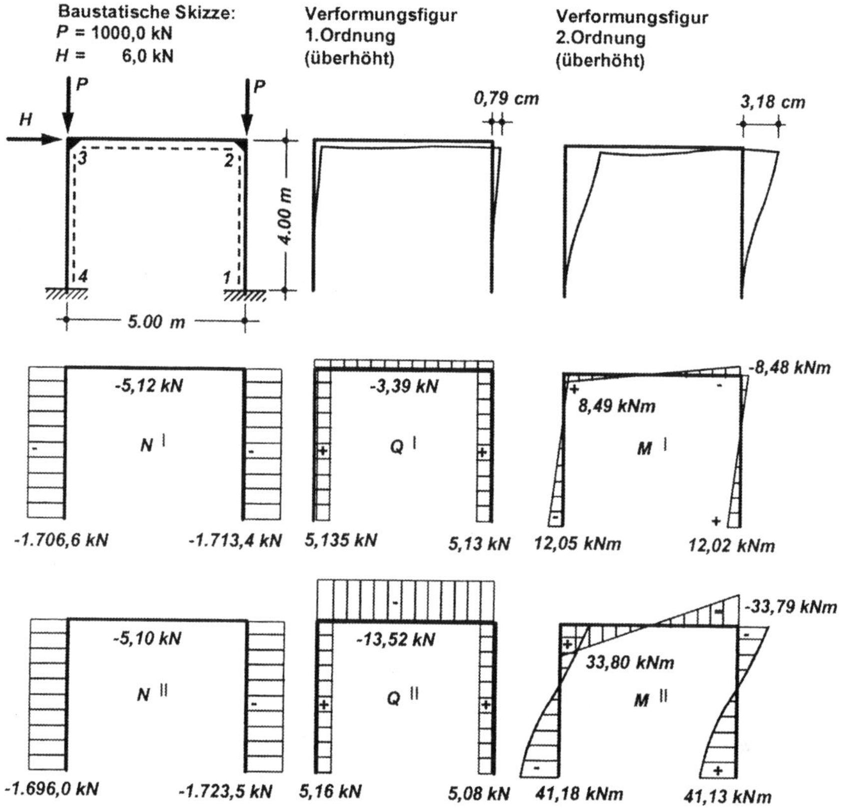

Abb. 4.18 Rahmenberechnung nach Theorie 1. und 2. Ordnung

durch die beiden Vertikalkräfte $P = 1000{,}0$ kN und die Horizontalkraft $H = 6{,}0$ kN belastet. Sämtliche Bauteile bestehen aus einem HEB 160 aus Stahl mit dem Elastizitätsmodul $E = 2{,}1\ 10^8$ kN/m^2 und der Fließspannung $\sigma_F = 36{,}0$ kN/cm^2. Als Querschnittswerte des Profils benötigen wir:

$$A = 54{,}3\ \text{cm}^2,\ I = 2.490{,}0\ \text{cm}^4,\ W = 311{,}0\ \text{cm}^3.$$

Zur Abschätzung des Tragvermögens des Rahmens wurde für das vorgegebene Lastkollektiv eine klassische Stabilitätsanalyse mittels eines Rechenprogramms, siehe Anhang 2, durchgeführt, die einen kritischen Lastfaktor von $\lambda_{\text{krit}} = 2{,}27$ ergab.

Für die Tragwerksanalyse nach Theorie 2. Ordnung wird der Rahmen unter λ-fachen Lasten untersucht. Für einen geforderten Lastfaktor $\lambda = 1{,}71$ betragen die Analyselasten:

$$P^* = 1{,}71 \cdot 1000{,}0 = 1710{,}0\ \text{kN},$$
$$H^* = 1{,}71 \cdot 6{,}0 = 10{,}26\ \text{kN}.$$

Baustatische Skizze:

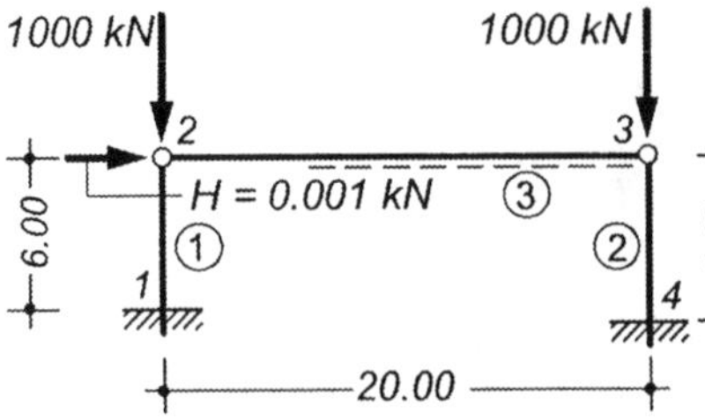

Stab	EI	EA
1	48.000 kNm²	$3{,}6 \cdot 10^6$ kN
2	48.000 kNm²	$3{,}6 \cdot 10^6$ kN
3	220.000 kNm²	$1{,}87 \cdot 10^6$ kN

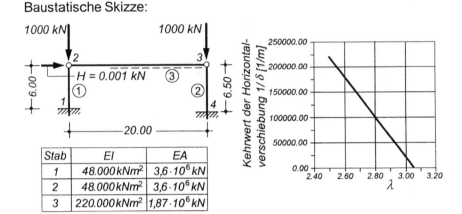

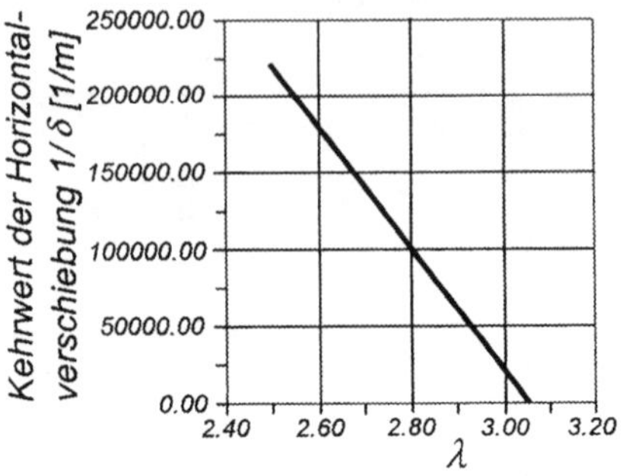

Abb. 4.19 Knicklängenberechnung eines Rahmentragwerks

Die Schnittgrößen nach Theorie 1. Ordnung dieser Lastkombination finden sich in der mittleren Zeile von Abb. 4.18. Führen wir noch im stärkst beanspruchten Querschnitt 1 einen Spannungsnachweis durch

$$\sigma^{\text{I}} = -\frac{1713{,}4}{54{,}3} - \frac{1202{,}0}{311{,}0} = -35{,}4 \text{ kN/cm}^2 \Leftrightarrow -36{,}0 \text{ kN/cm}^2,$$

so erscheint das Tragwerk *sicher und wirtschaftlich* dimensioniert.

Mit diesem Schritt liegt eine erste Näherung für die Stablängstkräfte vor, so dass die Berechnung nach Theorie 2. Ordnung durchgeführt werden kann. Deren Ergebnisse in der unteren Zeile von Abb. 4.18 zeigen, dass sich die Längskräfte der Stiele nur geringfügig um ca. 0,6 % geändert haben, diejenigen im Riegel überhaupt nicht, weshalb auf eine Iteration verzichtet wird. Gleichzeitig aber stellt man den großen Einfluss der Theorie 2. Ordnung auf den Biegezustand des Rahmens fest. Beim erneuten Spannungsnachweis für den rechten Fußpunkt 1

$$s^{\text{II}} = -\frac{1723{,}5}{54{,}3} - \frac{4113{,}0}{311{,}0} = -45{,}0 \text{ kN/cm}^2 \Leftrightarrow -36{,}0 \text{ kN/cm}^2$$

wird die Fließspannung $\sigma_F = 36{,}0$ kN/cm² in der Theorie 2. Ordnung nun deutlich überschritten: Der nach Theorie 1. Ordnung *scheinbar optimal* bemessene Querschnitt hält der starken Biegedruckbeanspruchung des Rahmenfußpunktes nicht stand.

Als zweites wollen wir für den in Abb. 4.19 links oben wiedergegebenen Gelenkrahmen die genauen Knicklängen der beiden Stiele bestimmen. Diese sind durch den gelenkig angeschlossenen Riegel gekoppelt. Die Stablängskräfte in beiden Stielen betragen $S_1 = S_2 = -1.000$ kN, so dass wir unmittelbar mit der Analyse nach Theorie 2. Ordnung beginnen können.

Hierzu steigern wir die angegebenen Lasten, d. h. die Stabdruckkräfte in den Stielen, sukzessive mittels des Lastfaktors λ und suchen die Singularität der globalen Steifigkeitsmatrix $\boldsymbol{K}^{\text{II}}$. Diese Suche erfolgt mittels der superponierten kleinen Horizontallast

$H = 0{,}001$ kN, die an ihrer Angriffsstelle 2 eine Horizontalauslenkung δ bewirkt. Für einzelne Laststufen erhalten wir den in Abb. 4.19 rechts skizzierten Verlauf von $(1/\delta)$ über dem Lastfaktor λ. Der gesuchte Lastfaktor, in welchem $(1/\delta \Rightarrow 0)$ geht und die Verschiebung δ somit über alle Grenzen anwächst, beträgt $\lambda_{\text{krit}} = 3{,}055$. Entsprechend lautet die ideelle Knicklast 3055 kN bei vorgegebenen Stützendruckkräften von – 1000 kN.
Damit betragen die zugehörigen Knicklängen beider Stützen:

$$s_{\text{ki}} = \sqrt{\frac{\pi^2 \cdot EI}{S_{\text{ki}}}} = \sqrt{\frac{\pi^2 \cdot 48.000}{3055}} = 12{,}45 \text{ m}.$$

Ohne den Riegelstab 3 betrügen diese jeweils gemäß EULERfall 1 (Abb. 4.6)

$$S_{\text{k}1} = 2 \cdot 6{,}00 = 12{,}00 \text{ m} < 12{,}45 \text{ m},$$
$$S_{\text{k}2} = 2 \cdot 6{,}50 = 13{,}00 \text{ m} > 12{,}45 \text{ m}.$$

Demnach wird bei dem behandelten Tragwerk der weichere Stab 2 bis zum Stabilitätsversagen des Gesamtsystems über den Riegel durch den Stab 1 gestützt.

4.3 Physikalische Nichtlinearität nach dem Fließgelenkverfahren

4.3.1 Vorbemerkungen zur Werkstoffplastizität

Bemessung und Nachweise von Konstruktionen erfolgten lange Zeit ausschließlich nach der Elastizitätstheorie. Bekanntlich werden hierbei am linear-elastischen Tragwerksmodell, unter Annahme der Gültigkeit des HOOKEschen Gesetzes, aus Schnittkräften an den Bemessungsquerschnitten Spannungen ermittelt und diese den zulässigen Werten (zul σ, zul τ, zul σ_{v} als Fließgrenzen/Sicherheitsbeiwert) gegenübergestellt. Aber besitzt eine derart bestimmte elastische Grenzlast überhaupt eine Beziehung zur Versagenslast, auf welche Tragwerkssicherheiten eigentlich bezogen sein sollten?

In modernen Normen wird dieses zu einfache Konzept aufgegeben, um Nachweise nunmehr getrennt für Grenzzustände der Gebrauchstauglichkeit und der Tragfähigkeit durchzuführen, im letzteren Fall oft unter Einsatz physikalisch-nichtlinearer Berechnungsverfahren. Dieser Wechsel der Nachweisformate folgte der Einsicht, dass elastizitätstheoretische Methoden offenbar unfähig sind, das für die Sicherheit einer Konstruktion entscheidende Versagensverhalten wirklichkeitsnah zu erfassen. Stofflich-nichtlineare Tragwerksmodelle können die vor dem Versagen sich ausbildenden inelastischen Umlagerungen besser erfassen, dazu Walz-, Schweiß- oder Schwindeigenspannungen, alles Einflüsse auf Sicherheit oder Wirtschaftlichkeit eines Entwurfs. Ein einfaches Beispiel soll die obige Behauptung untermauern:

Hierzu betrachten wir den in Abb. 4.20 skizzierten einstöckig-einfeldrigen Stahlrahmen unter der Horizontallast P. Sind die Biegesteifigkeiten des Riegels und beider Stiele $(EI_{\text{R}} = EI_{\text{S}})$ gleich, so liefert die Elastizitätstheorie die im selben Bild links dargestellte

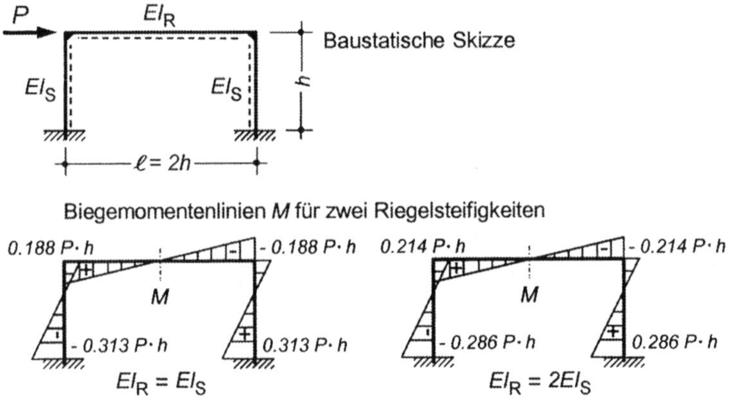

Abb. 4.20 Stahlrahmen mit unterschiedlichen Riegelsteifigkeiten

Momentenfläche mit dem Biegemoment $M = 0{,}188$ P · h am Stützenkopf. Eine Verstärkung der Riegel-Biegesteifigkeit auf das Doppelte der Stützensteifigkeit ($EI_R = 2EI_S$) ergibt die rechts skizzierte Momentenfläche mit dem Stützen-Anschnittsmoment $M = 0{,}214$ P · h. Würde nun am Stützenkopf die zulässige Spannung für $M = 0{,}188$ P · h gerade eingehalten werden, so ergäbe eine Riegelverstärkung auf die doppelte Biegesteifigkeit eine Spannungsüberschreitung von fast 14 % für $M = 0{,}214$ P · h! Unser Ingenieurgefühl sagt uns, dass eine Tragwerksverstärkung niemals zu einer effektiven Verringerung der Traglast, der maximal aufnehmbaren Belastung, führen kann. Dieser Widerspruch löst sich auf, wenn wir die Elastizitätstheorie verlassen und auch die plastischen Reserven des Tragwerks berücksichtigen.

Bevor wir uns derartigen plastischen Tragwerkswirkungen zuwenden, wollen wir in Abb. 4.21 kurz die bereits in Tragwerke 1, Abschn. 2 [1], skizzierte elasto-plastische Werkstoffmodellierung vertiefen. Viele zähplastische Werkstoffe, wie beispielsweise Metalle, zeigen im σ-ε-Diagramm eines einachsigen Zugversuchs einen ausgeprägten, linear-elastischen Bereich, der bei monoton ansteigender Beanspruchung durch die Elastizitäts- bzw. Proportionalitätsgrenze σ_p beendet wird. Es folgt der Verfestigungsbereich, der nach Erreichen der Fließspannung σ_F in das Fließplateau übergeht. Von diesem kann ein weiterer Spannungsanstieg schließlich zum Versagen bei σ_u führen. Spannungsentlastungen während der Testprozedur folgen in guter Näherung dem elastischen Anfangspfad, Wiederbelastungen ebenfalls.

Aus diesem empirisch gewonnenen Spannungs-Dehnungsverlauf wird rechts in Abb. 4.21 das Ingenieurmodell eines ideal-elastischen, vollplastischen Werkstoffs entwickelt: Dieses überspringt mit seinem elastischen Ast die Verfestigungsphase und postuliert im Punkt ($\sigma_F, \varepsilon_F = \sigma_F/\mathbf{E}$) den Beginn des Fließplateaus. Sehr anschaulich erkennen wir aus diesem Modell die additive beliebigen Dehnung ε aus ihrem elastischen ε_{el} und ihrem plastischen Anteil ε_{pl}. Für viele Materialien ist $\sigma(\varepsilon)$ eine ungerade Funktion: $\sigma(\varepsilon) = -\sigma(-\varepsilon)$, d. h., der Druck-Stauchungsverlauf gleicht dem

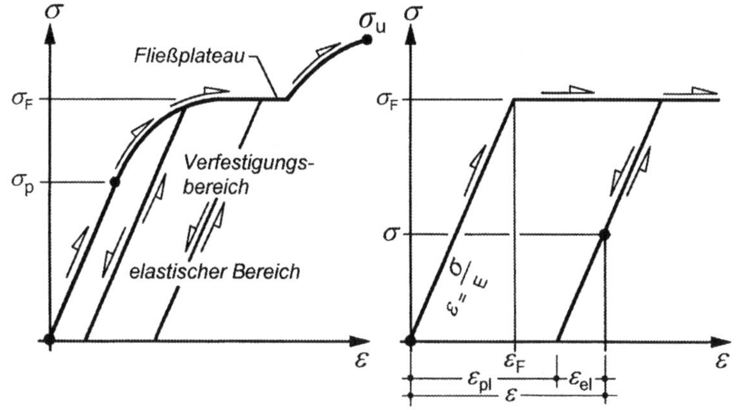

Abb. 4.21 σ-ε-Versuchsdiagramm und elastisch-vollplastische Idealisierung

Zug-Dehnungsverlauf. Den nun folgenden Überlegungen der Wirkung dieses idealisierten σ-ε-Verlaufs auf einen Rechteckquerschnitt wollen wir diese Annahme zugrunde legen.

Bei Biegequerschnitten gilt für linear-elastisches Materialverhalten bekanntlich die Beziehung

$$M = \kappa E I \tag{4.76}$$

solange, bis an einem Querschnittsrand die Fließspannung σ_F erreicht wird und damit der elastische Grenzzustand eingestellt ist:

$$M_F = \sigma_F W. \tag{4.77}$$

Mit dem Widerstandsmoment W des Querschnitts beträgt die zugehörige Verkrümmung

$$\kappa_F = \frac{M_F}{EI} = \frac{\sigma_F W}{EI}. \tag{4.78}$$

Für einen Rechteckquerschnitt mit $W = bh^2/6$ und $I = bh^3/12$ lautet (4.78):

$$\kappa_F = \frac{2\sigma_F}{Eh}. \tag{4.79}$$

Wächst nun das Biegemoment über den Wert M_F des elastischen Grenzzustandes hinaus, so beginnt die Querschnittsplastizierung in den äußeren Querschnittsbereichen und weitet sich mit wachsendem Biegemoment immer weiter ins Querschnittinnere aus.

Für unseren Rechteckquerschnitt, nun aus elastisch-idealplastischem Material gemäß Abb. 4.21 und einem teilplastizierten Bereich bis zum Abstand $z^* = \xi(h/2)$ von der Nullinie, entsteht aus den Spannungen das resultierende Biegemoment

$$M(\xi) = \frac{bh^2}{12}\sigma_F(3 - \xi^2) \tag{4.80}$$

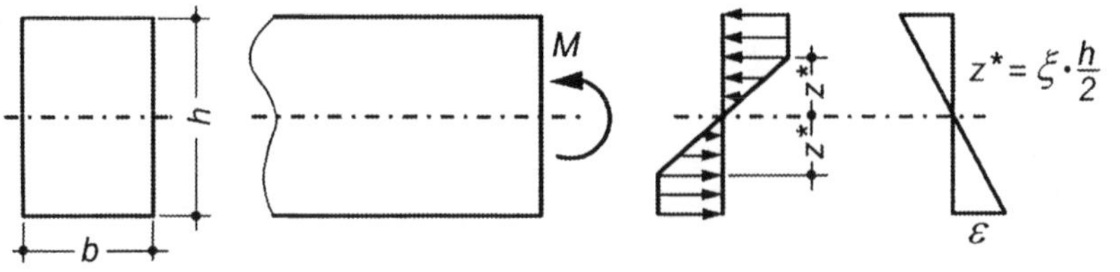

Abb. 4.22 Rechteckquerschnitt unter elasto-plastischer Biegung

Der theoretische Maximalwert dieses Biegemoments M_{pl} des vollständig plastizierten Querschnitts, des plastischen Grenzzustands, ergibt sich für $\xi = 0$ zu:

$$M_{pl} = \frac{3}{2}\frac{bh^2}{6}\sigma_F = 1{,}5\ W\sigma_F = W_{pl}\sigma_F, \tag{4.81}$$

erneut mit dem Widerstandsmoment W des Rechteckquerschnitts. Der betrachtete Querschnitt bleibt nach wie vor eben, und der teilplastische Ast des M-κ-Diagramms für Momente $M_F < M < M_{pl}$ berechnet sich folgendermaßen:

$$\varepsilon_F = \kappa\xi\frac{h}{2} \rightarrow \xi = \varepsilon_F\frac{2}{\kappa h} = \frac{\sigma_F}{E}\frac{2}{\kappa h}, \tag{4.82}$$

$$M(\kappa) = \frac{bh^2}{12}\sigma_F(3 - \xi^2) = M_{pl} - \frac{b\sigma_F{}^3}{3E^2\kappa^2}. \tag{4.83}$$

Wie wirkt sich nun das soeben beschriebene Querschnittsverhalten in einem einfachen Tragwerk aus? Dazu betrachten wir in Abb. 4.23 einen Balken aus elastoplastischem Material unter einer mittigen Einzellast P [24]. An denjenigen beiden Stellen des dreieckförmigen Biegemomentenverlaufs $M(x)$, an denen in den äußeren Querschnittsfasern die Fließspannung σ_F erreicht wird, enden die beiden elastischen Randbereiche mit dem Anfangs-Fließmoment M_F. Die sich anschließenden teilplastischen Tragwerksbereiche besitzen laut (4.80) eine über die Höhe h quadratisch verlaufende Abgrenzung zwischen elastischer und plastischer Phase. Ist schließlich das vollplastische Biegemoment M_{pl} erreicht, so können weder Spannungen noch Biegemoment weiter anwachsen. Natürlich nimmt bei weiter zunehmenden Dehnungen ε noch die Verkrümmung κ lokal stark zu: Damit hat sich im Querschnitt unter der Last P ein plastisches Gelenk, ein sog. Fließgelenk, ausgebildet.

Transformiert man dieses Verhalten in ein M-κ-Diagramm, so zeigt Abb. 4.24 links dessen prinzipiellen Verlauf, der aber zum Einsatz für Fließgelenkverfahren noch weiter idealisiert werden muss. Die dortige teilplastische Zone (4.83) zwischen M_F und M_{pl} wird erneut durch Fortsetzung des linear-elastischen Astes überbrückt, so dass die elastisch-vollplastische Näherung des idealisierten σ-ε-Diagramms gemäß Abb. 4.21 nunmehr auf die M-κ-Querschnittsebene übertragen wird, wie dies für Normalkräfte (rechts) ohnehin korrekt entsteht. Im Rahmen unseres Näherungsmodells verhält sich somit ein Querschnitt

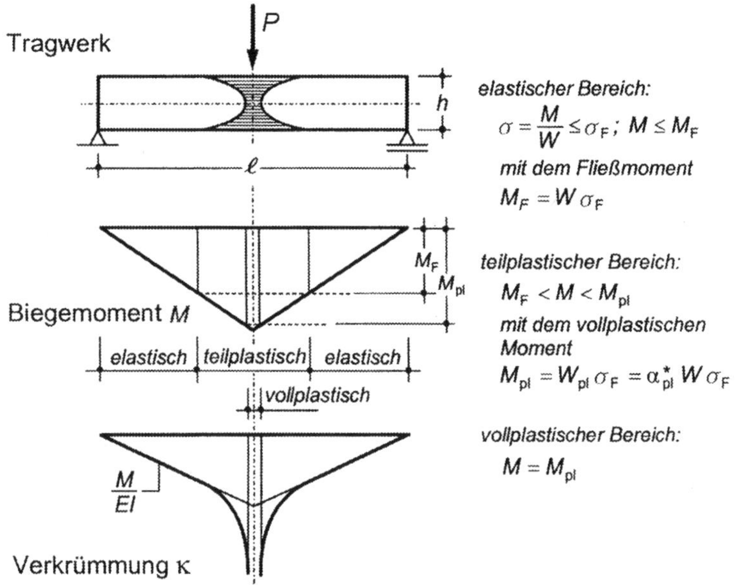

Abb. 4.23 Biegemoment M und Verkrümmung κ im Bereich eines Fließgelenks, nach [24]

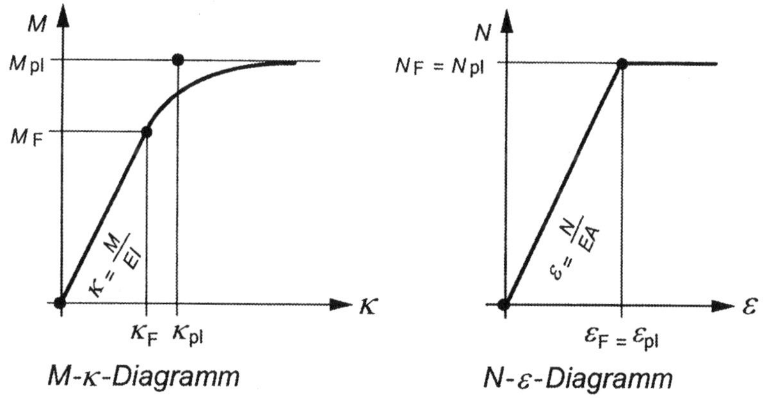

Abb. 4.24 Idealisierte M-κ- und N-ε-Diagramme für Fließgelenkanalysen

bis zum Erreichen des vollplastischen Biegemomentes M_{pl} linear-elastisch; mit Erreichen von M_{pl} tritt ein örtliches Fließgelenk auf.

Für den vollständig plastizierten Querschnitt $M = M_{\text{pl}}$ wächst κ theoretisch über alle Grenzen, und das erhaltene Fließgelenk führt zu einem Knick in der Biegelinie des Stabes: In diesem ist die durch Plastizierung entstandene Neigungsänderung der Stabachse $\rho_{\text{pl}} = \varphi_{\text{rechts}} - \varphi_{\text{links}}$ auf einen sehr kleinen Stablängenbereich konzentriert, wie in einem Tragwerksgelenk.

Experimente bestätigen die gute Näherungsqualität dieses Modells. In Wirklichkeit erstreckt sich der Fließbereich über eine Fließzone von der einfachen oder höchstens der doppelten Trägerhöhe. Tatsächlich wird auch das vollplastische Fließmoment M_{pl} (4.81), das theoretisch erst für unendlich große Stabachsen-Verkrümmungen κ erreicht wird, bereits bei mäßigen Gelenkrotationen in guter Näherung eingestellt.

Mit obigen Idealisierungen entsteht ein unvergleichlich einfaches, elastoplastisches Berechnungsverfahren, wie in Kürze erkennbar wird. Nichtlineare Tragwerksanalysen, die auf diese Annahmen verzichten, erfordern dagegen sehr aufwendige dreidimensionale Modellierungen.

Erste Versuche zu inelastischen Materialmodellierungen gehen auf C. A. COULOMB[3] zurück. 1864 griff der französische Ingenieur H. TRESCA dessen Arbeiten wieder auf und untersuchte experimentell den Fließbeginn von Metallen, für die er erstmalig eine Fließbedingung formulierte. Hierdurch angeregt entwickelte B. DE ST. VENANT[4] 1870 die erste mathematische Theorie des Fließens idealplastischer Materialien. Den Anstoß für die moderne Entwicklung der Theorie der Plastizität in vielen Technikfeldern lieferte R. V. MISES[5] im Jahre 1913, wie man den heute schon klassischen Werken [8, 21] im Detail entnehmen kann. Moderne ingenieurorientierte Darstellungen des gesamten Gebietes findet der Leser in [2, 32].

4.3.2 Elasto-plastische Querschnittsmodelle für Stahl

Als erstes sollen nun die hergeleiteten Idealisierungen auf Stahlprofile angewendet werden. Baustahl ist ein elastisch-zähplastischer Werkstoff mit für Bauaufgaben hinreichender Duktilität, d. h. plastischer Verformungsfähigkeit. Die aus Abb. 4.25 links erkennbaren großen ertragbaren Dehnungen werden bei elasto-plastischen Tragwerksmodellierungen nach dem Fließgelenkverfahren nie ausgeschöpft. Das gleiche Bild zeigt rechts die physikalische Wirklichkeit des Zugversuchs eines typischen, zähplastischen Baustahls als Grundlage der erforderlichen ingenieurmäßigen Idealisierungen.

Die Elemente einer elasto-plastischen Tragwerksanalyse nach dem Fließgelenkverfahren sind: das bilineare σ-ε-Diagramm und die Fließbedingung nach VON MISES-HUBER-HENCKY bzw. ersatzweise hieraus hergeleitete Interaktionsvorschriften für die vollplastischen Widerstände auf Querschnittsebene.

---

[3] CHARLES AUGUST COULOMB, 1736–1806, französischer Genie-(= Pionier-)Offizier, bedeutender Physiker von hoher theoretischer Kompetenz und praktizierender Bauingenieur.

[4] BARRÉ DE SAINT VENANT, 1797–1889, französischer Mathematiker, Forschungen in der theoretischen Mechanik, Arbeiten zur Torsion, Platten- und Schalentheorie.

[5] RICHARD MARTIN VON MISES, 1883–1953, österreichisch-amerikanischer Mathematiker und Physiker, wirkte an den Universitäten Straßburg, Berlin und Istanbul, an der TU Dresden und ab 1939 an der Harvard University, Arbeiten zur Statistik und Wahrscheinlichkeitstheorie.

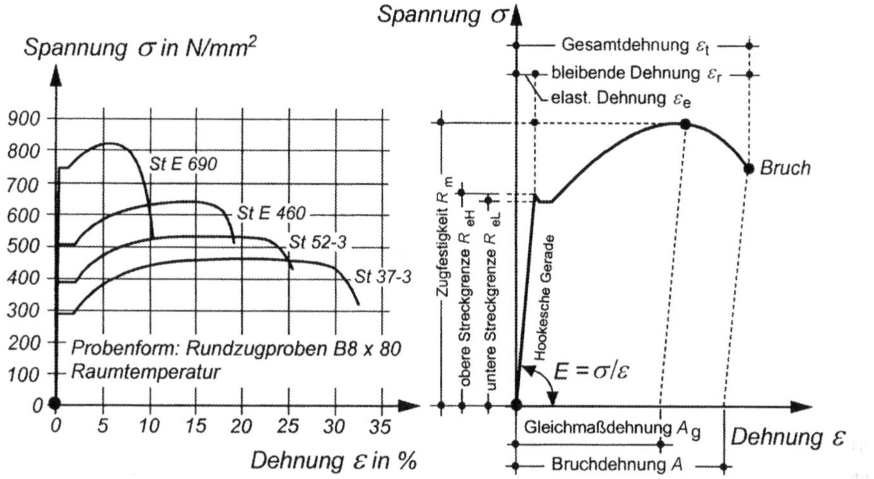

Abb. 4.25 Spannungs-Dehnungskurven von Baustählen

Abbildung 4.26 enthält im oberen Teil das bilineare σ-ε-Diagramm für Baustahl mit Begrenzung der linearen Phase durch die Streckgrenze $f_{y,d}$. Darunter ist noch einmal in Ergänzung zu Abb. 4.22 das Durchplastizieren eines Stahlprofils mit nunmehr unsymmetrischem Querschnitt unter reiner Biegung wiedergegeben. Man sieht, dass nach Erreichen des elastischen Grenzzustandes $\sigma = \sigma_F = f_{y,d}$ eine Verschiebung der Spannungsnullinie aus der Schwerachse heraus in die Flächenhalbierungsachse einsetzt, die im vollplastischen Grenzzustand erreicht wird. Während dieser Phase findet im M-κ-Diagramm der stetige Übergang vom elastischen Zweig in den vollplastischen, horizontalen Kurvenast statt. Da das Fließgelenkverfahren nach der elastischen Phase unmittelbar den Bereich voller Plastizierung des Fließgelenks postuliert, erfordert das somit bilineare M-κ-Diagramm die elastische Überbrückung der teilplastischen Übergangsphase. Abbildung 4.27 zeigt, dass diese Übergangsphase querschnittsform-abhängig ist und der Näherungsfehler durch den plastischen Formbeiwert α^*_{pl} beschrieben wird [24].

Die wichtigste Aufgabe inelastischer Tragwerksuntersuchungen ist die Festlegung des vollplastischen Grenzzustandes eines Querschnitts, beispielsweise des vollplastischen Widerstandes M_{pl}. Im Gegensatz zu den Abb. 4.21 bzw. 4.25 sind Stahlprofile als Tragwerkskomponenten i. A. alles andere als uniaxial beansprucht, weshalb der Bezug ihres mehrdimensionalen Spannungszustandes auf die (uniaxial definierte) Fließgrenze σ_F durchgeführt werden muss. Dies erfolgt mittels der Fließbedingung von VON MISES-HUBER-HENCKY, einer für Baustähle besonders geeigneten Anstrengungshypothese, siehe beispielsweise [14, 22, 29]; sie lautet:

$$\sigma_v = \sqrt{\sigma_x^2 + \sigma_y^2 + \sigma_z^2 - \sigma_x\sigma_y - \sigma_y\sigma_z - \sigma_z\sigma_x + 3\tau_{xy}^2 + 3\tau_{yz}^2 + 3\tau_{zx}^2}\,.$$
$$\leq \sigma_F/\gamma_M \qquad (4.84)$$

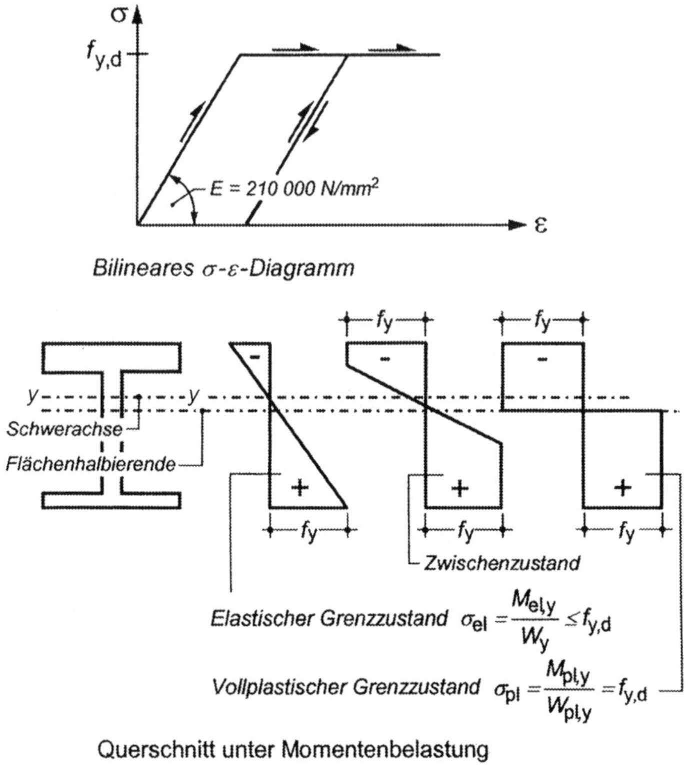

Abb. 4.26 Bilineares σ-ε-Diagramm und Grenzzustände

Hiermit wird die dreidimensionale Spannungsbeanspruchung in eine einachsige Vergleichsspannung σ_v überführt. γ_M ist hierin der partielle Sicherheitsbeiwert der Materialseite.

Im Stahlbauentwurf geht man nur ungern auf diese Spannungsebene zurück, sondern arbeitet mit vollplastischen Widerständen, den vollplastischen Tragfähigkeiten M_{pl} und N_{pl} des betroffenen Querschnitts, wie dies bereits in unserer Einführung erläutert wurde, Abschn. 4.3. Diese transformieren im Idealfall die Aussagen der Fließ- oder Anstrengungshypothese (4.84) in die Ebene der Schnittgrößen. Verschiedene Schnittgrößen eines Zustandes werden dabei über sogenannte Interaktionsbeziehungen zu einer vollplastischen Grenzzustandsgröße vereinigt.

Abbildung 4.28 zeigt für I-Querschnitte die einfachste Interaktion zwischen Biegung M und Normalkraft N. Darüber hinaus findet der Leser in Abb. 4.29 die Interaktion zwischen den beiden vollplastischen Biegemomenten $M_{pl,y}$, $M_{pl,z}$ und der vollplastischen Normalkraft N_{pl} von auf Doppelbiegung beanspruchten schmalen I-Profilen. Hierin

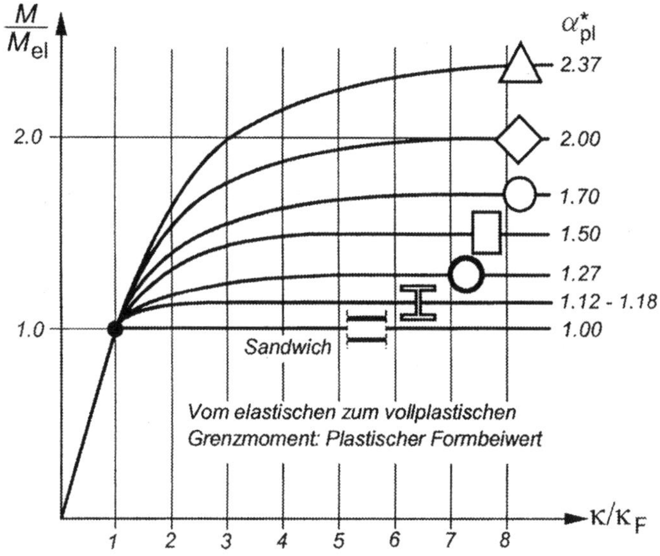

Abb. 4.27 Elastische und vollplastische Widerstände für Stahlbauprofile

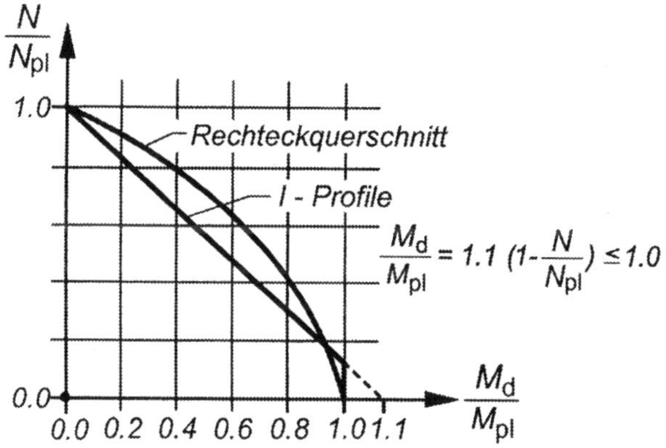

Abb. 4.28 Plastische Interaktionsbeziehung zwischen M und N

werden Beiträge der wirkenden Schubspannungen aus Querkräften zum Fließzustand vernachlässigt. Interaktionen unter Einbeziehung der Querkräfte mit der zugehörigen Theorie findet der Leser in [14, 29]

Formeln zur Ermittlung vollplastischer Schnittgrößen sowie zugehörige Interaktionsdiagramme enthalten heute viele Ingenieurhandbücher, [9, 17, 34] erläutert die Herleitung (elastischer und) plastischer Interaktionsbeziehungen für beliebige Querschnittsformen und enthält Lehrprogramme für derartige Aufgaben.

Mit den Angaben zur elastischen Steifigkeit und zu vollplastischen Widerständen M_{pl}, N_{pl} sowie ggf. Q_{pl} sind alle Elemente für inelastische Tragwerksuntersuchungen nach der Fließgelenktheorie im Stahlbau verfügbar.

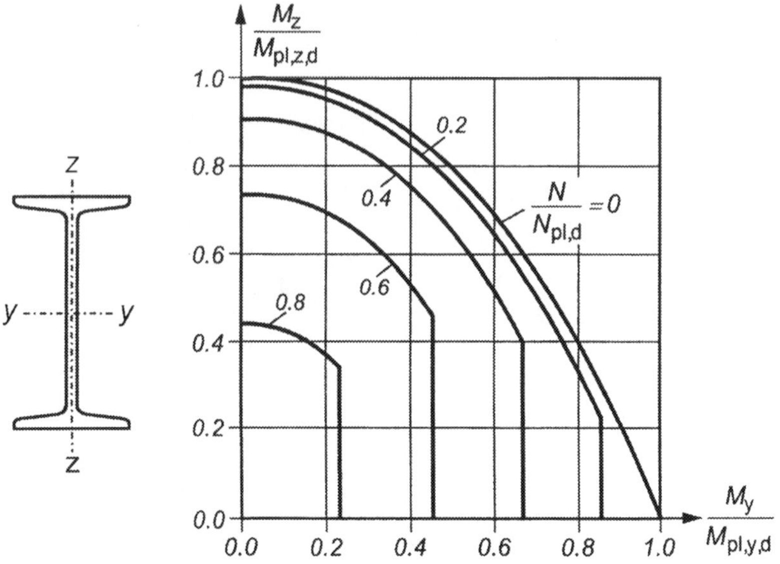

Abb. 4.29 Inelastische Interaktionsvorschrift für schlanke I-Querschnitte

4.3.3 Elasto-plastische Modelle für Stahlbetonquerschnitte

Beton oder Stahlbeton verhalten sich vollkommen anders als Stahl, gerade hinsichtlich ihres inelastischen Verhaltens und somit in Bezug auf ihre Idealisierungen für das Fließgelenkverfahren. Beton auf Druck ist nur im schwach belasteten Anfangszustand elastisch, danach wird das σ-ε-Verhalten durch Mikroriss-Akkumulation nichtlinear und inelastisch. Im Zugbereich verhält sich Beton sprödbrechend, d. h., er versagt ohne Vorankündigung. Das Sprödbruchverhalten wächst generell mit zunehmender Betonfestigkeit an. Im Druckbereich besitzen nur Betone minderer Qualität eine gewisse Duktilität (Verformungsfähigkeit), die mit zunehmender Betongüte zu steigender Sprödigkeit wechselt. Allein der Betonstahl reduziert die Sprödigkeit des Verbundwerkstoffs Stahlbeton. Das σ-ε-Verhalten von Beton ist nur für einachsige Beanspruchungen und monotonen Lastanstieg bis zum Versagen gut erforscht. Bei zyklischer Beanspruchung werden ausgeprägte bleibende Deformationen aktiviert, Folge eines Anwachsen von Mikroriss-Schädigungen.

Der Model Code 90 beschreibt alle diese Phänomene in einem empirischen, einachsigen Zielmodell; seine Zuschärfung wird die Forschung noch lange beschäftigen, und auch die Normung ist von dieser Modellgüte noch weit entfernt. Abb. 4.30 gibt die σ-ε-Diagramme der Komponenten Beton und Stahl in Anlehnung an DIN EN 1992-1-1 wieder; inelastische Eigenschaften werden dort nicht spezifiziert. f_c kürzt in Abb. 4.30 die Betondruckfestigkeit ab, f_t die Zugfestigkeit und f_y die Streckgrenze der Bewehrung. γ_s ist der Teilsicherheitsbeiwert des Stahls. Aus den in den Normen für Stahl- und Spannbeton für die verschiedenen Betongüten angegebenen σ-ε-Verläufen kann man die

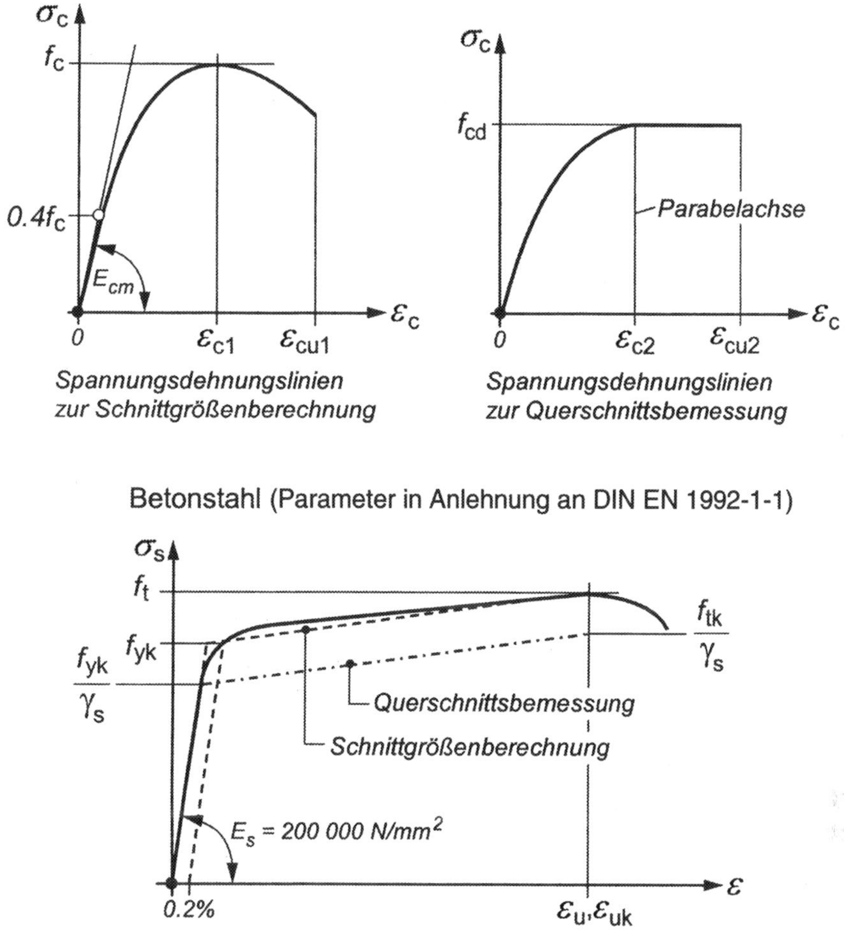

Abb. 4.30 σ-ε-Informationen für Beton und Stahl

erforderlichen Tangenten- oder Sekanten-Steifigkeiten der elastischen Phase des Fließgelenkmodells gewinnen. Ohne hier auf weitere Details der Verbundwirkung zwischen Stahl und umgebendem Beton einzugehen, quantifiziert Abb. 4.31 den als Tension Stiffening bezeichneten Steifigkeitsanteil der Betonmitwirkung zwischen den Rissen im Zustand II.

Aus diesen Schilderungen darf daher erwartet werden, dass sich Stahlbetonquerschnitte bereits in ihrer elastischen Phase, insbesondere aber in Versagensnähe, erheblich komplizierter als Stahlquerschnitte verhalten. Wird ein Stahlbetonquerschnitt, beispielsweise nach Abb. 4.32, durch ein monoton wachsendes Biegemoment beansprucht, tritt zunächst durch Rissbildung in der Betonzugzone der Übergang von Zustand I zu Zustand II ein, verbunden mit einem abrupten Absinken der Querschnittsbiegesteifigkeit um bis zu 60 %. Das Verhalten bei weiter wachsender Biegung hängt wesentlich von der vorhandenen Bewehrung ab. Im Normalfall des schwach bewehrten Querschnitts folgt als nächstes das Fließen

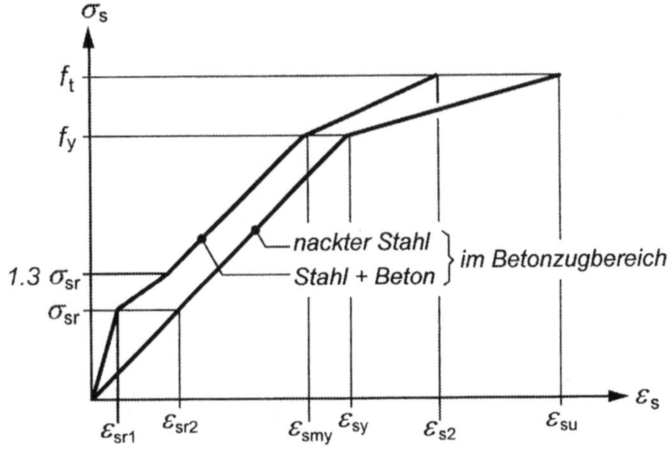

Abb. 4.31 Steifigkeitsmitwirkung des Betons zwischen den Rissen

der Zugbewehrung nach Erreichen der Stahlstreckgrenze, während die Betonstauchung am Druckrand unterhalb des kritischen Wertes von 0,35 % bleibt. Bei weiterer Zunahme der Beanspruchung vergrößern sich die Rissweiten, womit sich ein duktiles Versagen ankündigt. Ist jedoch der Querschnitt so stark bewehrt, dass die Betonstauchung am Druckrand den Wert 0,35 % erreicht, bevor die Bewehrung zu fließen beginnt, ist mit verformungsarmem, sprödem Versagen zu rechnen, ein für inelastische Tragwerksuntersuchungen sehr ungünstiger Fall.

Abbildung 4.32 illustriert für einen biegebeanspruchten Rechteckquerschnitt das Gesagte: Zur Charakterisierung des Versagenspfades von Stahlbetonquerschnitten muss

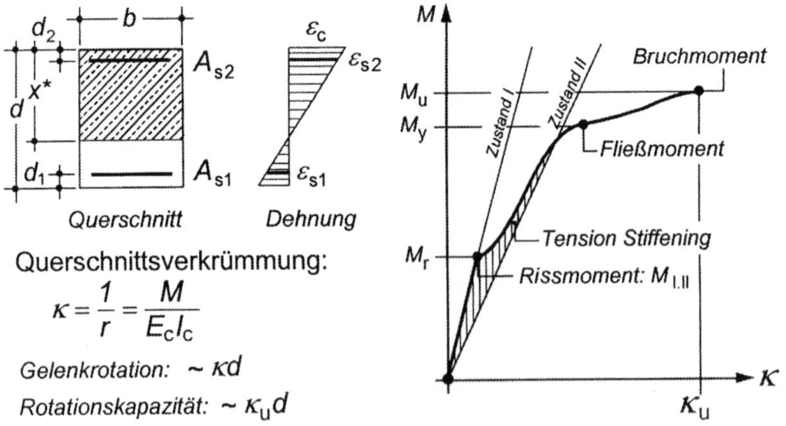

Abb. 4.32 Rechteckquerschnitt und zugehöriges M-κ-Diagramm

mindestens das *Rissmoment* M_r (Übergang vom Zustand I in den Zustand II), das *Fließmoment* M_y (Erreichen der Streckgrenze der Zugbewehrung) und das *Bruchmoment* M_u (Querschnittsversagen durch Erreichen der Betonstauchung von 0,35 % am Druckrand) unterschieden werden. Der gleiche Querschnitt kann bis zum Versagen hinreichend duktil wirken, jedoch für andere Bewehrungsverhältnisse oder Schnittgrößeninteraktionen ein ausgeprägtes Sprödbruchverhalten ohne nennenswerte Duktilität aufweisen, wie dies die Abb. 4.33 und 4.34 belegen. N_b kürzt hierin die größte Normalkraft im M-N-Interaktionsdiagramm im sog. *balance point* ab, und μ_1^*, μ_2^* verkörpern die Bewehrungsverhältnisse.

Natürlich ist auch im Stahlbetonbau zur Anwendung des Fließgelenkverfahrens – mit seiner elastischen sowie vollplastischen Phase – wieder die Approximation als

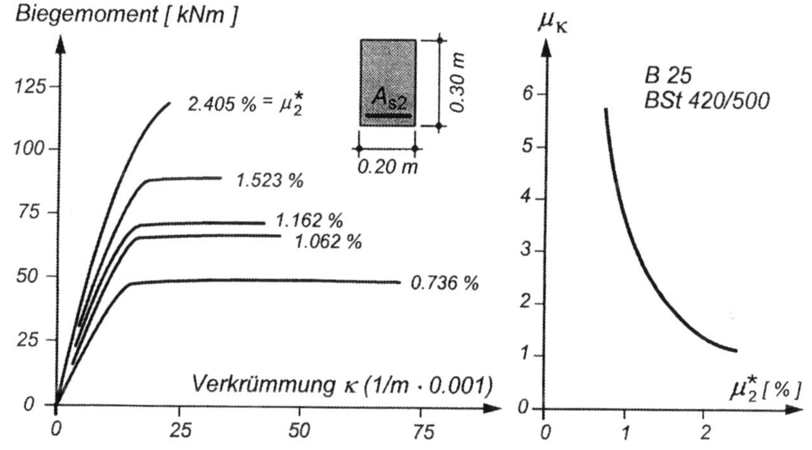

Abb. 4.33 Einfluss der Größe der Zugbewehrung auf die Duktilität

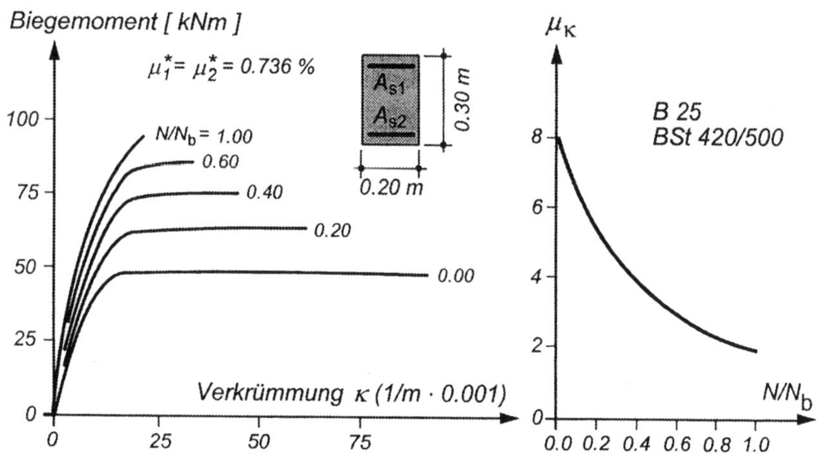

Abb. 4.34 Einfluss einer Drucknormalkraft auf die Duktilität

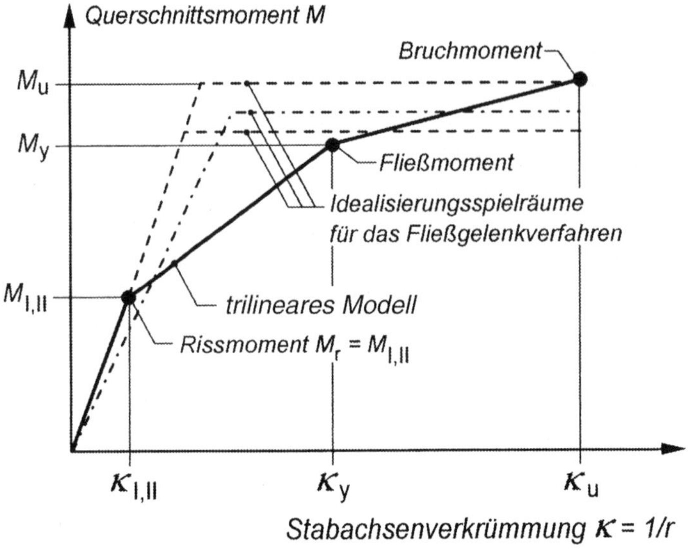

Abb. 4.35 Vereinfachtes trilineares M-κ-Diagramm

bilineares M-κ-Diagramm erforderlich, eine hier offenbar erheblich fragwürdigere Näherungsannahme als im Stahlbau. Abbildung 4.35 deutet die aus diesen Unsicherheiten resultierenden Idealisierungsspielräume einer vereinfachten, trilinearen Modellierung für das Momenten-Krümmungsverhalten von Stahlbetonquerschnitten an.

Interaktionsbeziehungen, das zweite wichtige Element bei Fließgelenkverfahren, spiegeln ebenfalls das komplizierte nichtlineare Verhalten von Stahlbetonquerschnitten wider, nun konzentriert auf die Bruchschnittgrößen M_u, N_u. Fertige Formelzusammenhänge wie im Stahlbau sind im Stahlbeton nicht verfügbar, viele theoretische Herleitungen existieren jedoch für M-N-Interaktionen ebener Beanspruchungszustände.

Die früheste numerische Modellierung aller geschilderten Phänomene findet sich in [16]. Sehr genaue M-κ-Diagramme für Rechteckquerschnitte nebst detaillierten Herleitungen enthält [5], für allgemeinere Querschnittsformen auch [14]. Umfangreiche numerisch-experimentelle Untersuchungen, die auch die Umschnürungseffekte der Bügel einschlossen, führten zu vereinfachten Interaktionsmodellierung in [19] unter Annahme des Spannungsblocks nach DIN EN 1992-1-1. Ergänzende Aspekte unter den Gesichtspunkten seismischer Schädigungen findet der Leser in [13], solche zu algorithmischen Fragen in [18].

Abbildung 4.36 zeigt als Beispiel Ergebnisse für einen quadratischen Stützenquerschnitt, wobei wieder das idealisierte M-κ-Diagramm und die M-N-Interaktion die Anwendung von Fließgelenkverfahren ermöglicht haben.

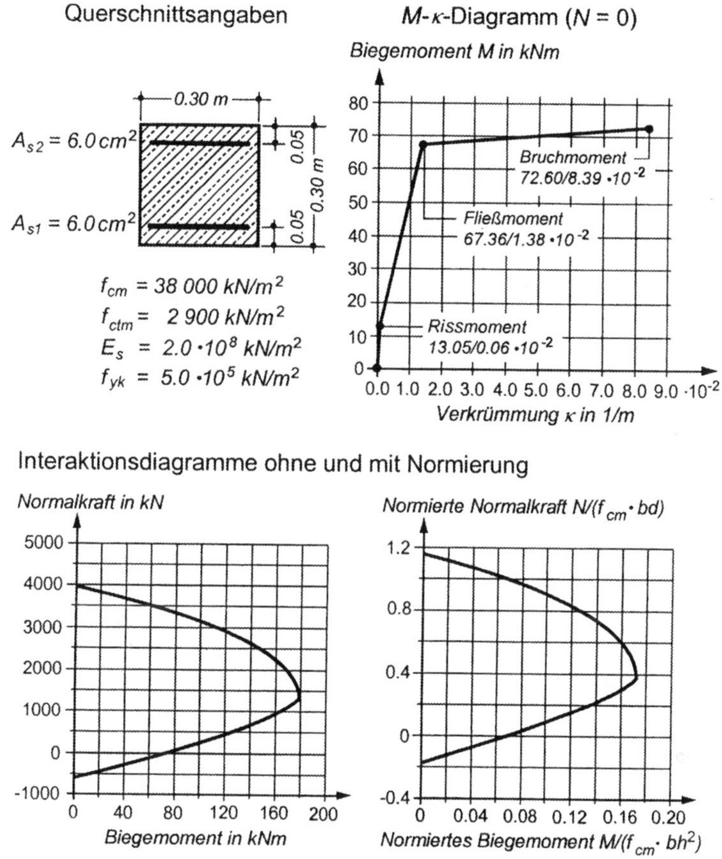

Abb. 4.36 Interaktions- und M-κ-Diagramm eines Stahlbeton-Stützenquerschnitts

4.3.4 Traglastsätze und inkrementell-elastische Fließgelenkanalyse

Jeder elasto-plastische Tragwerksgrenzzustand, d. h. der Zustand der maximal ertragbaren Last, muss folgende vier Bedingungen erfüllen, die gelegentlich als KIRCHHOFFsche[6] *Eindeutigkeitsbedingungen* bezeichnet werden und ohne weitere Erläuterungen angeführt werden:

- Bedingung 1: Der Grenzzustand muss *statisch zulässig* sein, d. h., er muss alle Gleichgewichtsbedingungen erfüllen.

---

[6] GUSTAV ROBERT KIRCHHOFF, 1824–1887, Physiker an den Universitäten in Breslau und Berlin, grundlegende Arbeiten zur Spektralanalyse, Wärmelehre und Mechanik, brachte 1850 die Theorie schubsteifer Platten in ihre heute akzeptierte Form.

- Bedingung 2: Der Grenzzustand muss eine *sichere Biegemomentenverteilung* aufweisen, d. h., nirgends darf das jeweilige vollplastische Grenzmoment M_{pl} überschritten werden.
- Bedingung 3: Der Grenzzustand muss *kinematisch zulässig* sein, d. h., im Gesamttragwerk oder in Tragwerksteilen muss eine zwangsläufige kinematische Kette erreicht worden sein, um keine weitere Laststeigerung mehr zu ermöglichen.
- Bedingung 4: In keinem aktiven Fließgelenk darf die Dissipationsarbeit, die innere plastische Formänderungsarbeit, *negativ* werden: $M_{pl} \cdot \rho_{pl} \geq 0$. Diese Bedingung besagt, dass in jedem Fließgelenk Biegemoment und plastischer Drehwinkel ρ_{pl} gleichgerichtet sein müssen; sie verhindert die unbemerkte elastische Wiederversteifung eines Fließgelenks durch Schließen.

Hierauf aufbauend lassen sich folgende drei *Traglastsätze* formulieren, die wir ebenfalls ohne Herleitung zitieren wollen [5,6,24]. Strenge Beweise finden sich in [15]. Diese Traglastsätze wurden 1951 von H. J. GREENBERG und W. PRAGER [7] aufgestellt und 1956 von B. G. NEAL [21] in die zitierte Form gebracht. ***P*** bezeichnet im Folgenden die auf das Tragwerk einwirkende gesamte Lastkombination:

- Statischer Satz (als untere Schranke): Jede statisch zulässige (Bedingung 1) und sichere (Bedingung 2) Lastkombination $\lambda \boldsymbol{P}$ ist *kleiner oder höchstens gleich* der plastischen Grenztraglast $\lambda_{cr}\boldsymbol{P}$:

$$\lambda_{stat} \leq \lambda_{cr}.$$

- Kinematischer Satz (als obere Schranke): Jede einer kinematisch zulässigen Tragwerksdeformation zuzuordnende (Bedingung 3), gleichgewichtsfähige (Bedingung 1) Lastkombination $\lambda \boldsymbol{P}$ ist *größer oder höchstens gleich* der plastischen Grenztraglast $\lambda_{cr}\boldsymbol{P}$:

$$\lambda_{kin} \geq \lambda_{cr}.$$

- Eindeutigkeitssatz: Eine statisch (Bedingung 1) und kinematisch (Bedingung 3) zulässige Lastkombination $\lambda \boldsymbol{P}$, die zugleich sicher ist (Bedingung 2), entspricht *genau* der plastischen Grenzlast $\lambda_{cr}\boldsymbol{P}$:

$$\lambda = \lambda_{cr}.$$

In [5] findet sich der Hinweis auf eine konstruktionstechnisch wichtige, aus dem statischen Satz zu ziehende Schlussfolgerung: Jede zusätzlich in ein Tragwerk eingebaute Bindung (Lager, Verstärkung) kann nie die ursprüngliche Traglast verringern.

Die direkte Anwendung dieser Traglastsätze zur Tragwerksdimensionierung nach der Fließgelenktheorie kann derart erfolgen, dass für ein vorliegendes Tragwerk unter einer Lastkombination $\lambda \boldsymbol{P}$ eine Anzahl kinematischer Ketten ausgewählt wird, anhand derer sodann der Traglastfaktor λ_{cr} eingeschrankt wird [5, 24]. Dieses Probierverfahren

Voraussetzungen: n-fach statisch unbestimmtes Tragwerk unter vorgegebener Lastkombination $\mathbf{P}^*$. *In allen Bemessungspunkten seien die elastischen Steifigkeiten, die vollplastischen Momente* M_{pl} *und die M-N-Interaktionen verfügbar.*

1. *Elastische Steigerung der Lastkombination* $\mathbf{P}^*$ *mittels* $\lambda\mathbf{P}^*$ *so lange, bis am ersten Bemessungspunkt, unter Beachtung der M-N-Interaktion, das vollplastische Moment* M_{pl} *erreicht ist: Hier Einbau eines Fließgelenks. Erreichter Lastfaktor:* λ_0.

$$\lambda_{cr(0)} = \lambda_0$$

2. *Weitere elastische Laststeigerung mittels* $\lambda\mathbf{P}^*$ *am nunmehr (n-1)-fach statisch unbestimmten Tragwerk, bis an einem zweiten Bemessungspunkt, unter Beachtung der M-N-Interaktion, das dortige vollplastische Moment* M_{pl} *erreicht ist: Hier erneuter Einbau eines Fließgelenks. Erreichter Lastfaktor:* λ_1.

$$\lambda_{cr(1)} = \lambda_0 + \Delta\lambda_1$$

3. *Weiter wie Schritt 2: Laststeigerung mittels* $\lambda\mathbf{P}^*$ *bis aus der statisch bestimmten Tragwerksmodifikation (n = 0) eine kinematische Kette (n = -1) geworden ist, die keine weitere Laststeigerung mehr zulässt: Der Faktor der plastischen Grenzlast beträgt:*

$$\lambda_{cr} = \lambda_0 + \Delta\lambda_1 + \Delta\lambda_2 + \ldots \Delta\lambda_n$$

Abb. 4.37 Algorithmus des Fließgelenkverfahrens

ist allerdings nur auf einfache Strukturen anwendbar und bedarf bei M-N-Interaktionen zusätzlicher Iterationen.

Viel vorteilhafter, allgemeingültiger und systematischer sind inkrementelle Vorgehensweisen auf der Basis sukzessiv aufweichender elastischer Systeme, die ihren Ursprung in den modernen numerischen Algorithmen nichtlinearer Prozesse besitzen. Die Vorgehensweise ist in Abb. 4.37 erläutert. Sie führt über jeweils statisch zulässige und sichere Lastkombinationen an modifizierten Tragsystemen mit schrittweise reduzierter statischer Unbestimmtheit schließlich zur endgültigen kinematischen Kette des Traglastgrenzzustandes. Da in keinem modifizierten Tragsystem die Elastizitätstheorie aufgegeben wird, sind die ersten drei obigen Bedingungen stets erfüllt. Bei starker M-N-Interaktion können Iterationen erforderlich werden.

4.3.5 Einführungsbeispiel

Wir erläutern das Vorgehen in Abb. 4.37 anhand eines [23] entnommenen Beispiels. In Abb. 4.38 ist dieses 3-fach statisch unbestimmte Rahmentragwerk mit seinen

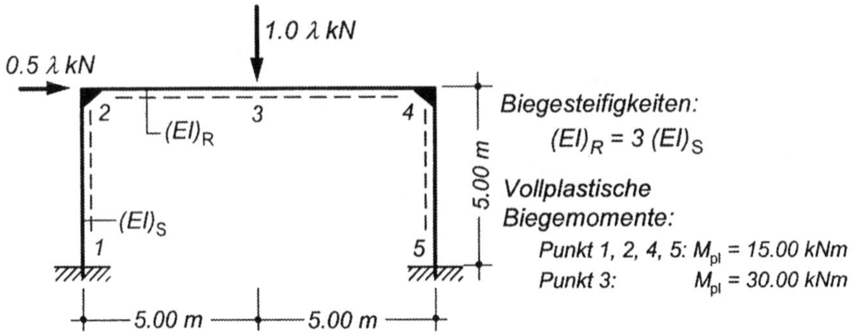

Abb. 4.38 Inkrementelle Fließgelenkanalyse eines Rahmens $n = 3$, Teil 1

Abmessungen, Steifigkeiten, vollplastischen Biegewiderständen M_{pl} und dem einwirkenden Lastzustand wiedergegeben.

Wir führen nun in Abb. 4.39 oben links als erstes eine elastische Analyse des 3-fach statisch unbestimmten Ursprungstragwerks unter der Lastintensität $\lambda = 1$ durch und steigern die Lastintensität so weit, bis im Knoten 4 der erste vollplastische Widerstand unter $\lambda_0 = 11{,}75$ erreicht ist (oben rechts). Damit wird im Knoten 4 ein Fließgelenk eingeführt und für dieses nunmehr noch 2-fach statisch unbestimmte Tragwerk, erneut unter $\lambda = 1$, wieder eine elastische Analyse durchgeführt (2. Zeile von oben, links). Auf diesem Tragwerk lässt sich der Lastzustand um $\Delta\lambda_1 = 2{,}56$ steigern, bis das akkumulierte Biegemoment aus $\lambda_0 + \Delta\lambda_1$ im Knotenpunkt 5 den vollplastischen Widerstand von 15,00 kNm erreicht. Die jetzt akkumulierten Biegemomente finden sich in der 2. Zeile rechts.

Damit wird auch im Punkt 5 ein Fließgelenk eingeführt. Die nunmehr noch 1-fach statisch unbestimmte Tragwerksmodifikation, in Abb. 4.39 in der 3. Zeile links wieder unter $\lambda = 1$ analysiert, erduldet noch eine weitere Laststeigerung um nunmehr $\Delta\lambda_2 = 0{,}81$, bis in der Riegelmitte Punkt 3 der vollplastische Momentenwiderstand von 30,00 kNm eingestellt wird. Den neuen akkumulierten Momentenzustand findet der Leser in der 3. Zeile rechts. Mit dem folgerichtig nun im Knoten 3 eingebauten, letzten Fließgelenk ist das Tragwerk bis zur statischen Bestimmtheit $n = 0$ aufgeweicht. Eine letzte Lastaufnahme um $\Delta\lambda_3 = 0{,}88$ führt auch im Knotenpunkt 1 zur Einstellung des vollplastischen Momentenwiderstandes von 15,00 kNm und damit zur instabilen, zwangsläufigen kinematischen Kette.

4.4 Anwendung von nichtlinearen Berechnungsverfahren

4.4.1 Nichtlineares Tragverhalten und Versagensmechanismen

Nichtlineare Berechnungsverfahren sind nicht nur in der Lage, das Tragverhalten von Bauwerken realitätsnah wiederzugeben, sondern sie bilden eine wichtige Grundlage für

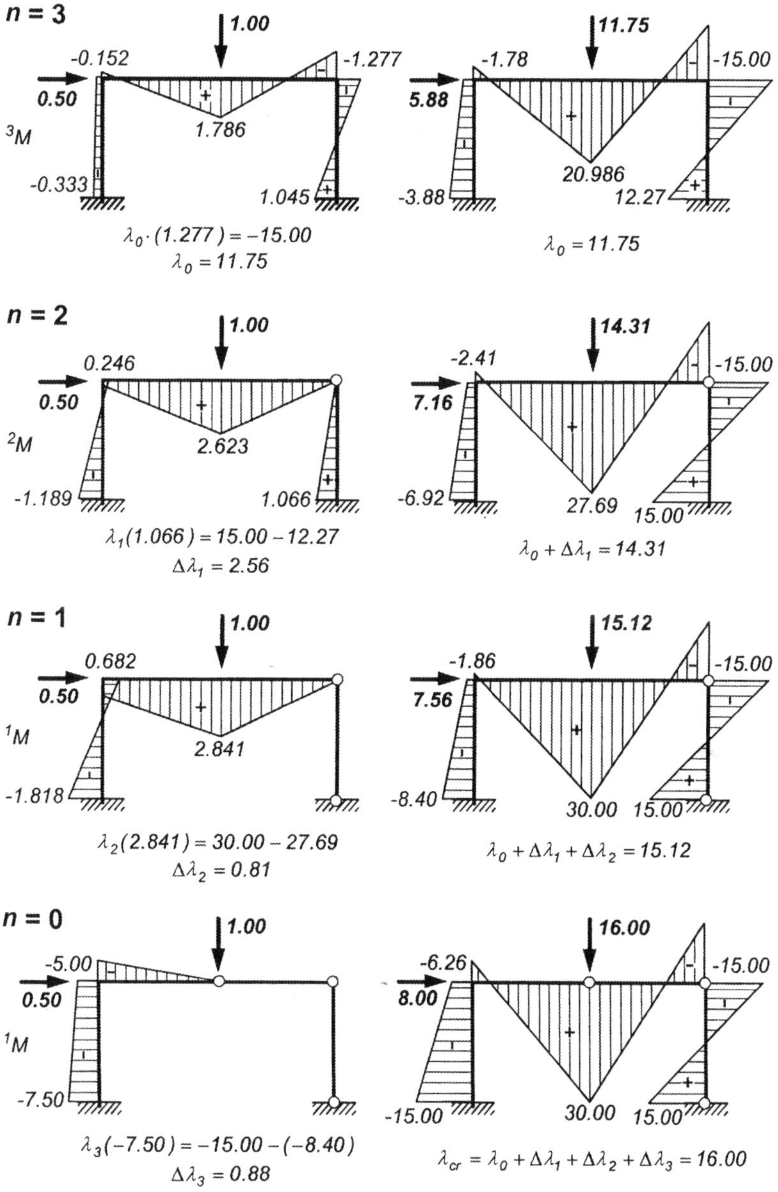

Abb. 4.39 Inkrementelle Fließgelenkanalyse eines Rahmens $n = 3$, Teil 2

die Bemessung von Tragwerken. Die Aufgabe der Tragwerksbemessung besteht bekanntlich in der Auslegung der einzelnen Bauteile und des Gesamttragwerks derart, dass ein ausreichender Sicherheitsabstand zu allen möglichen Versagenszuständen gewährleistet wird. In diesem Zusammenhang eröffnen erst die nichtlinearen Verfahren die Möglichkeit, diese Versagenszustände und die Versagensmechanismen genau zu ermitteln und zum Zweck der Bauteildimensionierung zu quantifizieren. Damit kann in der Regel nicht nur eine sichere, sondern auch eine wirtschaftliche Auslegung von Tragwerken durchgeführt werden.

Liegen also Geometrie, Belastung und Lagerung des Tragwerks vor, so besteht die Aufgabe des Tragwerksplaners darin, alle relevanten Versagensmechanismen zu bestimmen und die entsprechenden Traglasten beziehungsweise die erforderlichen Dimensionen der Bauteile zu berechnen. In diesem Abschnitt werden wir anhand eines durchgehenden Beispiels viele Berechnungsschritte eines derartigen Prozesses erläutern und dabei verschiedene, in diesem Buch dargestellte Verfahren anwenden.

Zunächst sollen nochmals zwei grundsätzliche Versagensarten von Tragwerken erläutert werden, das Materialversagen und das Stabilitätsversagen.

Materialversagen liegt vor, wenn eine kritische Spannung die Materialfestigkeit erreicht. In diesem Fall ist das Material nicht mehr in der Lage, der Beanspruchung standzuhalten. Durch statische Berechnungen löst man in diesem Fall das sogenannte *Spannungsproblem*, nämlich die Ermittlung der Beanspruchung in Form von lokalen Spannungen oder Schnittgrößen. Diese Versagensart ist in der Regel lokal und führt nur bei statisch bestimmten Tragwerken unmittelbar zum globalen Versagen. Bei statisch unbestimmten Tragwerken erfolgt nach einem lokalen Versagen eine Umlagerung der Beanspruchung von der Versagensstelle zu den noch tragfähigen Bereichen, verbunden mit einer weiteren Laststeigerung. Eine Vorhersage des Materialversagens kann im Rahmen geometrisch linearer oder nichtlinearer Theorien erfolgen. Sie ist auf die realistische Berechnung einer lokalen Kraftgröße bzw. einer lokalen Spannung beschränkt.

Bei einem *Stabilitätsversagen* geht das globale Gleichgewicht des Systems oder eines Teilsystems verloren, obwohl die Materialfestigkeit noch nicht erreicht ist und das Material sogar ein linear elastisches Verhalten aufweisen kann. Diese Instabilität des Gleichgewichts kann nur dann entstehen, wenn mehrere Gleichgewichtslagen für die gleiche Last existieren. Der Übergang von der einen zu der anderen Gleichgewichtslage erfolgt in der Regel plötzlich, ohne Vorankündigung und führt oftmals zu großen Verformungen oder sogar zum Kollaps des Systems. Dieses Versagen ist immer global. Die Ermittlung der Traglast beim Stabilitätsversagen bezeichnet man als *Stabilitätsproblem*. Eine Vorhersage des Stabilitätsversagens kann nur im Rahmen geometrisch nichtlinearer Theorien, wie beispielsweise der Theorie 2. Ordnung, erfolgen, da mindestens das Gleichgewicht am verformten System berücksichtigt werden muss.

4.4.2 Stabtragwerk: Systemdaten, Randbedingungen und Berechnungsverfahren

Als letztes Beispiel in diesem Buch betrachten wir das in Abb. 4.40 dargestellte Stabtragwerk. Mit dem Aufbauprinzip kann man leicht feststellen, dass das Tragwerk zweifach statisch unbestimmt ist. Unter Verwendung von beidseitig eingespannten Stäben (Grundstab 1) und einseitig eingespannten Stäben mit einem Gelenk (Grundstab 2) ergibt sich ein zweifach geometrisch unbestimmtes System.

Die Berechnung dieses Tragwerks kann grundsätzlich nach dem Kraft- wie auch nach dem Weggrößenverfahren erfolgen. Wir werden uns in diesem Fall aus praktischen Erwägungen des Drehwinkelverfahrens bedienen. Zur Erinnerung verweisen wir auf die Steifigkeitsbeziehungen für die Grundstäbe 1 und 2 nach Vorzeichenkonvention II in Abb 3.25.

Angesichts der vorgegebenen Belastung kommen bei diesem Tragwerk sowohl das Material- als auch das Stabilitätsversagen in Frage. Für das Materialversagen stellt sich somit die Frage der Schnittgrößenermittlung. Diese Aufgabe werden wir zunächst im Rahmen der Theorie 1. Ordnung, d. h. nach linearer Statik, und anschließend nach Theorie 2. Ordnung lösen.

4.4.3 Schnittgrößenermittlung nach Theorie 1. Ordnung

Das geometrisch bestimmte Hauptsystem in Abb 4.40 enthält zwei Weggrößen oder Drehwinkel:

$$V = \left\{ \varphi_2 \; \psi \right\} \quad \text{mit} \quad \psi = \frac{u}{5.00}.$$

Die Einspannmomente der Grundstäbe setzen sich aus dem Last- oder „0"-Zustand und zwei Einheitszuständen zusammen (Abb. 4.41):

$$M_{ik} = M_{ik,0} + M_{ik,1} + M_{ik,2}.$$

Nach Abb. 3.6 und 3.25 ergeben sich folgende Einspannmomente. Dabei wurden die Vorzeichen nach der Vorzeichenkonvention I berücksichtigt:

„0"-Zustand

$M'_{23,0} = -\frac{Fa}{2}\beta(1+\beta) = -300 \cdot \frac{3}{2} \cdot \frac{1}{2}\left(1 + \frac{1}{2}\right) = -337.5\ kNm$

„1"-Zustand, $\varphi_2 = 1$, $\psi = 0$

$M_{12,1} = -\frac{2EI}{5.00}\varphi_2$

$M_{21,1} = \frac{4EI}{5.00}\varphi_2$

$M'_{23,1} = -\frac{3EI}{6.00}\varphi_2$

„2"-Zustand, $\varphi_2 = 0$, $\psi = 1$

$M_{12,2} = \frac{6EI}{5.00}\psi$

$M_{21,2} = -\frac{6EI}{5.00}\psi$

$M'_{43,2} = -\frac{3EI}{5.00}\psi$

Die Steifigkeitsbeziehung für die zwei Variablen φ_2 und ψ ergibt sich aus der Bedingung, dass die Zwangsmomente an den gedachten Dreh-, beziehungsweise Wegfesseln entsprechend diesen Variablen in ihrer realen Größe verschwinden:

$$k_{11} \cdot \varphi_2 + k_{12} \cdot \psi - M_{1,0} = 0$$

$$k_{21} \cdot \varphi_2 + k_{22} \cdot \psi - M_{2,0} = 0,$$

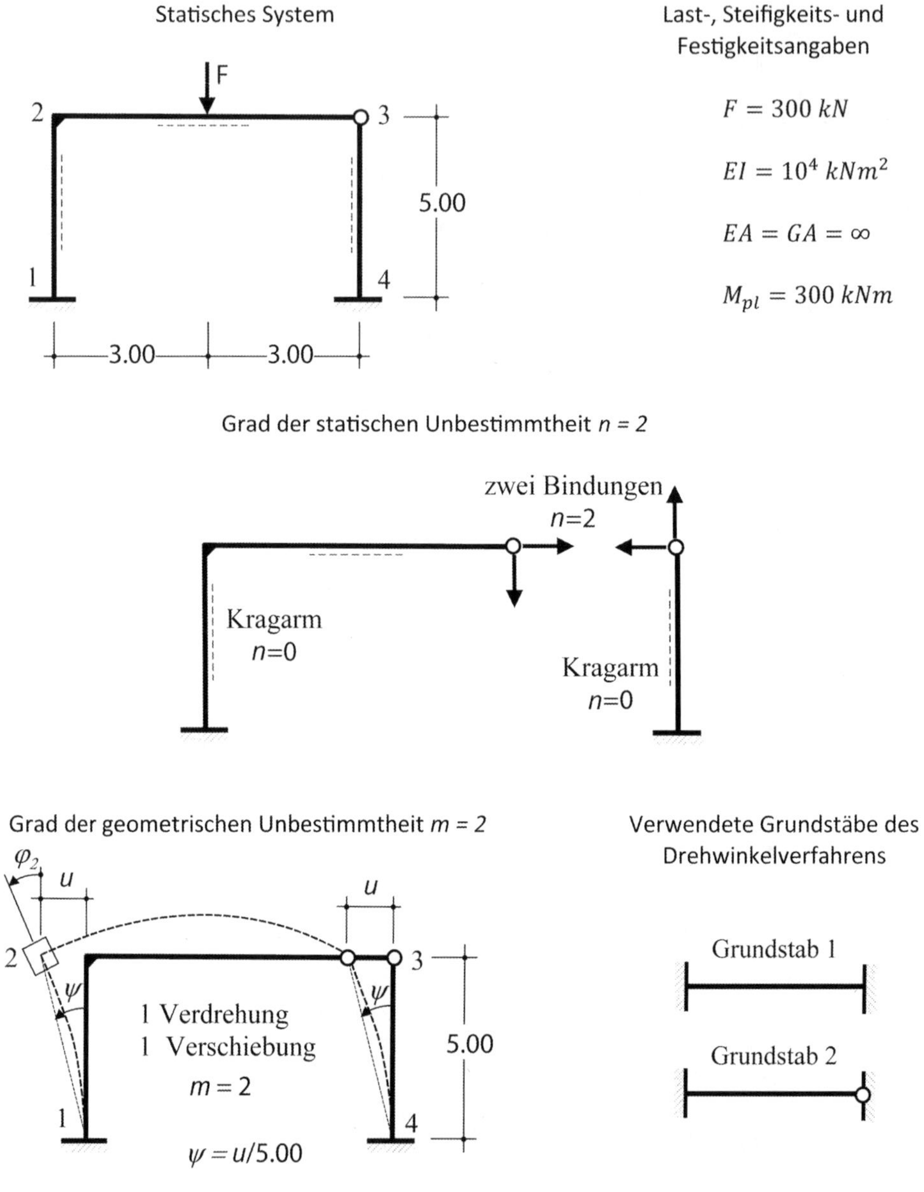

Abb. 4.40 Stabtragwerk als statisch und geometrisch unbestimmtes System

wobei die Indizes der Steifigkeitsterme den Einheitszuständen zuzuordnen sind. Im „0"-Zustand entsteht lediglich des Einspannmoment im Knoten 2, deshalb $M_{1,0} = M'_{23,0}$ und $M_{2,0} = 0$.

Die Steifigkeit k_{11} stellt das Einspannmoment in einer gedachten Drehfessel am Knoten 2 aufgrund der Einheitsverdrehung $\varphi_2 = 1$ dar. Es kann daher aus der Momenten-Gleichgewichtsbedingung für den Knoten 2 im „1"-Zustand wie folgt ermittelt werden:

$$M_{ik} = M_{ik,0} + M_{ik,1} + M_{ik,2}.$$

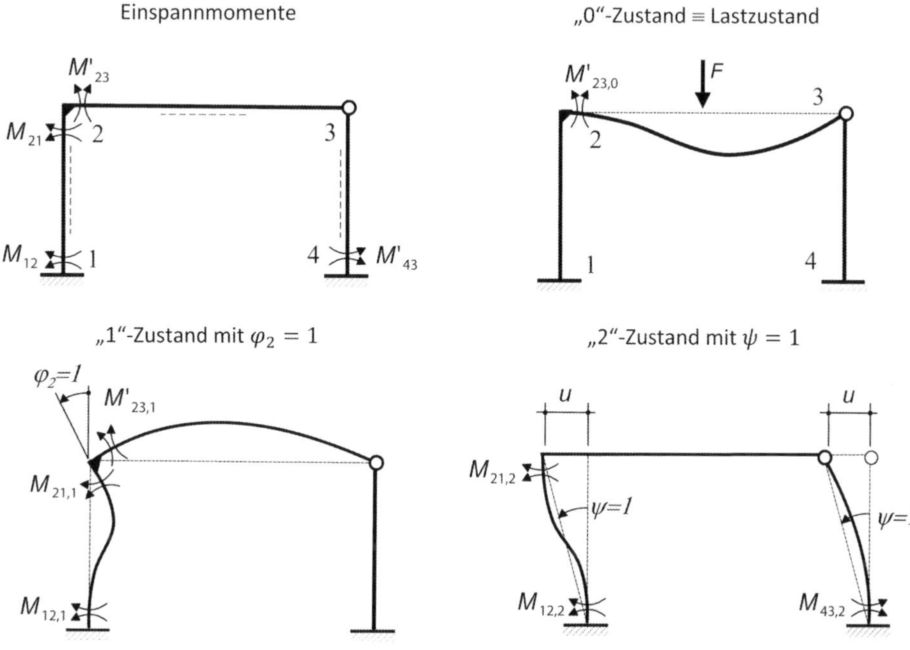

Abb. 4.41 Berechnungsablauf nach dem Drehwinkelverfahren und der Theorie 1. Ordnung

$$k_{11} - M_{21,1} + M'_{23,1} = 0$$

$$k_{11} = \frac{4EI}{5.00} + \frac{3EI}{6.00} = \frac{4 \cdot 10^4}{5.00} + \frac{3 \cdot 10^4}{6.00} = 1.3 \cdot 10^4\ kNm.$$

Die Steifigkeit $k_{12} = k_{21}$ ergibt sich als das Einspannmoment an der gedachten Drehfessel im Knoten 2 infolge der Einheitsverdrehung $\psi = 1$ im „2"-Zustand:

$$k_{12} - M_{21,2} = 0,$$

$$k_{12} = k_{21} = -\frac{6EI}{5.00} = -1.2 \cdot 10^4\ kNm.$$

Die Stabverdrehung $\psi = 1$ im „2"-Zustand betrifft zwei Stäbe und bewirkt eine kombinierte Reaktion der beiden Grundstäbe nach Abb. 4.41. Daher ergibt sich die Steifigkeit k_{22} als die Summe aller davon erzeugten Einspannmomente in den Stäben 1–2 und 3–4, d. h.:

$$k_{22} + M_{21,2} - M_{12,2} + M'_{43,2} = 0,$$

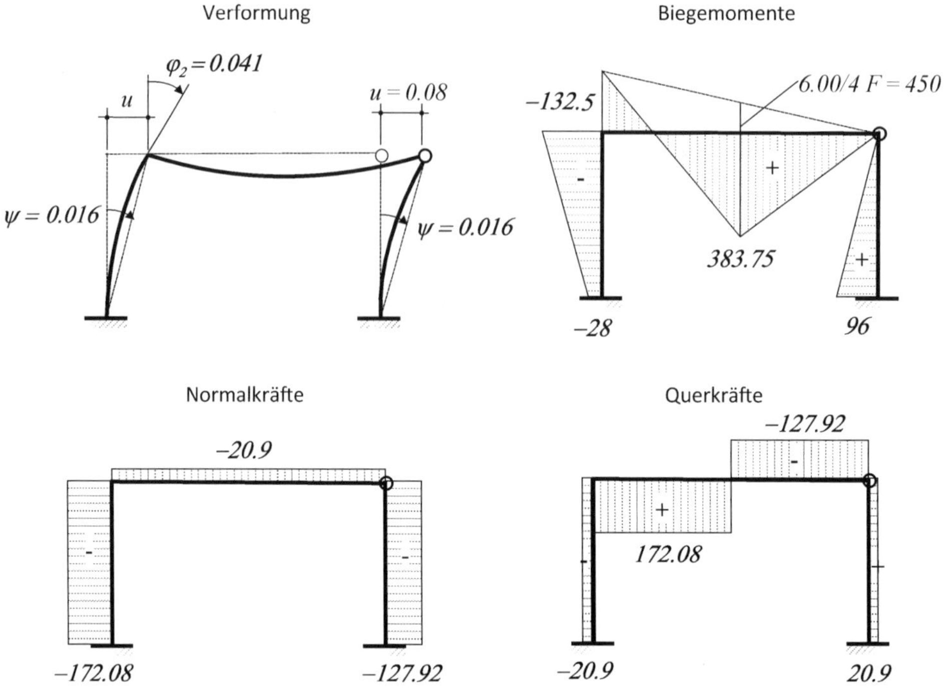

Abb. 4.42 Verformung und Schnittgrößen nach Theorie 1. Ordnung

$$k_{22} = \frac{6EI}{5.00} + \frac{6EI}{5.00} + \frac{3EI}{5.00} = 3 \cdot 10^4 kNm.$$

Die Steifigkeitsbeziehung

$$\begin{aligned} 1.3 \cdot 10^4 \cdot \varphi_2 - 1.2 \cdot 10^4 \cdot \psi &= -337.5, \\ -1.2 \cdot 10^4 \cdot \varphi_2 + 3 \cdot 10^4 \cdot \psi &= 0, \end{aligned}$$

ergibt nun die Lösung $\varphi_2 = -0.041$; $\psi = -0.016$ ($u = 0.08$), die zu der Verformung und den Schnittgrößen nach Abb. 4.42 führt.

Die Biegemomente in den Knoten ergeben sich aus der Summe über alle Zustände (vgl. Abb. 4.41):

$$M_{12} = M_{12,0} + M_{12,1} + M_{12,2} = 0 - \frac{2 \cdot 10^4}{5.00}(-0.041) + \frac{6 \cdot 10^4}{5.00}(-0.016) = -28\ kNm$$

$$M_{21} - M'_{23} = M'_{23,0} + M'_{23,1} = -337.5 - \frac{3 \cdot 10^4}{6.00}(-0.041) = -132.5\ kNm$$

$$M_{43} = M'_{43,2} = -\frac{3 \cdot 10^4}{5.00}(-0.016) = 96\ kNm.$$

Die übrigen Schnittgrößen N, Q lassen sich ohne Mühe mit Hilfe der klassischen Statik und des Schnittprinzips ermitteln. Abbildung 4.42 enthält alle Zustandslinien zur Kontrolle.

4.4.4 Schnittgrößenermittlung nach Theorie 2. Ordnung

Die Berechnung nach Theorie 2. Ordnung gestaltet sich im Rahmen des Drehwinkelverfahrens absolut analog zur Berechnung nach Theorie 1. Ordnung. Neu ist lediglich die Einbeziehung des Verformungszustandes bei den Gleichgewichtsbedingungen. Dabei sind zwei Effekte zu berücksichtigen. Zum einen werden die Einspannmomente für die Grundstäbe nach Theorie 2. Ordnung in Abhängigkeit von der Stabkennzahl ε (4.11) nach Abb. 4.14 und 4.15, 4.16 ermittelt. Zum anderen sollen die zusätzlichen Versatzmomente berücksichtigt werden, welche die Normalkräfte mit den Knotenverschiebungen erzeugen.

Wir beginnen die Berechnung mit der Bestimmung der Stabkennzahlen nach (4.11). Unter der Annahme, dass die Normalkräfte nach Theorie 1. und 2. Ordnung gleich sind, was für praktische Anwendung ohne Bedenken angenommen werden kann, ergeben sich folgende Stabkennzahlen:

$$\varepsilon_{12} = 5.00\sqrt{\frac{172.08}{10^4}} = 0.66 < 1.0,$$

$$\varepsilon_{23} = 6.00\sqrt{\frac{20.09}{10^4}} = 0.27 < 1.0,$$

$$\varepsilon_{12} = 5.00\sqrt{\frac{127.92}{10^4}} = 0.57 < 1.0.$$

Da alle drei Stabkennzahlen kleiner als $\varepsilon = 1.0$ sind, werden die Veränderungen in den Einspannmomenten für die Grundstäbe nach Theorie 2. Ordnung vernachlässigbar klein sein. Das ist an den Hilfswerten A' nach (4.50), B' nach (4.51) und C' nach (4.55) ersichtlich, die in Abb. 4.15 zusammengestellt worden sind. Die Werte $A' = 4.0$, $B' = 2.0$ und $C' = 3.0$ bei $\varepsilon = 0.0$ entsprechen der Theorie 1. Ordnung. Die Werte $A' = 3.865$, $B' = 2.034$ und $C' = 2.794$ bei $\varepsilon = 1.0$ weisen nur kleine Abweichungen auf. Daher können die Einspannmomente bei $\varepsilon < 1.0$ für praktische Anwendungen nach Theorie 1. Ordnung berechnet werden. In unserem Beispiel ist dies der Fall.

Analog zu der Berechnung nach Theorie 1. Ordnung betrachten wir die Last- und Einheitszustände nach Abb. 4.41. Der „0"-Zustand und der „1"-Zustand enthalten keine Knotenverschiebungen. Da die Einspannmomente, wie oben erläutert, nach Theorie 1. Ordnung berechnet werden können, bleiben die Steifigkeiten $k_{11}, k_{12} = k_{21}$ ohne Veränderung. Der „2"-Zustand enthält Knotenverschiebungen, die Versatzmomente $(R_2 \cdot u)$ und $(R_4 \cdot u)$ erzeugen können. Das muss bei der Berechnung der Steifigkeit k_{22} berücksichtigt werden (Abb. 4.43):

$$k_{22} + M_{21,2} - M_{12,2} + M'_{43,2} + R_2 \cdot u + R_4 \cdot u = 0 \quad \text{mit} \quad u = 5.00 \cdot \psi,$$

$$\begin{aligned} k_{22} &= \frac{6EI}{5.00} + \frac{6EI}{5.00} + \frac{3EI}{5.00} - (172.08 + 127.92) \cdot 5.00 \\ &= 3 \cdot 10^4 - 1500 = 2.85 \cdot 10^4 \; kNm. \end{aligned}$$

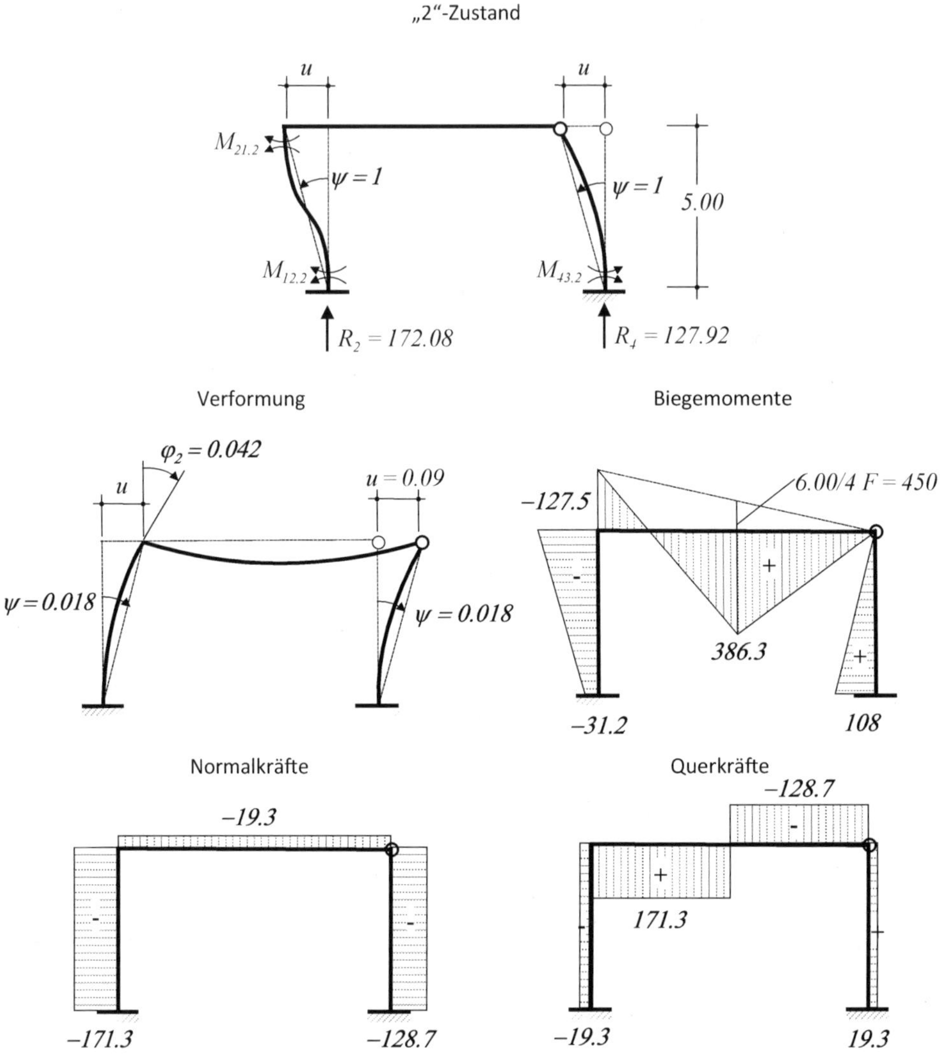

Abb. 4.43 Berechnung von Verformung und Schnittgrößen nach Theorie 2. Ordnung

Die Gesamtsteifigkeitsbeziehung nach Theorie 2. Ordnung

$$1.3 \cdot 10^4 \cdot \varphi_2 - 1.2 \cdot 10^4 \cdot \psi = -337.5,$$
$$-1.2 \cdot 10^4 \cdot \varphi_2 + 2.85 \cdot 10^4 \cdot \psi = 0,$$

ergibt dann die Lösung $\varphi_2 = -0.042$; $\psi = -0.018(u = 0.09)$, die eine vergleichsweise geringe Abweichung von derjenigen nach Theorie 1. Ordnung aufweist, was aus dem Vergleich von Abb. 4.42 und 4.43 ersichtlich ist.

Mit den Schnittgrößen nach Theorie 1. und 2. Ordnung kann nun überprüft werden, ob ein lokales Material-, beziehungsweise Querschnittsversagen stattfindet. Zum Beispiel ist es aus der Biegemomentenlinie in Abb. 4.43 unmittelbar ersichtlich, dass der mittlere Querschnitt des Stabes 2–3 unter der Last lokal versagen will, da das an dieser Stelle wirkende Biegemoment M größer ist als das plastische Moment des Querschnittes (Abb. 4.40):

$$M = 386.3\, kNm > M_{pl} = 300\, kNm.$$

4.4.5 Stabilität einzelner Stäbe nach dem Ersatzstabverfahren

Da bei dem vorgegebenen Tragwerk die Stäbe druckbelastet sind, kann es grundsätzlich zu einem Stabilitätsversagen kommen. Zunächst geben wir in Abb. 4.44 die nach Theorie 1. Ordnung berechneten Normalkräfte im Tragwerk wieder und stellen fest, dass alle drei Stäbe prinzipiell ausknicken können, da sie auf Druck beansprucht sind. Bei Stabtragwerken lassen sich zwei Arten von Stabilitätsversagen unterscheiden, nämlich ein Einzelstabknicken, oder lokales Stabilitätsversagen, und ein Systemversagen, bei dem mehrere Tragglieder gleichzeitig betroffen sind. Diese Unterscheidung ist etwas künstlich, da auch im Falle eines Einzelstabknickens die angrenzenden Stäbe ebenfalls betroffen sein werden. Sie bezieht sich mehr auf die Verfahren zur Stabilitätsanalyse oder auf die Ursache des Stabilitätsversagens als auf die Anzahl der Knickstäbe.

Das Einzelstabknicken kann mit Hilfe des *Ersatzstabverfahrens* effizient analysiert werden. Dafür werden einzelne knickgefährdete Stäbe aus dem Tragwerk herausgeschnitten. Ihre Randbedingungen werden so definiert, dass das Tragverhalten dieser Einzelstäbe dem im Tragwerk realistisch nachkommt. Für die Einzelstäbe werden dann Knickfiguren und die daraus resultierenden Knicklängen ermittelt. Im letzten Schritt wird dann die Knicklast entsprechend (4.15) und anhand der grundlegenden Knickfälle nach Euler (Abb. 4.6) bestimmt. Ist eine genaue Ermittlung der Knicklänge nicht möglich, vereinfacht man die Randbedingungen zu den bekannten Euler-Fällen und betrachtet damit die Grenzfälle für die Knicklast.

In unserem Beispiel weisen alle Stäbe die gleiche Biegesteifigkeit EI auf. Der Stab 2–3 ist zwar etwas länger, aber deutlich geringer auf Druck beansprucht als die Stäbe 1–2 und 3–4. Wir betrachten daher nur das Einzelstabknicken der Stäbe 1–2 und 3–4.

Der Ersatzstab für 1–2 erhält eine Drehfeder mit der Steifigkeit k_{11} und eine Wegfeder mit der Steifigkeit k_{22}^* (Abb. 4.44). Diese sind von uns bereits im Rahmen des Drehwinkelverfahrens in Abschn. 4.4.3 ermittelt worden. Der Stern in K_{22}^* soll nur andeuten, dass die Federsteifigkeit allgemein auch die Dehnsteifigkeit des Stabes 2–3 enthalten und sich dadurch von k_{22} unterscheiden kann. Eine Stabilitätsanalyse des Ersatzstabes kann mit Hilfe verschiedener Verfahren und unter Variation von angeschlossenen Federsteifigkeiten mit hoher Genauigkeit erfolgen, einschließlich der Bestimmung der Knicklänge. Die daraus resultierenden Knicklängen-Diagramme findet man üblicherweise in Hilfswerken des Stahl- und Stahlbetonbaus.

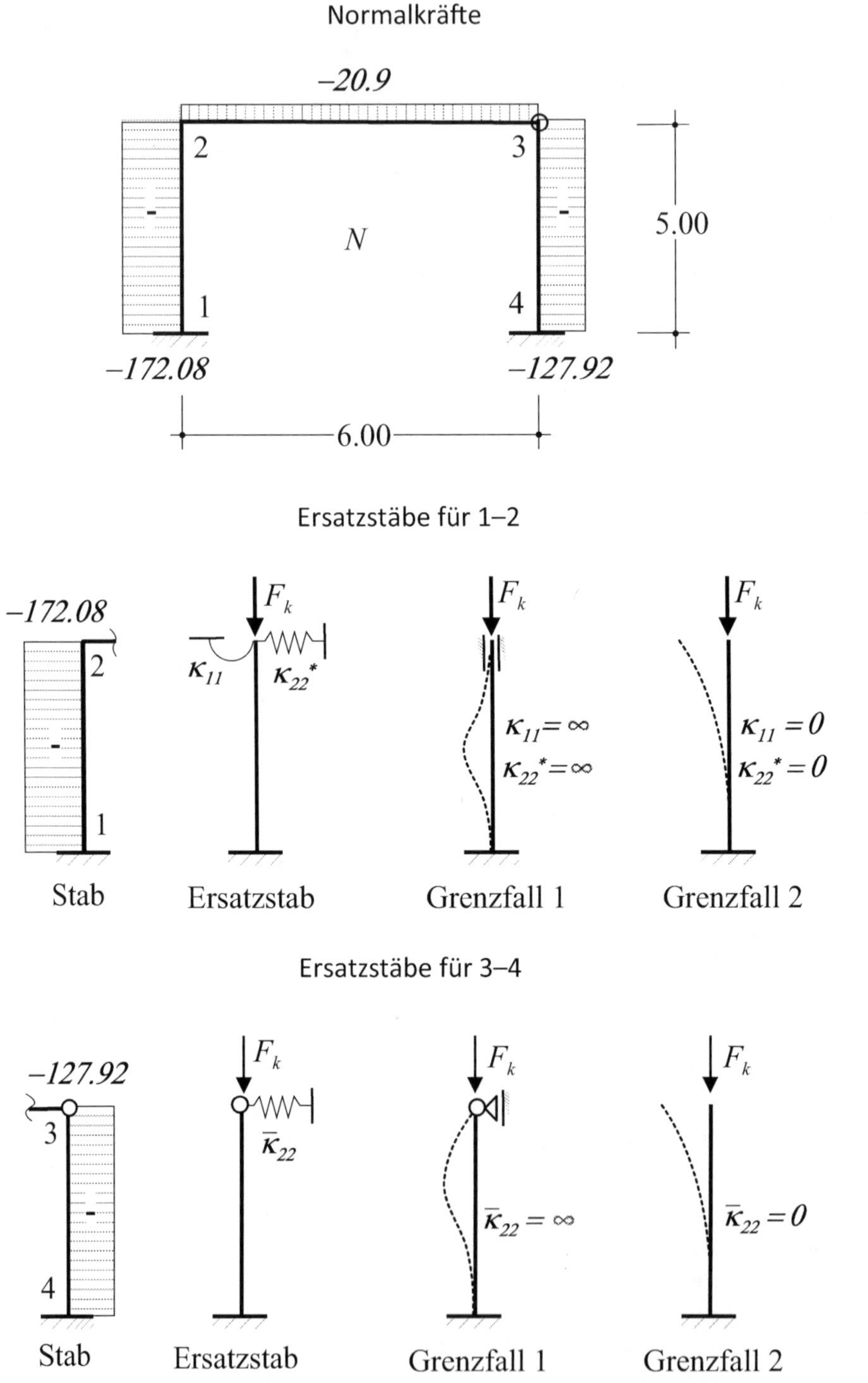

Abb. 4.44 Analyse des Einzelstabknickens mittels Ersatzstabverfahren

Wir gehen hier davon aus, dass ein derartiges Hilfswerk nicht vorliegt. Dann kann die Knicklast vereinfacht durch die Grenzfall-Betrachtung nach Euler ermittelt werden. Für den Stab 1–2 sind zwei relevante Grenzfälle zu betrachten, wobei die beiden Steifigkeiten unendlich groß oder Null sind (Abb. 4.44). Im Grenzfall 1 haben wir es mit dem Euler-Fall 4 nach Bild 4.5 zu tun. Die Knicklänge beträgt $s_k = 0.5 \cdot 500 = 2.5\ m$. Der Grenzfall 2 entspricht dem Euler-Fall 1 und ergibt die Knicklänge $s_k = 2 \cdot 500 = 10\ m$. Die Berechnung der Knicklast nach Euler

$$P_E = \frac{\pi^2 EI}{s_k^2}$$

soll für den ungünstigsten Fall erfolgen, welcher der größtmöglichen Knicklänge entspricht, nämlich $s_k = 10\ m$ im Grenzfall 2. Wir erhalten dafür:

$$P_E = F_{k,12} = \frac{3.14 \cdot 10^4}{10^2} = 987\ kN.$$

Der Lastfaktor für das Stabknicken ergibt sich somit zu

$$\lambda_{k,12} = \frac{987}{172.08} = 5.7.$$

Für den Stab 3–4 erfolgt die Definition des Ersatzstabes und der Grenzfälle nach Abb. 4.44. Auch hier entspricht der ungünstigste Fall dem Grenzfall 2 und dem Euler-Fall 1 mit der gleichen Knicklänge $s_k = 10\ m$. Der Knicklastfaktor für den Stab 3–4 ist höher als für den Stab 1–2 wegen der geringeren Normalkraft und beträgt

$$\lambda_{k,34} = \frac{987}{127.92} = 7.7.$$

Es muss darauf hingewiesen werden, dass diese Ermittlung der Knicklast auf Vereinfachungen des Ersatzstabverfahrens selbst und der Grenzfallbetrachtung basiert. Die realistische Knicklast wird höher sein als die ermittelte Last von

$$F_{knicken} = \lambda_{k,12} \cdot F = 5.7 \cdot 300 = 1710\ kN.$$

4.4.6 Systemstabilität mit dem Drehwinkelverfahren

Die Traglast des Gesamttragwerks infolge Stabilitätsversagen kann mit dem Weggrößenverfahren unter Berücksichtigung der geometrischen Steifigkeit ermittelt werden, wie in Abschn. 4.2.7 erläutert. Da das Drehwinkelverfahren eine Variante des Weggrößenfahrens darstellt, ist eine Stabilitätsanalyse auch mit dem Drehwinkelverfahren grundsätzlich möglich.

Bei einem Spannungsproblem entspricht jedem Lastzustand ein Verformungszustand oder eine Gleichgewichtslage. Der Zusammenhang zwischen den Kraft- und Weggrößenzuständen wird durch die Steifigkeitsbeziehung beschrieben, beispielsweise für unser Tragwerk:

$$k_{11} \cdot \varphi_2 + k_{12} \cdot \psi = M_{1,0},$$
$$k_{21} \cdot \varphi_2 + k_{22} \cdot \psi = M_{2,0}$$

oder in Matrixform

$$\boldsymbol{K} \cdot \boldsymbol{V} = \lambda \boldsymbol{P} \quad \text{mit} \quad \boldsymbol{K} = \begin{bmatrix} k_{11} & k_{12} \\ k_{21} & k_{22} \end{bmatrix}, \boldsymbol{V} = \begin{bmatrix} \varphi_2 \\ \psi \end{bmatrix}, \boldsymbol{P} = \begin{bmatrix} M_{1,0} \\ M_{2,0} \end{bmatrix}$$

Der Lastfaktor λ wurde hier eingeführt, um eine Laststeigerung zu ermöglichen. Nach Theorie 2. Ordnung hängt die Steifigkeitsmatrix $\boldsymbol{K}$ vom Last- und Verformungszustand ab, da hier geometrisch nichtlineare Anteile dazu kommen. In Abschn. 4.4.4. haben wir festgestellt, dass lediglich die Steifigkeit k_{22} den Einfluss der Normalkräfte und Knotenverschiebungen enthält:

$$k_{22} = \frac{6EI}{5.00} + \frac{6EI}{5.00} + \frac{3EI}{5.00} - (N_{12} + N_{34}) \cdot 5.00 = 3 \cdot 10^4 - 1500 = 2.85 \cdot 10^4 \, kNm.$$

Nach der üblichen Definition besteht diese Steifigkeit aus einem elastischen, lastunabhängigen und einem geometrisch nichtlinearen, lastabhängigen Anteil:

$$k_{22} = k_{22}^e + k_{22}^g;$$

mit $$k_{22}^e = \frac{6EI}{5.00} + \frac{6EI}{5.00} + \frac{3EI}{5.00}; \quad k_{22}^g = -(N_{12} + N_{34}) \cdot 5.00.$$

Die Abhängigkeit von k_{22}^g von der Last wird deutlicher, wenn man bedenkt, dass die Normalkräfte $N_{12} = 172.08 \, kN$, $N_{34} = 127.92 \, kN$ infolge der Last $F = 300 \, kN$ entstehen und zusammen den Lastbetrag bilden. Die Umschreibung

$$k_{22}^g = -\lambda(N_{12} + N_{34}) \cdot 5.00 = -\lambda F \cdot 5.00$$

macht diesen Zusammenhang bei jedem Lastfaktor λ deutlich. Vollständigkeitshalber nimmt die Steifigkeitsmatrix die folgende Form an:

$$\boldsymbol{K} = \boldsymbol{K}^e + \boldsymbol{K}^g = \begin{bmatrix} k_{11} & k_{12} \\ k_{21} & k_{22}^e \end{bmatrix} + \begin{bmatrix} 0 & 0 \\ 0 & k_{22}^g \end{bmatrix} = \begin{bmatrix} k_{11} & k_{12} \\ k_{21} & k_{22}^e - \lambda F \cdot 5.00 \end{bmatrix}.$$

Die Lösung der Steifigkeitsbeziehung, ob nach Theorie 1. oder 2. Ordnung, ist für stabile Gleichgewichtslagen eindeutig, wie die Ergebnisse unserer Berechnungen oben zeigen. Eine Tragwerksinstabilität kann erst dann entstehen, wenn einem Lastzustand mehrere

Verformungszustände entsprechen. Für eine zweite Gleichgewichtslage, die Knickfigur, gibt es aber keine direkte Belastung, so dass diese neue Verformung V^* durch die homogene Steifigkeitsbeziehung bestimmt wird:

$$K \cdot V^* = 0.$$

Eine nichttriviale Lösung $V^* \neq 0$ dieser Gleichung kann nur dann entstehen, wenn die Steifigkeitsmatrix singulär oder ihre Determinante zu Null wird:

$$\det \boldsymbol{K} = \det \begin{bmatrix} k_{11} & k_{12} \\ k_{21} & k_{22}^e - \lambda F \cdot 5.00 \end{bmatrix} = 0.$$

Daraus entsteht die sogenannte charakteristische Gleichung für die Ermittlung des kritischen Lastfaktors:

$$k_{11} \cdot \left(k_{22}^e - \lambda F \cdot 5.00\right) - k_{12} \cdot k_{21} = 0$$

oder $$1.3 \cdot 10^4 \cdot (3 \cdot 10^4 - \lambda \cdot 300 \cdot 5.00) - 1.2 \cdot 10^4 \cdot 1.2 \cdot 10^4 = 0$$

mit dem Lösungswert:

$$\lambda = 12.615.$$

Der kritische Lastfaktor $\lambda = 12.615$ für das Systemversagen ist deutlich größer als der kritische Lastfaktor für das Einzelstabknicken $\lambda = 5.7$ aus Abschn. 4.4.5. Es muss aber darauf hingewiesen werden, dass das Drehwinkelverfahren und das Weggrößenverfahren allgemein alle Instabilitäten erfassen, sowohl das Einzelstabknicken als auch das Systemversagen. Die beschriebene Methode der Stabilitätsanalyse liefert einen nahezu exakten Wert des kritischen Lastfaktors, $\lambda = 12.615$, der nur den Modellfehlern unterliegt. Der Unterschied zwischen $\lambda = 5.7$ und $\lambda = 12.615$ ist lediglich durch die Vereinfachungen im Rahmen des Ersatzstabverfahrens zu erklären.

Der kritische Lastfaktor definiert damit die Last, bei der Stabilitätsversagen eintritt, nämlich:

$$F_{krit} = \lambda \cdot F = 12.615 \cdot 300 = 3784.5\ kN.$$

Er gibt aber keine Auskunft darüber, wie das System versagt oder wie die Knickfigur V^* aussieht. Dafür soll daran erinnert werden, dass die Singularität der Matrix K neben der Bedingung $\det\ K = 0$ auch durch das folgende Eigenwertproblem ausgedrückt werden kann:

$$(\boldsymbol{K} - \rho \cdot \boldsymbol{I})\, \boldsymbol{\phi} = 0,$$

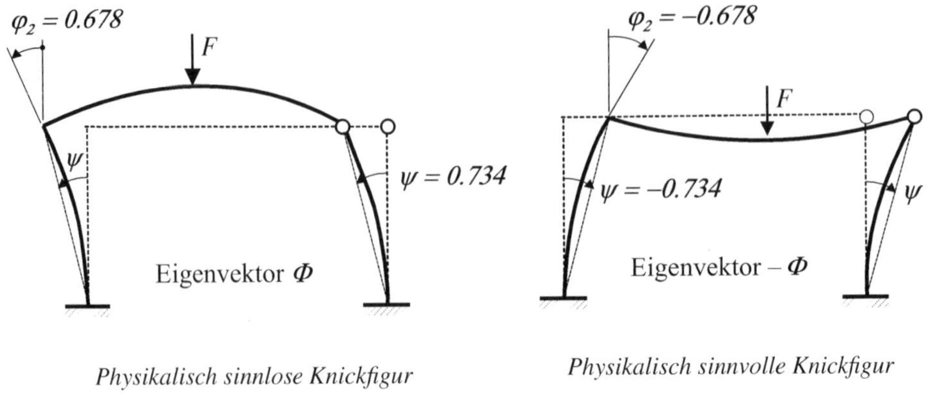

Abb. 4.45 Stabilitätsanalyse am Gesamttragwerk mittels Drehwinkelverfahren

wobei ρ die Matrix der Eigenwerte und ϕ die Matrix der Eigenvektoren von $\boldsymbol{K}$ darstellen:

$$\rho = \begin{bmatrix} \rho_1 & 0 \\ 0 & \rho_2 \end{bmatrix}; \boldsymbol{\Phi} = \begin{bmatrix} \varphi_2^1 & \varphi_2^2 \\ \psi^1 & \psi^2 \end{bmatrix}$$

Setzt man den kritischen Lastfaktor $\lambda = 12.615$ in die Matrix $\boldsymbol{K}$ ein und berechnet ihre Eigenwerte und Eigenvektoren, so ergibt sich ein Eigenwert zu Null, beispielsweise $\rho_2 = 0$. Der ihm zugeordnete Eigenvektor gibt die gesuchte Knickfigur V^* wieder:

$$\boldsymbol{\Phi}_2 = V^* = \begin{bmatrix} \varphi_2^2 \\ \psi^2 \end{bmatrix} = \begin{bmatrix} 0.678 \\ 0.734 \end{bmatrix}.$$

Diese Knickfigur ist in Abb. 4.45 links dargestellt. Sie ist allerdings physikalisch sinnlos, da der Riegel sich gegen die wirkende Last verbiegt. Die mathematische Lösung, d. h. der Eigenwert $\rho_2 = 0$ und der Eigenvektor $\boldsymbol{\Phi}_2$ ist dennoch richtig. Eine physikalisch sinnvolle Knickfigur erhalten wir für $V^* = -\boldsymbol{\Phi}_2$, die in Abb. 4.45 rechts dargestellt ist. Die Betrachtung ist mathematisch korrekt, da die Eigenvektoren beliebig normierbar sind und die folgenden Gleichungen stets gelten:

$$(\boldsymbol{K} - \boldsymbol{\rho} \cdot \boldsymbol{I})\, \boldsymbol{\Phi} = (\boldsymbol{K} - \boldsymbol{\rho} \cdot \boldsymbol{I})\, \alpha \boldsymbol{\Phi} = (\boldsymbol{K} - \boldsymbol{\rho} \cdot \boldsymbol{I})\, (-\boldsymbol{\Phi}) = 0,$$

wobei α ein beliebiger skalarer Wert sein kann.

Die durchgeführte Stabilitätsanalyse mittels Drehwinkelverfahren liefert somit die kritische Last und die entsprechende Knickfigur. Aus der Knickfigur in Abb. 4.45 ist ersichtlich, dass das Einzelstabknicken für die Stäbe 1–2 und 3–4 gleichzeitig mit dem Systemversagen auftreten kann.

4.4.7 Traglastermittlung nach dem kinematischen Traglastsatz

Neben dem Stabilitätsversagen kommt auch ein Materialversagen bei dem vorliegenden Stabtragwerk in Frage, dessen Nachweis eine physikalisch nichtlineare Berechnung erfordert. Unabhängig davon, ob Stahl oder Stahlbeton als Werkstoff zum Einsatz kommt, kann die Berechnung im Rahmen der Fließgelenktheorie erfolgen. Dafür stehen grundsätzlich drei Verfahren zur Verfügung:

- das Verfahren der stetigen Laststeigerung (s. Abschn. 4.3.5);
- der kinematische Traglastsatz;
- der statische Traglastsatz.

Das Verfahren der stetigen Laststeigerung liefert genaue Information über den Versagenszustand sowie die Reihenfolge der Entstehung von Fließgelenken und somit auch über den Weg zum Versagen. Das ist damit das anschaulichste, aber auch aufwendigste Berechnungsverfahren.

Die Traglastsätze erlauben es, durch Annahmen über die Lage der Fließgelenke oder der Schnittgrößen den Versagenszustand zu „erraten“. Die Berechnung gestaltet sich dann recht einfach und effizient. Es gibt zwei grundsätzliche Nachteile der Traglastsätze. Zum einen müssen in der Regel mehrere Annahmen getroffen und durch Berechnungen überprüft werden, was die Effizienz der Traglastermittlung mindert. Zum anderen liefert der Traglastsatz lediglich den Wert der Traglast und keine Information über den Versagenszustand selbst. Diese Information erfordert dann eine zusätzliche Berechnung. Als zweckmäßig für die Handrechnungen hat sich der kinematische Traglastsatz erwiesen, den wir auf das vorliegende Tragwerk nun anwenden werden.

Nach dem kinematischen Traglastsatz wird zunächst eine kinematische Kette im Versagenszustand angenommen. Dazu sind zwei Hinweise zur Anzahl und Lage der Fließgelenke zu beachten:

1. Bei einem n-fach statisch unbestimmten System entstehen im Versagenszustand maximal $(n + 1)$ Fließgelenke. Dann muss eine zwangsläufige kinematische Kette entstehen, wie uns das Beispiel aus Abschn. 4.3.5 zeigt. Es kann allerdings auch bei weniger als $(n + 1)$ Fließgelenken ein Teil des Systems kinematisch werden, was auch einem Versagen gleichkommt. Daher sollte immer überprüft werden, ob eine Teilkinematik auftritt.
2. Fließgelenke entstehen in der Regel an folgenden Stellen:
   - an den Einspannstellen,
   - in den Rahmenknoten,
   - an den Sprungstellen der Steifigkeiten,
   - unter Einzellasten,
   - im Bereich von maximalen Biegemomenten unter verteilten Lasten.

Für unser Tragwerk sind in Abb. 4.46 potenzielle Stellen für die Fließgelenke dargestellt. Es sollen nicht mehr als $(n+1) = 3$ Fließgelenke im Versagenszustand entstehen. Wir wählen zwei alternative kinematische Ketten: eine mit 2 Fließgelenken (Teilkinematik) und eine mit 3 Fließgelenken (Abb. 4.46). An den Fließgelenken wirken im Versagenszustand die vorgegebenen plastischen Momente $M_{pl} = 300\ kNm$.

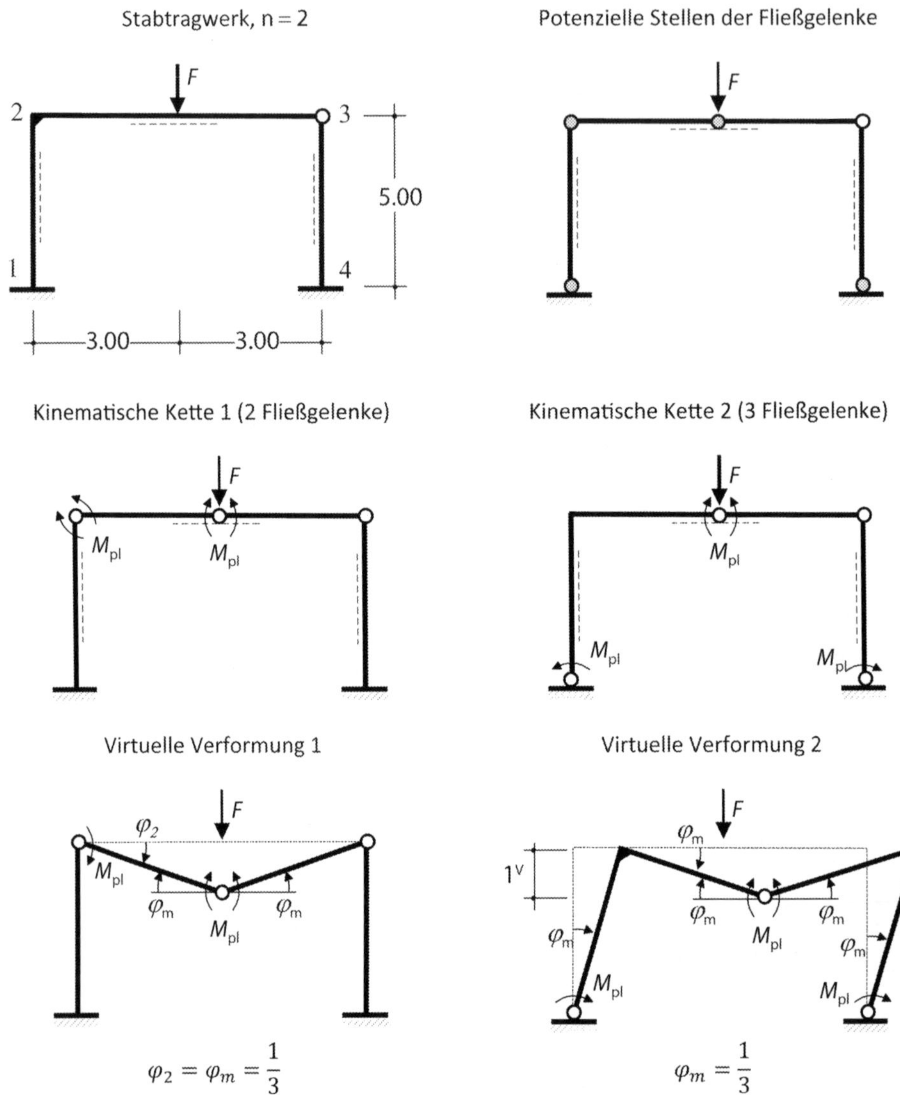

Abb. 4.46 Traglastberechnung mit dem kinematischen Traglastsatz

Um die Traglast zu ermitteln, wenden wir das Prinzip der virtuellen Verschiebungen an. Dafür lenken wir die kinematischen Ketten nach den Regeln der Polplankinematik virtuell aus und bilanzieren die innere und die äußere Arbeit. Die virtuelle Verschiebungsfigur enthält nur eine unabhängige Verschiebung, die beliebig sein kann. Wir wählen diese als vertikale Verschiebung des Lastangriffspunktes, setzen sie gleich 1.0 für die einfache Berechnung und bezeichnen sie mit 1^V (Abb. 4.46). Die an den Fließgelenken wirkenden plastischen Momente richten wir so aus, dass die Dissipationsarbeit positiv ausfällt und die Bedingung 4 aus Abschn. 4.3.4 erfüllt wird, d. h. dass die plastischen Momente und die Stabverdrehungen gleichgerichtet sind. Die entstandenen Stabverdrehungen ergeben sich aus der Geometrie der Verschiebungsfigur (Abb. 4.46).

Die äußere Arbeit für die beiden Ketten wird durch die äußere Kraft F auf dem virtuellen Weg I^V geleistet:

$$dW^a = F \cdot 1^V.$$

Die innere Arbeit besteht aus den Einzelbeiträgen aller plastischen Momente entlang der korrespondierenden Stabverdrehungen:

- für die Kette 1 (Abb. 4.46):
$$dW_1{}^i = M_{pl}(\varphi_2 + 2\varphi_m) = 3M_{pl}\varphi_m = 3M_{pl}\,\frac{1}{3} = M_{pl};$$
- für die Kette 2 (Bild 4.46):
$$dW_2{}^i = M_{pl}(4\varphi_m) = 4M_{pl}\,\frac{1}{3} = \frac{4}{3}M_{pl}.$$

Aus der Arbeitsbilanz erhalten wir schließlich die Traglast:

- für die Kette 1:
$$dW_1{}^i = dW_1{}^a \rightarrow M_{pl} = F \cdot 1^V \rightarrow F = \frac{M_{pl}}{1^V} = 300\,kN;$$
- für die Kette 2:
$$dW_2{}^i = dW_2{}^a \rightarrow \frac{4}{3}M_{pl} = F \cdot 1^V \rightarrow F = \frac{4}{3}\frac{M_{pl}}{1^V} = 400\,kN.$$

Von zwei Lösungen liegt immer die kleinere am nächsten zur tatsächlichen Traglast, da der kinematische Traglastsatz die obere Schranke liefert (s. Abschn. 4.3.4). Die Lösung mit $F = 300\ kN$ stellt damit die gesuchte Näherung der Traglast dar.

Der kinematische Traglastsatz erfüllt die Bedingungen 3 und 4 (kinematische Bedingungen) aus Abschn. 4.3.4 automatisch. Ob die erzielte Lösung die Bedingungen 1 und 2 (statische Bedingungen) erfüllt, muss durch eine statische Kontrolle noch überprüft werden. Mit dem Schnittprinzip und Gleichgewichtsbedingungen lässt sich der in Abb. 4.47 dargestellte Momentenverlauf im Versagenszustand ermitteln, wenn man die zwei bekannten Stellen mit $M_{pl} = 300\ kNm$ berücksichtigt. Dieser Zustand erfüllt die Gleichgewichtsbedingungen. Offensichtlich wird das plastische Moment nirgendwo überschritten. Somit sind auch die zwei statischen Bedingungen aus Abschn. 4.3.4 erfüllt.

Wenn alle vier *Eindeutigkeitsbedingungen* nach KIRCHHOFF erfüllt sind, handelt es sich um den tatsächlichen Versagenszustand und die tatsächliche Versagenslast $F = 300\ kN$, die hier mit Hilfe des kinematischen Traglastsatzes ermittelt worden ist.

Abschließend ist festzustellen, dass beim vorliegenden Stabtragwerk ein Systemversagen durch Bildung einer Kette von Fließgelenken maßgeblich ist, da ein Stabilitätsversagen erst bei deutlich höherer Last $F = 1710\ kN$ (Einzelstabknicken) bzw. $F = 3784.5\ kN$ (Systeminstabilität) eintritt.

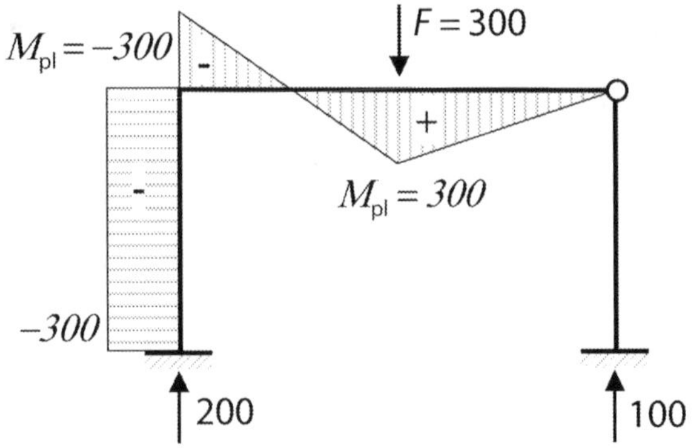

Abb. 4.47 Versagenszustand

Literatur

1. Bürgermeister, G., Steup, H., Kretschmar, H.: Stabilitätstheorie I, 3. Aufl. Akademie-Verlag, Berlin (1966)
2. Chen, W.F., Han, D.J.: Plasticity for Structural Engineers. Springer-Verlag, Berlin (1988)
3. Chwalla, E.: Hilfstafeln zur Berechnung von Spannungsproblemen der Theorie 2. Ordnung und von Knickproblemen. Der Bauingenieur **43**, 128–137, 240–245, 299–309, (1959)
4. Duddeck, H.: Seminar Traglastverfahren. Bericht Nr. 73-6. Institut für Statik der TU Braunschweig, Braunschweig (1973)
5. Duddeck, H.: Traglasttheorie der Stabtragwerke. Abschnitt F im Betonkalender 1984, Bd. 2, S. 1007–1095. W. Ernst & Sohn, Berlin (1984)
6. El Naschie, M.S.: Stress, Stability and Chaos in Structural Engineering. McGraw-Hill Book Company, London (1990)
7. Greenberg, H.J., Prager, W.: On limit design of beams and frames. Trans. ASCE. 117, 447–484, (1951)
8. Ismar, H., Mahrenholtz, O.: Technische Plastomechanik. Friedr. Vieweg & Sohn, Braunschweig (1979)
9. Kindmann, R., Frickel, J.: Elastische und plastische Querschnittstragfähigkeit. Ernst & Sohn, Berlin (2002)
10. Koiter, W.T.: On the Stability of Elastic Equilibrium. H. J. Paris, Amsterdam (1963)
11. Krätzig, W.B.: Eine einheitliche statische und dynamische Stabilitätstheorie für Pfadverfolgungsalgorithmen in der numerischen Festkörpermechanik. ZAMM 69(7), 203–213, (1989)
12. Krätzig, W.B.: Theory and computational concepts for static and kinetic structural instabilities. In: Jan, A. (Hrsg.) Nonlinear Dynamics, New Theoretical and Applied Results. Akademie Verlag, Berlin (1995)
13. Krätzig, W.B., Meskouris, K., Hanskötter, U.: Nichtlineare Berechnung von Stahlbeton-Rahmentragwerken nach dem Fließgelenkverfahren. Bautechnik 71(12), 767–775, (1994)
14. Krätzig, W.B., Harte, R., Meskouris, K., Wittek, U.: Tragwerke 1, 4. Aufl. Springer-Verlag, Berlin (2000)
15. Lichtenfels, A., Wagner, W.: Traglastberechnung ebener Stahlbeton-Stabwerke nach Eurocode 2. Bauingenieur 73(1), 36–43, (1998)

16. Mahin, S.A., Bertone, V.V.: RCCOLA – A Computer Programm for RC Column Analysis. User's Manual and Documentation. University of California, Berkeley, Department of Civil Engineering (1977)
17. MC 90: CEB-FIP Model Code 1990, Design Code. Comité Euro-International du Béton, Bulletin d'Information 195; Lausanne (1990)
18. Meskouris, K., Hinzen, K.G.: Bauwerke und Erdbeben. Vieweg-Verlag, Braunschweig (2003)
19. Meskouris, K., Krätzig, W.B., Elenas, A., Heiny, L., Meyer, I.F.: Mikrocomputerunterstützte Erdbebenuntersuchung von Tragwerken, Abschn. 3.4. Wissenschaftliche Mitteilungen des SFB 151 Nr. 8, Ruhr-Universität, Bochum (1988)
20. Neal, B.G.: The Plastic Method of Structural Analysis. Chapman & Hall Ltd., London (1956). (Deutsche Übersetzung: Die Verfahren der plastischen Berechnung biegesteifer Stahlstabwerke, Springer-Verlag, Berlin, 1958).
21. Neal, B.G.: Die Verfahren der plastischen Berechnung biegesteifer Stahltragwerke. Springer-Verlag, Berlin (1958)
22. Oberegge, O., Hockelmann, H.-P.: Stahlbau. Abschn. 8. In: Schneider, K.-J. (Hrsg.), Bautabellen für Ingenieure, 15. Aufl. Werner-Verlag, Düsseldorf (2002)
23. Pestel, E., Wittenburg, J.: Technische Mechanik, Bd. 2: Festigkeitslehre, 2. Aufl. BI Wissenschaftsverlag, Mannheim (1992)
24. Petersen, Chr.: Statik und Stabilität der Baukonstruktionen. Friedr. Vieweg & Sohn, Braunschweig (1980)
25. Pflüger, A.: Stabilitätsprobleme der Elastostatik, 2. Aufl. Springer-Verlag, Berlin (1964)
26. Prager, W., Hodge, P.G.: Theorie ideal plastischer Körper. Springer-Verlag, Wien (1954)
27. Roik, K.-H.: Vorlesungen über Stahlbau, 2. Aufl. W. Ernst & Sohn, Berlin (1983)
28. Roik, K.-H., Carl, J., Lindner, J.: Biegetorsionsprobleme gerader dünnwandiger Stäbe. W. Ernst & Sohn, Berlin (1972)
29. Rothert, H., Gensichen, V.: Nichtlineare Stabstatik. Springer-Verlag, Berlin (1987)
30. Rubin, H., Vogel, U.: Baustatik ebener Stabtragwerke. Kapitel 3 In: Stahlbau Handbuch, Bd. 1, 2. Aufl. Stahlbau-Verlags-GmbH, Köln (1982)
31. Rubin, H., Schneider, K.-J.: Baustatik. Abschn. 4. In: Schneider, K.-J. (Hrsg.) Bautabellen für Ingenieure, 15. Aufl. Werner-Verlag, Düsseldorf (2002)
32. Sattler, K.: Lehrbuch der Statik, zweiter Band, Teil A. Springer-Verlag, Berlin (1974)
33. Sedlacek, G.: Zweiachsige Biegung und Torsion. Kapitel 5 In: Stahlbau Handbuch, Bd. 1, 2. Aufl. Stahlbau-Verlags-GmbH, Köln (1982)
34. Thiele, A.: Stahlbau. Kapitel. In: Wetzell, O. (Hrsg.), Wendehorst Bautechnische Zahlentafeln, 30. Aufl. B. G. Teubner, Stuttgart (2001)

Anhang

A.1 Anhang 1: Matrizenalgebra

Der Anhang 1 enthält die elementaren Grundlagen der Matrizenalgebra, soweit diese für das Verständnis des behandelten Stoffes und das selbständige Operieren mit Matrizen und Vektoren erforderlich sind. Ergänzende und vertiefende Informationen finden sich in der Literatur am Ende von Anhang A.L.

A.1.1 Bezeichnungen und Definitionen

Matrizen: Jedes rechteckige Feld von Symbolen, Zahlen, Funktionen oder auch Matrizen, auf das gleiche mathematische Operationen angewendet werden dürfen, wird als *Matrix* bezeichnet. Dieses Feld wird in *m Zeilen* und *n Spalten* geordnet, in eine rechteckige Klammer eingefasst und durch ein Symbol abgekürzt:

$$\boldsymbol{a} = \boldsymbol{a}_{(\mathrm{m,n})} \begin{bmatrix} a_{11} & a_{12} & \dots & a_{1\mathrm{j}} & \dots & a_{1\mathrm{n}} \\ a_{21} & a_{22} & \dots & a_{2\mathrm{j}} & \dots & a_{2\mathrm{n}} \\ \vdots & \vdots & & \vdots & & \vdots \\ a_{\mathrm{i}1} & a_{\mathrm{i}2} & \dots & a_{\mathrm{ij}} & \dots & a_{\mathrm{in}} \\ \vdots & \vdots & & \vdots & & \vdots \\ a_{\mathrm{m}1} & a_{\mathrm{m}2} & \dots & a_{\mathrm{mj}} & \dots & a_{\mathrm{mn}} \end{bmatrix} = [a_{\mathrm{ij}}]. \tag{A.1}$$

Die *Elemente* a_{ij} der Matrix $\boldsymbol{a}$ tragen zur Identifizierung den Zeilenindex $i = 1(1)m$ und den Spaltenindex $j = 1(1)n$. Zeilen und Spalten heißen gemeinsam *Reihen*. Die Angabe (m, n) nennt man *Ordnung* von $\boldsymbol{a}$.

Zeilenmatrizen (*Zeilenvektoren*): Jede Matrix mit $m = 1$ wird als *Zeilenmatrix* oder *Zeile* bezeichnet:

$$\boldsymbol{a} = \boldsymbol{a}_{(1,\,\mathrm{n})} = [a_1 a_2 \dots a_{\mathrm{j}} \dots a_{\mathrm{n}}] = [a_{\mathrm{j}}]. \tag{A.2}$$

W. B. Krätzig et al., *Tragwerke 2*, Springer-Lehrbuch,
https://doi.org/10.1007/978-3-642-41723-8

Spaltenmatrizen (*Spaltenvektoren*): Jede Matrix mit $n = 1$ wird als *Spaltenmatrix* oder *Spalte* bezeichnet:

$$\boldsymbol{a} = \boldsymbol{a}_{(\mathrm{m},1)} = \begin{bmatrix} a_1 \\ a_2 \\ \vdots \\ a_i \\ \vdots \\ a_\mathrm{m} \end{bmatrix} = \{a_1 a_2 \ldots a_\mathrm{i} \ldots a_\mathrm{m}\} = [a_\mathrm{i}]. \tag{A.3}$$

Nullmatrix: Eine Matrix, deren sämtliche Elemente den Wert Null annehmen, wird als *Nullmatrix* bezeichnet und mit **0** abgekürzt.

Untermatrizen und Hypermatrizen: Jede Matrix kann in *Untermatrizen* zerlegt werden. Ihre Darstellung in diesen Untermatrizen bezeichnet man als *Hypermatrix*. Ein Beispiel ist:

$$\boldsymbol{a} = \left[\begin{array}{cc|c} a_{11} & a_{12} & a_{13} \\ a_{21} & a_{22} & a_{23} \\ \hline a_{31} & a_{32} & a_{33} \end{array}\right] = \left[\begin{array}{c|c} \boldsymbol{a}_{11} & \boldsymbol{a}_{12} \\ \hline \boldsymbol{a}_{21} & \boldsymbol{a}_{22} \end{array}\right]$$

$$\text{mit:} \quad \boldsymbol{a}_{11} = \begin{bmatrix} a_{11} & a_{12} \\ a_{21} & a_{22} \end{bmatrix}, \ \boldsymbol{a}_{12} = \begin{bmatrix} a_{13} \\ a_{23} \end{bmatrix}, \ \boldsymbol{a}_{21} = \begin{bmatrix} a_{31} & a_{32} \end{bmatrix}, \ \boldsymbol{a}_{22} = a_{33}. \tag{A.4}$$

Quadratische Matrizen: Matrizen mit gleicher Zeilen- und Spaltenzahl $m = n$ werden als *quadratisch* bezeichnet; sie besitzen die gleichen Anzahlen von Zeilen- und Spaltenelementen sowie die Ordnung $m = n$

$$\mathbf{a} = \mathbf{a}_{(\mathrm{m},\mathrm{m})} \begin{bmatrix} a_{11} & a_{12} & \ldots & a_{1\mathrm{i}} & \ldots & a_{1\mathrm{m}} \\ a_{21} & a_{22} & \ldots & a_{2\mathrm{i}} & \ldots & a_{2\mathrm{m}} \\ \vdots & \vdots & & \vdots & & \vdots \\ a_{\mathrm{i}1} & a_{\mathrm{i}2} & \ldots & a_{\mathrm{ii}} & \ldots & a_{\mathrm{im}} \\ \vdots & \vdots & & \vdots & & \vdots \\ a_{\mathrm{m}1} & a_{\mathrm{m}2} & \ldots & a_{\mathrm{mi}} & \ldots & a_{\mathrm{mm}} \end{bmatrix}. \tag{A.5}$$

Die Elemente a_ii bezeichnet man als *Hauptdiagonale*, ihre Summe als *Spur*:

$$sp(\boldsymbol{a}) = \sum_{i=1}^{\mathrm{m}} a_\mathrm{ii}. \tag{A.6}$$

Quadratische Matrizen zeichnen sich durch einige Besonderheiten aus, die im Folgenden behandelt werden sollen.

Regularität: Die Funktion

$$\det(\boldsymbol{a}) = \begin{vmatrix} a_{11} & a_{12} & \dots & a_{1\mathrm{m}} \\ a_{21} & a_{22} & \dots & a_{2\mathrm{m}} \\ \vdots & \vdots & & \vdots \\ a_{\mathrm{m}1} & a_{\mathrm{m}2} & \dots & a_{\mathrm{mm}} \end{vmatrix} \tag{A.7}$$

einer quadratischen Matrix $\boldsymbol{a}$ wird als deren *Determinante* bezeichnet. Ist $\det(\boldsymbol{a}) \neq 0$, so heißt $\boldsymbol{a}$ *regulär*, sonst *singulär*. In einer regulären Matrix sind alle Zeilen bzw. Spalten voneinander linear unabhängig. In einer singulären Matrix können bis zu $r^* \leq m$ Zeilen bzw. Spalten voneinander linear abhängig sein; die Zahl $r = m - r^*$ bezeichnet man dann als *Rang* von $\boldsymbol{a}$, die Zahl r^* als *Rangabfall*.

Symmetrie und Antimetrie: Jede quadratische Matrix mit

$a_{\mathrm{ij}} = a_{\mathrm{ji}}$ heißt *symmetrisch*,

$a_{ij} = -a_{ji}$ heißt *antimetrisch* (*schiefsymmetrisch*).

Jede quadratische Matrix $\boldsymbol{a}$ lässt sich additiv in eine symmetrische und eine antimetrische Teilmatrix zerlegen; Beispiel:

$$\boldsymbol{a} = \boldsymbol{a}_{\mathbf{s}} + \boldsymbol{a}_{\mathbf{a}} = \begin{bmatrix} 4 & 3 \\ 1 & 5 \end{bmatrix} = \begin{bmatrix} 4 & 2 \\ 2 & 5 \end{bmatrix} + \begin{bmatrix} 0 & 1 \\ -1 & 0 \end{bmatrix}.$$

Definitheit: Symmetrische Matrizen $\boldsymbol{a}$ mit einer für beliebiges $\boldsymbol{x} \neq \boldsymbol{0}$ geltenden quadratischen Form (siehe (A.14))

$$Q(\boldsymbol{x}) = \boldsymbol{x}^{\mathrm{T}} \cdot \boldsymbol{a} \cdot \boldsymbol{x} > 0, \ \forall \boldsymbol{x} \neq 0 \tag{A.8}$$

heißen *positiv definit,* in diesem Fall ist $\boldsymbol{a}$ gleichzeitig regulär. Gilt $Q \geq 0$, so ist $\boldsymbol{a}$ *positiv semi-definit* und singulär.

Diagonalmatrizen: Jede quadratische Matrix $\boldsymbol{d}$ mit der Eigenschaft: $d_{\mathrm{ij}} \neq 0$ für $i = j$, $d_{\mathrm{ij}} = 0$ für $i \neq j$ heißt *Diagonalmatrix:*

$$\boldsymbol{d} = \mathrm{diag}[d_i] = \begin{bmatrix} d_{11} & 0 & \dots & 0 & \dots & 0 \\ 0 & d_{22} & \dots & 0 & \dots & 0 \\ \vdots & \vdots & & \vdots & & \vdots \\ 0 & 0 & \dots & d_{ii} & \dots & 0 \\ \vdots & \vdots & & \vdots & & \vdots \\ 0 & 0 & & 0 & \dots & d_{\mathrm{mm}} \end{bmatrix} = [d_{11}d_{22} \dots d_{\mathrm{ii}} \dots d_{\mathrm{mm}}]. \quad \text{(A.9)}$$

Jede Diagonalmatrix mit $d_{11} = d_{22} = \dots d_{\mathrm{ii}} = \dots d_{\mathrm{mm}} = d$ heißt *Skalarmatrix*. Jede Skalarmatrix mit $d = 1$ heißt *Einheitsmatrix* oder *Einsmatrix* der Ordnung m und wird mit $\boldsymbol{I}$ abgekürzt:

$$I = \begin{bmatrix} 1 & 0 \dots 0 \\ 0 & 1 \dots 0 \\ \vdots & \vdots \quad \vdots \\ 0 & 0 \dots 1 \end{bmatrix} = [\,1\;1 \dots 1]. \quad \text{(A.10)}$$

Bandmatrizen: Jede quadratische Matrix, deren nichtverschwindende Glieder um die Hauptdiagonale gruppiert sind, heißt *Bandmatrix:*

$$\boldsymbol{b} = \begin{bmatrix} b_{11} & b_{12} & 0 & \dots & 0 & 0 \\ b_{21} & b_{22} & b_{23} & \dots & 0 & 0 \\ 0 & b_{32} & b_{33} & \dots & 0 & 0 \\ \vdots & \vdots & \vdots & & \vdots & \vdots \\ 0 & 0 & 0 & \dots & b_{\mathrm{m-1,m-1}} & b_{\mathrm{m-1,m}} \\ 0 & 0 & 0 & \dots & b_{\mathrm{m,m-1}} & b_{\mathrm{m,m}} \end{bmatrix}. \quad \text{(A.11)}$$

Dreiecksmatrizen: Jede quadratische Matrix, deren sämtliche Elemente auf einer Seite jenseits der Hauptdiagonalen verschwinden, heißt *Dreiecksmatrix*. Man unterscheidet obere (rechte) und untere (linke) Dreiecksmatrizen:

$$\boldsymbol{r} = \begin{bmatrix} r_{11} & r_{12} & \dots & r_{1\mathrm{m}} \\ 0 & r_{22} & \dots & r_{2\mathrm{m}} \\ \vdots & \vdots & & \vdots \\ 0 & 0 & \dots & r_{\mathrm{mm}} \end{bmatrix}, \quad \mathbf{l} = \begin{bmatrix} l_{11} & 0 & \dots & 0 \\ l_{21} & l_{22} & \dots & 0 \\ \vdots & \vdots & & \vdots \\ l_{\mathrm{m1}} & l_{\mathrm{m2}} & \dots & l_{\mathrm{mm}} \end{bmatrix}. \quad \text{(A.12)}$$

Für die Determinanten von Dreiecksmatrizen gilt:

$$\det(\boldsymbol{r}) = r_{11} \cdot r_{22} \cdot \dots r_{\mathrm{mm}}, \quad \det(\boldsymbol{l}) = l_{11} \cdot l_{22} \cdot \dots l_{\mathrm{mm}}. \quad \text{(A.13)}$$

A.1.2 Rechenregeln

Transposition: Vertauscht man bei einer (m, n)-Matrix $\boldsymbol{a}$ alle Zeilen und Spalten, so gewinnt man die *transponierte* (n, m)-Matrix $\boldsymbol{a}^{\mathrm{T}}$:

$$\boldsymbol{a} = \begin{bmatrix} a_{11} & a_{12} & \dots & a_{1n} \\ a_{21} & a_{22} & \dots & a_{2n} \\ \vdots & \vdots & & \vdots \\ a_{m1} & a_{m2} & \dots & a_{mn} \end{bmatrix}, \quad \boldsymbol{a}^{\mathrm{T}} = \begin{bmatrix} a_{11} & a_{21} & \dots & a_{m1} \\ a_{12} & a_{22} & \dots & a_{m2} \\ \vdots & \vdots & & \vdots \\ a_{1n} & a_{2n} & \dots & a_{mn} \end{bmatrix} \tag{A.14}$$

Das Transponieren entspricht einem Spiegeln aller Elemente an der Hauptdiagonalen; daher gilt:

$(\boldsymbol{a}^{\mathrm{T}})^{\mathrm{T}} = \boldsymbol{a}$ für alle Matrizen,
$\boldsymbol{a}^{\mathrm{T}} = \boldsymbol{a}$ für symmetrische (quadratische) Matrizen,
$\boldsymbol{a}^{\mathrm{T}} = -\boldsymbol{a}$ für antimetrische (quadratische) Matrizen.

Addition und Subtraktion: Zwei Matrizen gleicher Ordnung werden addiert (subtrahiert), indem alle *Elemente gleicher Position* addiert (subtrahiert) werden:

$$\boldsymbol{c}_{(\mathrm{m,\,n})} = \boldsymbol{a}_{(\mathrm{m,\,n})} + \boldsymbol{b}_{(\mathrm{m,\,n})} \text{ erfordert } c_{\mathrm{ij}} = a_{\mathrm{ij}} + b_{\mathrm{ij}} \quad \text{für alle } i,\, j,$$

$$\boldsymbol{c}_{(\mathrm{m,\,n})} = \boldsymbol{a}_{(\mathrm{m,\,n})} - \boldsymbol{b}_{(\mathrm{m,\,n})} \text{ erfordert } c_{\mathrm{ij}} = a_{\mathrm{ij}} - b_{\mathrm{ij}} \quad \text{für alle } i,\, j.$$

Definiert man die Nullmatrix als Differenz zweier gleicher Matrizen:

$$\boldsymbol{a} = \boldsymbol{b} \rightarrow \boldsymbol{a} - \boldsymbol{b} = \boldsymbol{0}, \tag{A.15}$$

so folgt aus obiger Beziehung, dass zwei Matrizen gerade dann gleich sind, wenn sie gleiche Ordnung besitzen und alle Elemente gleicher Position identisch sind. Die Addition von Matrizen ist

$$\begin{aligned} &\text{kommutativ:} && \boldsymbol{a} + \boldsymbol{b} = \boldsymbol{b} + \boldsymbol{a} \\ &\text{sowie assoziativ:} && (\boldsymbol{a} + \boldsymbol{b}) + \boldsymbol{c} = \boldsymbol{a} + (\boldsymbol{b} + \boldsymbol{c}). \end{aligned} \tag{A.16}$$

Skalierung: Bei der Multiplikation einer Matrix $\boldsymbol{a}$ mit einem Skalar λ wird jedes Element dieser Matrix mit dem Skalar multipliziert:

$$\lambda \boldsymbol{a} = \boldsymbol{a} \lambda = \begin{bmatrix} \lambda a_{11} & \lambda a_{12} & \dots & \lambda a_{1n} \\ \lambda a_{21} & \lambda a_{22} & \dots & \lambda a_{2n} \\ \vdots & \vdots & & \vdots \\ \lambda a_{m1} & \lambda a_{m2} & \dots & \lambda a_{mn} \end{bmatrix}. \tag{A.17}$$

Multiplikation zweier Matrizen: Das Produkt einer Matrix $\boldsymbol{a}$ der Ordnung (m, n) mit einer Matrix $\boldsymbol{b}$ der Ordnung (n, p) ist durch eine Matrix $\boldsymbol{c}$ der Ordnung (m, p) definiert, für deren Elemente

$$c_{ij} = \sum_{\mathrm{r=1}}^{\mathrm{n}} a_{ir} b_{rj} \quad \text{für} \quad i = 1(1)m,\ j = 1(1)p \tag{A.18}$$

gilt. Das Matrizenprodukt existiert daher nur, wenn die Spaltenzahl von $\boldsymbol{a}$ der Zeilenzahl von $\boldsymbol{b}$ entspricht. Die angegebene Definitionsgleichung lässt sich besonders anschaulich mit Hilfe des Multiplikationsschemas von FALK in einen Berechnungsalgorithmus übersetzen:

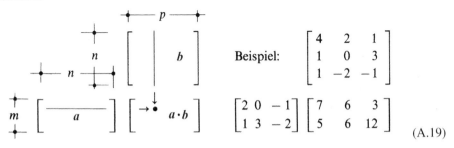

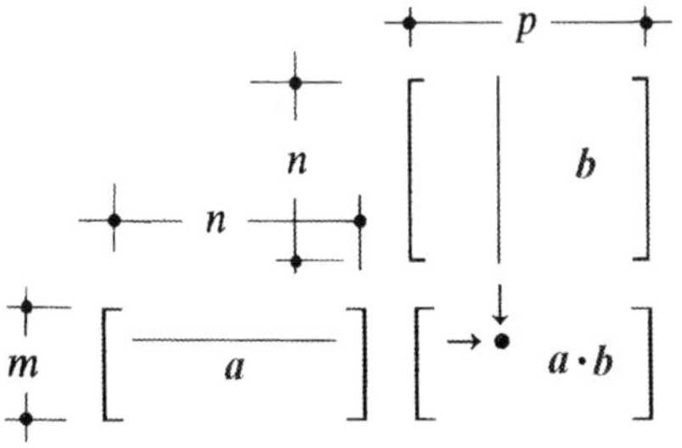

Beispiel:

$$\begin{bmatrix} 4 & 2 & 1 \\ 1 & 0 & 3 \\ 1 & -2 & -1 \end{bmatrix}$$

$$\begin{bmatrix} 2 & 0 & -1 \\ 1 & 3 & -2 \end{bmatrix} \begin{bmatrix} 7 & 6 & 3 \\ 5 & 6 & 12 \end{bmatrix} \tag{A.19}$$

Das Matrizenprodukt einer Zeile mit einer Spalte ergibt somit ein einzelnes Element, einen Skalar. Die Matrizenmultiplikation verhält sich:

assoziativ: $(\boldsymbol{a} \cdot \boldsymbol{b}) \cdot \boldsymbol{c} = \boldsymbol{a} \cdot (\boldsymbol{b} \cdot \boldsymbol{c})$,
distributiv: $\boldsymbol{a} \cdot (\boldsymbol{b} + \boldsymbol{c}) = \boldsymbol{a} \cdot \boldsymbol{b} + \boldsymbol{a} \cdot \boldsymbol{c}$,
aber nicht kommutativ: $\boldsymbol{a} \cdot \boldsymbol{b} \neq \boldsymbol{b} \cdot \boldsymbol{a}$.

Außerdem gilt:

$$\boldsymbol{I} \cdot \boldsymbol{a} = \boldsymbol{a} \cdot \boldsymbol{I} = \boldsymbol{a},\ (\boldsymbol{a} \cdot \boldsymbol{b} \cdot \ldots \boldsymbol{c} \cdot \boldsymbol{d})^{\mathrm{T}} = \boldsymbol{d}^{\mathrm{T}} \cdot \boldsymbol{c}^{\mathrm{T}} \cdot \ldots \boldsymbol{b}^{\mathrm{T}} \cdot \boldsymbol{a}^{\mathrm{T}}. \tag{A.20}$$

Inversion: Jede reguläre (quadratische) Matrix $\boldsymbol{a}$ der Ordnung n besitzt genau eine reguläre (quadratische) *Inverse* $\boldsymbol{a}^{-1}$ der Ordnung n, für welche gilt:

$$\boldsymbol{a} \cdot \boldsymbol{a}^{-1} = \boldsymbol{a}^{-1} \cdot \boldsymbol{a} = \boldsymbol{I}. \tag{A.21}$$

Zur Berechnung der Inversen $\boldsymbol{a}^{-1}$ interpretiert man $\boldsymbol{a} \cdot \boldsymbol{a}^{-1} = \boldsymbol{a} \cdot \boldsymbol{x} = \boldsymbol{I}$ als Kurzschreibweise für n lineare Gleichungssysteme (siehe Abb. 1.20) und bestimmt $\boldsymbol{x} = \boldsymbol{a}^{-1}$ durch spaltenweise Lösung. Für Inverse gelten folgende Rechenregeln:

$$\left(\boldsymbol{a}^{\mathrm{T}}\right)^{-1} = \left(\boldsymbol{a}^{-1}\right)^{\mathrm{T}},\ (\boldsymbol{a} \cdot \boldsymbol{b} \cdot \ldots \boldsymbol{c} \cdot \boldsymbol{d})^{-1} = \boldsymbol{d}^{-1} \cdot \boldsymbol{c}^{-1} \cdot \ldots \boldsymbol{b}^{-1} \cdot \boldsymbol{a}^{-1}. \tag{A.22}$$

Pseudo-Inversion: Rechteckmatrizen $\boldsymbol{a}$ der Ordnung (m, n) besitzen rechte oder linke *Pseudo-Inversen* (Halbinversen) $\boldsymbol{a}^*, \boldsymbol{a}^{**}$ mit folgenden Eigenschaften:

Rechtsinverse $\boldsymbol{a}^*$ gemäß $\boldsymbol{a}_{(\mathrm{m,n})} \cdot \boldsymbol{a}^*_{(\mathrm{n,m})} = \boldsymbol{I}_{(\mathrm{m,m})}$ existiert, sofern $\boldsymbol{a}$ zeilenregulär mit $m < n$,

Linksinverse $\boldsymbol{a}^{**}$ gemäß $\boldsymbol{a}^{**}{}_{(\mathrm{n,m})} \cdot \boldsymbol{a}_{(\mathrm{m,n})} = \boldsymbol{I}_{(\mathrm{n,n})}$ existiert, sofern $\boldsymbol{a}$ spaltenregulär mit $m > n$.

Der Prozess der Pseudo-Inversion ist mehrdeutig; zur eindeutigen Lösung sind Zusatzbedingungen erforderlich [A.9].

Orthogonalität: Jede reelle quadratische Matrix $\boldsymbol{a}$, deren Produkt mit ihrer Transponierten die Einheitsmatrix ergibt, heißt *orthogonal*:

$$\boldsymbol{a} \cdot \boldsymbol{a}^{\mathrm{T}} = \boldsymbol{a}^{\mathrm{T}} \cdot \boldsymbol{a} = \boldsymbol{I} \rightarrow \boldsymbol{a}^{\mathrm{T}} = \boldsymbol{a}^{-1}. \tag{A.23}$$

Für orthogonale Matrizen gilt: $\det(\boldsymbol{a}) = \pm 1$.

Ähnlichkeitstransformation: Die beiden durch die Transformation

$$\boldsymbol{b}^{*} = \boldsymbol{a}^{-1} \cdot \boldsymbol{b} \cdot \boldsymbol{a}. \tag{A.24}$$

verbundenen Matrizen $\boldsymbol{b}$, $\boldsymbol{b}^{*}$ werden als zueinander *ähnlich* bezeichnet; für sie gilt: $\det(\boldsymbol{b}^{*}) = \det(\boldsymbol{b})$.

Kongruenztransformation: Die beiden durch die Transformation

$$\boldsymbol{b}^{**} = \boldsymbol{a}^{\mathrm{T}} \cdot \boldsymbol{b} \cdot \boldsymbol{a}. \tag{A.25}$$

verbundenen Matrizen $\boldsymbol{b}$, $\boldsymbol{b}^{**}$ werden als zueinander *kongruent* bezeichnet. Kongruenztransformierte Matrizen entstehen im Zusammenhang mit *kontragredienten Transformationen* von Spalten, durch welche die Invarianz der Skalarprodukte dieser Spalten beschrieben wird. Beispiel: $\boldsymbol{P} = \boldsymbol{a}^{\mathrm{T}} \cdot \boldsymbol{s}$ ist kontragredient zu $\boldsymbol{v} = \boldsymbol{a} \cdot \boldsymbol{V}$, deshalb: $W = \boldsymbol{v}^{\mathrm{T}} \cdot \boldsymbol{s} = \boldsymbol{V}^{\mathrm{T}} \cdot \boldsymbol{a}^{\mathrm{T}} \cdot \boldsymbol{s} = \boldsymbol{V}^{\mathrm{T}} \cdot \boldsymbol{P}$.

A.1.3 Normen und Konditionsmaße

Zur Abschätzung relativer Fehler von Matrixoperationen dienen *Normen* von Vektoren, d. h. von Zeilen oder Spalten, und von Matrizen sowie *Konditionsmaße*.

Als *Norm* definiert man dabei eine den in $\boldsymbol{a}$ vereinigten Elementen zugeordnete Zahl die ein Maß der *Größe* von $\boldsymbol{a}$ darstellt.

Vektornormen: Folgende Normen eines Vektors $\boldsymbol{v}$ der Ordnung m sind gebräuchlich:

$$\begin{aligned} \|\boldsymbol{v}\|_1 &= \sum_{\mathrm{i}=1}^{\mathrm{m}} |v_{\mathrm{i}}| && \text{Summennorm,} \\ \|\boldsymbol{v}\|_2 &= \sqrt[+]{\boldsymbol{v}^{\mathrm{T}} \cdot \boldsymbol{v}} = |\boldsymbol{v}| && \text{Euklidische Norm, Spektralnorm,} \\ \|\boldsymbol{v}\|_\infty &= \max |v_{\mathrm{i}}|\,, i = 1(1)m && \text{Maximumnorm.} \end{aligned} \tag{A.26}$$

Matrixnormen: Vektor- und Matrixnormen sind miteinander *verträglich*, wenn für sie die Dreiecksungleichung

$$\|\boldsymbol{a} \cdot \boldsymbol{v}\| \leq \|\boldsymbol{a}\| \cdot \|\boldsymbol{v}\| \tag{A.27}$$

erfüllt ist. Folgende Matrixnormen sind gebräuchlich:

$$\begin{aligned}
&\|\boldsymbol{a}\|_1 = \max \sum_{\mathrm{i=1}}^{\mathrm{m}} |a_{ij}|,\ j = 1(1)n && \text{Spaltensummennorm}\\
&\|\boldsymbol{a}\|_2 = \sqrt[+]{\mathrm{sp}(\mathbf{a}^{\mathrm{T}} \cdot \mathbf{a})} && \text{Euklidische Norm, Spektralnorm}\\
&\|\boldsymbol{a}\|_\infty = \max \sum_{\mathrm{j=i}}^{\mathrm{n}} |a_{\mathrm{ij}}|,\ i = 1(1)m && \text{Zeilensummennorm}
\end{aligned} \tag{A.28}$$

Konditionsmaße: Schlecht konditionierte (instabile) Lösungsverfahren vergrößern relative Fehler der Eingabedaten in die Ausgabedaten hinein. Ein Maß zur Beurteilung der Lösungsqualität eines Algorithmus bilden *Konditionszahlen* der beteiligten Matrizen. Beispielsweise gilt für eine quadratische, reguläre Matrix $\boldsymbol{a}$:

$$\begin{aligned}
&\mathrm{cond}\,(\boldsymbol{a})_H = \prod_{\mathrm{i=1}}^{\mathrm{m}} \left(\sum_{\mathrm{j=1}}^{\mathrm{m}} a_{\mathrm{ij}}^2 \right)^{\frac{1}{2}} \Big/ |\det(\boldsymbol{a})| \ \text{HADAMARDsche Konditionszahl,}\\
&\mathrm{cond}\,(\boldsymbol{a})_p = \|\boldsymbol{a}\|_{\mathrm{p}} \cdot \|\boldsymbol{a}^{-1}\|_{\mathrm{p}}.
\end{aligned} \tag{A.29}$$

Diese Konditionszahlen liegen numerisch zwischen 1 (optimale Kondition) und 0 (Instabilität), dabei bezieht sich der Index p auf die weiter oben aufgeführten Normen. Im Abschn. 1.3.6 waren zu (A.29) reziproke Konditionsmaße $k = [\mathrm{cond}\,(\boldsymbol{a})]^{-1}$ verwendet worden, weil diese die Fehler der dort behandelten Gleichungsauflösung in natürlicherer Weise beschrieben.

A.1.4 Lineare Gleichungssysteme

Gegeben sei das System von m linearen Gleichungen

$$\boldsymbol{a} \cdot \boldsymbol{x} = \boldsymbol{b} \tag{A.30}$$

mit der Koeffizientenmatrix $\boldsymbol{a}_{(\mathrm{m,\,m})}$, der rechten Seite $\boldsymbol{b}_{(\mathrm{m,\,1})}$ und dem Vektor der Unbekannten $\boldsymbol{x}_{(\mathrm{m,\,1})}$

$$\boldsymbol{a} = [\boldsymbol{a}_{ij}] = \begin{bmatrix} a_{11} & a_{12} & \dots & a_{1\mathrm{m}} \\ a_{21} & a_{22} & \dots & a_{2\mathrm{m}} \\ \vdots & \vdots & & \vdots \\ a_{\mathrm{m}1} & a_{\mathrm{m}2} & \dots & a_{\mathrm{mm}} \end{bmatrix}, \quad \boldsymbol{b} = [b_i] = \begin{bmatrix} b_1 \\ b_2 \\ \vdots \\ b_{\mathrm{m}} \end{bmatrix}, \quad \boldsymbol{x} = [x_{\mathrm{i}}] = \begin{bmatrix} x_1 \\ x_2 \\ \vdots \\ x_{\mathrm{m}} \end{bmatrix} \tag{A.31}$$

Alle Koeffizienten a_{ij}, b_i: $i, j = 1(1)m$ seien vorgegebene, reelle Zahlen. Dann heißt derjenige Vektor $\boldsymbol{x}$, dessen Komponenten x_i: $i = 1(1)m$ gerade das Gleichungssystem (A.30) zu einer Identität machen, *Lösungsvektor* von (A.30).

Wegen der allgemeinen Verfügbarkeit von Mikrocomputern und leistungsfähigen Lösungsalgorithmen wird die Auflösung linearer Gleichungssysteme in der Baustatik i. A. in einer Black-Box-Arbeitsweise erfolgen. Trotzdem sollte der berechnende Ingenieur das von ihm gestartete Lösungsverfahren kennen und eventuelle Schwächen entdecken können. Man unterscheidet folgende Verfahren:

Direkte Lösungsverfahren: Diese Verfahren liefern *exakte Lösungen*, wenn man von den Rundungsfehlern in der Maschine absieht. Zu den direkten Lösungsverfahren gehören

- das Eliminationsverfahren von GAUSS (siehe Abb. 1.19): Dieses überführt $\boldsymbol{a}$ in eine obere Dreiecksmatrix $\boldsymbol{r}$, so dass das System durch Rückwärtselimination gelöst werden kann;
- das Verfahren von GAUSS-JORDEN;
- das Verfahren von CHOLESKY für eine symmetrische, positiv definite Koeffizientenmatrix: Nach Zerlegung von $\boldsymbol{a}$ in zwei gleiche Dreiecksmatrizen entsteht aus (A.30) $\boldsymbol{r}^{\mathrm{T}} \cdot \boldsymbol{r} \cdot \boldsymbol{x} = \boldsymbol{b}$, durch Vorwärtselimination wird dies in $\boldsymbol{r} \cdot \boldsymbol{x} = \boldsymbol{r}^{T} \cdot \boldsymbol{b}$ transformiert, woraus durch Rückwärtselimination $\boldsymbol{x}$ bestimmt werden kann;
- verschiedene Verfahren für Koeffizientenmatrizen mit Bandstruktur.

Pivot-Strategien verwenden in jedem Schritt jeweils diejenige Einzelgleichung mit dem betragsmäßig größten Element (= Pivot-Element) zur Elimination; durch sie wird der Rundungsfehler minimalisiert.

Iterative Lösungsverfahren: Diese Verfahren gehen von einem Startvektor $\boldsymbol{x}^{(0)}$ der Lösung aus und verbessern diesen schrittweise. Neben den maschinellen Rundungsfehlern tritt bei ihnen der iterative Abbruchfehler auf; beide Fehlerarten müssen sich aber nicht akkumulieren. Iterationsstrategien weisen i. A. nur für bestimmte Strukturen der Koeffizientenmatrix $\boldsymbol{a}$ Konvergenzverhalten auf. Zu den iterativen Verfahren gehören

- die Gesamtschrittverfahren nach JACOBI,
- das Einzelschrittverfahren nach GAUSS-SEIDEL,
- die Relaxationsverfahren.

Jeder Black-Box-Anwender sollte Techniken kennen, um die Stabilität des von ihm verwendeten Lösungsalgorithmus beurteilen zu können. Besonders bei steigender Ordnung m und schlechter Konditionierung von $\boldsymbol{a}$ können Rundungsfehler die Lösung unbrauchbar werden lassen. Ein besonders scharfer Genauigkeitstest basiert auf der folgenden, quadratischen und regulären Matrix m-ter Ordnung:

$$a = \begin{bmatrix} \frac{m+2}{2m+2} & -\frac{1}{2} & 0 & 0 & \ldots & 0 & \frac{1}{2m+2} \\ -\frac{1}{2} & 1 & -\frac{1}{2} & 0 & \ldots & 0 & 0 \\ 0 & -\frac{1}{2} & 1 & -\frac{1}{2} & \ldots & 0 & 0 \\ 0 & 0 & -\frac{1}{2} & 1 & \ldots & 0 & 0 \\ \vdots & \vdots & \vdots & \vdots & & \vdots & \vdots \\ 0 & 0 & 0 & 0 & \ldots & 1 & -\frac{1}{2} \\ \frac{1}{2m+2} & 0 & 0 & 0 & \ldots & -\frac{1}{2} & \frac{m+2}{2m+2} \end{bmatrix}, \qquad \text{(A.32)}$$

deren *exakte* Inverse lautet:

$$a^{-1} = \begin{bmatrix} m & m-1 & m-2 & m-3 & \ldots & 2 & 1 \\ m-1 & m & m-1 & m-2 & \ldots & 3 & 2 \\ m-2 & m-1 & m & m-1 & \ldots & 4 & 3 \\ \vdots & \vdots & \vdots & \vdots & & \vdots & \vdots \\ 2 & 3 & 4 & 5 & \ldots & m & m-1 \\ 1 & 2 & 3 & 4 & \ldots & m-1 & m \end{bmatrix}. \qquad \text{(A.33)}$$

Hieraus lassen sich gemäß den Angaben der Abb. 1.20 genau m lineare Testsysteme herleiten, sofern man nicht die gesamte Inversion testen will (kann).

A.1.5 Eigenwertaufgaben

Wir unterscheiden die *allgemeine Eigenwertaufgabe*

$$\begin{aligned} \boldsymbol{a} \cdot \boldsymbol{x} = \lambda \boldsymbol{b} \cdot \boldsymbol{x}: \quad & (\boldsymbol{a} - \lambda \boldsymbol{b}) \cdot \boldsymbol{x} = \boldsymbol{0} \text{ bzw.} \\ \boldsymbol{y}^{\mathrm{T}} \cdot \boldsymbol{a} = \lambda \boldsymbol{y}^{\mathrm{T}} \cdot \boldsymbol{b}: \quad & \boldsymbol{y}^{\mathrm{T}} \cdot (\boldsymbol{a} - \lambda \boldsymbol{b}) = \boldsymbol{0} \end{aligned} \qquad \text{(A.34)}$$

sowie die *spezielle Eigenwertaufgabe* ($\boldsymbol{b} = \boldsymbol{I}$)

$$\begin{aligned} \boldsymbol{a} \cdot \boldsymbol{x} = \lambda \boldsymbol{x}: \quad & (\boldsymbol{a} - \lambda \boldsymbol{I}) \cdot \boldsymbol{x} = \boldsymbol{0} \text{ bzw.} \\ \boldsymbol{y}^{\mathrm{T}} \cdot \boldsymbol{a} = \lambda \cdot \boldsymbol{y}^{\mathrm{T}}: \quad & \boldsymbol{y}^{\mathrm{T}} . (\boldsymbol{a} - \lambda \boldsymbol{I}) = \boldsymbol{0}. \end{aligned} \qquad \text{(A.35)}$$

Hierin bezeichnen:

- $\boldsymbol{a}$ eine beliebige quadratische Matrix der Ordnung m,
- $\boldsymbol{b}$ eine beliebige quadratische Matrix der Ordnung m. Im Fall $\boldsymbol{b} \neq \boldsymbol{I}$ muss $\boldsymbol{a}$ oder $\boldsymbol{b}$ regulär sein, um das allgemeine Eigenwertproblem durch Multiplikation mit der existierenden Inversen in ein spezielles Eigenwertproblem transformieren zu können, beispielsweise

$$\mathbf{det}(\boldsymbol{b}) \neq \mathbf{0} : \boldsymbol{b}^{-1} - (\boldsymbol{a} - \lambda \boldsymbol{b}) \cdot \boldsymbol{x} = (\boldsymbol{b}^{-1} \cdot \boldsymbol{a} - \lambda \boldsymbol{I}) \cdot \boldsymbol{x} = \mathbf{0}. \tag{A.36}$$

- $\boldsymbol{x}$ m Rechtseigenvektoren $(m, 1)$,
- $\boldsymbol{y}$ m *Linkseigenvektoren* $(m, 1)$, beide als Lösungsvektoren ihrer jeweiligen Eigenwertaufgabe,
- λ m Skalare, die sog. Eigenwerte als Lösung der charakteristischen Polynome

$$\mathbf{det}(\boldsymbol{a} - \lambda \boldsymbol{b}) = 0 \text{ bzw. } \det(\boldsymbol{a} - \lambda \boldsymbol{I}) = 0, \tag{A.37}$$

den Lösungsbedingungen der jeweiligen Eigenwertprobleme.

Die spezielle Eigenwertaufgabe

$$(\boldsymbol{a} - \lambda \boldsymbol{I}) \cdot \boldsymbol{x} = 0 \text{ bzw. } \boldsymbol{y}^{\mathrm{T}} \cdot (\boldsymbol{a} - \lambda \boldsymbol{I}) = \mathbf{0} \tag{A.38}$$

besitzt m Eigenwerte λ_{m} als Wurzeln ihres charakteristischen Polynoms. Jedem Eigenwert λ_{m} ist mit der Vielfachheit seines Auftretens ein Eigenvektor $\boldsymbol{x}_{\mathrm{m}}$ zugeordnet, der bis auf seine Länge bestimmt ist. Es gelten folgende Sätze:

- $\boldsymbol{a}$ besitzt gerade r Eigenwerte $\neq 0$, wenn r den Rang von $\boldsymbol{a}$ bezeichnet.
- $\boldsymbol{a}$ besitzt nur dann wenigstens einen Eigenwert $\lambda = 0$, wenn $\det(\boldsymbol{a}) = 0$ gilt.
- Die Anzahl der Nulleigenwerte von $\boldsymbol{a}$ stimmt mit deren Rangabfall überein.
- Zu verschiedenen Eigenwerten gehörende Eigenvektoren sind linear unabhängig.
- Zu einem einfachen (p-fachen) Eigenwert gibt es genau einen (mindestens einen, jedoch höchstens p) linear unabhängigen Eigenvektor (unabhängige Eigenvektoren).

- Es gilt: $$\mathrm{sp}(\boldsymbol{a}) = \sum_{\mathrm{i}=1}^{\mathrm{m}} a_{\mathrm{ii}} = \sum_{\mathrm{i}=1}^{\mathrm{m}} \lambda_{\mathrm{i}}, \quad \det(\boldsymbol{a}) = \lambda_1 \cdot \lambda_2 \cdot \lambda_3 \cdot \ldots \lambda_{\mathrm{m}}. \tag{A.39}$$

- Rechts- und Linkseigenvektoren verschiedener Eigenwerte $\lambda_{\mathrm{i}}, \neq \lambda_{\mathrm{k}}$ sind zueinander orthogonal: $\boldsymbol{x}_{\mathrm{i}}^{\mathrm{T}} \cdot \boldsymbol{y}_{\mathrm{k}} = 0$.
- Rechts- und Linkseigenvektoren regulärer Matrizen lassen sich orthonormieren:

  $\boldsymbol{x}_{\mathrm{i}}^{\mathrm{T}} \cdot \boldsymbol{y}_{\mathrm{k}} = \boldsymbol{\delta}_{\mathrm{ik}}$ ($\boldsymbol{\delta}_{\mathrm{ik}}$: KRONECKER Delta).

Spezielle Eigenwertprobleme symmetrischer Matrizen spielen eine wichtige Sonderrolle; für sie gilt:

- Sämtliche Eigenwerte sind reell.
- Für positive Definitheit von $\boldsymbol{a}$ sind alle Eigenwerte positiv.
- Rechts- und Linkseigenvektoren des gleichen Eigenwerts sind identisch.

Ordnet man in diesem Fall sämtliche m Eigenwerte λ_i; in der Diagonalmatrix $\boldsymbol{\lambda}$ an, der *Modalmatrix*, sämtliche Eigenvektoren x_m in korrespondierender Reihenfolge in $\boldsymbol{u}$:

$$\boldsymbol{\lambda} = [\lambda_1\ \lambda_2\ ...\ \lambda_m],\ \boldsymbol{u} = [\boldsymbol{x}_1\ \boldsymbol{x}_2\ ...\ \boldsymbol{x}_m], \tag{A.40}$$

so transformiert sich das ursprüngliche Eigenwertproblem in:

$$\boldsymbol{a} \cdot \boldsymbol{x} = \boldsymbol{\lambda} \cdot \boldsymbol{x} \rightarrow \boldsymbol{a} \cdot \boldsymbol{u} = \boldsymbol{u} \cdot \boldsymbol{\lambda}. \tag{A.41}$$

Unter Voraussetzung orthonormierter Eigenvektoren $\boldsymbol{u}^{\mathrm{T}} \cdot \boldsymbol{u} = \boldsymbol{I}$ entsteht hieraus durch Linksmultiplikation mit $\boldsymbol{u}^{\mathrm{T}}$:

$$\boldsymbol{u}^{\mathrm{T}} \cdot \boldsymbol{a} \cdot \boldsymbol{u} = \boldsymbol{u}^{\mathrm{T}} \cdot \boldsymbol{u} \cdot \boldsymbol{\lambda} = \boldsymbol{I} \cdot \boldsymbol{\lambda} = \boldsymbol{\lambda}. \tag{A.42}$$

Durch diese Kongruenztransformation wird $\boldsymbol{a}$ in eine Diagonalmatrix mit den Eigenwerten auf der Hauptdiagonalen überführt, was als Eigenrichtungs- oder Hauptachsentransformation bezeichnet wird.

Als Beispiel transformieren wir die Nachgiebigkeitsbeziehung (2.40) eines ebenen, dehnstarren Stabelementes auf die Hauptachsen:

$$\boldsymbol{v}^{\mathrm{p}} = \boldsymbol{f}^{\mathrm{p}} \cdot \boldsymbol{s}^{\mathrm{p}} = \frac{l}{6EI} \bar{\boldsymbol{f}}^{\mathrm{p}} \cdot \boldsymbol{s}^{\mathrm{p}}: \begin{bmatrix} \tau_l \\ \tau_{\mathrm{r}} \end{bmatrix}^{\mathrm{p}} = \frac{l}{6EI} \begin{bmatrix} 2 & 1 \\ 1 & 2 \end{bmatrix}^{\mathrm{p}} \cdot \begin{bmatrix} M_l \\ M_{\mathrm{r}} \end{bmatrix}^{\mathrm{p}}. \tag{A.43}$$

Das Eigenwertproblem

$$(\bar{\boldsymbol{f}}^{\mathrm{p}} - \lambda \boldsymbol{I}) \cdot \boldsymbol{x} = \left(\begin{bmatrix} 2 & 1 \\ 1 & 2 \end{bmatrix} - \lambda \begin{bmatrix} 1 & 0 \\ 0 & 1 \end{bmatrix} \right) \cdot \boldsymbol{x} = \boldsymbol{0}$$

führt über die Lösungsbedingung

$$\det (\bar{\boldsymbol{f}}^{\mathrm{p}} - \lambda \boldsymbol{I}) = \begin{vmatrix} 2-\lambda & 1 \\ 1 & 2-\lambda \end{vmatrix} = \lambda^2 - 4\lambda + 3 = 0$$

auf die beiden Lösungen:

$$\lambda_1 = 3:\ \boldsymbol{x}_1 = \frac{\sqrt{2}}{2} \begin{bmatrix} 1 \\ 1 \end{bmatrix},\ \lambda_2 = 1:\ \boldsymbol{x}_2 = \frac{\sqrt{2}}{2} \begin{bmatrix} 1 \\ -1 \end{bmatrix},\ \boldsymbol{u} = \frac{\sqrt{2}}{2} \begin{bmatrix} 1 & 1 \\ 1 & -1 \end{bmatrix}.$$

Damit lautet die Transformation von $\boldsymbol{f}^{\mathrm{p}}$ in ihre Eigenrichtungen:

$$\boldsymbol{f}^{p*} = \frac{l}{6EI}\begin{bmatrix} \lambda_1 & 0 \\ 0 & \lambda_2 \end{bmatrix}^{\mathrm{p}} = \frac{l}{6EI}\begin{bmatrix} 3 & 0 \\ 0 & 1 \end{bmatrix}^{\mathrm{p}}. \tag{A.44}$$

Die Matrix $\boldsymbol{f}^{\mathrm{p}*}$ beschreibt das Nachgiebigkeitsverhalten des Elementes für die neuen Variablen

$$\boldsymbol{v}^{\mathrm{p}*} = \begin{bmatrix} v_1^* \\ v_2^* \end{bmatrix}^{\mathrm{p}} = \begin{bmatrix} 1 & 1 \\ 1 & -1 \end{bmatrix}^{\mathrm{p}} \cdot \begin{bmatrix} \tau_{\mathrm{l}} \\ \tau_{\mathrm{r}} \end{bmatrix}^{\mathrm{p}}, \; \boldsymbol{s}^{\mathrm{p}*} = \begin{bmatrix} s_1^* \\ s_2^* \end{bmatrix}^{\mathrm{p}} = \begin{bmatrix} 1 & 1 \\ 1 & -1 \end{bmatrix}^{\mathrm{p}} \cdot \begin{bmatrix} M_{\mathrm{l}} \\ M_{\mathrm{r}} \end{bmatrix}^{\mathrm{p}}, \tag{A.45}$$

d. h. für symmetrische und antimetrische Stabendvariablen.

A.2 Anhang 2: Berechnung einer hölzernen Fachwerkbrücke

Im Folgenden soll die bereits im Anhang 6 von [Kap. 1:4] analysierte statisch bestimmte Fachwerkbrücke mittels der in diesem Band behandelten Matrizenmethoden berechnet werden, zunächst nach dem Kraftgrößen-, danach nach dem Weggrößenverfahren. Abbildung A.1 wiederholt einleitend die baustatische Skizze dieses Tragwerks.

In derselben Abb. folgt sodann die Numerierung der Knotenlasten und der Stabkräfte als Teil der Diskretisierung unmittelbar in den Knotenkraftsystemen, aus welchen sich die Knotengleichgewichtsbedingungen aufstellen lassen, die unmittelbar in die Matrixbeziehung $\boldsymbol{P} = \boldsymbol{g} \cdot \boldsymbol{s}$ in Abb. A.2 eingebaut werden. Durch Inversion der quadratischen Matrix $\boldsymbol{g}$ entsteht hieraus die Gleichgewichtstransformation $\boldsymbol{s} = \boldsymbol{b} \cdot \boldsymbol{P}$ als Grundlage von Zustands- und Einflussgrößeninformationen gemäß Abb. 2.25. Beispielhafte Anwendungen hierzu finden sich in Abb. A.3. Zunächst werden dort die Stabkräfte infolge des Lastvektors $\overset{\circ}{\boldsymbol{P}}$ der ständigen Lasten ermittelt, sodann die Stabkräfte infolge $P_{12} = 1$ als reine Spalteninformation von $\boldsymbol{b}$. Die im unteren Teil der Abb. A.3 dargestellten Stabkrafteinflusslinien lassen sich aus den 8., 10., 12., 14. und 16. Werten der 1., 5. und 12. Zeile von $\boldsymbol{b}$ konstruieren.

In Abb. A.4 findet der Leser sodann die Nachgiebigkeitsmatrix $\boldsymbol{f}$ aller Stabelemente, die sich aus den l/EA-Werten der Einzelstäbe aufbaut. Aus $\boldsymbol{f}$ entsteht in bekannter Weise durch Kongruenztransformation mit $\boldsymbol{b}$ die Gesamt-Nachgiebigkeitsmatrix $\boldsymbol{F} = \boldsymbol{b}^{\mathrm{T}} \cdot \boldsymbol{f} \cdot \boldsymbol{b}$, die in Abb. A.5 wiedergegeben ist. Es folgen in Abb. A.6 einige Auswertungen des Informationsinhaltes von $\boldsymbol{F}$, so die Ermittlung der Mittendurchbiegung des Fachwerks unter ständigen Lasten $\overset{\circ}{\boldsymbol{P}}$ oder die Konstruktion seiner Durchbiegungseinflusslinien aus den 8., 10., 12., 14. und 16. Werten der 10., 12. bzw. 15. Zeile von $\boldsymbol{F}$. Damit ist die Berechnung des Fachwerksträgers nach dem Kraftgrößenverfahren abgeschlossen.

Die Analyse nach dem Weggrößenverfahren beginnt in Abb. A.7 mit dem Aufbau der kinematischen Transformationsmatrix $\boldsymbol{a}$, am einfachsten zeilenweise durch Bestimmung der Stablängungen u_{Δ} aus den in Stabrichtung verlaufenden Komponenten der Knotenfreiheitsgrade an den jeweiligen Stabenden. Im Rückvergleich bestätigt sich natürlich $\boldsymbol{a} = \boldsymbol{g}^{\mathrm{T}}$ in Abb. A.2. Mittels $\boldsymbol{a}$ entsteht nun durch Kongruenztransformation mit der in Abb. A.8 wiedergegebenen Steifigkeitsmatrix $\boldsymbol{k}$ aller Stabelemente die Gesamt-Steifigkeitsmatrix $\boldsymbol{K}$ der Abb. A.9, die zur Inversen $\boldsymbol{F}^{-1}$ identisch ist. Deutlich erkennt man dort die schwach besetzte, schwach gebänderte Struktur von $\boldsymbol{K}$, Folge der zur Erzielung einer Bandstruktur ungünstigen zeilenweisen Durchnumerierung der Knotenfreiheitsgrade des Tragwerks.

Es sei abschließend betont, dass die Ergebnisse dieses Beispiels auf 6 signifikante Stellen genau berechnet wurden und in den Tafeln auf lesbare Länge gerundet wiedergegeben sind.

1. Baustatische Skizze:

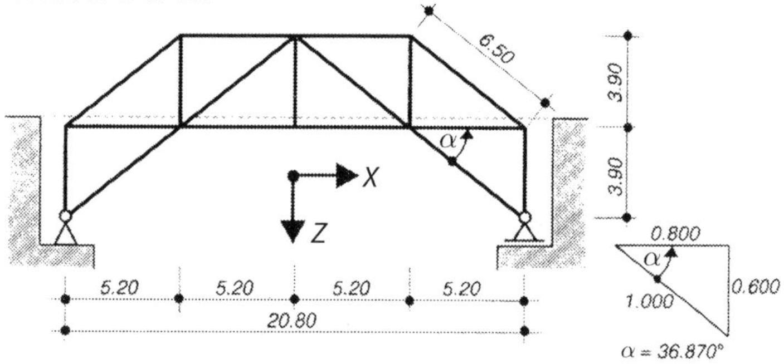

2. Berechnung nach dem Kraftgrößenverfahren

2.1 Tragwerksgleichgewicht

Knotenkraftsysteme

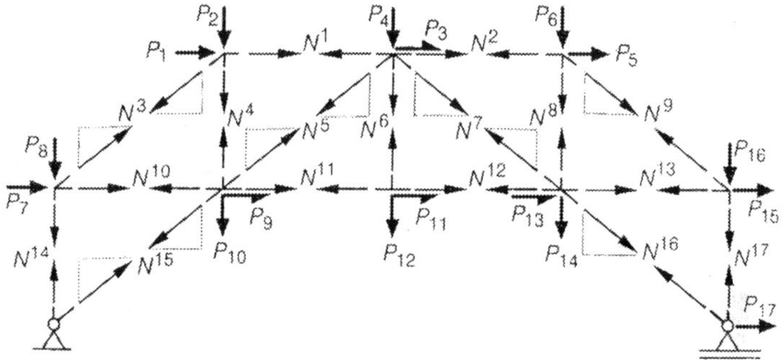

Abb. A.1 Baustatische Skizze und Knotenkraftsysteme des Fachwerkträgers

		1	2	3	4	5	6	7	8	9	10	11	12	13	14	15	16	17		
P_1		-1.000		0.800																N^1
P_2				-0.600	-1.000															N^2
P_3		1.000	-1.000			0.800		-0.800												N^3
P_4						-0.600	-1.000	-0.600												N^4
P_5			1.000							-0.800										N^5
P_6									-1.000	-0.600										N^6
P_7				-0.800							-1.000									N^7
P_8				0.600											-1.000					N^8
P_9	=					-0.800					1.000	-1.000				0.800			•	N^9
P_{10}					1.000	0.600										-0.600				N^{10}
P_{11}												1.000	-1.000							N^{11}
P_{12}							1.000													N^{12}
P_{13}								0.800					1.000	-1.000			-0.800			N^{13}
P_{14}								0.600	1.000								-0.600			N^{14}
P_{15}										0.800				1.000						N^{15}
P_{16}										0.600								-1.000		N^{16}
P_{17}																	0.800			N^{17}

leere Positionen sind mit Nullen besetzt

		1	2	3	4	5	6	7	8	9	10	11	12	13	14	15	16	17		
N^1		-1.500	-1.000	-0.500	-0.667	-0.500	-0.333	-0.750		-0.750	-1.000	-0.750	-0.667	-0.750	-0.333	-0.750		-1.000		P_1
N^2		-0.500	-0.333	-0.500	-0.667	0.500	-1.000	-0.250		-0.250	-0.333	-0.250	-0.667	-0.250	-1.000	-0.250		-1.000		P_2
N^3		-0.625	-1.250	-0.625	-0.833	-0.625	-0.417	-0.938		-0.938	-1.250	-0.938	-0.833	-0.938	-0.417	-0.938		-1.250		P_3
N^4		0.375	-0.250	0.375	0.500	0.375	0.250	0.563		0.563	0.750	0.563	0.500	0.563	0.250	0.563		0.750		P_4
N^5		0.625	0.417	0.625	-0.833	0.625	-0.417	0.313		0.313	0.417	0.313	-0.833	0.313	-0.417	0.313				P_5
N^6													1.000							P_6
N^7		-0.625	-0.417	-0.625	-0.833	-0.625	0.417	-0.313		-0.313	-0.417	-0.313	-0.833	-0.313	0.417	-0.313				P_7
N^8		0.375	0.250	0.375	0.500	0.375	-0.250	0.188		0.188	0.250	0.188	0.500	0.188	0.750	0.188		0.750		P_8
N^9	=	-0.625	-0.417	-0.625	-0.833	-0.625	-1.250	-0.313		-0.313	-0.417	-0.313	-0.833	-0.313	-1.250	-0.313		-1.250	•	P_9
N^{10}		0.500	1.000	0.500	0.667	0.500	0.333	-0.250		-0.750	1.000	-0.750	0.667	0.750	0.333	0.750		1.000		P_{10}
N^{11}		1.000	0.667	1.000	1.333	1.000	0.667	0.500		0.500	0.667	1.500	1.333	1.500	0.667	1.500		2.000		P_{11}
N^{12}		1.000	0.667	1.000	1.333	1.000	0.667	0.500		0.500	0.667	0.500	1.333	1.500	0.667	1.500		2.000		P_{12}
N^{13}		0.500	0.333	0.500	0.667	0.500	1.000	0.250		0.250	0.333	0.250	0.667	0.250	1.000	1.250		1.000		P_{13}
N^{14}		-0.375	-0.750	-0.375	-0.500	-0.375	-0.250	-0.563	-1.000	-0.563	-0.750	-0.563	-0.500	-0.563	-0.250	-0.563		-0.750		P_{14}
N^{15}		1.250		1.250		1.250		1.250		1.250		1.250		1.250		1.250		1.250		P_{15}
N^{16}																		1.250		P_{16}
N^{17}		-0.375	-0.250	-0.375	-0.500	-0.375	-0.750	-0.188		-0.188	-0.250	-0.188	-0.500	-0.188	-0.750	-1.000	-1.000	-0.750		P_{17}

leere Positionen sind mit Nullen besetzt

Abb. A.2 Knotengleichgewichtsbedingungen $\boldsymbol{P} = \boldsymbol{g} \cdot \boldsymbol{s}$ (*links*) und Gleichgewichtstransformation $\boldsymbol{s} = \boldsymbol{b} \cdot \boldsymbol{P}$ (*rechts*)

2.2 Auswertung der Gleichgewichtstransformation

Stabkräfte infolge ständiger Lasten $\boldsymbol{s} = \boldsymbol{b} \cdot \mathring{\boldsymbol{P}}$:

Aus dem Lastvektor (siehe Tragwerke 1, Tafel A.6.1 [A.4])

$$\mathring{\boldsymbol{P}} = [\; 0.00 \;|\; 0.00 \;|\; 0.00 \;|\; 0.00 \;|\; 0.00 \;|\; 0.00 \;|\; 0.00 \;|\; 17.00 \;|\; 0.00 \;|\; 34.00 \;|\; 0.00 \;|\; 34.00 \;|\; 0.00 \;|\; 34.00 \;|\; 0.00 \;|\; 17.00 \;|\; 0.00 \;]^T \; kN$$

folgt durch Multiplikation mit $\boldsymbol{b}$:

$$\boldsymbol{s} = [\; -68.00 \;|\; -68.00 \;|\; -85.00 \;|\; 51.00 \;|\; -28.33 \;|\; 34.00 \;|\; -28.33 \;|\; 51.00 \;|\; -85.00 \;|\; 68.00 \;|\; 90.67 \;|\; 90.67 \;|\; 68.00 \;|\; -68.00 \;|\; 0.00 \;|\; 0.00 \;|\; -68.00 \;]^T \; kN$$

Stabkräfte infolge $P_{12} = 1$, $\boldsymbol{s} = \boldsymbol{b}_{12}$:

Diese Stabkräfte finden sich als 12. Spalte $\boldsymbol{b}_{12}$ der Gleichgewichtstransformationsmatrix $\boldsymbol{b}$; sie entsprechen den Stabkräften der Tafel A.6.3 in Tragwerke 1 [A.4] und lauten:

$$\boldsymbol{s} = [\; -0.6667 \;|\; -0.6667 \;|\; -0.8333 \;|\; 0.5000 \;|\; -0.8333 \;|\; 1.0000 \;|\; -0.8333 \;|\; 0.5000 \;|\; -0.8333 \;|\; 0.6667 \;|\; 1.3333 \;|\; 1.3333 \;|\; 0.6667 \;|\; -0.5000 \;|\; 0.0000 \;|\; 0.0000 \;|\; -0.5000 \;]^T \; kN$$

Stabkrafteinflusslinien:

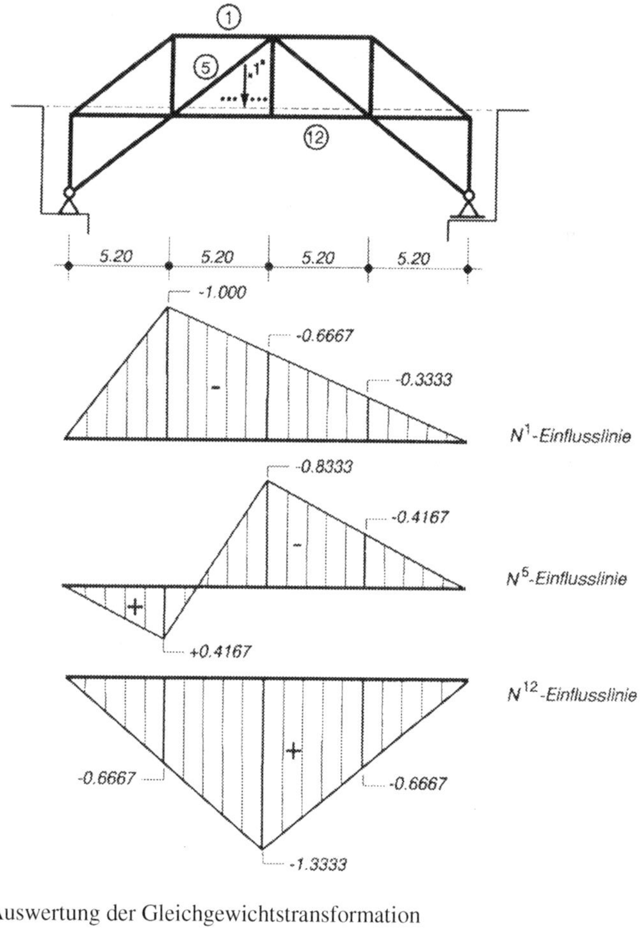

Abb. A.3 Auswertung der Gleichgewichtstransformation

2.3 Tragwerksnachgiebigkeit

Stabsteifigkeiten:

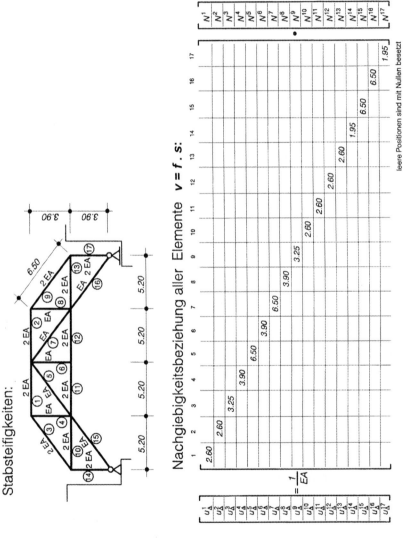

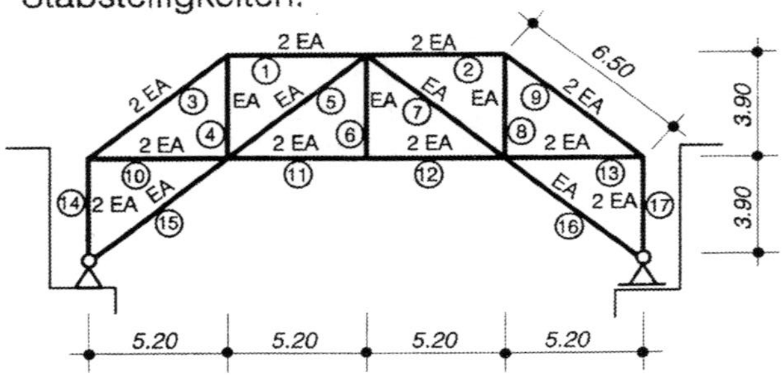

Nachgiebigkeitsbeziehung aller Elemente $\boldsymbol{v} = \boldsymbol{f} \,.\, \boldsymbol{s}$:

$$\begin{bmatrix} u_\Delta^1 \\ u_\Delta^2 \\ u_\Delta^3 \\ u_\Delta^4 \\ u_\Delta^5 \\ u_\Delta^6 \\ u_\Delta^7 \\ u_\Delta^8 \\ u_\Delta^9 \\ u_\Delta^{10} \\ u_\Delta^{11} \\ u_\Delta^{12} \\ u_\Delta^{13} \\ u_\Delta^{14} \\ u_\Delta^{15} \\ u_\Delta^{16} \\ u_\Delta^{17} \end{bmatrix} = \frac{1}{EA} \left[\; f \; \right] \bullet \begin{bmatrix} N^1 \\ N^2 \\ N^3 \\ N^4 \\ N^5 \\ N^6 \\ N^7 \\ N^8 \\ N^9 \\ N^{10} \\ N^{11} \\ N^{12} \\ N^{13} \\ N^{14} \\ N^{15} \\ N^{16} \\ N^{17} \end{bmatrix}$$

	1	2	3	4	5	6	7	8	9	10	11	12	13	14	15	16	17
1	2.60																
2		2.60															
3			3.25														
4				3.90													
5					6.50												
6						3.90											
7							6.50										
8								3.90									
9									3.25								
10										2.60							
11											2.60						
12												2.60					
13													2.60				
14														1.95			
15															6.50		
16																6.50	
17																	1.95

leere Positionen sind mit Nullen besetzt

Abb. A.4 Stabsteifigkeiten und Nachgiebigkeitsbeziehung aller Elemente

Gesamt-Nachgiebigkeitsbeziehung $\boldsymbol{V} = \boldsymbol{F} \cdot \boldsymbol{P}$ mit $\boldsymbol{F} = \boldsymbol{b}^{\mathrm{T}} \cdot \boldsymbol{f} \cdot \boldsymbol{b}$:

$$\boldsymbol{V} = [\, V_1 \;|\; V_2 \;|\; V_3 \;|\; V_4 \;|\; V_5 \;|\; V_6 \;|\; V_7 \;|\; V_8 \;|\; V_9 \;|\; V_{10} \;|\; V_{11} \;|\; V_{12} \;|\; V_{13} \;|\; V_{14} \;|\; V_{15} \;|\; V_{16} \;|\; V_{17} \,]^{\mathrm{T}}$$

$$\boldsymbol{P} = [\, P_1 \;|\; P_2 \;|\; P_3 \;|\; P_4 \;|\; P_5 \;|\; P_6 \;|\; P_7 \;|\; P_8 \;|\; P_9 \;|\; P_{10} \;|\; P_{11} \;|\; P_{12} \;|\; P_{13} \;|\; P_{14} \;|\; P_{15} \;|\; P_{16} \;|\; P_{17} \,]^{\mathrm{T}}$$

$\boldsymbol{F} = \dfrac{1}{EA}$ ·

32.419	17.035	28.519	17.713	27.219	8.531	22.730	0.731	24.030	18.498	26.630	17.713	29.230	9.994	30.530	0.731	36.725
	17.694	14.435	14.733	13.569	7.150	9.940	1.463	12.540	16.719	14.273	14.733	16.006	8.125	16.873	0.488	22.100
		27.219	15.979	25.919	7.665	20.780	0.731	22.080	15.898	24.680	15.979	27.280	9.127	28.580	0.731	34.125
			30.333	14.246	14.733	10.779	0.975	12.513	16.683	15.979	30.333	19.446	16.683	21.179	0.975	31.958
				27.219	5.065	20.130	0.731	21.430	15.031	24.030	14.246	26.630	6.527	27.930	0.731	31.525
					17.694	5.227	0.488	6.094	8.125	7.827	14.733	9.560	16.719	12.160	1.463	22.100
						19.960	1.097	19.256	12.133	20.556	10.779	21.856	5.958	22.506	0.366	26.325
							1.950	1.097	1.463	1.097	0.975	1.097	0.488	1.097	0.000	1.463
								21.206	14.733	22.506	12.513	23.806	6.825	24.456	0.366	28.925
									19.644	16.467	16.683	18.200	9.100	19.067	0.488	25.025
		symmetrisch								26.406	15.979	27.706	8.558	28.356	0.366	34.125
											34.233	19.446	16.683	21.179	0.975	31.958
												31.606	10.292	32.256	0.366	39.325
													19.644	12.892	1.463	25.025
														35.506	0.366	41.925
															1.950	1.463
																68.250

leere Positionen sind mit Nullen besetzt

Abb. A.5 Gesamt-Nachgiebigkeitsbeziehung des Fachwerkträgers

2.4 Anwendung der Gesamt-Nachgiebigkeitsbeziehung

Mittendurchbiegung V_{12} infolge ständigen Lasten $\mathring{\boldsymbol{P}}$ (siehe 2.2):

$$EA\ V_{12} = 0.975 \cdot 17.00 + 16.683 \cdot 34.00 + 34.233 \cdot 34.00 + 16.830 \cdot 34.00 + 0.975 \cdot 17.00 = 2\,331.52$$

Durchbiegungseinflusslinien:

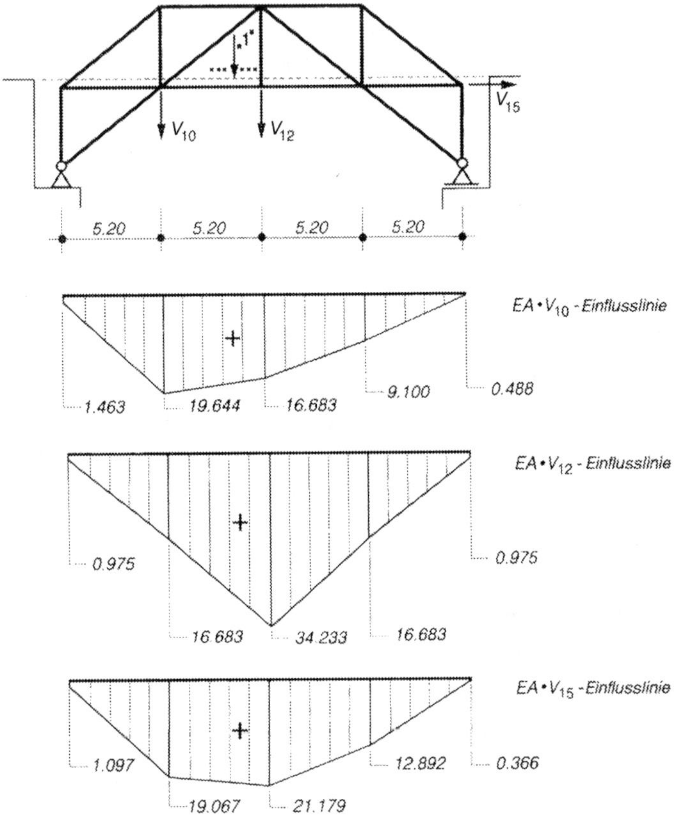

Abb. A.6 Auswertung der Gesamt-Nachgiebigkeitsmatrix ***F***

3. Berechnung nach dem Weggrößenverfahren

3.1 Tragwerkskinematik

Zerlegung der Einheitsverschiebungszustände $V_i = 1$:

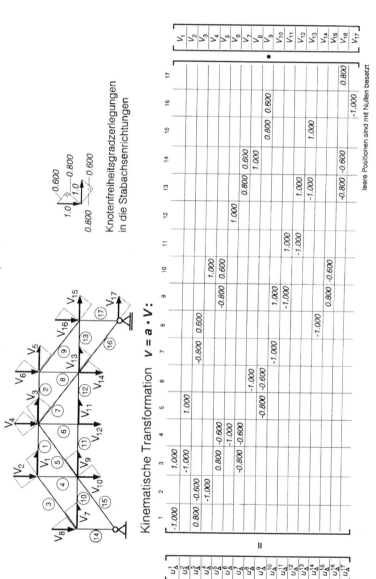

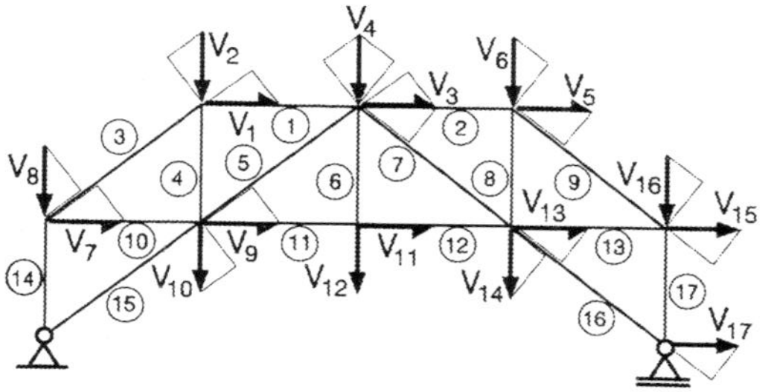

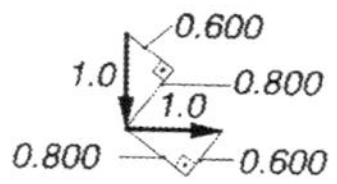

Knotenfreiheitsgradzerlegungen in die Stabachsenrichtungen

Kinematische Transformation $v = a \cdot V$:

	1	2	3	4	5	6	7	8	9	10	11	12	13	14	15	16	17		
u_Δ^1	-1.000		1.000																V_1
u_Δ^2			-1.000		1.000														V_2
u_Δ^3	0.800	-0.600					-0.800	0.600											V_3
u_Δ^4		-1.000								1.000									V_4
u_Δ^5			0.800	-0.600					-0.800	0.600									V_5
u_Δ^6				-1.000								1.000							V_6
u_Δ^7			-0.800	-0.600									0.800	0.600					V_7
u_Δ^8						-1.000								1.000					V_8
u_Δ^9 =					-0.800	-0.600									0.800	0.600		•	V_9
u_Δ^{10}							-1.000		1.000										V_{10}
u_Δ^{11}									-1.000		1.000								V_{11}
u_Δ^{12}											-1.000		1.000						V_{12}
u_Δ^{13}													-1.000		1.000				V_{13}
u_Δ^{14}								-1.000											V_{14}
u_Δ^{15}									0.800	-0.600									V_{15}
u_Δ^{16}													-0.800	-0.600			0.800		V_{16}
u_Δ^{17}																-1.000			V_{17}

leere Positionen sind mit Nullen besetzt

Abb. A.7 Aufbau der kinematischen Transformation $\mathbf{v} = \mathbf{a} \cdot \mathbf{v}$

3.2 Tragwerkssteifigkeit

Stabsteifigkeiten: siehe Abschnitt 2.3 dieses Anhangs

Steifigkeitsbeziehung aller Stabelemente $\boldsymbol{s} = \boldsymbol{k} \cdot \boldsymbol{v}$:

s		1	2	3	4	5	6	7	8	9	10	11	12	13	14	15	16	17		v
N^1		0.3846																		u_Δ^1
N^2			0.3846																	u_Δ^2
N^3				0.3077																u_Δ^3
N^4					0.2564															u_Δ^4
N^5						0.1539														u_Δ^5
N^6							0.2564													u_Δ^6
N^7								0.1539												u_Δ^7
N^8									0.2564											u_Δ^8
N^9	$=EA$									0.3077									$\cdot$	u_Δ^9
N^{10}											0.3846									u_Δ^{10}
N^{11}												0.3846								u_Δ^{11}
N^{12}													0.3846							u_Δ^{12}
N^{13}														0.3846						u_Δ^{13}
N^{14}															0.5128					u_Δ^{14}
N^{15}																0.1539				u_Δ^{15}
N^{16}																	0.1539			u_Δ^{16}
N^{17}																		0.5128		u_Δ^{17}

leere Positionen sind mit Nullen besetzt

Abb. A.8 Steifigkeitsbeziehung aller Stabelemente

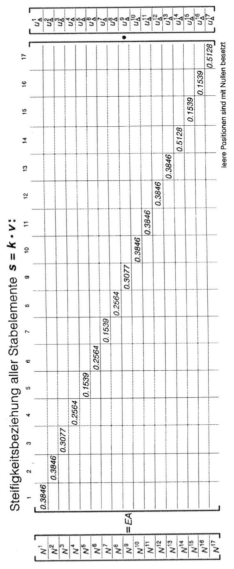

Gesamt-Steifigkeitsbeziehung $\boldsymbol{P} = \boldsymbol{K} \cdot \boldsymbol{V}$ mit $\boldsymbol{K} = \boldsymbol{a}^{T} \cdot \boldsymbol{k} \cdot \boldsymbol{a}$:

$\boldsymbol{P} = [\, P_1 \;|\; P_2 \;|\; P_3 \;|\; P_4 \;|\; P_5 \;|\; P_6 \;|\; P_7 \;|\; P_8 \;|\; P_9 \;|\; P_{10} \;|\; P_{11} \;|\; P_{12} \;|\; P_{13} \;|\; P_{14} \;|\; P_{15} \;|\; P_{16} \;|\; P_{17} \,]^{T}$

$\boldsymbol{V} = [\, V_1 \;|\; V_2 \;|\; V_3 \;|\; V_4 \;|\; V_5 \;|\; V_6 \;|\; V_7 \;|\; V_8 \;|\; V_9 \;|\; V_{10} \;|\; V_{11} \;|\; V_{12} \;|\; V_{13} \;|\; V_{14} \;|\; V_{15} \;|\; V_{16} \;|\; V_{17} \,]^{T}$

$\boldsymbol{K} = EA$

0.58153	-0.14770	-0.38460				-0.19693	0.14770									
	0.36717					0.14770	-0.11077		-0.25640							
		-0.96619		-0.38460				-0.09850	0.07387			-0.09850	-0.07387			
			-0.36721					0.07387	-0.05540		-0.25640	-0.07387	-0.55404			
				0.58153	0.14770									-0.19693	-0.14774	
					0.36717								-0.25640	-0.14774	-0.11077	
						0.58153	-0.14770	-0.38460								
							0.62357									
								0.96619	-0.14774	-0.38460						
									0.36721							
										0.76920		-0.38460				
symmetrisch											0.25640					
												0.06619	-0.14774	-0.38460		-0.09850
													0.36721			-0.07387
														0.58135	0.14774	
															0.62357	
																0.09850

leere Positionen sind mit Nullen besetzt

Abb. A.9 Gesamt-Steifigkeitsbeziehung des Fachwerkträgers

A.3 Anhang 3: Berechnung des stählernen Binders eines Ausstellungspavillons

In diesem Anhang erfolgt die Berechnung des Binders eines Messepavillons nach der direkten Steifigkeitsmethode. Gemäß Abb. A.10 besteht der Binder aus der schrägstehenden linken Kragstütze, an welche im Knoten 2 ein als Halbrahmen gestalteter Dachbinder durch ein Vollgelenk angeschlossen ist. Der Dachbinder ist mittig über ein Zugband an der Kragstützenspitze aufgehängt.

Alle erforderlichen Achsabmessungen und Steifigkeiten der einzelnen Bauelemente finden sich in Abb. A.10. Der Binderabstand wurde zu 6,00 m gewählt. Die eingetragene Last von 25,00 kN/m beschreibt das Bindereigengewicht, das Gewicht der Dachhaut aus Stahlleichtbetondielen mit Wärmedämmung, Dampfsperre sowie der Foliendachhaut nebst Kiesschüttung, außerdem das Gewicht einer untergehängten Leichtbaudecke.

Im unteren Teil von Abb. A.10 findet der Leser die Tragwerksdiskretisierung, d. h. die Definition aller Knotenpunkte, Knotenfreiheitsgrade und Elemente. Wegen des Halbgelenkes im Knoten 2 wurden dort die beiden Absolutdrehungen V_6 und V_{19} eingeführt, letztere am linken Ende des Elements 4.

Im ersten Berechnungsschritt werden die globalen Elementsteifigkeitsmatrizen $\overset{\bullet}{k}{}^{e}_{g}$ gemäß Abb. 3.62 sowie die globalen Volleinspannkraftgrößen $\overset{\bullet\circ}{s}{}^{e}_{g}$ gemäß Abb. 3.42 ermittelt; sie sind in den Abb. A.11 und A.12 neben ihren Elementen wiedergegeben. Zu ihrer Ermittlung wurde Schubstarrheit vorausgesetzt ($\phi = 0$). Nach Aufstellung der Inzidenzverknüpfungen im unteren Teil von Abb. A.12 werden sodann die einzelnen Elementsteifigkeiten (Volleinspannkraftgrößen) zum Aufbau der Gesamt-Steifigkeitsmatrix $\boldsymbol{K}$ (Elementlastspalte $\overset{\bullet\circ}{\mathbf{P}}$) positionsgemäß in eine quadratische Nullmatrix (Nullspalte) der Ordnung 19 eingemischt. Dieser Einbau ist für $\overset{\bullet}{k}{}^{1}_{\mathbf{g}}$ in Abb. A.13, für den zweiten Schritt $\overset{\bullet}{k}{}^{2}_{\mathbf{g}}$ in Abb. A.14 wiedergegeben. Die weiteren Einmischungsschritte wurden unterdrückt; als Ergebnis findet sich die Gesamt-Steifigkeitsmatrix $\tilde{K}$ aller Freiheitsgrade in Abb. A.15.

In Abb. A.16 schließlich findet der Leser die reduzierte Gesamt-Steifigkeitsbeziehung der aktiven Freiheitsgrade, welche aus derjenigen der Abb. A.15 durch Streichung aller den gefesselten Freiheitsgraden V_1, V_2, V_3, V_{16}, V_{17} zugeordneten Zeilen und Spalten entstand (3.122). Dieses System wird gelöst; der Lösungsvektor $\boldsymbol{V}$ findet sich im unteren Teil von Abb. A.16. Aus $\boldsymbol{V}$ werden schließlich mittels der Inzidenzverknüpfung den einzelnen Stabelementen ihre globalen Stabendfreiheitsgrade $\overset{\bullet}{v}{}^{\mathbf{e}}_{\mathbf{g}}$ zugeordnet, aus welchen sodann über (3.135) die globalen Stabendkraftgrößen $\overset{\bullet}{s}{}^{\mathbf{e}}_{\mathbf{g}}$ bestimmt werden, die dann durch Drehtransformation in die lokalen Richtungen überführt werden. Durch eine Nachlaufberechnung nach dem Übertragungsverfahren wurden schließlich die in Abb. A.17 dargestellten Schnittgrößen-Zustandslinien ermittelt.

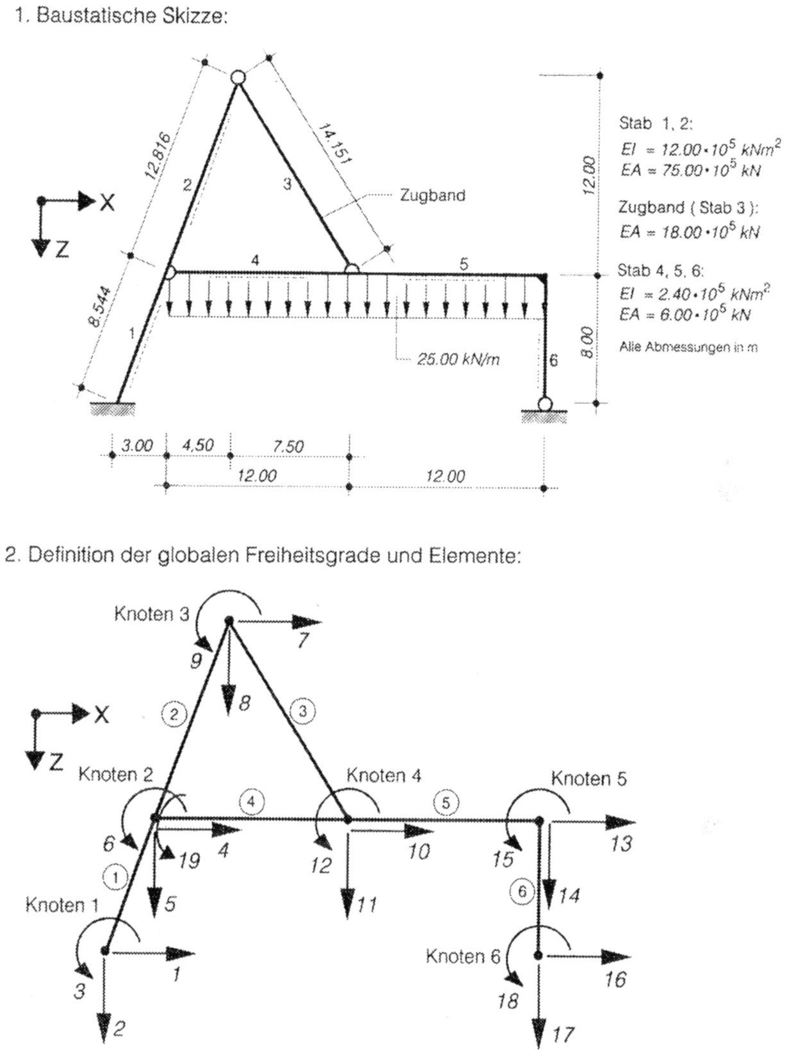

Abb. A.10 Baustatische Skizze und Diskretisierung

Abschließend sei noch einmal betont, dass selbstverständlich alle diese Schritte gemäß Abb. 3.56 computer-intern ablaufen: Dieser Anhang macht somit unserer Anschauungswelt durch ein Fenster wichtige Einzelschritte des Gesamtprozesses sichtbar.

3. Globale Elementsteifigkeitsbeziehungen: $\dot{\boldsymbol{s}}_g = \dot{\boldsymbol{k}}_g \cdot \dot{\boldsymbol{v}}_g + \dot{\overset{\circ}{\boldsymbol{s}}}_g$:

Element 1:

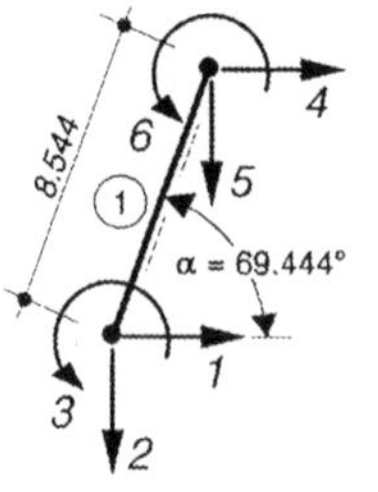

$\sin\alpha = 0.9363 \qquad \sin^2\alpha = 0.8767$

$\cos\alpha = 0.3511 \qquad \cos^2\alpha = 0.1233$

$\dot{\boldsymbol{k}}_g^1 = 10^5 \cdot$

1	2	3	4	5	6	
1.2846	-2.8100	-0.9235	-1.2846	2.8100	-0.9235	1
-2.8100	7.7243	-0.3463	2.8100	-7.7243	-0.3463	2
-0.9235	-0.3463	5.6180	0.9235	0.3463	2.8090	3
-1.2846	2.8100	0.9235	1.2846	-2.8100	0.9235	4
2.8100	-7.7243	0.3463	-2.8100	7.7243	0.3463	5
-0.9235	-0.3463	2.8090	0.9235	0.3463	5.6180	6

Element 2:

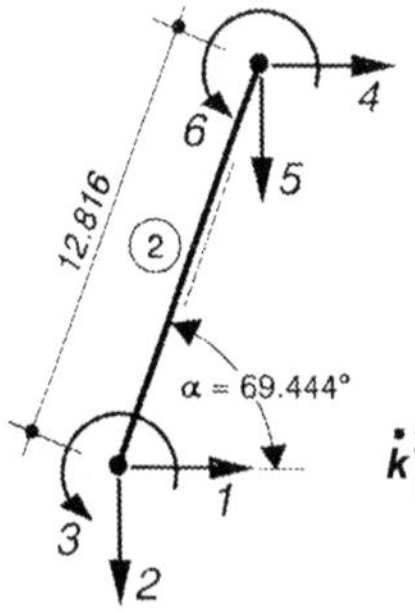

$\sin\alpha = 0.9363 \qquad \sin^2\alpha = 0.8767$

$\cos\alpha = 0.3511 \qquad \cos^2\alpha = 0.1233$

$\dot{\boldsymbol{k}}_g^2 = 10^5 \cdot$

1	2	3	4	5	6	
0.7815	-1.9015	-0.4105	-0.7815	1.9015	-0.4105	1
-1.9015	5.1390	-0.1539	1.9015	-5.1390	-0.1539	2
-0.4105	-0.1539	3.7453	0.4105	0.1539	1.8727	3
-0.7815	1.9015	0.4105	0.7815	-1.9015	0.4105	4
1.9015	-5.1390	0.1539	-1.9015	5.1390	0.1539	5
-0.4105	-0.1539	1.8727	0.4105	0.1539	3.7453	6

Element 3:

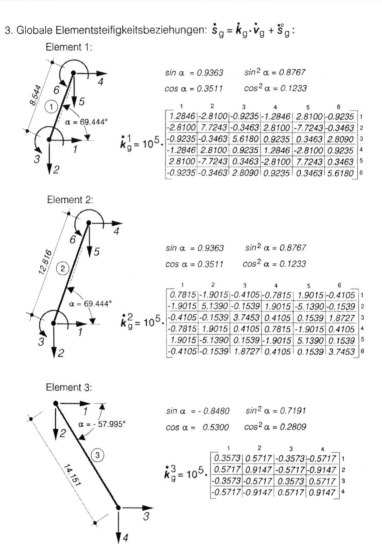

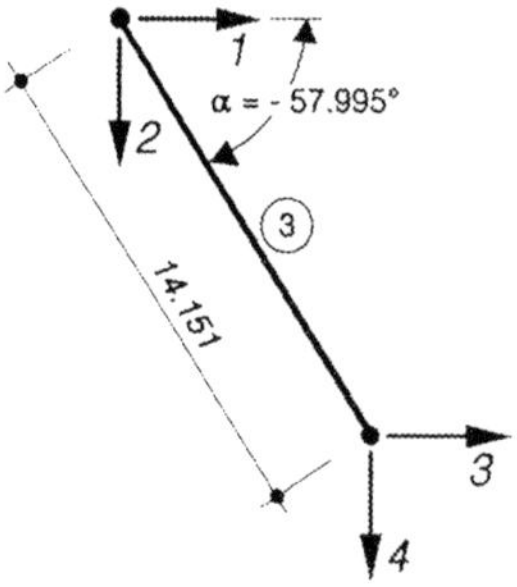

$\sin\alpha = -0.8480 \qquad \sin^2\alpha = 0.7191$

$\cos\alpha = 0.5300 \qquad \cos^2\alpha = 0.2809$

$\dot{\boldsymbol{k}}_g^3 = 10^5 \cdot$

1	2	3	4	
0.3573	0.5717	-0.3573	-0.5717	1
0.5717	0.9147	-0.5717	-0.9147	2
-0.3573	-0.5717	0.3573	0.5717	3
-0.5717	-0.9147	0.5717	0.9147	4

Abb. A.11 Globale Elementsteifigkeitsmatrizen der Elemente 1 bis 3

Element 4 und 5:

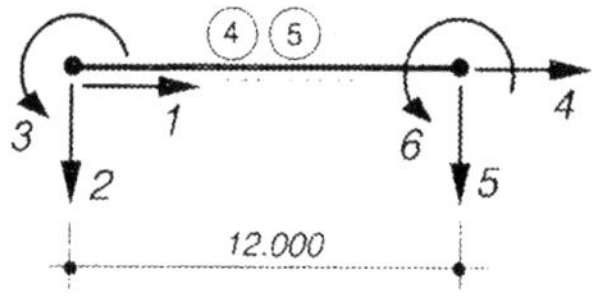

$$\dot{\boldsymbol{k}}_g^4 = \dot{\boldsymbol{k}}_g^5 = 10^5 \cdot \begin{bmatrix} 0.5000 & & & -0.5000 & & \\ & 0.0167 & -0.1000 & & -0.0167 & -0.1000 \\ & -0.1000 & 0.8000 & & 0.1000 & 0.4000 \\ -0.5000 & & & 0.5000 & & \\ & -0.0167 & 0.1000 & & 0.0167 & 0.1000 \\ & -0.1000 & 0.4000 & & 0.1000 & 0.8000 \end{bmatrix}, \quad \dot{\boldsymbol{s}}_g^{o4} = \dot{\boldsymbol{s}}_g^{o5} = \begin{bmatrix} \\ -150.00 \\ 300.00 \\ \\ -150.00 \\ -300.00 \end{bmatrix}$$

leere Positionen sind mit Nullen besetzt

Element 6:

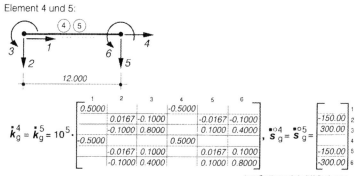

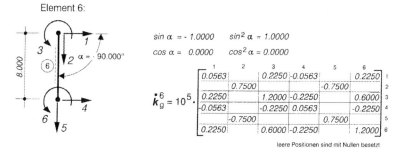

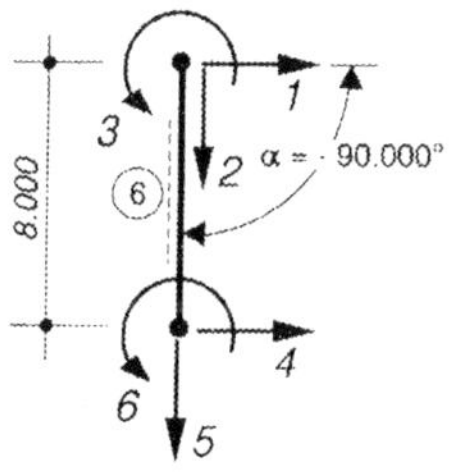

$\sin\alpha = -1.0000 \qquad \sin^2\alpha = 1.0000$

$\cos\alpha = 0.0000 \qquad \cos^2\alpha = 0.0000$

$$\dot{\boldsymbol{k}}_g^6 = 10^5 \cdot \begin{bmatrix} 0.0563 & & 0.2250 & -0.0563 & & 0.2250 \\ & 0.7500 & & & -0.7500 & \\ 0.2250 & & 1.2000 & -0.2250 & & 0.6000 \\ -0.0563 & & -0.2250 & 0.0563 & & -0.2250 \\ & -0.7500 & & & 0.7500 & \\ 0.2250 & & 0.6000 & -0.2250 & & 1.2000 \end{bmatrix}$$

leere Positionen sind mit Nullen besetzt

4. Inzidenzverknüpfungen:

Die Elementfreiheitsgrade	1	2	3	4	5	6
entsprechen folgenden globalen Freiheitsgraden beim Element 1:	1	2	3	4	5	6
Element 2:	4	5	6	7	8	9
Element 3:	7	8	10	11		
Element 4:	4	5	19	10	11	12
Element 5:	10	11	12	13	14	15
Element 6:	13	14	15	16	17	18

Abb. A.12 Globale Elementsteifigkeitsmatrizen und Volleinspannkraftgrößen der Elemente 4 bis 6 sowie Inzidenzverknüpfungen

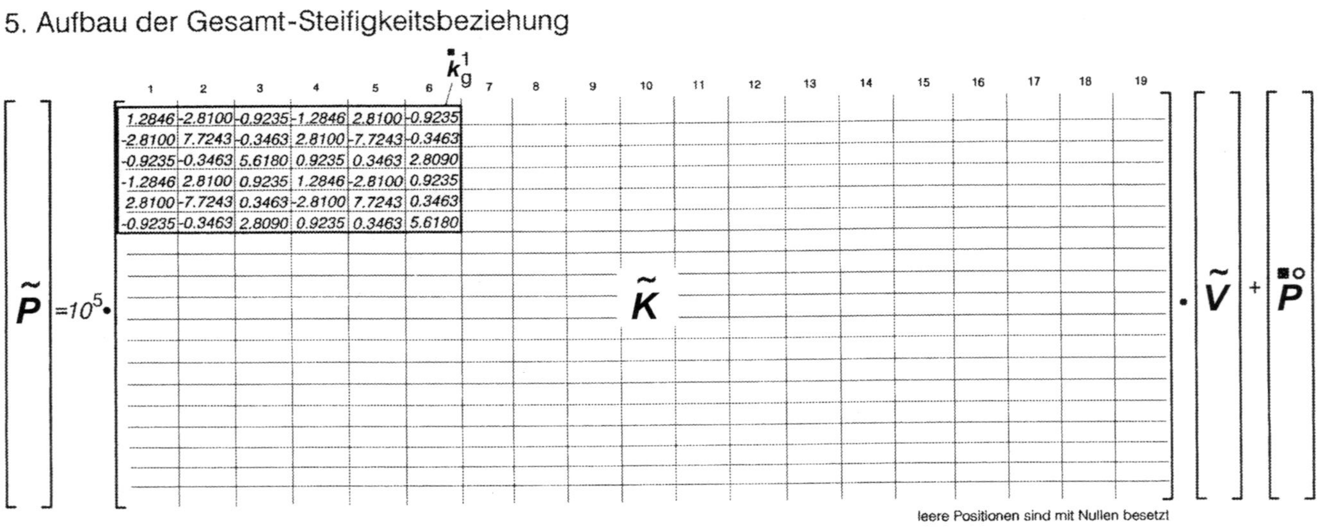

Abb. A.13 Einmischen von $\dot{k}_g^1$ in die Nullmatrix 19×19

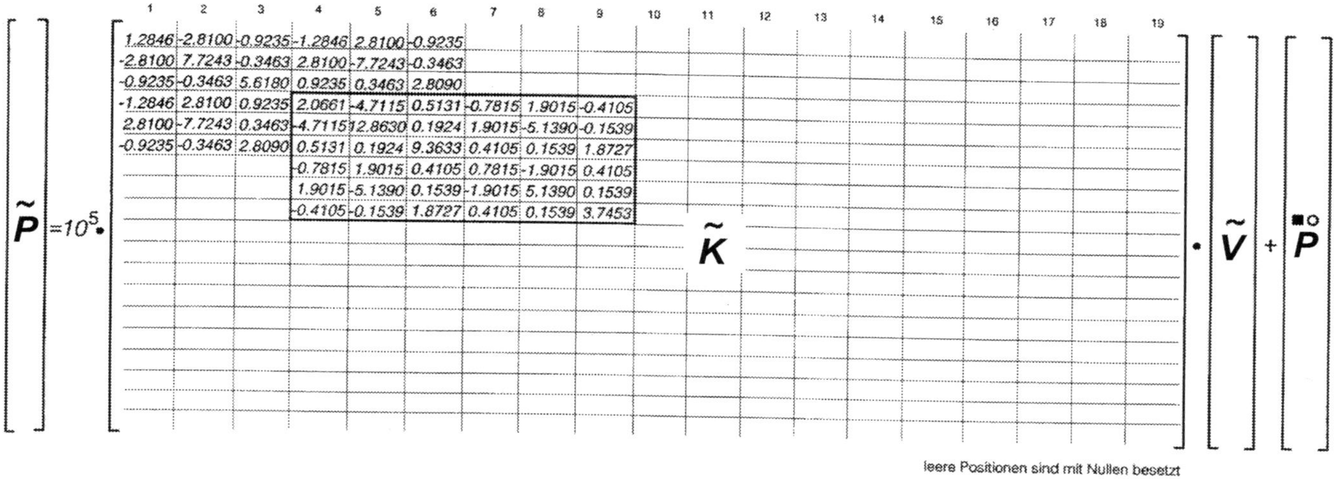

Abb. A.14 Einmischen von $\dot{k}_g^2$ in die bereits mit $\dot{k}_g^1$ belegte Nullmatrix (19,19)

Gesamt-Steifigkeitsbeziehung $\tilde{P} = \tilde{K} \cdot \tilde{V} + \tilde{\ddot{P}}$

$\tilde{P} = 10^5 \cdot \tilde{K} \cdot \tilde{V} + \tilde{\ddot{P}}$

$\tilde{P}$	1	2	3	4	5	6	7	8	9	10	11	12	13	14	15	16	17	18	19	$\tilde{V}$	$\tilde{\ddot{P}}$
P_1	1.2846	-2.8100	-0.9235	-1.2846	2.8100	-0.9235														V_1	
P_2	-2.8100	7.7243	-0.3463	2.8100	-7.7243	-0.3463														V_2	
P_3	-0.9235	-0.3463	5.6180	0.9235	0.3463	2.8090														V_3	
P_4	-1.2846	2.8100	0.9235	2.5661	-4.7115	0.5131	-0.7815	1.9015	-0.4105	-0.5000										V_4	
P_5	2.8100	-7.7243	0.3463	-4.7115	12.8800	0.1924	1.9015	-5.1390	-0.1539		-0.0167	-0.1000							-0.1000	V_5	-150.0000
P_6	-0.9235	-0.3463	2.8090	0.5131	0.1924	9.3633	0.4105	0.1539	1.8727											V_6	
P_7				-0.7815	1.9015	0.4105	1.1388	-1.3298	0.4105	-0.3573	-0.5717									V_7	
P_8				1.9015	-5.1390	0.1539	-1.3298	6.0537	0.1539	-0.5717	-0.9147									V_8	
P_9				-0.4105	-0.1539	1.8727	0.4105	0.1539	3.7453											V_9	
P_{10}				-0.5000			-0.3573	-0.5717		1.3573	0.5717		-0.5000							V_{10}	
P_{11}					-0.0167		-0.5717	-0.9147		0.5717	0.9480			-0.0167	-0.1000				0.1000	V_{11}	-300.0000
P_{12}					-0.1000							1.6000		0.1000	0.4000				0.4000	V_{12}	
P_{13}										-0.5000			0.5563		0.2250	-0.0563		0.2250		V_{13}	
P_{14}											-0.0167	0.1000		0.7667	0.1000		-0.7500			V_{14}	-150.0000
P_{15}											-0.1000	0.4000	0.2250	0.1000	2.0000	-0.2250		0.6000		V_{15}	-300.0000
P_{16}													-0.0563		-0.2250	0.0563		-0.2250		V_{16}	
P_{17}														-0.7500			0.7500			V_{17}	
P_{18}													0.2250		0.6000	-0.2250		1.2000		V_{18}	
P_{19}					-0.1000						0.1000	0.4000							0.8000	V_{19}	300.0000

leere Positionen sind mit Nullen besetzt

Abb. A.15 Die Gesamt-Steifigkeitsbeziehung aller Freiheitsgrade

6. Randbedingungseinbau und Lösung

Reduzierte Gesamt-Steifigkeitsbeziehung $\boldsymbol{P} = \boldsymbol{K} \cdot \boldsymbol{V} + \ddot{\boldsymbol{P}}$

$\boldsymbol{P} = 10^5 \cdot \boldsymbol{K} \cdot \boldsymbol{V} + \ddot{\boldsymbol{P}}$

P	1	2	3	4	5	6	7	8	9	10	11	12	13	14	V	$\ddot{P}$
P_4	2.5661	-4.7115	0.5131	-0.7815	1.9015	-0.4105	-0.5000								V_4	
P_5	-4.7115	12.8800	0.1924	1.9015	-5.1390	-0.1539		-0.0167	-0.1000					-0.1000	V_5	-150.0000
P_6	0.5131	0.1924	9.3633	0.4105	0.1539	1.8727									V_6	
P_7	-0.7815	1.9015	0.4105	1.1388	-1.3298	0.4105	-0.3573	-0.5717							V_7	
P_8	1.9015	-5.1390	0.1539	-1.3298	6.0537	0.1539	-0.5717	-0.9147							V_8	
P_9	-0.4105	-0.1539	1.8727	0.4105	0.1539	3.7453									V_9	
P_{10}	-0.5000			-0.3573	-0.5717		1.3573	0.5717		-0.5000					V_{10}	
P_{11}		-0.0167		-0.5717	-0.9147		0.5717	0.9480			-0.0167	-0.1000		0.1000	V_{11}	-300.0000
P_{12}		-0.1000							1.6000		0.1000	0.4000		0.4000	V_{12}	
P_{13}							-0.5000			0.5563		0.2250	0.2250		V_{13}	
P_{14}								-0.0167	0.1000		0.7667	0.1000			V_{14}	-150.0000
P_{15}								-0.1000	0.4000	0.2250	0.1000	2.0000	0.6000		V_{15}	-300.0000
P_{18}										0.2250		0.6000	1.2000		V_{18}	
P_{19}		-0.1000						0.1000	0.4000					0.8000	V_{19}	300.0000

leere Positionen sind mit Nullen besetzt

Lösung :

$$\boldsymbol{V} = 10^{-2} \cdot \left[\, 3.272 \;\; 1.268 \;\; -0.840 \;\; 18.715 \;\; 7.073 \;\; -1.511 \;\; 2.872 \;\; 17.090 \;\; 0.486 \;\; 2.602 \;\; 0.390 \;\; 0.872 \;\; -0.924 \;\; -2.596 \,\right]^T$$

Abb. A.16 Reduzierte Gesamt Steifigkeitsbeziehung mit Lösungsvektor

7. Abschließende Ergebnisdarstellung

Schnittgrößenverläufe

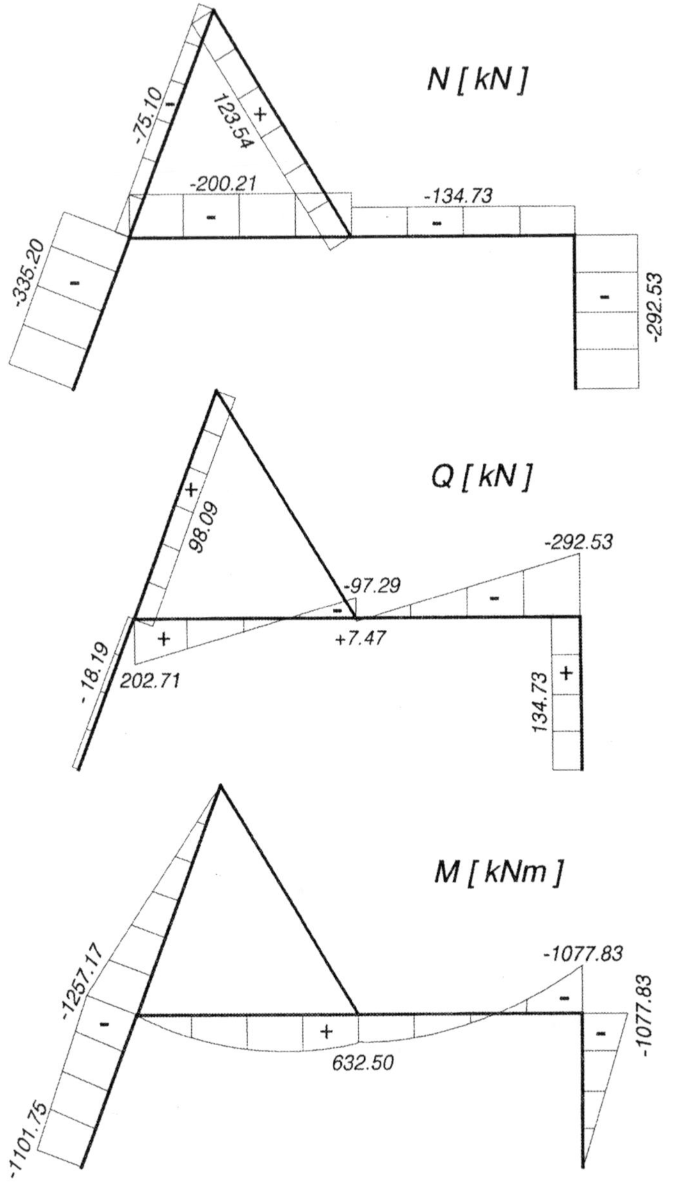

Abb. A.17 Schnittgrößenzustandslinien für *N*, *Q*, *M*

Literatur

A.1. Ayers, F.: Matrices. Schaum's Outline Series. McGraw-Hill Book Company, New York (1962)
A.2. Björk, A., Dahlquist, G.: Numerische Methoden. Verlag R. Oldenbourg, München (1979)
A.3. Engeln-Müllges, G., Reutter, F.: Formelsammlung zur Numerischen Mathematik mit Standard-fortran 77-Programmen, 6. Aufl. B.I. Wissenschaftsverlag, Mannheim (1988)
A.4. Herschel, F.G.: Methoden der Ingenieurmathematik. Beitrag im Stahlbau Handbuch, Bd. 1, 2. Aufl. Stahlbau-Verlags-GmbH, Köln (1982)
A.5. Stoer, J.: Einführung in die Numerische Mathematik I Springer-Verlag, Berlin (1989)
A.6. Stoer, J., Bulirsch, R.:Einführung in die Numerische Mathematik II, Springer-Verlag, Berlin (1990)
A.7. Törnig, W.: Numerische Mathematik für Ingenieure und Physiker, Bd. 1 und 2. Springer Verlag, Berlin (1979)
A.8. Zurmühl, R.: Matrizen und ihre technischen Anwendungen, 4. Aufl. Springer-Verlag, Berlin (1964)
A.9. Zurmühl, R., Falk, S.: Matrizen und ihre Anwendungen für Angewandte Mathematiker, Physiker und Ingenieure, Teil 1 und 2, 5. Aufl. Springer-Verlag, Berlin (1984)

Namensverzeichnis

W. B. Krätzig et al., *Tragwerke 2,* Springer-Lehrbuch,
https://doi.org/10.1007/978-3-642-41723-8

Sachverzeichnis

W. B. Krätzig et al., *Tragwerke 2,* Springer-Lehrbuch,
https://doi.org/10.1007/978-3-642-41723-8